普通高等教育工科类教学改革规划教材

浙江省普通高校“十三五”新形态教材

浙江省重点教材建设项目

机 械 制 图

（项目式教学）

第 2 版

主　编　涂晶洁

副主编　李延芳　左桂兰

参　编　杨　光　朱火美

张育斌

机 械 工 业 出 版 社

本教材的编写依照有关机械制图的现行国家标准，采用项目式教学方式组织教材内容，并参考了大量国内外同类教材。

全书共有10个项目，内容包括：绪论，制图基本知识与技能的学习与应用，点、直线和平面投影的学习与应用，立体投影的学习与应用，组合体知识的学习与应用，零件形状表达方法的学习与应用，机械图样中特殊表示法的学习与应用，零件图知识的学习与应用，装配图知识的学习与应用，国外典型制图标准简介与应用以及AutoCAD软件的典型应用。

本教材可作为高等工科院校机械类、近机械类各专业图学课程的通用教材，也可供有关工程技术人员参考。

本教材配有二维码立体化教学资源，读者通过手机扫码即可查看精美动态3D模型，以及完成每个项目最后的在线自测。此外，还有配套习题集及其解答（电子课件中），可供学习者参考及使用。

本教材配有电子课件及60多个3D展示模型（课件中），凡使用本教材的教师可登录机械工业出版社教育服务网（http://www.cmpedu.com）下载。咨询电话：010-88379375。

图书在版编目（CIP）数据

机械制图：项目式教学/涂晶洁主编. —2版. —北京：机械工业出版社，2017.12

普通高等教育工科类教学改革规划教材　浙江省普通高校“十三五”新形态教材　浙江省重点教材建设项目

ISBN 978-7-111-58883-2

Ⅰ.①机…　Ⅱ.①涂…　Ⅲ.①机械制图-高等学校-教材　Ⅳ.①TH126

中国版本图书馆CIP数据核字（2018）第002756号

机械工业出版社（北京市百万庄大街22号　邮政编码100037）

策划编辑：邹云鹏　责任编辑：邹云鹏　责任校对：樊钟英　王　延

封面设计：鞠　杨　责任印制：常天培

北京圣夫亚美印刷有限公司印刷

2018年9月第2版第1次印刷

184mm×260mm · 20印张 · 490千字

0001—1900册

标准书号：ISBN 978-7-111-58883-2

定价：48.00元

凡购本书，如有缺页、倒页、脱页，由本社发行部调换

电话服务

服务咨询热线：010-88379833

读者购书热线：010-88379649

网络服务

机 工 官 网：www.cmpbook.com

机 工 官 博：weibo.com/cmp1952

教育服务网：www.cmpedu.com

金 书 网：www.golden-book.com

第2版前言

本教材第 1 版于 2011 年 3 月被列为浙江省重点教材建设项目，从 2013 年正式出版以来受到广泛好评。2016 年 12 月被评为浙江省“十二五”优秀教材，2017 年 7 月被列为浙江省普通高校“十三五”新形态教材。教材编写团队在总结和吸取近年来教学改革的成功经验和同行专家的意见后，根据生产实际情况，对原教材部分内容进行了重新调整。调整后的教学内容更加符合教学实际，也更加精炼。在编写过程中，我们同样力求实现科学性与实用性相结合、系统性与先进性相统一、新内容与经典内容相融合的目标，努力做到实践性强、语言通俗、突出重点、化解难点。

本教材有如下特点：

1）采取了由浅入深、图文并茂的表现手法，使教材内容形象直观、简明实用。

2）采用了现行的《技术制图》《机械制图》等国家标准。

3）将原版 CAD 绘图软件 AutoCAD 2012 更新为 AutoCAD 2017。

4）更新了“国外典型制图标准简介与应用”的内容。

5）通过例题、练习题以及配套的习题集等内容，培养学生运用理论解决实际工程问题的能力。

6）第 2 版增加了二维码立体化教学资源，读者通过手机扫码即可查看精美的动态 3D 模型，并可以通过手机扫码完成每个项目后面的在线自测题。新的教材形态增强了学生学习的兴趣与自主性。

本教材由宁波大红鹰学院涂晶洁任主编，参与教材修订的人员有：宁波大红鹰学院涂晶洁（前言、绪论、项目 1、项目 2），朱火美（项目 3、项目 4），左桂兰（项目 5、项目 6），李延芳（项目 7、项目 8），杨光（项目 9），张育斌（项目 10）。

本教材由杨光老师审阅，项目 9 由敏实集团有限公司研究中心的谢鑫尧先生审阅。

在本教材的编写过程中参考了一些同类教材，在此特向作者表示感谢，具体书目作为参考文献列于书末。本教材的编写得到了宁波大红鹰学院赖尚丁教授的大力支持与帮助，在此表示感谢！

由于编者水平有限，书中不当之处在所难免，敬请读者批评指正。

编　者

第1版前言

本教材依据教育部高等学校工程图学教学指导委员会2005年制订的《高等学校画法几何与工程制图课程教学基本要求》编写。教材中严格贯彻有关机械制图的国家标准，在注重学科知识的系统性、表达的规范性和准确性的同时，根据学生的认知规律，以工程项目为驱动安排教材内容，注重学生的绘图能力、看图能力和空间想象能力的培养。

本教材总结和吸取了我们近年来教学改革的成功经验和同行专家的意见，在编写过程中，力求实现科学性与实用性相结合、系统性与先进性相统一、新内容与经典内容相融合的目标，力求实践性强、语言通俗并做到突出重点、化解难点。

本教材的特点：

1）采取了由浅入深、图文并茂的叙述方法，使教材内容形象直观、简明实用。

2）采用了最新颁布的《技术制图》《机械制图》等国家标准。

3）增设了“国外典型制图标准简介与应用”的内容，满足对外开放的需要。

4）通过例题、思考与练习题以及配套的习题集等内容，培养学生运用理论解决实际工程问题的能力。

本教材于2011年3月被列为浙江省重点教材建设项目。

全书共有11个项目，内容有：绪论，制图基本知识与技能的学习与应用，点、直线和平面投影的学习与应用，立体投影的学习与应用，组合体知识的学习与应用，轴测投影的学习与应用，零件形状表达方法的学习与应用，机械图样中特殊表示法的学习与应用，零件图知识的学习与应用，装配图知识的学习与应用，国外典型制图标准简介与应用，AutoCAD软件的典型应用。

本教材由宁波大红鹰学院涂晶洁任主编，编写了前言、绪论、项目1、项目2、项目11及附录；参与教材编写的人员还有：左桂兰（项目6、项目7），黄鲁燕（项目3、项目4），张育斌（项目10），张玉玺（项目5），浙江万里学院的颜曼兰（项目8、项目9）。在本教材的编写过程中参考了一些同类教材，在此特向作者表示感谢，具体书目作为参考文献列于书末。本教材的编写得到了宁波大红鹰学院赖尚丁教授的大力支持与帮助，在此表示感谢！

本教材由陈福生主审，项目10由敏实集团有限公司研发中心的谢鑫尧审阅。

由于编者水平有限，书中不当之处在所难免，敬请读者批评指正。

编　者

目录

绪论

1. “机械制图”课程研究的对象

“机械制图”是研究绘制和阅读机械图样的一门课程，主要内容有：平行投影法（主要是正投影法）的原理及应用、国家标准中关于“技术制图”和“机械制图”的有关规定、绘制和阅读机械图样的技巧和方法等。

在现实生产中，为了准确表达工程对象的形状、大小、相对位置及技术要求等，要将工程对象按一定的投影方法和有关技术规定表达在图纸上，这种图纸被称为工程图样，简称图样。工程图样是表达和交流技术思想的重要工具，也是工程技术部门的一项重要技术文件，机械图样是工程图样中应用最多的一种。在生产和科学实验活动中，设计者需要通过图样来表达设计对象；制造者需要通过图样来了解设计要求，依照图样来制造设计对象；使用者需要通过图样来了解设计、制造对象的结构及性能等。因此，每个与机械有关的工程技术人员都必须掌握这方面的知识与能力。工程图样不仅是工程与产品信息的载体，也是工程界交流的技术语言。

任何机器都是由若干部件组成、部件又是由若干零件组成的。表达机器的总装配图、表达部件的部件装配图和表达零件的零件图，统称为机械图样。装配图和零件图相互依赖、各有所用。

2. “机械制图”课程的性质和任务

“机械制图”是一门实践性较强的专业基础课，是培养工程技术应用型人才的一门主干技术基础课。课程的主要目的是培养学生正确运用正投影法来分析、表达机械工程问题的能力，绘制和阅读机械图样的能力和空间想象能力，同时也是为后续课程的学习和顺利完成毕业设计奠定基础。

本课程的主要任务是：

1）学习正投影法的基本理论及其应用。

2）培养绘制和阅读机械图样的基本能力。

3）学习、贯彻制图国家标准和其他有关规定。

4）培养逻辑思维与空间形象思维的能力。

5）培养认真负责的工作态度和严谨细致的工作作风。

3. “机械制图”课程的学习方法和要求

“机械制图”课程是一门既有系统理论，又很强调实践的技术基础课。课程各部分内容既紧密联系，又各有特点。根据“机械制图”课程的学习要求及各部分内容的特点，下面简要介绍一下学习方法：

1）准备一套绘图工具，并认真完成作业。

2）认真听课，及时复习。牢固掌握投影原理和图示方法，透彻理解基本概念，以便灵活运用有关概念和方法进行解题；牢固掌握形体分析法、线面分析法等投影分析方法，提高独立分析和解决看图、画图等问题的能力。

3）注意画图与看图相结合，物体与图样相结合。要多画多看，逐步培养逻辑思维与空间形象思维的能力。

4）严格遵守机械制图的国家标准，掌握并具备查阅有关标准和资料的能力。

4. 我国工程图学的发展概况

我国是世界文明古国之一，在工程图学方面有着悠久的历史，它是伴随着生产的发展和劳动人民生活水平的提高而产生和日趋完善的。我国比较早记载工程上使用工程图的文献是《尚书》，书中记载公元前1059年，周公曾画了一幅建筑区域平面图送给周成王作为营造城邑之用。

宋代李诫于公元1100年完成《营造法式》三十六卷，附图就占了六卷，其中有平面图、立体图和断面图等图样，画法上有正投影、轴测投影和透视投影等，充分证明了我国工程图学技术很早以前就已达到了较高水平。宋代以后，元代王帧所著的《农书》、明代宋应星所著的《天工开物》等书中都附有上述类似图样。清代徐光启所著的《农政全书》，画出了许多农具图样，包括构造细部和详图，并附有详细的尺寸和制造技术的注解。但是由于长期的封建统治和列强侵略，致使近代我国工程图学的发展停滞不前。

新中国成立以后，我国工程图学得到了前所未有的发展。1956年原机械工业部颁布了第一个部颁标准《机械制图》；1959年国家科学技术委员会颁布了第一个国家标准《机械制图》，随后又颁布了国家标准《建筑制图》，使全国工程图样标准得到了统一，标志着我国工程图学进入了一个崭新的阶段。随后我国又先后颁布了一系列《技术制图》与《机械制图》的新标准。我国从1967年开始计算机绘图的研制工作，计算机绘图技术已在很多部门用于生产、设计、科研和管理工作。特别是近年来，一系列绘图软件的不断研制成功，给计算机绘图提供了极大的方便，计算机绘图技术日益普及。随着我国改革开放的不断推进，我们深信工程图学定能在更加广泛的领域得到更大的发展。

项目1

制图基本知识与技能的学习与应用

知识目标

1）了解国家标准中关于图纸幅面和格式、比例、字体及图线等方面的基本规定。
2）掌握平面图形尺寸和线段分析的方法和步骤。

能力目标

1）能正确使用绘图工具和仪器。
2）能熟练掌握几何作图的方法与技巧。

项目案例

手柄的绘制。

1.1 制图的基础知识

1.1.1 国家标准的有关规定

工程图样是表达设计思想、进行技术交流和组织生产的重要资料，是工程界通用的技术语言。因此，国家对图样画法、尺寸注法和所用代号等都做了统一的规定，这些规定就是制图标准。如 GB/T 14689—2008，就是国家标准《技术制图 图纸幅面及格式》的代号。“GB/T”表示推荐性国家标准，是 GUOJIA BIAOZHUN（国家标准，简称“国标”）和 TUIJIAN（推荐）的汉语拼音缩写。如果“GB”字母后面没有“/T”则表示此标准为强制性国家标准；“14689”是该标准的编号；“2008”表示该标准最近一次修订是 2008 年。在绘图和读图时，都应严格遵守这些标准。

1. 图纸的幅面及格式

（1）图纸的幅面（GB/T 14689—2008） 图纸的幅面是指图纸宽度与长度。常用的图纸幅面有五种，分别为 A0、A1、A2、A3、A4。GB/T 14689—2008 中规定绘制技术图样时，应优先采用表 1-1 所规定的图纸幅面。

必要时，也允许选用国家标准所规定的加长幅面。这些幅面的尺寸由基本幅面的短边成整数倍增加后得出，如图 1-1 所示。

表 1-1　图纸幅面代号和尺寸　（单位：mm）

幅面代号	A0	A1	A2	A3	A4
$B \times L$	841×1189	594×841	420×594	297×420	210×297
a	25				
c	10			5	
e	20		10		

表 1-1 中 B、L、a、c、e 的含义如图 1-2、图 1-3 所示。

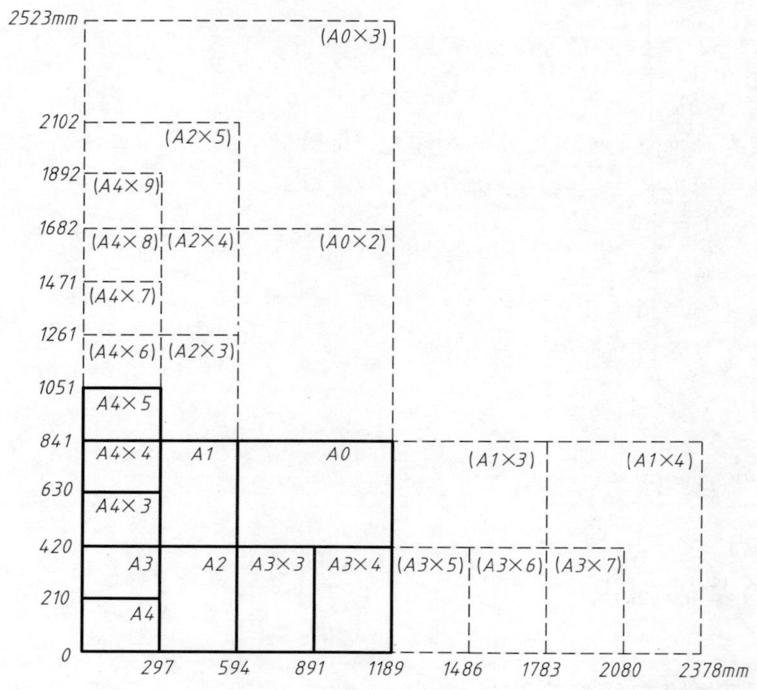

图 1-1　图纸幅面的尺寸

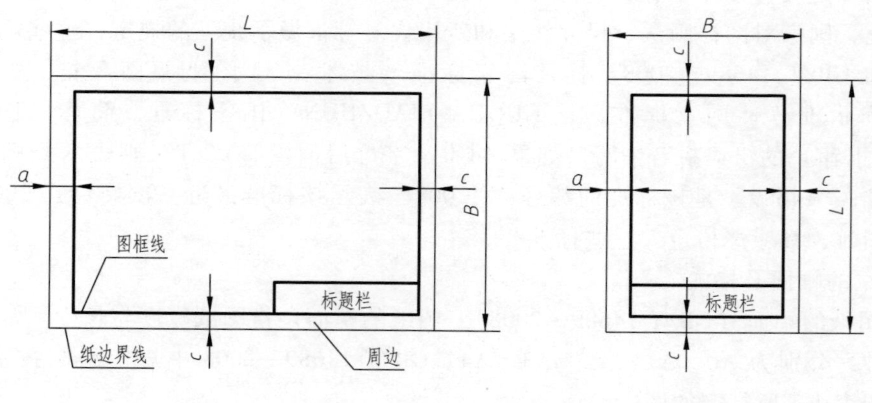

图 1-2　有装订需求的图框格式

（2）图框的格式（GB/T 14689—2008） 每张图样都需要用粗实线绘制图框。根据需要，图纸分为要装订的和不需要装订的两种。要装订的图样，应留装订边，其图框格式如图1-2所示，其中 a 边为装订边；不需要装订的图样其图框格式如图1-3所示。同一产品的图样只能采用同一种格式。图样必须画在图框之内。

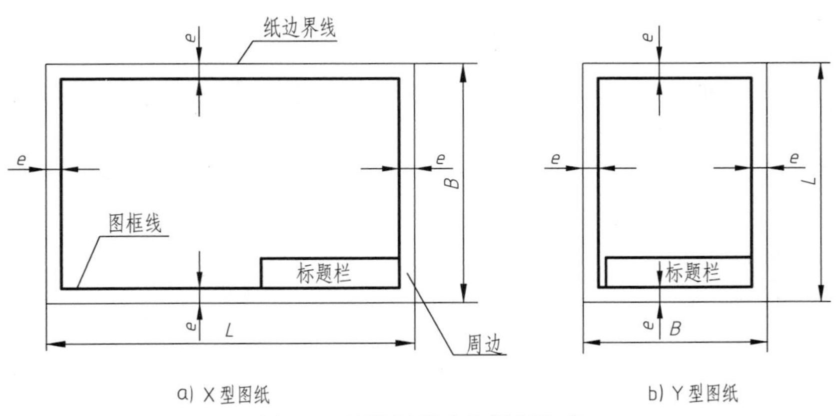

图 1-3 无装订需求的图框格式

（3）标题栏及其方位（GB/T 10609.1—2008） 每张图纸都必须画出标题栏，标题栏的位置位于图纸的右下角。标题栏的格式和尺寸按 GB/T 10609.1—2008 的规定，如图1-4所示（图中数字的单位是mm）。在学校里一般采用简化标题栏，如图1-5所示。当标题栏的

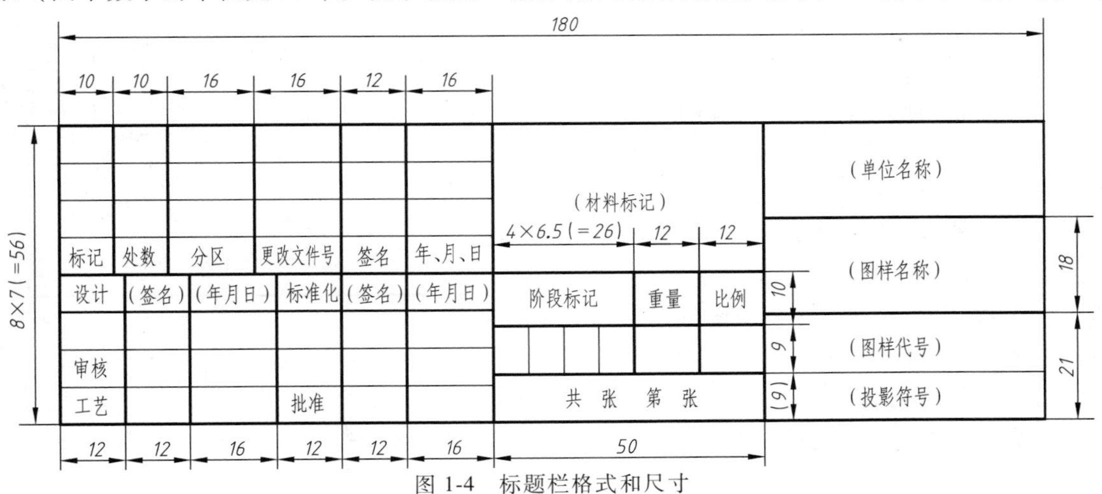

图 1-4 标题栏格式和尺寸

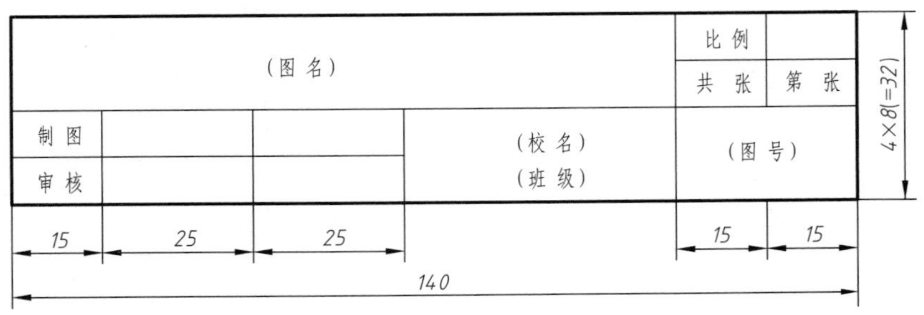

图 1-5 简化标题栏格式

长边置于水平方向并与图纸的长边平行时，则构成 X 型图纸，如图 1-2a 和图 1-3a 所示；当标题栏的长边与图纸的长边垂直时，则构成 Y 型图纸，如图 1-2b 和图 1-3b 所示。在此情况下，读图的方向与读标题栏的方向一致。

此外，标题栏的线型、字体（签字除外）和年、月、日的填写格式均应符合相应国家标准的规定。

（4）附加符号（GB/T 14689—2008）

1）对中符号：有时为了图样复制和缩微摄影的方便，需在图纸各边的中点处画出对中符号。

对中符号用粗实线绘制，线宽不小于 0.5mm，长度从纸边界开始至伸入线框内约 5mm，如图 1-6 所示。对中符号的位置误差应不大于 0.5mm，当对中符号处在标题栏的范围内时，伸入标题栏部分省略。

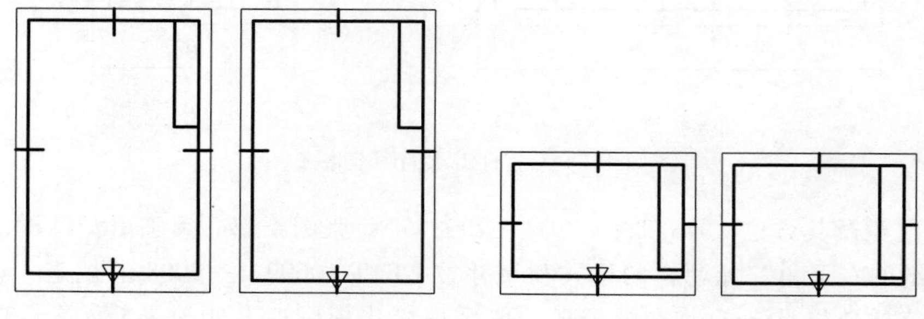

a) X 型图纸竖放时　　b) Y 型图纸横放时

图 1-6　对中符号和方向符号的位置

2）方向符号：当使用预先印制好的图纸时，为了明确绘图与读图时图纸的方向，需在图纸的下边对中处画出一个方向符号。

方向符号是用细实线绘制的等边三角形，其大小和所处的位置如图 1-7 所示。

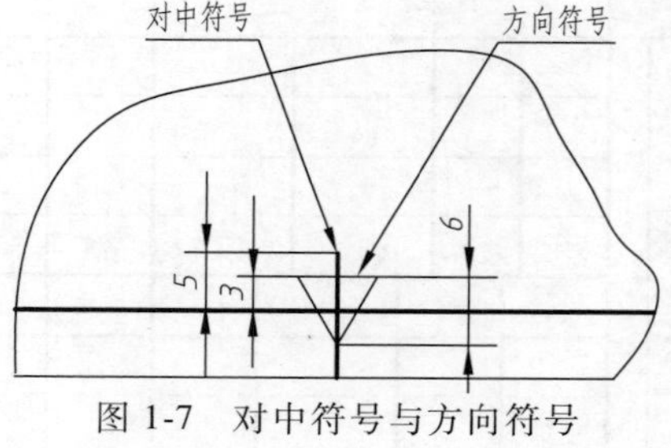

图 1-7　对中符号与方向符号

3）剪切符号：为了在复制图样时便于自动剪切，可以在图纸的四个角上分别绘制出剪切符号。

剪切符号可绘制成直角边边长为 10mm 的黑色等腰三角形，也可绘制成两条线宽为 2mm、长度为 10mm 的粗实线线段，如图 1-8 所示。

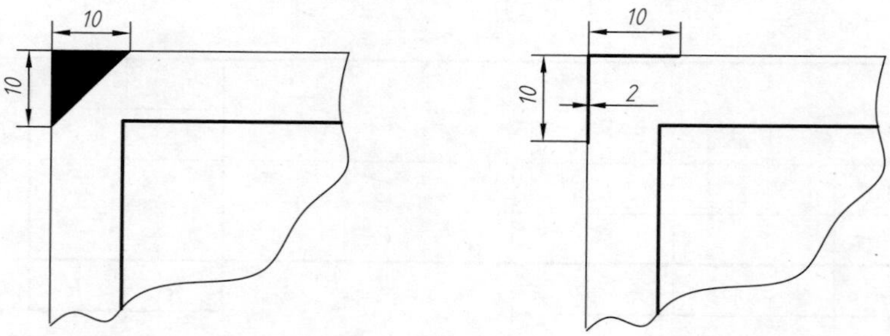

a) 剪切符号一　　b) 剪切符号二

图 1-8　剪切符号

4）投影符号：目前国际上使用的投影法有两种，即第一角投影法和第三角投影法。我国使用的是第一角投影法，其投影符号如图 1-9a 所示；欧美等国家采用的是第三角投影法，其投影符号如图 1-9b 所示。

投影符号中的线型用粗实线和细点画线绘制，其中粗实线的线宽不小于 0.5mm。投影符号一般放置在标题栏中名称及代号区的下方。

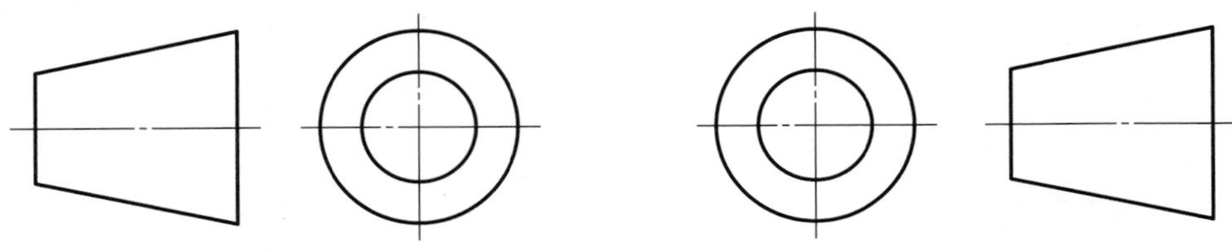

a）第一角投影法的投影符号　　b）第三角投影法的投影符号

图 1-9　投影符号的画法

2. 比例（GB/T 14690—1993）

比例是指图样上所画图形与其实物相应要素的线性尺寸之比。比例的符号为"："，比例的表示方法为 1：1、1：500、20：1 等。比值为 1 的称为原值比例；比值大于 1 的称为放大比例；比值小于 1 的称为缩小比例。绘图时应尽可能采用原值比例画图，以方便读图。如果零件太大或太小，可从表 1-2 中所规定的第一系列比例中选取，必要时也允许选取表 1-2 中第二系列比例，但优先选用第一系列。

表 1-2　比例

种类	第一系列	第二系列
原值比例	1：1	
放大比例	2：1，5：1，1×10^n：1，2×10^n：1，5×10^n：1	2.5：1，4：1，2.5×10^n：1，4×10^n：1
缩小比例	1：2，1：5，1：10，1：1×10^n，1：2×10^n，1：5×10^n	1：1.5，1：2.5，1：3，1：4，1：6，1：1.5×10^n，1：2.5×10^n，1：3×10^n，1：4×10^n，1：6×10^n

在绘制同一零件的各个视图时应尽量采用相同的比例，如果其中某个视图需要采用不同的比例绘制时，必须另行标注。不论图形是缩小还是放大画出，在标注尺寸时，必须标注零件的最终完成尺寸，如图 1-10 所示。比例一般应标注在标题栏中的比例栏内，必要时可在视图名称的下方或右侧标注比例。

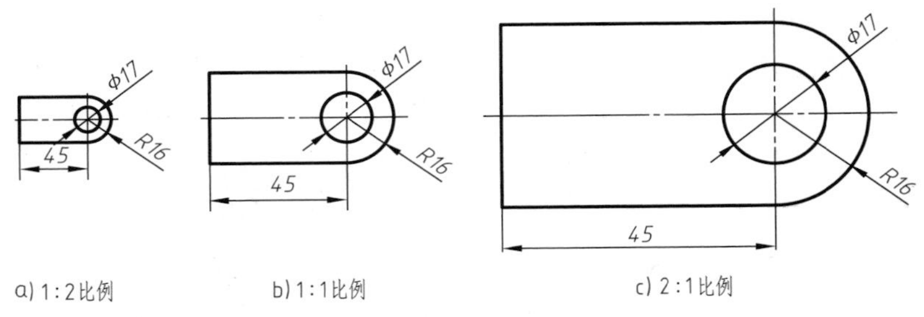

a）1：2比例　　b）1：1比例　　c）2：1比例

图 1-10　比例的示例

3. 字体（GB/T 14691—1993）

图样上除了绘制零件的图形以外，还要用文字填写标题栏、技术要求，用数字来标注尺寸等，所以文字和数字也是图样的重要组成部分。国家标准《技术制图》中规定了汉字、字母和数字的结构形式及书写要求。

书写字体的基本要求如下：

1）图样中书写的汉字、数字、字母必须做到字体端正、笔画清楚、间隔均匀、排列整齐。

2）字体的大小以号数表示，字体的号数就是字体的高度（单位为 mm）。字体高度（用 h 表示）的公称尺寸系列为：1.8、2.5、3.5、5、7、10、14、20。如需要书写更大的字，其字体高度应按$\sqrt{2}$的比率递增。用作指数、分数、注脚和尺寸偏差的数字，一般采用小一号字体。

3）汉字应写成长仿宋体字，并应采用中华人民共和国国务院正式推行的《汉字简化方案》中规定的简化字。长仿宋体字的书写要领是：横平竖直、注意起落、结构均匀、填满方格。汉字的高度 h 不应小于 3.5mm，其字宽一般为 $h/\sqrt{2}$。

4）字母和数字分为 A 型和 B 型。字体的笔画宽度用 d 表示。A 型字体的笔画宽度 $d=h/14$，B 型字体的笔画宽度 $d=h/10$。字母和数字可写成斜体和直体，一般情况下，单独使用时用斜体，和汉字使用时用直体。

5）斜体字字头向右倾斜，与水平基准线成 75°。绘图时，一般用 B 型斜体字。

在同一图样上，只允许选用一种字体。图 1-11、图 1-12 所示的是图样上常见字体的书写示例。

10号字

字体端正　笔划清楚　间隔均匀　排列整齐

7号字

横平竖直　注意起落　结构均匀　填满方格

5号字

技术制图　机械电子　汽车船舶　土木建筑

3.5号字

螺纹齿轮　飞行指导　施工引水　纺织服装

图 1-11　长仿宋字

0123456789

Ⅰ Ⅱ Ⅲ Ⅳ Ⅴ Ⅵ Ⅶ Ⅷ Ⅸ Ⅹ

图 1-12　数字书写示例

4. 图线（GB/T 4457.4—2002）

图样中的图形是由各种不同粗细和线型的图线绘制而成的，绘制机械图样时，应遵循国家标准《机械制图 图线》的规定。

绘图时应根据图形大小和复杂程度以及图的复制条件，在下列数中选择线宽：0.13mm、0.18mm、0.25mm、0.35mm、0.5mm、0.7mm、1mm、1.4mm。机械图样中采用粗细两种线宽，粗、细两种线宽的比率为2，粗实线线宽一般取0.7mm。

表1-3中所列的常用图线适用于各种机械图样，其线段长短和间距大小尺寸可供参考。

表1-3 常用图线的名称、线型、宽度及其用途

图线名称	线型	图线宽度	图线应用举例
细实线		约 $d/2$	尺寸线、尺寸界线、剖面线、重合断面的轮廓线、过渡线及指引线等
粗实线	d	d	可见轮廓线、相贯线、可见棱边线、剖切符号用线等
波浪线		约 $d/2$	断裂处的边界线、视图与剖视图的分界线
双折线		约 $d/2$	断裂处的边界线、视图与剖视图的分界线
细虚线	4~6 ≈1	约 $d/2$	不可见轮廓线、不可见棱边线
粗虚线	4~6 1	d	允许表面处理的表示线
细点画线	15~30 ≈3	约 $d/2$	轴线、对称中心线、剖切线等
粗点画线	≈15 ≈3	d	限定范围表示线
细双点画线	≈20 ≈5	约 $d/2$	可动零件极限位置的轮廓线、相邻辅助零件的轮廓线、轨迹线等

绘制图样时，应注意以下几个方面。

1）同一图样中，同类图线的宽度应基本一致。虚线、点画线及双点画线的线段长短间隔应大致相等。点画线或双点画线中的“点”是一短画，长约1mm，不能画成圆点，而线的首末两端应该是线段，不得为“点”。

2）两条平行线之间的距离应不小于粗实线的两倍宽度，其最小距离不得小于0.7mm。

3）当点画线相交时，必须是长线与长线相交，而不应在空隙或“点”处相交；当虚线是粗实线的延长线时，粗实线应画到分界点，而虚线应留有空隙；当虚线圆弧和虚线直线相切时，虚线圆弧的线段应画到切点，而虚线直线需留有空隙，如图1-13a所示。

4）绘制圆的对称中心线（细点画线）时，圆心应为线段的交点。点画线和双点画线的首末两端应是线段而不是“点”，同时其两端应超出图形的轮廓线3~5mm，如图1-13b所示。在较小的图形上绘制点画线或双点画线有困难时，可用细实线代替，如图1-13c所示。

图1-14列举了各种线型在图样中的应用。

5. 尺寸注法（GB/T 4458.4—2003、GB/T 16675.2—2012）

图样上的图形只能反映零件的形状不能反映零件的真实大小，零件的真实大小要通过尺寸标注来表示。国家标准中对尺寸标注的基本方法做了一系列规定，必须严格遵守。

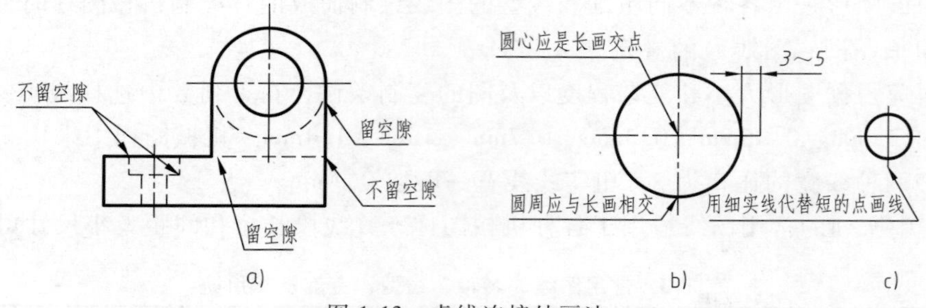

图 1-13　虚线连接处画法

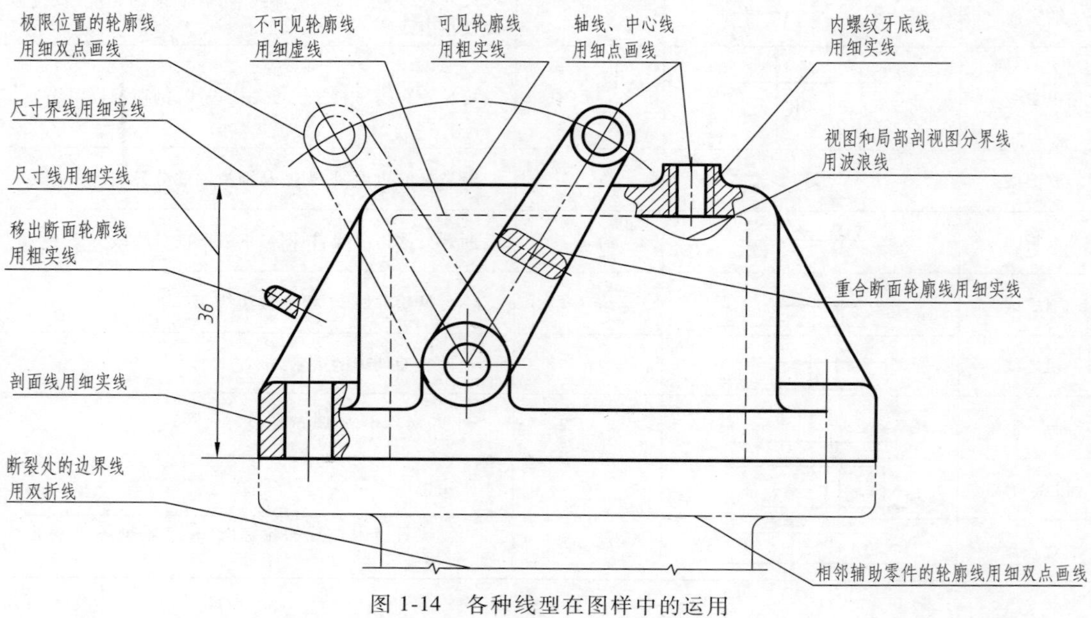

图 1-14　各种线型在图样中的运用

（1）基本规则

1）零件的真实大小应以图样上所注的尺寸数值为依据，与图形的大小及绘图的准确度无关。

2）图样中的尺寸，以毫米为单位时，不需标注计量单位的代号或名称；如采用其他单位，如英寸、米等，则必须注明相应的计量单位。

3）图样中所注尺寸是该图样所示零件最后完工时的尺寸，否则应另加说明。

4）零件的每一尺寸，一般只标注一次，并应标注在反映该结构最清晰的图形上。

5）在保证不致引起误解和产生理解多义性的前提下，可简化标注，力求制图简便。

（2）尺寸的组成　一个完整的尺寸应由尺寸界线、尺寸线（包括箭头）和尺寸数字三个要素组成，如图 1-15 所示。

1）尺寸界线：尺寸界线是用来表示所注尺寸范围的，采用细实线绘制，应由图形的轮廓线、轴线或对称中心线处引出。有时也可借用轮廓线、轴线或中心线作为尺寸界线。绘制时应尽量引画到图形外。一般尺寸界线与尺寸线垂直，并超出尺寸线约 2mm，必要时允许

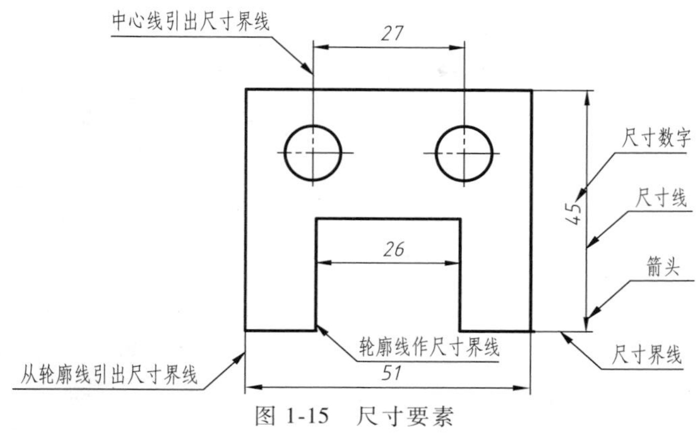

图 1-15 尺寸要素

倾斜，但两尺寸界线仍应互相平行，如图 1-16 所示。标注角度的尺寸界线应沿径向引出，如图 1-17a 所示。标注弦长的尺寸界线应平行于该弦的垂直平分线，如图 1-17b 所示。标注弧长的尺寸界线应平行于该弧所对应的圆心角的角平分线，如图 1-17c 所示。

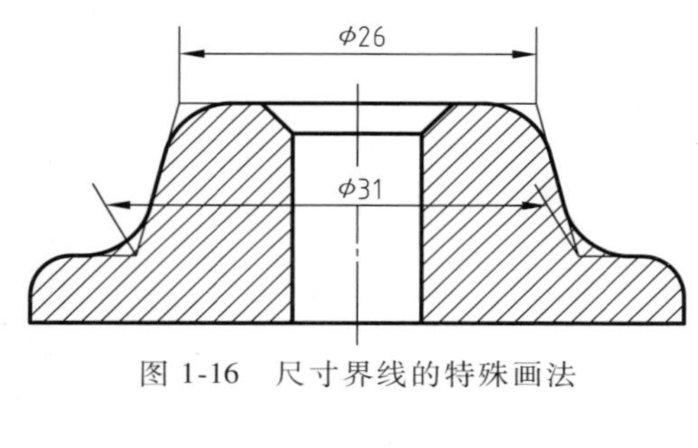

图 1-16 尺寸界线的特殊画法

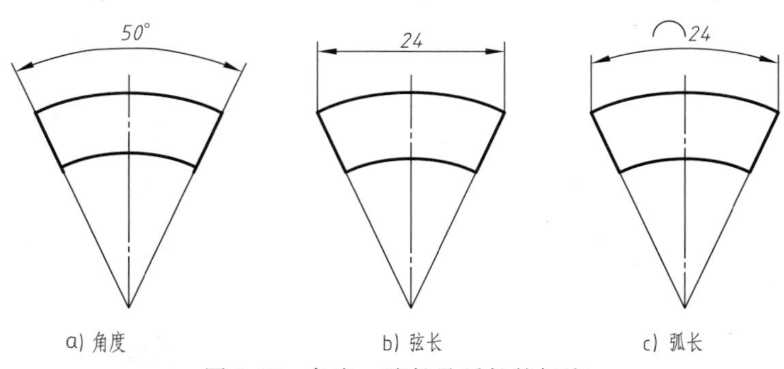

图 1-17 角度、弦长及弧长的标注

2）尺寸线：尺寸线是用来表示尺寸度量方向的，采用细实线绘制在尺寸界线之间。尺寸线必须单独画出，不能与图线重合或在其延长线上。标注线性尺寸时，尺寸线必须与所标注的线段平行，两端箭头应指到尺寸界线。标注角度和弧长时，尺寸线应画成圆弧，圆心是该角的顶点。角度和弧长的尺寸线画法如图 1-17 所示。

尺寸线终端有两种形式，如图 1-18 所示。同一图样中只能采用一种尺寸线终端形式。箭头适用于各种类型的图样，箭头尖端与尺寸界线接触，不得超出也不得有间隙。斜线用细实线绘制。当尺寸线终端采用斜线形式时，尺寸线与尺寸界线必须相互垂直。

机械图样中一般采用箭头作为尺寸线的终端。

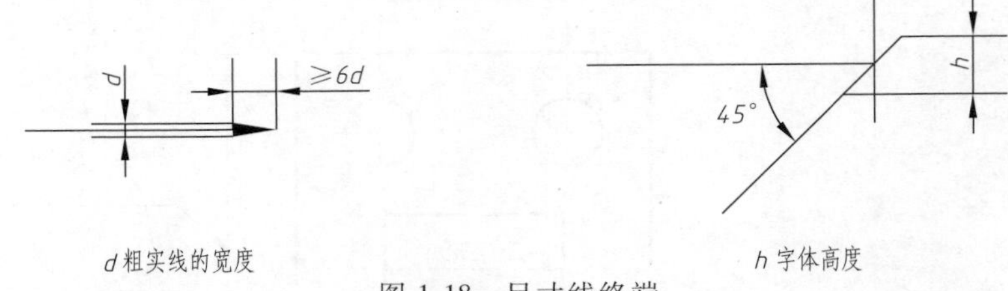

图 1-18　尺寸线终端

在没有足够位置画箭头时，允许用圆点或斜线代替箭头，如图 1-19 所示。

3）尺寸数字：尺寸数字用来表示所注尺寸的数值，要求注写时字迹清楚，容易辨认。水平线性尺寸的数字一般注写在尺寸线的上方，也允许注写在尺寸线的中断处，但同一张图样中应采用一种注写方式。尺寸数字大小应一致，位置不够可引出标注。尺寸数字不可被任何图线所通过，如需通过则必须把图线断开，如图 1-20 中的尺寸 *R*15。

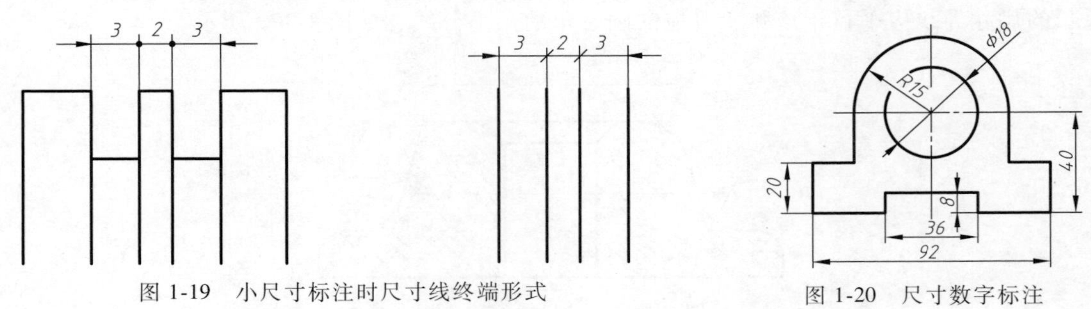

图 1-19　小尺寸标注时尺寸线终端形式

图 1-20　尺寸数字标注

线性尺寸数字的标注规定如表 1-4 所示。

表 1-4　尺寸数字的标注规定

标注内容		示　　例	说　　明
线性尺寸		a)　b)	尺寸数字应按图 a 中所示的方向标注，图示 30°范围内，应按图 b 形式标注
			尺寸线必须与所标注的线段平行，大尺寸在外，小尺寸在内
圆弧	直径尺寸		标注圆或大于半圆的圆弧时，尺寸线通过圆心，以圆周为尺寸界线，尺寸数字前加注直径符号“ϕ”

（续）

标注内容		示　例	说　明
圆弧	半径尺寸	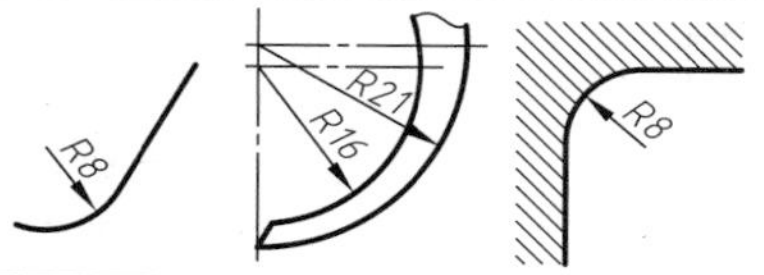 R8　R21　R16　R8	标注小于或等于半圆的圆弧时，尺寸线自圆心引向圆弧，只画一个箭头，尺寸数字前加注半径符号“*R*”
大圆弧		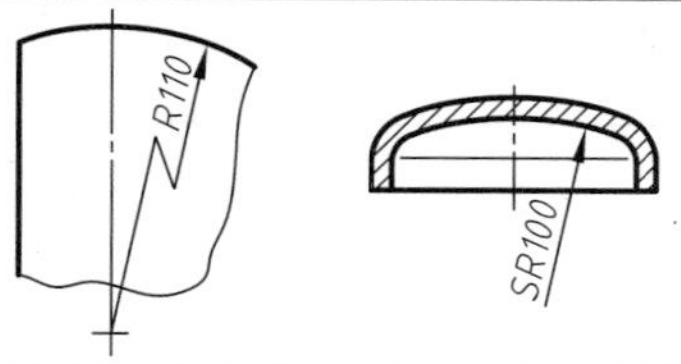 R110　SR100	当圆弧的半径过大或在图纸范围内无法标注其圆心位置时，可采用折线形式。若圆心位置不需注明，则尺寸线可只画靠近箭头的一段
小尺寸		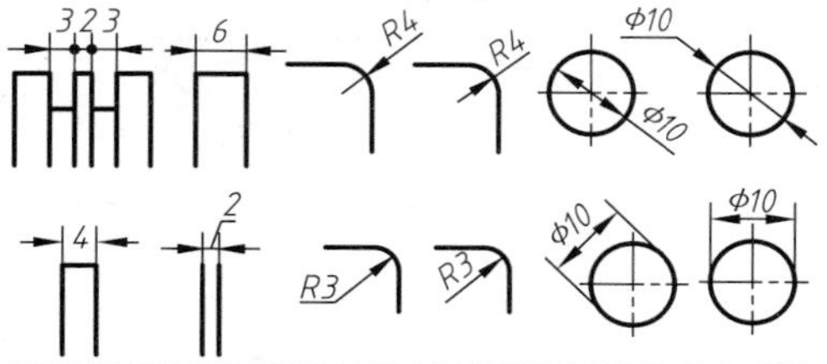 3 2 3　6　R4　R4　ϕ10　ϕ10　4　2　R3　R3　ϕ10　ϕ10	对于小尺寸在没有足够的位置画箭头或注写数字时，箭头可画在外面，或用小圆点代替两个箭头；尺寸数字也可采用旁注或引出标注
球面		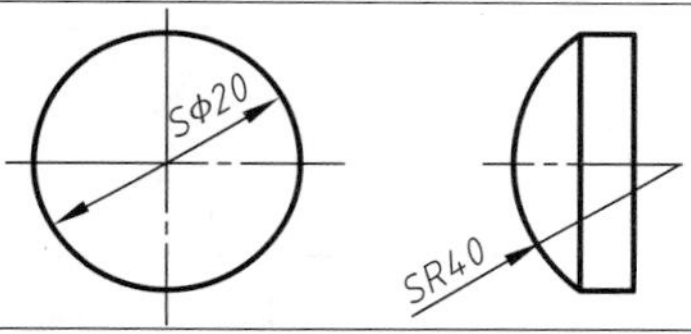 Sϕ20　SR40	标注球面的直径或半径时，应在尺寸数字前分别加注符号“*Sϕ*”或“*SR*” 对于轴、螺杆、铆钉以及手柄等的端部，在不致引起误解的情况下可省略符号“*S*”
角度		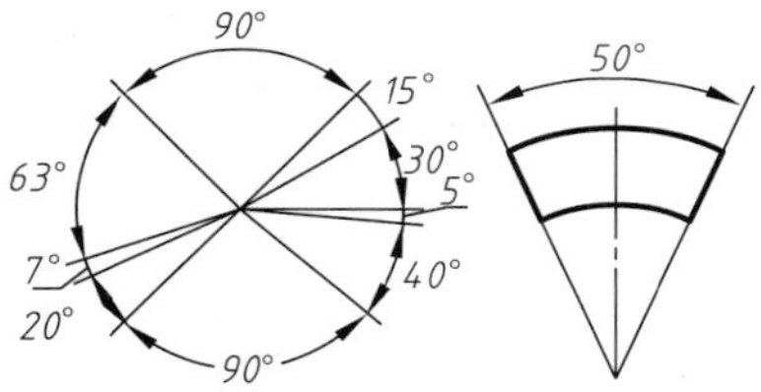 90°　15°　30°　5°　40°　90°　20°　7°　63°　50°	尺寸界线应沿径向引出，尺寸线画成圆弧，圆心是角的顶点。尺寸数字一律水平书写，一般注写在尺寸线的中断处，位置太小不能写在中断处，可按左图的形式标注
弦长和弧长		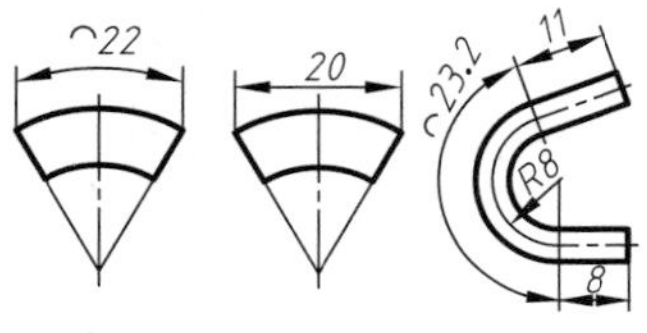 ⌒22　20　⌒23.2　11　R8　8	标注弦长和弧长时，尺寸界线应平行于弦的垂直平分线。弧长的尺寸线为同心弧，并应在尺寸数字左方加注符号“⌒”
只画一半或大于一半的对称零件		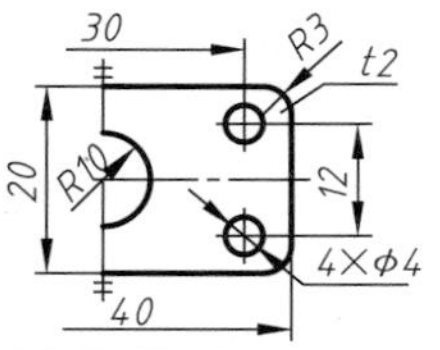 30　R3　t2　20　R10　12　4×ϕ4　40	尺寸线应略超过对称中心线或断裂处的边界线，仅在尺寸线的一端画出箭头
板状零件的厚度表达			标注板状零件的尺寸时，在厚度的尺寸数字前加注符号“*t*”
光滑过渡处的尺寸		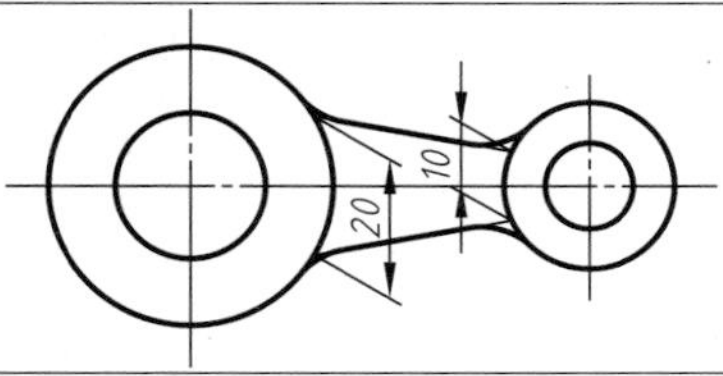 10　20	在光滑过渡处，必须用细实线将轮廓线延长，并从它们的交点引出尺寸界线
允许尺寸界线倾斜			尺寸界线一般应与尺寸线垂直，必要时允许倾斜

（续）

标注内容	示　例	说　明
正方形结构	□9　9×9　□10　10×10	标注零件的剖面为正方形结构的尺寸时，可在边长尺寸数字 B 前加注符号“□”，或用“$B\times B$”代替“□B”。图中相交的两条细实线是平面符号（当图形不能充分表达平面时，可用这个符号表达平面）

国家标准还规定了一些有关尺寸标注的符号，用以区分不同类型的尺寸。表 1-5 中列出了常见的尺寸标注符号及缩写词。

表 1-5　常见尺寸标注符号及缩写词

序号	符号或缩写词	含义	序号	符号或缩写词	含义
1	ϕ	直径	8	□	正方形
2	R	半径	9	↧	深度
3	$S\phi$	球直径	10	⌴	沉孔或锪平
4	SR	球半径	11	⌵	埋头孔
5	t	厚度	12	⌒	弧长
6	EQS	均布	13	⦣ 或 ∠	斜度
7	C	45°倒角	14	◁ 或 ▷	锥度

符号的比例画法如图 1-21 所示。图中 h 是字体高度。

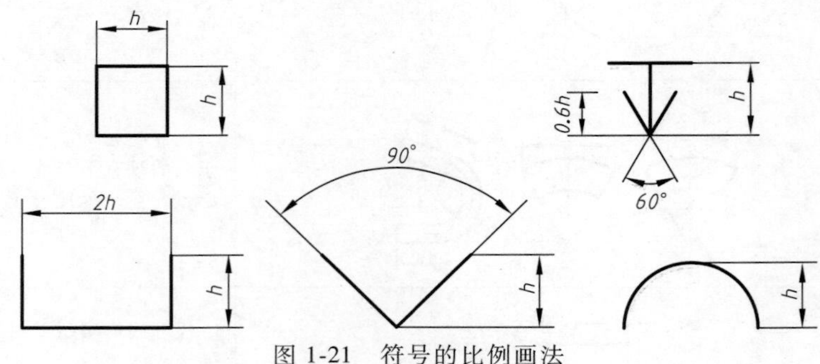

图 1-21　符号的比例画法

1.1.2　几何作图

圆周的等分（正多边形）、斜度、锥度、平面曲线和线段连接等几何作图方法，是绘制机械图样的基础，应当熟练掌握。

1. 圆周的等分和正多边形

（1）六等分圆周和正六边形

1）绘制正六边形，一般利用正六边形的边长等于外接圆半径的原理，因此，画正六边形只要已知外接圆的直径 D 即可，如图 1-22 所示。

2）用三角板配合丁字尺，也可作圆的内接正六边形或外切正六边形。当正六边形两对边的距离 S（即内切圆直径）尺寸已知，便可绘制一个正六边形，绘制步骤如图 1-23 所示。

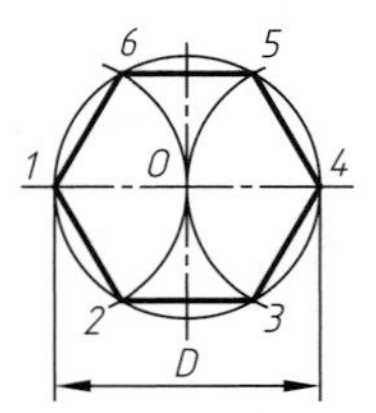

图 1-22　六等分圆周和作正六边形

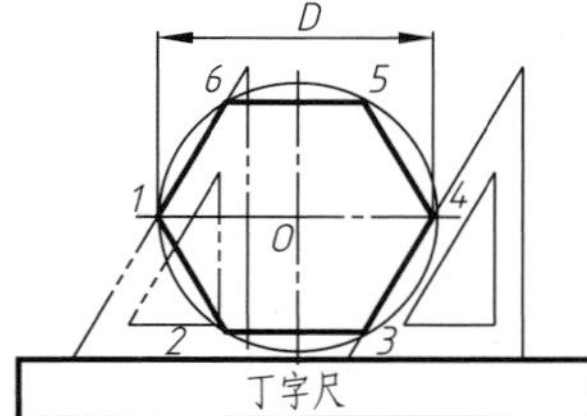

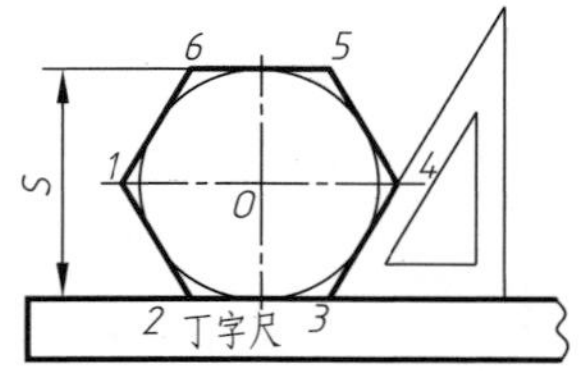

图 1-23　利用丁字尺、三角板作圆内接或外切正六边形

（2）五等分圆周和正五边形　五等分圆周可用分规试分，也可按下面的近似方法等分，如图 1-24 所示。

1）平分半径 ON 得点 P；

2）在 MN 上取 $PH=PA$，得点 H；

3）以 AH 为边长等分圆周得到 5 个顶点，依次连接即得正五边形。

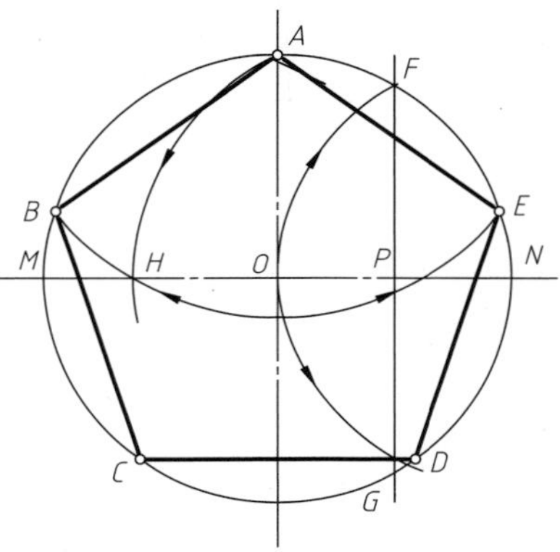

图 1-24　正五边形的画法

2. 斜度和锥度

（1）斜度　斜度是指一条直线或一个平面对另一条直线或一个平面的倾斜程度，其大小是以它们间角度 α 的正切值表示，如图 1-25a 所示。通常把比值化为1∶n 的形式，即：

$$\text{斜度 } S=\tan\alpha=H:L=1:(L/H)=1:n$$

绘图时斜度符号的方向应与斜度的方向一致，如已知直线段 AC 的斜度为 1∶4，其画法及标注如图 1-25b 所示。

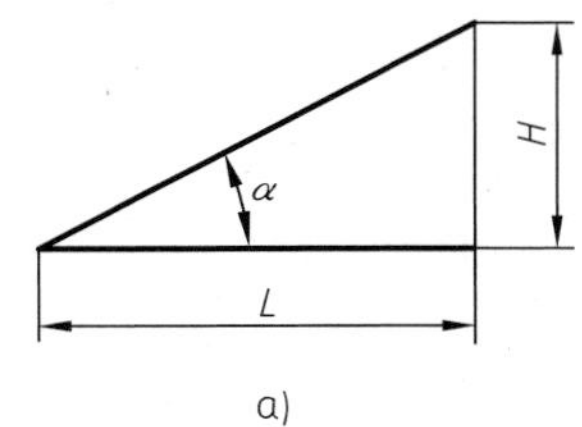

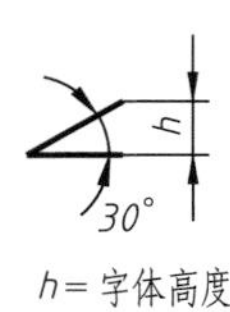

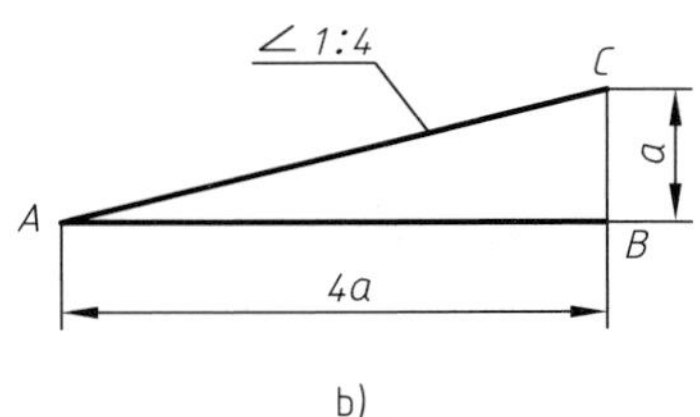

图 1-25　斜度的画法及标注

（2）锥度　锥度是指圆锥的底圆直径与高度之比，而圆台的锥度就是两个底圆直径之差与圆台高度之比，如图 1-26a 所示。通常也是把比值化为 1∶n 的形式，即

$$\text{锥度 } C=D/L=(D-d)/l=2\tan(\alpha/2)$$

锥度符号应配置在基准线上，标注时，基准线应通过指引线与圆锥的轮廓素线相连，并且基准线与圆锥的轴线平行，锥度符号的方向应与圆锥方向一致。锥度的标注如图 1-26b所示。

3. 圆弧连接

绘制零件的图形时，经常需要用圆弧（半径为 R_0）去连接另外的已知圆弧（半径为

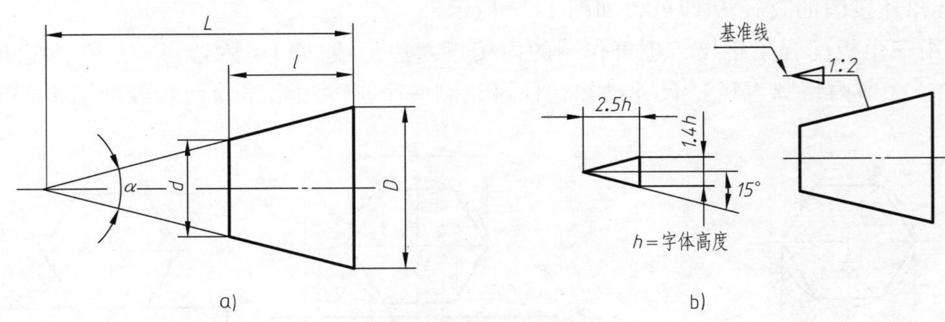

图 1-26　锥度的画法及标注

R_1，R_2）或直线，这类作图问题称为圆弧连接。圆弧连接的实质就是圆弧与圆弧，或圆弧与直线间的相切，关键在于正确地找出连接圆弧的圆心以及切点的位置。由初等几何知识可知：当两圆弧以内切方式相连接时，连接弧的圆心要用 R_0-R_1、R_0-R_2 来确定；当两圆弧以外切方式相连接时，连接弧的圆心要用 R_0+R_1、R_0+R_2 来确定。圆弧连接的作图步骤是：

1）分清连接类别，求出连接弧的圆心；

2）定出切点；

3）画连接圆弧（不超过切点）。

用仪器绘图时，各种圆弧连接的画法如图 1-27、图 1-28 所示。

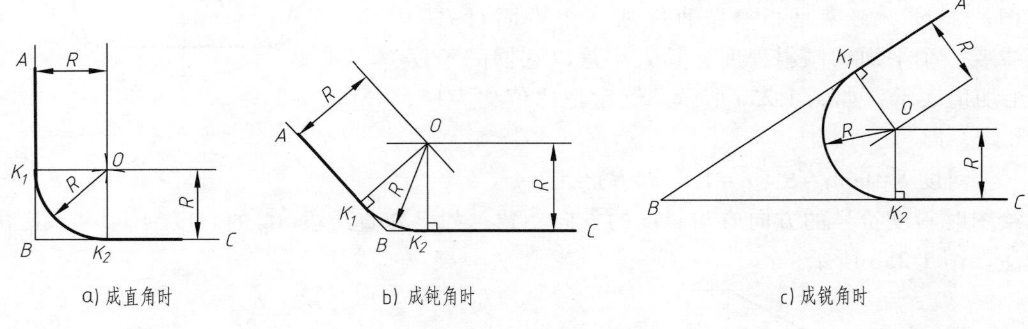

图 1-27　用圆弧连接两直线

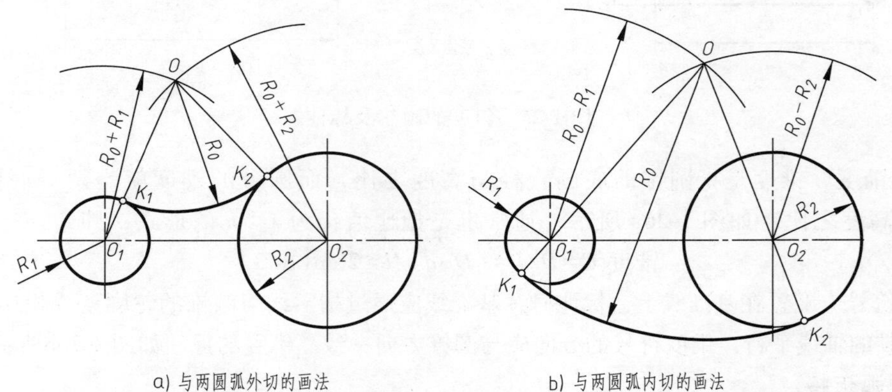

图 1-28　圆弧连接

4. 椭圆的近似画法

常用的椭圆近似画法为四圆弧法，即用四段圆弧连接起来的图形近似代替椭圆。如果已知椭圆的长、短轴 AB、CD，则其近似画法的步骤如下：

1）连 AC，以 O 为圆心，OA 为半径画弧交 CD 延长线于 E，再以 C 为圆心，CE 为半径画弧交 AC 于 F；

2）作 AF 线段的中垂线分别交长、短轴于 O_1、O_2，并作 O_1、O_2 的对称点 O_3、O_4，即求出四段圆弧的圆心，然后连接 O_2O_1，O_2O_3，O_4O_1，O_4O_3 并延长；

3）分别以 O_1、O_3 和 O_2、O_4 为圆心，以 O_1A 或 O_3B 和 O_2C 或 O_4D 为半径作圆弧，与 O_1O_2、O_2O_3、O_3O_4、O_1O_4 的延长线交于 K、N、N_1、K_1，它们即为四段圆弧的连接点。作图结果如图 1-29 所示。

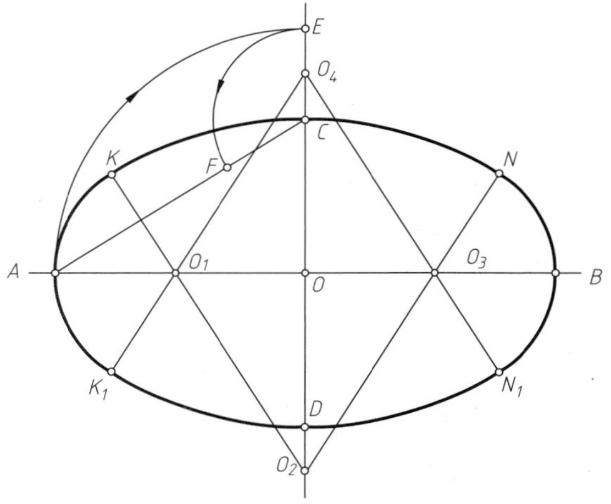

图 1-29 椭圆的近似画法

1.1.3 平面图形的尺寸分析与作图步骤

任何平面图形都是由若干线段（包括直线段、圆弧和曲线段）连接而成的，每条线段又由相应的尺寸来决定其长短（或大小）和位置。一个平面图形能否正确绘制出来，要看图中所给的尺寸是否齐全和正确。因此，绘制平面图形时应先进行尺寸分析和线段分析，以明确作图步骤。

1. 平面图形的尺寸分析

（1）尺寸基准　标注尺寸的起点，称为尺寸基准。分析尺寸时，首先要分析尺寸基准。通常以图形的对称中心线、较大圆的中心线、图形轮廓线作为尺寸基准。一个平面图形具有两个坐标方向的尺寸，因此，每个方向至少要有一个尺寸基准。尺寸基准也常是画图的基准，画图时，要从尺寸基准开始画。

（2）尺寸分类　根据尺寸的作用，平面图形中的尺寸可以分为两大类。

1）定形尺寸：确定几何元素大小的尺寸称为定形尺寸，如直线段的长度、圆弧的半径等。

2）定位尺寸：确定几何元素位置的尺寸称为定位尺寸，如圆心的位置尺寸、直线与中心线的距离尺寸等。

2. 平面图形的线段分析

平面图形中的线段，依其尺寸是否齐全可分为三类。

（1）已知线段　具有齐全的定形尺寸和定位尺寸的线段为已知线段，作图时可以根据已知尺寸直接绘出。

（2）中间线段　只给出定形尺寸和一个定位尺寸的线段为中间线段，其另一个定位尺寸可依靠与相邻已知线段的几何关系求出。

（3）连接线段　只给出线段的定形尺寸，定位尺寸可依靠其两端相邻的已知线段求出的线段为连接线段。

仔细分析上述三类线段的定义，不难得出线段连接的一般规律：在两条已知线段之间可以有任意个中间线段，但必须有而且只能有一条连接线段。

3. 平面图形作图步骤

（1）绘制图形的基准线　首先画已知线段，即具有齐全的定形尺寸和定位尺寸的线段。作图时，可以根据这些尺寸先行画出。

（2）画中间线段　其次画只给出定形尺寸和一个定位尺寸的线段，需待与其一端相邻的已知线段作出后，才能由作图确定其位置。

（3）画连接线段　再画只给出定形尺寸、没有定位尺寸的线段，需待与其两端相邻的线段作出后，才能确定它的位置。

（4）校核　校核作图过程，擦去多余的作图线，描深图形。

1.2　项目案例：手柄的绘制

本节要求绘制手柄的平面图形，如图 1-30 所示。

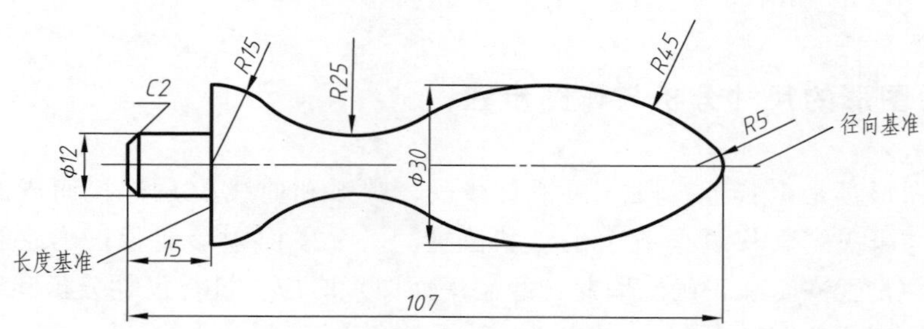

图 1-30　手柄的平面图形

1. 手柄平面图形的尺寸分析

尺寸基准：图 1-30 中有两个方向的主要基准，即长度基准和径向基准。

定形尺寸：ϕ12mm、ϕ30mm、R15mm、R25mm、R45mm、R5mm。

定位尺寸：107mm、15mm。

2. 手柄平面图形的线段分析

已知线段：R5mm、R15mm、ϕ12mm。

中间线段：R45mm。

连接线段：R25mm。

3. 手柄平面图形的绘制方法和步骤

如图 1-31 所示，手柄平面图形的绘制方法和步骤如下。

1）画出基准线。

2）画出已知线段。

3）画出中间线段。

4）画出连接线段。

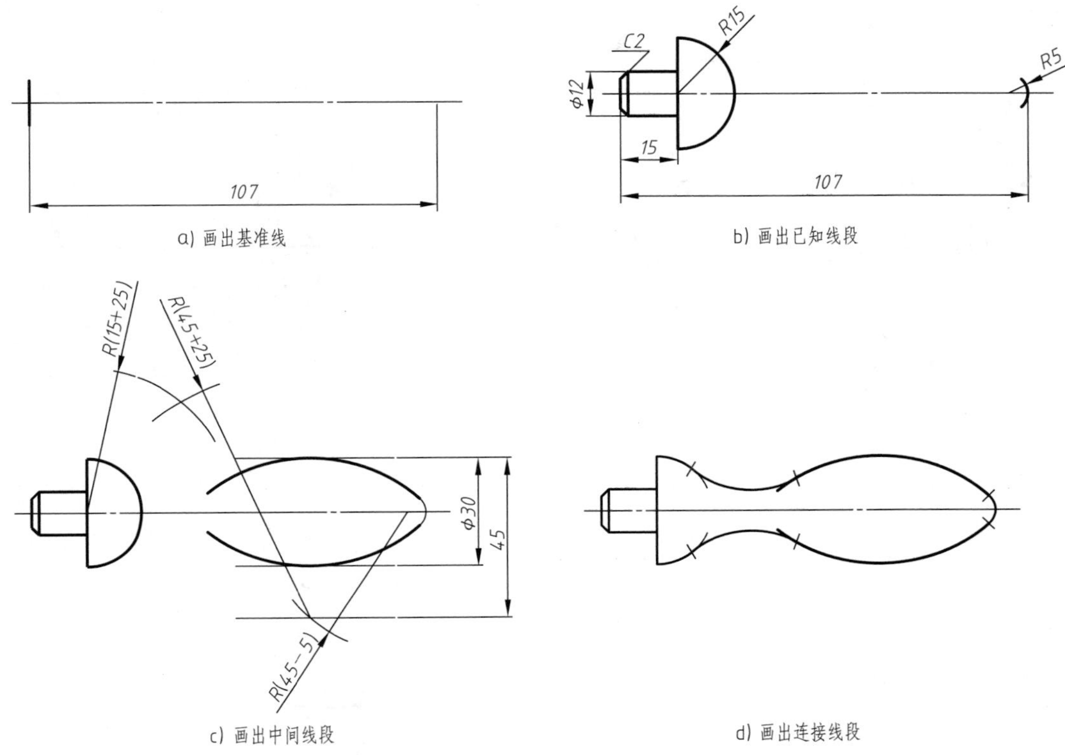

图 1-31　手柄平面图形的绘制方法和步骤

1.3　绘图工具和仪器的使用

在工程中使用的图样，其图形一般由直线和曲线按照一定的几何关系绘制而成。绘图时需利用绘图工具和仪器，按照图形的几何关系顺序完成。正确地使用绘图工具和仪器，是保证绘图质量和绘图效率的一个重要方面。下面介绍手工绘图工具和仪器的正确使用方法。

常用的绘图工具有：图板、丁字尺、三角板、量角器、比例尺、曲线板等，这里重点介绍图板、丁字尺、三角板和曲线板的使用方法。

1. 图板

图板是用来固定图纸的，因此要求板面平滑光洁。图板的规格尺寸有 0 号（900mm×1200mm）、1 号（600mm×900mm）、2 号（450mm×600mm）等几种，可根据需要进行选用。图纸用胶带固定在图板上，当图纸较小时，可以将图纸铺贴在图板靠近左下方的位置，如图 1-32 所示。

2. 丁字尺

丁字尺由尺头和尺身两部分组成，主要用来绘制水平线，或配合三角板等工具绘制一些特殊位置的直线，其尺头部分须紧靠绘图板左边。画线时用左手推动丁字尺尺头沿图板边上下移动，当丁字尺调整到准确的位置后，压住丁字尺进行画线。绘制水平线时应从左画到右，画线开始和结束处，铅笔方向应与纸面垂直，画线过程中铅笔与纸面保持倾斜约 30°，如图 1-33 所示。

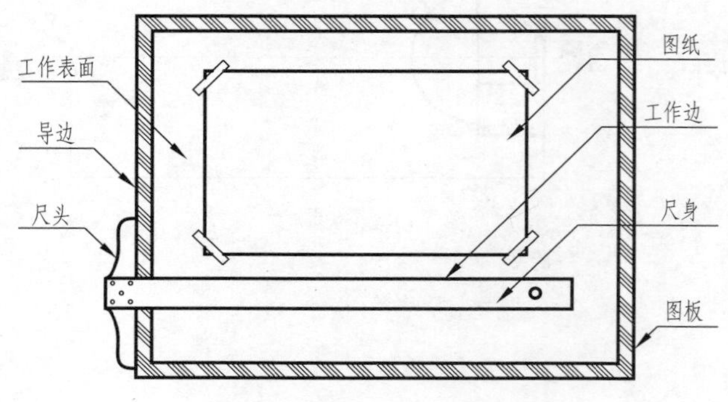

图 1-32　图纸与图板

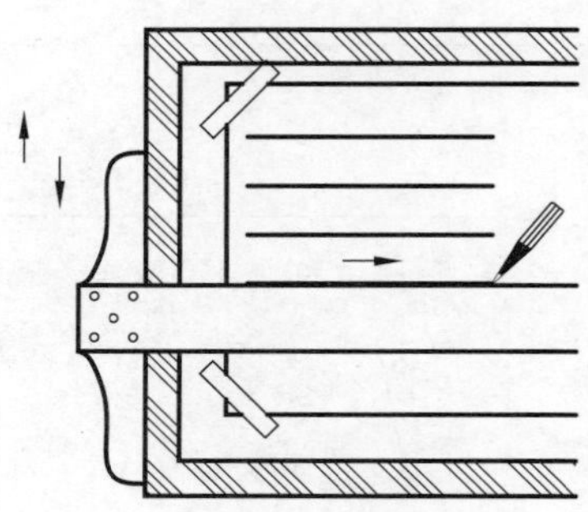

图 1-33　丁字尺的使用方法

3. 三角板

三角板分 45°×45° 和 30°×60° 两块，可配合丁字尺画铅垂线及 15° 倍角的斜线，也可以两块三角板互相配合画出任意角度的平行线或垂直线。画这些线条时，走笔方向如图 1-34 中的箭头所示。

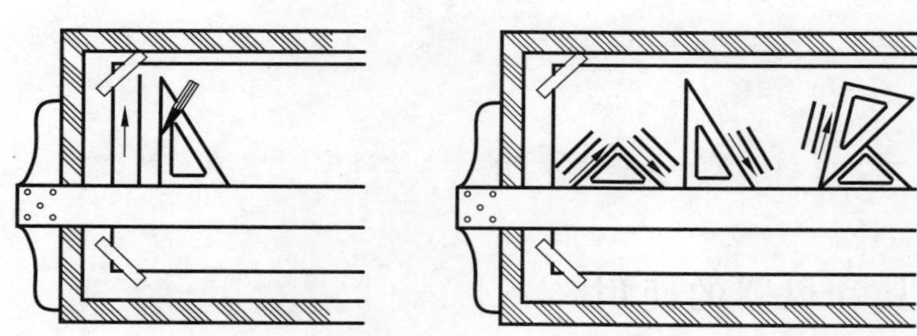

图 1-34　丁字尺与三角板的使用方法

4. 曲线板

曲线板用来画非圆曲线。描绘曲线时，先徒手将已求出的各点顺序轻轻地连成曲线，再根据曲线曲率大小和弯曲方向，从曲线板上选取与所绘曲线相吻合的一段与其贴合。每次至少对准 4 个点，并且只描中间一段，前面一段为上次所画，后面一段留待下次连接，以保证连接光滑流畅，如图 1-35 所示。

5. 绘图仪器

绘图仪器是用来绘制机械图样的工具，常用的绘图仪器有圆规、分规和直线笔等，这里主要介绍圆规和分规的使用方法。

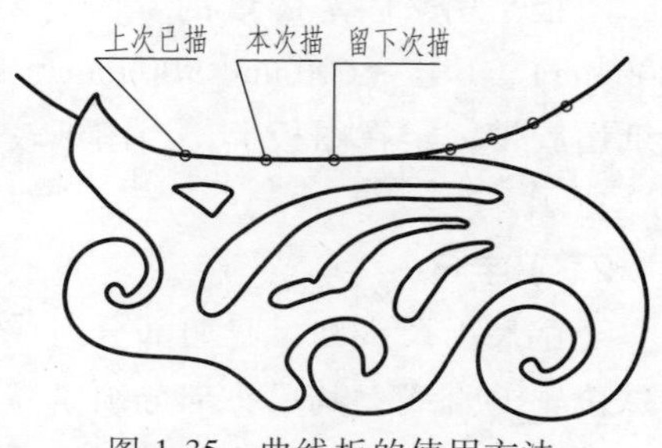

图 1-35　曲线板的使用方法

（1）圆规及其附件　圆规是绘图仪器中的主要绘图工具，用来画圆及圆弧。它有三种插腿：铅芯插腿、墨线笔插腿、钢针插腿，分别用于画铅笔线、画墨线及代替分规使用。使用圆规时，应先调整针尖

（有台阶的一端朝下）和插腿的长度，使针尖台阶处与铅芯的高度平齐，铅芯削成如图1-36a所示形状。圆规的使用方法如图 1-36b 所示。

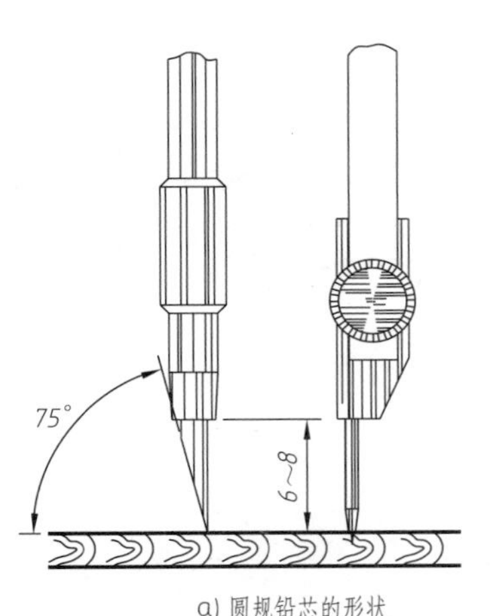

a) 圆规铅芯的形状

b) 圆规的使用方法

图 1-36　圆规

（2）分规　分规是用来量取线段和等分线段的工具，使用前应调整分规的两个针尖平齐。当从比例尺上量取长度时，针尖不要正对尺面，应使针尖与尺面保持倾斜。用分规等分线段时，通常采用试分法。分规的使用方法如图 1-37 所示。

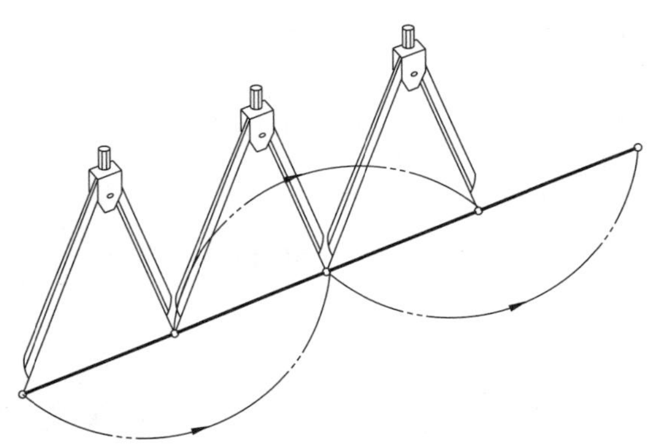

图 1-37　分规的使用方法

6. 绘图用品

常用的绘图用品有图纸、绘图铅笔、橡皮擦、擦图片、小刀、砂纸和胶带等。这里主要介绍图纸和铅笔的使用方法。

（1）图纸　图纸分绘图纸和描图纸两种。

1）绘图纸：要求纸面洁白、质地坚实，橡皮擦拭不易起毛，画墨线时不渗透。在绘图时要鉴别图纸的正反面，要求使用正面来绘图。

2）描图纸：用于描绘复制蓝图的墨线图，要求纸张洁白、透明度好。描图纸薄而脆，使用时应避免折皱，防止受潮。

（2）绘图铅笔　绘图铅笔的铅芯有软硬之分，分别用字母 B 和 H 表示。B 字母前的数字越大，表示铅芯越软，画线越黑；H 字母前的数字越大，表示铅芯越硬，画线越淡。绘图时可根据不同的使用要求，准备以下几种硬度不同的铅笔。

1）B 或 HB：画粗实线用。

2）HB 或 H：画箭头和写字用。

3）H 或 2H：画各种细线和画底稿用。

其中，写字及画细线的铅笔头磨成圆锥形，画粗线的铅笔头磨成四棱柱形，其断面成矩形，如图 1-38 所示。

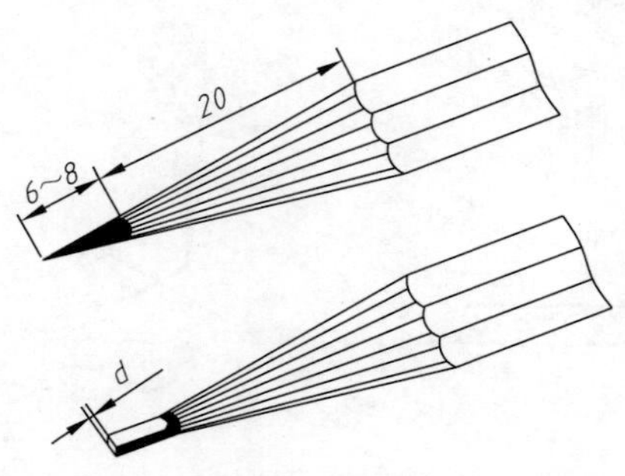

图 1-38　铅笔头的形状

本项目小结

通过本项目的学习，读者可了解国家标准《技术制图》和《机械制图》中关于图纸的幅面格式、比例、字体和图线等内容。绘制平面图形时，能正确地分析平面图形的尺寸和线段，拟定正确的作图步骤，能清晰、完整、正确地标注图形尺寸。正确地使用绘图工具和仪器，并养成良好的绘图习惯。

练习与在线自测

1. 思考题

（1）A0 号图纸幅面多大？它与 A1 号、A2 号图纸幅面的比例关系如何？

（2）有装订边的图纸、没有装订边的图纸的周边尺寸分别是多少？

（3）图样中比例 2∶1 和 1∶2 的含义各是什么？

（4）在图样中书写字体有哪些要求？

（5）机械制图中常用的线型有几种，分别用于何处？

（6）机械图样上尺寸的单位是什么？说明各类尺寸标注的基本规则及画法。

（7）尺寸组成包含哪几个部分？它们分别有哪些基本规定？

（8）试述斜度、锥度的意义、画法和标注方法。

（9）平面图形的尺寸有几类？如何判断？

（10）圆弧连接中圆弧的圆心和连接点的位置如何确定？

2. **练习题**

（1）绘制如图 1-39 所示的平面图形。

（2）绘制如图 1-40 所示的平面图形。

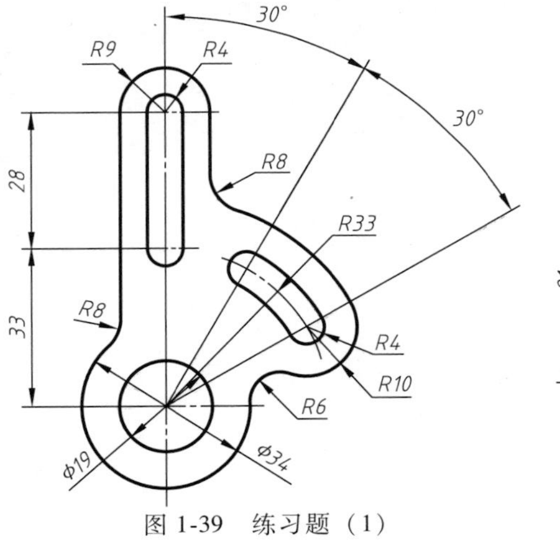

图 1-39 练习题（1）

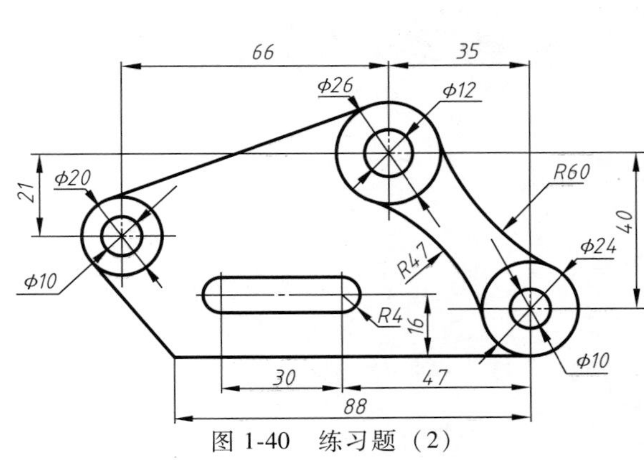

图 1-40 练习题（2）

3. **自测题**（手机扫码做一做）

项目2

点、直线和平面投影的学习与应用

知识目标

1）掌握投影的基本概念和投影的基本性质。
2）掌握点、直线和平面的投影特征。
3）掌握三视图绘制的基本原理和方法。

能力目标

1）能根据点、直线、平面的投影规律和作图方法，正确地绘制三视图。
2）具有一定的空间分析和想象能力。

项目案例

模型三视图的绘制。

2.1 投影法及三视图（GB/T 13361—2012、GB/T 14692—2008）

日常生活中，当太阳光或灯光照射某个物体时，可以看到地上或墙面上会产生物体的一个影子。根据此现象，我们将空间几何元素或物体投影到一定的或预设的投影面上、并在该投影面上产生投影的方法称为投影法。

如图 2-1 所示，平面 P 为指定投影面，不在投影面上的定点 S 为投射中心，投射线均由投射中心 S 射出。通过空间点 A 的投射线与投影面相交于一点 a，点 a 是空间点 A 在投影面 P 上的投影。同样，点 b 是空间点 B 在投影面 P 上的投影，点 c 是空间点 C 在投影面 P 上的投影。

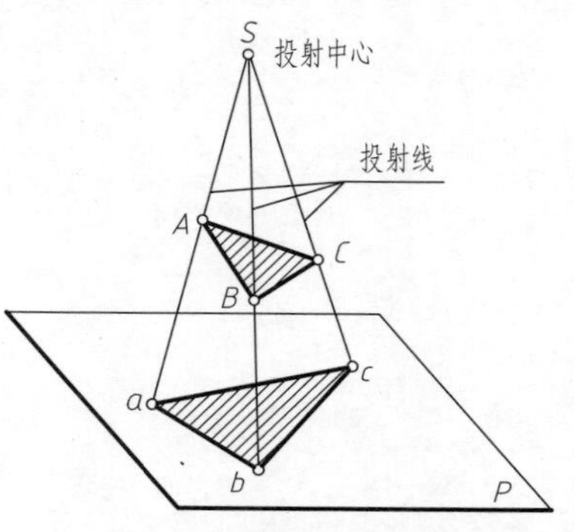

图 2-1 投影的概念

1. 投影法的分类

投影法可分为中心投影法和平行投影法两大类。

（1）中心投影法　投射线都从投射中心出发的投影法称为中心投影法，如图 2-1 所示。从图 2-1 中可看出，三角形 $\triangle ABC$ 的投影 $\triangle abc$ 的大小和形状是随着 $\triangle ABC$、投射中心 S、投影面 P 三者之一的位置变化而变化的。因此，用中心投影法得到的物体投影不能唯一地反映该物体的真实大小。

（2）平行投影法　当假设将图 2-1 中的投射中心 S 移至无限远处时，投射线可以近似地看成是相互平行的，这种投射线相互平行的投影法称为平行投影法。

根据投射线与投影面的相对位置，平行投影法又分为斜投影法和正投影法。

1）斜投影法：投射线倾斜于投影面的投影法，称为斜投影法，如图 2-2a 所示。

2）正投影法：投射线垂直于投影面的投影法，称为正投影法，如图 2-2b 所示。

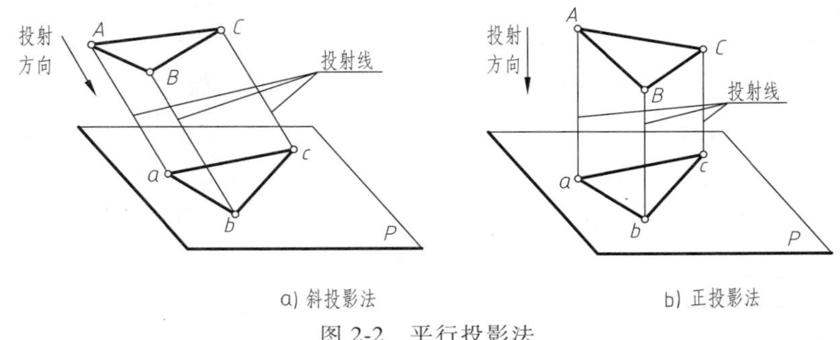

图 2-2　平行投影法

机械图样一般采用正投影法绘制，根据正投影法所得到的空间物体的图形称为空间物体的正投影图，简称投影。今后如不作特别说明，“投影”即指“正投影”。

2. 正投影的基本特性

如图 2-3 所示，正投影具有如下基本特性。

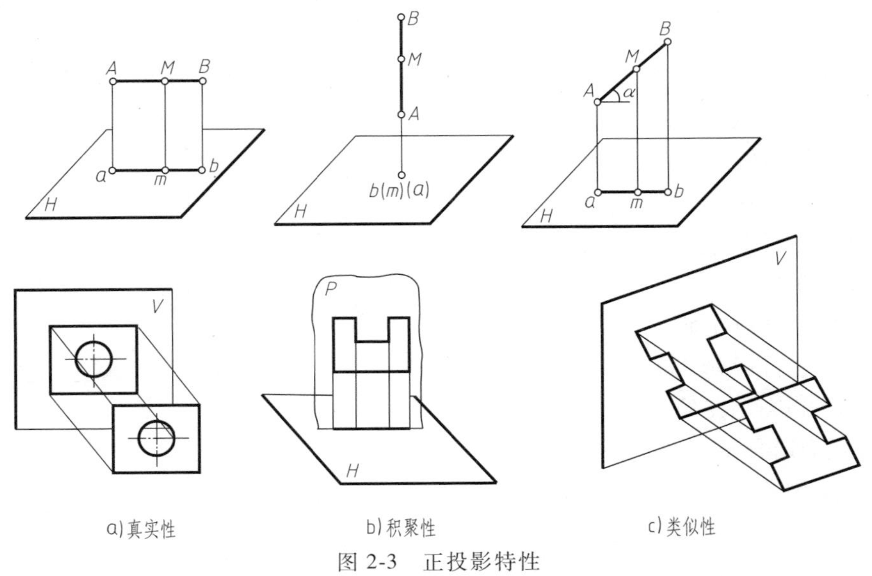

图 2-3　正投影特性

（1）真实性　当平面图形（或空间直线段）平行于投影面时，其投影反映实形（或实长）。这种投影性质称为真实性，如图 2-3a 所示。

（2）积聚性　当平面图形（或空间直线段）垂直于投影面时，其投影积聚为一直线（或一个点）。这种投影性质称为积聚性，如图 2-3b 所示。

（3）类似性　当平面图形（或空间直线段）倾斜于投影面时，投影为原图形的类似形。

注意：类似形并不是相似形，它和原图形只是边数相同、形状类似，例如圆的投影为椭圆。这种投影特性称为类似性，如图 2-3c 所示。

（4）从属性　当一点在一直线（或曲线）上，它的投影必落在该直线（或曲线）的同面投影上。

（5）定比性　直线上两线段长度之比等于该两线段投影的长度之比。

（6）平行性　相互平行的两直线，在同一投影面上的投影必平行。一直线或一平面图形经平行移动之后，它们在同一投影面上的投影，虽然位置变动了，但其形状和大小保持不变。

3. 三视图的形成

机械制图国家标准规定：机件向投影面投射时所得的图形称为视图。

根据前面所述，可以画出一个形体在一个投影面上的视图。但是，仅仅通过一个视图并不能判定空间形体的结构与形状。如图 2-4 所示，三个不同形状的形体，它们在一个投影面上的视图完全一样。因此，为准确地表达机件的结构与形状，在机械制图中往往采用多面正投影的画法。

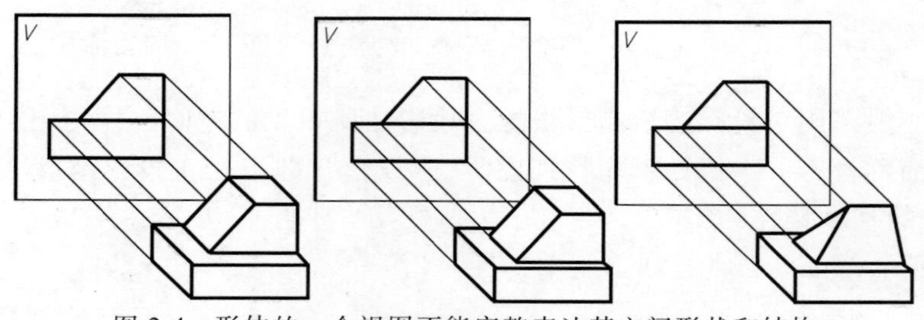

图 2-4　形体的一个视图不能完整表达其空间形状和结构

（1）三投影面体系的建立　将三个互相垂直相交的投影平面称为三投影面体系。这三个平面将空间分为八个部分，每一部分叫做一个分角，分别称为Ⅰ分角、Ⅱ分角、……、Ⅷ分角，如图 2-5a 所示。世界上有些国家规定将物体放在第一分角内进行投影，也有些国家规定将物体放在第三分角内进行投影。我国采用第一分角投影法。在第一分角内，正立投影面简称正立面，用 *V* 表示；水平投影面简称水平面，用 *H* 表示；侧立投影面简称侧立面，用 *W* 表示，如图 2-5b 所示。三个投影面两两相交的交线 *OX*、*OY*、*OZ* 称为投影轴，三个投影轴相互垂直且交于一点 *O*，称为原点。

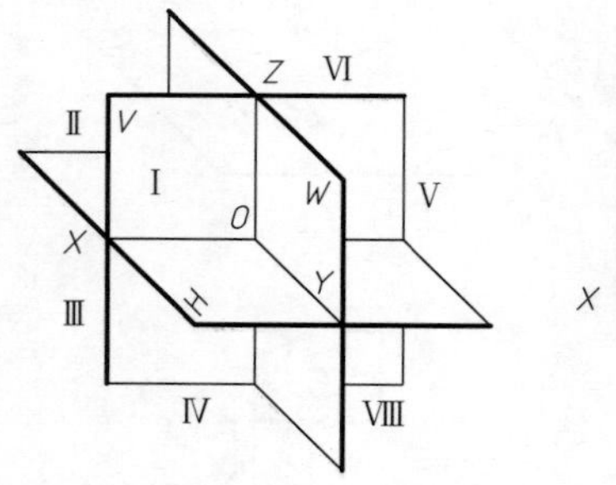

a) 三投影面体系的八个分角

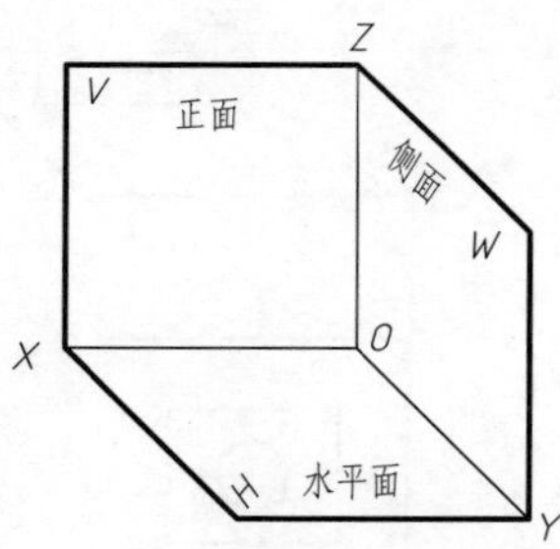

b) 第一分角三个投影面的名称和标记

图 2-5　三投影面体系

将物体放置在三投影面体系中，分别向三个投影面作正投影便可得到该物体的三面投影图，如图 2-6a 所示。为了作图和表示的方便，将 *H* 面和 *W* 面分别展开至与 *V* 面在同一平面上。展开时 *V* 面保持不动，将 *H* 面绕 *OX* 轴向下旋转 90°，*W* 面绕 *OZ* 轴向后旋转 90°，展开后得到的视图即为三视图，如图 2-6c、d 所示。

（2）三视图之间的关系

1）三视图之间的位置关系。国家标准规定：*V* 面投影图称为主视图；*H* 面投影图称为俯视图；*W* 面投影图称为左视图。从图 2-7 中可以看出三视图之间的位置关系是：俯视图在主视图的正下方，左视图在主视图的正右方。

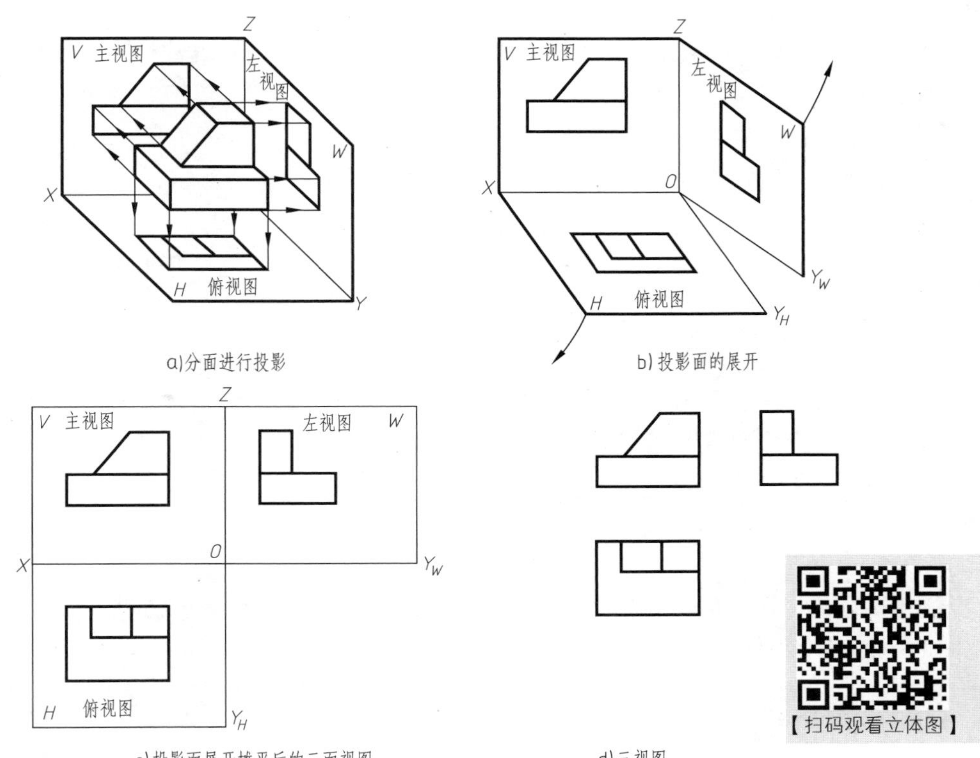

图 2-6　三视图的形成

2）三视图间的投影关系。物体有长、宽、高三个方向的尺寸，三视图中每个视图都反映物体的两个方向尺寸。定义 *X* 轴方向为长度方向，*Y* 轴方向为宽度方向，*Z* 轴方向为高度方向。从图 2-7 中可以看出主视图和俯视图都反映了物体的长度；主视图和左视图都反映了物体的高度；俯视图和左视图都反映了物体的宽度。由此可以归纳出主、俯、左三个视图之间的投影关系为：

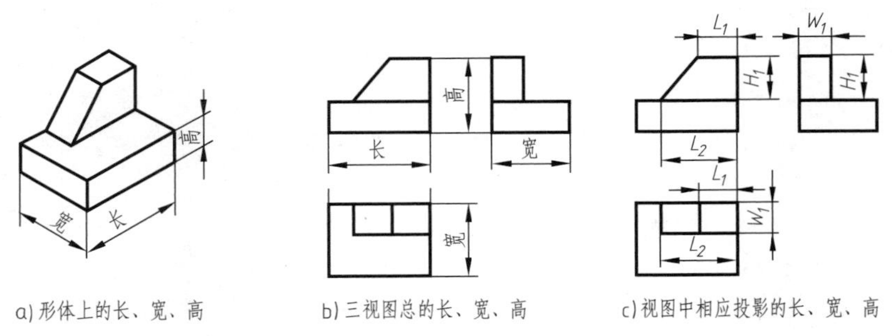

图 2-7　三视图间长、宽、高尺寸关系

① 主、俯视图长对正；

② 主、左视图高平齐；

③ 俯、左视图宽相等。

三视图之间的这种投影关系也称为视图之间的三等关系（或三同规律），这是画图和读图的主要依据。

3）三视图与物体的方位关系：物体都有上、下、左、右、前、后六个方位，如图 2-8 所示。

① 主视图：反映了物体的上、下和左、右位置关系；

② 俯视图：反映了物体的前、后和左、右位置关系；

③ 左视图：反映了物体的上、下和前、后位置关系。

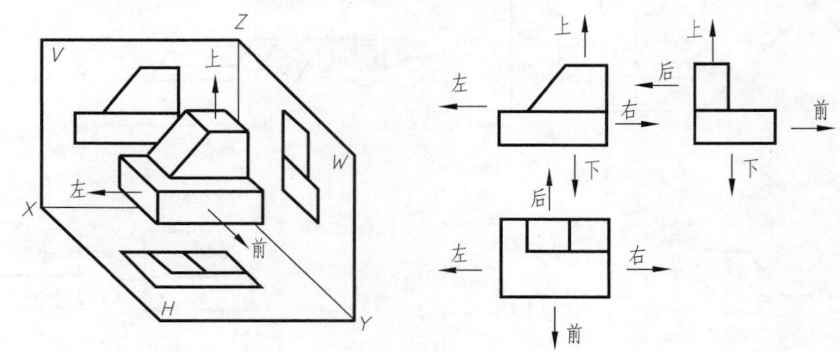

图 2-8　方位关系

读图和绘图时应以主视图为准。俯、左视图远离主视图的一侧表示物体的前面，靠近主视图的一侧表示物体的后面。

2.2　点的投影

点、直线和平面是构成物体的基本几何元素，其中点是最基本的几何元素。

1. 空间点的位置和直角坐标

空间点的位置，可由其直角坐标值来确定，一般采用下列的书写形式：

$A(x, y, z)$；$A(25, 30, 35)$；$A(x_A, y_A, z_A)$；$B(x_b, y_b, z_b)$。

其中 x、y、z（或相应数字）均为该点至相应坐标面的距离数值，如图 2-9 所示。若将三投影面体系当作直角坐标系，则各个投影面就是坐标面，各投影轴就是坐标轴，点到各投影面的距离，就是相应的坐标数值。

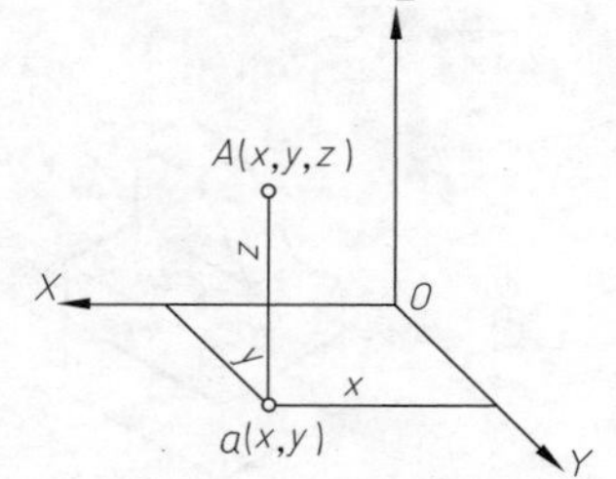

图 2-9　点的位置及坐标

由于点的一个投影只能反映它到两个投影面的距离或坐标值，而在第三坐标方向（即垂直投影面的方向）的距离或坐标值显示不出来，所以仅有点的一个投影不能确定点的空间位置。

2. 点的三面投影

空间一点在一个平面上的投影仍为一个点。将点 A 置于三投影面体系之中，如图 2-10a 所示，过 A 点分别向三个投影面作垂线（即投射线），与三个投影面相交得到三个垂足，即点的投影。A 点在 H 面的投影为 a、在 V 面的投影为 a'、在 W 面的投影为 a''，如图 2-10b 所示。

机械制图中规定：空间点用大写 A、B、C 等字母表示；空间点在 H 面上的投影用其相应的小写 a、b、c 等字母表示；在 V 面上的投影用小写 a'、b'、c'等字母表示；在 W 面上的投影用小写 a''、b''、c''等字母表示。

移出空间点 A，将投影面展开后去掉投影面的边框线，便得到如图 2-10c 所示的点的三面投影。

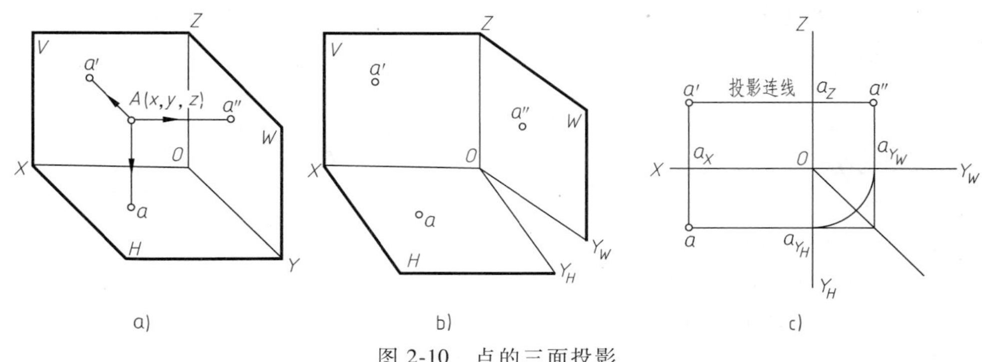

图 2-10　点的三面投影

为了便于进行投影分析，如图 2-10c 所示，用细实线将相邻的两投影点连接起来如 aa' 和 $a'a''$，称为投影连线。而 a 和 a''不能直接相连，需要借助斜角线和圆弧来实现点的连接。

从图 2-10c 中可以看出：空间一点 A 在三投影面体系中有唯一确定的一组投影（a、a'、a''）；反之，已知空间 A 点的两个或三个投影，便可以知道该点到三个投影面的距离，即三个坐标值，也就能确定该点在空间的位置。

3. 点的三面投影规律

从图 2-11 中可以看出，由于 $Aa \perp H$ 面、$Aa' \perp V$ 面，而 H 面与 V 面相交于 X 轴，Aaa'确定出一个平面，它与 X 轴相交于一点 a_x。由立体几何知识可知，X 轴必定垂直于平面 $Aa a_x a'$，也就是 aa_x 和 $a'a_x$ 同时垂直于 OX 轴。当 H 面绕 OX 轴旋转至与 V 面成为同一平面时，在投影图上 a、a_x、a'三点共线，即 $aa' \perp OX$ 轴。

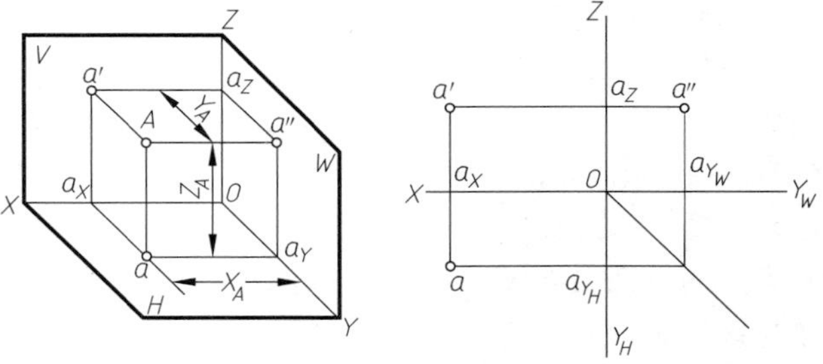

图 2-11　点的三面投影规律

同理，$a'a'' \perp OZ$，$aa_x = Oa_{YH} = a''a_z = Oa_{YW}$

由以上分析可以归纳出点的投影规律。

1）点的相邻两面投影的连线垂直于相应的投影轴，即 $aa' \perp OX$、$a'a'' \perp OZ$、$aa_{Y_H} \perp OY_H$、$a''a_{Y_W} \perp OY_W$。

2）点的投影到投影轴的距离，等于空间点到相应投影面的距离。如点 A 的 V 面投影 a' 到 OX 轴的距离 $a'a_x$ 等于空间点 A 到 H 面的距离 Aa。同理，$aa_x = Aa'$，反映空间点 A 到 V 面的距离，即

A 到 W 面的距离：$Aa'' = aa_{Y_H} = a'a_z = Oa_x = X_A$；

A 到 V 面的距离：$Aa' = aa_x = a''a_z = Oa_{Y_W} = Y_A$；

A 到 H 面的距离：$Aa=a'a_x=a''a_{Y_W}=Oa_z=Z_A$。

每个投影反映两个坐标，两个投影包含点的三个坐标，所以能确定点的空间位置。由此可见，若已知点的直角坐标，就可作出点的三面投影。点的任何一面投影都反映了点的两个坐标，点的两面投影即可反映点的三个坐标，也就是确定了点的空间位置。因而，若已知点的任意两个投影，就可作出点的第三面投影。

例 2-1 已知点 A（150，50，50），求作点 A 的三面投影图。

绘图步骤如下：

1）自原点 O 沿 OX 轴向左量取 $x=150$，得点 a_x，如图 2-12 所示。

2）过 a_x 作 OX 轴的垂线，在垂线上自 a_x 向上量取 $z=50$，得点 A 的正面投影 a'，自 a_x 向下量取 $y=50$，得点 A 的水平投影 a。

3）过 a'作 OZ 轴的垂线，得交点 a_z。过 a_z 在垂线上沿 OY_W 方向量取 $a_za''=50$，定出 a''。也可以过 O 向右下方作 45°辅助线，并过 a 作 OY_H 垂线与 45°线相交，再由此交点作 OY_W 轴的垂线，与过 a'点且垂直于 OZ 轴的投射线相交，交点即为 a''，如图 2-12 所示。

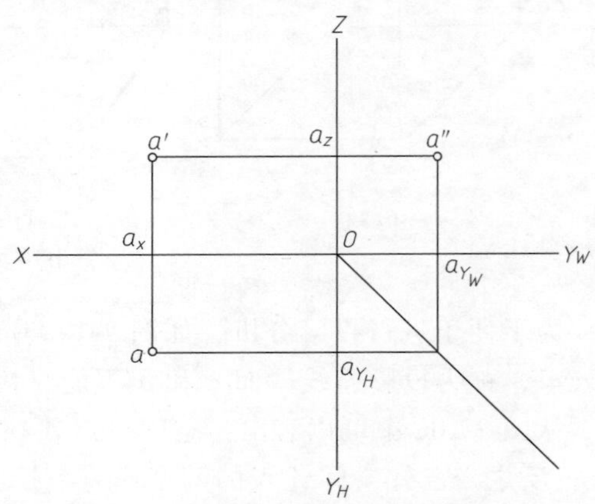

图 2-12 根据坐标求点的投影

4. 两点的相对位置

在投影图上判断空间两点的相对位置，就是分析两点之间的上下、左右和前后的位置关系，可由两点的坐标差值来确定。

比较两点的 x 坐标，可以确定两点的左、右位置关系，x 值大的在左；比较两点的 y 坐标，可以确定两点的前、后位置关系，y 值大的在前；比较两点的 z 坐标，可以确定两点的上、下位置关系，z 值大的在上。

如图 2-13 所示，由于 $x_A>x_B$，因此 A 点在左，B 点在右；由于 $y_A<y_B$，因此 A 点在后，B 点在前；由于 $z_A>z_B$，因此 A 点在上，B 点在下。也就是说，A 点在 B 点的左、后、上方。

5. 重影点的投影

当空间两点处于某一投影面的同一条投射线上时，两点在该投影面上的投影重合，这两点称为该投影面的一对重影点，如图 2-14 所示。

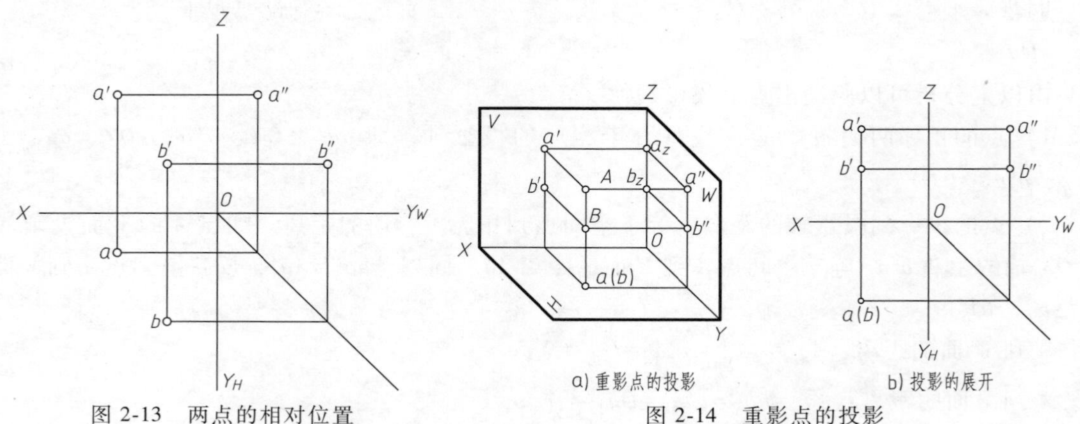

图 2-13 两点的相对位置

图 2-14 重影点的投影

关于重影点的表达，规定如下：

1）两点在 V 面的重影，从前向后投影　在前的点（y 值大）先看到，在后的（y 值小）后看到，后面点加括号表示。

2）两点在 H 面的重影，从上向下投影　在上的点（z 值大）先看到，在下的（z 值小）后看到，下面点加括号表示。

3）两点在 W 面的重影，从左向右投影　在左的点（x 值大）先看到，在右的（x 值小）后看到，右面点加括号表示。

注意：标记时，应将不可见的点的投影用括号括起来。例如 A、B 两点在 H 面发生重影，如图 2-14b 所示。

2.3　直线的投影

直线的投影一般仍为直线，特殊情况下积聚为点。求直线的投影，实际上就是求作直线上的两个点的投影，然后连接同面投影即可。如图 2-15 所示，直线段 AB 的三面投影 ab、$a'b'$、$a''b''$均为直线。求作其投影时，首先绘制 A、B 两点的三面投影 a、a'、a''及 b、b'、b''，然后连接 a、b 即可得到 AB 的 H 面投影 ab，同理可得到 AB 的 V 面投影 $a'b'$和 W 面投影 $a''b''$。

1. 各种位置直线的投影特性

根据直线在投影面体系中对三个投影面所处位置的不同，可将直线分为一般位置直线和特殊位置直线。特殊位置直线又分为投影面的平行线和投影面的垂直线。

（1）投影面平行线　直线与一个投影面平行，与另外两个投影面倾斜。

（2）投影面垂直线　直线与一个投影面垂直，与另外两个投影面平行。

（3）一般位置直线　直线倾斜于任何一个投影面。

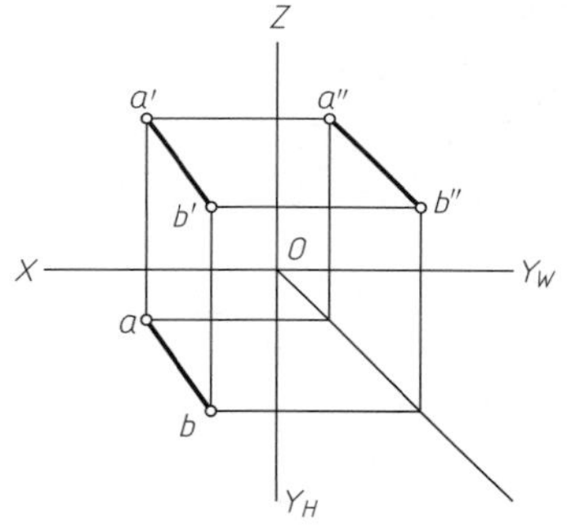

图 2-15　直线的投影

设 α、β、γ 分别表示直线对 H、V、W 三个投影面的倾角，下面讨论一下这几类直线的投影特性。

（1）投影面平行线　平行于 V 面，且倾斜于 H、W 面的直线称为正平线；平行于 H 面，且倾斜于 V、W 面的直线称为水平线；平行于 W 面，且倾斜于 H、V 面的直线称为侧平线。投影面平行线的立体图和投影图见表 2-1。

表 2-1　投影面平行线的立体图和投影图

直线位置 / 图及投影特点	水平线	正平线	侧平线
立体图	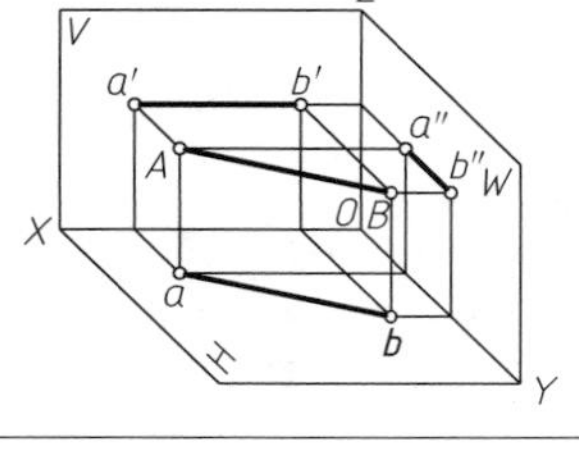	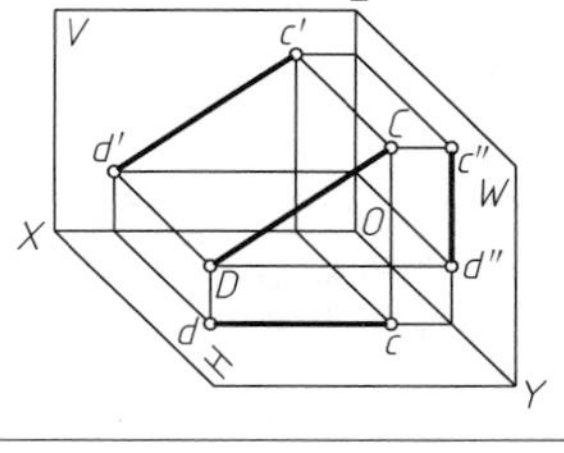	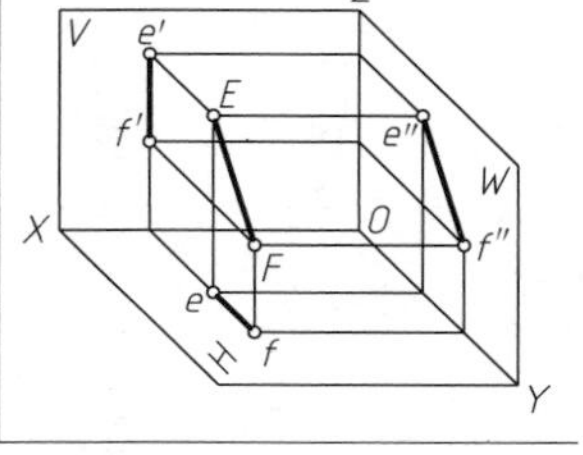

（续）

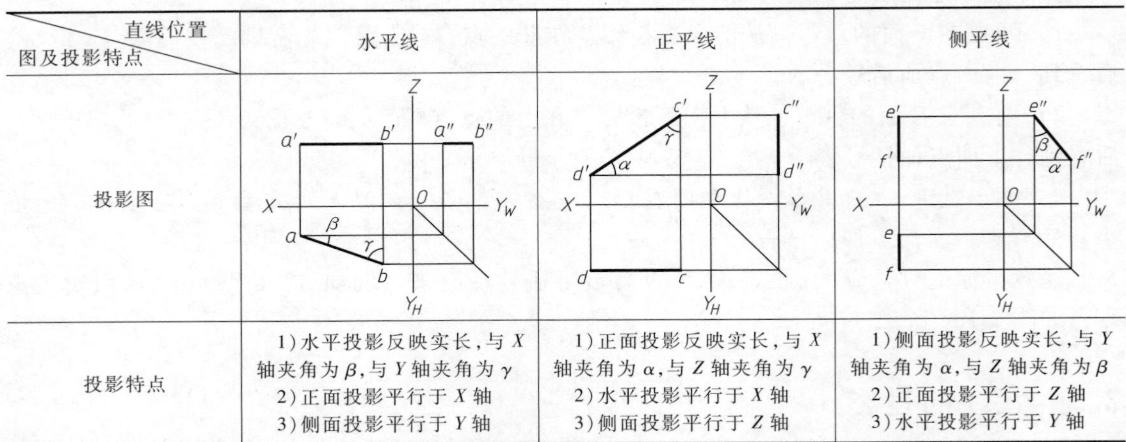

直线位置 图及投影特点	水平线	正平线	侧平线
投影图			
投影特点	1）水平投影反映实长，与 X 轴夹角为 β，与 Y 轴夹角为 γ 2）正面投影平行于 X 轴 3）侧面投影平行于 Y 轴	1）正面投影反映实长，与 X 轴夹角为 α，与 Z 轴夹角为 γ 2）水平投影平行于 X 轴 3）侧面投影平行于 Z 轴	1）侧面投影反映实长，与 Y 轴夹角为 α，与 Z 轴夹角为 β 2）正面投影平行于 Z 轴 3）水平投影平行于 Y 轴

从表 2-1 中可概括出投影面平行线的投影特点如下：

1）投影面平行线的三个投影都是直线，在所平行的投影面上的投影反映实长，且投影与投影轴的夹角反映直线对另外两个投影面的实际倾角。

2）另两个投影的线段比实长短，分别平行于相应的投影轴，其与所平行的投影轴的距离是空间线段与所平行的投影面之间的实际距离。

（2）投影面垂直线　垂直于 H 面（必然平行于 V、W 面）的直线称为铅垂线；垂直于 V 面（必然平行于 H、W 面）的直线称为正垂线；垂直于 W 面（必然平行于 H、V 面）的直线称为侧垂线。投影面垂直线的立体图和投影图如表 2-2 所示。

表 2-2　投影面垂直线的立体图和投影图

直线位置 图及投影特点	铅垂线	正垂线	侧垂线
立体图			
投影图			
投影特点	1）水平投影积聚为一点 2）正面投影和侧面投影都平行于 Z 轴，并反映实长	1）正面投影积聚为一点 2）水平投影和侧面投影都平行于 Y 轴，并反映实长	1）侧面投影积聚为一点 2）正面投影和水平投影都平行于 X 轴，并反映实长

从表 2-2 可以概括出投影面垂直线的投影特点如下：

1）投影面垂直线在所垂直的投影面上的投影积聚为一点。

2）其他两个投影都反映线段实长，且都垂直于相应的投影轴。

3）反映实长的投影，其到投影轴的距离是空间线段与所平行的投影面之间的实际距离。

（3）一般位置直线　由正投影的基本特性中的类似性可知，一般位置直线的三面投影均不反映实长，而且小于实长，其投影与投影轴的夹角也不反映空间直线与投影面的倾角。图 2-16a 中所示的直线 *AB* 即为一般位置直线，图 2-16b 所示为该直线的三面投影。

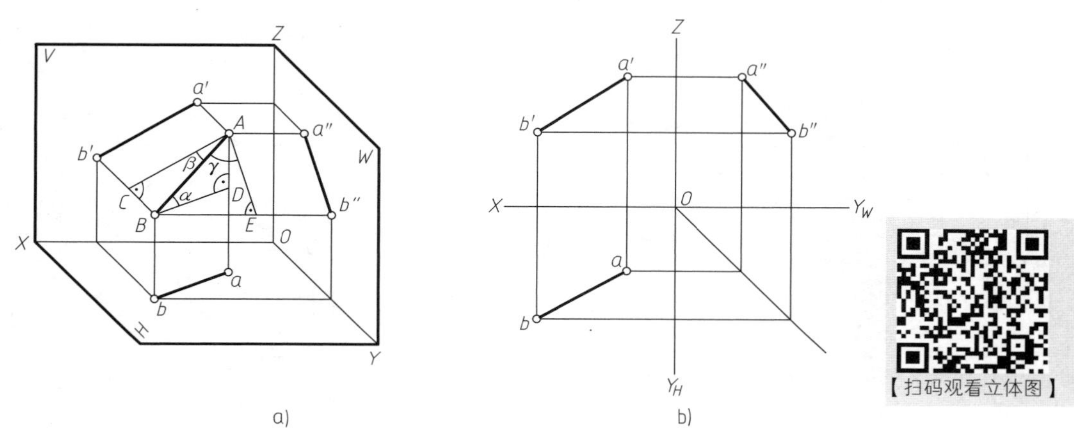

a)　　b)

图 2-16　一般位置直线的立体图和投影图

（4）一般位置直线的实长及对投影面的倾角　一般位置直线在三个投影面上均不反映实长和直线与三个投影面的真实夹角，但是在工程上，往往要求在投影图上用作图的方法解决这一度量问题。此时可采用直角三角形法来解决这一问题。

如图 2-16a 所示，将△*ABC*、△*ABD*、△*ABE* 分别取出，可得到三个直角三角形，如图 2-17 所示。经分析可以得出：直角三角形的斜边即为直线的实长；组成直角三角形的一条直角边为 *Z*（或 *Y*、*X*）方向的坐标差，另一直角边则为直线的水平（或正面、侧面）投影；实长与某一投影面上的投影的夹角就是直线与投影面的真实倾角。这里需要说明的是，一个直角三角形只能求出直线对一个投影面的倾角。

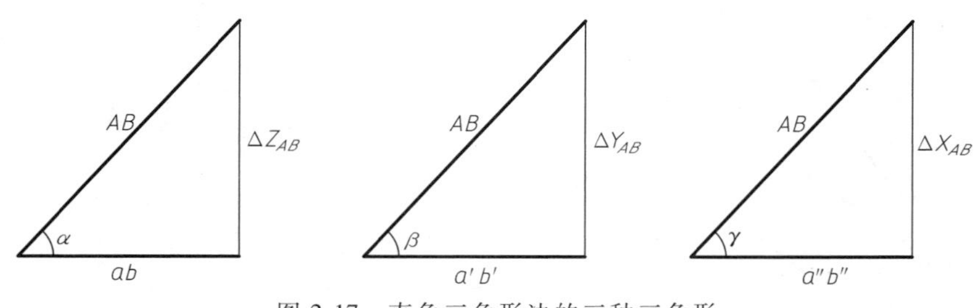

图 2-17　直角三角形法的三种三角形

在利用直角三角形法求解直线实长和倾角时，只要知道图 2-17 中四个要素中的两个要素，便可求出其他两个未知要素。

例 2-2　如图 2-18a 所示，已知直线 *AB* 对 *H* 面的倾角 $\alpha=30°$，试求 *AB* 的正面投影。

解　如图 2-18b 所示，依据 *AB* 的水平投影 *ab* 和 α 角，求出 *A*、*B* 两点的 *Z* 坐标差；依

据点的投影规律求出 b'，即可得到 AB 的正面投影。此题有两解。

2. 直线上的点

（1）从属性　如果点在直线上，则点的投影必在直线的同面投影上，且符合点的投影规律，这种性质称为从属性。如果点的三面投影中有一个投影不在直线的同面投影上，则该点不在直线上。如图 2-19 所示，点 C 在直线 AB 上，则 C 点的三面投影都在直线 AB 的三面投影上。

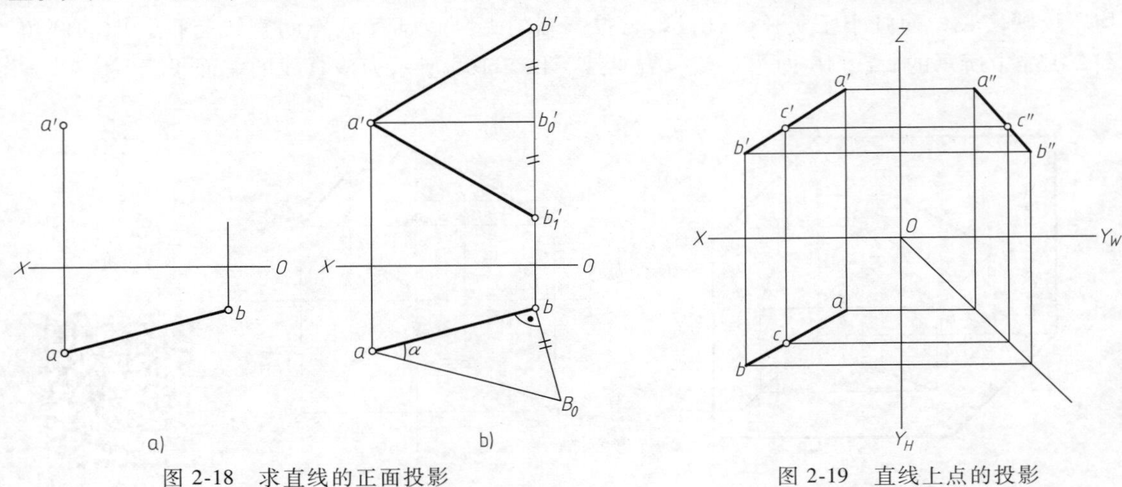

图 2-18　求直线的正面投影

图 2-19　直线上点的投影

（2）定比性　点分割线段成定比，则分割线段在各个同面投影之比等于其线段之比。如图 2-19 所示，C 点将 AB 分为 AC 和 CB 两段，很容易证明：$AC:CB=ac:cb=a'c':c'b'=a''c'':c''b''$，即点分线段成定比。

3. 两直线的相对位置

两直线在空间的相对位置有三种：平行、相交、交叉（即立体几何中的异面）。平行和相交两直线都是位于同一平面上的直线，而交叉直线则不在同一平面上。

（1）平行两直线　空间平行的两直线，其所有同面投影也一定互相平行。反之，若两直线的三面投影都对应平行，则空间两直线也互相平行。如图 2-20 所示，空间两直线 $AB /\!/ CD$，则 $ab /\!/ cd$、$a'b' /\!/ c'd'$、$a''b'' /\!/ c''d''$。

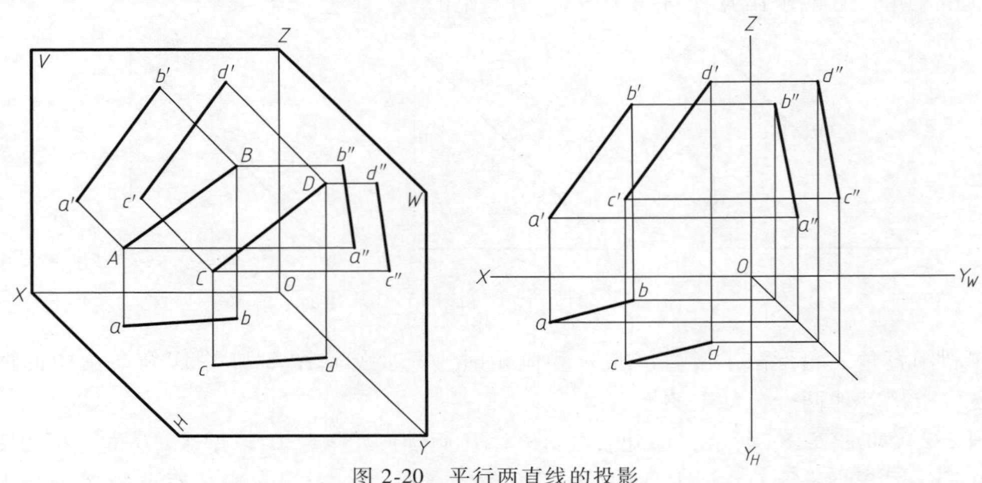

图 2-20　平行两直线的投影

（2）相交两直线　如果空间两直线相交，则其所有同面投影必定相交，且交点符合点的投影规律。反之，如果两直线的所有同面投影相交，且交点符合点的投影规律，则该两直线在空间也一定相交。如图 2-21 所示，空间两直线 AB 与 CD 相交于 K 点，K 点即为两直线的共有点。因此 k 既在 ab 上，也在 cd 上；即 k 为 ab 与 cd 的交点；同理 k'为 $a'b'$与 $c'd'$的交点；k''为 $a''b''$与 $c''d''$的交点。由于 k、k'、k''为 K 点的投影，因此 k、k'、k''必定符合点的投影规律。

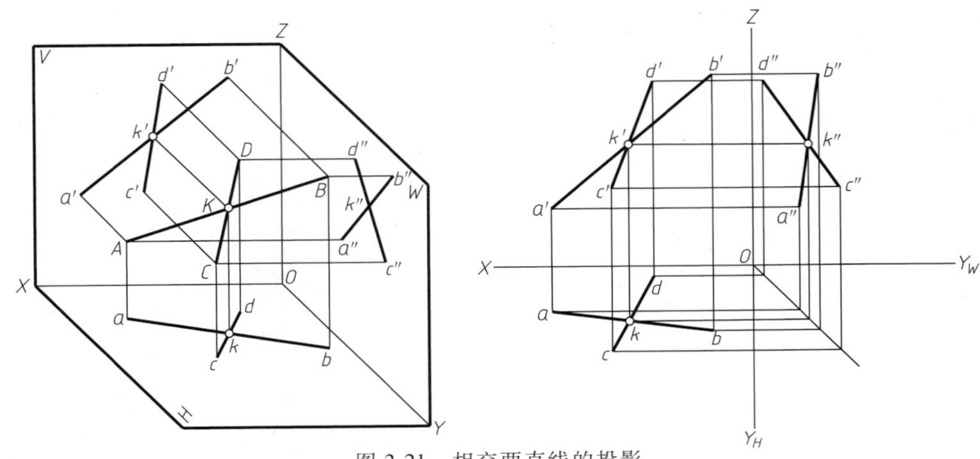

图 2-21　相交两直线的投影

（3）交叉两直线　如果空间两直线既不平行也不相交，则称为交叉两直线。如图 2-22 所示，由于 AB、CD 不平行，它们不会在三个投影面中都对应平行（特殊情况下可能有一个或两个投影面的投影平行）；又因为 AB、CD 不相交，投影的交点不符合点的投影规律。反之，如果两直线的投影既不符合平行两直线的投影特性，也不符合相交两直线的投影特性，则该两直线在空间为交叉两直线。

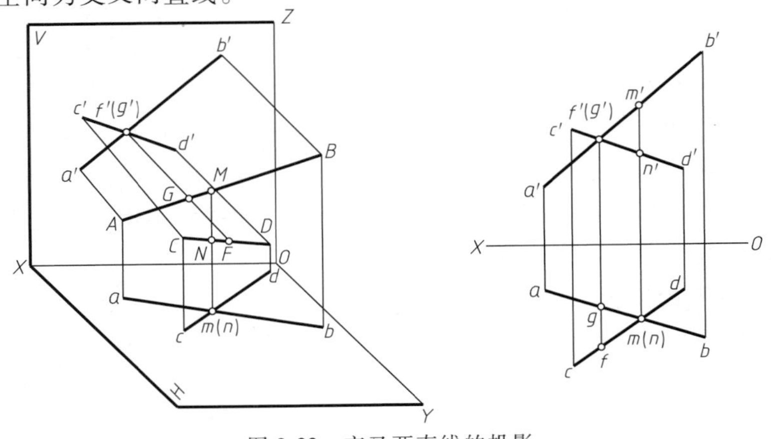

图 2-22　交叉两直线的投影

2.4　平面的投影

1. 平面的表示方法

（1）用几何元素表示平面　在投影图上可以用下列任何一组几何元素的投影表示平面，

如图 2-23 所示。

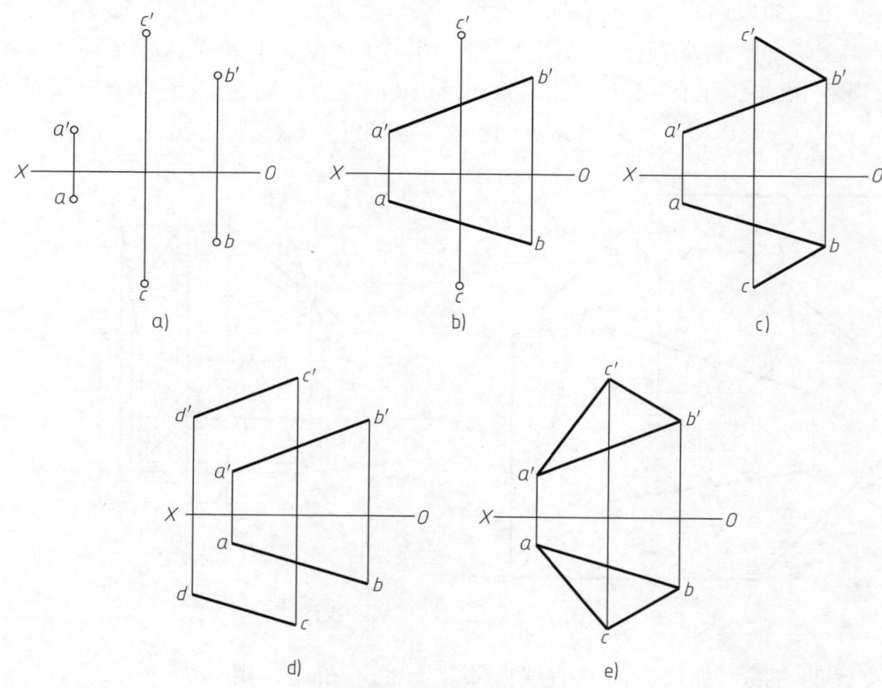

图 2-23　平面的表示方法

不在同一直线上的三个点，如图 2-23a 所示；一直线和直线外一点，如图 2-23b 所示；相交两直线，如图 2-23c 所示；平行两直线，如图 2-23d 所示；任意平面图形，如图 2-23e 所示。

（2）用迹线表示平面　在三投影面体系中，空间平面与投影面的交线，称为平面的迹线。平面 P 与 V 面的交线称为平面 P 的正面迹线，用 P_V 表示；平面 P 与 H 面的交线称为平面 P 的水平迹线，用 P_H 表示；平面 P 与 W 面的交线称为平面 P 的侧面迹线，用 P_W 表示。与用几何元素表示平面相比，当平面处于特殊位置时，例如投影面的垂直面和投影面的平行面，只要一个积聚的投影就可以表示平面，而平面的其他投影不用画，显得更加方便和直观，这点将在截交线中常用到，如图 2-24 所示。

2. 各种位置平面的投影特性

根据空间平面相对于投影面的位置，可分为一般位置平面、特殊位置平面两大类。特殊

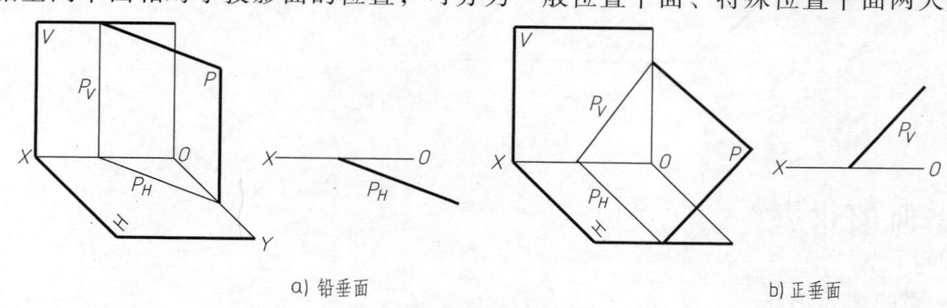

图 2-24　用迹线表示平面

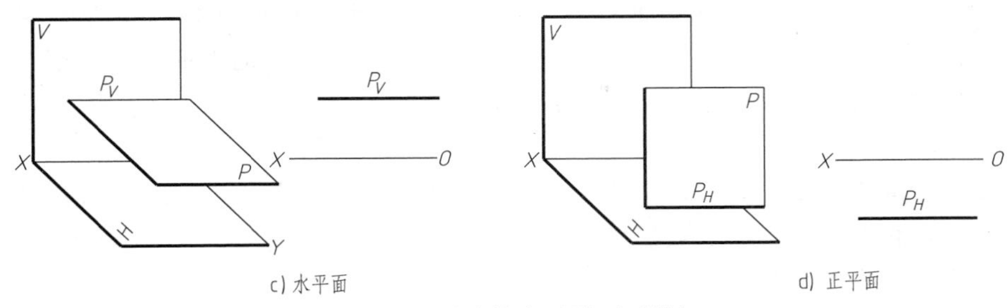

c) 水平面　　d) 正平面

图 2-24　用迹线表示平面（续）

位置平面又分为投影面平行面和投影面垂直面。将平面与投影面的夹角称为平面的倾角，用 α、β、γ 分别表示平面与 H、V、W 投影面的倾角。

（1）投影面平行面　在三投影面体系中，平行于一个投影面（则必然垂直于另外两个投影面）的平面，称为投影面平行面。平行于 H 面（则必然垂直于 V、W 面）的平面，称为水平面；平行于 V 面（则必然垂直于 H、W 面）的平面，称为正平面；平行于 W 面（则必然垂直于 H、V 面）的平面，称为侧平面。

由表 2-3 可知，投影面平行面的投影特性为：在所平行的投影面上的投影反映实形；其余两个投影积聚为平行于相应投影轴的直线。平面与投影面的夹角可以由判断而得，其中一个为 0°，另两个夹角为 90°。例如，水平面 $\alpha=0°$，$\beta=\gamma=90°$。

表 2-3　投影面平行面的立体图和投影图

平面位置 图及投影特点	水平面	正平面	侧平面
立体图			
投影图			
投影特点	1）水平投影反映实形 2）正面投影积聚成平行于 X 轴的直线 3）侧面投影积聚成平行于 Y 轴的直线	1）正面投影反映实形 2）水平投影积聚成平行于 X 轴的直线 3）侧面投影积聚成平行于 Z 轴的直线	1）侧面投影反映实形 2）正面投影积聚成平行于 Z 轴的直线 3）水平投影积聚成平行于 Y 轴的直线

（2）投影面垂直面　在三投影面体系中，垂直于一个投影面并且倾斜于另外两个投影面的平面，称为投影面垂直面。垂直于 H 面并且倾斜于 V、W 面的平面，称为铅垂面；垂直于 V 面并且倾斜于 H、W 面的平面，称为正垂面；垂直于 W 面并且倾斜于 H、V 面的平面，称为侧垂面。

由表 2-4 可知，投影面垂直面的投影特性为：在所垂直的投影面上的投影积聚为一倾斜于相应投影轴的直线，该直线与投影轴的夹角分别反映了平面与另两个投影面的倾角的真实大小，而其余两个投影均为小于实形的类似形。

表 2-4　投影面垂直面的立体图和投影图

平面位置 图及投影特点	铅垂面	正垂面	侧垂面
立体图	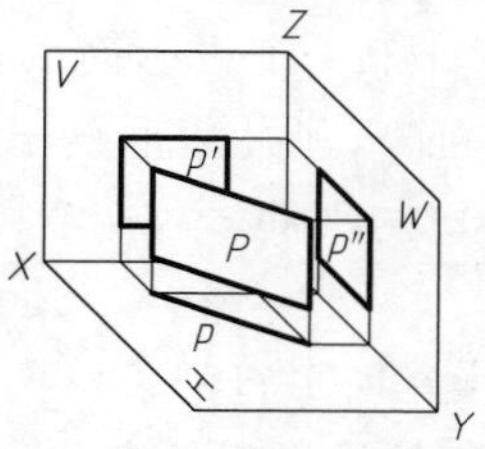	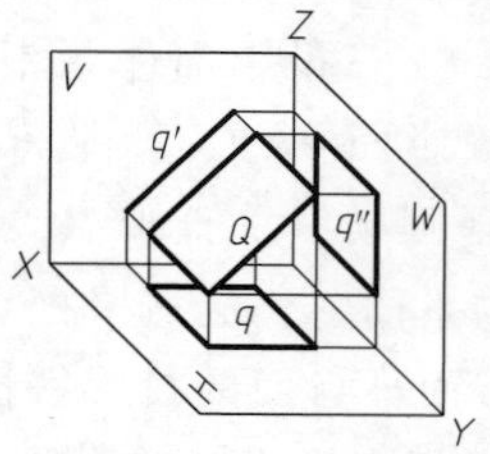	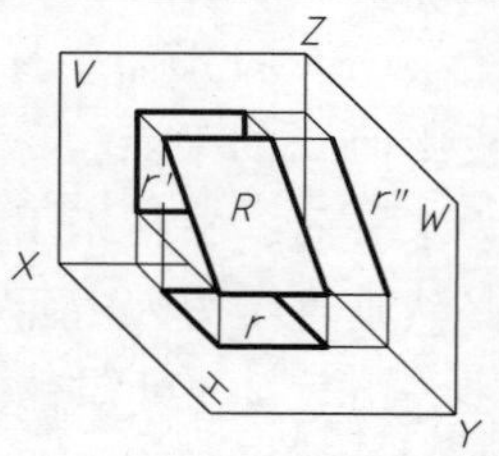
投影图	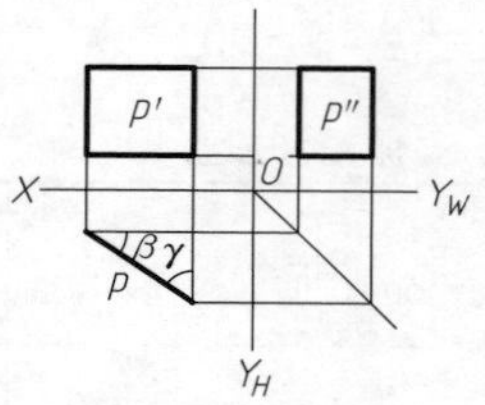	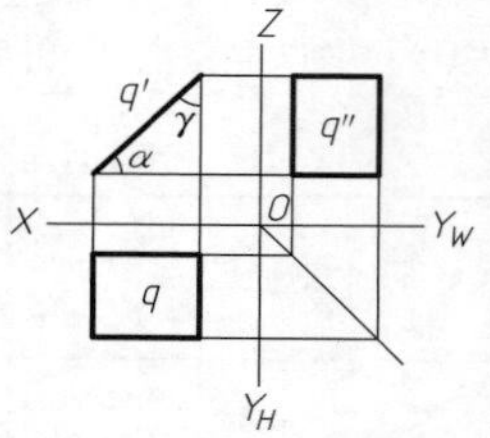	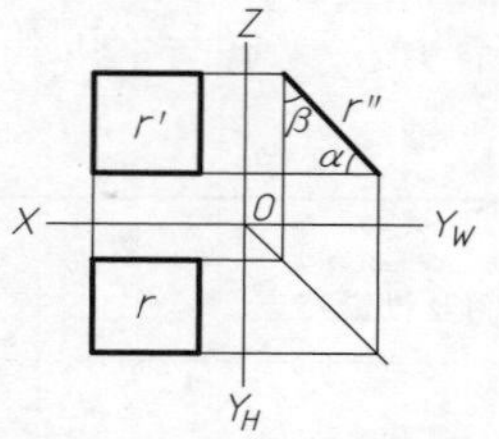
投影特点	1）水平投影积聚成直线，与 X 轴夹角为 β，与 Y 轴夹角为 γ 2）正面投影和侧面投影具有类似性	1）正面投影积聚成直线，与 X 轴夹角为 α，与 Z 轴夹角为 γ 2）水平投影和侧面投影具有类似性	1）侧面投影积聚成直线，与 Y 轴夹角为 α，与 Z 轴夹角为 β 2）正面投影和水平投影具有类似性

（3）一般位置平面　在三投影面体系中，与三个投影面均倾斜的平面，称为一般位置平面。如图 2-25 所示，$\triangle ABC$ 即为一般位置平面。

一般位置平面的投影特性为：三个投影均为小于实形的类似形，且投影均不反映倾角的真实大小。

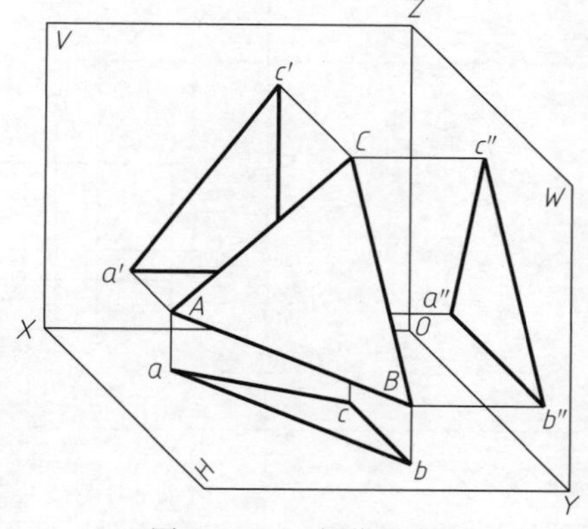

图 2-25　一般位置平面

3. 平面上的点和直线

（1）平面上的点　点在平面上的条件为：若点在平面内的任一已知直线上，则点必在该平面上。所以一般情况下，先在平面内绘制一辅助直线，然后在此直线上绘制点。

如图 2-26a 所示，平面 P 由相交两直线 AB 和 AC 所确定，若 R、Q 两点分别在 AB、AC 两直线上，则 R、Q 两点必定在平面 P 上。

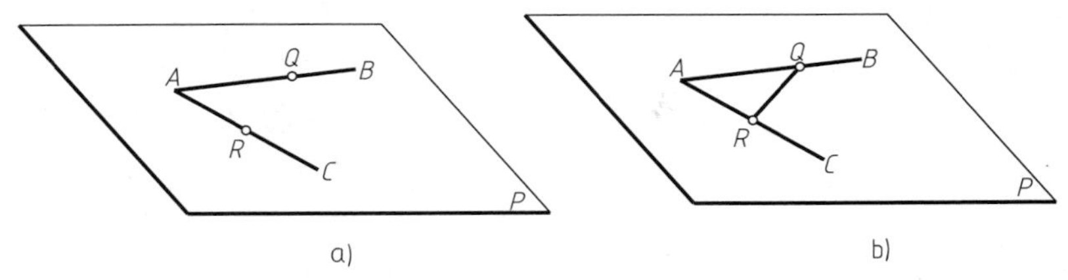

图 2-26　平面上的点和直线

（2）平面上的直线　直线在平面上的条件为：若一直线经过平面上的两点，或经过一个点并平行于该平面上的另一直线，则此直线必定在该平面上。

如图 2-26b 所示，平面 P 由相交两直线 AB 和 AC 所确定，已知点 R、Q 分别在该平面的两条直线上，则直线 RQ 必定在平面 P 上。

（3）平面上的投影面平行线　属于平面又平行于一个投影面的直线称为平面上的投影面平行线。它既要有投影面平行线的投影特性，又要符合直线在平面上的条件。

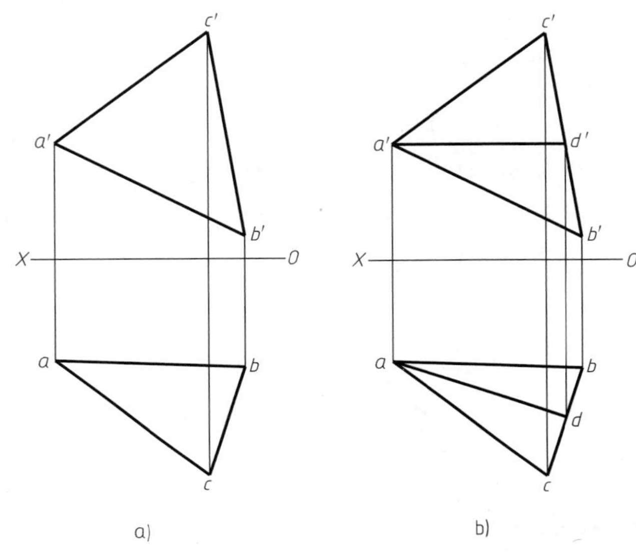

图 2-27　平面上的投影面平行线

如图 2-27a 所示，已知 $\triangle ABC$ 平面的投影，要求过点 A 作平面 $\triangle ABC$ 的水平线 AD。先过点 a' 作 $a'd' /\!/ OX$ 轴，再根据点的投影规律，求出 D 点的水平投影 d，连接 ad，则 AD 为 $\triangle ABC$ 面上的一条水平线，如图 2-27b 所示。

2.5　直线与平面以及两平面之间的相对位置关系

直线与平面以及两平面之间的相对位置关系，除了直线位于平面上或两平面位于同一平面上的特例外，就只有相交或平行这两种情况，垂直是相交的特例。

1. 相交问题

求直线与平面的交点和两平面的交线是解决相交问题的基础。

一直线与一平面相交，只有一个交点，它是直线和平面的公共点，这个交点既在直线上，又在平面上。两平面相交，其交线是一条直线，这条直线也是两平面的公共线，因此，求两平面的交线，只要求出属于两平面的两个公共点，或求出一个公共点和交线方向即可。由此可见，求直线与平面的交点和两平面的交线，其实质就是求直线与平面的交点问题。

（1）利用积聚性求交点和交线

1）平面或直线的投影具有积聚性时求交点。当平面或直线的投影具有积聚性时，交点的投影可以在一个投影面中直接确定，而另一个投影则可利用直线或平面上取点的方法求出。

例 2-3 如图 2-28a 所示，求正垂线 AB 与一般位置平面 $\triangle CDE$ 的交点 K。

分析：AB 是正垂线，其正面投影具有积聚性；由于交点 K 是直线 AB 上的一个点，点 K 的正面投影 k' 与 $a'(b')$ 重影；又因交点 K 也在三角形平面 $\triangle CDE$ 上，所以可以利用平面上取点的方法，作出交点 K 的水平投影 k。

作图：

求交点。连接 $c'k'$ 并延长使其与 $d'e'$ 相交于 m'，再作出三角形平面上直线 CM 的水平投影 cm，cm 与 ab 的交点 k 即为所求点 K 的水平投影，如图 2-28b 所示。

判别可见性。交点 K 把直线分成两部分，在投影图上直线与平面重影的部分需要判别可见性，而交点 K 就是直线可见和不可见的分界点。如图 2-28a 所示，直线 AB 与三角形相交，AB 上的点Ⅰ（1，1′）和 CD 上的点Ⅱ（2，2′）的水平投影重合，从正面投影上可以看出，$z_1>z_2$，即点Ⅰ在点Ⅱ之上，所以点Ⅰ可见，点Ⅱ不可见。故 AB 上的ⅠK 段可见，其水平投影 $1k$ 应画成实线，而被平面遮住的另一线段则不可见，其投影应画成虚线。AB 的正面投影积聚为一点，故不需要判别其可见性，如图 2-28c 所示。

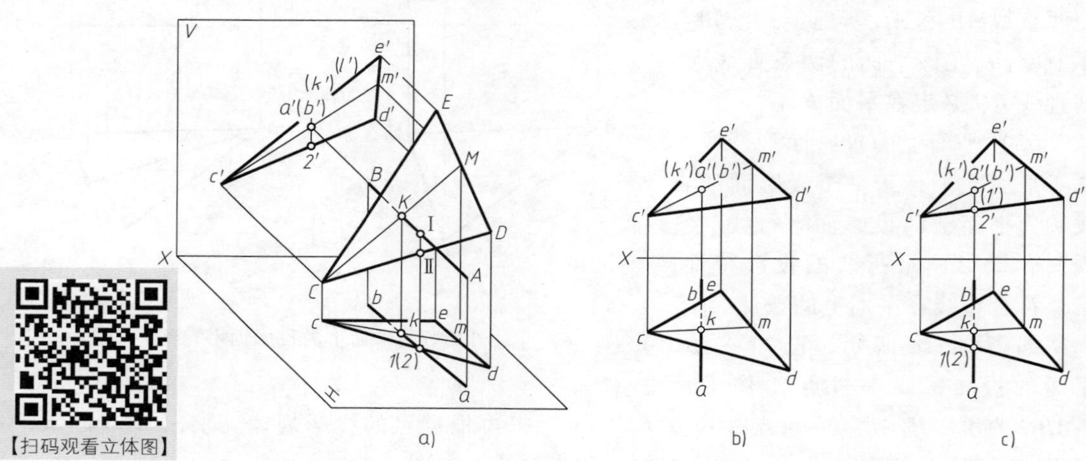

图 2-28 求正垂线与一般位置平面的交点

例 2-4 如图 2-29a 所示，求直线 AB 与铅垂面 $EFGH$ 的交点 K。

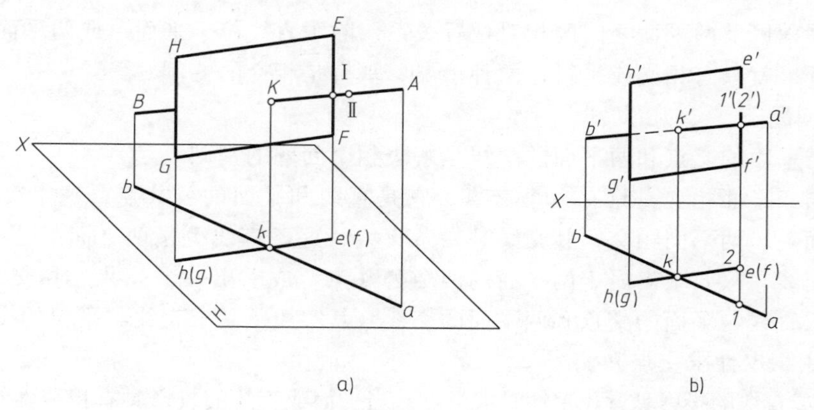

图 2-29 求直线与投影面垂直面的交点

分析：铅垂面的水平投影 *efgh* 具有积聚性，故交点的水平投影 *k* 在 *efgh* 上。由于交点 *K* 是直线 *AB* 与平面 *EFGH* 的公共点，所以，交点 *K* 既在直线 *AB* 上，又在平面 *EFGH* 上。

作图：

求交点。*efgh* 和 *ab* 的交点 *k* 即为 *K* 点的水平投影，从 *k* 作 *X* 轴的垂线 *a′b′* 交于 *k′*，则点 *K*（*k*，*k′*）即为所求的交点。

判别可见性。从图 2-29b 中可以看出，直线 *AB* 上的Ⅰ点与直线 *EF* 上的Ⅱ点在正面投影重合，两点在水平投影上表现出 $y_1>y_2$，因此Ⅰ点在Ⅱ点之前，即Ⅰ点是可见的，所以 *k′a′* 画成实线，而过 *k′* 点被平面遮住的直线部分的投影画成虚线。在水平投影上，因四边形 *EFGH* 是铅垂面，其水平投影积聚成一条直线，因此，不需要判别可见性。

2）两平面之一具有积聚性，求交线。当两个平面相交，而其中的一个平面在某个投影面又具有积聚性时，两平面的交线在具有积聚性的投影面上可以直接确定，而另一个投影则要根据平面上取直线的方法作出。

例 2-5　如图 2-30a 所示，求铅垂面△*EFD* 与一般位置平面△*ABC* 的交线 *KL*。

分析：由于平面△*EFD* 是铅垂面，所以其水平投影具有积聚性，故 *kl* 即为平面△*EFD* 与△*ABC* 相交的交线在水平面上的投影。

作图：

根据点的投影可作出交线 *KL* 在正面的投影 *k′l′*。

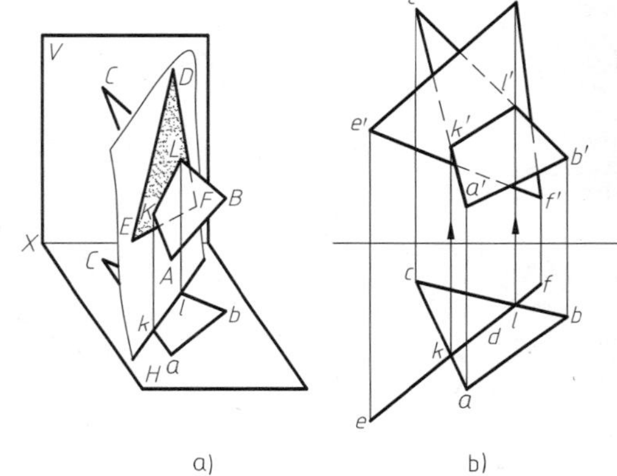

图 2-30　求铅垂面与一般位置平面的交线

判别可见性。在正面投影上，△*a′b′c′* 被分成两部分，因 *AKLB* 部分在平面△*EFD* 前，所以 *a′b′l′k′* 部分为可见，画成实线，另一部分则为虚线，如图 2-30b 所示。

（2）利用辅助平面求交点和交线　当两相交平面均不垂直于投影面时，则可通过作辅助平面的方法求交点或交线。

1）利用辅助平面求交点。如图2-31所示，直线 *DE* 与平面△*ABC* 相交，交点为 *K*。过 *K* 可在△*ABC* 上作无数直线，而这些直线都可与直线 *DE* 构成一平面，该平面称为辅助平面。辅助平面与已知平面△*ABC* 的交线即为过点 *K* 在平面△*ABC* 上的直线，该直线与 *DE* 的交点即为点 *K*。

根据以上分析，可归纳出求一般位置直线与一般位置平面交点的方法如下：

① 过已知直线作一辅助平面，为作图方便，辅助平面一般与某个投影面垂直。

② 作出该辅助平面与已知平面的交线（如作 *S* 面与△*ABC* 的交线 *MN*）。

③ 作出该交线与已知直线的交点，即为已知直线与已知平面的交点（如 *DE* 与 *MN* 的交点 *K* 即为 *DE* 与△*ABC* 的交点）。

2）利用辅助平面求交线。两平面相交有两种情况，一种是一个平面全部穿过另一个平面，称为全交，如图 2-32a 所示；另一种情况是两个平面的棱边互相穿过，称为互交，如图 2-32b 所示。

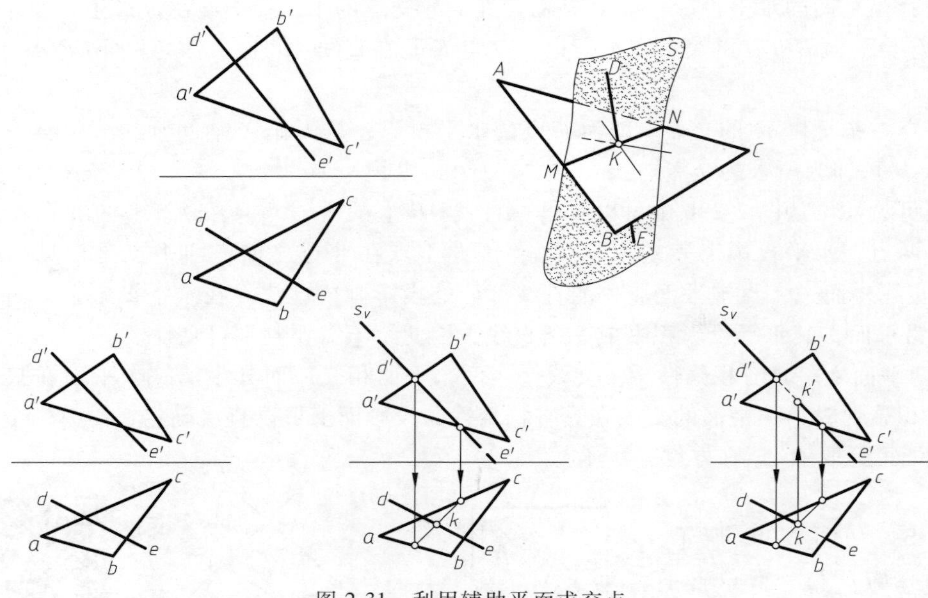

图 2-31 利用辅助平面求交点

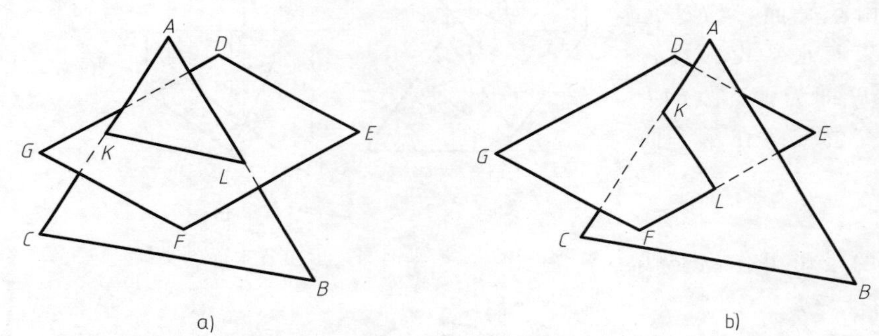

图 2-32 两平面相交的两种情况

例 2-6 如图 2-33a 所示，求三角形平面 *ABC* 与四边形平面 *DEFG* 的交线。

分析：选取△*ABC* 的两条边 *AC* 和 *BC*，分别作出它们与四边形 *DEFG* 的交点，连接后即为所求的交线。

作图：

利用辅助平面（图中为正垂面）分别求出直线 *AC*、*BC* 与四边形 *DEFG* 的交点 *K* 和 *L*，如图 2-33b 所示。

连线 *kl* 和 *k′l′*，即为所求的交线 *KL* 的投影，如图 2-33b 所示。

判别可见性，完成作图，如图 2-33c 所示。

2. 平行问题

（1）直线与平面平行　直线与平面平行的判别条件是：如果一条直线与一平面上的任意一条直线平行，则此直线与该平面平行。

如图 2-34 所示，直线 *CD* 平行于平面 *P* 上的一直线 *AB*，则直线 *AB* 必与平面 *P* 平行。

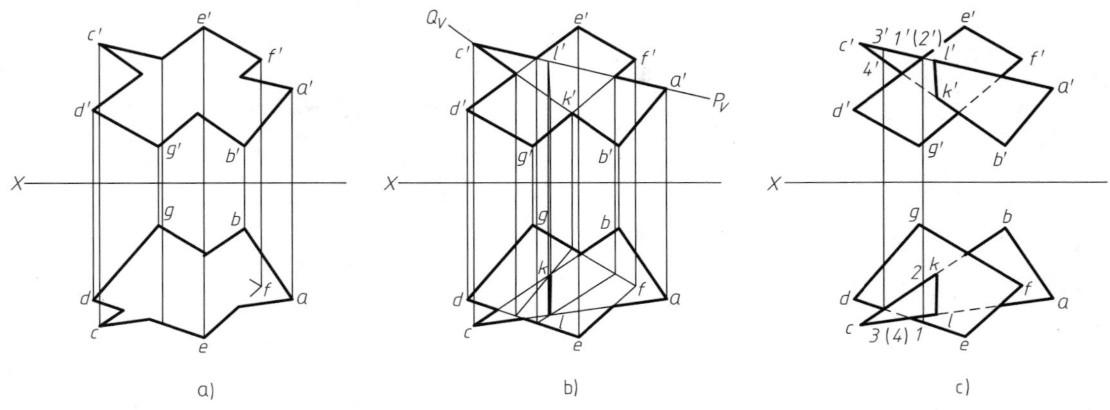

图 2-33　求两一般位置平面的交线

例 2-7　过已知点 K，作一水平线 KM 平行于已知平面△ABC，如图 2-35 所示。

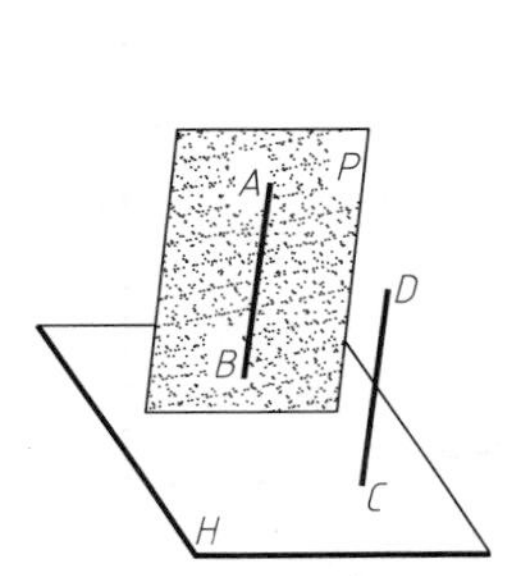

图 2-34　直线与平面平行

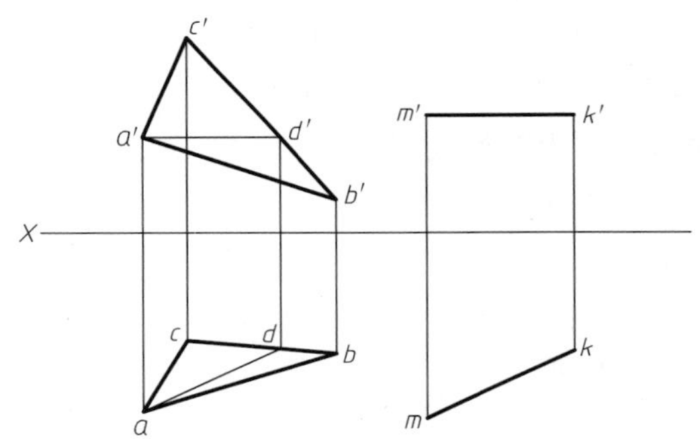

图 2-35　过 K 点作水平线 KM 平行于平面△ABC

分析：△ABC 上的水平线有无数条，但其方向是确定的，因此，过点 K 作平行于△ABC 的水平线也只有唯一的一条。所以，可以先在△ABC 上作一水平线 AD，再过点 K 作 MK∥AD，即 mk∥ad，$m'k'$∥$a'd'$，则 MK 为一水平线且平行于△ABC。

（2）两平面平行　若属于一平面的相交两直线对应平行于属于另一平面的相交两直线，则此两平面平行。

如图 2-36 所示，相交两直线 AB、CD 组成平面 P，A_1B_1、C_1D_1 组成平面 Q，如果AB∥A_1B_1，CD∥C_1D_1，则平面 P 平行于平面 Q。

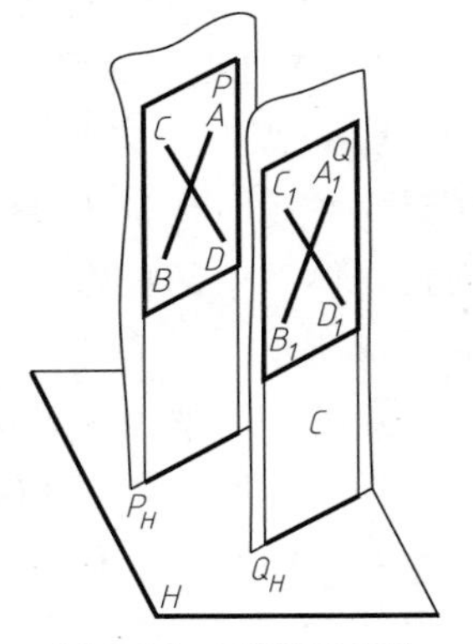

图 2-36　两平面平行

例 2-8　试过已知点 K 作平面平行于已知平面△ABC，如图 2-37所示。

分析：根据两平面平行的条件，过点 K 作一对相交直线 ef 和 gh，使这两条直线与△ABC 内任意两相交直线平行。

作图：

过点 K' 作 $e'f'$∥$a'c'$，$g'h'$∥$b'c'$；

过点 K 作 ef∥ac，gh∥bc。

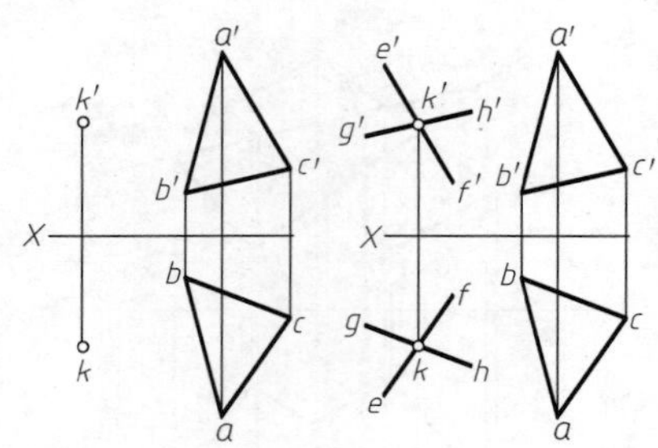

图 2-37　过定点作平面平行于已知平面

2.6　投影变换

空间几何元素的位置保持不动，用一个新的投影面代替原来的两面投影体系中的一个投影面，且垂直于原来二面投影体系中的另一投影面。新的投影面与原投影体系中未被代替的面组成新二面投影体系，使几何元素在新的二面投影体系中处于特殊位置，从而使问题便于求解，这种方法称为变换投影面法，简称换面法。

如图 2-38 所示，空间一般位置直线 AB 在原来由 H 面和 V 面组成的体系中，投影并不反映实长。用平行于 AB 直线的新投影面 V_1 代替 V 面，这时 V_1 面和 H 面组成了新的二面投影体系，则直线 AB 在 V_1 面上反映实长。

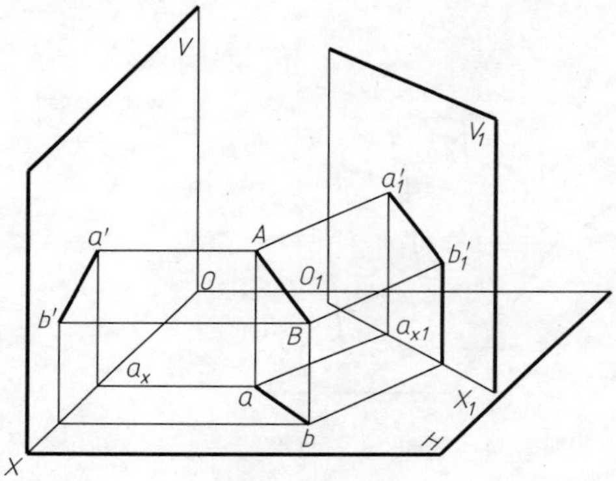

图 2-38　换面法

新投影面的选择必须符合以下两个基本条件：

1）新投影面必须垂直于原投影面体系中的一个投影面。

2）新投影面必须使空间几何元素处于有利于解题的位置。

1. 点的变换规律

（1）点的一次变换　如图 2-39 所示，用 V_1 面代替 V 面后建立新的 V_1/H 体系，V_1 面与 H 面的交线即是新的投影轴，以 X_1 表示。在此仍使用正投影方法，可得空间点 A 在新的二面投影体系中的投影 a 和 a_1'，将 V_1 面绕 O_1X_1 轴旋转至和 H 面水平的位置，如图 2-39 右侧的图形所示。

点的一次变换作图如下：

1）在新的投影轴 O_1X_1 上过 a 绘制新投影轴垂线；

2）在适当位置量取 $a_1'a_{x1} = a'a_x$。

（2）点的二次变换　点的二次变换是在一次变换的基础上进行的，其原理和方法与第一次变换基本相同，只是将作图过程重复一次，但要注意新、旧体系中坐标的量取，如图 2-40 所示。

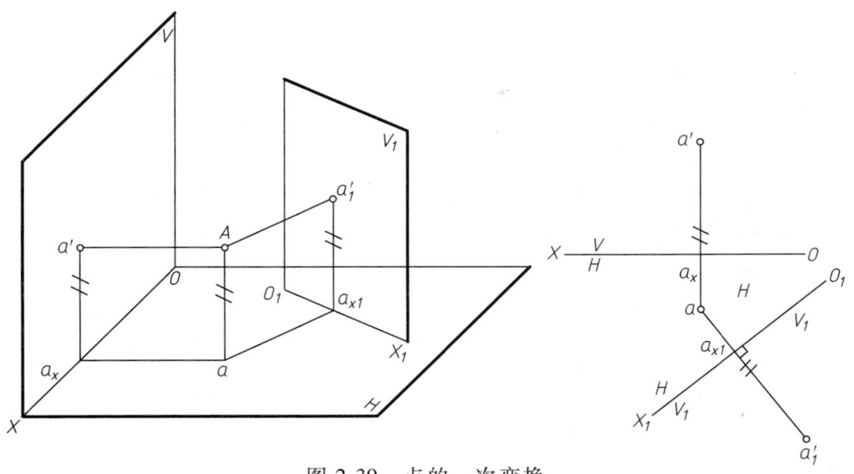

图 2-39　点的一次变换

2. 换面法的应用

（1）直线的变换

1）将一般位置直线变换为投影面平行线。通过一次变换可求得直线的实长及其中一个夹角。图 2-41 所示为求直线 *AB* 的实长。作图的关键是应使新轴与原直线的一个投影平行。

2）将投影面平行线变换为投影面垂直线，关键是使新轴与实长的投影垂直，然后用点的投影即可求得。通过一次变换将投影面平行线变为投影面垂直线，如图 2-42 所示。

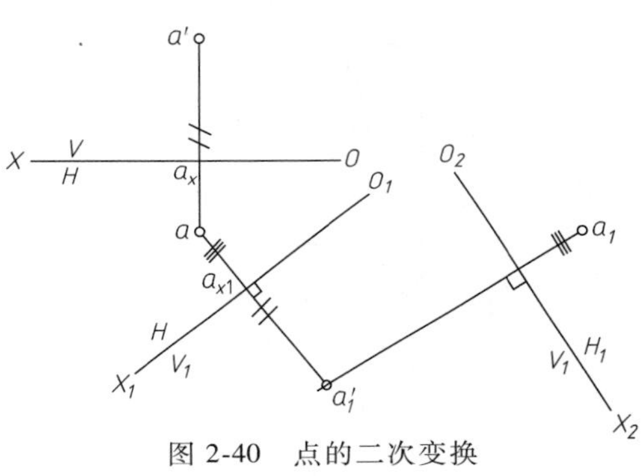

图 2-40　点的二次变换

3）将一般位置直线变换为投影面垂直线。经过两次变换，即把步骤 2）和 3）结合起来，可将直线的新投影积聚为一点，如图 2-43 所示。

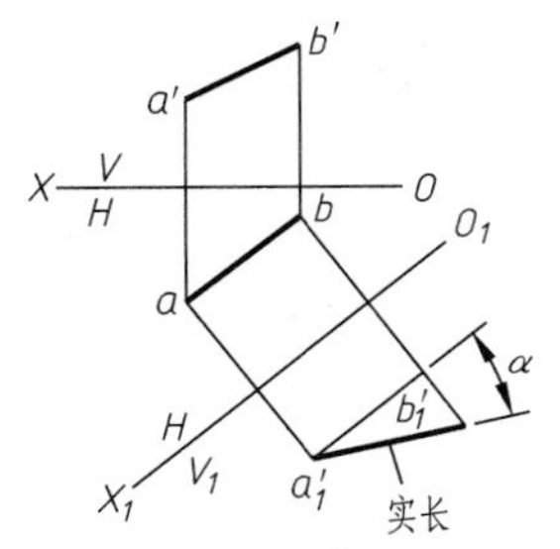

图 2-41　一般位置直线经一次变换成为投影面平行线

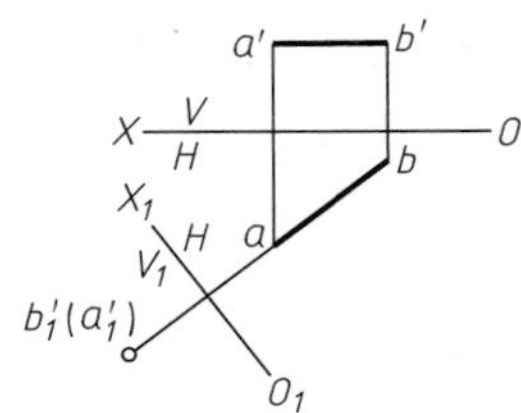

图 2-42　投影面平行线经一次变换成为投影面垂直线

（2）平面的变换

1）将投影面垂直面变换为投影面平行面。通过一次变换可求得平面的实形，如图 2-44 所示。作图的关键是应使新投影轴平行于这个平面所保留的有积聚性的投影。

2）将一般位置平面变换为投影面垂直面。通过一次变换将平面的投影积聚为一直线，如图 2-45 所示。作图的关键是：首先，绘制面上一条投影面平行线；其次，加上新轴，新轴与面上投影面平行线反映实长的投影垂直。

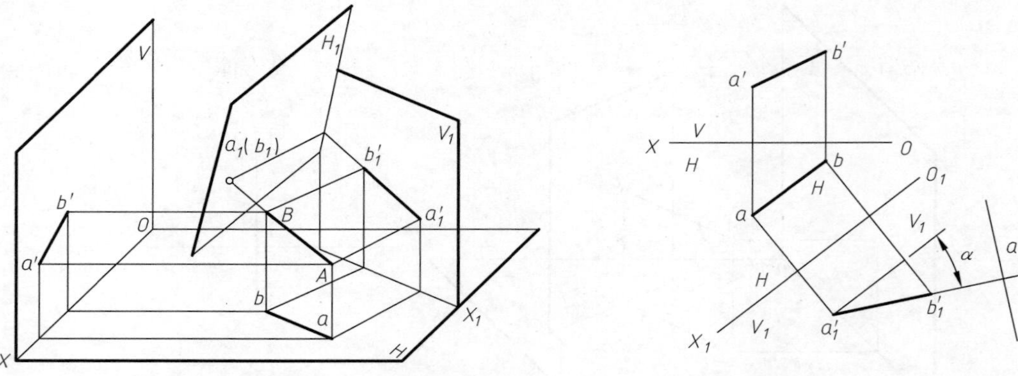

图 2-43 一般位置直线经两次变换成为投影面垂直线

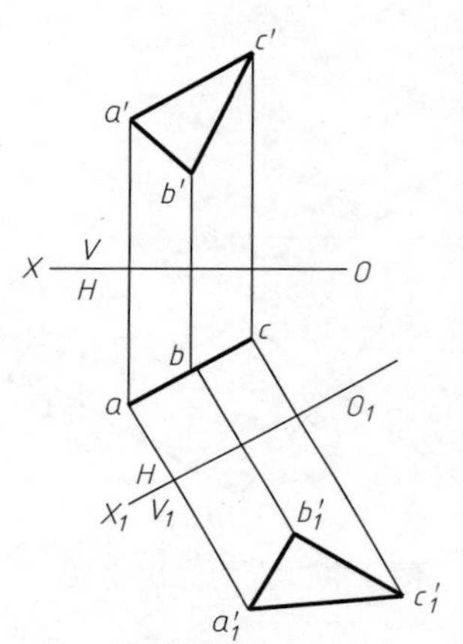

图 2-44 投影面垂直面经一次变换成为投影面平行面

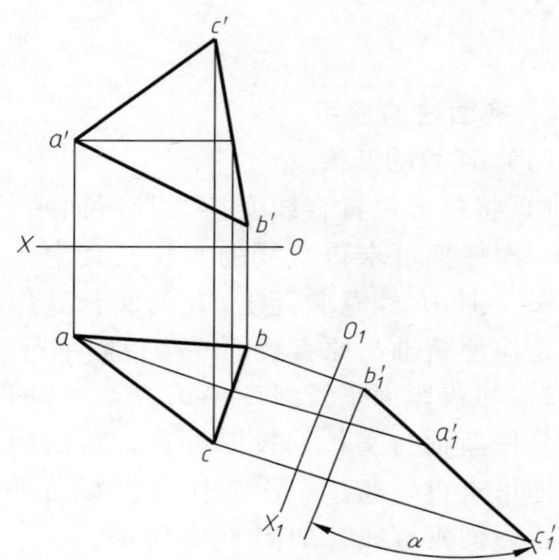

图 2-45 一般位置平面经一次变换成为投影面垂直面

3）将一般位置平面变换为投影面平行面。一般位置平面需经过两次变换方可求得平面的实形，如图 2-46 所示。

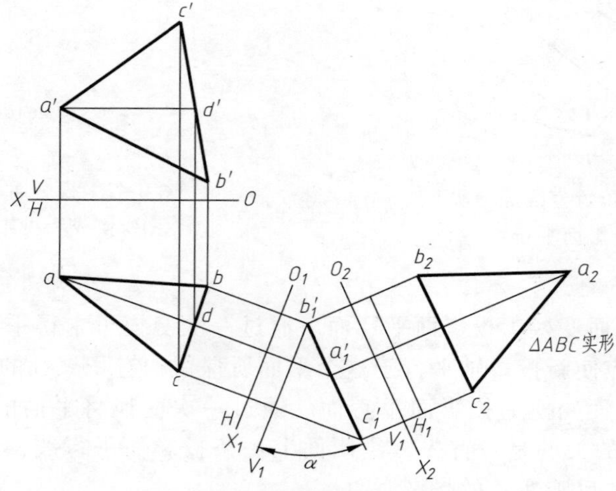

图 2-46 一般位置平面的实形

例 2-9　求一般位置平面 ABC 的实形，如图 2-46 所示。

解析：要使新投影面平行于一般位置平面，又垂直于原有的一个投影面是不可能的。因此先将一般位置平面变为投影面垂直面，再变换为投影面平行面，变换两次后才能求出实形。

具体步骤如下：

1）在△ABC 中作水平线 AD，其投影为 $a'd' /\!/ OX$；作 X_1 轴垂直于 ad，作出在 V_1 面的新投影，积聚为一条直线 $b_1'a_1'c_1'$。

2）作 X_2 轴平行于直线 $b_1'a_1'c_1'$，作出在新投影面的投影 $a_2b_2c_2$，△$a_2b_2c_2$ 反映了△ABC 的真实大小。

2.7　项目案例：模型三视图的绘制

图 2-47a 为模型的立体图，图 2-47b 所示为模型的两面投影，要求补全模型的三视图。

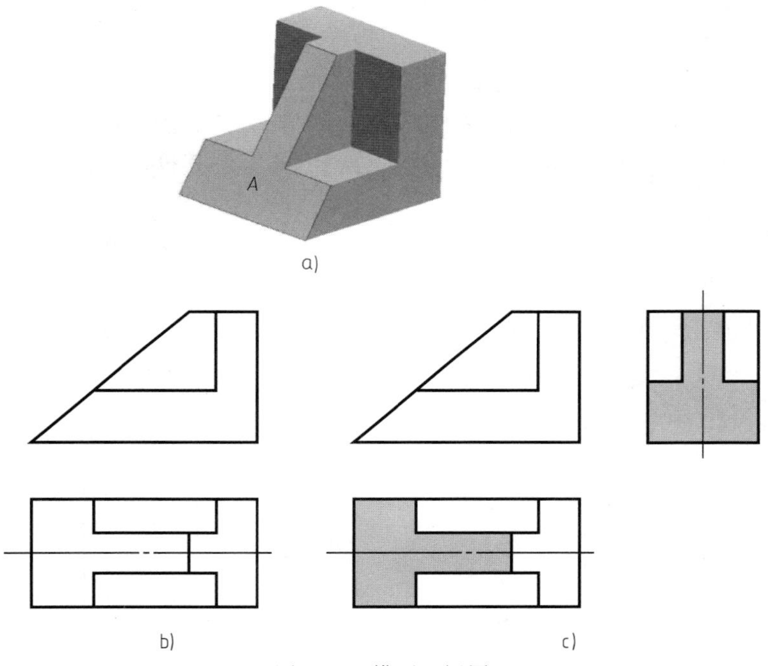

图 2-47　模型三视图

根据三视图的形成和点、线、面的投影规律及特性，参考图 2-47a 的实体模型，分析主视图和俯视图。因平面 A 在主视图上的投影具有积聚性，为一条倾斜的直线，因此可以判断平面 A 为正垂面，其在俯视图和左视图上的投影都具有类似性，为多边形。由三等规律（长对正、高平齐、宽相等）可绘制出如图 2-47c 所示的左视图。

本项目小结

本项目介绍了正投影的基本知识，这是基本理论中的重要部分之一。在深入理解并掌握点、线、面的投影规律的同时，应注意利用直线和平面相对关系的特性绘制投影图，为后续课程的学习创造良好的条件。

本项目主要内容包括以下几方面：

1）投影法及三视图的形成，正投影的基本特性。

2）点的投影：各种位置点的投影。

3）直线的投影：各种位置直线的投影、直线上点的投影、两直线的相对位置。

4）面的投影：各种位置面的投影、面上的点和直线的投影。

5）直线与直线的位置关系。

6）平面与平面的位置关系。

练习与在线自测

1. 思考题

（1）中心投影和平行投影的主要特点是什么？

（2）正投影法的基本特性是什么？

（3）点的投影规律是什么？什么是重影点？

（4）直线按照其相对投影面的位置不同可分为哪几类？其投影特性是什么？

（5）平面按照其相对投影面的位置不同可分为哪几类？其投影特性是什么？

2. 练习题

（1）在图2-48中，已知 A 点的三面投影，B 点在 A 点上方16mm、左方20mm、前方18mm，求作 B 点的三面投影。

（2）在图2-49中，已知正垂线 AB 的点 A 的投影，直线 AB 长度为10mm，试作直线 AB 的三面投影。

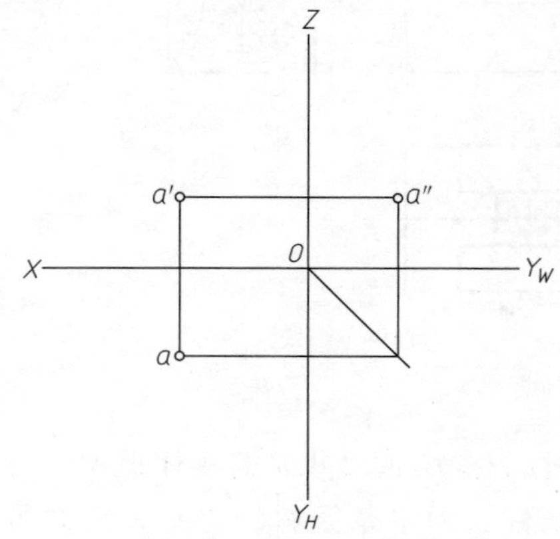

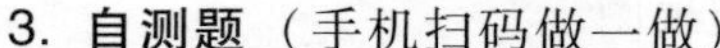
图2-48　练习题（1）

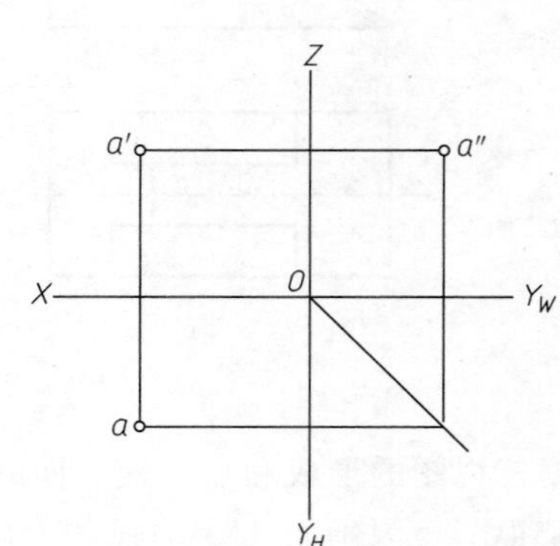

图2-49　练习题（2）

3. 自测题（手机扫码做一做）

项目3

立体投影的学习与应用

知识目标

1）理解立体的投影特性，掌握立体的投影图的画法。

2）掌握平面立体和曲面立体表面取点的方法。

能力目标

1）掌握基本体表面取点的方法。

2）能够依据投影规律正确绘制基本体。

3）能够绘制立体的表面交线。

项目案例

顶尖头部截交线的绘制。

3.1 基本体的投影及其表面取点

机器上的零件有各种各样的结构形状，但不管它们的形状如何复杂，都可看成是由一些简单的基本几何体组合起来的，如图 3-1 所示。

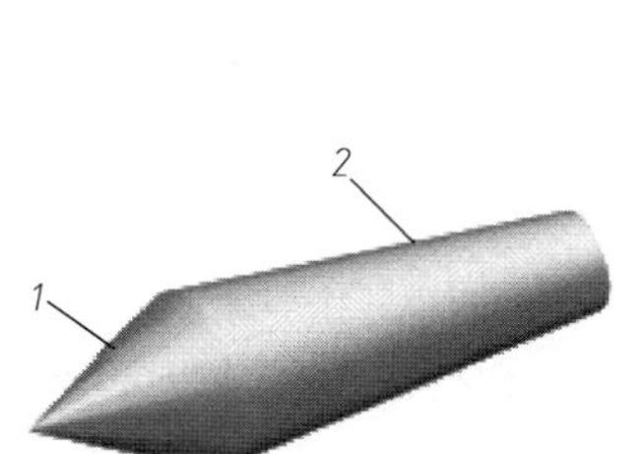

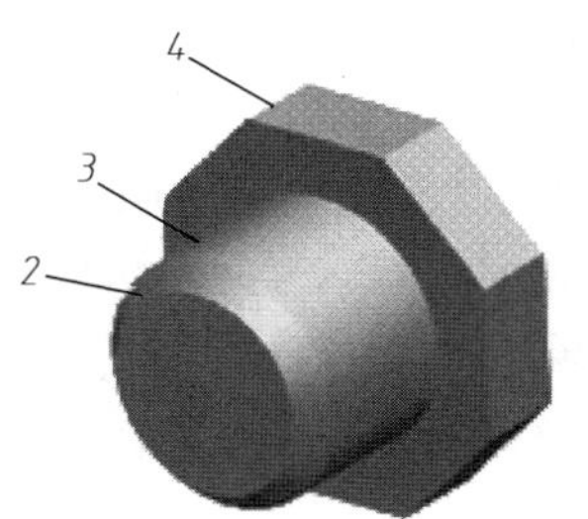

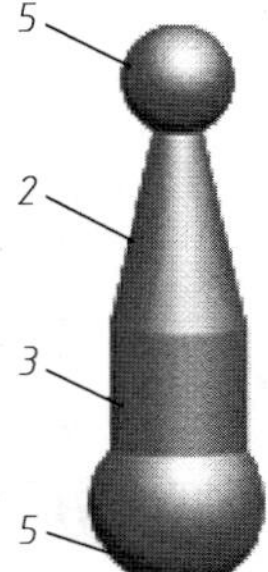

图 3-1　由基本几何体构成的零件示例

1—圆锥　2—圆台　3—圆柱　4—棱柱　5—球

按一定规律形成的单一几何体称为基本体。基本体表面是由若干个面所围成。表面都是由平面所围成的形体称为平面体；表面由曲面和平面或者全部是由曲面围成的形体称为曲面体。

3.1.1 平面体的投影

平面体主要有棱柱、棱锥等。

1. 棱柱

常见的棱柱有三棱柱、四棱柱、五棱柱和六棱柱等。下面以正六棱柱为例，说明其投影特性及在其表面上取点的方法。

（1）正六棱柱的投影　如图 3-2a 所示，正六棱柱由上、下两个底面和六个棱面所围成，六条棱线相互平行。上、下底面平行于 *H* 面而垂直于 *V*、*W* 面，因此其 *H* 面投影反映实形（正六边形），且上、下底面在 *H* 面投影重合；上、下底面的 *V* 面和 *W* 面投影都积聚为水平线段。前后两个棱面平行于 *V* 面，其 *V* 面投影反映实形（矩形），其 *H* 面和 *W* 面投影分别积聚成水平线段和垂直线段。其余四个棱面都垂直于 *H* 面但倾斜于 *V*、*W* 面，因此它们的 *H* 面投影具有积聚性，*V* 面和 *W* 面投影均为类似形。将三面投影展开得到正六棱柱的三视图，如图 3-2b 所示。

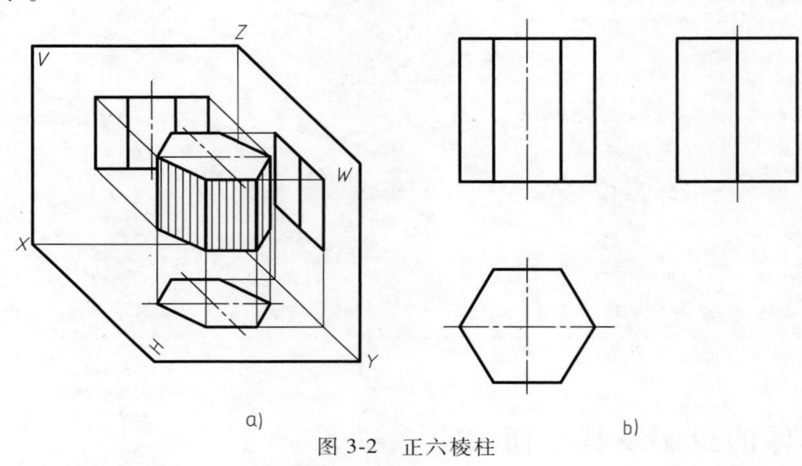

图 3-2　正六棱柱

（2）正六棱柱三视图的画法　正六棱柱三视图的画图方法如图 3-3 所示。一般先从反映形状特征的视图画起，然后按视图间投影关系完成其他两视图。

画图步骤：

1）先画出三个视图的对称线作为基准线，如图 3-3a 所示，然后画出六棱柱的俯视图，如图 3-3b 所示。

2）根据“长对正”和棱柱的高度画主视图，如图 3-3c 所示。

3）根据“高平齐”画左视图的高度线，再根据“宽相等”完成左视图，如图 3-3d 所示。

（3）正六棱柱表面上点的投影　在棱柱表面上取点，其原理和方法与平面上取点相同。正六棱柱的各个面都处于特殊位置，因此在表面上取点可利用积聚性和投影关系通过作图法求出。

判断棱柱表面上点的可见性的原则是：位于可见表面上的点，其投影为可见；位于不可见表面上的点，其投影为不可见。

例 3-1　如图 3-4a 所示：已知正六棱柱表面上 *M* 点的 *V* 面投影 m'，求其 *H*、*W* 面投影；已知 *N* 点的 *H* 面投影 n，求其 *V*、*W* 面投影。

作图步骤：

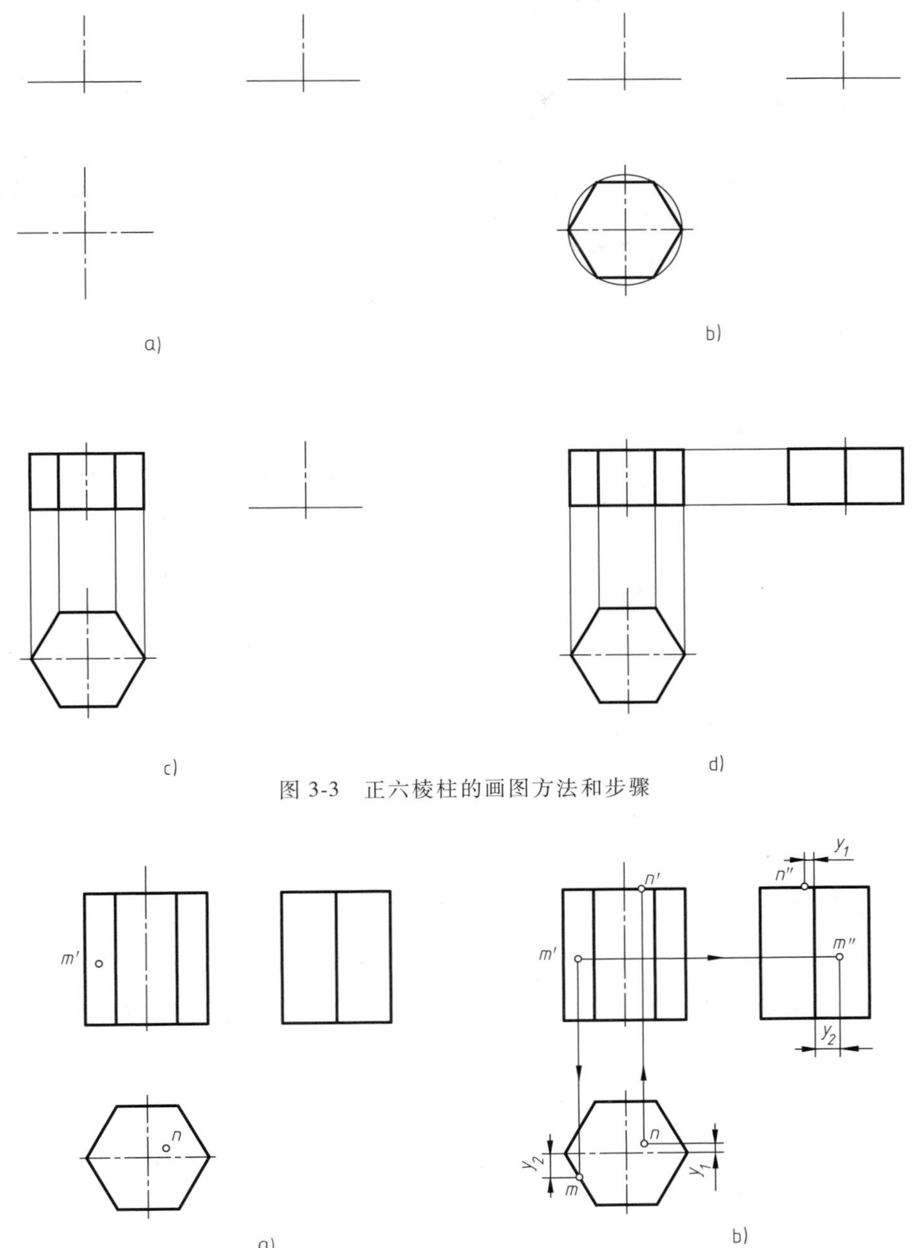

图 3-3 正六棱柱的画图方法和步骤

图 3-4 正六棱柱表面上点的投影

1）由于 m'为可见并根据 m'的位置，可判定点 M 在左、前侧面上。因侧面为铅垂面，其水平投影积聚成一直线，所以点 M 的水平投影 m 必在如图 3-4b 所示的直线上。

2）根据 m'和 m 可求得 m''（注意：m、m''的 y_2 相等）。

3）由 N 点的水平投影可以判定 N 在顶面上；由顶面的积聚性得知其正面投影积聚为一直线，可求得 n'；由 n 和 n'可求得 n''（注意：n、n''的 y_1 相等）。

2. 棱锥

常见的棱锥体有三棱锥、四棱锥等。下面以正三棱锥为例，说明其投影特性及在其表面上取点的方法。

（1）正三棱锥的投影　正三棱锥的底面为正三角形，三个侧面均为等腰三角形，所有棱线都交于一点，即锥顶。

图 3-5a 所示为一正三棱锥，锥顶为 S，其底面为△ABC，呈水平位置，H 面投影△abc 反映实形。棱面△SAB、△SBC 为一般位置平面，它们的各个投影均为类似形。棱面△SAC 为侧垂面，其 W 面投影 $s''a''(c'')$ 积聚为一直线。底边 AB、BC 为水平线，AC 为侧垂线，棱线 SA、SC 为一般位置直线，SB 为侧平线，它们的投影可根据不同位置直线的投影特性进行分析。将三面投影展开得到正三棱锥的三视图，如图 3-5b 所示。

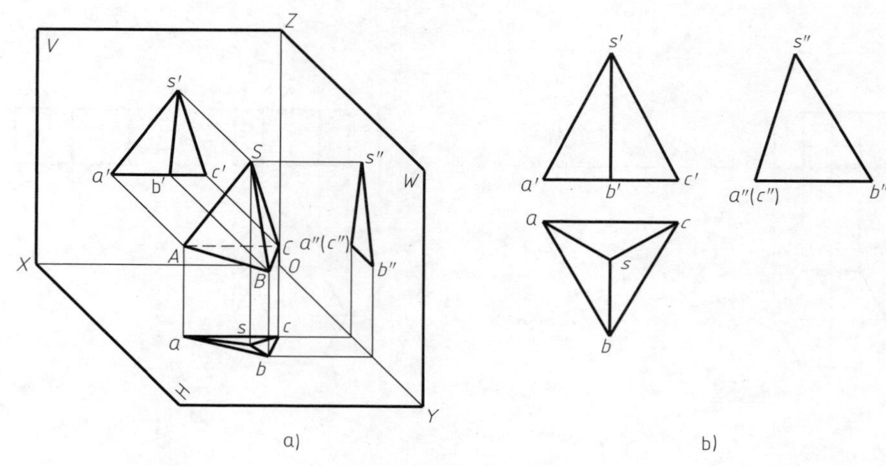

图 3-5　正三棱锥

（2）正三棱锥三视图的画法　正三棱锥三视图的画图方法如图 3-6 所示。

作图步骤：

1）先作出底面△ABC 的各个投影，如图 3-6a 所示。

2）再作出锥顶 S 的各个投影，然后连接各棱线即得到正三棱锥的三面投影，如图 3-6b 所示。

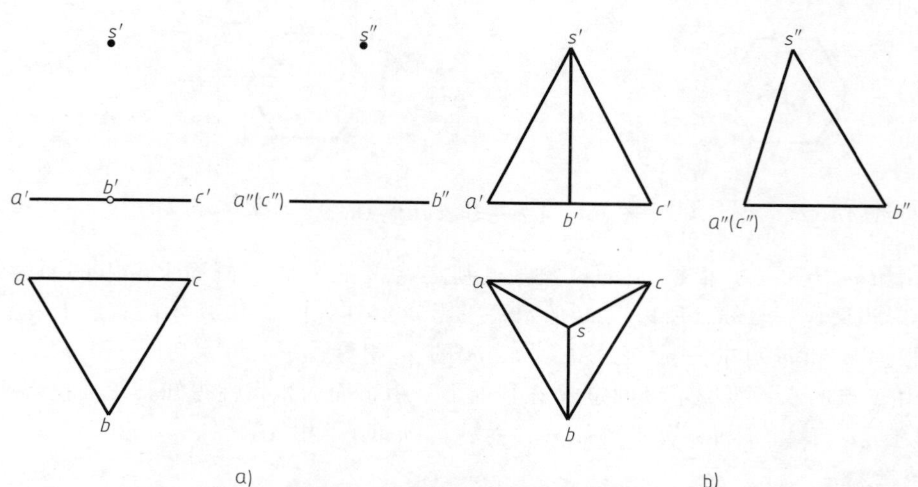

图 3-6　正三棱锥画图方法和步骤

（3）正三棱锥表面上点的投影　在棱锥表面上取点时，首先分析点所在平面的空间位置。特殊位置表面上的点，可利用平面投影的积聚性直接作出；一般位置表面上的点，则可用辅助线法求点的投影。这里，判断棱锥表面上点的可见性的原则与棱柱相同。

例 3-2　如图 3-7a 所示：已知正三棱锥表面上点 N 的 V 面投影 n'，求其 H、W 面投影。

分析：已知点 N 的 V 面投影 n'（可见），可判定点 N 在棱面△SAB 上，由于此平面是一个一般位置平面，因此需用辅助线法求 N 点的其余投影。

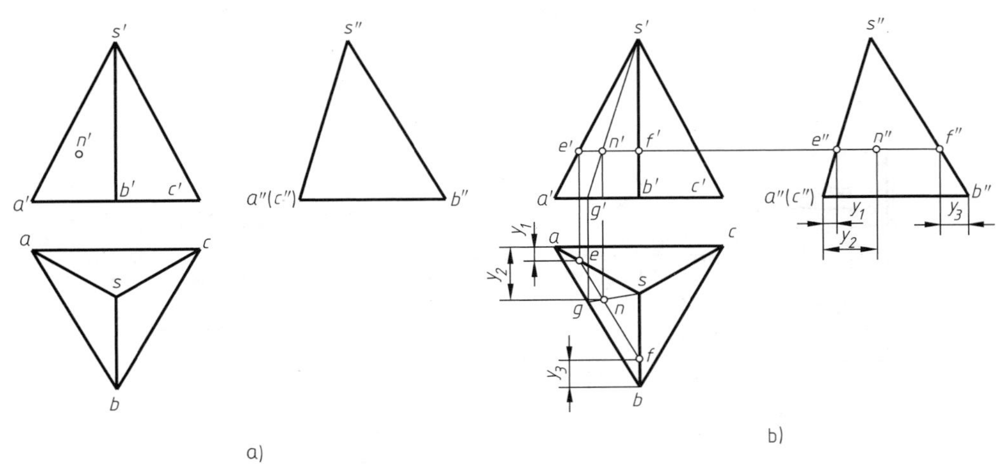

图 3-7　正三棱锥表面上点的投影

作图步骤，如图 3-7b 所示：

1）过点 N 在△SAB 上作 AB 的平行线 EF，即 $e'f' // a'b'$。

2）求出 EF 直线的水平投影 ef，则 n 必然在 ef 直线上。再根据 n'和 n 按投影规律求出 n''。

也可通过锥顶 S 和点 N 作一辅助线 SG，然后求出点 N 的 H 面投影 n，再根据投影规律求出其 W 面投影 n''。

3.1.2　曲面体的投影

常见的曲面体有圆柱、圆锥、球、圆环等。

1. 圆柱

（1）圆柱的形成　圆柱是由圆柱面和上、下两个底面（圆形）组成。圆柱面可看作是由一条直母线 AA_1 绕着与它平行的轴线 OO_1 回转而形成，在圆柱面上任意位置的母线称为素线，如图 3-8a 所示。

（2）圆柱体的投影分析及画法　图 3-8b、c 表示一个直立圆柱的投射情况和它的三面投影。圆柱的上、下面是水平面，它的 H 面投影为圆，反映实形；圆柱的轴线垂直于 H 面，圆柱面上所有点和线的 H 面投影均积聚在上、下面的投影圆上。圆柱面的 V 面和 W 面投影是由上、下面和圆柱面最外边的素线为轮廓组成的长方形线框。

如图 3-8b 所示，当对着圆柱体从前向后看去，圆柱体的前半部分看得见，后半部分看不见。看得见的部分与看不见的部分左右有两条分界线 AA_1、BB_1，称之为正面转向素线，

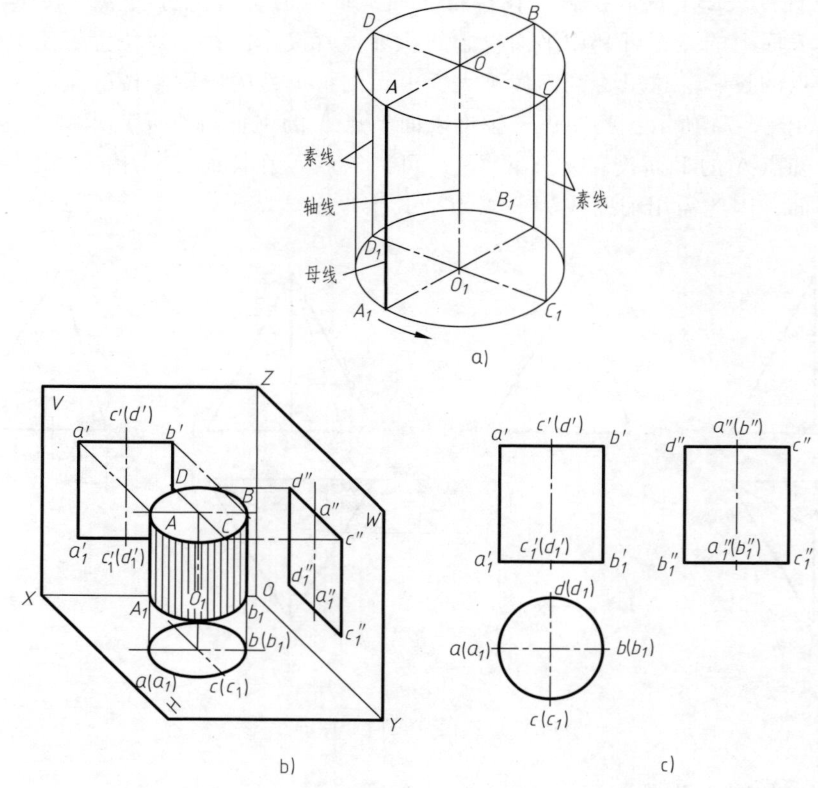

图 3-8　圆柱

它们在 V 面的投影分别为 $a'a_1'$ 和 $b'b_1'$ 两条线，在 H 面的投影为圆周上最左、最右两点，在 W 面的投影与轴线重合，即 $a''a_1''$ 和（b''）（b_1''）。

当对着圆柱体从左向右看去，圆柱体的左半部分看得见，右半部分看不见。看得见的部分与看不见的部分左右有两条分界线 CC_1、DD_1，称之为侧面转向素线，它们在 W 面的投影分别为 $c''c_1''$ 和 $d''d_1''$ 两条线，在 H 面的投影为圆周上最前、最后两点，在 V 面的投影与轴线重合，即 $c'c_1'$ 和（d'）（d_1'）。

作图时，首先画出圆柱的轴线和投影为圆的中心线，再画出投影为圆的视图，然后画出其他两个视图。

（3）圆柱表面上点的投影　在圆柱表面上取点的方法及可见性的判断与平面体基本相同。若圆柱轴线垂直于投影面，则可利用投影的积聚性直接求出点的其余投影。

例 3-3　如图 3-9a 所示：已知圆柱表面上两个点 A、B 的 V 面投影 a' 和（b'）重影，求作 A、B 两点的 H 面投影和 W 面投影。

作图步骤：

1）由于 A 点的正面投影 a' 为可见，可判定 A 点位于前半部分圆柱面上。根据圆柱面投影的积聚性，可由 a' 作垂线在圆周上直接求出 a，根据 a' 和 a 两投影可以求出 a''。

2）由于 B 点的正面投影 b' 为不可见，可判定 B 点位于后半部分的圆柱面上。根据圆柱面投影的积聚性，可过 b' 作垂线，与圆周相交，直接求出 b，根据 b' 和 b 两投影可以求出 b''，如图 3-9b 所示。注意：由于 A、B 两点都在圆柱的左半部，所以 a''、b'' 都是可见的。

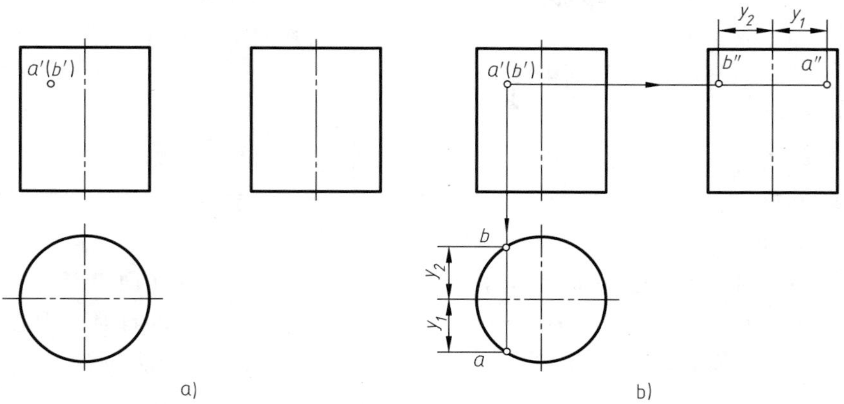

图 3-9 圆柱表面上点的投影

2. 圆锥

（1）圆锥的形成 圆锥是由圆锥面和圆形底面组成，而圆锥面可看作是由一条直母线 SA 绕着与它相交的轴线 OO_1 回转而形成，如图 3-10a 所示。因此，在圆锥面上任意位置的素线均交于锥顶点 S。

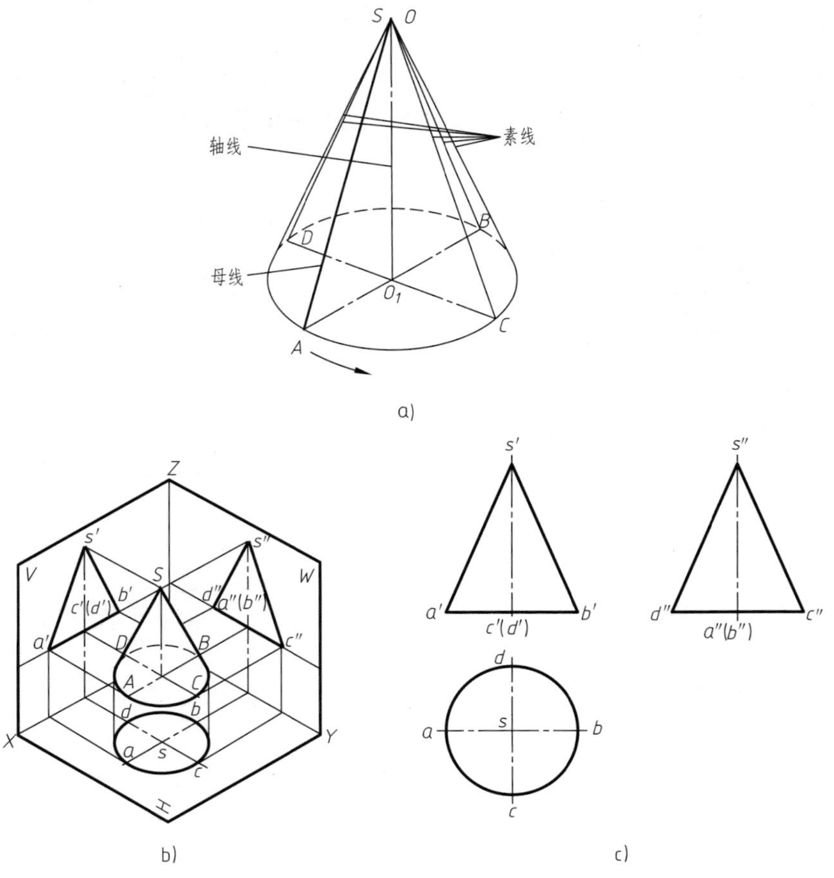

图 3-10 圆锥

（2）圆锥的投影分析及画法　图 3-10b、c 表示一个直立圆锥的投射情况和它的三面投影。圆锥的底面是水平面，圆锥的轴线垂直于 H 面。圆锥的 V、W 面投影为同样大小的等腰三角形线框，三角形的底边则是圆锥底面的投影。

V 面投影等腰三角形的两腰 $s'a'$、$s'b'$是圆锥面的正面转向素线的投影，其 W 面投影与圆锥轴线的投影重合，它们将圆锥面分为前、后两半部分。W 面投影等腰三角形的两腰$s''c''$、$s''d''$是圆锥面的侧面转向素线的投影，其 V 面投影与圆锥轴线的投影重合，它们把圆锥面分为左、右两半部分。

圆锥面的 H 面投影为圆。正面转向素线 SA、SB 为正平线，其 H 面投影与圆的水平对称中心线重合；侧面转向素线 SC、SD 为侧平线，其 H 面投影与圆的垂直对称中心线重合。

作图时，先画出圆锥的轴线和投影为圆的中心线，再画出投影为圆的视图和其他两个视图。

（3）圆锥表面上点的投影　由于圆锥面的各个投影都没有积聚性，因此要在圆锥表面上取点，必须使用辅助线法作图。

例 3-4　如图 3-11 所示：已知圆锥面上 E 点在 V 面的投影 e'，求作 E 点在其余两面的投影。

（1）辅助素线法　如图 3-11a 所示，过锥顶 S 点和点 E 作一辅助素线 SA，即连接 $s'e'$并延长，交圆锥的底于 a'，然后作出素线 SA 的水平投影和侧面投影 sa 和 $s''a''$。因为点在线上，就可求出 E 点的水平投影 e 和侧面投影 e''。由于点 E 在圆锥的左前半部，因此 e、e''都是可见的。

（2）辅助平面法　如图 3-11b 所示，在圆锥面上过 E 点作一垂直于轴线的圆，则 E 点的各个投影必在此圆的相应投影上，根据可见性判断出 E 点的水平投影 e，然后再由 e、e'可求出 e''。

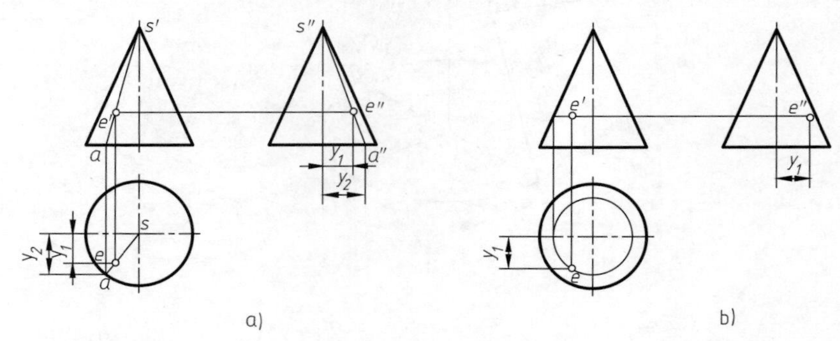

图 3-11　圆锥表面上点的投影

3. 球

（1）球的形成　球由球面围成，球面可以看作是由一个圆母线绕其直径 OO_1 旋转一周而形成，如图 3-12a 所示。

（2）球的投影分析及画法　球的三个投影都是与球的直径相等的圆，它们是球在平行于 H、V、W 面三个方向上最大圆的投影，如图 3-12b 所示。

水平最大圆的 H 面投影为圆，其 V 和 W 面投影积聚为直线段（在相应的轴线上），并与对称中心线重合，它把球面分为上、下两部分。

正面最大圆的 V 面投影为圆，其 H 和 W 面投影积聚为直线段（在相应的轴线上），并与对称中心线重合，它把球面分为前、后两部分。

侧面最大圆的 W 面投影为圆，其 H 和 V 面投影积聚为直线段（在相应的轴线上），并与对称中心线重合，它把球面分为左、右两部分。

在 V 面投影中，前半球可见，后半球不可见；在 H 面投影中，上半球可见，下半球不可见；在 W 面投影中，左半球可见，右半球不可见。

作图时，首先画出每个投影的两条正交的点画线作为其轴线，然后再根据球的半径，绘制三个等径的圆，如图 3-12c 所示。

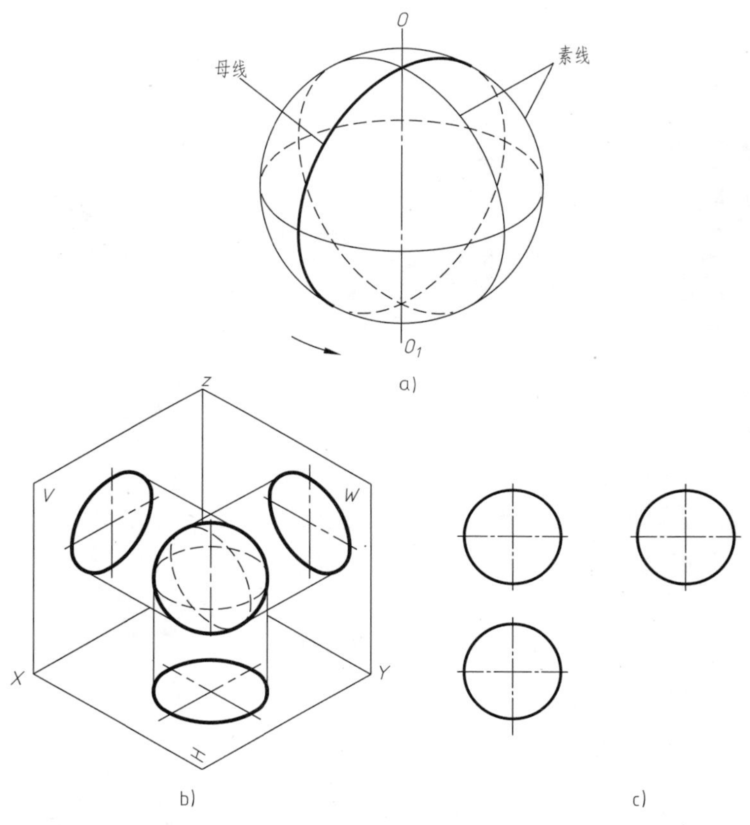

图 3-12　球的形成

（3）球表面上点的投影　由于球的三面投影都没有积聚性，所以在球面上取点常用辅助平面法。

例 3-5　如图 3-13 所示：已知球面上 E 点的正面投影 e'，求作 E 点在其余两面的投影。

在球面上过 E 点作一平行于 H 面的辅助平面圆，画出这个辅助圆的三个投影，其中在 H 面上的投影反映该圆实形。E 点的各个投影必在此辅助圆的相应投影上。根据 E 点的位置和可见性，可断定点 E 在上半球的左、前部，因此点 E 的水平投影可见，侧面投影也可见。

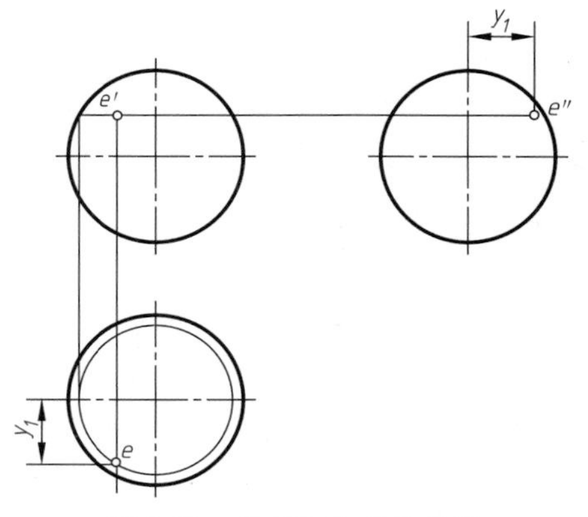

图 3-13　球表面上点的投影

3.2　平面与立体的表面交线（截交线）

由平面截切几何体所形成的表面交线称为截交线。如图 3-14 所示，正三棱锥、圆柱、圆锥被平面 P 截为两部分，其中截断立体的平面 P 称为截平面，立体被截切后的断面称为截断面，截平面与立体表面的交线称为截交线。

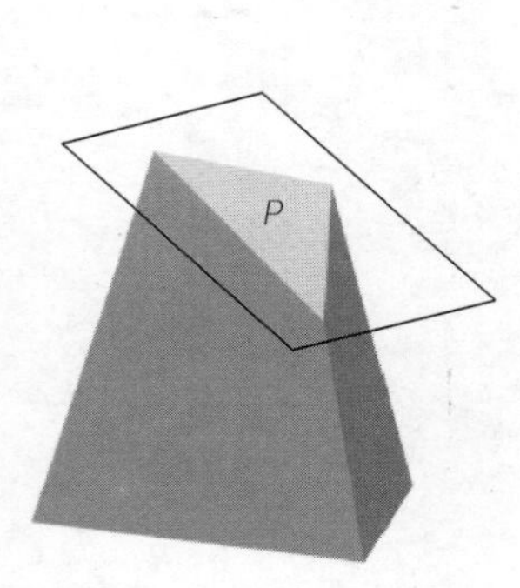

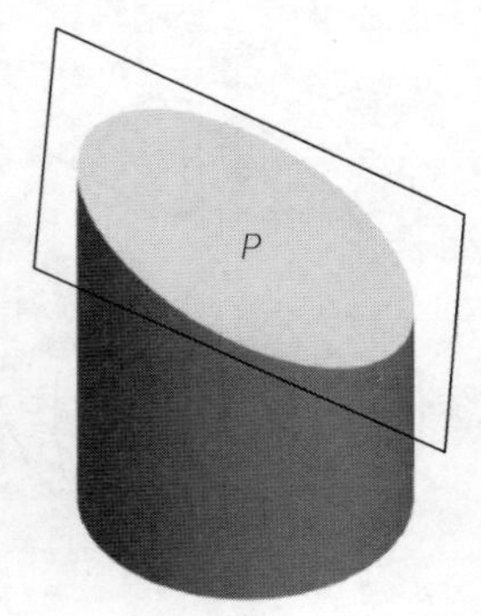

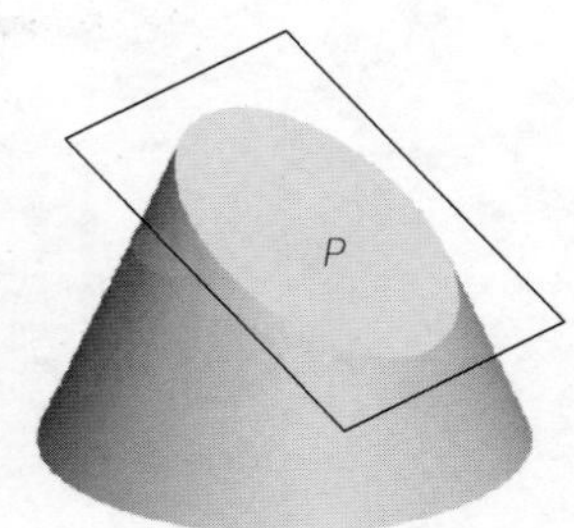

图 3-14　截交线

截交线具有以下两个基本性质：

（1）共有性　截交线是截平面与立体表面的共有线，截交线上的点也是它们的共有点。

（2）封闭性　由于任何立体都有一定的范围，所以截交线都是封闭的平面图形。

因此，求截交线的问题，可归结为求截平面与立体表面的一系列共有点，然后依次连接各点成为一个封闭的平面图形。

3.2.1　平面与平面体的截交线

截平面的位置可以是特殊位置，也可以是一般位置。现主要以特殊位置截平面为例，说明求解平面体截交线的方法和步骤。

例 3-6　如图 3-15 所示，三棱锥 $SABC$ 被正垂面 P 截切，求其截交线的投影。

分析：由图 3-15 中主视图可知，三棱锥被一个正垂面所截，且同时截 SA、SB、SC 三条棱，截交线是一个三角形。由于截交线在 V 面的投影积聚（截交线在截平面上），因此，只要绘制截交线的 H 面投影和 W 面投影。

作图步骤：

1）棱线 SA、SB、SC 与平面 P 的交点的正投影 $1'$、$2'$、$3'$已知。根据点的从属性，可求出它们的水平投影 1、3 及侧面投影 $1''$、$3''$；由投影规律依据 $2'$求出 2、$2''$。连接起来，即为所求截交线的水平投影 1 2 3 及侧面投影 $1''2''3''$。

2）可见性判断。因为三棱锥的每一个侧棱面的水平投影都是可见的，所以位于这些棱面上的交线的水平投影也都可见。由于截平面是左上右下倾斜，所以截交线 $2''3''$在 W 面是不可见的。

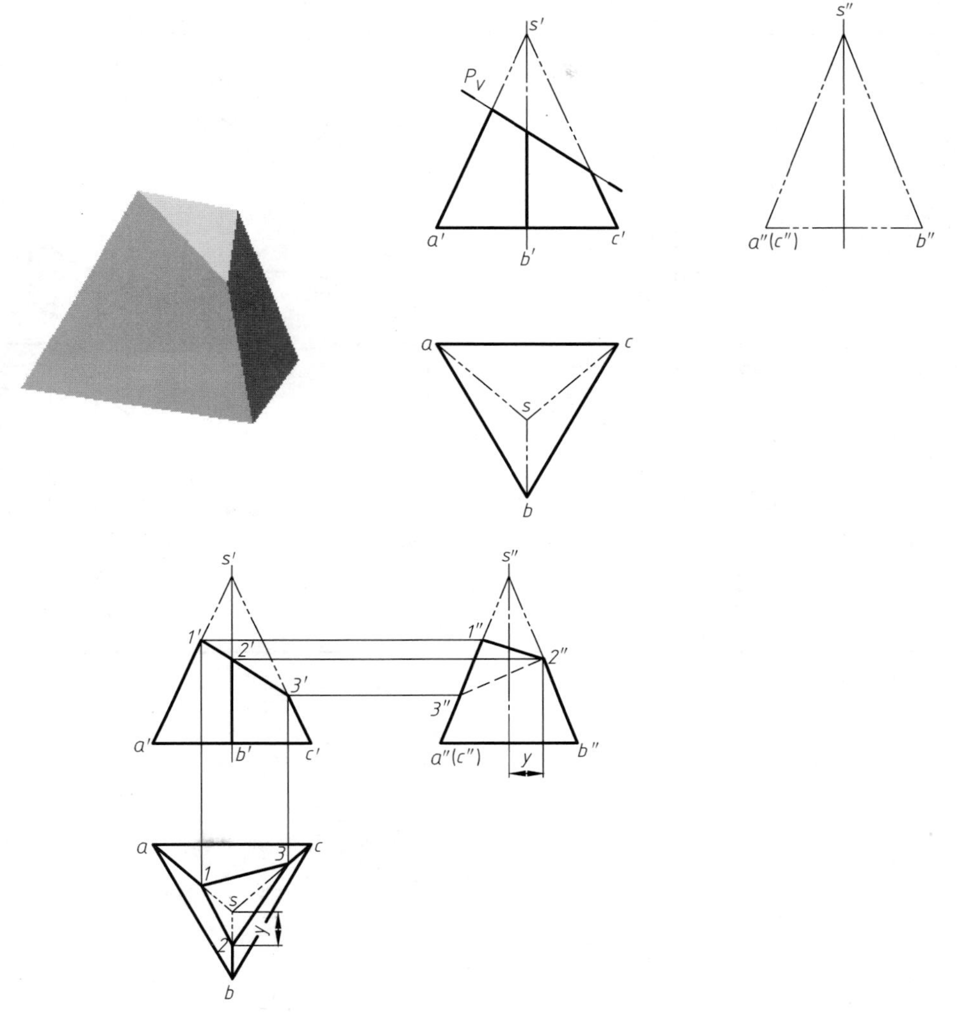

图 3-15 平面与三棱锥相交的截交线

3.2.2 平面与回转体的截交线

平面与曲面体相交，截交线一般为封闭的平面曲线，特殊情况下是平面多边形或圆。回转体截交线常利用积聚性或者辅助面的方法求解。

1. 圆柱的截交线

圆柱被平面截切后产生的截交线，因截平面与圆柱轴线的相对位置不同而有三种情况，即矩形、圆和椭圆，如表 3-1 所示。

例 3-7 如图 3-16 所示：圆柱体被 *P*、*Q* 两平面截切，试完成其三个投影图。

分析：如图 3-16 所示，圆柱被水平面 *P* 和侧平面 *Q* 所截切。截平面 *P* 平行于圆柱的轴线，与圆柱面的交线为两条侧垂线。截平面 *Q* 垂直于圆柱的轴线，与圆柱面的交线为平行于 *W* 面的一段圆弧。平面 *P* 和 *Q* 的交线为正垂线。因此可利用截平面 *P*、*Q* 和圆柱面投影的积聚性，直接求圆柱截交线的投影。

表 3-1　平面与圆柱的截交线

截平面的位置	平行于轴线	垂直于轴线	倾斜于轴线
截交线的形状	矩形	圆	椭圆
立体图	P	P	P
投影图			

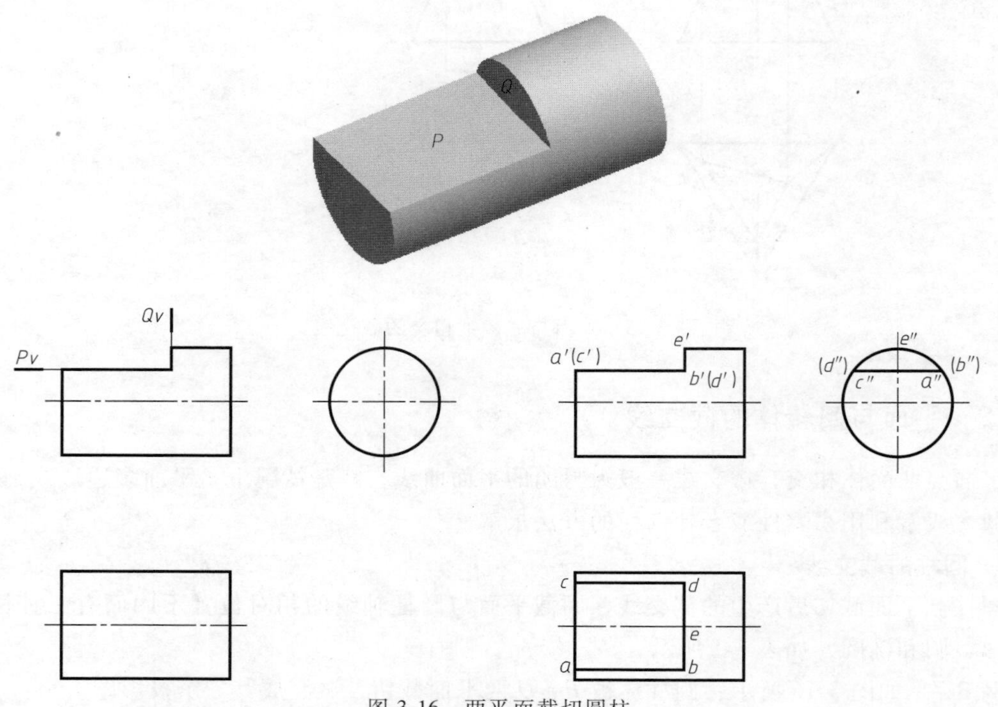

图 3-16　两平面截切圆柱

作图步骤：

1）画出截平面 P、Q 的 V 面投影 P_V、Q_V。

2）平面 P 与圆柱面交线的 V 面投影 $a'(c')b'(d')$ 及 W 面投影 $a''(b'')c''(d'')$ 为已知，

由此可求出两交线 AB、CD 的 H 面投影 ab、cd。

3）截平面 Q 与圆柱面交线的 W 面投影 $(b'')e''(d'')$ 及 V 面投影也可得知，据此直接求出 H 面投影 bed，如图 3-16 所示。

例 3-8　图 3-17 所示为圆柱体被正垂面截切，试画出其 W 面投影。

分析：圆柱体被正垂面截切（与圆柱轴线倾斜），截交线的空间形状是一椭圆。此截交线的 V 面投影积聚为一直线，H 面投影积聚在圆周上，因此，仅 W 面的投影是椭圆需要求出。

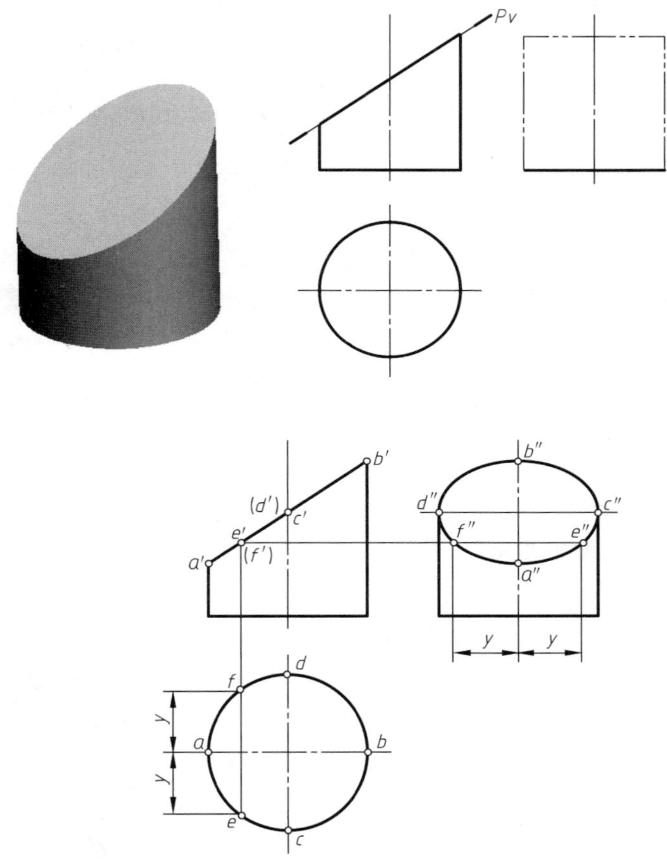

图 3-17　正垂面截切圆柱体

作图步骤：先画出完整的圆柱体的左视图，再求截交线的侧面投影。

（1）求特殊点　特殊点主要是转向素线上的共有点，截交线上最高、最低、最前、最后、最左、最右点以及能决定截交线形状特性的点，如椭圆长短轴端点等。

由图 3-17 可知，点 A 和点 B 分别位于圆柱的最左、最右素线上，且 A 为最低点，B 为最高点。点 C 和 D 分别位于圆柱的最前和最后素线上。它们的正面投影和水平投影可直接标出来。由两投影可求出侧面投影 a''、b''、c''、d''。

（2）求一般点　为使作图准确，还需作出若干一般点。在特殊点之间再找几个一般点如 E、F，根据它们的正面投影 e'、f' 和水平投影 e、f 即可求出侧面投影 e''、f''。

（3）判断可见性并连线　由于截平面是从右上向左下倾斜，所以截交线在 W 面的投影是可见的。用曲线板依次光滑连接各点即得到截交线的侧面投影。

2. 圆锥的截交线

圆锥被平面截切后产生的截交线，因截平面与圆锥轴线的相对位置不同而有五种不同的形状，如表 3-2 所示。

表 3-2　圆锥的截交线

截面位置	与轴线垂直	与轴线倾斜	平行于一条素线	平行于轴线	过锥顶
截交线	圆	椭圆	抛物线	双曲线	三角形
立体面	P	P	P	P	P
投影图	P_V	P_V θ α	P_V θ α	P_H	P_H

当截平面垂直于圆锥轴线时，截交线是一个圆；当截平面与圆锥轴线斜交时（$\theta<\alpha$），截交线是一个椭圆；当截平面与圆锥轴线斜交，且平行于一条素线时（$\theta=\alpha$），截交线是一条抛物线；当截平面与圆锥轴线平行（$\alpha=0°$ 或 $\theta>\alpha$）时，截交线为双曲线；当截平面过锥顶时，截交线是过顶点的两条直线。

例 3-9　如图 3-18 所示，求作被侧平面截切的圆锥的截交线。

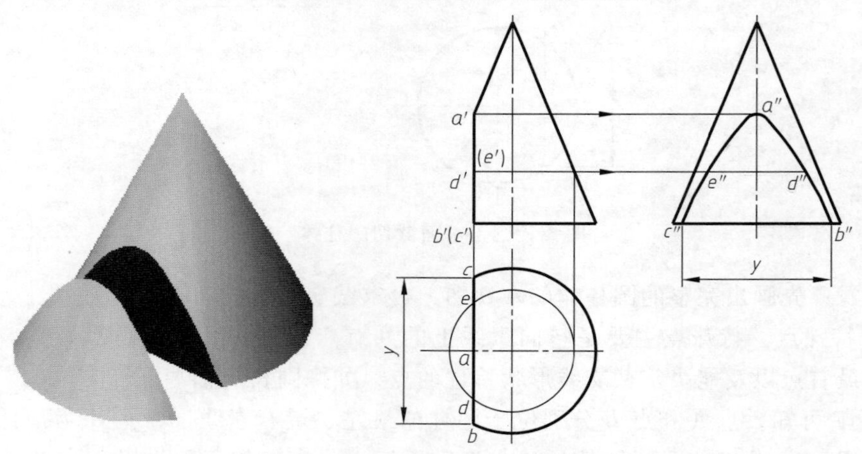

图 3-18　侧平面截切

分析：截平面与圆锥面的轴线平行，截交线是双曲线。截交线在截平面上，截平面是侧平面，因此，V 面和 H 面的投影为已知，可不必作图，只需求出反映双曲线实形的 W 面投影即可。

作图步骤：

（1）求特殊位置点　截交线上最高点 A 在圆锥的正面转向素线上，最低两点 B、C 位于底圆上，可由其正面投影 a'、b'、c' 作投影连线求其水平投影 a、b、c 及侧面投影 a''、b''、c''。

（2）求一般位置点　截交线上的 D、E 点，可过锥顶 S 在锥面上作辅助素线求出，或者用过 D、E 点作辅助圆的方法求出。由 D、E 点的正面投影可以求出其水平投影 d、e，以及侧面投影 d''、e''。

（3）判断可见性并光滑连接各点　由于被切去的是圆锥的左半部分，所以截交线的左面投影可见。依次光滑连接 b''、d''、a''、e''、c''，即为截交线的侧面投影。

例 3-10　如图 3-19 所示，求正垂面与圆锥截切的截交线。

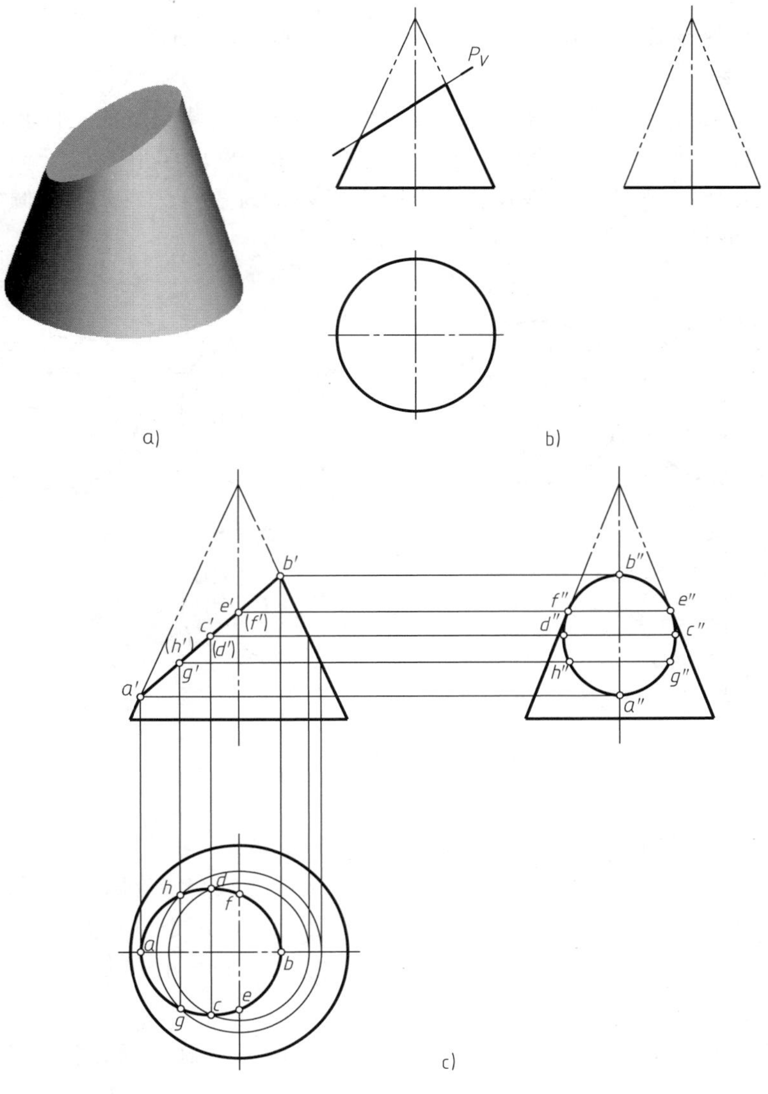

图 3-19　正垂面截切圆锥

分析：截平面 P_V 与圆锥轴线斜交（$\theta<\alpha$），故截交线为椭圆，如图 3-19a、b 所示。截交线的 V 面投影积聚为直线段，而其 H 面投影和 W 面投影仍为椭圆。应先求截交线上的特殊位置点，再求一般位置点。

作图步骤：

1）求特殊位置点 A、B、C、D。这四个点是截交线椭圆长、短轴的端点，其 V 面投影 a'、b'、c'、（d'）可直接求得，c'、（d'）位于 $a'b'$的中点。

2）由 A、B 的 V 面投影 a'、b'可直接求出其 H、W 面投影 a、b 和 a''、b''。

3）过 C、D 作水平辅助圆，可求得其 H 面投影 c、d，并根据投影关系求出 c''、d''。

4）求特殊位置点 E、F。这两点是左右转向素线上的点，其 V 面投影 e'、（f'）可直接得到，由 e'、（f'）可求出 e''、f''、e、f。

5）采用辅助圆法求一般位置点 G、H，其三面投影如图 3-19c 所示。

6）依次光滑连接各点的 H 面和 W 面投影，即得截交线的投影。

3. 球的截交线

截平面与球相交，不论截平面与球的相对位置如何，其截交线的空间形状都是一个圆。当截平面平行于投影面时，截交线在该投影面上的投影为圆的实形，如图 3-20a 所示；当截平面垂直于投影面时，截交线在该投影面上的投影积聚为直线；当截平面倾斜于投影面时，截交线在该面上的投影为椭圆，如图 3-20b 所示。

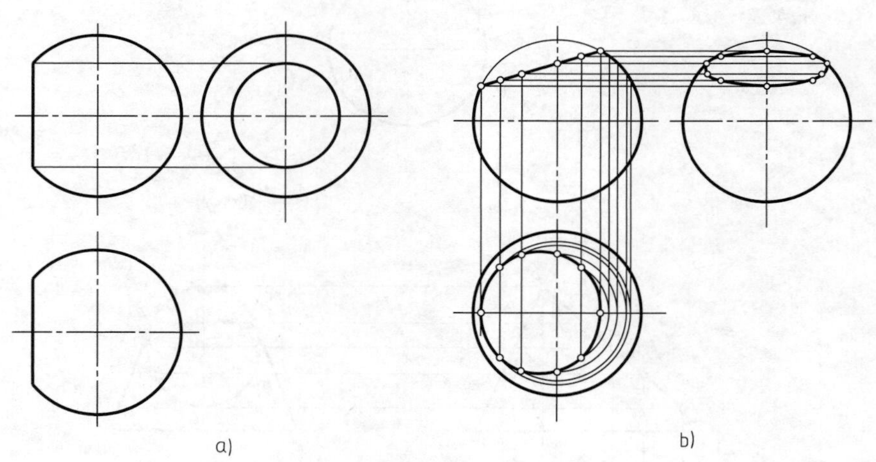

图 3-20 球的截交线

例 3-11 如图 3-21a 所示，求作半球开槽后的截交线。

分析：半球被三个平面所截，从前到后开了个通槽，截交线有四段圆弧，每两个相交平面还有一条直线段，三个平面有两条直线段。三个平面中有两个侧平面和一个水平面，它们在 V 面的投影都积聚，不必作图，但要根据 V 面截交线投影求出 H 面和 W 面截交线投影。

作图步骤：

1）求两侧平面截半球所得投影。将半球在 V 面的一个侧平面延伸到半球底面，如图 3-21b中的 R_1，用 R_1 在 W 面画半圆（注意圆心的位置）。截交线在 H 面投影是直线段。

2）求水平面截半球所得投影。在 V 面上将水平截平面延伸到与半球圆弧相交，如图

3-21b中的 R，用 R 作半径在 H 面上画圆弧。水平截平面在侧面的投影是一条直线。

3）截交线在 H 面上均可见；水平面和侧平面上截交线产生的投影在左视图中不可见，应画虚线；水平截平面露在外面部分可见，应画粗实线。

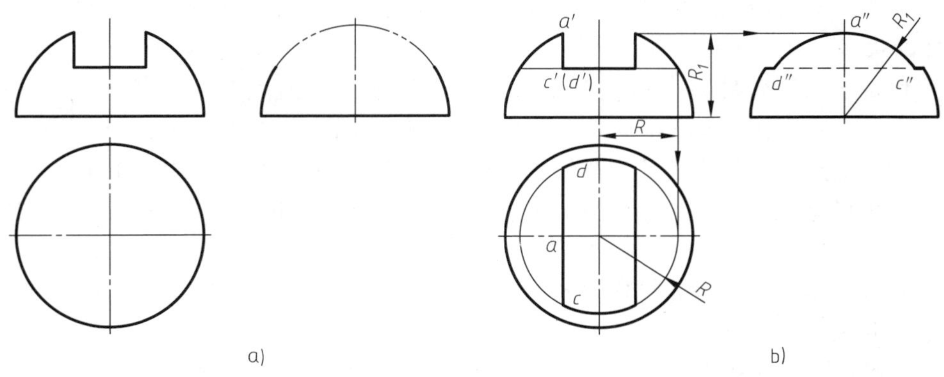

图 3-21　半球开槽后的截交线

3.3　回转体的表面交线（相贯线）

相贯线也是机器零件的一种表面交线，与截交线不同的是，相贯线不是由平面截切几何体形成的，而是由两个几何体互相贯穿所产生的表面交线。零件表面的相贯线大都是圆柱、圆锥、球等回转体表面相交而成，如图 3-22 所示。相贯线的空间形状取决于两相交立体的形状、大小及其相对位置。

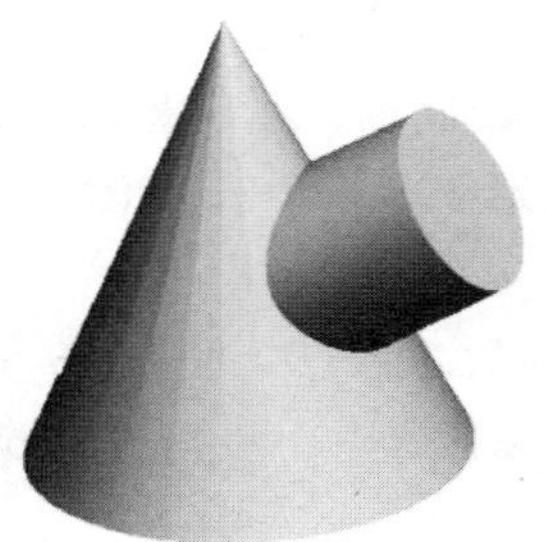
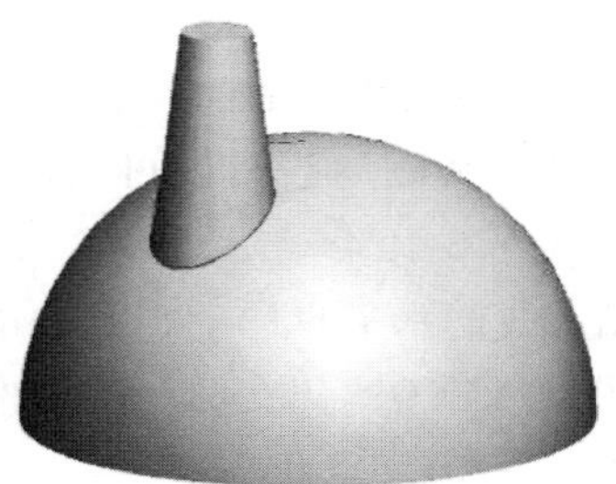
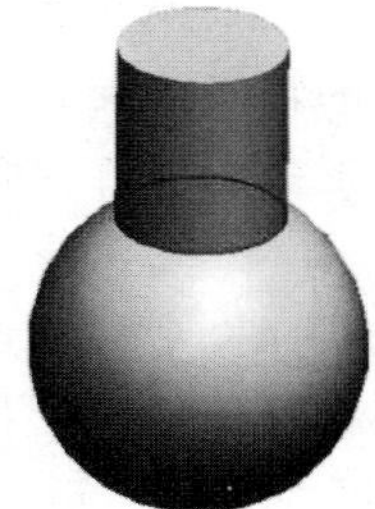

图 3-22　相贯线

相贯线具有下列基本性质：

1）相贯线是相交两立体表面的共有线，相贯线上的点是两立体表面上的共有点。

2）由于立体占有一定的空间范围，所以相贯线一般是封闭的空间曲线，特殊情况下则为封闭的平面曲线或封闭的折线。

3.3.1　相贯线的求画方法

根据相贯线的性质，求两曲面体相贯线的问题可归结为求曲面体表面上的共有点的问题，将这些点光滑连接起来，即得相贯线。

求相贯线的常用方法有三种：积聚性法、辅助平面法和辅助球面法。

用哪种方法求相贯线，要看两相交回转体的基本性质、相对位置及投影特性。不论哪种方法，除相贯线为平面曲线外，均应遵循下列步骤：

（1）分析　分析两回转体的形状、相对位置及相贯线的空间形状，然后分析相贯线有无积聚性的投影。

（2）作特殊点　特殊点一般是相贯线上处于极端位置的点，如最高、最低点，最前、最后点，最左、最右点。求出相贯线上的特殊点，便于确定相贯线的范围。

（3）作一般点　为使作出的相贯线更准确，需要在特殊点之间求出若干个一般点。

（4）判别可见性　相贯线上的点只有同时位于两个回转体的可见表面上时，其投影才可见。

（5）光滑连接　用曲线光滑连接各点，可见的用粗实线连接，不可见的用虚线连接。

1. 积聚性法

当两个圆柱正交且轴线分别垂直于投影面时，则圆柱面在该投影面上的投影积聚为圆，相贯线的投影重合在圆上。可利用点、线的两个已知投影求其他投影的方法作出相贯线的投影。

例 3-12　如图 3-23a 所示，求轴线正交的两个圆柱的相贯线。

分析：正交是指两圆柱轴线垂直相交，此时的相贯线是一条封闭的空间曲线，而且前后左右对称。由于两圆柱轴线分别垂直于 H 面和 W 面，因此，相贯线的水平投影与小圆柱面的水平投影重合，相贯线的侧面投影与大圆柱面的侧面投影（在小圆柱侧面投影范围内的一段）重合，如图 3-23b 所示（加粗部分为已知），故可以从两已知线上的点求出相贯线的正面投影。

作图步骤：

（1）求特殊位置点　Ⅰ、Ⅱ点是相贯线上的最左、最右点，也是最高点，在两圆柱正面投影的转向素线上。Ⅲ、Ⅳ点是相贯线上最前、最后点，也是最低点，在小圆柱侧面投影的转向素线上。由它们的水平投影和侧面投影即可求出正面投影 1′、2′、3′、（4′），如图 3-23c所示。

（2）求一般位置点　在相贯线的水平投影上，定出左右、前后对称点，如 5、6、7、8，由此在相贯线的侧面投影上求出 5″、6″、7″、8″，再按投影关系求其正面投影 5′、6′、7′、8′，如图 3-23d 所示。

（3）判断可见性并光滑连接各点　就正面投影来说，前半段相贯线在两个圆柱的可见表面上，所以它的投影 1′、5′、2′、6′、3′为可见，而后半段相贯线的投影为不可见，但与前半段相贯线的可见投影重合。依次光滑连接所求各点的正面投影，即可得相贯线的正面投影，如图 3-23e 所示。

相交的两圆柱可以都是外表面，也可以是内表面，或一个是内表面而另一个是外表面，其相贯线的形状和画法是相同的。当两圆柱正交且直径相差较大时，其相贯线的投影可采用简化画法，即以两圆柱中较大圆柱的半径为半径画圆弧即可，如图 3-24 所示。

2. 辅助平面法

辅助平面法是用辅助平面同时截切相贯的两回转体，在两回转体表面得到两条截交线，这两条截交线的交点即为相贯线上的点。这些点既在相贯两立体表面上，又在辅助平面上，

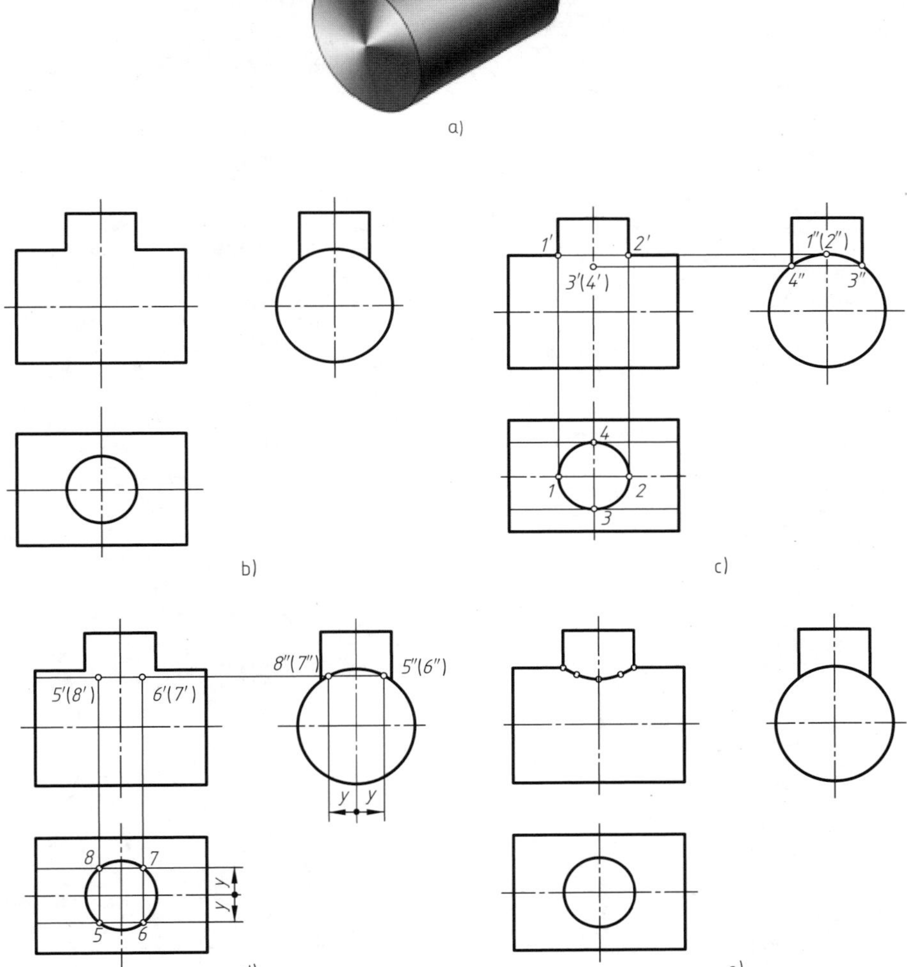

图 3-23　两圆柱的相贯线

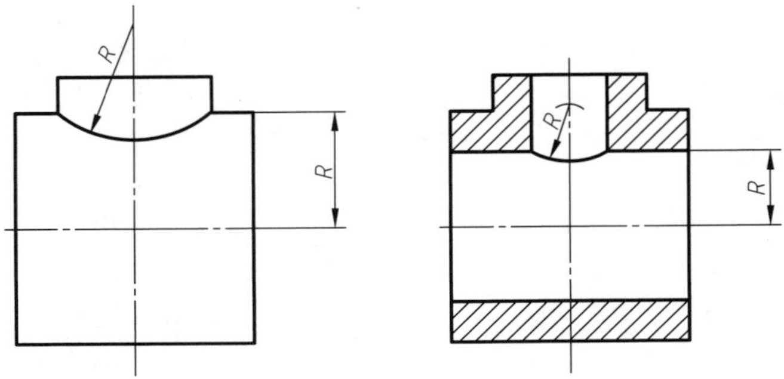

图 3-24　两圆柱相贯线的简化画法

因此，辅助平面法就是利用三面共点的原理，作若干个辅助平面，求出相贯线上一系列共有点，进而求得相贯线。

为使作图简便，选用辅助平面的原则是：应使辅助平面与两相贯体的截交线的投影同为最简单的直线或圆。通常选用投影面平行面作为辅助平面。

用辅助平面法求相贯线的主要步骤如下：

1）选择恰当的辅助平面。

2）求出辅助平面与回转体表面的交线。

3）求出交线的交点，并用光滑的曲线连接，即得相贯线。

例 3-13 如图 3-25a 所示，求圆锥与圆柱正交的相贯线。

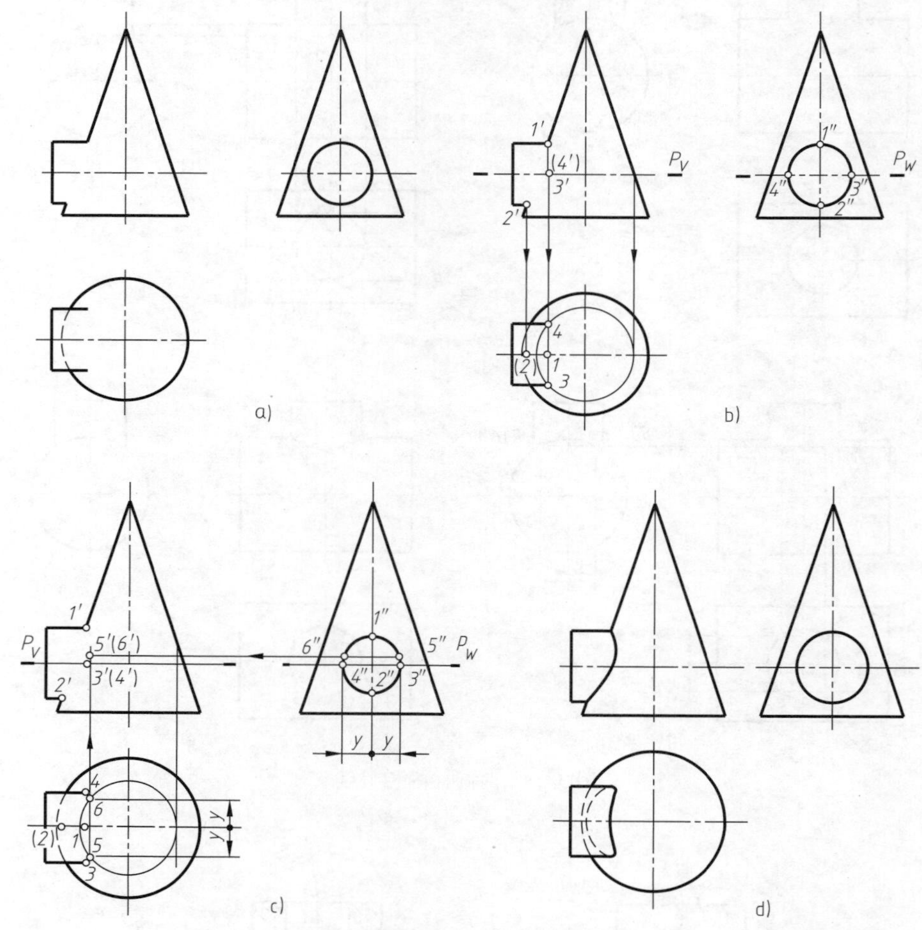

图 3-25 圆锥与圆柱正交的相贯线

分析：相贯线为空间曲线，且前后对称。由圆柱侧面投影的积聚性，相贯线在侧面上的投影为已知，因此可以从相贯线的侧面投影求出相贯线在正面和水平面上的投影。

作图步骤：

（1）求特殊点 相贯线的左视图投影是已知的。从左视图中可以看到：最高点Ⅰ、最低点Ⅱ，可在正面投影和侧面投影上直接求出投影 1′、2′和 1″、2″，Ⅰ、Ⅱ的水平投影也可直接求出。至于Ⅲ、Ⅳ两点，可以在正面投影上作辅助平面 P（水平面），求出 P 平面与圆锥面的截交线的水平投影圆，P 平面与圆柱面截交线的水平投影为两直线，它们的交点 3、4 即为水平投影。由 3、4 可求出 3′、4′，如图 3-25b 所示。

（2）求一般点　作一系列的辅助平面，每个辅助平面可求出两个一般点，如图 3-25c 所示。

（3）判别可见性并连线　要判别可见性，可采用如下方法：

对某一投影面来说，只有同时位于两个可见表面上的点才是可见的。本例中，水平投影 3、5、1、6、4 各点在圆柱的上半表面上，均可见，画成粗实线；点 2 在圆柱的下半表面上，不可见，画成虚线。相贯线的正面投影，其可见与不可见投影重叠。将所求各点依次光滑连接即得相贯线的投影，如图 3-25d 所示。

3. 辅助球面法

辅助球面法就是利用球面为辅助面求作相贯线上的点的方法。

任何回转体与球面相交时，如果球心位于该回转体的轴线上，则其相贯线必为一个圆，且该圆所在的平面必垂直于回转体的轴线，如图 3-26 所示。当回转体的轴线平行于某投影面时，球面与回转体的交线圆在该投影面上的投影为垂直于回转轴的直线段。通常，凡两个相交的曲面体符合下列三个条件者，可采用辅助球面法。

（1）相交两立体表面都是回转体　因为回转体与球面相交，若球心位于回转体的轴线上时，则交线是圆。

（2）两回转体的轴线相交　因为用两轴线交点作为球心，才可保证球心同时位于两回转体的轴线上。

（3）两回转体的轴线同时平行于某一投影面　因为在这种情况下，它们与球面相交所得的圆才能在该投影面上的投影成直线段。

由图 3-27 可知，若改变辅助球面的半径，即可得出相贯线上的一系列点。注意：辅助球面的半径有一定的范围，其中，R_1 为最大球面半径，R_2 为最小球面半径。若以 R_1 与 R_2 中的某一值为半径作辅助球面，则它与两圆柱面的交线（圆）的交点即为相贯线上的点，求得一系列点后光滑连接各点即得相贯线。

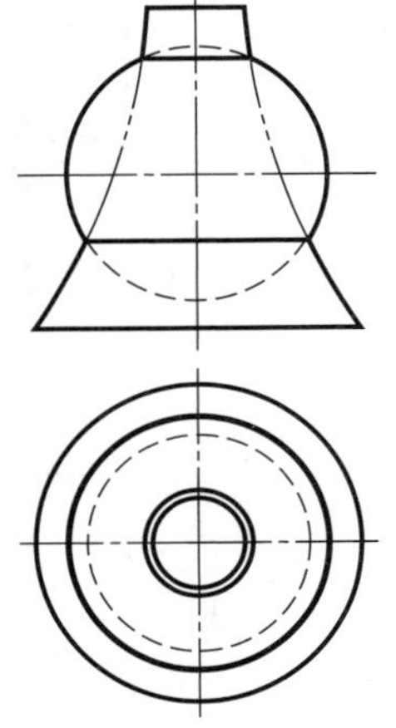

图 3-26　辅助球面法作图原理

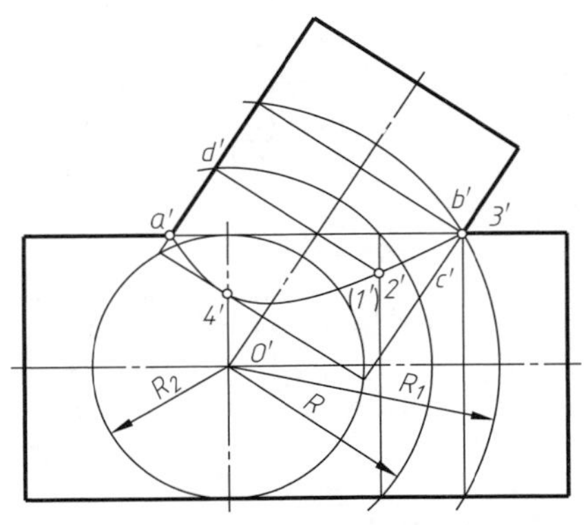

图 3-27　用辅助球面法求相贯线

例 3-14 如图 3-28 所示，求圆台与圆柱斜交的相贯线。

分析：由于相贯两立体都是回转体，它们的轴线相交，且平行于 V 面，所以，可采用辅助球面法求相贯线。

作图步骤：

1）确定最大和最小球面半径。因两回转面前后对称，故其正面转向素线的交点 1′、2′分别为最高点Ⅰ和最低点Ⅱ的正面投影，同时求出水平投影 1、2。1′距球心 O'最远，故 $O'1'$为最大辅助球面半径。用最小辅助球面可求出相贯线上Ⅲ、Ⅳ两点的正面投影 3′、4′，再用面上取点的方法求出其水平投影 3、4。

2）求一般位置点。在最大和最小球面之间，再作若干个辅助球面，求出适当数量的点。如图中作出半径为 R 的辅助球面，求出点Ⅴ和Ⅵ的投影。

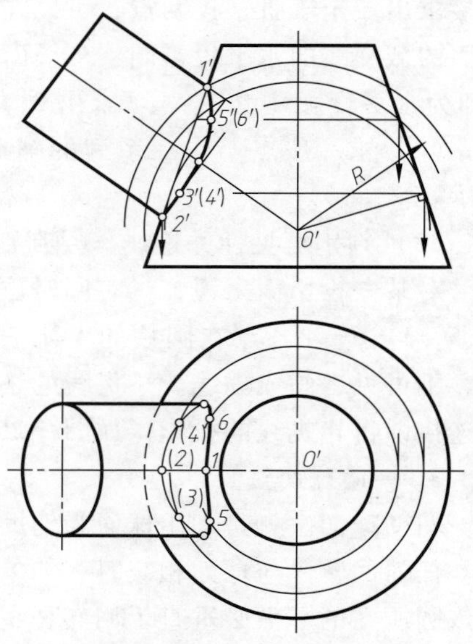

图 3-28　圆台与圆柱斜交

3）将所得各点的同面投影依次光滑连接，即为所求的相贯线。在正面投影中，可见与不可见的两个部分重合。在水平投影中，可见性分界点应在圆柱面的水平面转向素线上，凡在这两点上方的相贯线，其水平投影都是可见的。

3.3.2　相贯线的特殊情况画法

在一般情况下，相贯线为空间曲线，但在特殊情况下可为平面曲线或直线，常见的有以下几种。

1. 相贯线为椭圆

如图 3-29 所示，当两圆柱直径相等，且轴线相交时，相贯线的空间形状为椭圆。图 3-29a所示为直径相等、轴线正交的情况；图 3-29b 所示为直径相等、轴线斜交的情况。如

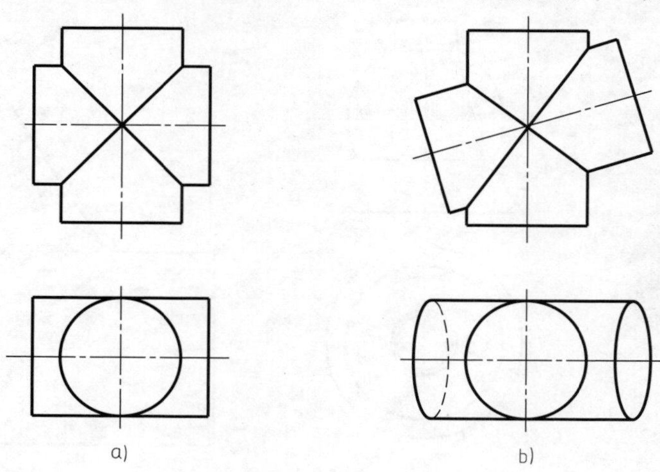

图 3-29　相贯线为椭圆

果该椭圆垂直于投影面，则在该面上的投影积聚成直线。

2. 相贯线为圆

当相交的两个回转体具有公共轴线时，相贯线为垂直于公共轴线的圆。如图 3-30 所示，圆柱分别与球和圆台同轴相交，相贯线都是水平圆。该圆的正立面和侧立面投影积聚成直线，水平面投影为反映实形的圆。

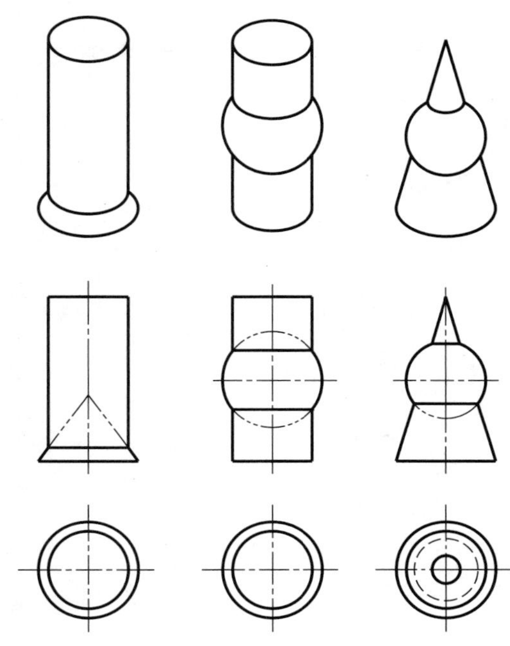

图 3-30　相贯线为圆

3. 相贯线为直线

当相交的两圆柱轴线平行时，相贯线为两条平行于轴线的直线，如图 3-31 所示。

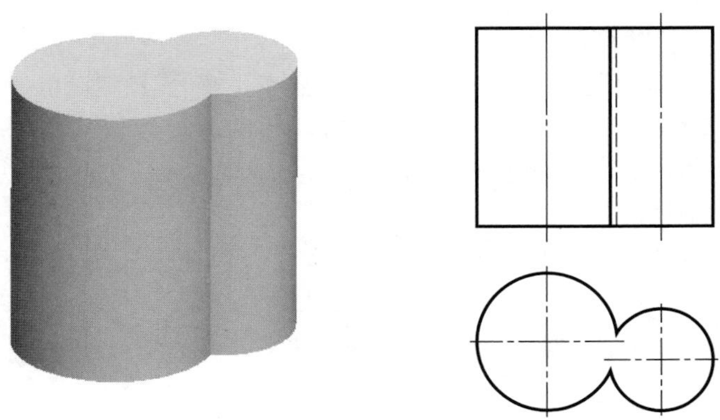

图 3-31　相贯线为直线

3.4 项目案例：顶尖头部截交线的绘制

顶尖头部的截交线如图 3-32a 所示。

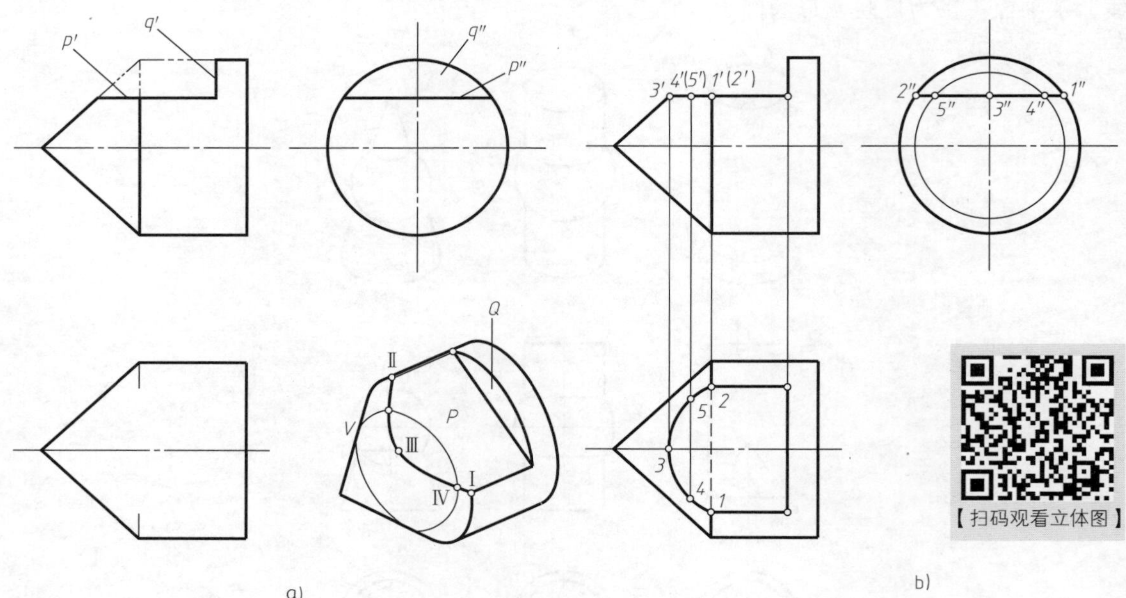

图 3-32　顶尖头部的截交线

1. 顶尖头部的形体分析、截交线的空间分析和投影分析

顶尖是轴线垂直于侧面的圆锥和圆柱组成的同轴回转体，圆锥与圆柱的公共底圆是它们的分界线。顶尖的切口由平行于轴线的平面 P 和垂直于轴线的平面 Q 截切。P 平面与圆锥的截交线为双曲线，与圆柱的截交线为两条直线；Q 平面与圆柱的交线为一圆弧。平面 P 和 Q 相交于直线段。

2. 顶尖头部的绘制过程

1）求作 P 平面与顶尖的截交线。如图 3-32b 所示，由于 P 平面的 V 面、W 面投影具有积聚性，因此只需求其 H 面投影。先找出圆锥与圆柱的分界线，从 V 面投影可知分界点为 1′、2′，W 面投影为 1″、2″，可求出 1、2 分界点左边为双曲线，通过取点可求出 H 面投影。右边为直线，可直接画出。

2）Q 平面的 V 面投影和 H 面投影都积聚为直线，W 面投影为积聚到圆周的一段圆弧，可直接求出。

3）判断可见性，光滑连接各点得到截交线的投影。

本项目小结

本项目介绍了立体的投影、立体表面上点或直线的投影、截交线和相贯线。平面体的表面由平面组成，其棱线是各表面的交线，绘制平面体的投影实际上是绘制各表面的投影。在平面体表面上取点、取线的方法与在平面上取点、取线的方法相同，需注意的是要先分清楚它们位于哪一个表面上再求解。求截交线和相贯线是求相交元素的共有线，求共有线的问题是求共有点。另外，还需要掌握截交线和相贯线的求法。

本项目主要内容包括以下几方面：

1）基本体的投影。

2）立体表面上的点或直线。

3）平面体的截交线。

4）回转体的截交线。

5）回转体的相贯线。

练习与在线自测

1. 思考题

（1）什么是基本体？常见的基本体有哪些？

（2）基本体表面上点的画法是怎样的？

（3）什么是截交线和相贯线？

（4）圆柱面、圆锥面的截交线有几种形状？

（5）为什么平面体的截交线一般是平面多边形？

2. 练习题

（1）补画相贯线的 V 面投影，如图 3-33 所示。

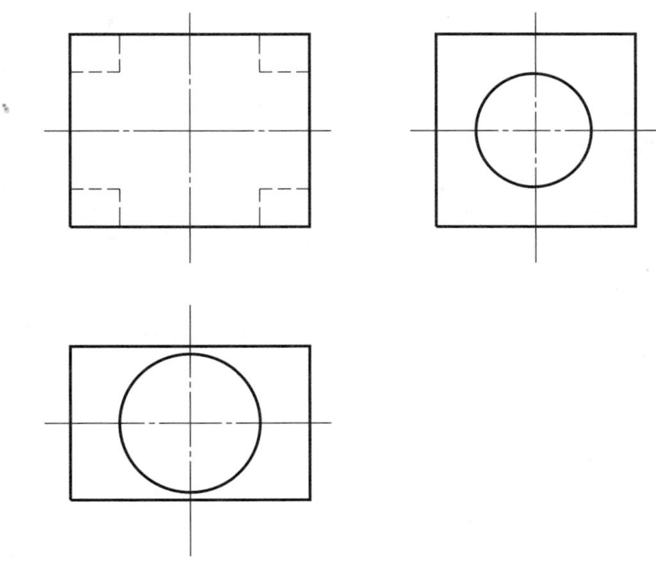

图 3-33　练习题（1）

（2）补画出如图 3-34 所示的左视图和俯视图中的截交线投影。

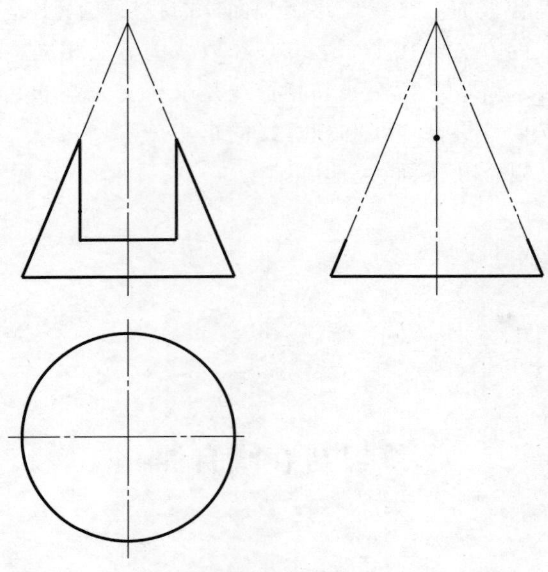

图 3-34　练习题（2）

（3）补画出如图 3-35 所示的左视图和俯视图中的截交线投影。

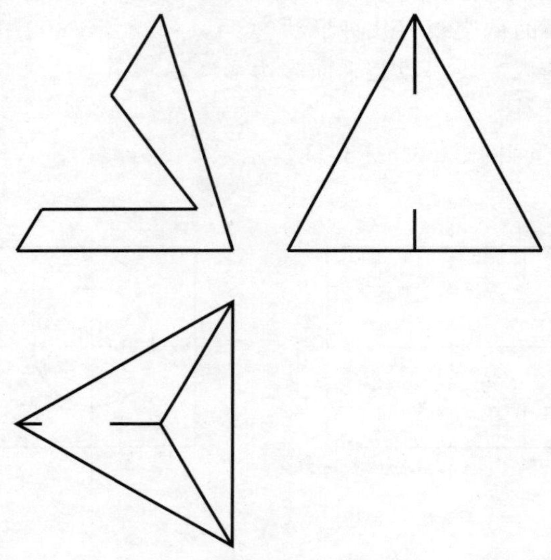

【扫码观看立体图】

图 3-35　练习题（3）

3. 自测题（手机扫码做一做）

项目4

组合体知识的学习与应用

知识目标

1）了解组合体的各种组合形式。
2）掌握绘制组合体视图的方法和技巧。
3）掌握组合体视图尺寸标注的方法和技巧。
4）掌握运用形体分析法和线面分析法识读组合体视图的方法和技巧。

能力目标

能熟练运用形体分析法和线面分析法绘制和识读组合体视图。

项目案例

轴承座的绘制与尺寸标注。

4.1 组合体概述

任何机器零件一般都可以看成是由若干个基本体所构成。由两个或两个以上基本体构成的较复杂的物体，称为组合体。组合体是由单纯的几何形体向机器零件过渡的一个环节，其地位十分重要。

4.1.1 组合体的构成

组合体的组合形式一般可分为叠加、切割和综合三种形式。

（1）叠加　由各种基本体按不同形式叠加而形成的组合体，如图 4-1a 所示。

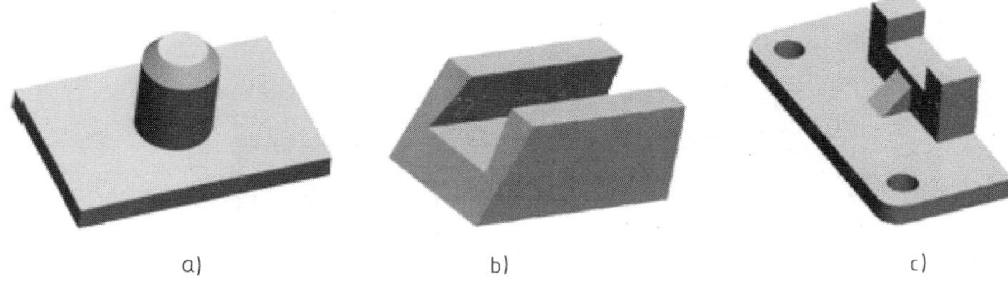

a)　　b)　　c)

图 4-1　组合体的构成

（2）切割　在一个基本体上切去一些基本体而形成的组合体，如图 4-1b 所示。

（3）综合　由若干个基本体经叠加及切割所得到的组合体，如图 4-1c 所示。

实际组合体中单纯以叠加或切割方式组合而成的较少，大多数为综合式。

4.1.2　组合体的表面分析

组合体各部分表面之间连接关系不同，在视图上表现出的特征也就不同。为便于绘图和读图，将表面间的连接关系分为以下四种情况。

1. 形体表面平齐

两部分表面在叠加后完全重叠，在视图上可见的两部分之间无隔线，两表面投影之间不画线，如图 4-2 所示。

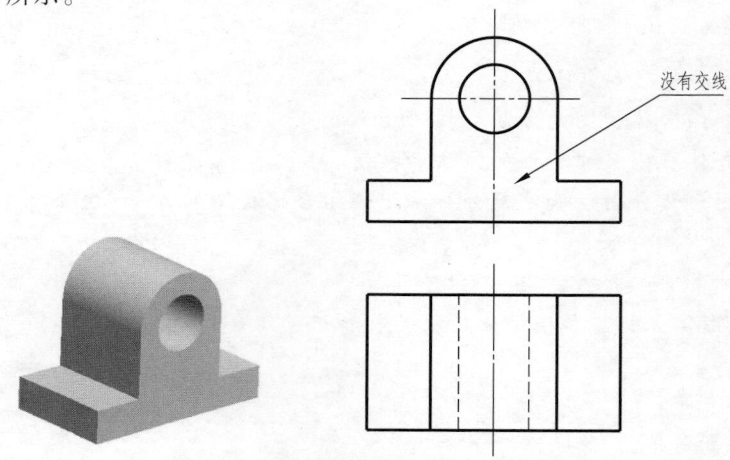

图 4-2　形体表面的连接关系——表面平齐

2. 形体表面不平齐

两部分表面叠加后不完全重叠，在视图上可见的部分之间有图线隔开，两表面投影之间要画线，如图 4-3 所示。

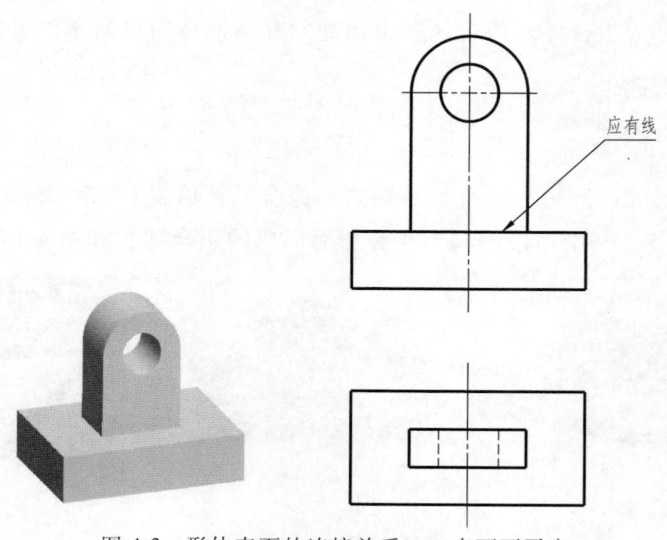

图 4-3　形体表面的连接关系——表面不平齐

3. **两形体表面相交**

两表面相交，在相交处存在交线，两表面投影之间要画线，如图 4-4 所示。

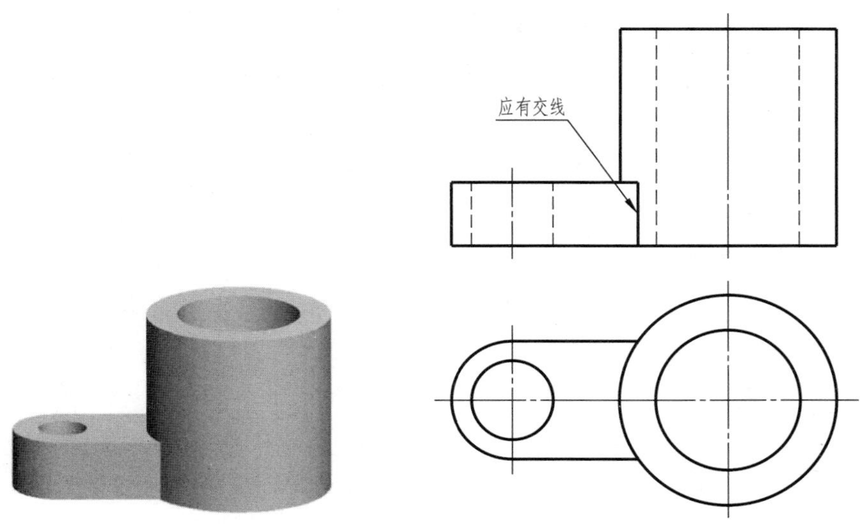

图 4-4 形体表面的连接关系——表面相交

4. **两形体表面相切**

两表面光滑过渡，在相切处不存在轮廓线，在视图上相切处不画线，如图 4-5 所示。

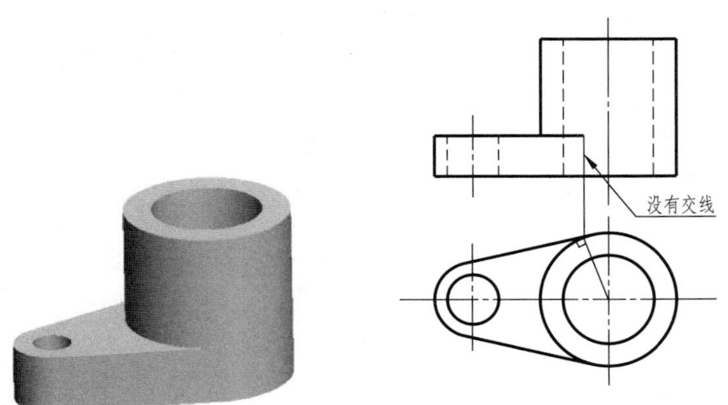

图 4-5 形体表面的连接关系——表面相切

4.2 组合体视图的画法

画组合体的视图时，应当根据组合体的不同形成方式采用不同的方法。一般而言，以叠加为主形成的组合体，多采用形体分析的方法绘制；以切割为主形成的组合体，则多根据其切割方式及切割过程来绘制。

4.2.1 用形体分析法绘制组合体视图

下面以图 4-6 为例介绍画组合体三视图的一般步骤。

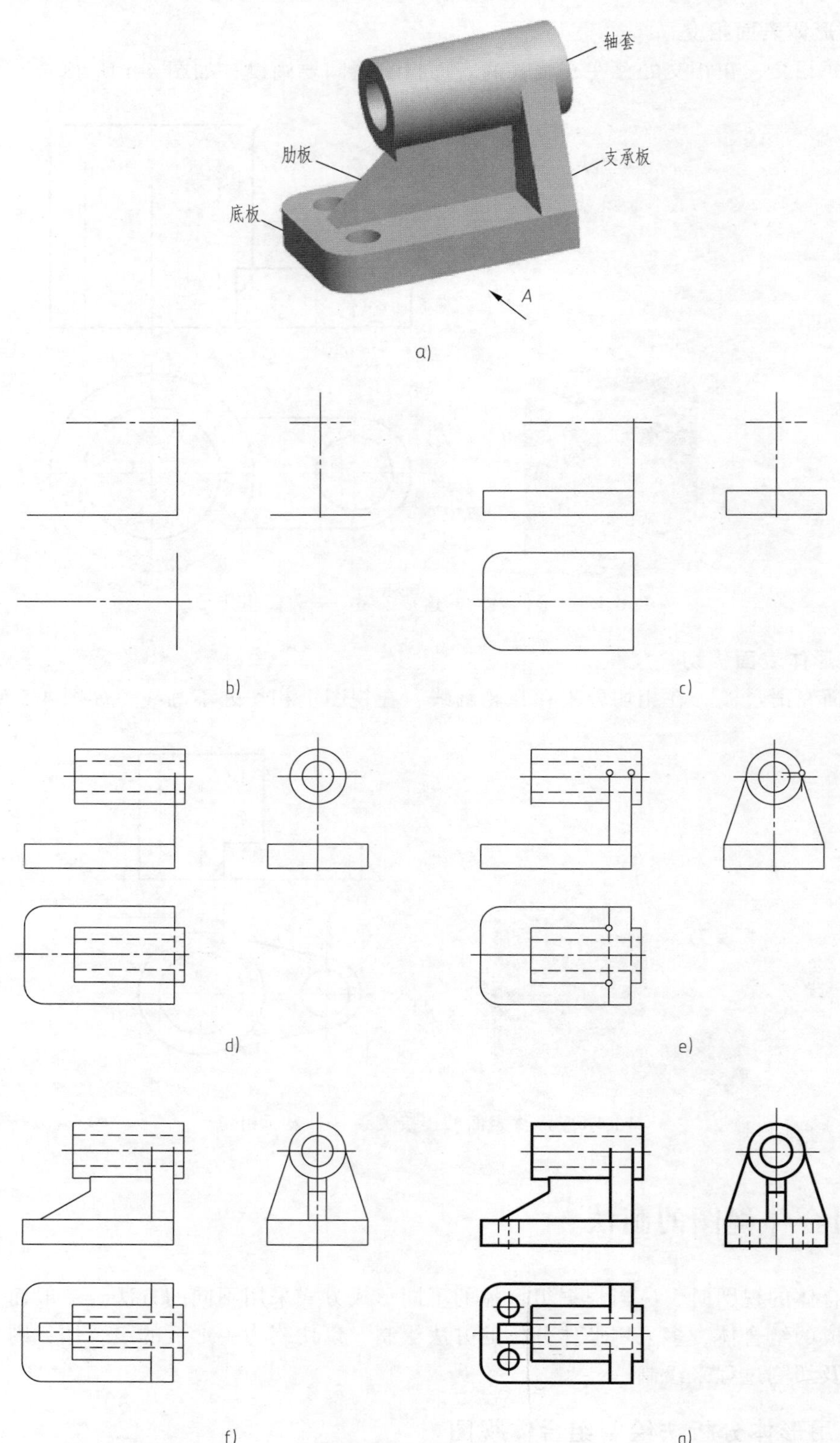

图 4-6　组合体三视图的画图步骤

1. 形体分析

画视图之前，应对组合体进行形体分析，了解该组合体是由哪些基本体组成，它们的相对位置、组合形式及表面间的连接关系如何，为画好视图做准备。如图 4-6a 所示组合体，可以分解成底板、轴套、支承板和肋板。底板又可以分解成由长方体切去两个圆角及两个圆柱组成。轴套可以分解成为大圆柱减去小圆柱。这四部分间是叠加组合，其中支承板与底板后表面平齐。

2. 选择表达方案

主视图是三视图中最重要的视图，主视图选择恰当与否，直接影响组合体视图表达的清晰性。在选择主视图时应考虑如下原则：

1）组合体应按自然位置放置，即保持组合体自然稳定的位置。如图 4-6a 所示的组合体，把它的底板放在水平面上就比较平稳。

2）主视图应较多地反映出组合体的结构形状特征，即把反映组合体的各基本几何体和它们之间相对位置关系最多的方向作为主视图的投射方向。如图 4-6a 所示，从 *A* 向看就比较好。

3）主视图的选择应尽量少产生虚线，即在选择组合体的安放位置和投射方向时，要同时考虑使各视图中不可见的部分最少，以尽量减少各视图中的虚线。

3. 确定比例，选定图幅

根据组合体的复杂程度和大小选择画图比例（尽量选用 1 : 1），估算三视图所占面积后，选用标准图纸幅面。

4. 布置图面

固定好图纸后，根据各视图的大小和位置画出基准线（对称中心线、轴线和基准平面所在位置的直线）。基准线是确定三个视图位置的线，每个视图都应该画两个方向的基准线，如图 4-6b 所示。

5. 画底稿

根据以上形体分析的结果，逐步画出它们的三视图。画图时，要先用细实线轻而清晰地画出各视图的底稿。画底稿的顺序是：先画主要形体，后画次要形体；先画外形轮廓，后画内部细节；先画可见部分，后画不可见部分。每个简单形体的三个视图绘制要同步进行。图中的对称中心线和轴线可用点画线直接画出，不可见部分的虚线也可直接画出。在图 4-6c 中画底板，图 4-6d 中画轴套，图 4-6e 中画支承板，图 4-6f 中画肋板。

6. 检查并描深

完成细节并检查。检查的重点是：各视图中两相邻的简单体的“图形线框”间是否该有分界线；截交线与相贯线是否正确，截交与相贯后相应的轮廓线是否处理正确；相切的表面是否画对。检查无误后描深粗实线，完成全图，如图 4-6g 所示。

4.2.2 按切割顺序画组合体的视图

对于以切割方式为主形成的组合体，一般按切割的顺序绘制其视图。下面以图 4-7 为例介绍这种方法。

1. 选择主视图

组合体的放置方式与投射方向的选择如图 4-7a 所示。

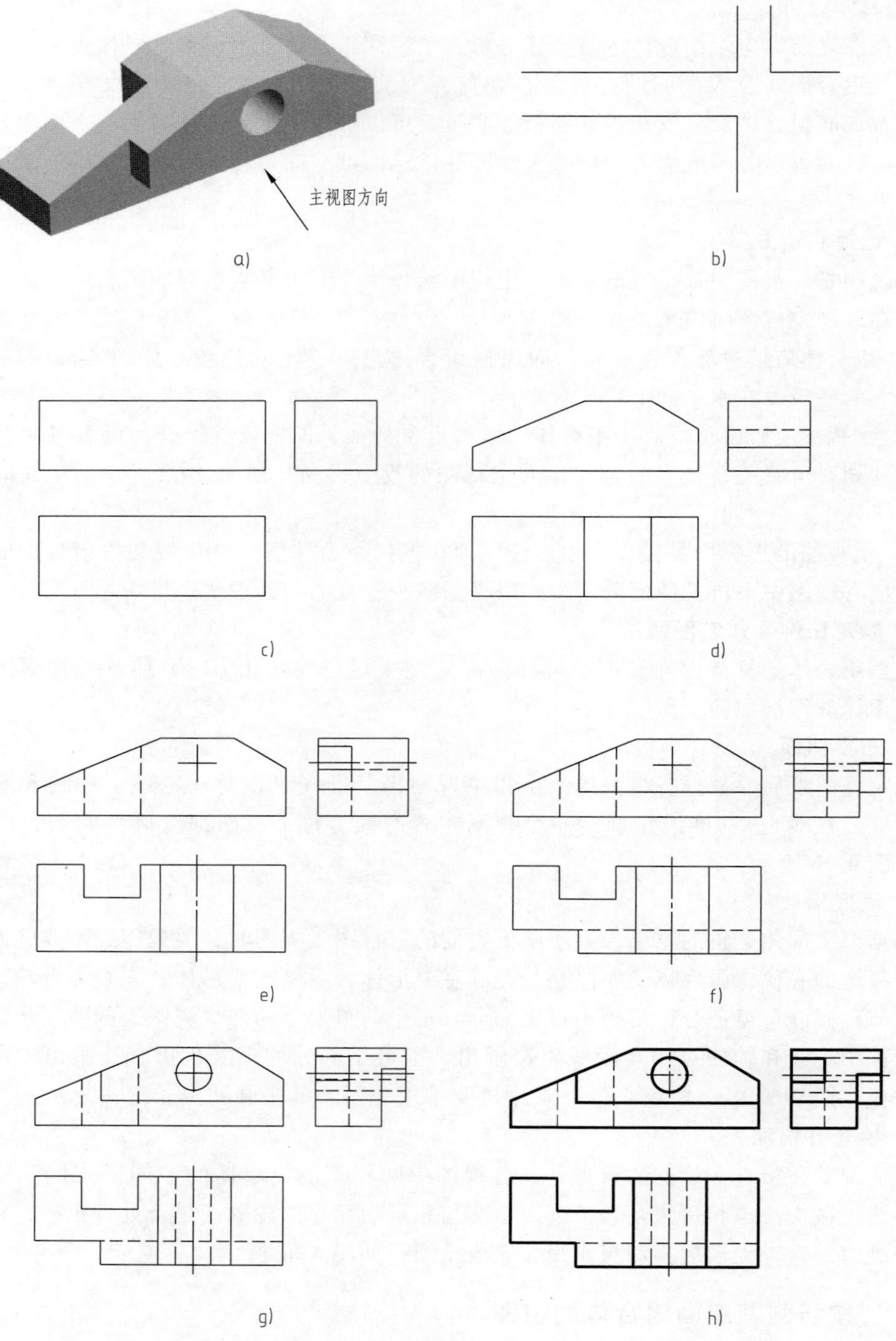

图 4-7　切割体的画图步骤

2. 选比例，定图幅

根据组合体的复杂程度和大小选择画图比例，计算三视图所占面积后选用标准图纸幅面。

3. 布置画图

固定好图纸后，根据各视图的大小和位置画出基准线，如图 4-7b 所示。

4. 画底稿

画图的顺序是：①画长方体，如图 4-7c 所示；②长方体切去左、右两个角，如图 4-7d 所示；③切去后部的槽，如图 4-7e 所示；④再切去左前侧与前下部，如图 4-7f 所示；⑤画孔，如图 4-7g 所示。每次绘制要在三个视图上同步进行。

5. 检查并描深

检查的重点是切割时形成的投影是否画对了，即一个投影积聚成直线，另两个投影为类似图形的投影特征。检查无误后描深粗实线，完成全图，如图 4-7h 所示。

4.3　组合体视图的尺寸标注

组合体的三视图只是定性地表达了它的形状，还需要标注出尺寸才能准确地表示出组合体的确切形状及真实大小。

4.3.1　尺寸标注的基本要求

（1）正确　尺寸标注要符合国家标准的有关规定。

（2）完整　尺寸的标注必须齐全，既不重复，也不遗漏。

（3）清晰　尺寸的布置应清晰、整齐，便于标注和读图。

（4）合理　尺寸标注要符合设计和工艺要求，便于加工和测量。

4.3.2　基本体的尺寸标注

组合体由基本体组合而成，要想掌握组合体的尺寸标注，必须先能正确标注基本体的尺寸。

常见基本体的尺寸标注法如图 4-8 所示。基本体所需的尺寸个数与其形状有关。图 4-8a 所示为长方体，需要三个尺寸；图 4-8b 所示为正六棱柱，需要两个尺寸，括号中的尺寸为参考尺寸。注意正六棱柱端面的正六边形，一般标注对边距离尺寸，而非对角线长度尺寸。圆柱、圆台、球所需的尺寸个数如图 4-8c～图 4-8e 所示。

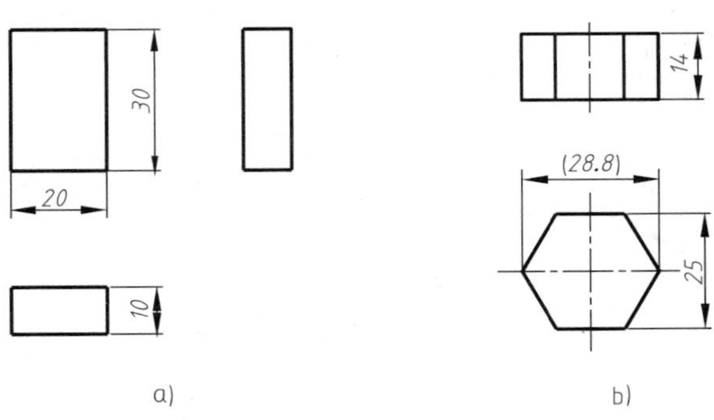

图 4-8　基本体的尺寸标注

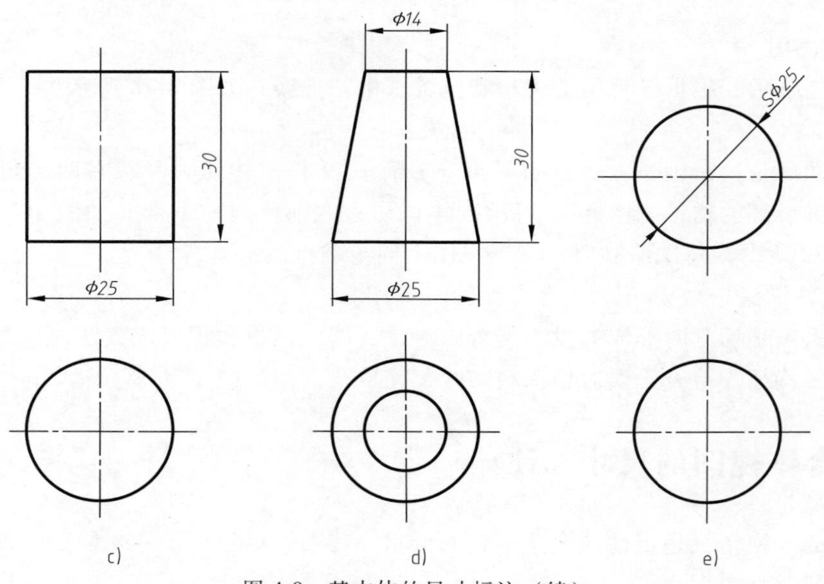

图 4-8　基本体的尺寸标注（续）

4.3.3　尺寸基准

每一个尺寸都有起点和终点，标注尺寸的起点就是尺寸基准（简称基准）。

组合体具有长、宽、高三个方向的尺寸，标注每一个方向的尺寸都应先选择好基准。选作基准的位置可以是一个点、一条线或一个面，一般情况下，以组合体的对称面、回转体的中心线或较大的平面等作为尺寸基准。如图 4-9a 所示的组合体中，以前后对称面作为宽度方向的主要尺寸基准；底面作为高度方向的主要尺寸基准；底板的右面作为长度方向的主要尺寸基准。

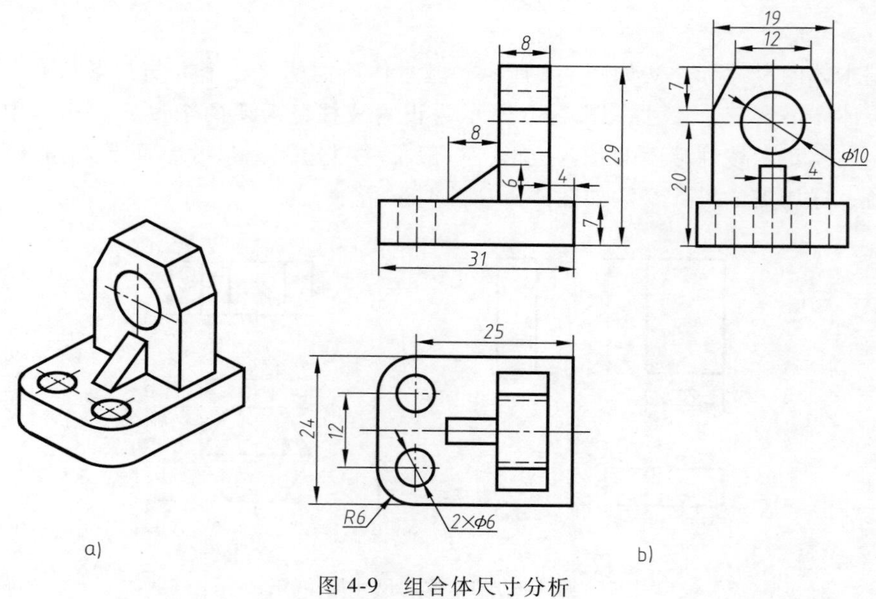

图 4-9　组合体尺寸分析

4.3.4　尺寸种类

组合体的尺寸包括下列三种：

（1）定形尺寸　定形尺寸是确定组合体中各组成形体的大小（长、宽、高）的尺寸。图 4-9b 中的 31mm、7mm、8mm、24mm、*R*6mm、19mm 等均为定形尺寸。

注意，两个以上具有相同结构的形体或两个以上有规律分布的相同结构只标注一次定形尺寸，如底板上的圆柱孔和圆角的定形尺寸。

（2）定位尺寸　定位尺寸是确定组合体中各组成形体之间相对位置（上下、左右、前后）的尺寸。图 4-9b 中的 4mm、25mm、12mm、20mm 等均为定位尺寸。

每个形体都有长、宽、高三个方向，因此需要有三个方向的定位尺寸，但有时由于在视图中已经确定了某个方向的相对位置，也可省略其定位尺寸。如竖板和底板的前后对称面重合且又位于宽度基准上，故不需要标注竖板的宽度定位尺寸。

（3）总体尺寸　总体尺寸是表示组合体总长、总高、总宽的尺寸。图 4-9b 中的 31mm、24mm、29mm 分别是总长、总宽、总高尺寸。

注意，当标注总体尺寸时，可能与定形、定位尺寸相重复或冲突，这时要对已标注尺寸做调整。如图 4-9b 中已标注 29mm 为总高，则不要标注竖板高 22mm 这个定形尺寸。

当组合体的某一方向为回转面时，该方向一般不标注总体尺寸，而是标注回转面轴线的定位尺寸和回转面的定形尺寸（半径或直径），如图 4-10 所示。

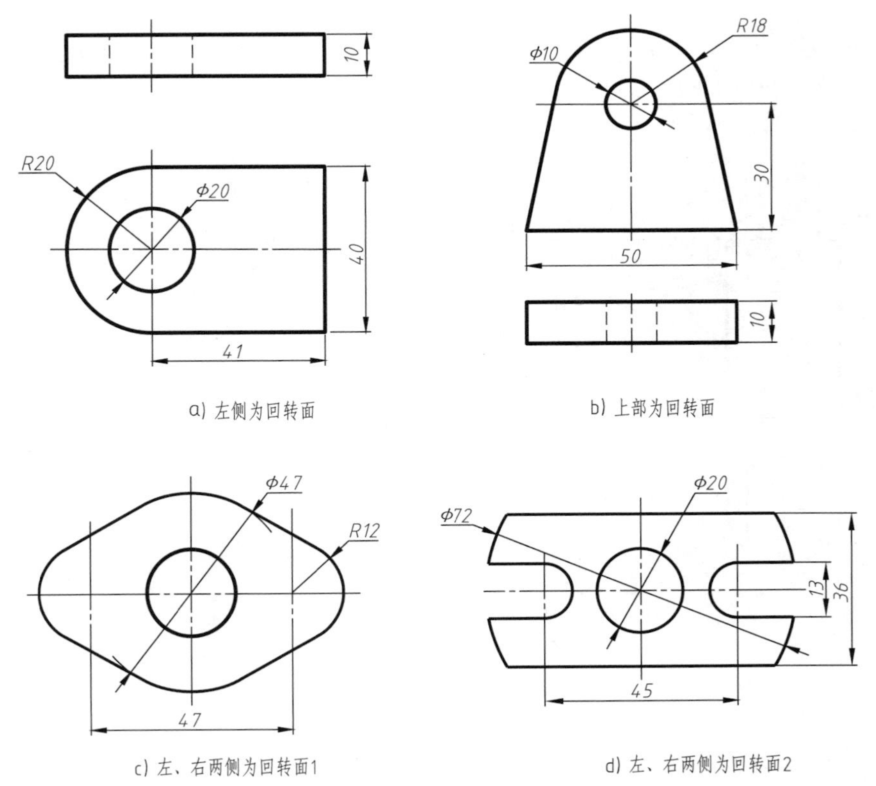

图 4-10　不必标注总体尺寸的图例

4.3.5 尺寸标注应注意的问题

对组合体进行尺寸标注时，尺寸布置应该整齐、清晰，便于阅读。因此，在标注尺寸时，除严格遵守国家标准的有关规定外，还需注意以下几点：

1）定形尺寸尽量标注在反映该形体特征的视图上。圆柱的尺寸最好标注在非圆视图上，如图 4-11 所示。

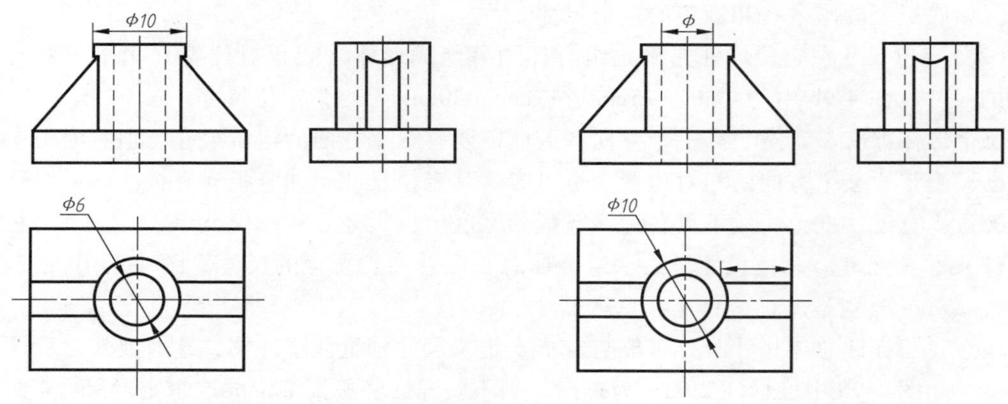

图 4-11 尺寸标注在形体特征明显的视图上

2）同一形体的定形尺寸和定位尺寸应尽可能标注在同一视图上。对两个视图都有作用的尺寸，尽量标注在两视图之间，如图 4-12 所示。

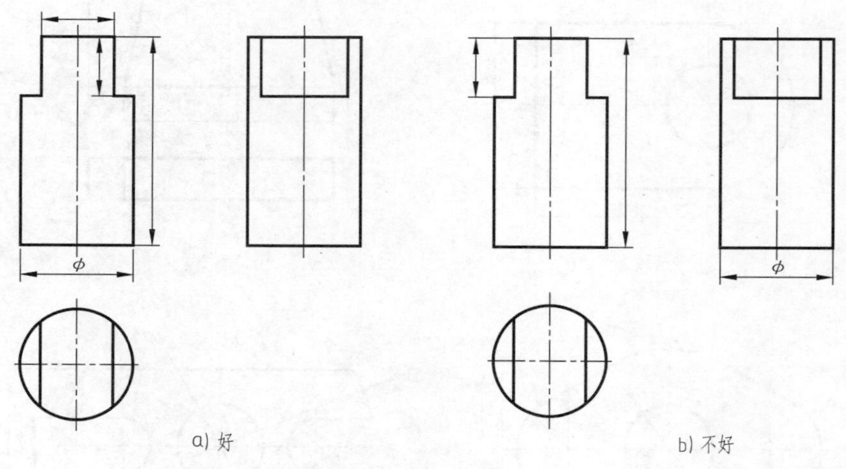

图 4-12 尺寸要集中标注

3）尺寸排列要整齐，平行的几个尺寸应按“大尺寸在外，小尺寸在内”的规律排列，以避免尺寸线与尺寸界线交叉，如图 4-13 所示。

4）截交线和相贯线不标注定形尺寸，如图 4-14 所示。

5）一般应尽量将尺寸标注在视图外面，且布置在两视图之间。一般也不在虚线轮廓线上标注尺寸。

在标注尺寸时，以上几点不一定能同时兼顾，应注意根据具体情况合理布置、统筹兼顾、灵活运用。

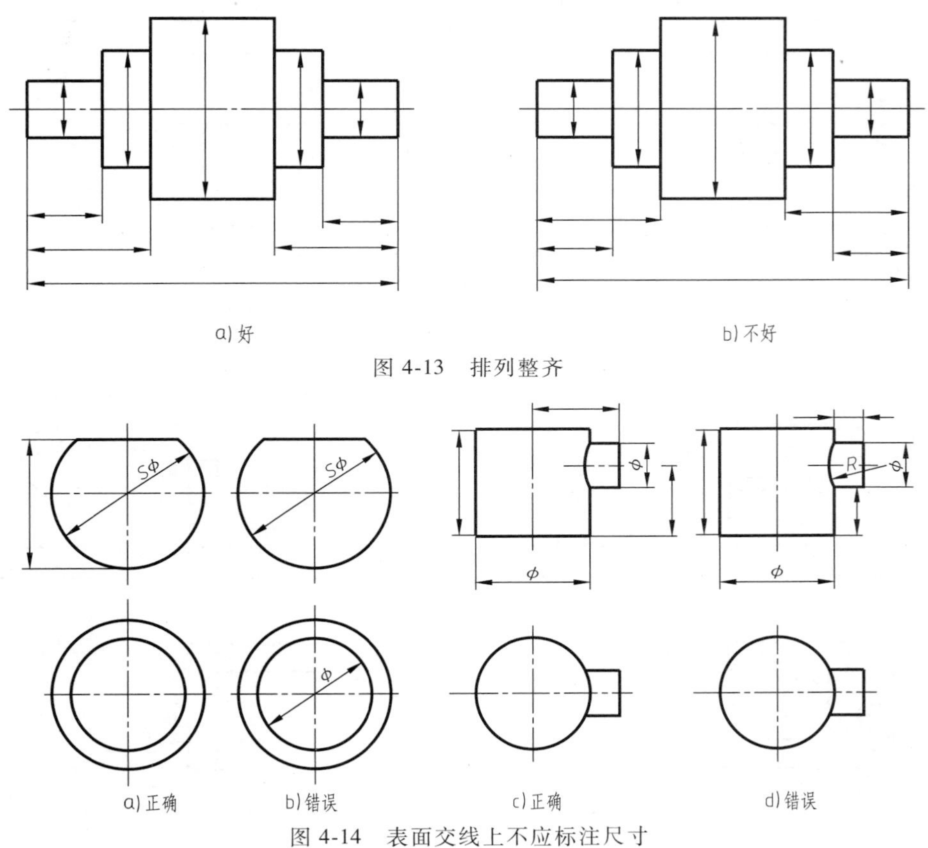

图 4-13 排列整齐

图 4-14 表面交线上不应标注尺寸

4.3.6 组合体尺寸标注举例

下面以轴承座为例说明组合体尺寸标注的方法，如图 4-15 所示。

（1）形体分析　分析构成组合体的各基本体的形状和相对位置。

（2）选择尺寸基准　尺寸基准的选择如图 4-15a 所示。

（3）标注定形、定位尺寸　用形体分析法逐个标注出各基本形体的定形、定位尺寸，如图 4-15b～图 4-15e 所示。

（4）调整总体尺寸并完成全图　组合体的定形、定位尺寸是用形体分析法标注的，要注意轴承座仍是一个整体，标注其总体尺寸时要避免出现多余尺寸，必须进行调整。如图 4-15f 中，总长 80mm，但该方向已标注出了底板的长度和定位尺寸 5mm，且这两个尺寸不可缺少，故总长尺寸不必再标注；总宽 50mm 与底板相同，已标注出；总高 61mm，但该方向已标注了定位尺寸 47mm 和套筒的直径 ϕ28mm，为明确圆弧的圆心位置，总高则不再标注。

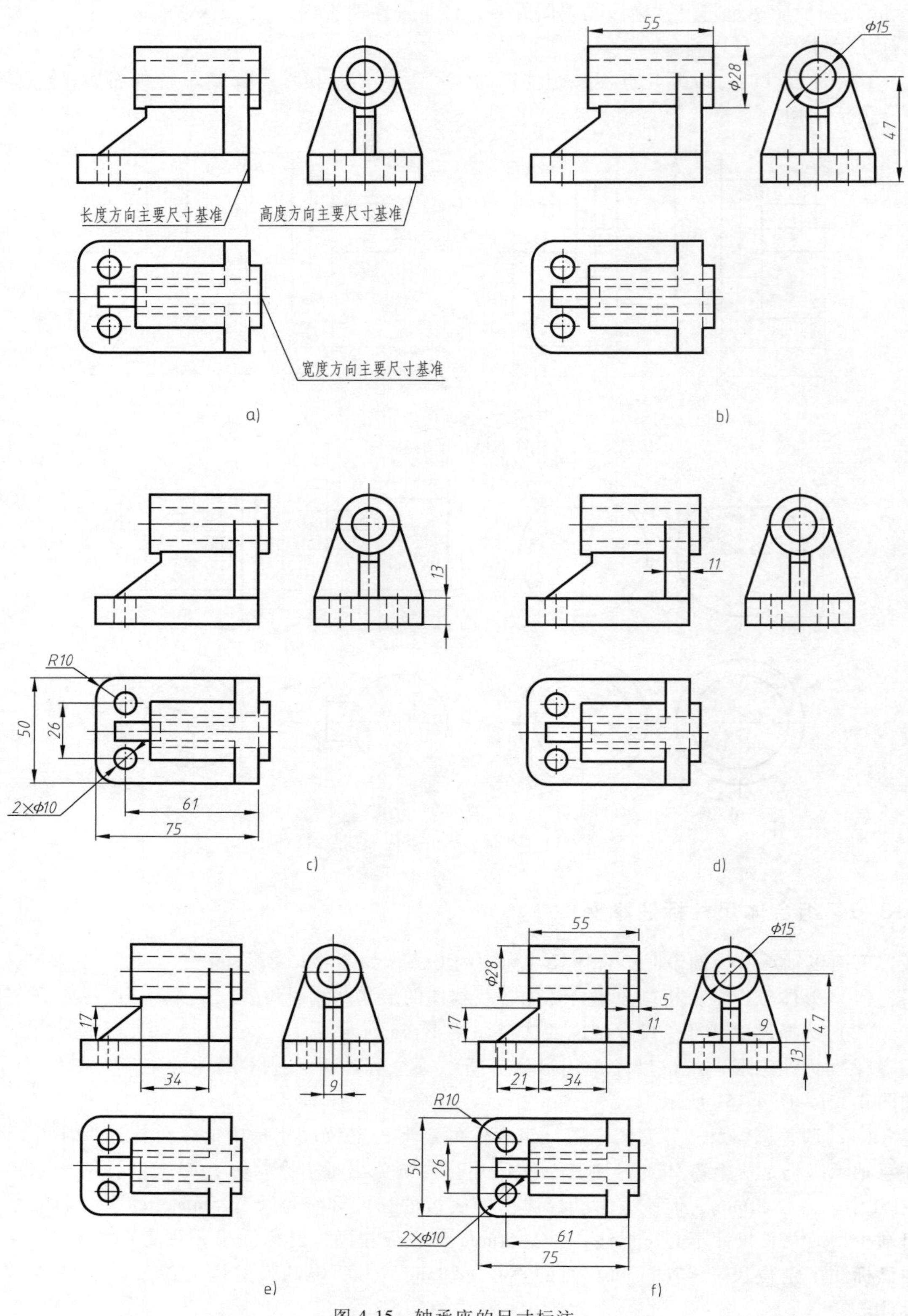

图 4-15　轴承座的尺寸标注

4.4　读组合体视图

画图是将实物或想象（设计）中的物体运用正投影法表达在图纸上，是一种从空间形体到平面图形的表达过程。读图是这一过程的逆过程，是根据平面图形（视图）想象出空间物体的结构形状。

读图的基本方法有两种，一种叫做形体分析法，另一种叫做线面分析法。

4.4.1　读图的基本要领

1. 几个视图联系起来看

一般情况下，一个视图不能确定物体的形状。如图 4-16 所示的五组图形的俯视图均相同，但主视图不同，它们所表示的物体形状就不同。有时两个视图也不能唯一确定物体的形状。如图 4-17a 所示的主、俯视图，与这两个视图相符的立体有很多，例如以图 4-17b、c、d 的任一种作为左视图，均可构成一个形体。

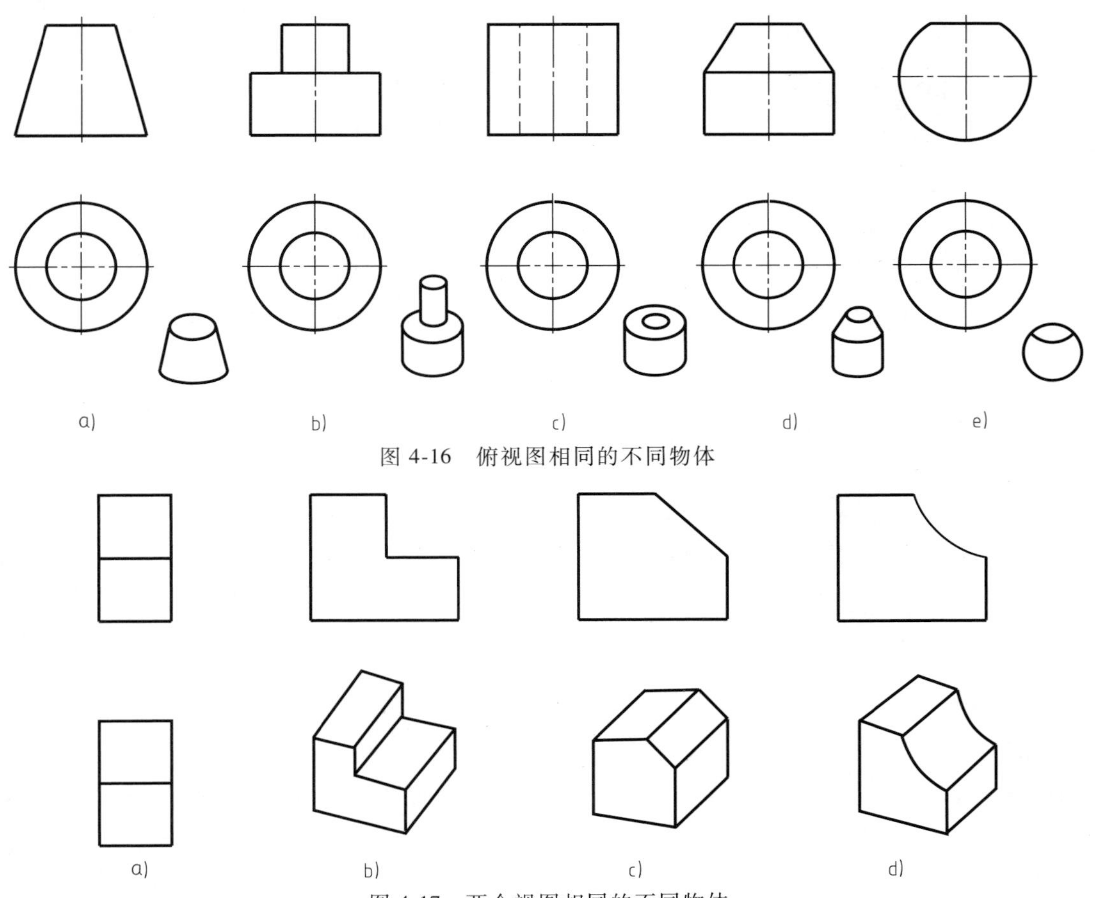

图 4-16　俯视图相同的不同物体

图 4-17　两个视图相同的不同物体

因此，读图时，不能单看一个或两个视图，必须把所有已知的视图联系起来看，才能想象出物体的准确形状。

2. 明确视图中线框和图线的含义

线框是指图上由图线围成的封闭图形。明确线框和线的含义，对读图十分重要。

（1）图线的含义　图上一条线，它表达的意思可能是物体上的一条线或一个面（面的积聚投影）。

图 4-18b 所示的线 $a'b'$，它可以是图 4-18a 所示物体上 AB 线的投影、HI 线的投影或者是 $ABIH$ 平面在 V 面上的积聚投影。图 4-18d 所示俯视图中的 mn 曲线，它可以是图 4-18c 所示物体上曲线 MN 的投影或者是曲面在 H 面上的积聚投影。

（2）线框的含义　一个线框表达的是一个面。

图 4-18b 的线框 $a''b''i''h''$，就是图 4-18a 上 $ABIH$ 平面的投影。

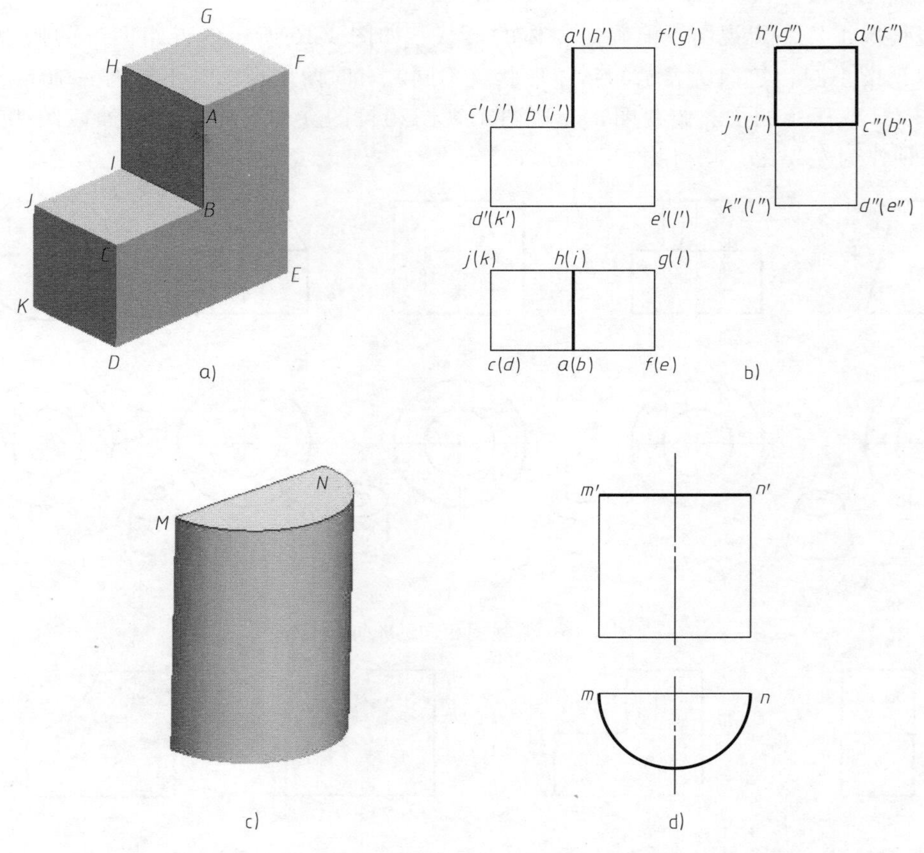

图 4-18　线框的含义

（3）相邻线框的含义　相邻线框表达了不同的凹凸面（即不同面）。由于凹凸是没有方向的，因此需要对照其他视图来看。

如图 4-19 所示，俯视图中相邻两线框，表达高低不同的两个面，两个面的高低位置关系需从主视图、左视图中查看。

如图 4-20 所示，左视图中相邻两线框，表达左右两个不同的面，两个面的左右位置关系需从主视图和俯视图中查看。

如图 4-21 所示，主视图中相邻两线框，表达前后不同的两个面，两个面的前后位置关系需从俯视图和左视图中查看。

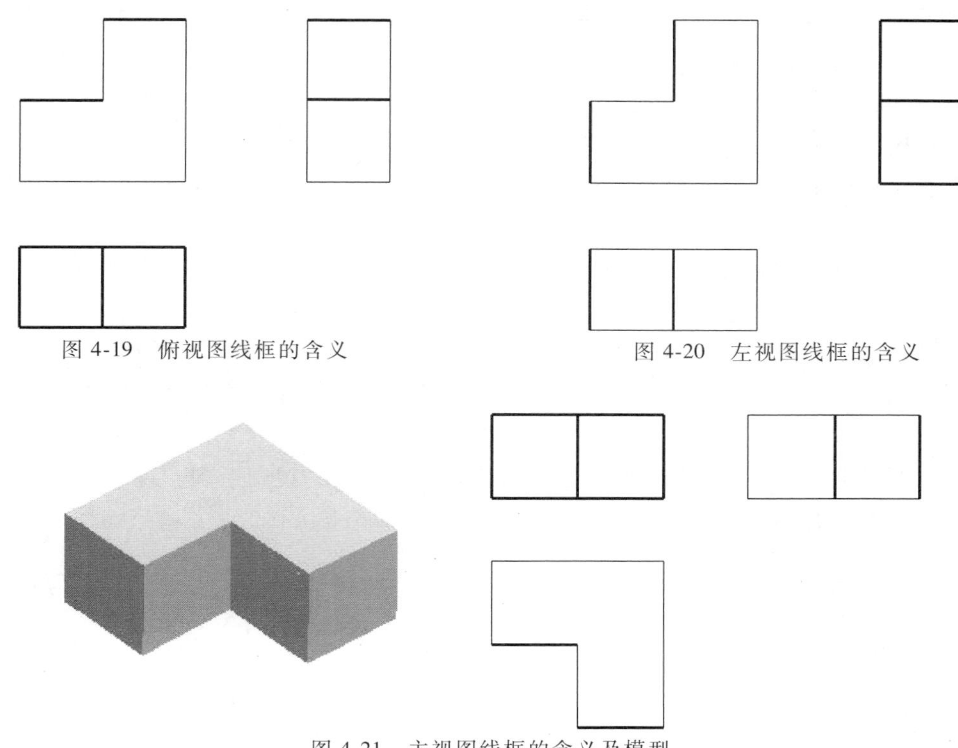

图 4-19 俯视图线框的含义

图 4-20 左视图线框的含义

图 4-21 主视图线框的含义及模型

(4) 框中有框的含义 框中有框表达的不是孔就是凸出面，如图 4-22 所示。

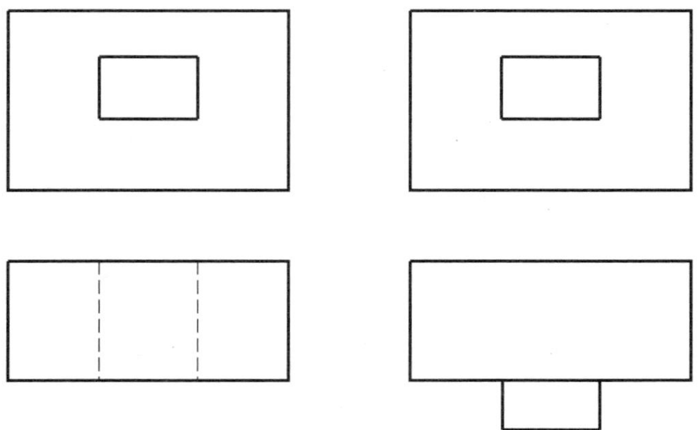

图 4-22 框中有框的含义

4.4.2 读图的基本方法

1. 形体分析法

形体分析法是根据视图的特点和基本形体的投影特征，把物体分解成若干个简单的形体，分析出组合形式后，再将它们组合起来，构成一个完整的组合体。具体读图步骤和方法如下。

（1）认视图，抓特征　先弄清图样上共有几个视图，分清图样上其他视图与主视图之间的位置关系。然后找出最能代表物体构形的特征视图，通过与其他视图的配合，对物体的空间构形有一个大概的了解。

（2）对投影，想形状　根据投影关系，逐个找到与各基本形体主视图相对应的俯视图和左视图，根据各基本形体的三视图想出其形状。想形状时应是：先看主要部分，后看次要部分；先看容易确定的部分，后看难确定的部分；先看某一组成部分的整体，后看细节部分的形状。

（3）合起来，想整体　在看清每个视图的基础上，再根据整体的三视图，找出它们之间相对应的位置关系，逐渐想出整体的形状。

下面以轴承座为例，说明用形体分析法读图的方法。

图 4-23a 所示为轴承座的三视图，反映形状特征较多的是主视图，它反映了Ⅰ、Ⅱ两块形体的特征形状。

从形体Ⅰ的主视图入手，根据三视图的投影规律，可找到俯视图上和左视图上相对应的投影，如图 4-23b 封闭的粗线框所示。可以想象出形体Ⅰ是一个长方体，上部挖了一个半圆槽。

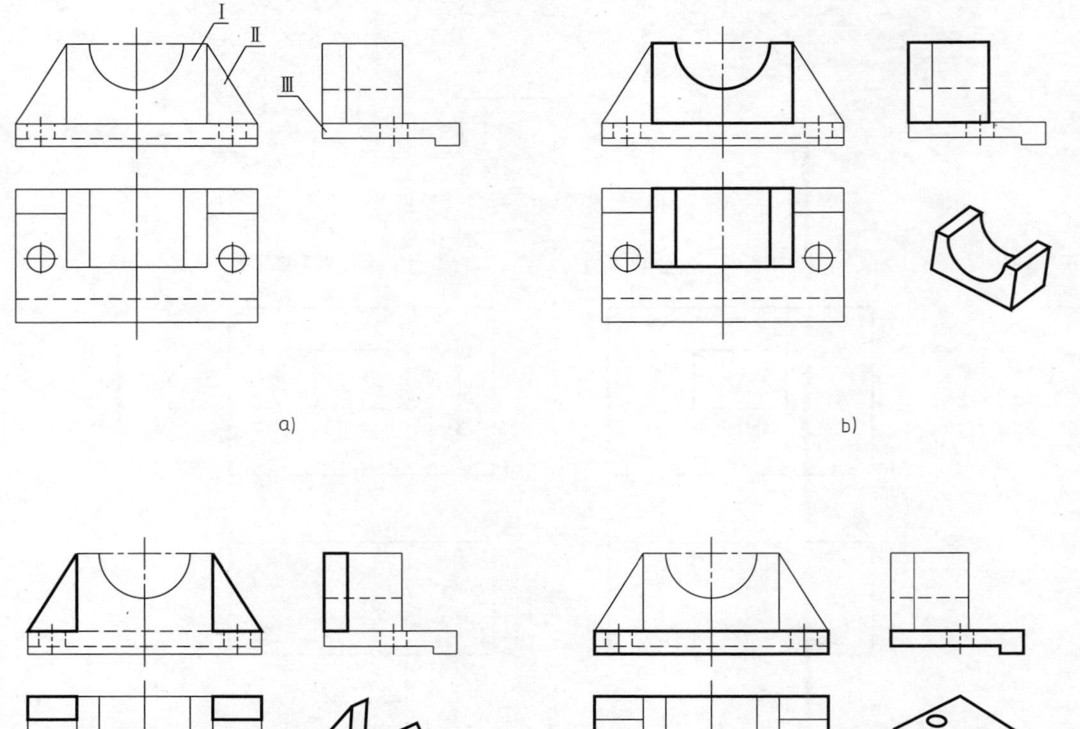

图 4-23　轴承座的读图方法

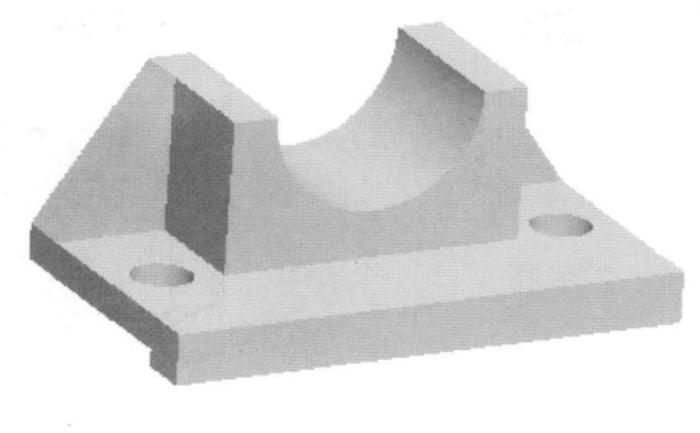

e)

图 4-23 轴承座的读图方法（续）

同样，可以找出三角形肋板Ⅱ的其他两个投影，如图 4-23c 的封闭粗线框所示。可以想象出它的形状是一个三棱柱，左、右各一个。

最后再看底板Ⅲ，如图 4-23d 的封闭粗线框所示。俯视图反映了它的形状特征，再配合左视图可以想象出它的形状是带弯边的矩形板，上面钻了两个孔。

通过对轴承座的分析可知，长方体Ⅰ在底板Ⅲ的上面并居中靠后。肋板Ⅱ在长方体Ⅰ的左右两侧与后面平齐。底板Ⅲ从左视图中可见其后面与Ⅰ、Ⅱ后面平齐，前面带弯边。这样综合起来想其整体形状为如图 4-23e 所示的空间物体。

2. 线面分析法

组合体读图应以形体分析法为主，但有时图形的某一部分难以看懂，可对这些部分做线面分析。

线面分析法就是运用线面的投影规律，分析视图中的线条、线框的含义和空间位置，从而看懂视图。

下面以压块为例，说明用线面分析法读图的方法。

从图 4-24a 所示压块的三个视图中，可看出其基本形体是个长方体。从主视图可看出，长方体的上部有一个阶梯孔，在它的左上方切掉一角；从俯视图可知，长方体的左端切掉前、后两个角；由左视图可知，长方体的前、后两边各切去一个四棱柱。

从图 4-24b 可知，在俯视图中有梯形线框，而在主视图中可找出与它对应的斜线 a'，由此可见 A 面是垂直于 V 面的梯形平面，长方体的左上角是由 A 面截切而成的。平面 A 与 W 面和 H 面都处于倾斜位置，所以它的 W 面投影 a''和 H 面投影 a 是类似图形，不反映 A 面的真实形状。

从图 4-24c 可知，在主视图中有七边形线框 b'，而在俯视图中可找出与它对应的斜线 b，由此可见 B 面是垂直于 H 面的。长方体的左端，就是由这样的两个平面截切而成的。平面 B 对 V 面和 W 面都是处于倾斜位置，因而其 W 面投影 b''也是个类似的七边形线框。

从图 4-24d 可知，由主视图上的长方形线框 d'入手，可找到 D 面的三个投影；由俯视图的四边形线框（c）入手，可找到 C 面的三个投影；从投影图中可知 D 面为正平面，C 面为水平面。长方体的前、后两边是由这两个平面截切而成的。

通过以上分析，逐步弄清了各部分的形状和其他一些细节，最后综合起来，就可以想象出压块的整体形状，如图 4-24e、f 所示。

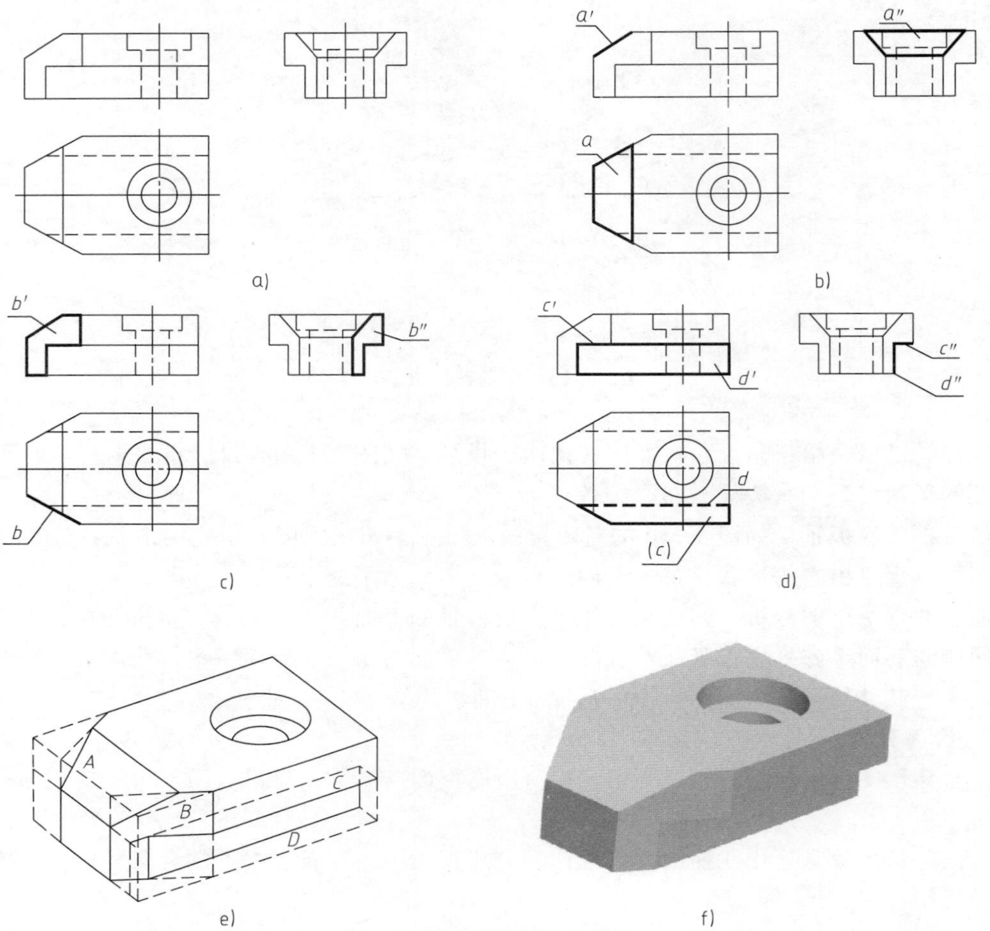

图 4-24 用线面分析法读图

4.5 项目案例：轴承座的绘制与尺寸标注

轴承座结构如图 4-25 所示。

1. 轴承座的形体分析

画图之前，先对轴承座进行形体分析，了解轴承座的组成部分、各组成部分的相对位置、组合形式和表面连接关系。

通过分析可知：轴承座可分为底板、支承板、肋板、套筒和凸台五部分。底板和肋板是相交叠加的形式，产生交线；底板和支承板是后平面平齐相交叠加的形式，不产生交线；套筒伸出支承板的前后表面，与支承板是相切的形式，不产生交线；支承板与肋板是相交的形式，产生交线。

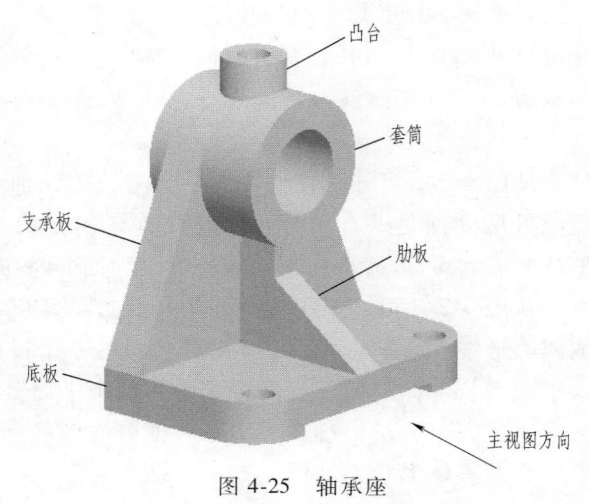

图 4-25 轴承座

2. 轴承座主视图的选择

主视图应最能反映组合体的形状特征和各部分的相对位置关系。考虑组合体的自然安放位置，兼顾其他两视图，选择轴承座的主视图方向如图 4-25 所示。

3. 轴承座的绘图过程

1）选比例，定图幅。

2）布置图面。

3）画底稿。

4）描深。

绘图过程如图 4-26 所示。

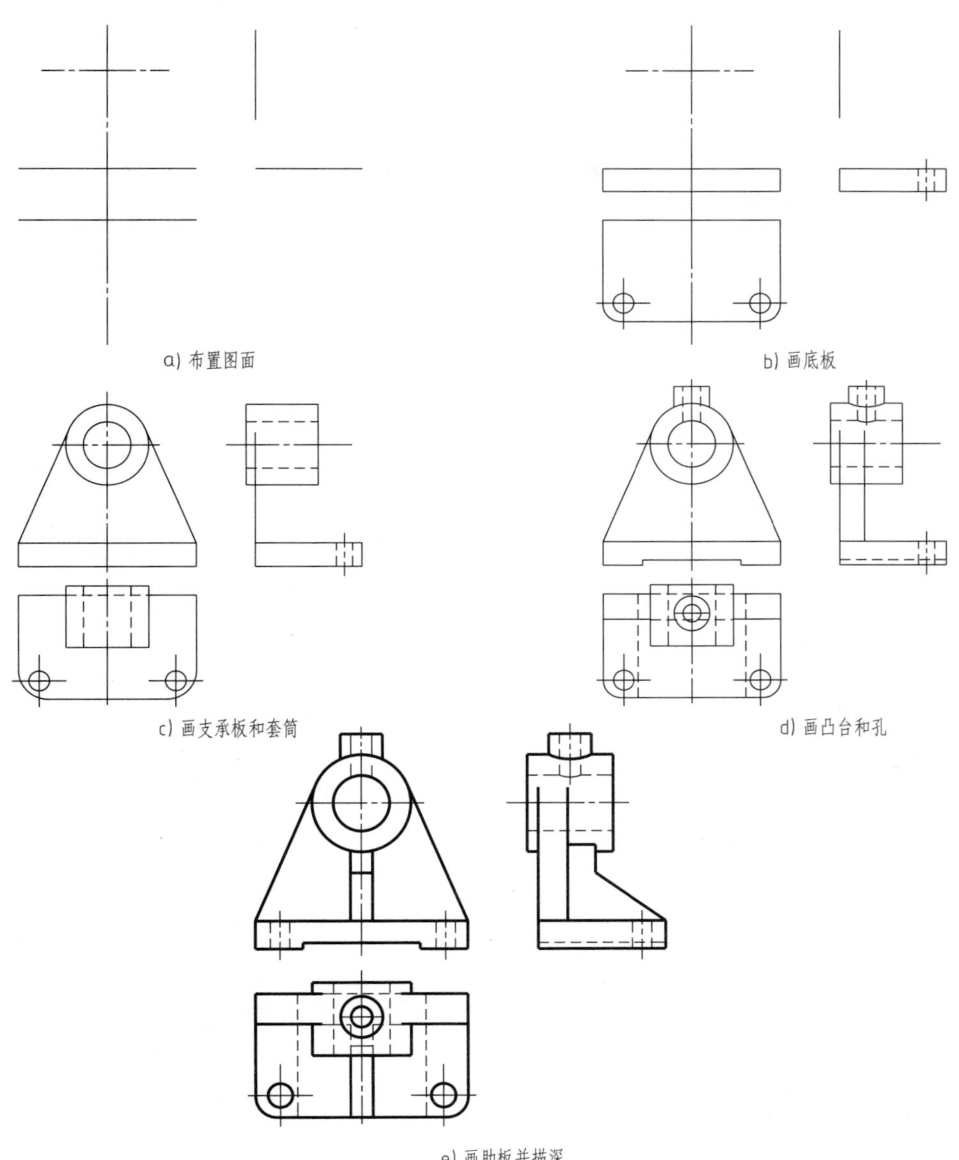

图 4-26　轴承座的绘图过程

4. 尺寸标注

先对轴承座进行形体分析，确定出长、宽、高三个方向的尺寸基准，然后标注各部分的定形尺寸、定位尺寸，再标注总体尺寸，最后进行检查核对。完成的效果如图 4-27 所示。

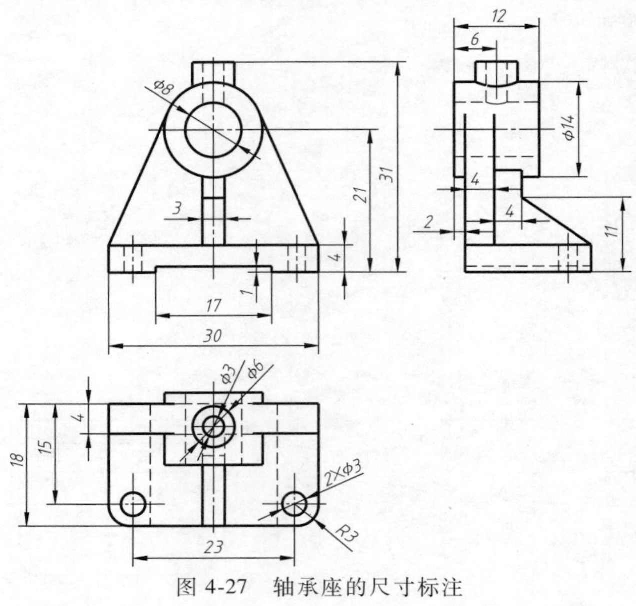

图 4-27 轴承座的尺寸标注

本项目小结

绘制和阅读组合体三视图是培养空间想象力的重要部分。画图时一般采用形体分析方法，对组合体形体分解后，逐个进行绘制。读图是画图的逆过程，是在视图上寻找简单形体的过程。画图和读图时，注意要从投影关系入手，遵循三等规律，想象空间形状。

组合体的尺寸标注也很重要。要求掌握形体分析法进行尺寸标注，掌握按照切割顺序标注尺寸的方法，保证尺寸完整正确。

本项目主要内容包括以下几方面：

1）组合体的概念。

2）组合体的组合形式和表面连接关系。

3）用形体分析的方法和线面分析法绘制组合体的视图。

4）组合体的尺寸标注。

5）组合体的读图。

练习与在线自测

1. 思考题

（1）什么是组合体？

（2）组合体常见的组合形式有哪些？

（3）何谓形体分析法？

（4）组合体主视图选择的原则是什么？

（5）组合体尺寸标注的原则是什么？

（6）何谓尺寸基准？何谓定形尺寸、定位尺寸？

（7）阅读组合体的视图时应注意哪些事项？

2. 练习题

（1）补画图 4-28 所示的俯视图中的漏线。

（2）对图 4-29 所示的图形进行尺寸标注。

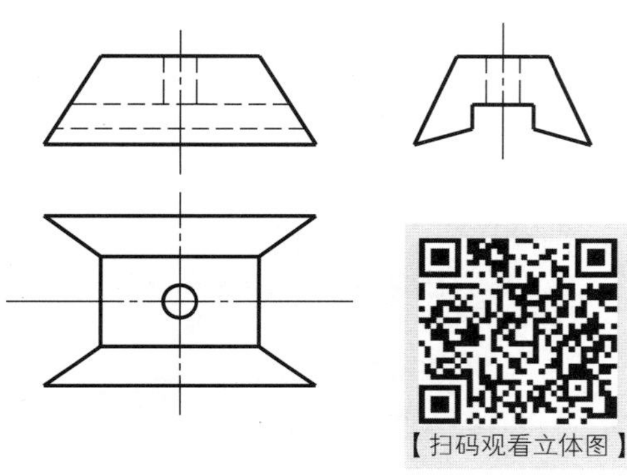

图 4-28　练习题（1）

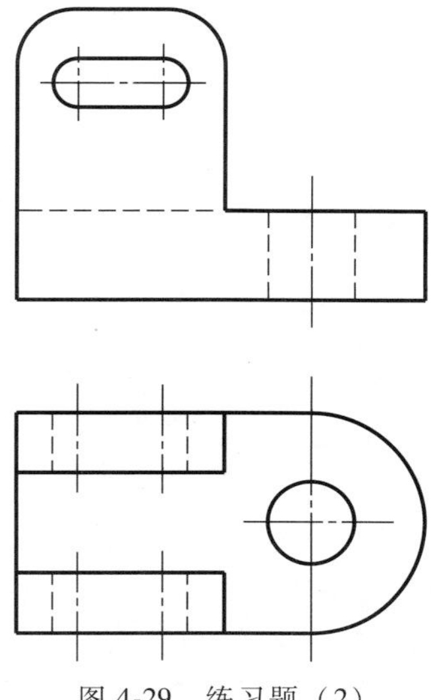

图 4-29　练习题（2）

（3）对图 4-30 所示的模型进行三视图的绘制和尺寸标注。

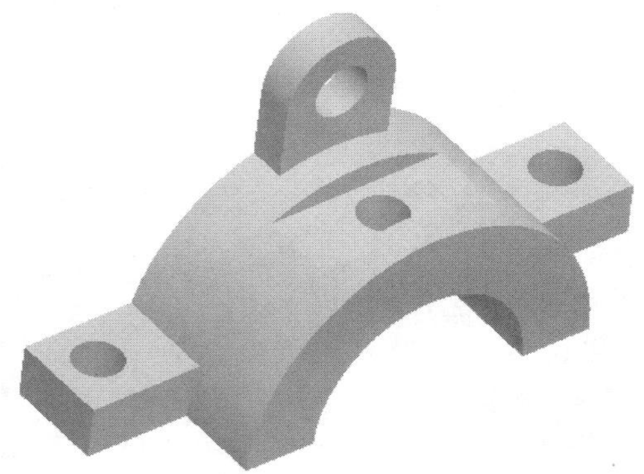

图 4-30　练习题（3）

3. 自测题（手机扫码做一做）

项目5

零件形状表达方法的学习与应用

知识目标

1）正确理解基本视图的形成、名称、配置关系及标注。
2）掌握向视图、局部视图、斜视图的画法及其具体应用。
3）正确理解剖视图、断面图的概念，掌握剖视图、断面图的种类、画法及标注的规定。
4）掌握局部放大图的画法及其标注规定。
5）掌握简化画法的基本规定。

能力目标

1）能根据零件的结构特点恰当地选用表达方法。
2）能合理运用简化画法。

项目案例

阀体零件（图5-1）表达方案的选择。

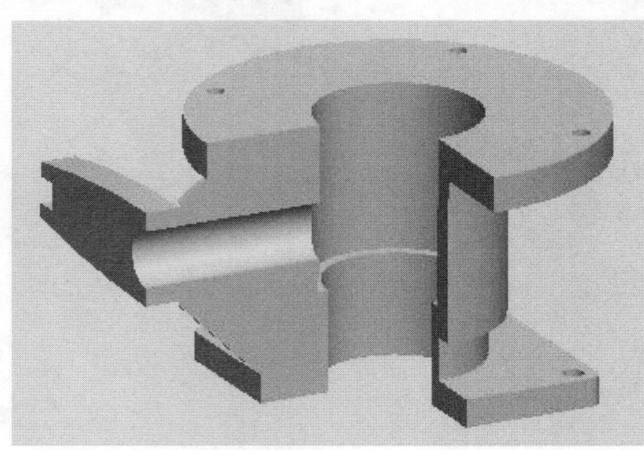

图5-1　阀体

5.1　视图

视图就是物体的正投影图，主要用来表达零件的外部形状。视图一般只画零件的可见部分，只在必要时才画虚线。视图包括：基本视图、向视图、局部视图和斜视图。

5.1.1　基本视图

对于形状比较复杂的零件，用两个或三个视图往往不能完整而清晰地表达其内外结构，因此国家标准规定可用基本视图来表达。在原有的三个投影面的基础上，再增加三个投影面，组成一个正六面体，这六个投影面称为基本投影面。零件用正投影方法向六个基本投影面投射所得到的六个视图，即称为基本视图。由前向后投射得到主视图、由上向下投射得到俯视图、由左向右投射得到左视图、由右向左投射得到右视图、由下向上投射得到仰视图、由后向前投射得到后视图。六个投影面的展开如图 5-2a 所示，各视图的配置如图 5-2b 所示。

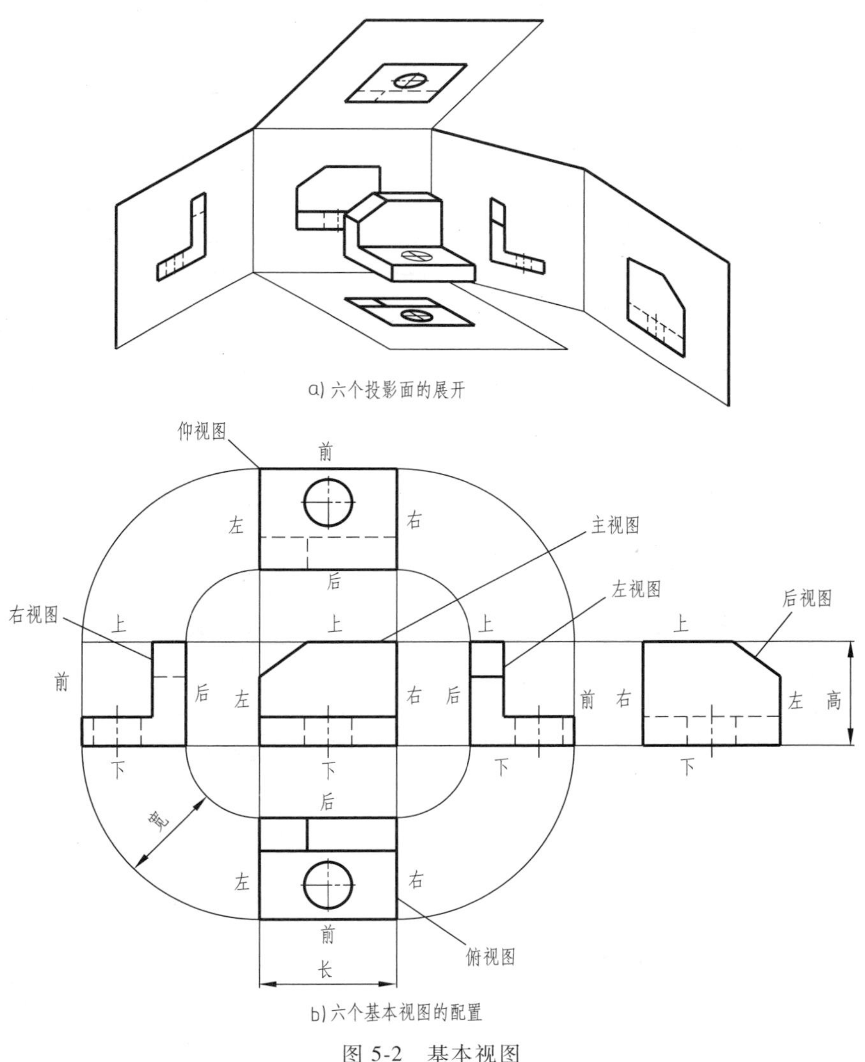

图 5-2　基本视图

在同一张图纸内，如果基本视图按图 5-2b 所示配置时，一律不标注视图的名称。它们仍保持“长对正、高平齐、宽相等”的投影关系，以及“上、下，左、右，前、后”的对应关系。

在表达零件图样时，一般优先考虑选用主、俯、左三个基本视图，然后再考虑其他的基本视图。总的要求是：表达完整、清晰，又不重复，并且视图数量最少。

5.1.2 向视图

向视图是一种可以自由配置的基本视图。当视图位置摆放拥挤或视图摆放不美观时，可以使用向视图。

使用向视图时需标注，标注方法是在视图上方标出视图的名称“*X*”（“*X*”代表任意的大写拉丁字母），同时在相应的视图附近用箭头指明投射方向，并注上相对应的字母，如图 5-3 所示。

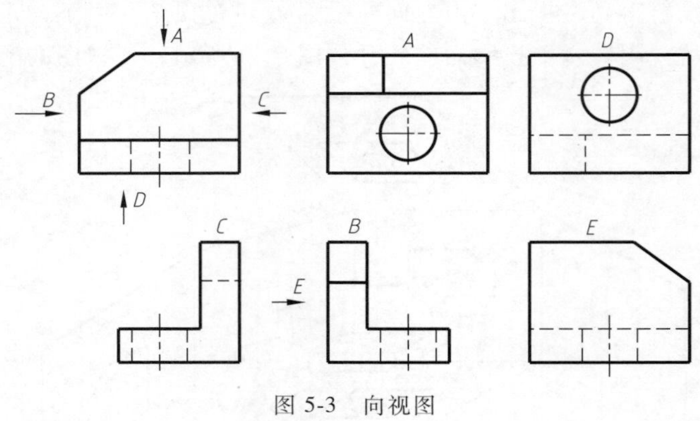

图 5-3 向视图

可以“自由”配置的向视图并非完全“自由”，它不能超越一定的限度，必须注意：

1）不能向非基本投影面上投射，应以正投影投射。否则所得的视图就不再是向视图，而是后面所讲的斜视图。

2）不能只画出部分图形，必须完整地画出投射所得图形，否则所得的视图是后面所讲的局部视图。

3）不能旋转配置，即凡是正投影投射后画出的完整图形应该与相应的基本视图一一对应，不能是相应的基本视图旋转后的图形，否则，该图形就不再是向视图，而是由换面法生成的辅助视图。

由此可得出两个结论：

1）向视图是基本视图的另一种表达形式，是平移（不旋转）配置的基本视图。

2）向视图的投射方向应与基本视图的投射方向一一对应，即应按图 5-3 所示的箭头给出投射方向（特别注意后视图的投射方向的选择）。

5.1.3 局部视图

将零件的某一部分（即局部）向基本投影面投射所得的视图称为局部视图，如图 5-4 所示。用两个基本视图（主、俯视图）已能将零件的大部分形状表达清楚，只有圆筒左侧的凸缘部分未表达清楚，如果再画一个完整的左视图，则显得有些重复。当只需表达零件某个方向的局部形状，而没有必要画出整个基本视图时，即可采用局部视图。

画局部视图时，为了表达局部形状结构，一般用波浪线或双折线把这部分形状从基本视图中分离出来，如图 5-4 所示的局部视图 *A*。若所表示的局部形状结构的外轮廓封闭，则不必画出其断裂边界线，如图 5-5 所示的局部视图 *B*。

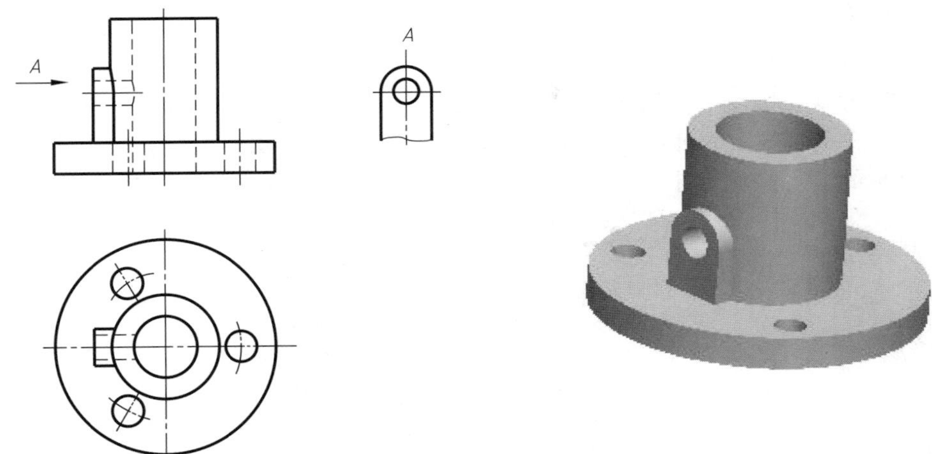

图 5-4 局部视图（一）

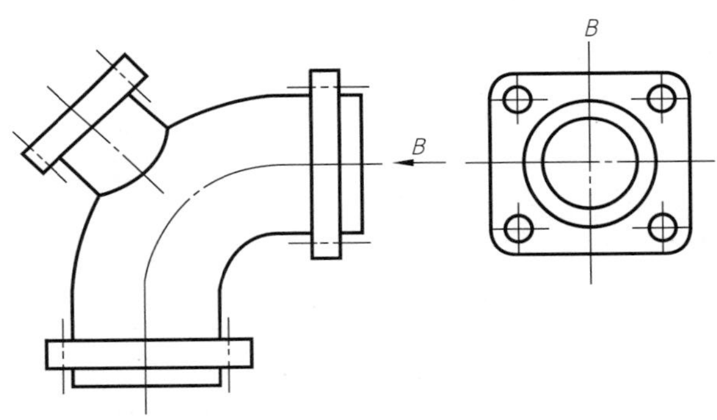

图 5-5 局部视图（二）

用波浪线作为断裂边界线时，应注意：

1）波浪线不应与轮廓线重合或在其延长线上。

2）波浪线不应超出零件轮廓线。

3）波浪线不应穿空而过。

局部视图可按基本视图的配置形式配置，也可按向视图的配置形式配置并标注。当局部视图按投影关系配置，中间又没有其他图形隔开时，则可省略标注，如图 5-6 所示。

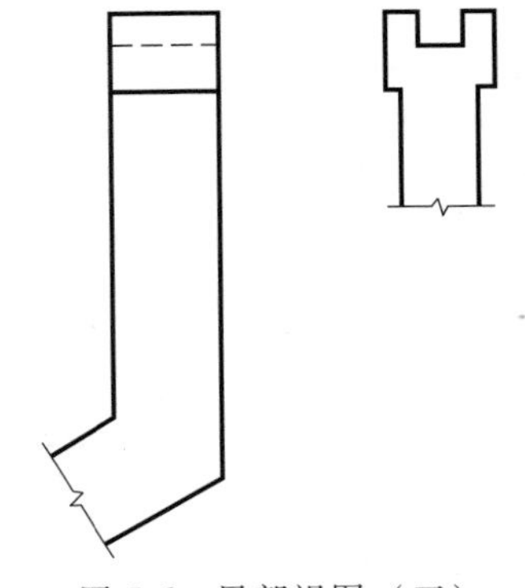

图 5-6 局部视图（三）

5.1.4 斜视图

图 5-7a 所示零件，具有倾斜部分，在基本视图中不能反映该部分的实形，这时可选用一个新的投影面，使它与零件上倾斜部分的表面平行，然后将倾斜部分向该投影面投射，就可得到反映该部分实形的视图，如图 5-7b 所示。这种将物体向不平行于基本投影面的平面投射所得的视图称为斜视图。

斜视图仅表示零件倾斜结构的真实形状，倾斜结构与其他相连结构采用断开画法，断裂处用波浪线或双折线表示，如图 5-7b 所示的斜视图 A。当所表达的倾斜部分的外轮廓线封闭，断裂边界（波浪线或双折线）可省略不画。

斜视图的配置和标注一般按向视图的规定，应特别注意的是，字母一律按水平位置书写，字头朝上。必要时，允许将其图形旋转放正配置，旋转角度一般以不大于 90°为宜，表示该视图名称的大写拉丁字母应靠近旋转符号的箭头端，如图 5-7c 所示的斜视图 A。需给出旋转角度时，角度应注写在字母之后，如图 5-8 所示的斜视图 C。

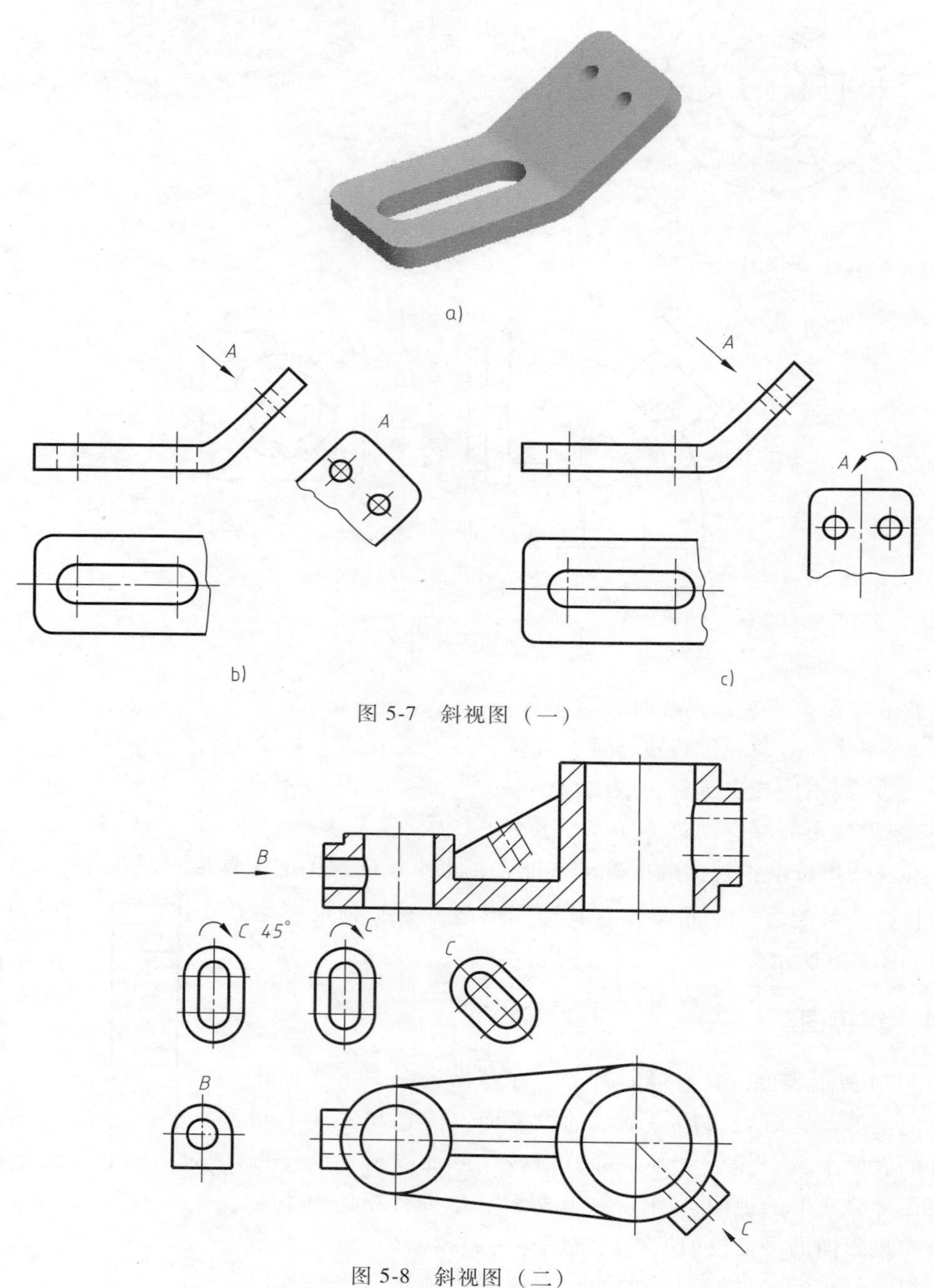

图 5-7　斜视图（一）

图 5-8　斜视图（二）

5.2　剖视图

用视图表达零件形状时，对于零件上看不见的内部形状（如孔、槽等），用虚线表示。如果零件的内、外形状比较复杂，则图上就会出现虚、实线交叉重叠，这样既不便于读图，也不便于画图和标注尺寸。为了能够清楚地表达出零件的内部形状，在机械制图中常采用剖视的方法。

5.2.1　剖视图的基本概念

1. 剖视图的形成

用来剖切被表达零件的假想平面或曲面，称为剖切面。假想用剖切面剖开物体，将处在观察者和剖切面之间的部分移去，而将其余部分向投影面投射所得的图形，称为剖视图，简称剖视。

在图 5-9b 所示零件的视图中，主视图用虚线表达其内部形状，表达不够清晰。假想用剖切面（平面）剖开零件，将处在观察者与剖切面之间的部分移去，如图 5-9a 所示，而将其余部分向投影面投射，这样所得的图形，称为剖视图，如图 5-9c 所示。

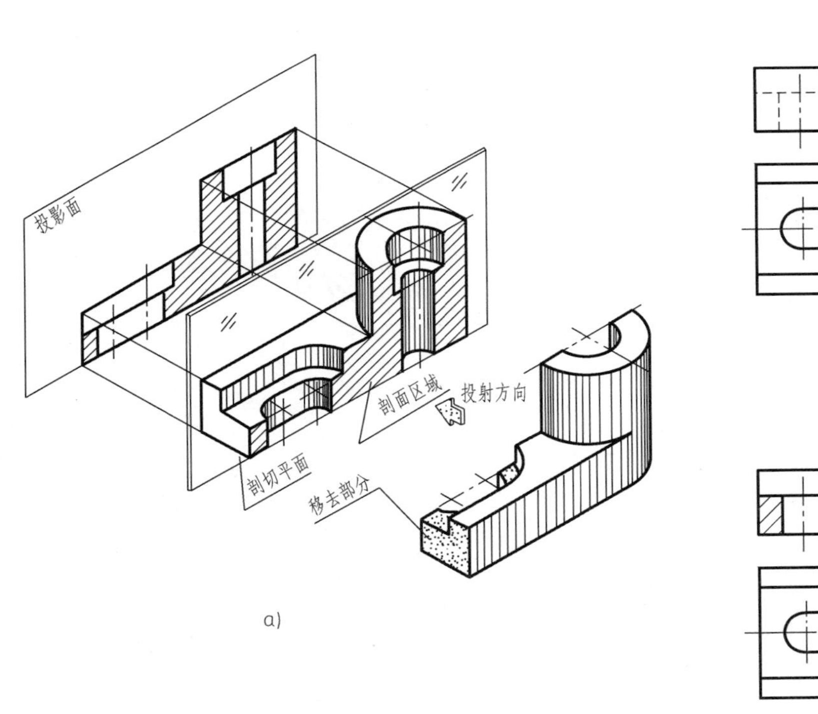

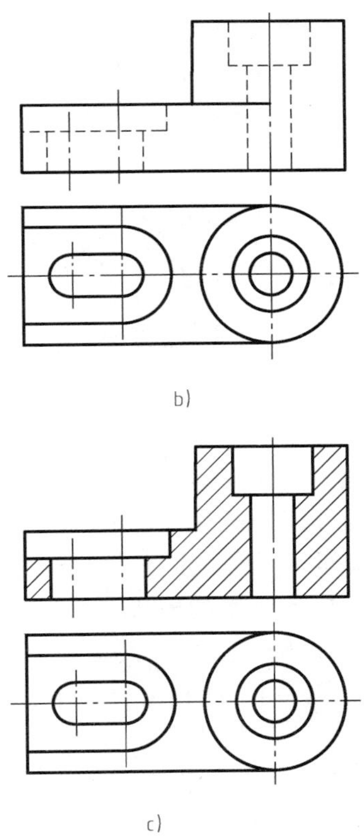

图 5-9　剖视图

2. 剖面符号

假想用剖切面剖开零件，剖切面与零件的接触部分，称为剖面区域。根据国家标准规定，剖面区域要画出剖面符号，并且规定不同材料要用不同的剖面符号。常见的几种材料的剖面符号如表 5-1 所示。

表 5-1　常见材料的剖面符号

材料	剖面符号	材料	剖面符号	材料	剖面符号
金属材料(已有规定剖面符号者除外)		玻璃及供观察用的其他透明材料		钢筋混凝土	
非金属材料(已有规定剖面符号者除外)		木材　纵剖面		液体	
型砂、粉末冶金、砂轮、陶瓷刀片、硬质合金刀片		木材　横剖面		砖	
转子、电枢、变压器和电抗器等的叠钢片		木质胶合板(不分层数)		线圈绕组元件	

剖面符号也称剖面线，按照 GB/T 17453—2005 规定，画剖面线时应遵循以下原则：

1）剖面线用细实线来绘制，且与主要轮廓线或剖面区域的对称线成 45°，如图 5-10 所示。

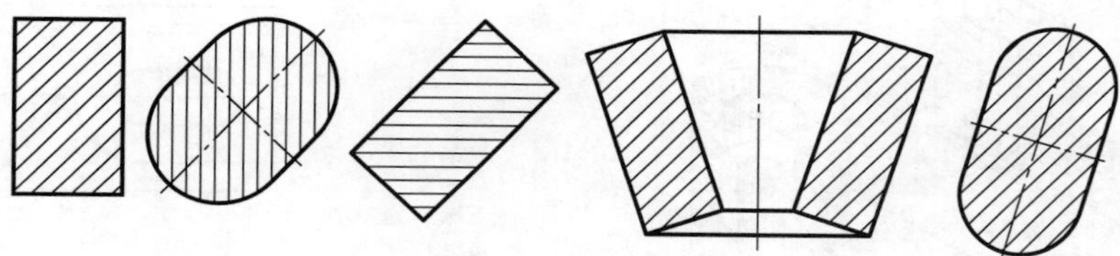

图 5-10　剖面或断面的剖面线示例

2）同一零件相隔的剖面或断面应使用相同的剖面线，相邻零件的剖面线应该用方向不同或间距不同的剖面线，如图 5-11 所示。

3. 剖视图的画法

1）确定剖切平面的位置。为了清晰地表达零件内部结构的真实形状，剖切平面一般应平行于相应的投影面，并通过零件孔、槽的轴线或与零件的对称平面相重合，如图 5-9c 所示。

2）将处在观察者和剖切面之间的部分移去，而将其余部分全部向投影面投射。

3）在剖面区域内画上剖面符号。

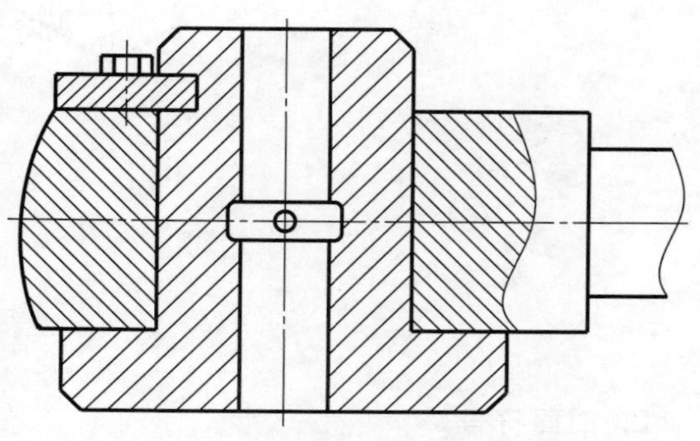

图 5-11　相邻零件剖面线示例

4. 画剖视图的注意事项

画剖视图时应注意如下事项：

1）剖切面的选择。一般选择特殊位置平面作剖切面，尽量通过零件的对称面、轴线或中心线，使被剖切零件的内部形状结构的投影反映实形。

2）剖切面后面的可见部分应该全部画出。用粗实线画出剖切面与零件实体相交（接触部分）的轮廓和剖切面后面零件的可见轮廓，如图 5-9c 所示。

3）剖切是一种假想过程，其他视图仍旧完整画出，如图 5-12 所示的俯视图。

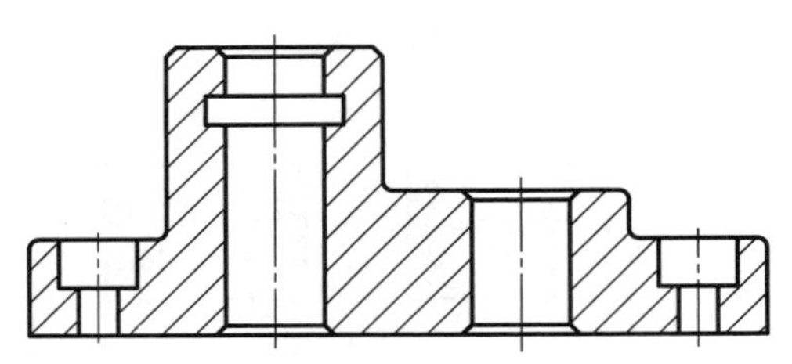

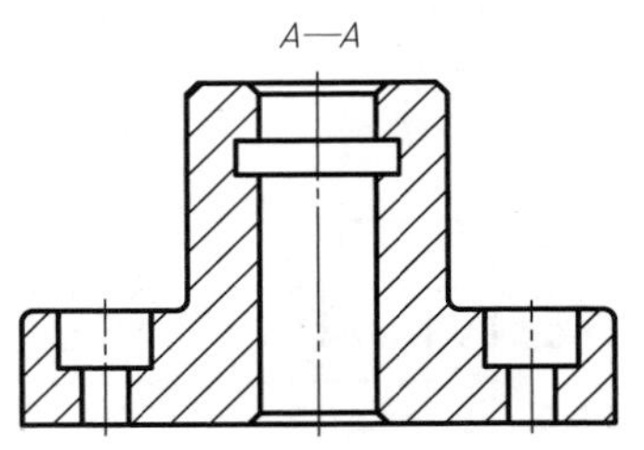

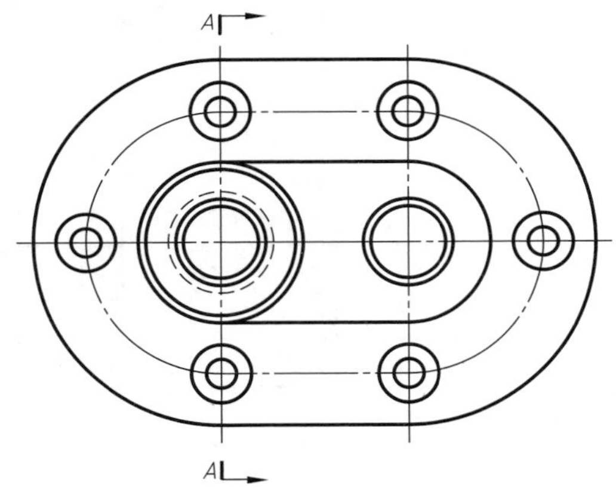

图 5-12　不同的视图可以同时采用剖视

4）在剖切面后方的可见部分应全部画出，不能遗漏，也不能多画。图 5-13 所示是画剖视图时几种常见的漏线、多线现象。

5）已经在剖视图中表达清楚的结构，表示其内部结构的虚线省略不画，如图 5-14 所示；没有表示清楚的结构，允许画少量虚线，如图 5-15 所示。

5. 剖视图的配置和标注

（1）剖视图的配置　剖视图可按基本视图形式配置，如图 5-14 所示。必要时允许配置在其他适当的位置。

（2）剖视图的标注　一般应对剖视图进行标注，以指明剖切位置、指示视图间的投影关系，以免造成误读。剖视图标注包含三个要素，具体如下：

1）剖切线：指示剖切面位置的线，用细点画线表示，通常可省略不画。

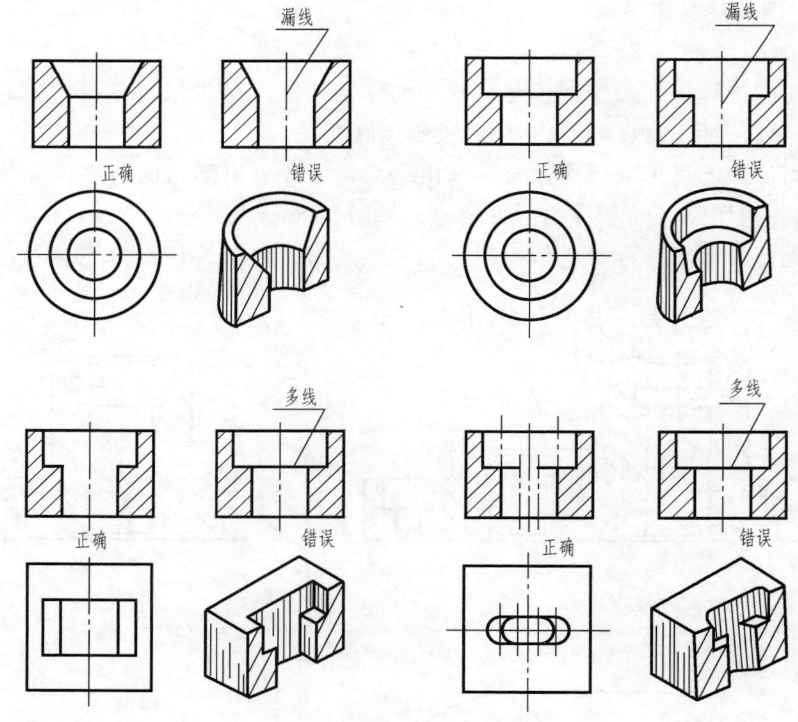

图 5-13　漏线、多线示例

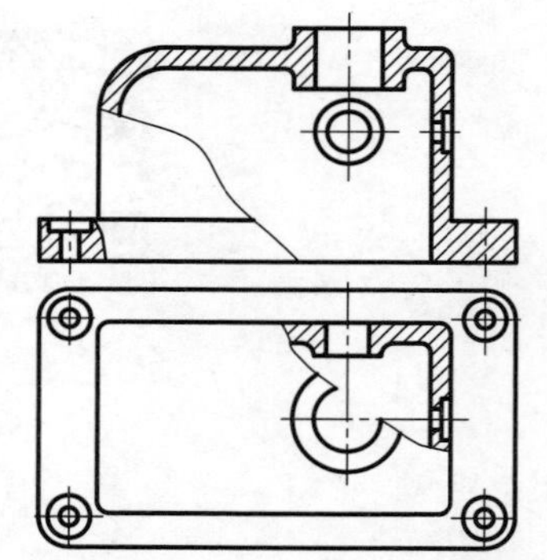

图 5-14　剖视图中虚线的省略和画出

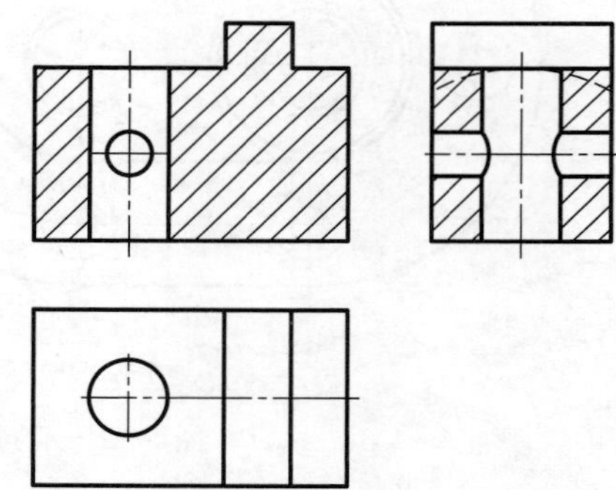

图 5-15　剖视图中必要的虚线

2）剖切符号：指示剖切面起、迄和转折位置（用粗实线表示，长约 5～10mm）及投射方向（用箭头表示）的符号。

3）字母：用以表示剖视图名称的大写拉丁字母，注写在剖视图上方。为便于读图时查找，应在剖切符号附近注写相同的字母。

以上三个要素的组合标注如图 5-16 所示。

（3）剖视图的标注方法

1）一般应在剖视图的上方用大写的拉丁字母标出剖视图的名称“$X—X$”，在相应的视图上用剖切符号表示剖切位置（长约 5～10mm 的粗实线）和投射方向（用箭头表示），并标注相同的字母，如图 5-17 所示。

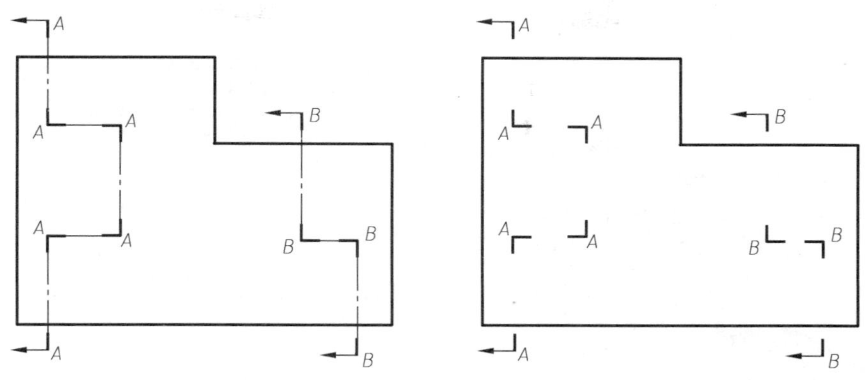

图 5-16　剖视图标注的三要素

2）当单一剖切平面通过零件的对称或基本对称平面，且剖视按基本视图的投影关系配置，中间又没有其他图形隔开时，则不必标注，如图 5-18 所示的主视图。

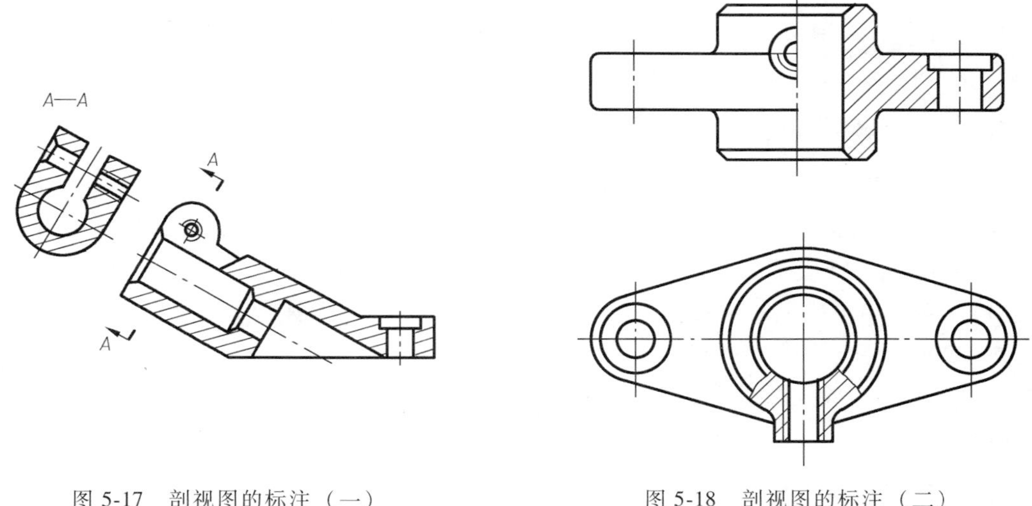

图 5-17　剖视图的标注（一）

图 5-18　剖视图的标注（二）

3）当单一剖切平面的剖切位置明确时，局部剖视图不必标注，如图 5-18 俯视图中的螺纹孔的剖视图所示。

4）当剖视图按基本视图的投影关系配置，中间又无其他图形隔开时，可以省略表示投射方向的箭头，如图 5-19 所示。

5.2.2　剖视图的分类

制图国家标准将剖视图分为三类：全剖视图、半剖视图和局部剖视图。

1. 全剖视图

用剖切面（一个或几个）完全地剖开零件所得的剖视图称为全剖视图，如图 5-9c 和图 5-14 主视图所示。

当零件的外形比较简单或已经在其他视图上表达清楚，而内部结构比较复杂时，常采用

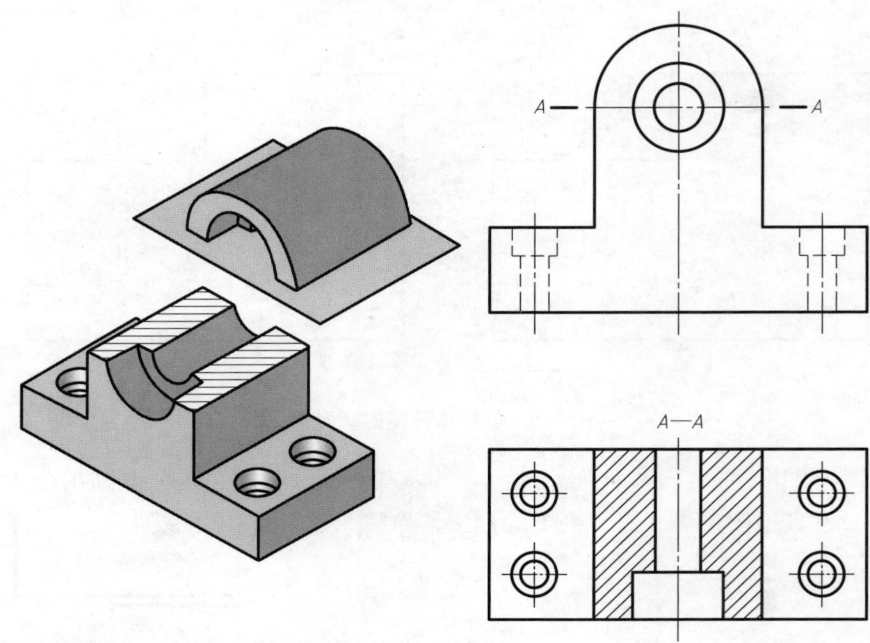

图 5-19　剖视图的标注（三）

全剖视图来表达零件的内部结构。

2. 半剖视图

当零件具有对称平面时，在垂直于零件对称平面的投影面上投影所得的图形，如果既需要表达内部结构又需要表达外部结构，可以以对称中心线为界，一半画成剖视图（表达内部结构），另一半画成视图（表达外部结构），这种组合的图形称为半剖视图。

图 5-20a 所示零件，左右对称（对称平面是侧平面），所以，在主视图上可以一半画成剖视图，另一半画成视图，如图 5-20b 所示。图 5-20b 中，俯视图也画成半剖视图，其剖切情况如图 5-20c 所示。

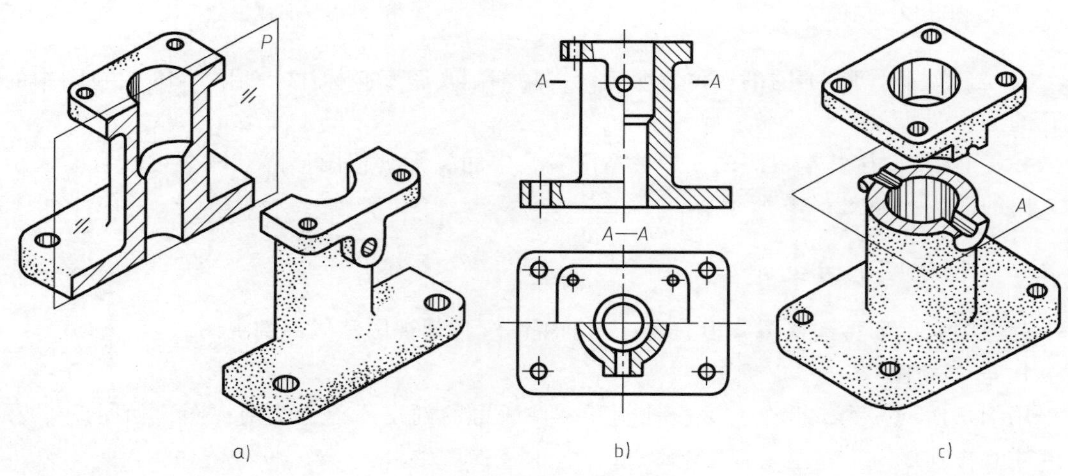

图 5-20　半剖视图

半剖视图适用于内、外形状都需要表达，且具有对称或基本对称平面的零件。

画半剖视图时，应注意以下两点：

（1）视图与剖视图的分界线应是对称中心线（细点画线），不应画成粗实线，也不应与轮廓线重合。

（2）零件的内部形状在半剖视图中已表达清楚，在另一半视图上就不必再画出虚线，但对于孔或槽等，应画出中心线位置。

3. 局部剖视图

用剖切面局部地剖开零件所得的剖视图，称为局部剖视图。

如图 5-21 所示的箱体，其顶部有一通孔，底板上有 4 个安装孔，箱体的左右、上下、前后均不是对称结构。为了兼顾内、外结构形状的表达，将主视图画成两个不同剖切位置的局部剖视图。在俯视图上，为了保留顶部的外形，采用局部剖视图。

局部剖视图是一种比较灵活的表达方法，运用得当，可使图形表达简洁而清晰，其应用非常广泛，常用于下列几种情况：

1）不对称零件，既需要表达内形，又需要表达外形，如图 5-21 所示。

2）零件上仅仅需要表达局部内形，但又不必或不宜采用全剖或半剖画法的，如图 5-22、图 5-23 所示。

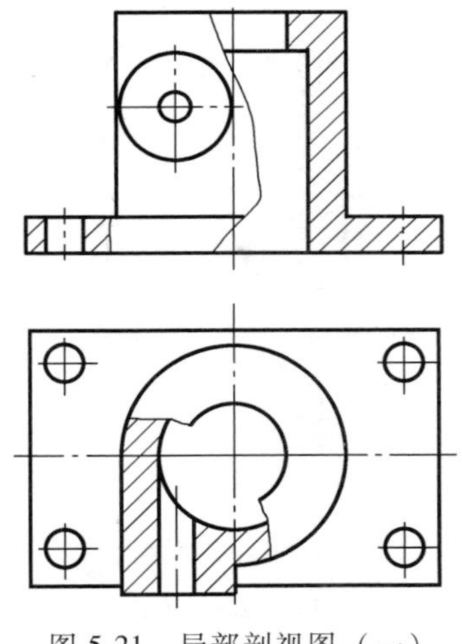

图 5-21　局部剖视图（一）

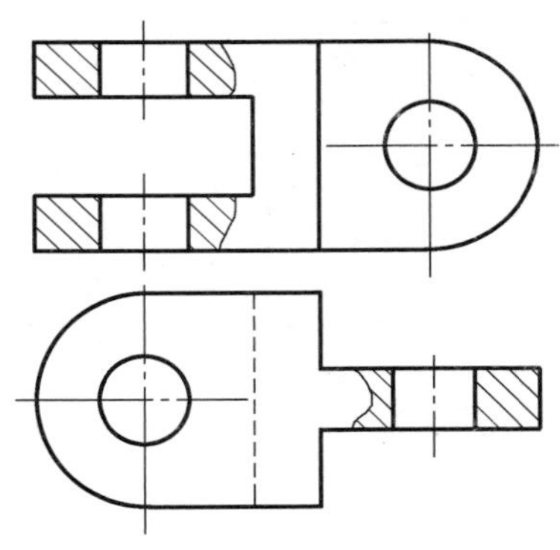

图 5-22　局部剖视图（二）

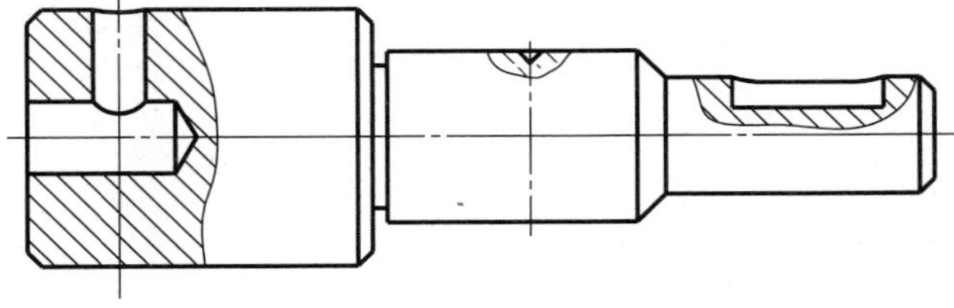

图 5-23　局部剖视图（三）

3）对称零件的内形或外形轮廓线正好与图形的对称中心线重合，因而不宜采用半剖视图画法的，如图 5-24 所示。

画局部剖视图时，剖切面的位置与范围应根据零件需要而决定，剖开部分与视图之间的

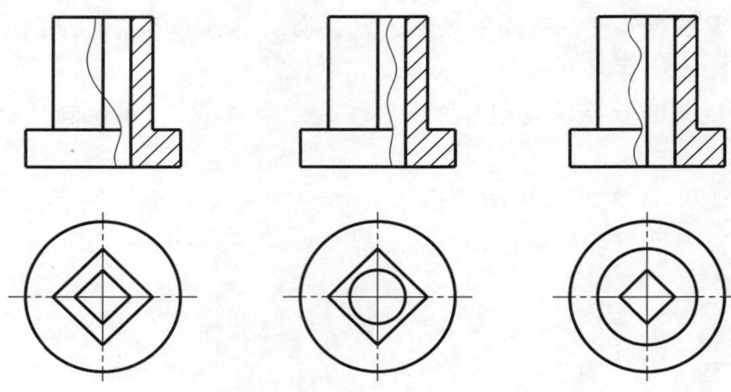

图 5-24　局部剖视图（四）

分界线用波浪线表示。画局部剖视图应注意以下几点：

1）不允许用轮廓线来代替波浪线，也不允许波浪线和图样上的其他图线重合，如图5-25a所示。

2）波浪线表示零件断裂痕迹，因而应画在零件的实体部分，不能超出视图之外，不能穿空而过，也不允许画在其他图线的延长线上，如图 5-25b 所示。

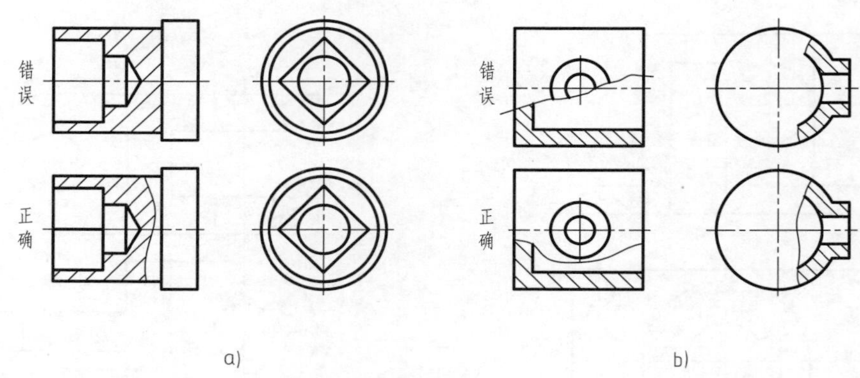

图 5-25　局部剖视图（五）

3）当被剖切部位的局部结构为回转体时，允许将该结构的回转轴线作为局部剖视图与视图的分界线，如图 5-26 所示。

4）若有需要，允许在剖视图中再作一次局部剖。采用这种画法时，两个剖面区域的剖面线方向相同、间隔相同，但是要相互错开，必须标注，如图 5-27 所示。

5.2.3　剖切面的分类

为了清晰地表达零件的内部结构，应选用不同位置和数量的剖切面进行剖切。根据国家标准规定，常用的剖切面有三类。

1. 单一剖切面

1）用一个平行于某基本投影面的平面作为剖切面。采用单一剖切面剖得的全剖视图如图 5-12、图 5-15 所示；半剖视图如图 5-18、图 5-20 所示；局部剖视图如图 5-21 ~ 图 5-24 所示。

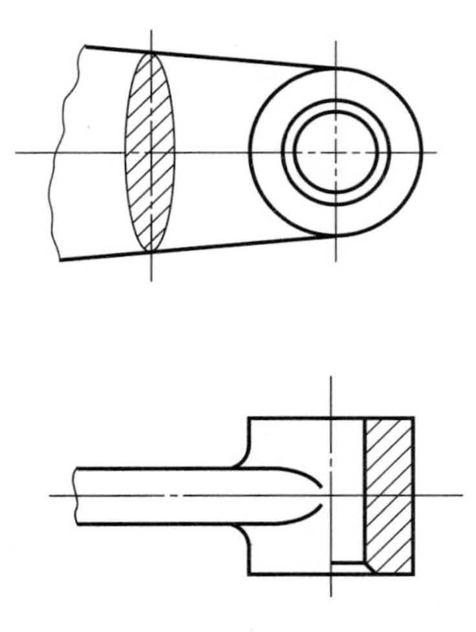

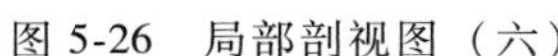

图 5-26　局部剖视图（六）

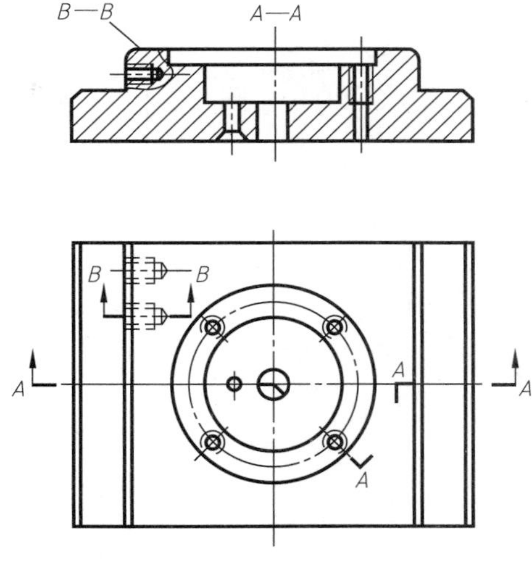

图 5-27　局部剖视图（七）

2）用一个不平行于任何基本投影面的剖切平面剖开物体，这种剖切方法称为斜剖。采用斜剖时，视图一般应画在箭头所指的方向，并保持投影关系。在不致引起误解时，允许将倾斜图形旋转，但应在图形上方加注旋转符号，如图 5-28 所示的 *A*—*A* 剖视。

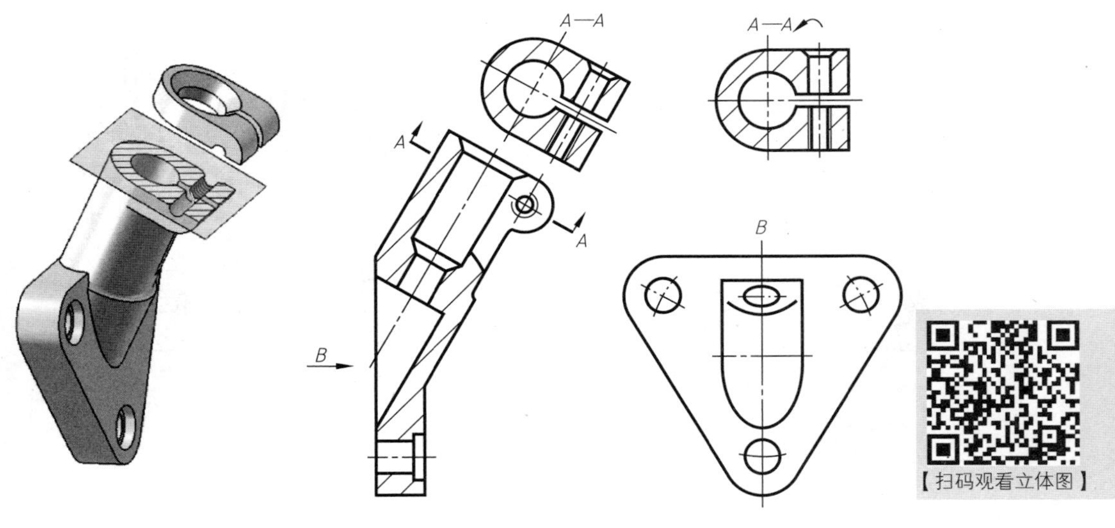

图 5-28　斜剖

3）单一剖切柱面。采用单一剖切柱面时，零件的剖视图应按展开方式绘制，如图 5-29 所示。

2. 几个平行的剖切平面

如果零件的内部结构较多，又不处于同一平面内，并且被表达结构无明显的回转中心时，可用几个平行的剖切平面剖开零件，如图 5-30 所示。用几个平行的剖切平面剖开物体的方法通常称为阶梯剖。几个平行的剖切平面可能是两个或两个以上，各剖切位置符号的转折处必须是直角。

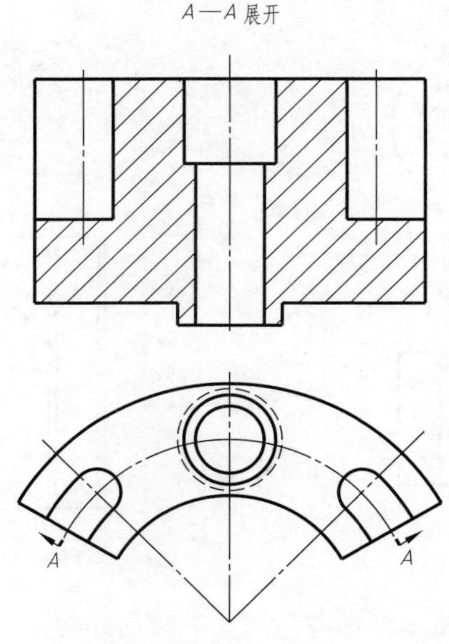

图 5-29　单一剖切柱面

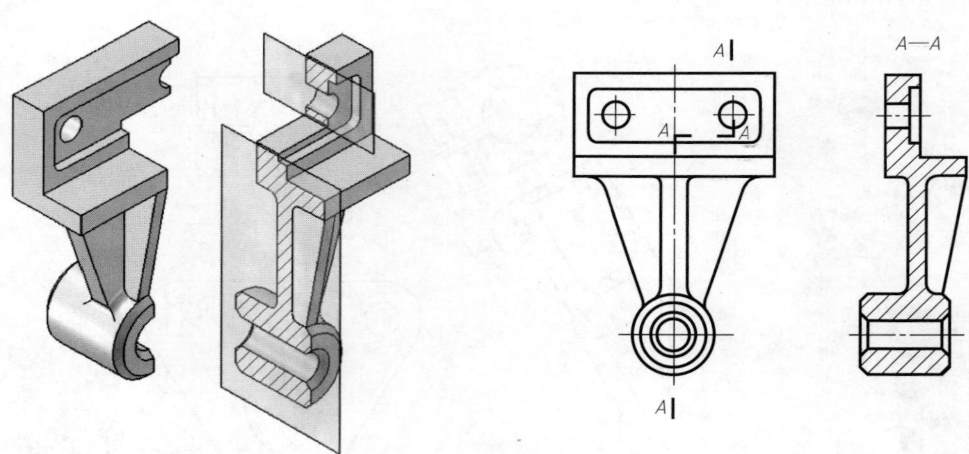

图 5-30　几个平行的剖切平面

注意：用几个平行的剖切平面时，应把几个平行的剖切平面看作一个剖切平面，因此在剖视图中各剖切平面的分界（转折）处不必画出。还应注意剖切符号不得与图形中的任何轮廓线重合，如图 5-31 所示；不应在图形中出现如半个孔之类的不完整要素，如图 5-32 所示；如果两个要素在图形上具有公共对称中心线或轴线，可以各画一半，此时应以中心线或轴线为界，如图 5-33 所示。

3. 几个相交的剖切面

几个相交的剖切面包括相交的剖切平面和剖切柱面。

零件内部结构形状用单一剖切平面剖切不能完全表达，而零件又具有垂直于某一基本投

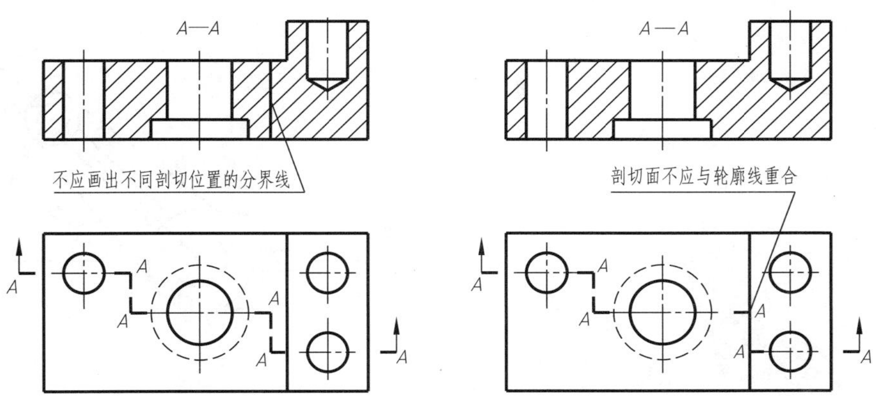

图 5-31 剖视图的错误画法（一）

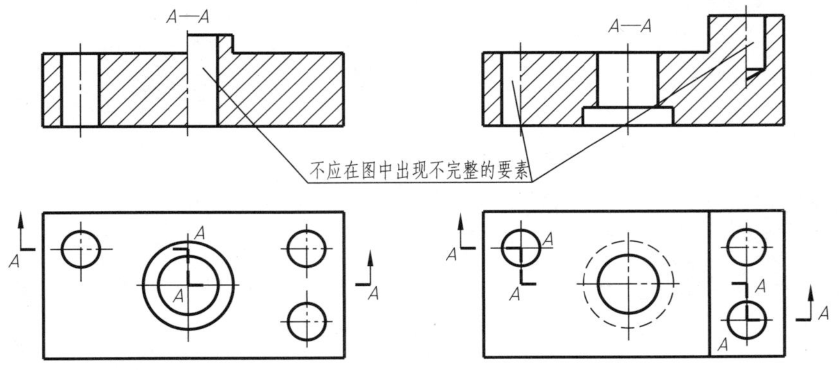

图 5-32 剖视图的错误画法（二）

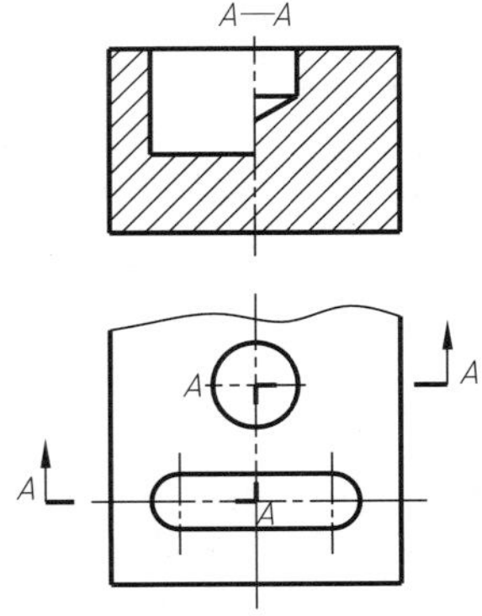

图 5-33 具有公共对称中心线的剖视图的画法

影面的回转轴线时，可采用几个相交的剖切面剖开零件，并将与投影面倾斜的剖切面剖开的结构及有关部分旋转到与投影面平行后再进行投射。用两相交的剖切平面剖开物体的方法通常称为旋转剖，如图 5-34 所示。用几个相交的剖切平面和剖切柱面剖开物体的方法通常称为复合剖，如图 5-35 所示。

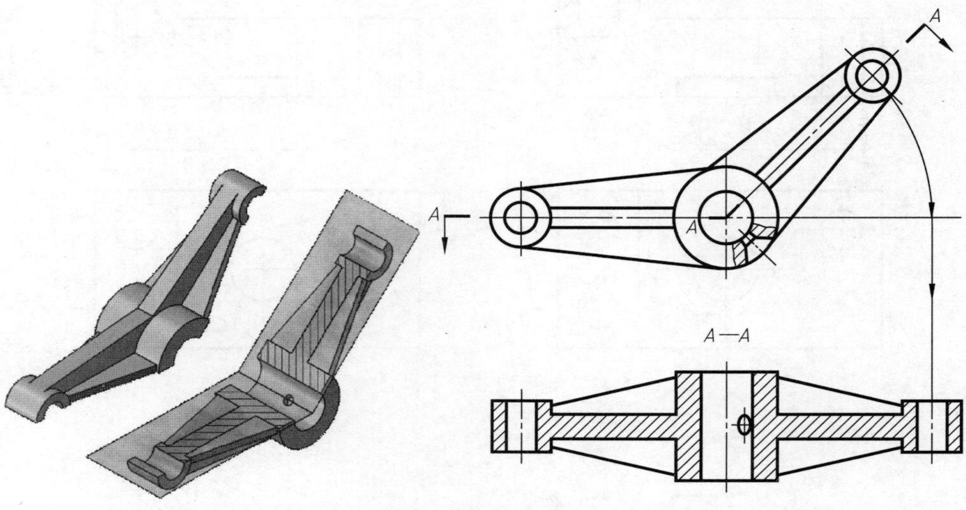

图 5-34　旋转剖

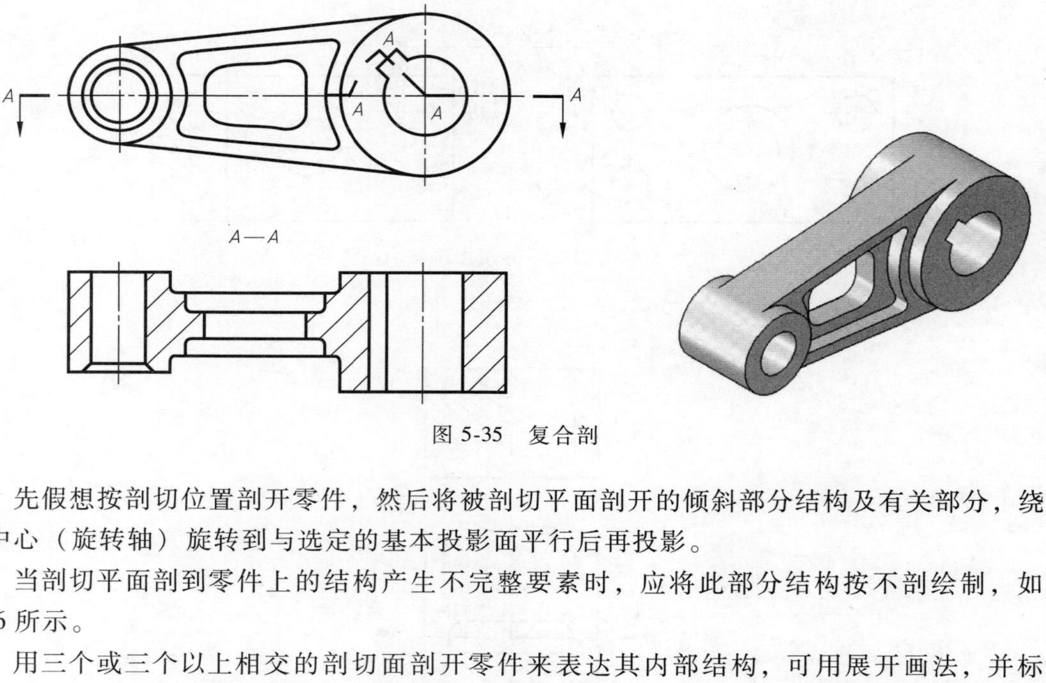

图 5-35　复合剖

先假想按剖切位置剖开零件，然后将被剖切平面剖开的倾斜部分结构及有关部分，绕回转中心（旋转轴）旋转到与选定的基本投影面平行后再投影。

当剖切平面剖到零件上的结构产生不完整要素时，应将此部分结构按不剖绘制，如图 5-36 所示。

用三个或三个以上相交的剖切面剖开零件来表达其内部结构，可用展开画法，并标明“展开”二字，如图 5-37 所示。

5.2.4　剖切面应用举例

1. 单一剖切面的应用

单一剖切平面剖得的全剖视图如图 5-38 所示；单一剖切平面剖得的半剖视图、局部剖视图如图 5-39 所示。

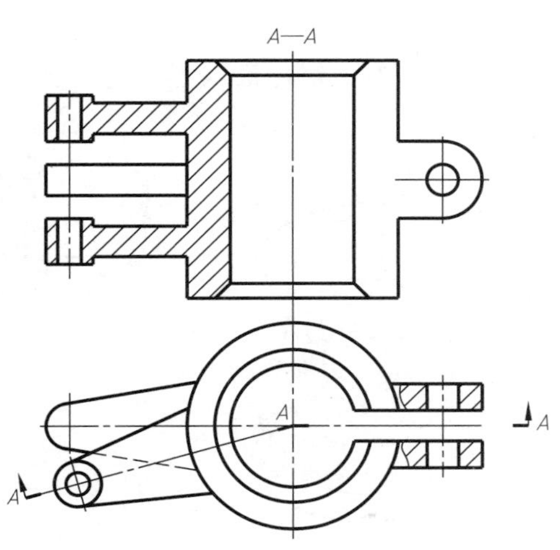

图 5-36　不完整要素的处理

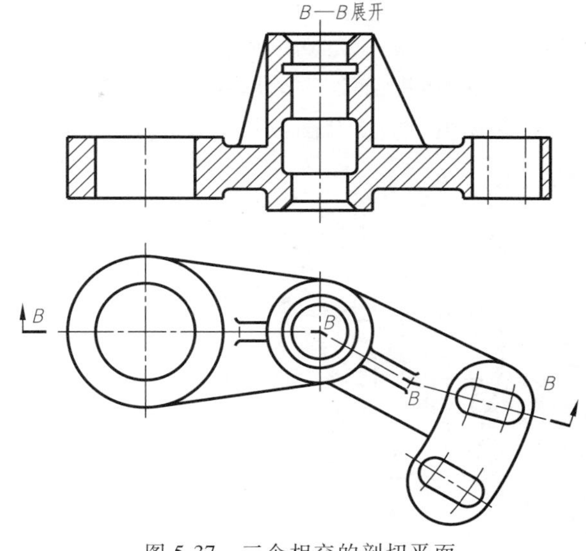

图 5-37　三个相交的剖切平面

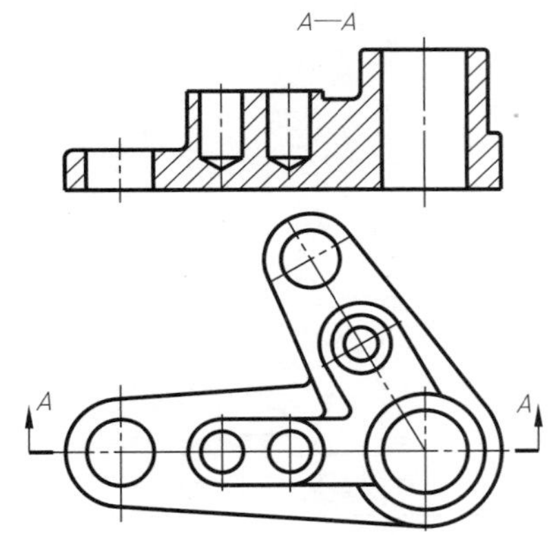

图 5-38　单一剖切平面剖得的全剖视图

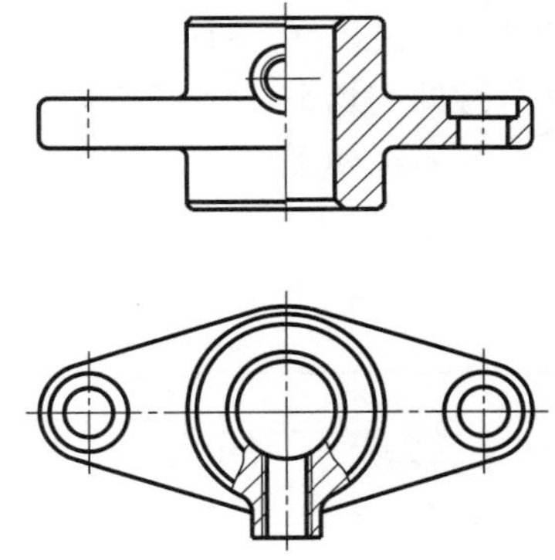

图 5-39　单一剖切平面剖得的半剖视图和局部剖视图

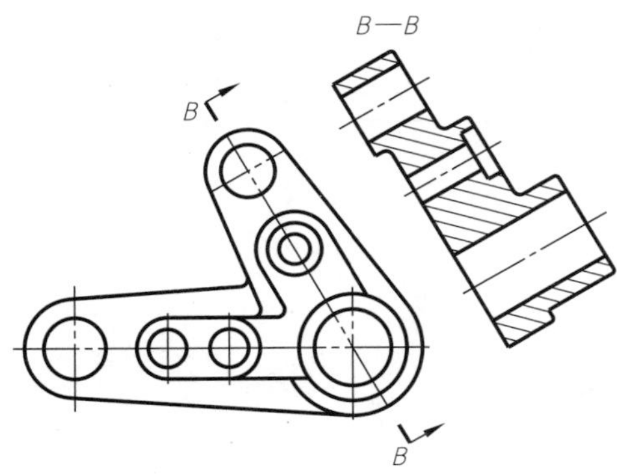

图 5-40　单一斜剖切平面剖得的全剖视图

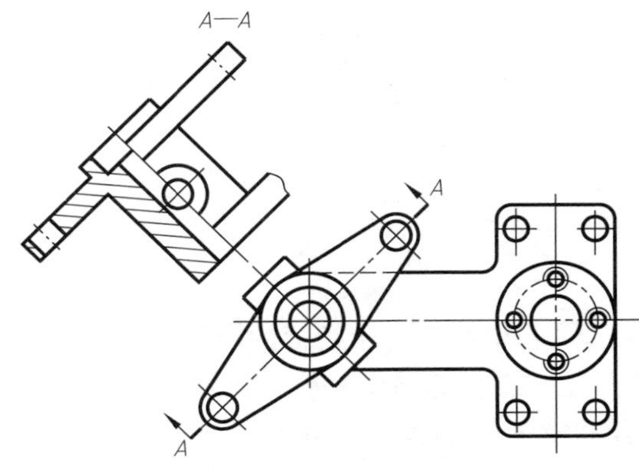

图 5-41　单一斜剖切平面剖得的半剖视图

单一斜剖切平面剖得的全剖视图如图 5-40 所示；单一斜剖切平面剖得的半剖视图如图 5-41 所示；单一斜剖切平面剖得的局部剖视图如图 5-42 所示。

单一剖切柱面剖得的展开的全剖视图如图 5-29 所示；单一剖切柱面剖得，并展开、放大、单独画出的局部剖视图，如图 5-43 所示。

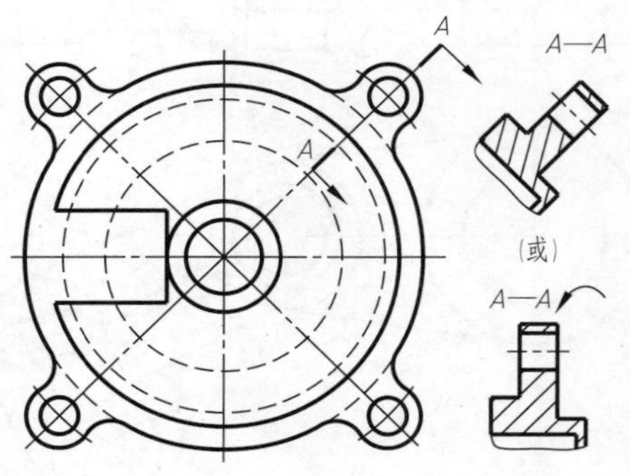

图 5-42　单一斜剖切平面剖得的局部剖视图

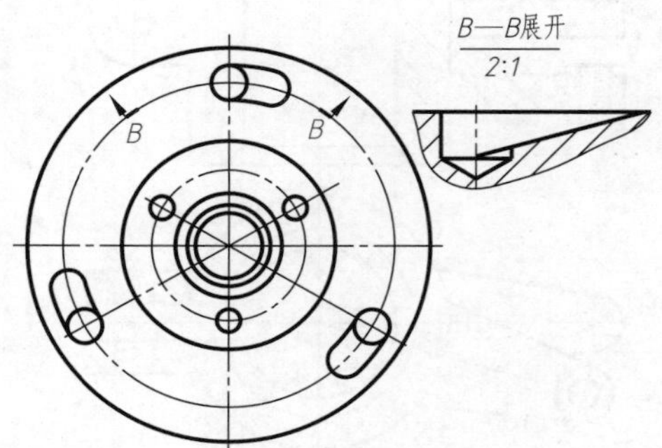

图 5-43　单一剖切柱面剖得，并展开、放大、单独画出的局部剖视图

2. 几个平行的剖切平面的应用

几个平行的剖切平面剖得的全剖视图如图 5-44 所示。

两个平行的剖切平面剖得的半剖视图如图 5-45 所示。

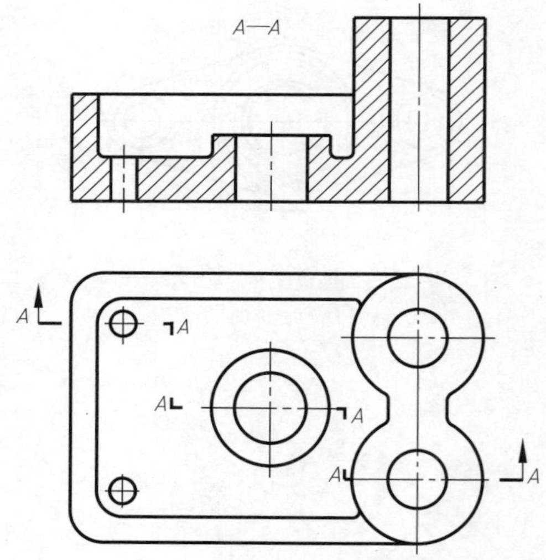

图 5-44　几个平行的剖切平面剖得的全剖视图

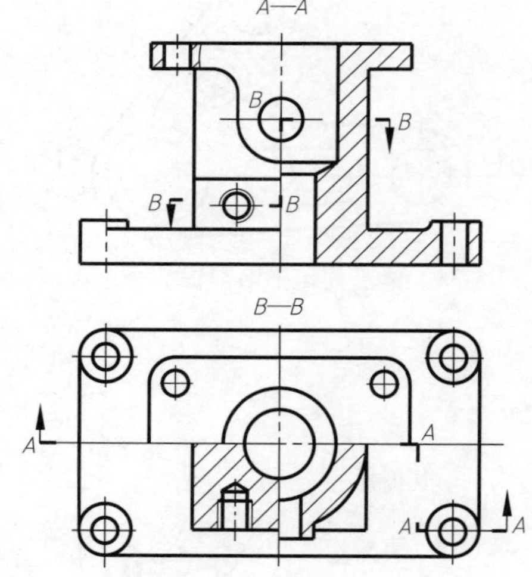

图 5-45　两个平行的剖切平面剖得的半剖视图

3. 几个相交的剖切面的应用

几个相交的剖切平面剖得的全剖视图，如图 5-34 ~ 图 5-37、图 5-46 所示；几个相交的剖切平面剖得的半剖视图如图 5-47 所示。

两个相交的剖切平面剖得的局部剖视图如图 5-48 所示。

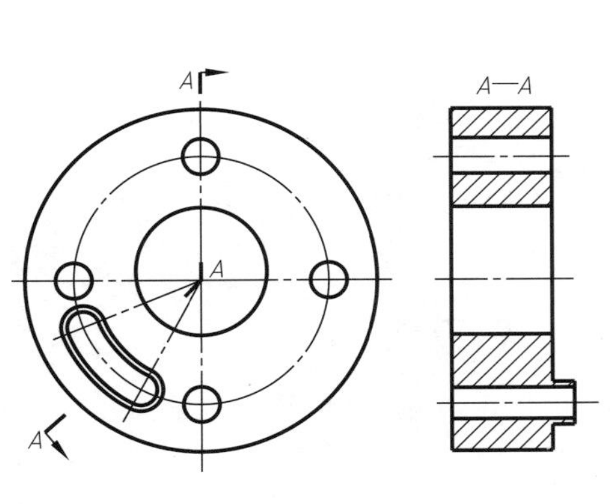

图 5-46 几个相交的剖切平面剖得的全剖视图

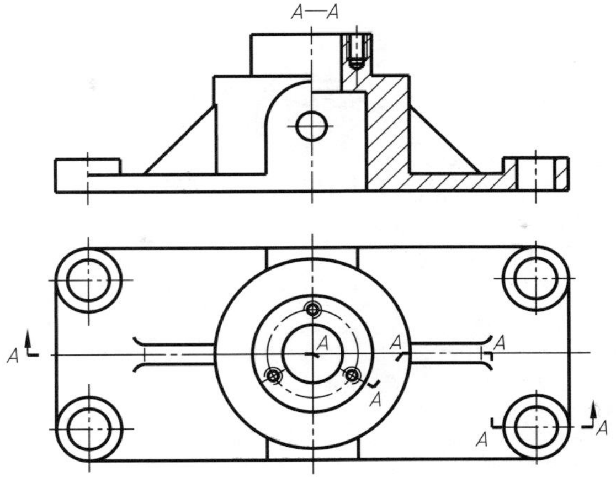

图 5-47 几个相交的剖切平面剖得的半剖视图

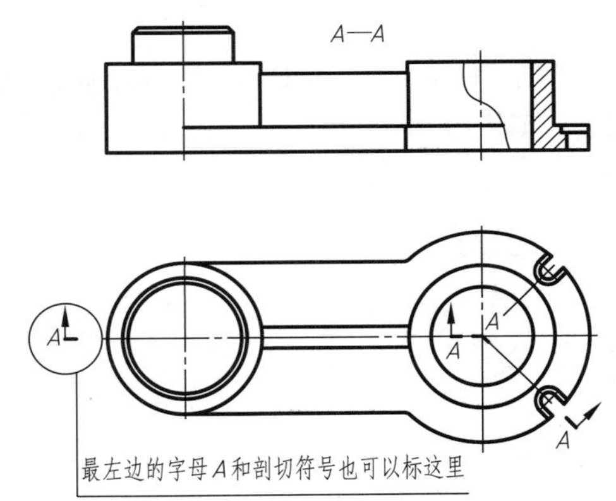

图 5-48 两个相交的剖切平面剖得的局部剖视图

5.3 断面图

5.3.1 断面图的概念

假想用剖切面将图 5-49a 所示零件的某处切断，仅画出该剖切面与物体接触部分的图形，这种图形称为断面图，如图 5-49b 所示。

断面图与剖视图之间存在着一定的区别与联系，如图 5-49c 所示。

断面图仅画出零件与剖切面接触部分的图形；剖视图除需要画出剖切面与零件接触部分的图形外，还要画出其后的所有可见部分的图形。

断面图主要用于表达零件某一部位的断面形状，如零件上的肋板、轮辐、键槽及型材的断面等。

根据零件的结构特征和表达需要，可选用三种剖切面中的任何一种来获得断面图。

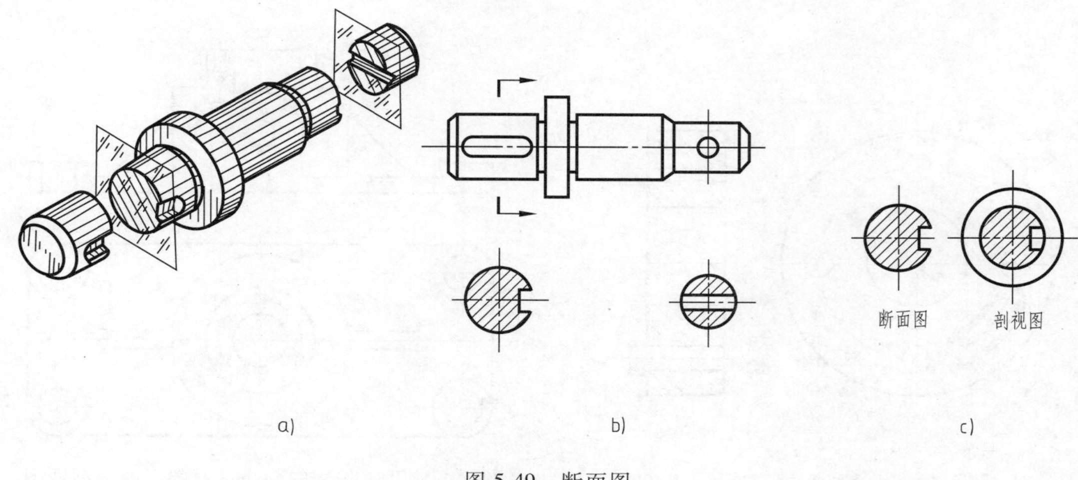

图 5-49　断面图

5.3.2　断面图的种类

根据断面图配置位置的不同，分为移出断面图和重合断面图两种。图 5-49b 所示为移出断面图，图 5-50 所示为重合断面图。

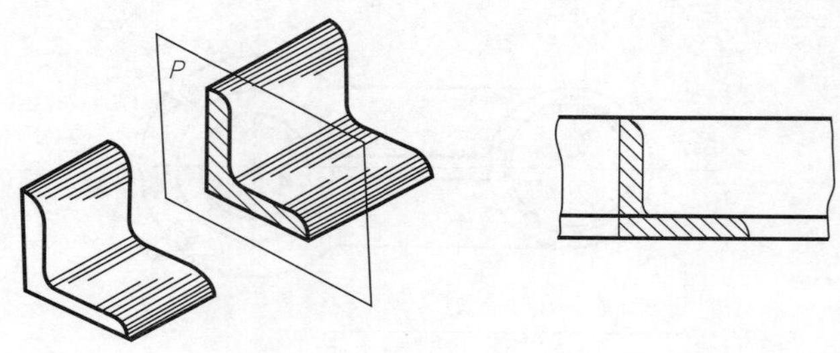

图 5-50　重合断面图（一）

5.3.3　断面图的画法及配置

1. 移出断面图

在视图外画出的断面图称为移出断面图，其轮廓线用粗实线绘制，如图 5-49b 所示。

绘制移出断面图时，应该注意以下几点：

1）尽量配置在剖切线的延长线上，如图 5-49b 所示；也可画在其他适当的位置，但要加标注，如图 5-51 所示；在不致引起误解时，允许将图形旋转，如图 5-51 中的断面图 *A—A*。

2）由两个或多个相交的剖切面剖切得出的移出断面图，中间一般应断开绘制，如图 5-52a所示。

3）当剖切面通过非圆孔，导致完全分离的两个断面时，应按剖视画出，如图 5-51 所示；剖切面通过回转面形成的孔或凹坑的轴线时，应按剖视画出，如图 5-49b 所示。

4）当移出断面图的图形呈对称形状时，可配置在视图中断处，如图 5-52b 所示。

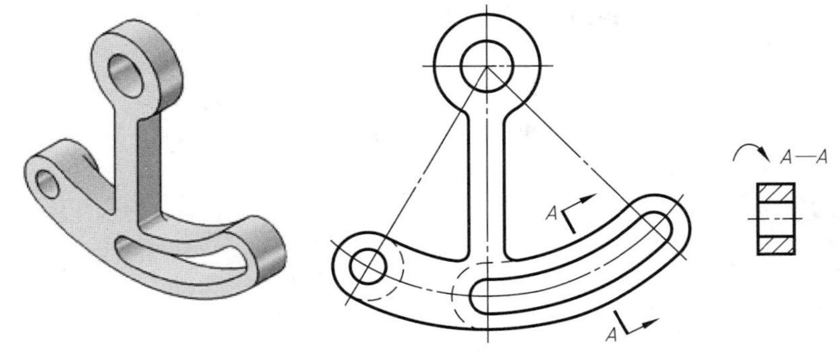

图 5-51　移出断面图（一）

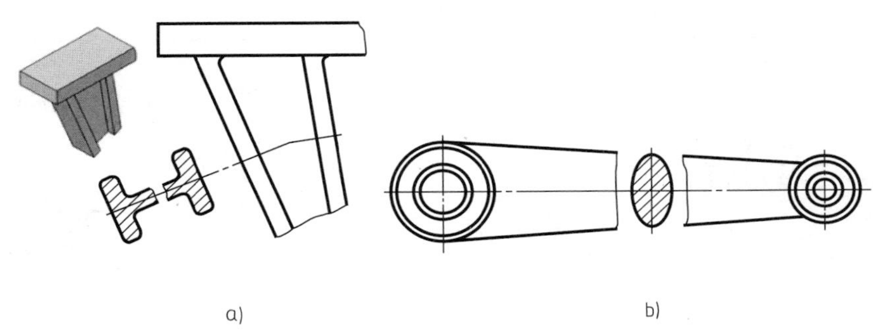

图 5-52　移出断面图（二）

2. 重合断面图

断面图配置在剖切平面迹线处，并与原视图重合，称为重合断面图。重合断面图的轮廓线用细实线绘制，当视图中的轮廓线与重合断面的图形重叠时，视图中的轮廓线仍需完整、连续地画出，不可间断，如图 5-50 所示。为了得到断面的真实形状，剖切平面一般应垂直于物体上被剖切部分的轮廓线，如图 5-53 所示。

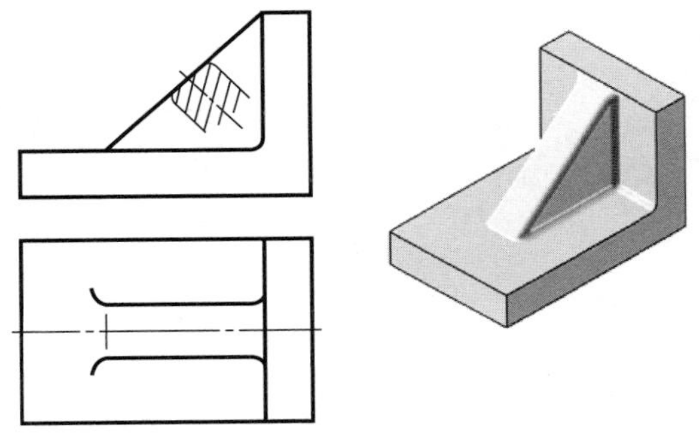

图 5-53　重合断面图（二）

5.3.4　断面图的标注

1. 移出断面图的标注

有关剖视图标注的三要素及其标注的基本规定同样适用于断面图的标注，但是具体的标注方法存在着一些差异。规定移出断面图一般用剖切符号表示剖切的起、讫位置，用箭头表示投射方向，并注上大写拉丁字母，在断面图的上方用同样的字母标出相应的名称 “*X*—*X*”，如图 5-54 所示。具体标注方法将因断面的对称性以及断面配置方法的不同而不同，如表 5-2 所示。

2. 重合断面图的标注

重合断面图不必标注，如图 5-55 所示。

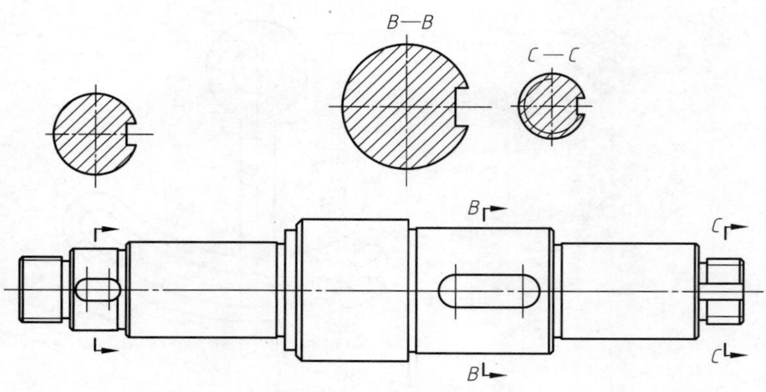

【扫码观看立体图】

图 5-54 移出断面图的标注

表 5-2 移出断面图的标注

断面形状 / 断面图配置	对称的移出断面		不对称的移出断面
配置在剖切线或剖切符号延长线上	省略标注		省略字母
不配置在剖切符号延长线上	A—A 省略箭头	按投影关系配置	A—A 省略箭头
		不按投影关系配置	A—A 需完整标注剖切符号和字母
配置在视图中断处的对称移出断面	省略标注		

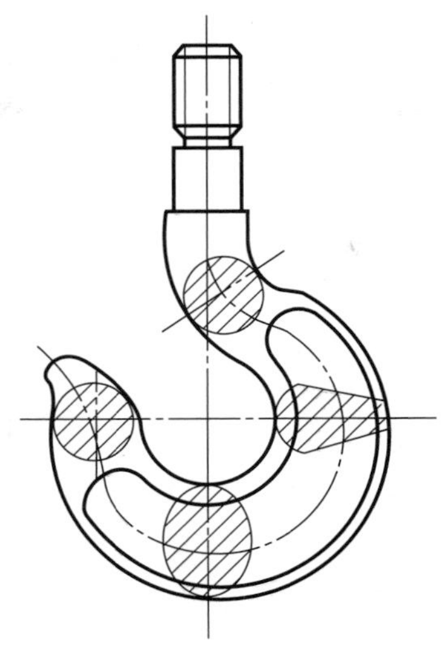

图 5-55 重合断面图（三）

5.4 零件的其他表达方法

5.4.1 局部放大图

零件上有些细小结构，在视图中难以清晰地表达，同时也不便于标注尺寸。对这种细小结构，可用大于原图所采用的比例画出，并将它们放置在图纸的适当位置。用这种方法画出的图形称为局部放大图。

局部放大图可以画成视图、剖视图、断面图等形式，与被放大部位的表达形式无关。局部放大图应尽量配置在被放大部位的附近，图形所用的放大比例应根据结构需要而定，与原图比例无关，如图 5-56 所示。

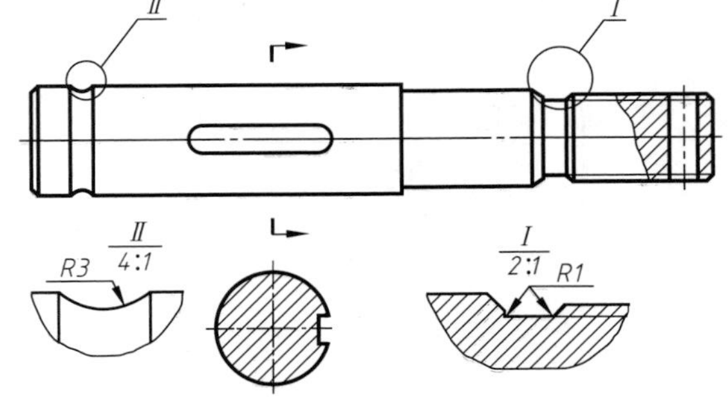

图 5-56 局部放大图

局部放大图的标注应注意以下两点：

1）绘制局部放大图时，应用细实线圈出被放大的部位。

2）当同一个零件上有几个被放大的部位时，必须用罗马数字依次标明被放大的部位，并在局部放大图的上方标出相应的罗马数字和所采用的比例，如图 5-56 所示。当零件上被放大部位仅有一个时，不必编号，只需在放大部位画圈，并在局部视图的上方正中位置注明所采用的比例即可。

5.4.2 简化画法

为提高识图和绘图效率，增加图样的清晰度，加快设计进程，国家标准 GB/T 16675.1—2012《技术制图 简化表示法 第 1 部分：图样画法》规定了技术图样中的简化画法。

简化必须保证不致引起误解和不会产生理解的多义性。在此前提下，应力求制图简便。

简化应避免不必要的视图和剖视图，如图 5-57 所示。在不致引起误解时，应避免使用虚线表示不可见的结构，如图 5-58 所示。

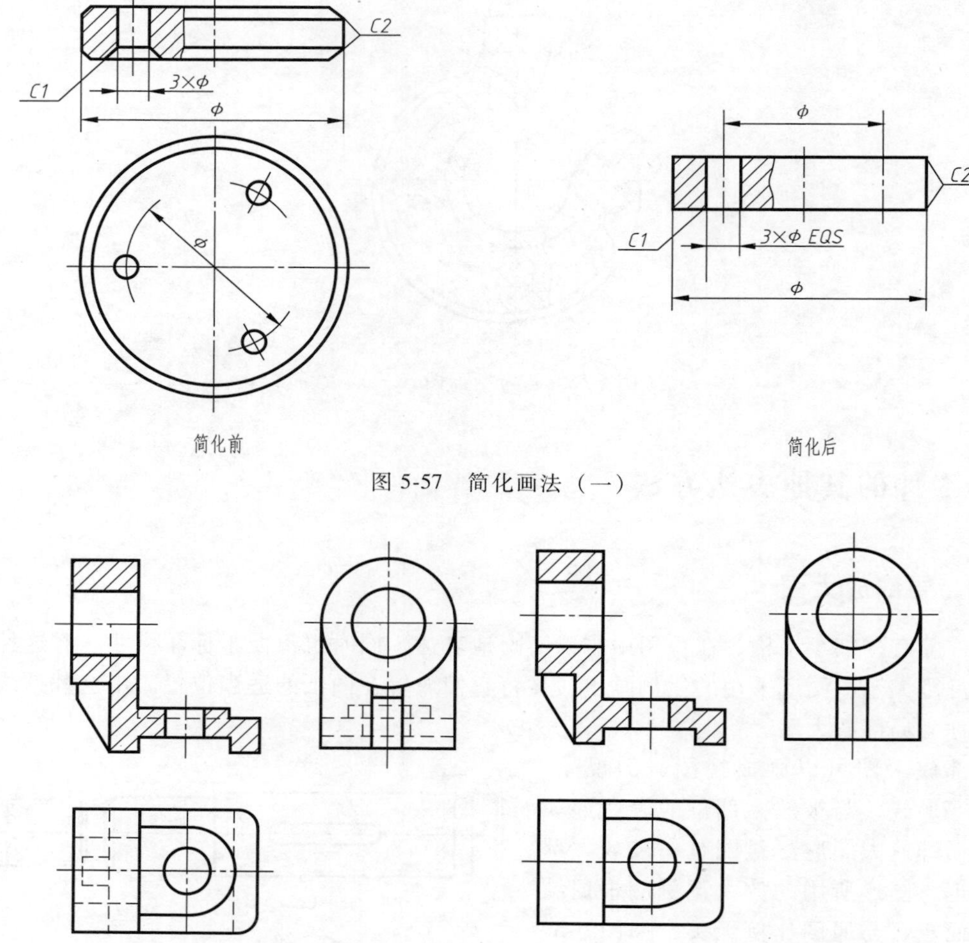

图 5-57　简化画法（一）

图 5-58　简化画法（二）

其他简化画法示例见表 5-3。

表 5-3　简化画法示例

序号	简化对象	简化画法	规定画法	说　明
1	对称结构或相似零件			在不致引起误解时，对于对称零件的视图，可只画一半或四分之一，并在对称中心线的两端画出两条与其垂直的平行细实线

（续）

序号	简化对象	简 化 画 法	规 定 画 法	说　　明
2	剖面符号	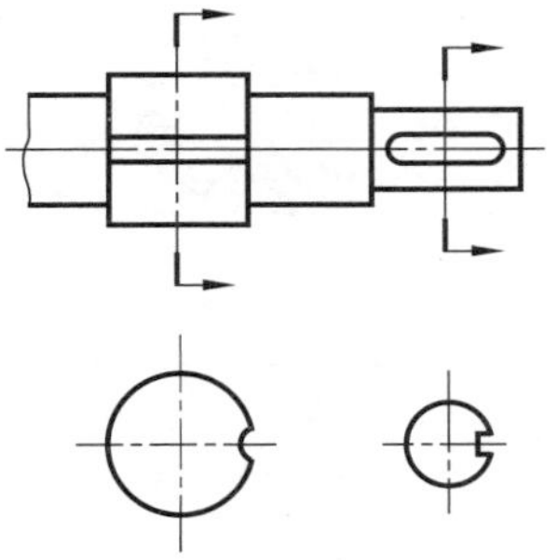	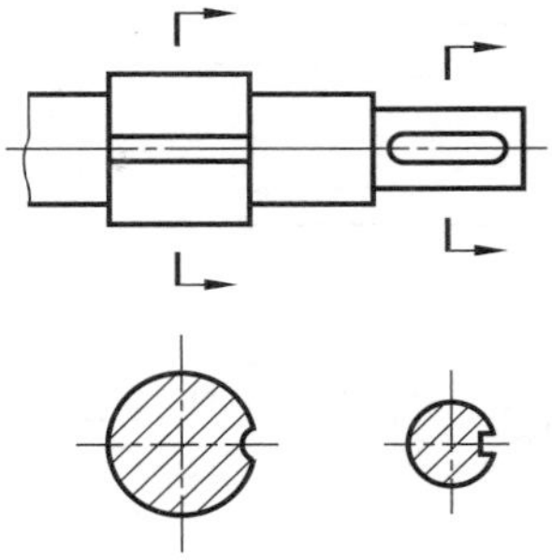	在不致引起误解的情况下，剖面符号可省略
3	相贯线或过渡线	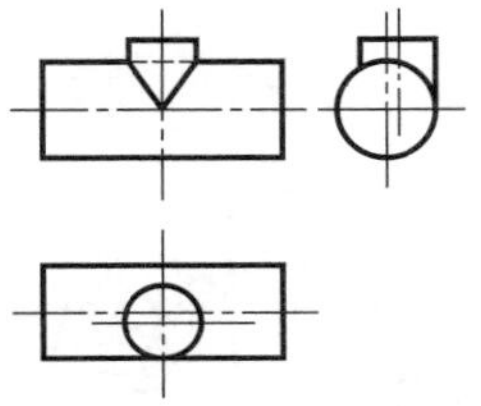	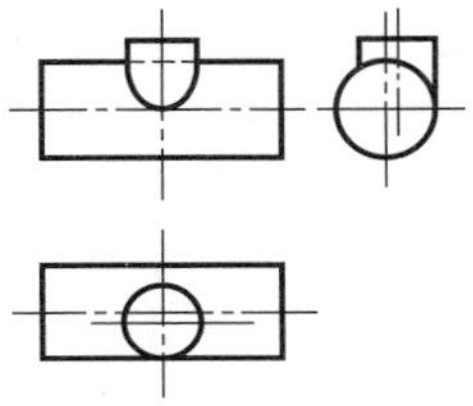	在不致引起误解时，图形中的过渡线、相贯线可以简化，例如用圆弧或直线代替非圆曲线
		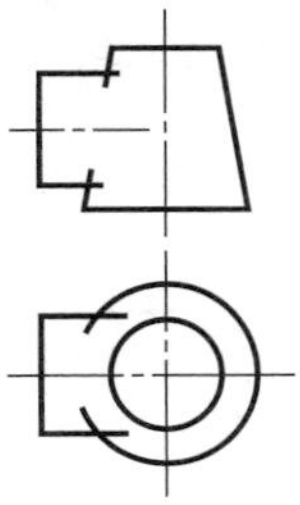	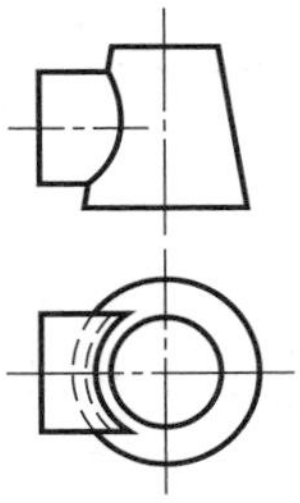	可采用模糊画法表示相贯线
4	符号表示	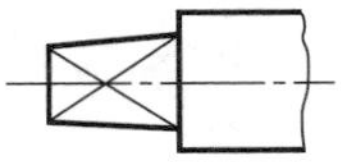	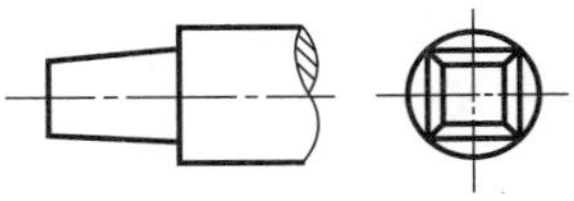	当回转体零件上的平面在图形中不能充分表达时，可用两条相交的细实线表示这些平面
		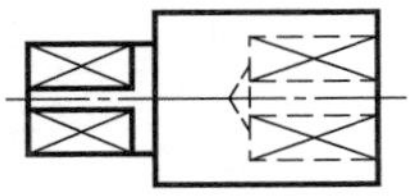	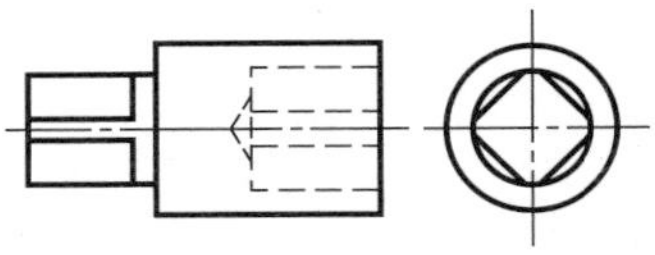	
5	相同要素	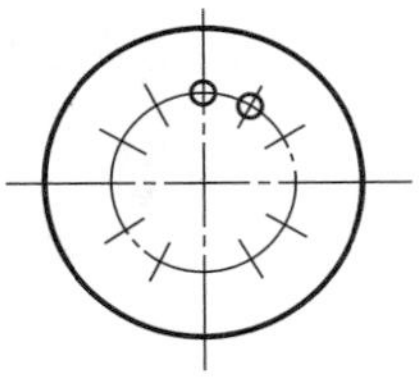	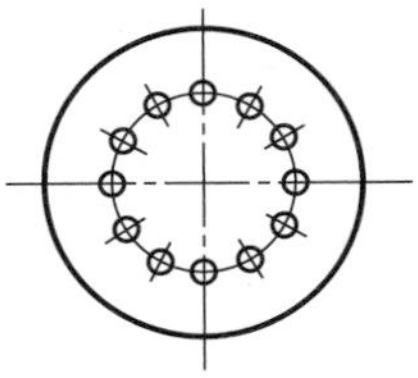	若干直径相同且成规律分布的孔，可以仅画一个或几个，其余只需用细点画线或“—⊕—”表示其中心位置

（续）

序号	简化对象	简化画法	规定画法	说明
5	相同要素	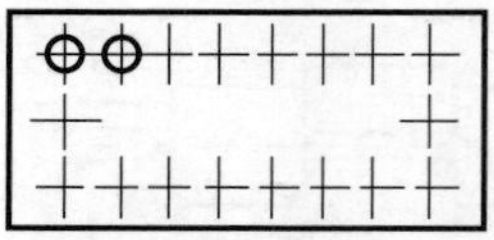	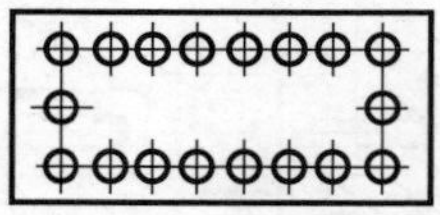	若干直径相同且成规律分布的孔，可以仅画一个或几个，其余只需用细点画线或“⌖”表示其中心位置
		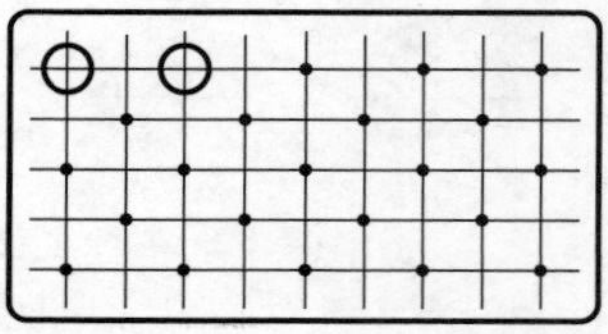	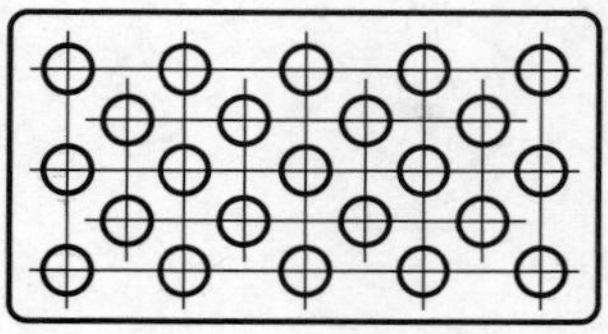	
		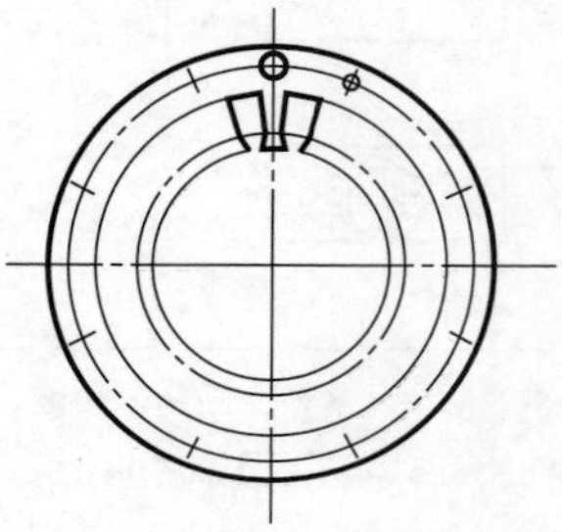	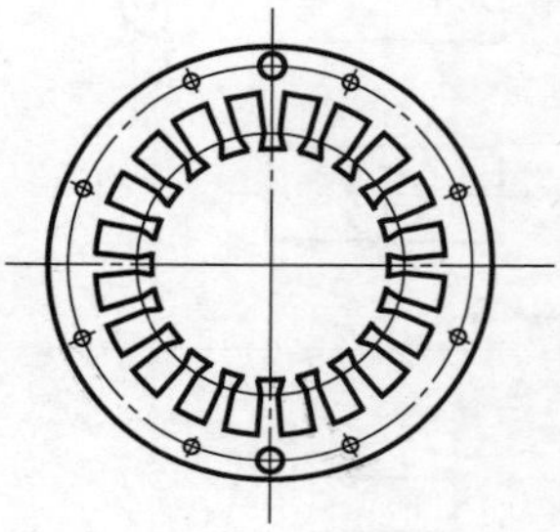	当零件具有若干相同结构（如齿、槽等），并按一定规律分布时，只需画出几个完整的结构，其余用细实线连接，在零件图中则必须注明该结构的总数
6	较小结构及倾斜要素	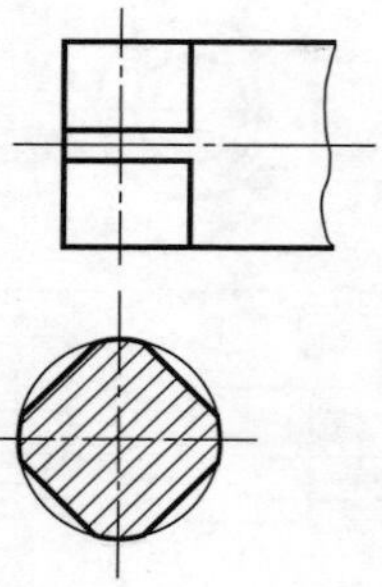	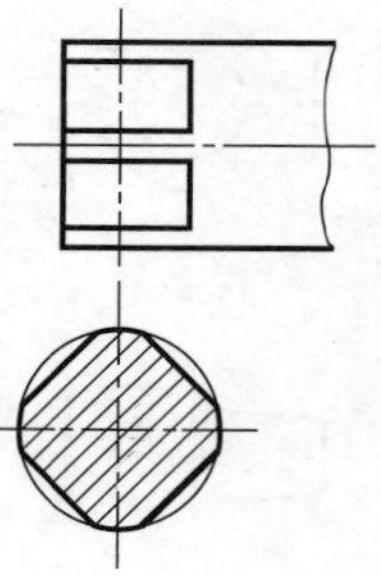	当零件上较小的结构及斜度等已在一个图形中表达清楚时，其他图形应当简化或省略
		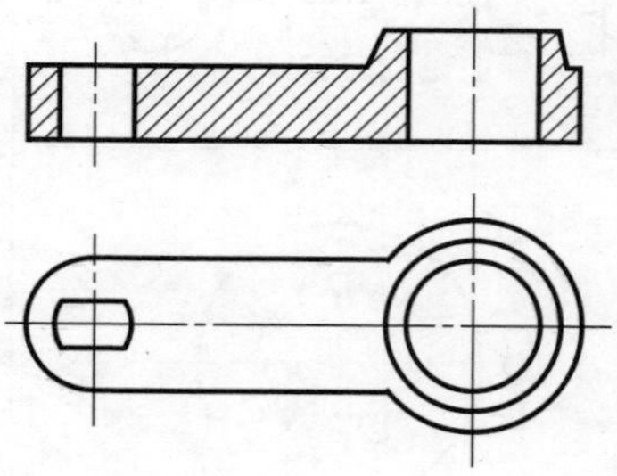	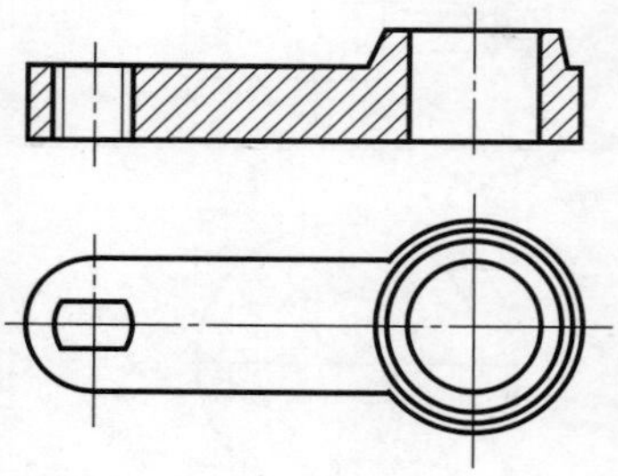	

（续）

序号	简化对象	简化画法	规定画法	说明
6	较小结构及倾斜要素	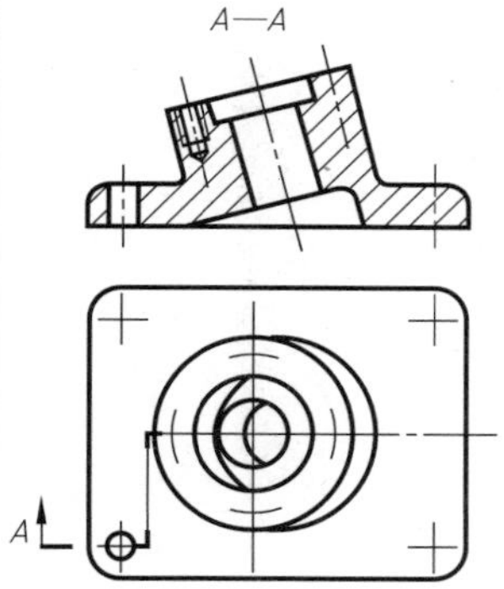 A—A A　A	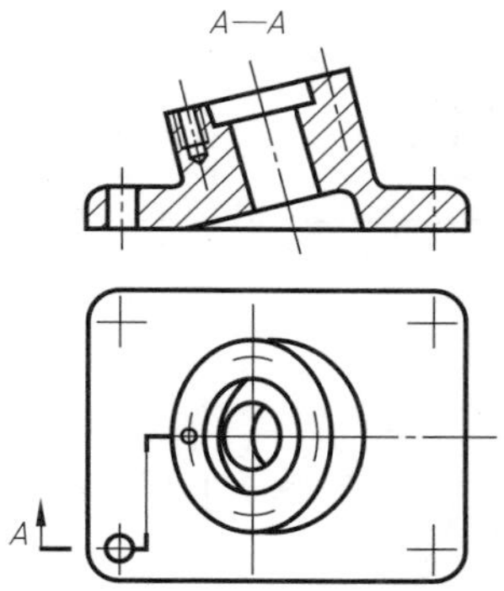 A—A A　A	与投影面倾斜角度小于或等于30°的圆或圆弧，其投影可用圆或圆弧代替
		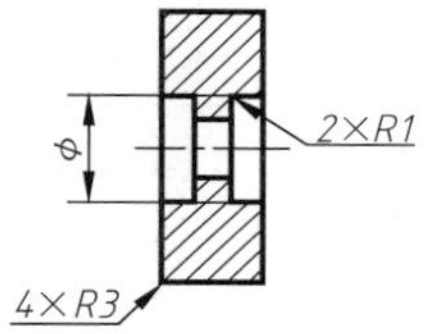 2×R1 φ 4×R3	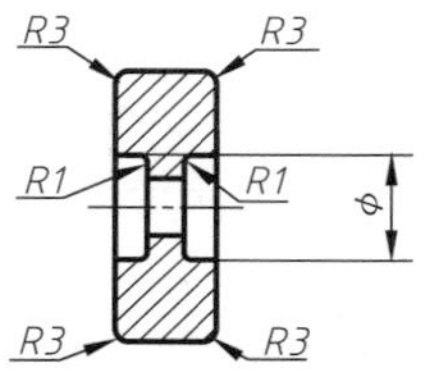 R3　R3 R1　R1 φ R3　R3	除确属需要表示的某些结构圆角外，其他圆角在零件图中均可不画，但必须注明尺寸，或在技术要求中加以说明
7	滚花结构	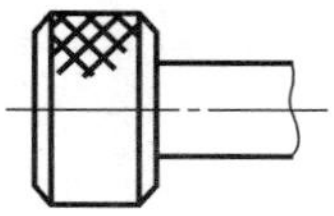	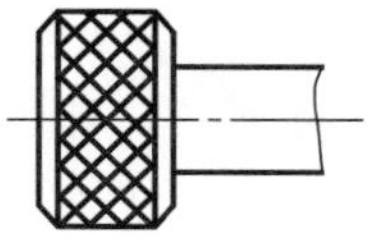	滚花一般采用在轮廓线附近用粗实线局部画出的方法表示
		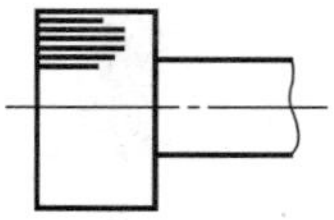	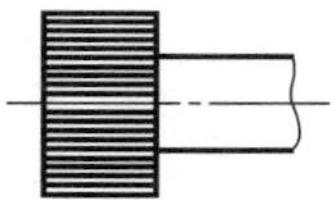	
8	肋、轮辐及薄壁结构	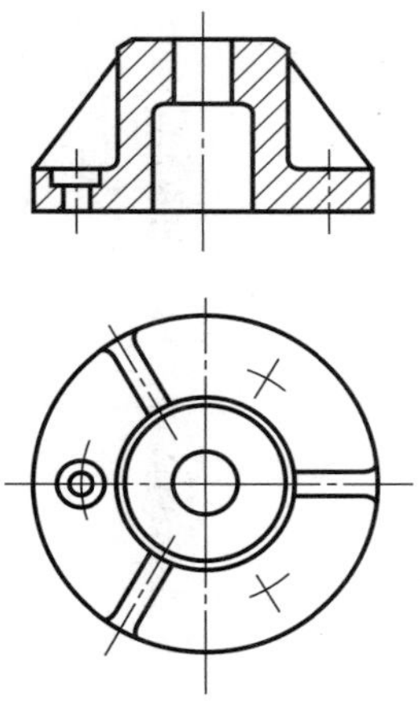		对于零件的肋、轮辐及薄壁等，如按纵向剖切，这些结构都不画剖面符号，而用粗实线将它与其邻接部分分开。当零件回转体上均匀分布的肋、轮辐、孔等结构不处于剖切平面上时，可将这些结构旋转到剖切平面上画出

（续）

序号	简化对象	简化画法	规定画法	说明
8	肋、轮辐及薄壁结构	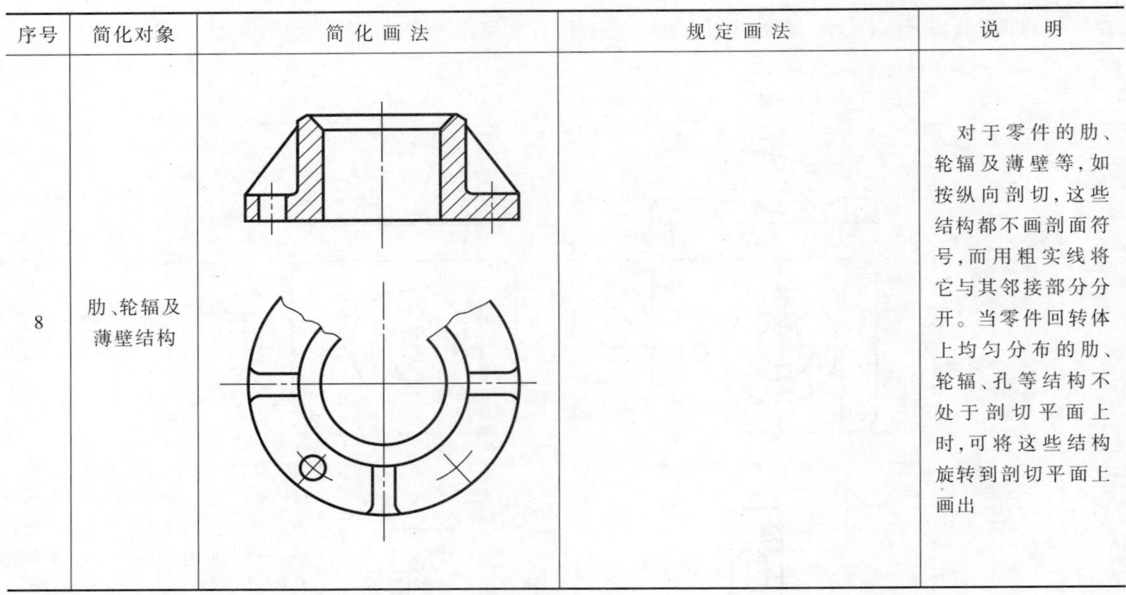		对于零件的肋、轮辐及薄壁等，如按纵向剖切，这些结构都不画剖面符号，而用粗实线将它与其邻接部分分开。当零件回转体上均匀分布的肋、轮辐、孔等结构不处于剖切平面上时，可将这些结构旋转到剖切平面上画出

5.5 项目案例：阀体零件表达方案的选择

通过上述基础知识的学习，读者已经了解了视图、剖视图等表达方法的具体功用。每种表达方法都有自己的特点和适用范围，在绘制零件图样时，应根据零件的形状和结构特点，选用适当的表达方法。在完整、清晰地表达零件各部分形状的前提下，力求制图简单、方便。对于一个零件来说可能有几种表达方法，经比较之后，确定较好的方案。

以阀体零件为例，如仅用普通的三视图，不能够详细、明确地表达阀体的外形及其内部形状。如图 5-59 所示的第一种表达方案，主视图采用全剖视，表达了内腔的结构形状；俯

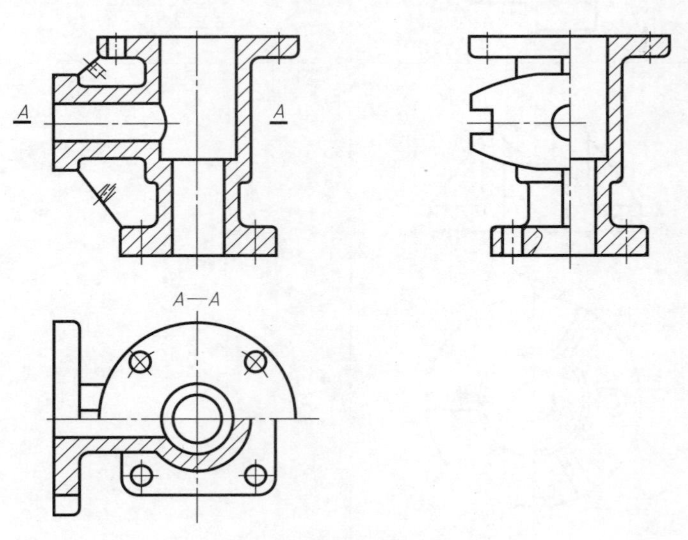

图 5-59　阀体零件的第一种表达方案

视图作了 A—A 半剖视，表达了顶部外形圆盘形状和小孔结构，同时也表达了中间圆柱体与底板的形状和小孔结构；肋板的结构形状采用了重合断面；左视图也为半剖视图，表达了凸缘的形状与阀体的内腔形状。图 5-60 所示的第二种方案是在第一种方案的基础上改进的。由于第一种表达方案的左视图与主视图所表达的内容有不少重复之处，此方案省略了左视图，而用 B 向局部视图表达凸缘的形状，主视图采用了局部剖视图，表达了内腔形状和底板上的小孔。经比较第二种方案更为简明。

通过以上例子可以看到，零件的表达方案可以有很多种，要通过了解零件的功用和性能，分析比较、取长补短，选用较为合理的表达方法来表示零件，最终给绘图和识图带来较大的方便。

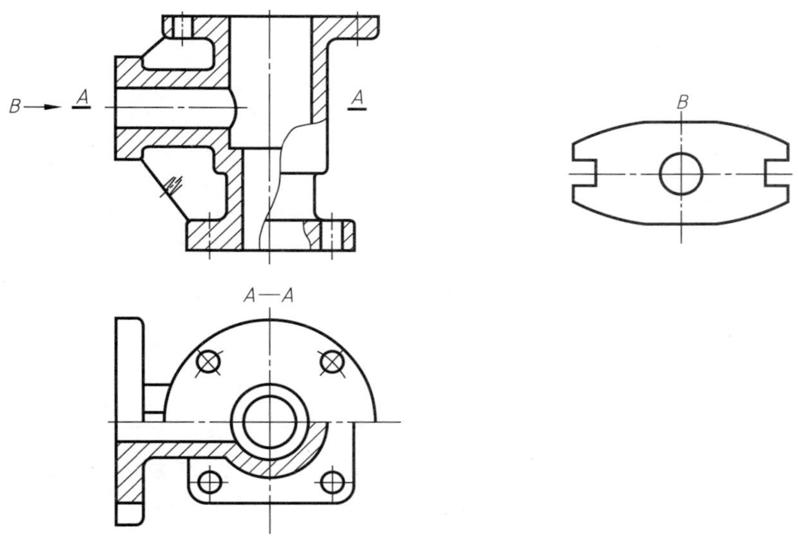

图 5-60 阀体零件的第二种表达方案

本项目小结

本项目主要介绍零件常用的表达方法。零件尤其是结构复杂的零件需要通过多个视图以及各种不同剖切方法组成的表达方案才能合理地反映出具体结构。通过本项目的学习，读者不仅要掌握各种视图以及剖切方法的画法，还要掌握合理表达方案的选择。机械图样常用的视图、剖视图、断面图的总结见表 5-4。

表 5-4 视图、剖视图、断面图的总结

分类		适用情况	配置及标注
视图——主要用于表达物体的外部形状	基本视图	用于表达物体的外形	各视图按规定位置配置，不标注
	向视图		可自由配置，标注时应在视图的上方标注大写拉丁字母，在相应视图附近用箭头指明投射方向，并标注相同的字母
	局部视图	用于表达物体的局部外形	可按基本视图或向视图的配置形式配置并标注
	斜视图	用于表达物体倾斜部分的外形	按向视图的配置形式配置并标注

（续）

分类		适用情况	配置及标注
剖视图——主要用于表达物体的内部形状	全剖视图	用于表达物体的整个内形（剖切面完全切开物体）	一般应在剖视图上方标注剖视图的名称"×—×"（×表示大写拉丁字母）。在相应的视图上用剖切符号表示剖切位置和投射方向，并标注相同的字母 当单一剖切平面通过物体的对称平面，按投影关系配置且中间又无其他图形隔开时，可省略标注
	半剖视图	用于表达物体有对称平面的外形与内形（以对称线分界）	
	局部剖视图	用于表达物体的局部内形（局部地剖切）	
断面图——主要用于表达物体断面的形状	移出断面图	用于表达物体断面形状	配置在剖切线或剖切符号的延长线上时： 断面为对称——不标注 断面不对称——画剖切符号（含箭头） 移位配置时： 断面为对称——画剖切符号（省箭头）、注字母 断面不对称——不按投影关系配置时，画剖切符号（含箭头），注字母；按投影关系配置时，画剖切符号，注字母，省略箭头
	重合断面图		一律不标注

零件的表达方法是在投影作图的基础上由国家标准《技术制图》《机械制图》具体规定的，因此在作图过程中，无论是表达方法还是视图标注以及尺寸标注，都应该严格遵循国家标准。合理的表达方案应该是采用的视图数量少又能将零件结构反映清楚，且符合人们的读图习惯。读者务必通过大量的练习，逐步掌握合理表达方案的选用技巧。

练习与在线自测

1. 思考题

（1）基本视图总共有几个？各自的名称是什么？

（2）试说明向视图和局部视图的区别。

（3）表达零件外形的视图有哪几种？表达零件内部形状的视图有哪几种？

（4）局部视图的断裂边界一般用什么线表示？什么情况下可以省略波浪线或双折线？

（5）获得剖视图的剖切面分哪几类？该如何选用？

（6）剖切平面纵向通过零件的肋板、轮辐及薄壁时，该如何画出这些结构？

（7）剖视图和断面图标注的三要素是什么？

（8）简述局部放大图的画法、配置及其标注方法。

2. 练习题

将图 5-61 中的主视图画成全剖视图。

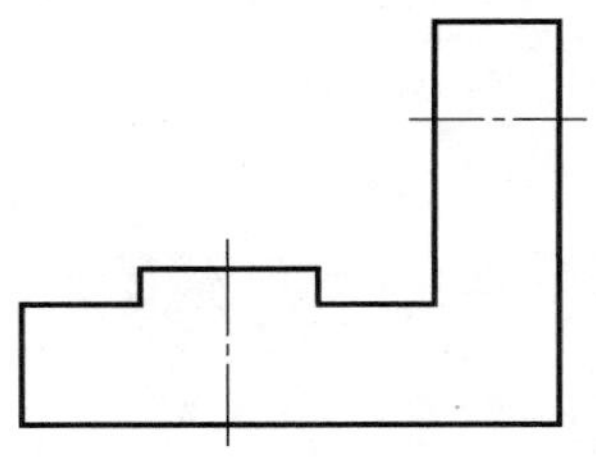
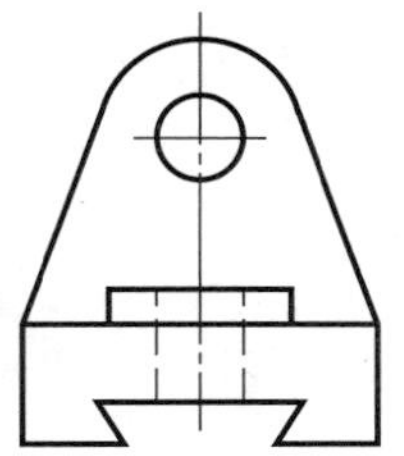
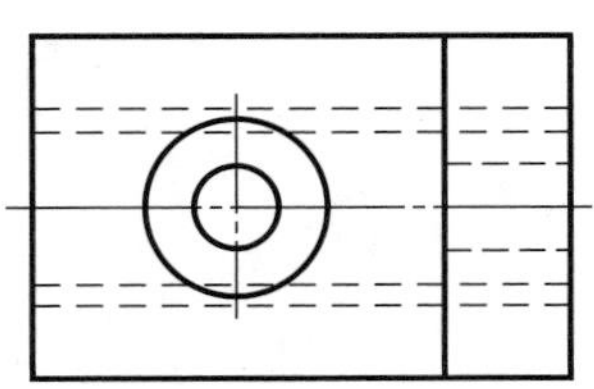
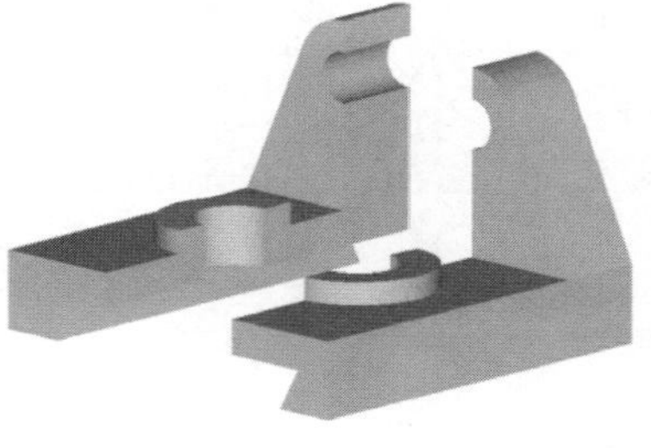

图 5-61 练习题

3. **自测题**（手机扫码做一做）

项目6

机械图样中特殊表示法的学习与应用

知识目标

1）了解螺纹紧固件的种类、用途、标记及规定画法。

2）掌握螺纹紧固件联接的画法。

3）掌握直齿圆柱齿轮及其啮合的画法。

4）掌握普通平键和销的标记及其联接的画法。

5）了解常用滚动轴承的类型、代号、简化画法和规定画法。

6）了解螺旋压缩弹簧的规定画法。

能力目标

1）能根据螺纹的特殊表示法，绘制螺栓联接、螺柱联接、螺钉联接的装配图。

2）能根据齿轮的特殊表示法、键和销的画法、滚动轴承的特殊表示法以及弹簧的规定画法，绘制以上零件在阶梯轴上的装配图。

项目案例

螺纹联接套（图6-1）的表示方法。

图6-1　螺纹联接套

6.1　螺纹及其画法

螺纹是最常用的标准结构，在机械产品中应用非常广泛。下面分别讲述螺纹的形成、螺纹的基本要素、常见螺纹的结构、螺纹的规定画法以及螺纹的分类和标注。

1. 螺纹的基本知识

在圆柱表面或圆锥表面上，沿着螺旋线形成的、具有相同剖面的连续凸起和沟槽，称为螺纹。在圆柱面上形成的螺纹为圆柱螺纹；在圆锥面上形成的螺纹为圆锥螺纹。在内表面上形成的螺纹为内螺纹，在外表面上形成的螺纹为外螺纹，如图6-2所示。

螺纹的加工通常在车床上进行，如图6-3所示。工件做等速旋转运动，刀具沿轴向做等速移动，就可以在工件上加工出螺纹。对于直径较小的螺纹，可以用碾压板、丝锥或板牙加工，如图6-4所示。

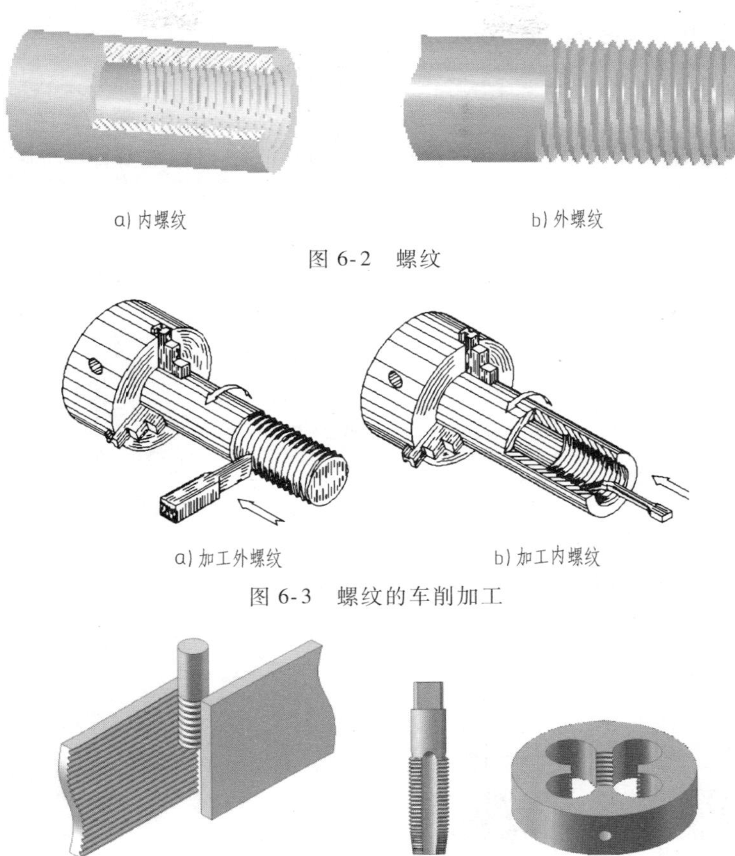

图 6-2 螺纹

图 6-3 螺纹的车削加工

图 6-4 碾压板、丝锥、板牙

(1) 螺纹的要素 螺纹的基本要素有五个，即牙型、直径、螺距（导程/线数）、线数和旋向。

1) 牙型：牙型是指在通过螺纹轴线的断面上螺纹的轮廓形状。常见的螺纹牙型有三角形、梯形、锯齿形、矩形等，如图 6-5 所示。

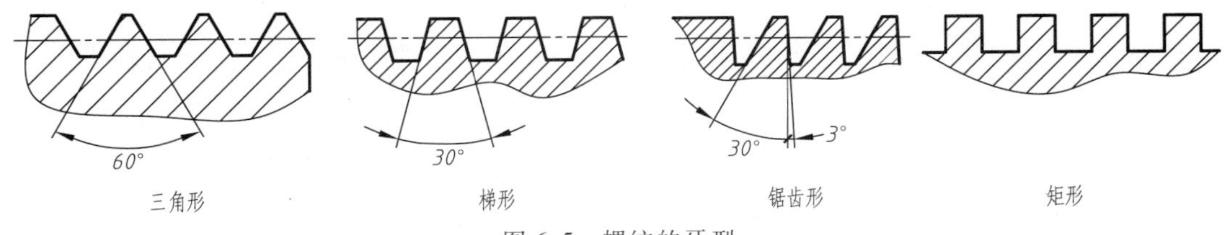

图 6-5 螺纹的牙型

2) 直径：螺纹一般都成对使用。外螺纹凸起的顶端称为牙顶，沟槽的底部称为牙底；内螺纹恰好相反，凹进的顶端称为牙底，沟槽的底部称为牙顶，如图 6-6 所示。

大径 D、d：与外螺纹牙顶或内螺纹牙底相切的假想圆柱的直径称为螺纹的大径。外螺纹和内螺纹的大径分别用 d 和 D 表示。代表螺纹尺寸的大径称为螺纹的公称直径。

小径 D_1、d_1：与外螺纹牙底或内螺纹牙顶相切的假想圆柱的直径称为螺纹的小径。外螺纹和内螺纹的小径分别用 d_1、D_1 表示。

中径 D_2、d_2：是指一个假想圆柱的直径，该圆柱的素线通过牙型上沟槽和凸起宽度相等的地方。外螺纹和内螺纹的中径分别用 d_2、D_2 表示。

3）螺距 P：相邻两牙在中径线上对应两点间的轴向距离称为螺距，如图 6-6 所示。

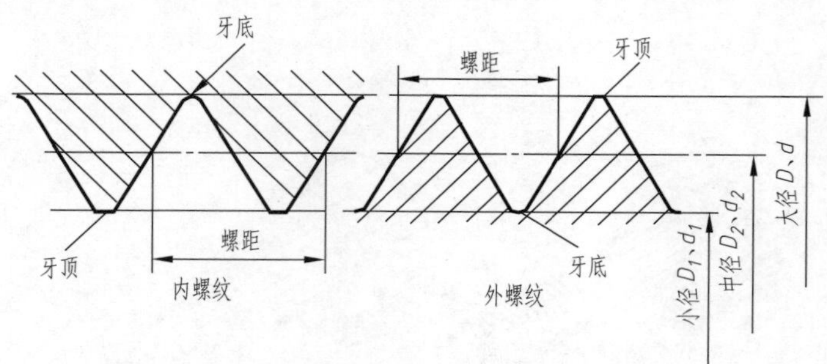

图 6-6　螺纹的直径和螺距

4）线数 n：形成螺纹时的螺旋线的条数称为螺纹的线数。沿一条螺旋线形成的螺纹称为单线螺纹，如图 6-7a 所示；沿一条以上的轴向等距螺旋线形成的螺纹称为多线螺纹，图 6-7b 所示为双线螺纹。

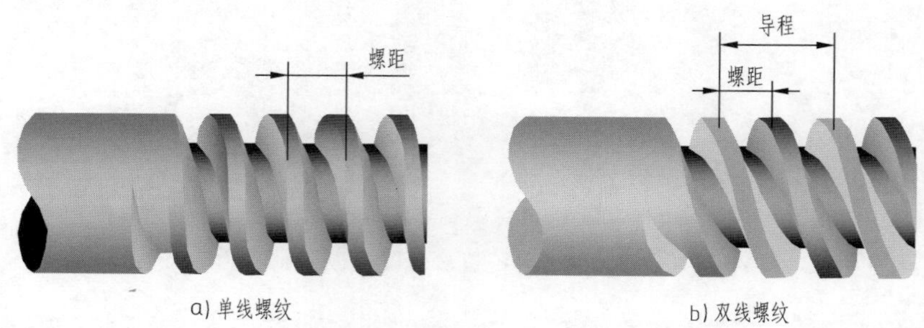

图 6-7　螺纹的线数和导程

同一螺旋线上相邻两牙在中径线上对应两点间的轴向距离称为导程 Ph，如图 6-7b 所示。螺距与导程的关系为 $Ph=nP$。显然，单线螺纹的导程与螺距相等。

5）旋向：螺纹有右旋和左旋之分。顺时针旋转时旋入的螺纹为右旋螺纹，逆时针旋转时旋入的螺纹为左旋螺纹。判别螺纹的旋向可采用如图 6-8 所示的简单方法，即面对轴线竖直的外螺纹，螺纹自左向右上升的为右旋，反之为左旋。实际应用中的螺纹绝大部分为右旋。

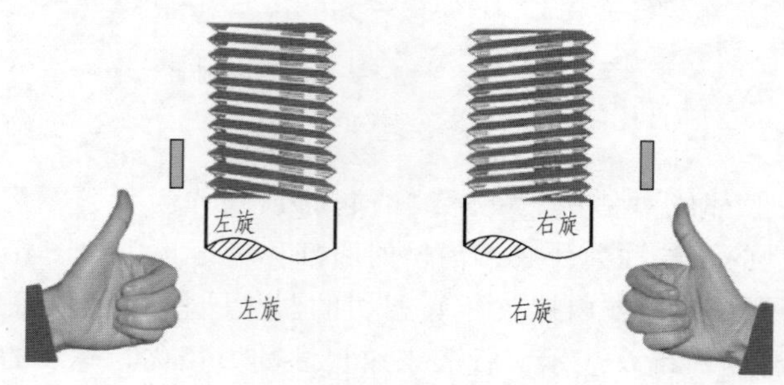

图 6-8　螺纹的旋向

螺纹要素要完全一致的外螺纹和内螺纹才能相互旋合，从而实现零件间的联接和传动。

（2）螺纹的结构　为了便于螺纹的加工及安装，常在螺纹上制造出倒角、倒圆及退刀槽等结构。

倒角和倒圆：为了便于安装，防止螺纹起始圈损坏，常常在螺纹的起始处设计圆台形倒角或球状面，如图 6-9a 所示。

螺纹收尾和退刀槽：当车削螺纹的刀具即将到达螺纹终止处时，为了防止撞刀，需要将刀具从径向逐渐离开工件，因此，螺纹终止处附近的牙型将逐渐变浅，形成不完整的螺纹牙型，称为螺纹的螺尾。当螺纹结构不允许有螺尾时，可以在螺纹终止处车出一个环槽，以便刀具退出，此环槽称为退刀槽，如图 6-9b 所示。

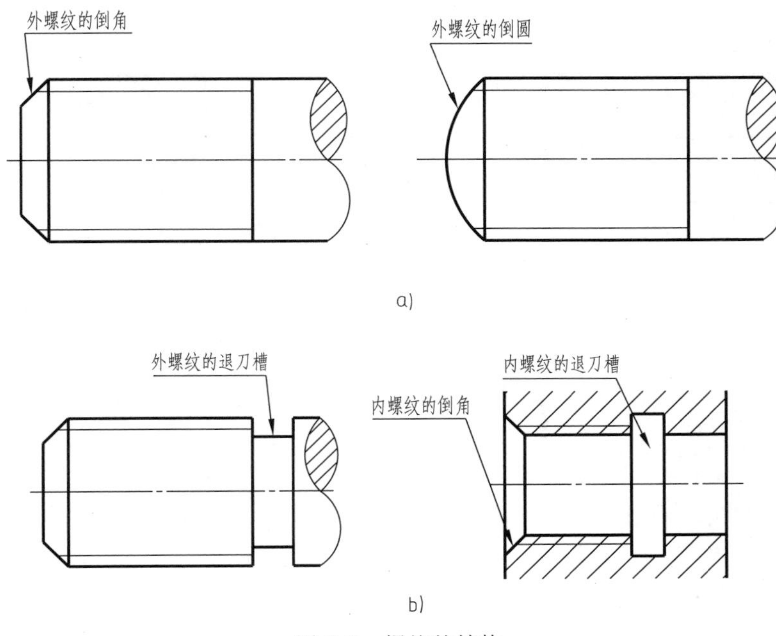

图 6-9　螺纹的结构

2. 螺纹的规定画法

（1）外螺纹的画法　外螺纹的规定画法：牙顶（大径）用粗实线绘制，牙底（小径，约等于大径的 0.85 倍）用细实线绘制。在平行于螺纹轴线的投影面的视图中，用来限定完整螺纹长度的螺纹终止线用粗实线绘制。在垂直于螺纹轴线的投影面的视图中，表示牙底的细实线圆只画约 3/4 圈，倒角圆不画，如图 6-10a 所示。

螺尾一般不表示。当需要表示螺尾时，该部分的牙底线用与轴线成 30°的细实线绘制，如图 6-10b 所示。

当外螺纹被剖切时，被剖切部分的螺纹终止线只在螺纹牙处画出，中间是断开的。剖面线必须画到表示牙顶的粗实线处，如图 6-10c 所示。

（2）内螺纹的画法　如图 6-11a 所示，在平行于螺纹轴线的投影面的视图中，内螺纹一般采用剖视画法。与外螺纹恰好相反，内螺纹牙底圆的投影（大径）用细实线绘制，牙顶圆的投影（小径，约等于大径的 0.85 倍）用粗实线绘制，螺纹终止线用粗实线绘制，螺尾一般不表示。在垂直于螺纹轴线的投影面的视图中，表示牙顶的圆用粗实线绘制，

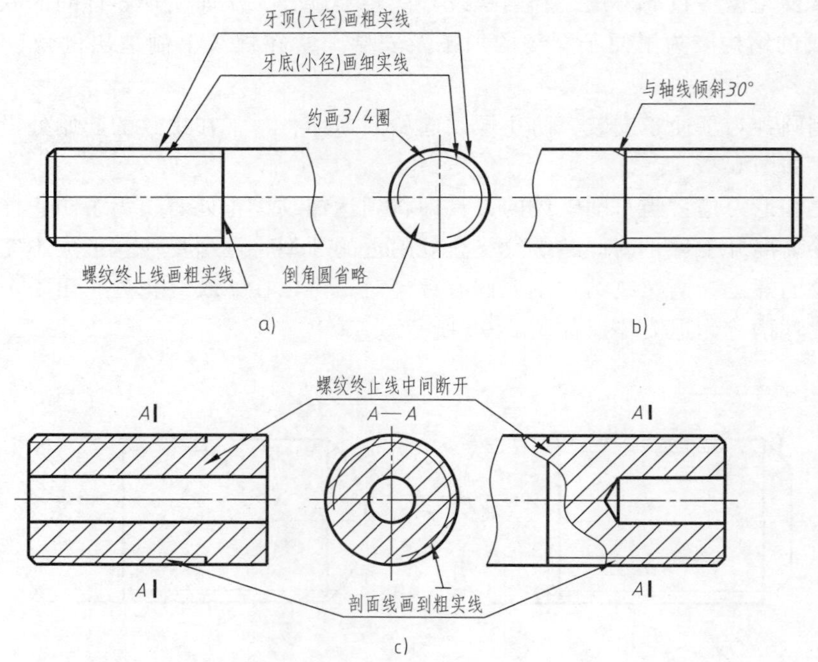

图 6-10　外螺纹的画法

表示牙底的圆只用细实线绘制约 3/4 圈，倒角圆不用绘制。剖面线也必须画到表示牙顶的粗实线处。

当螺纹为不可见时，螺纹的所有图线都用虚线绘制，如图 6-11b 所示。

螺纹孔与螺纹孔相贯或螺纹孔与光孔相贯时，其画法如图 6-11c 所示。

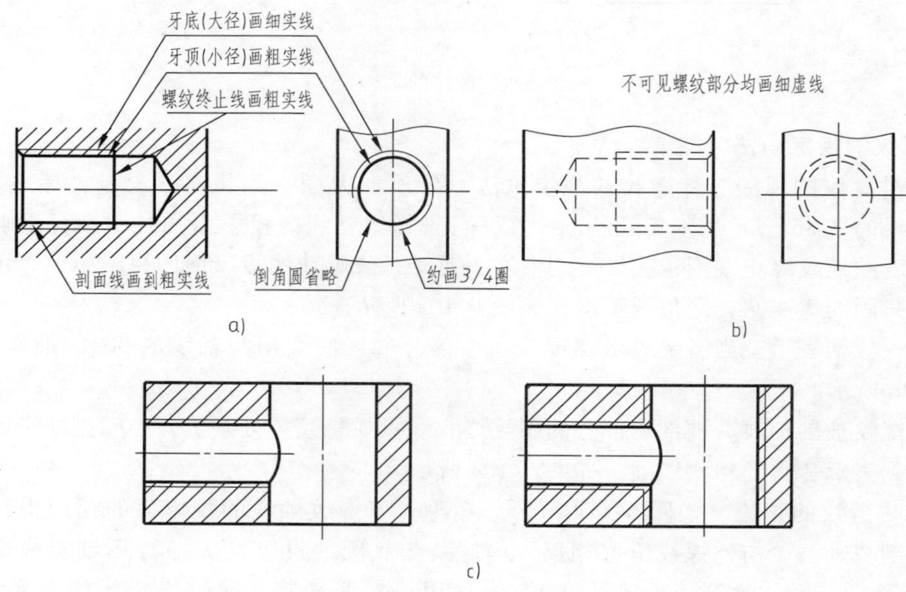

图 6-11　内螺纹的画法

对于不穿通的螺纹孔，应画出钻孔深度和钻孔底部的120°锥顶角，再画出螺纹孔深度。注意：钻孔的孔径应与螺纹孔的小径对齐，如图6-12所示。

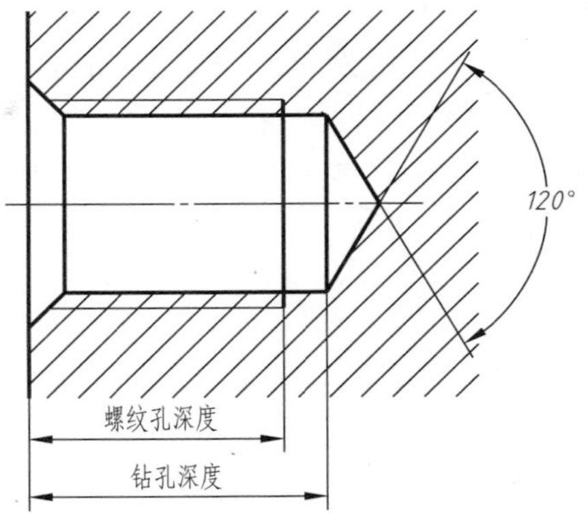

图6-12　不穿通螺纹的画法

(3) 内、外螺纹联接的画法　内、外螺纹联接一般用剖视图表示。此时，内、外螺纹的旋合部分按外螺纹的画法绘制，其余部分仍按各自的画法绘制。按照螺纹联接五要素的规定，画内、外螺纹联接时，外螺纹的大径与内螺纹的大径对齐，即外螺纹的粗实线与内螺纹的细实线对齐；外螺纹的小径与内螺纹的小径对齐，即外螺纹的细实线与内螺纹的粗实线对齐，如图6-13所示。

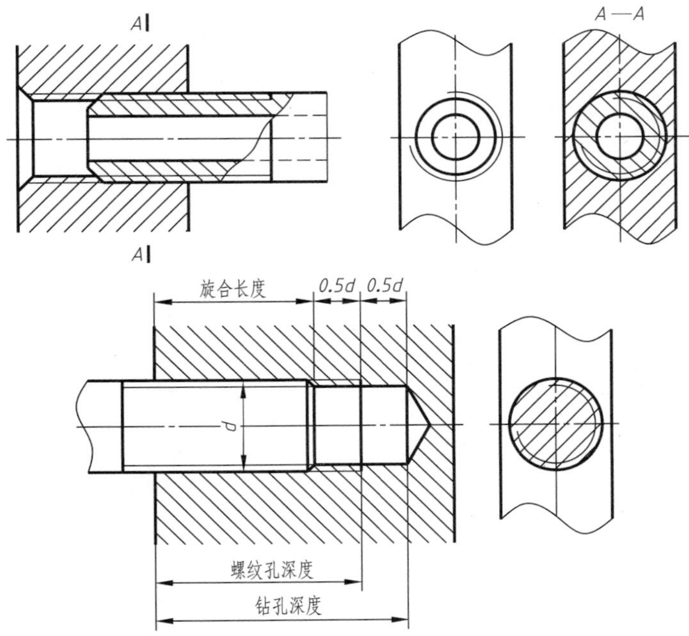

图6-13　内、外螺纹联接画法

3. 螺纹的分类及其标注

(1) 螺纹的分类　螺纹的分类方法有多种，应用较多的是按其用途来进行分类。螺纹按用途可分为四类：第一类，紧固联接螺纹，简称紧固螺纹，例如普通螺纹、小螺纹、过渡配合螺纹和过盈配合螺纹。第二类，传动用螺纹，简称传动螺纹，例如梯形螺纹、锯齿形螺纹和矩形螺纹。第三类，管用螺纹，简称管螺纹，例如55°密封管螺纹、55°非密封管螺纹、60°密封管螺纹和米制锥螺纹。第四类，专门用途螺纹，简称专用螺纹，例如自攻螺钉用螺纹、木螺钉螺纹、气瓶专用螺纹和航天螺纹等。

(2) 螺纹的标注　由于各种螺纹的画法都是相同的，因此国家标准规定标准螺纹用规定的标记来标注，并标注在螺纹的公称直径上，以区别不同种类的螺纹。常用标准螺纹及其标注方法见表6-1。以下分述几种常见螺纹的标注方法和示例。

在表6-1中，普通螺纹的应用最为广泛，是最常用的螺纹之一。普通螺纹的牙型为等边三角形，牙型角为60°。根据螺距的大小，普通螺纹又有粗牙和细牙之分，粗牙螺距不标注螺距。普通螺纹的完整标记由螺纹特征代号、尺寸代号、公差带代号、旋合长度代号和旋向代号组成。现以多线左旋细牙普通螺纹为例，说明其标记中各部分代号的含义及标注规定（GB/T 197—2003）：

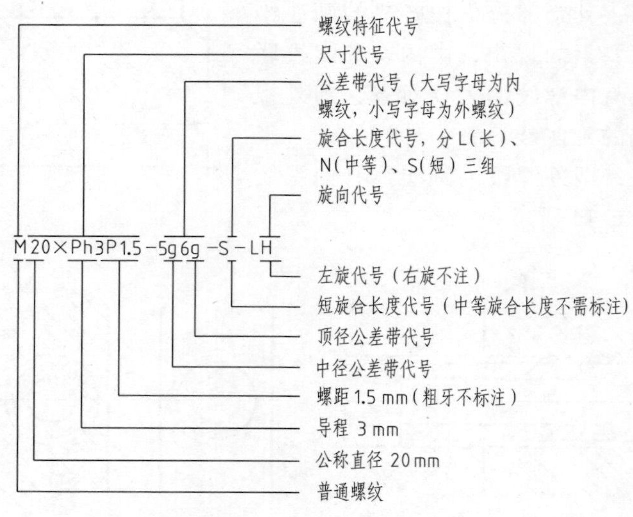

表6-1 常用标准螺纹及其标注方法

螺纹种类		标注图例	解读的方式
普通螺纹	粗牙内螺纹	M20-6G	粗牙普通内螺纹，公称直径为20mm，单线，中、顶径公差带代号6G，中等旋合长度，右旋
	细牙外螺纹	M20×Ph4P2-5g6g-S-LH	细牙普通外螺纹，公称直径为20mm，导程为4mm，螺距为2mm，双线，中径、顶径公差带分别为5g、6g，短旋合长度，左旋
		M20×2-6f	细牙普通外螺纹，公称直径为20mm，螺距为2mm，单线，中、顶径公差带代号为6f，中等旋合长度，右旋
	内、外螺纹旋合	M20×2-6H/5g6g	细牙普通螺纹副，公称直径为20mm，螺距为2mm，单线，内螺纹中、顶径公差带代号为6H，外螺纹中径公差带代号为5g、顶径公差带代号为6g，中等旋合长度，右旋

（续）

螺纹种类		标注图例	解读的方式
梯形螺纹	内螺纹	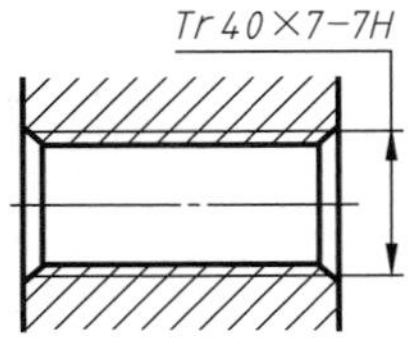 Tr40×7-7H	梯形内螺纹，公称直径为40mm，螺距为7mm，单线，右旋，中径公差带代号为7H，中等旋合长度
	外螺纹	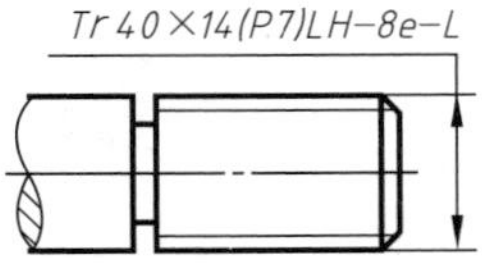 Tr40×14(P7)LH-8e-L	梯形外螺纹，公称直径为40mm，导程为14mm，螺距为7mm，双线，左旋，中径公差带代号为8e，长旋合长度
		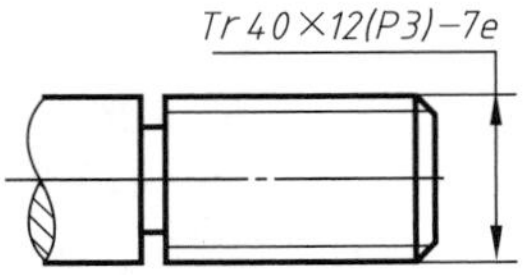 Tr40×12(P3)-7e	梯形外螺纹，公称直径为40mm，导程为12mm，螺距为3mm，线数为4，右旋，中径公差带代号为7e，中等旋合长度
	内、外螺纹旋合	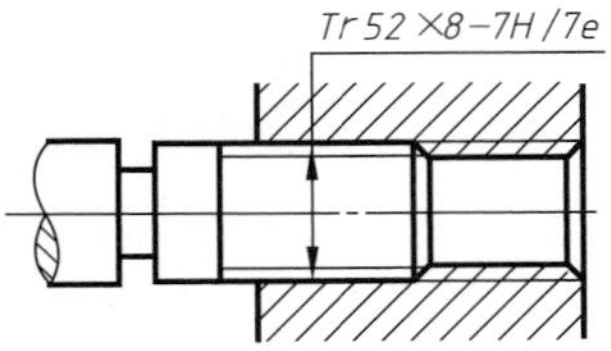 Tr52×8-7H/7e	梯形螺纹副，公称直径为52mm，螺距为8mm，单线，右旋，内螺纹中径公差带代号为7H，外螺纹中径公差带代号为7e，中等旋合长度
锯齿形螺纹	内螺纹	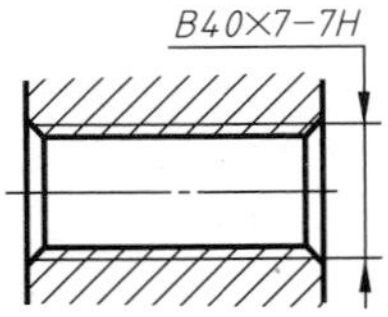 B40×7-7H	锯齿形内螺纹，公称直径为40mm，螺距为7mm，单线，右旋，中径公差带代号为7H，中等旋合长度
	外螺纹	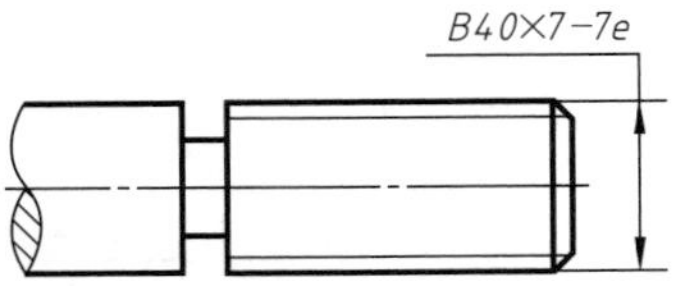 B40×7-7e	锯齿形外螺纹，公称直径为40mm，螺距为7mm，单线，右旋，中径公差带代号为7e，中等旋合长度
55°密封管螺纹	圆锥内螺纹	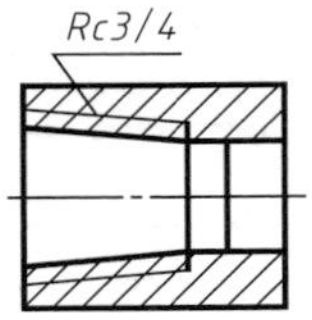 Rc3/4	圆锥内管螺纹，尺寸代号3/4，右旋
	圆柱内螺纹	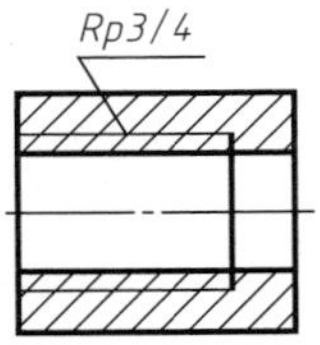 Rp3/4	圆柱内管螺纹，尺寸代号3/4，右旋

（续）

螺纹种类		标注图例	解读的方式
55°密封管螺纹	圆锥外螺纹	$R_1 3/4$	与圆柱内管螺纹相配合的圆锥外管螺纹，尺寸代号3/4。右旋。因投影为圆，故其标注从圆心引出
55°非密封管螺纹	内螺纹	G1/2	内管螺纹，尺寸代号1/2。右旋
	A级外螺纹	G1/2A	外管螺纹，尺寸代号1/2，中径的公差等级为A级。右旋
	B级外螺纹	G1/2B-LH	外管螺纹，尺寸代号1/2。中径的公差等级为B级。左旋
	内、外螺纹旋合	G1/2A-LH	管螺纹副，尺寸代号1/2。外螺纹中径的公差等级为A级。左旋

在图样中，普通螺纹的标记应标注在螺纹大径的尺寸线上或其指引线上，具体标注示例如图6-14所示。

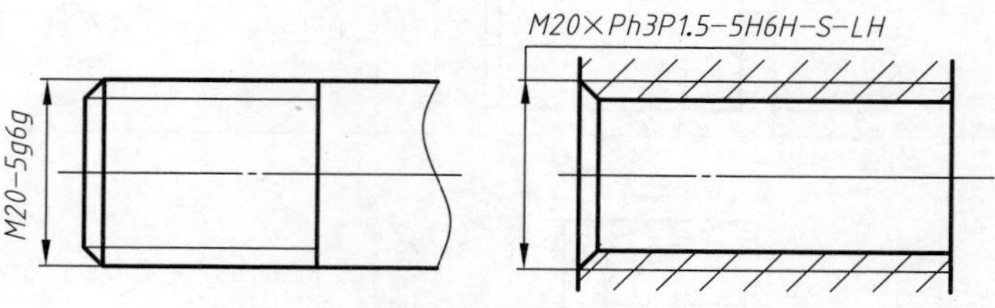

图6-14　普通螺纹在图样上的标注

梯形螺纹的牙型角为30°，其应用也非常广泛。梯形螺纹的完整标记也是由螺纹特征代号、尺寸代号、旋向代号、公差带代号、旋合长度代号组成。无论何种螺纹，旋向为左旋时均应注写左旋代号LH，标记中没有代号LH的螺纹，均应理解为右旋螺纹。但是，由于各种螺纹标准先后发布、不断修订，代号LH在标记中的注写位置至今尚未统一。现以多线左旋梯形螺纹为例，说明其标记中各部分代号的含义及标注规定（GB/T 5796.4—2005）：

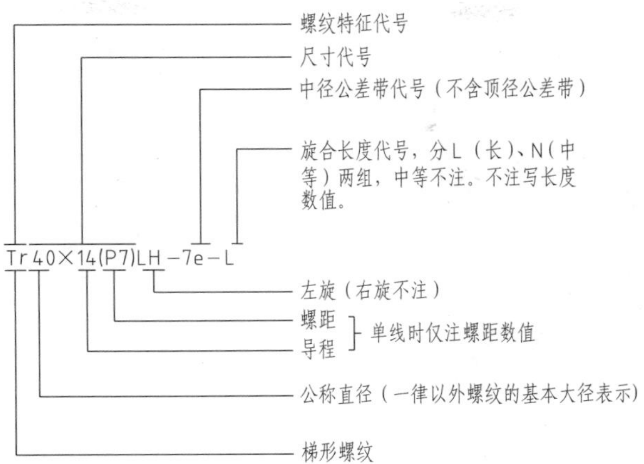

在图样中，梯形螺纹的标记应标注在螺纹大径的尺寸线上或其指引线上，具体标注示例如图 6-15 所示。

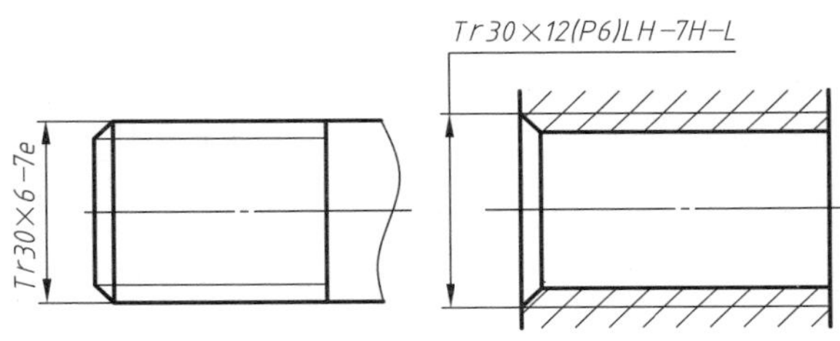

图 6-15 梯形螺纹在图样上的标注

管螺纹是位于管壁上、用于联接的螺纹，主要用来进行管道的联接，使其内、外螺纹配合紧密，其应用也相当广泛。常见的管螺纹主要包括以下几种：60°密封管螺纹（螺特征代号 NPT、NPSC）、55°非密封管螺纹和 55°密封管螺纹等。

管螺纹均来源于寸制螺纹，但是被采用为我国标准螺纹时已经米制化。在其标记中，紧随螺纹特征代号后的数字是定性（不是定量）地表征螺纹大小的尺寸代号。在向米制转化时，这些已经为人们熟悉的简单数字（如 3/4、1/2）被保留了下来。但是去掉了表示英寸符号（″）后，并没有将其数值单位换算成毫米，因此，这一数字是没有单位的，不得称为公称直径。

管螺纹的完整标记由螺纹特征代号、尺寸代号、公差等级代号和旋向代号组成。

在图样中，管螺纹的标记一律标注在引出线上，引出线应由大径处引出，如图 6-16a～图 6-16c 所示，或由对称中心处引出，如图 6-16d所示。

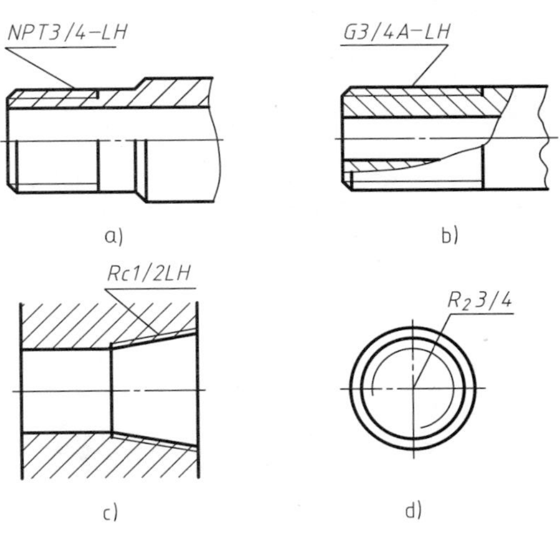

图 6-16 管螺纹在图样上的标注

螺纹配合代号又称为螺纹副标记。

螺纹副标记的图样标注与螺纹标记的图样标注方法相同，如图 6-17 所示。

在机械产品上，矩形螺纹的应用也比较广泛，但是它属于非标准螺纹。对于非标准螺纹，应画出螺纹的牙型，并注出所需要的尺寸及有关要求，如图 6-18 所示。

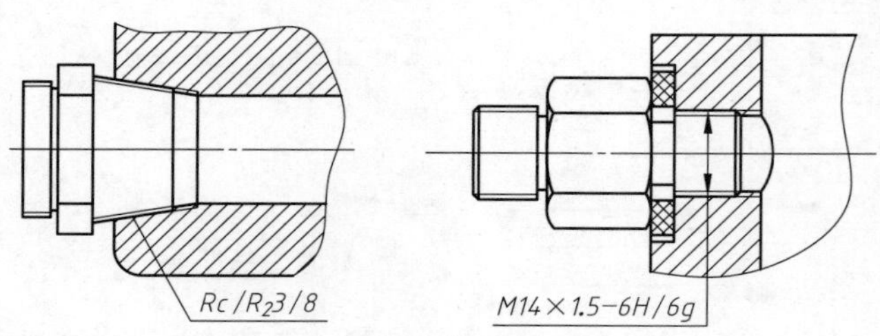

图 6-17　螺纹副的画法及标注

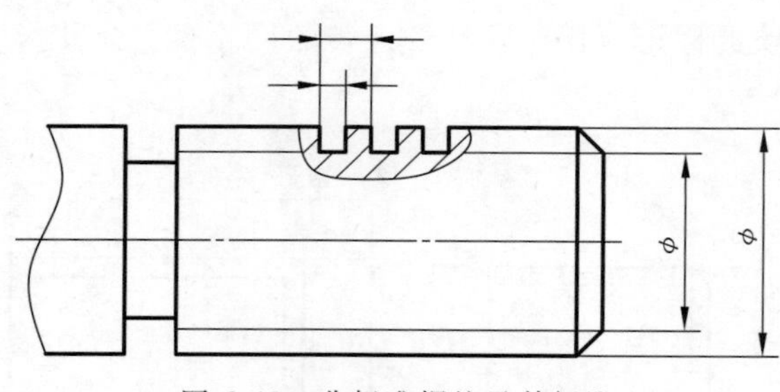

图 6-18　非标准螺纹及其标注

6.2　常用螺纹紧固件

在可拆卸联接中，螺纹紧固件联接是应用最广泛的联接方式。螺纹紧固件一般是标准件，其材料、结构和加工制造等方面的要求都已标准化，因此在机械设计时，不需要单独绘制其图样，而是根据设计需要按相应的国家标准进行查表选取。

1. 常用螺纹紧固件及其标记

螺纹紧固件的种类很多，常用的有六角头螺栓、双头螺柱、螺钉、螺母和垫圈等，如图 6-19 所示。

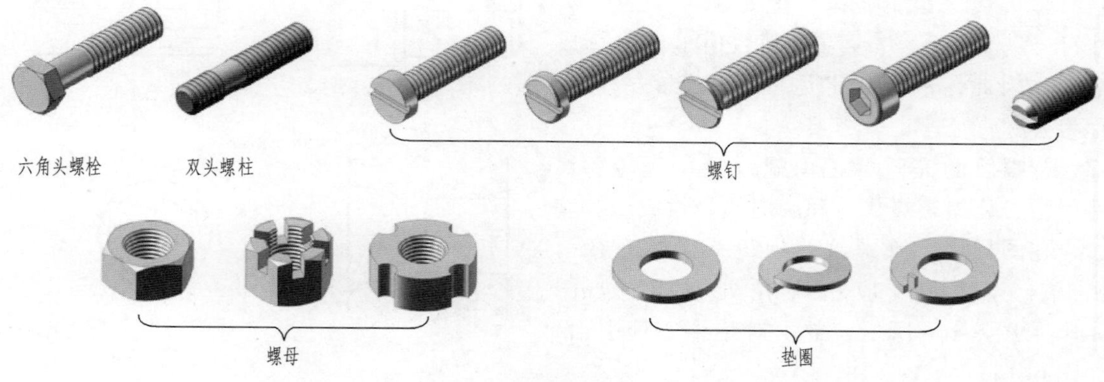

图 6-19　常用的螺纹紧固件

下面列出一些螺纹紧固件的标注示例。

螺纹规格 d = M12、公称长度 L = 80mm、性能等级为 8.8 级、表面氧化、产品等级为 A 级的六角头螺栓：螺栓　GB/T 5782　M12×80

螺纹规格 D = M12、性能等级为 8 级、不经表面氧化、产品等级为 A 级的 1 型六角螺母：螺母　GB/T 6170　M12

常用螺纹紧固件及其标注示例如表 6-2 所示。

表 6-2　常用螺纹紧固件及其标注示例

种　类	结构和规格尺寸	标注示例	说　明
六角头螺栓	d　l	螺栓　GB/T 5782　M6×30	螺纹规格为 M6，l = 30mm，性能等级为 8.8 级，表面氧化的 A 级六角头螺栓
双头螺柱	B型　d　b_m　l	螺柱　GB/T 897　M8×30	两端螺纹规格均为 M8，l = 30mm，性能等级为 4.8 级，不经表面处理的 B 型双头螺柱
开槽圆柱头螺钉	d　l	螺钉　GB/T 65　M5×40	螺纹规格为 M5，l = 45mm，性能等级为 4.8 级，不经表面处理的开槽圆柱头螺钉
开槽盘头螺钉	d　l	螺钉　GB/T 67　M5×45	螺纹规格为 M5，l = 45mm，性能等级为 4.8 级，不经表面处理的开槽盘头螺钉
开槽沉头螺钉	d　l	螺钉　GB/T 68　M5×45	螺纹规格为 M5，l = 45mm，性能等级为 4.8 级，不经表面处理的开槽沉头螺钉
开槽锥端紧定螺钉	d　l	螺钉　GB/T 71　M5×20	螺纹规格为 M5，l = 20mm，性能等级为 14H 级，表面氧化的开槽锥端紧定螺钉

2. 螺纹紧固件联接的画法

螺纹紧固件联接的基本方式有螺栓联接、双头螺柱联接和螺钉联接，如图 6-20 所示。实际使用中应根据零件被紧固处的厚度和使用要求选用不同的联接方式。

所有联接画法都应遵守以下规定：

1）两个零件的接触面只画一条线。若不直接接触，为表示其间隙应画两条线。

2）在剖视图中，两个零件的剖面线方向应该相反，或方向一致、间隔不等。同一个零件在各视图中的剖面线方向和间隔应保持一致。

画螺纹联接图时，各部分尺寸均与公称直径 d 建立了一定的比例关系，按这些比例关系绘图，称为比例画法。现分别介绍如下。

（1）螺栓联接的画法　当两个零件被紧固处的厚度较小时，通常采用螺栓联接，如图 6-20a 所示。螺栓穿入两个零件的光孔，再套上垫圈，然后用螺母拧紧。垫圈的作用是防止

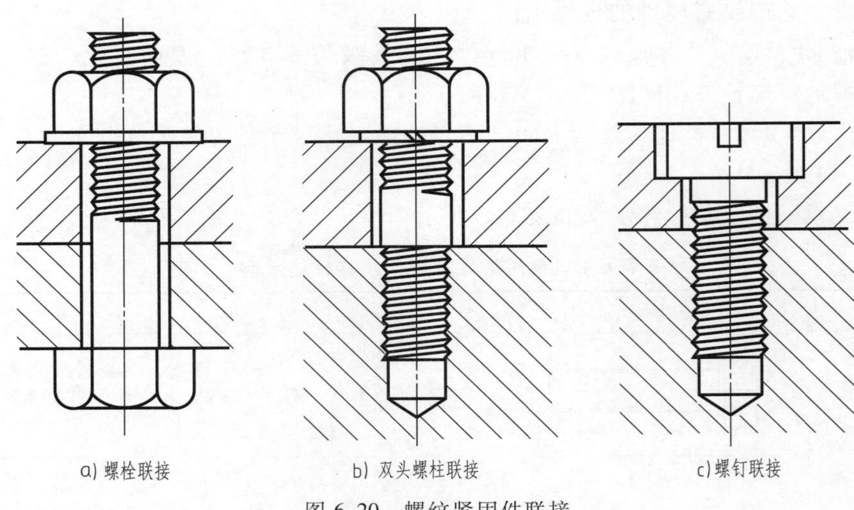

图 6-20　螺纹紧固件联接

损伤零件的表面，并能增加支承面积，使其受力均匀。

普通螺栓联接的比例画法如图 6-21 所示。画螺栓联接图时，应注意以下几点：

1）螺栓公称长度 L 应按下式估算

$$L=\delta_1+\delta_2+H+b+a$$

式中　δ_1，δ_2——被联接零件的厚度；

$a=(0.3\sim0.4)d$，d 为螺栓的公称直径；

$b=0.15d$；

$H=0.8d$。

用上式算出的 L 值应圆整，使其符合标准规定的长度系列。

2）图 6-21 中其他尺寸与 d 的比例关系为

$d_0=1.1d$

$R=1.5d$

$h=0.7d$

$d_1=0.85d$

$L_0=(1.5\sim2)d$

$D=2d$

$D_1=2.2d$

$R_1=d$

s，r 由作图得出。

3）在装配图中，当剖切平面通过螺杆的轴线时，对于螺柱、螺栓、螺钉、螺母及垫圈等均按未剖切绘制。

4）螺纹紧固件的工艺结构，如倒角、退刀槽等均可省略不画。

5）两个被联接零件的接触面只画一条线；两个零件相邻但不接触，仍画两条线。

6）为保证装配工艺合理，被联接件的光孔直径应比螺纹大径大些，一般按 1.1d 画。螺纹的有效长度应画得低于光孔顶面，以便于螺母调整、拧紧，使联接可靠。

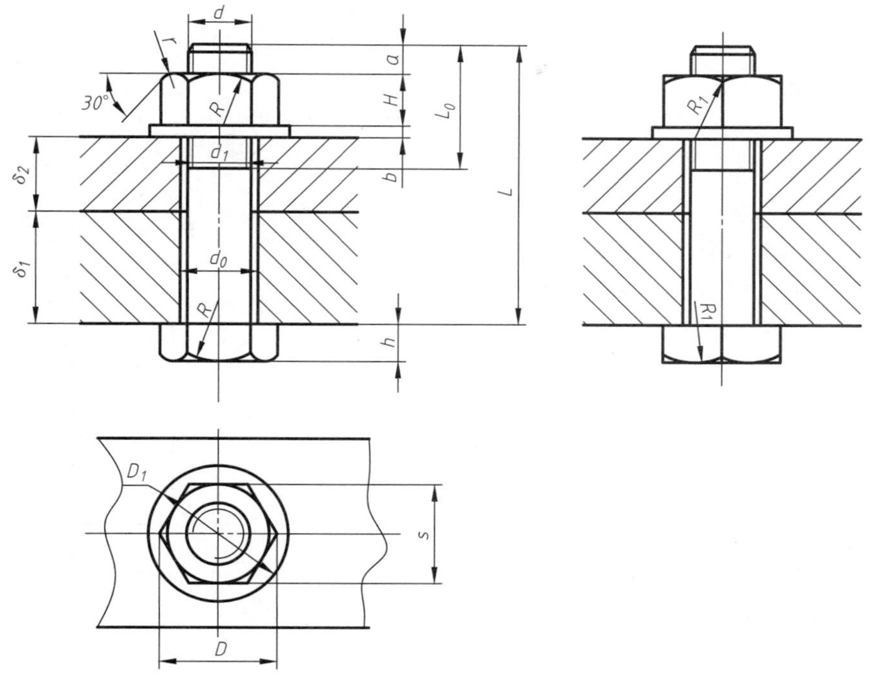

图 6-21 螺栓联接的比例画法

（2）双头螺柱联接的画法 当两个零件的被紧固处，一个较薄另一个较厚或不允许穿通时，通常采用双头螺柱联接，如图 6-20b 所示。双头螺柱联接的比例画法如图 6-22 所示。

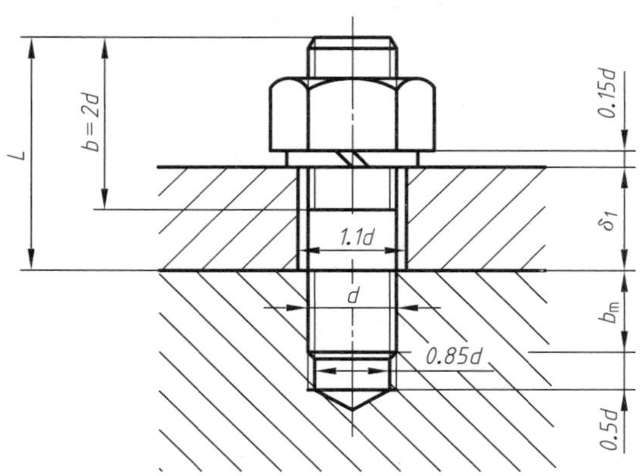

图 6-22 双头螺柱联接的比例画法

画双头螺柱装配图时应注意以下几点：

1）双头螺柱的公称长度 L 应按下式估算

$$L=\delta_1+0.15d+0.8d+(0.3\sim0.4)d$$

用上式算出的 L 值，应圆整成标准系列值。

2）双头螺柱的旋入端长度（b_m）与带螺纹孔的被联接件材料有关，选取时可参考下述条件

对于钢或青铜　　　　　　$b_m = d$

对于铸铁　　　　　　　　$b_m = (1.25 \sim 1.5)d$

对于铝合金或其他较软材料　$b_m = 2d$

旋入端的螺纹终止线应与结合面平齐，表示旋入端已足够地拧紧。

3）被联接件螺纹孔的螺纹深度应大于旋入端的螺纹长度 b_m，一般螺纹孔的螺纹深度按 $b_m+0.5d$ 画出。在装配图中，不穿通的螺纹孔可不画出钻孔深度，仅按有效螺纹部分的深度画出。

4）其余部分的画法与螺栓联接画法相同。

（3）螺钉联接的画法　螺钉联接不用螺母，而将螺钉直接拧入被联接件的螺纹孔里。螺钉联接适用于受力不大的零件间的联接。如图 6-23 所示，联接时，上面的零件钻通孔，其直径比螺钉大径略大，另一零件加工成螺纹孔，然后将螺钉拧入，用螺钉头压紧被联接件。螺钉的螺纹部分要有一定的长度，以保证联接的可靠性。

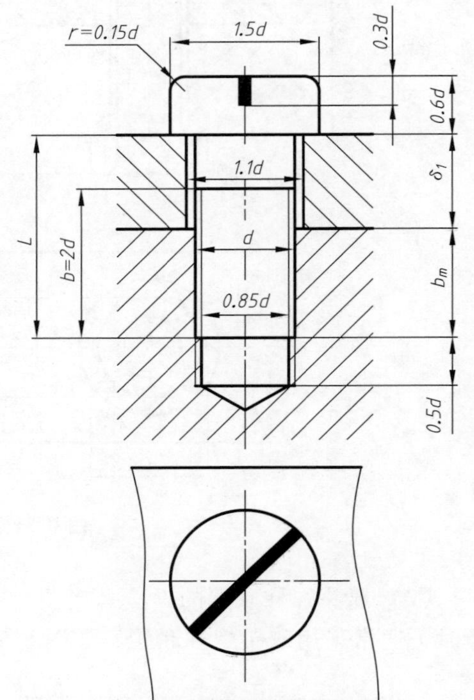

图 6-23　螺钉联接的比例画法

画图时应注意以下几点：

1）螺钉的公称长度 L 可按下式估算

$$L=\delta_1+b_m$$

式中，b_m 可根据被旋入零件的材料决定，然后将估算出的数值（L）圆整成标准系列值。

2）螺纹终止线应伸出两零件的结合面，表示螺钉有拧紧余地，以保证联接紧固。

3）在垂直于螺钉轴线的视图中，螺钉头部的一字槽要偏转 45°，并采用简化的单线画法。

紧定螺钉用来固定两个零件的相对位置，使其不产生相对运动。欲将如图 6-24 所示的轴和如图 6-25 所示的轴上零件固定在一起，可先在轮毂的适当位置加工出螺纹孔，然后将轮、轴装配在一起，以螺纹孔导向，在轴上钻出锥坑，最后拧入紧定螺钉，即可限定轮、轴的相对位置，使其不能产生轴向相对移动，如图 6-26 所示。

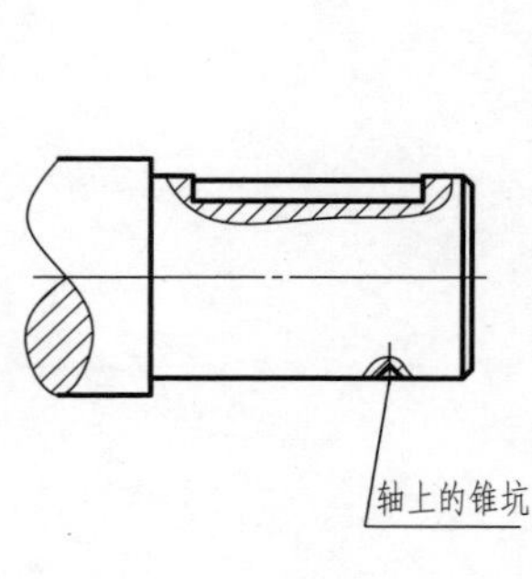

图 6-24　轴

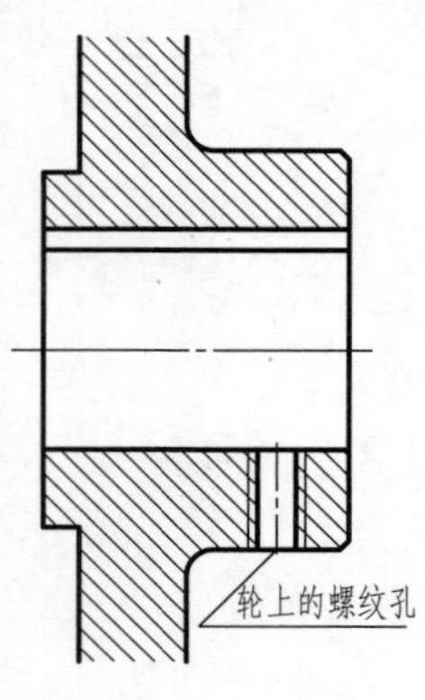

图 6-25　轴上零件

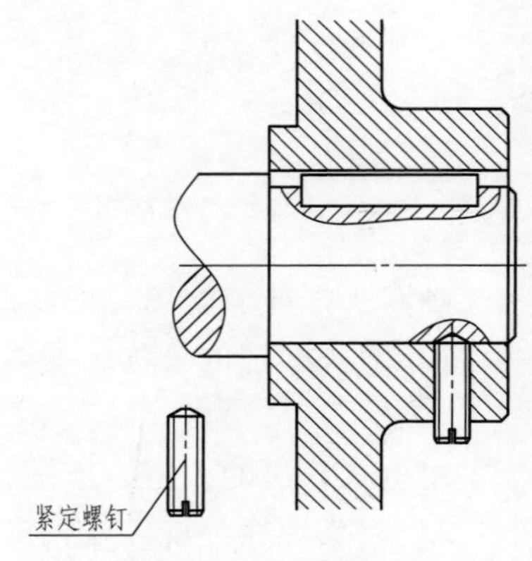

图 6-26　紧定螺钉联接

6.3 齿轮

齿轮是一种广泛应用于各种机械传动中的常用非标准件，用来传递动力和运动，并能改变运动的转速和转向。按照两个啮合齿轮的轴线在空间相对位置的不同，常见的齿轮传动可以分为三种形式：图 6-27 所示为圆柱齿轮传动，用于两平行轴之间的传动；图 6-28 所示为锥齿轮传动，用于两相交轴之间的传动；图 6-29 所示为蜗杆传动，用于两交叉轴之间的传动。

齿轮传动的另一种形式为齿轮齿条传动，如图 6-30 所示，它用于转动和移动之间的运动转换。

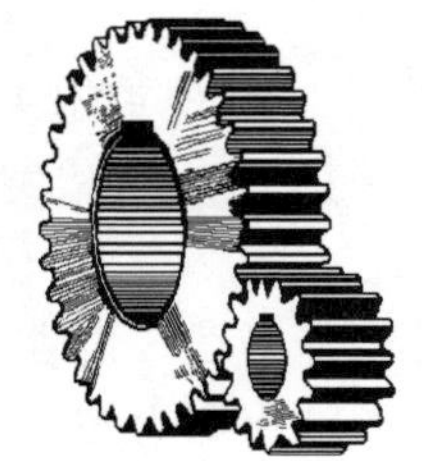

图 6-27 圆柱齿轮传动

【扫码观看立体图】

图 6-28 锥齿轮传动

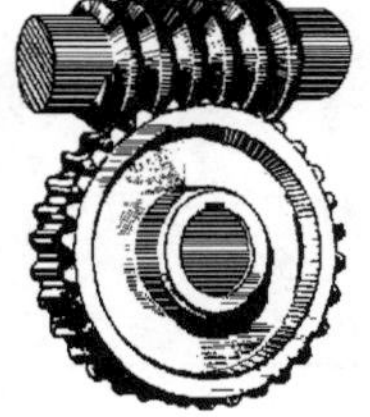

图 6-29 蜗杆传动

图 6-30 齿轮齿条传动

常见的齿轮轮齿有直齿、斜齿和人字齿，轮齿又有标准齿和非标准齿之分。具有标准齿的齿轮称为标准齿轮。本节仅介绍标准直齿圆柱齿轮的有关知识与规定画法。

1. 直齿圆柱齿轮各部分的名称及有关参数

直齿圆柱齿轮各部分的名称如图 6-31 所示。

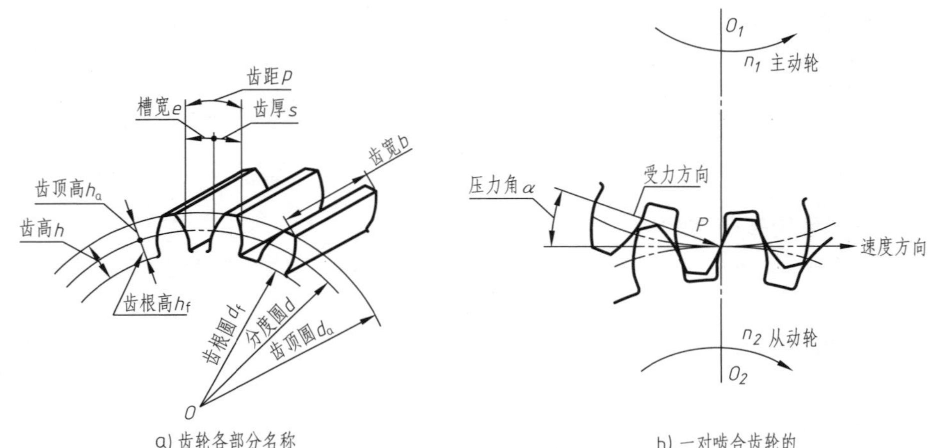

图 6-31 直齿圆柱齿轮各部分的名称

齿顶圆：过齿顶的圆柱面与端平面（垂直于齿轮轴线的平面）的交线，其直径用 d_a 表示。

齿根圆：过齿根的圆柱面与端平面的交线，其直径用 d_f 表示。

分度圆：与齿轮设计计算有关的一个假想圆，位于齿顶圆和齿根圆之间（不是中间），其直径用 d 表示。对于标准齿轮，在此圆上的齿厚 s 和槽宽 e 相等。

节圆：两齿轮啮合时，位于连心线 O_1O_2 上的两齿廓接触点 P，称为节点。分别以 O_1、O_2 为圆心，O_1P、O_2P 为半径，所作的两个相切的圆称为节圆，其直径用 d' 表示。正确安装的标准齿轮 $d'=d$，一般情况下节圆与分度圆是重合的。

齿高：齿顶圆和齿根圆之间的径向距离，用 h 表示。齿顶高是指齿顶圆与分度圆之间的径向距离，用 h_a 表示；齿根高是指齿根圆与分度圆之间的径向距离，用 h_f 表示。

齿距：分度圆上相邻两齿廓对应点之间的弧长称为齿距，即齿轮上两个相邻而同侧的端面齿廓之间的分度圆弧长，用 p 表示。对于标准齿轮，分度圆上的齿厚 s（弧长）与槽宽 e（弧长）相等，即 $p=s+e=2s=2e$。

压力角 α：如图 6-31b 所示，轮齿在分度圆上啮合点 P 的受力方向（即渐开线齿廓曲线的法线方向）与该点的瞬时速度方向（分度圆的切线方向）所夹的锐角 α 称为压力角。我国规定，一般机械中的压力角 $\alpha=20°$。

齿数：即轮齿的个数，用 z 表示，是齿轮计算的主要参数之一。

模数：由于分度圆周长 $l=pz=\pi d$，所以 $d=\frac{p}{\pi}z$，令 $\frac{p}{\pi}=m$，则 $d=mz$。称式中的 m 为齿轮的模数，其单位为毫米。为了便于齿轮的设计和制造，模数的数值已经标准化，如表 6-3 所示。

表 6-3　圆柱齿轮的模数（GB/T 1357—2008）　　（单位：mm）

第一系列	1	1.25	1.5	2	2.5	3	4	5	6	8	10
	12	16	20	25	32	40	50	—	—	—	—
第二系列	1.125	1.375	1.75	2.25	2.75	3.5	4.5	5.5	(6.5)	7	9
	11	14	18	22	28	35	45	—	—	—	—

模数是设计、制造齿轮的重要参数。由于模数与齿距成正比，而齿距决定了轮齿的大小，所以模数的大小反映了轮齿的大小。模数大，轮齿就大，在其他条件相同的情况下，齿轮的承载能力也就大；反之承载能力就小。另外，能配对啮合的两个齿轮，其模数必须相等。加工齿轮也必须选用与其模数相同的刀具，因而模数又是选择刀具的依据。

中心距：两个圆柱齿轮轴线之间的最短距离称为中心距。装配准确的标准齿轮，其中心距为

$$a=\frac{d_1}{2}+\frac{d_2}{2}=\frac{1}{2}m(z_1+z_2)$$

2. 直齿圆柱齿轮各基本尺寸的计算

齿轮轮齿各部分的尺寸都是根据模数来确定的。标准直齿圆柱齿轮各基本尺寸的计算公式如表 6-4 所示。

3. 直齿圆柱齿轮的画法

如图 6-32 所示，齿轮的轮齿部分需要按 GB/T 4459.2—2003 的规定进行绘制。

1）齿顶圆和齿顶线用粗实线绘制。

2）分度圆和分度线用细点画线绘制（分度线应超出轮齿两端面 2~3mm）。

表 6-4 标准直齿圆柱齿轮各基本尺寸的计算公式 （单位：mm）

名称	代号	计算公式	举例（已知 $m=2.5, z=20$）
齿顶高	h_a	$h_a=m$	$h_a=2.5$
齿根高	h_f	$h_f=1.25m$	$h_f=3.125$
齿高	h	$h=h_a+h_f=2.25m$	$h=5.625$
分度圆直径	d	$d=mz$	$d=50$
齿顶圆直径	d_a	$d_a=(z+2)m$	$d_a=55$
齿根圆直径	d_f	$d_f=(z-2.5)m$	$d_f=43.75$
齿距	p	$p=\pi m$	$p=7.854$
中心距	a	$a=m(z_1+z_2)/2$	—

3）齿根圆和齿根线用细实线绘制，也可省略不画。在剖视图中，齿根线用粗实线绘制，这时不可省略。

4）在剖视图中，当剖切平面通过齿轮轴线时，规定轮齿一律按不剖处理。

必要时齿轮的表达可用两个视图，如图 6-33a 所示。更多情况下，则习惯用一个视图与一个局部视图来表达，如图 6-33b 所示。

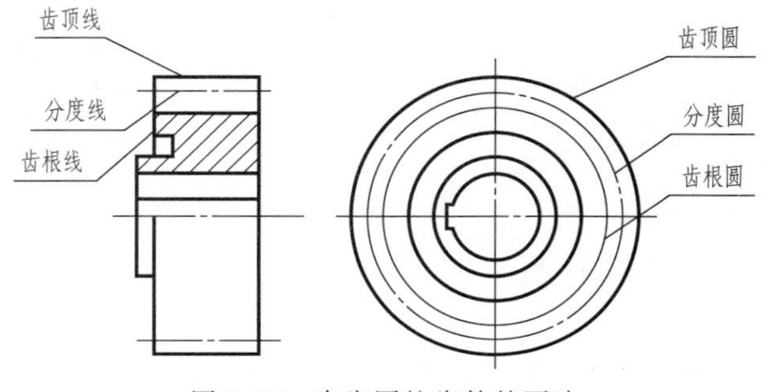

图 6-32 直齿圆柱齿轮的画法

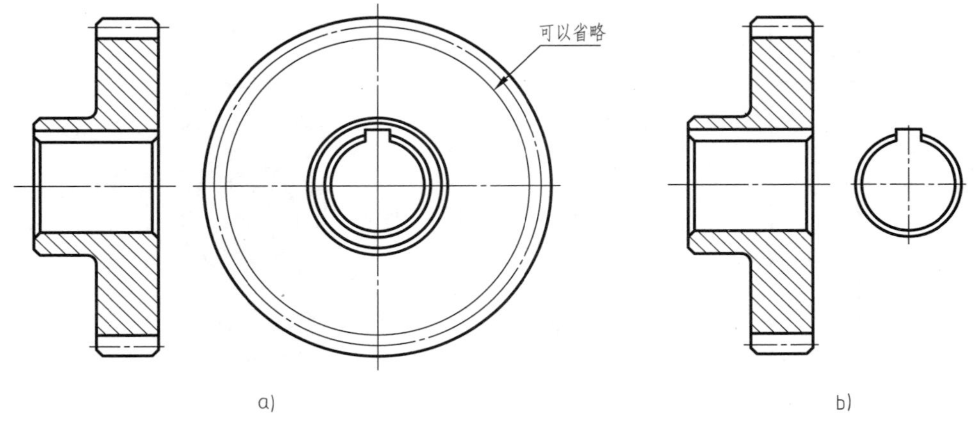

图 6-33 直齿圆柱齿轮的视图选择

4. 直齿圆柱齿轮啮合的规定画法

两齿轮啮合时，除啮合区外，其余部分均按单个齿轮的画法绘制。啮合区按如下规定绘制：

1）在平行于齿轮轴线的投影面的视图（非圆视图）中，当采用剖视且剖切平面通过两齿轮的轴线时，一般在啮合区将主动齿轮的轮齿用粗实线绘制，从动齿轮的轮齿被遮挡的部分用虚线绘制，或省略，如图 6-34 所示。

当不采用剖视图而用外形视图表示时，齿轮非圆视图的啮合区的齿顶线不需画出，节线用粗实线绘制；非啮合区的节线仍用细点画线绘制，齿根线不画，如图 6-35a 所示。

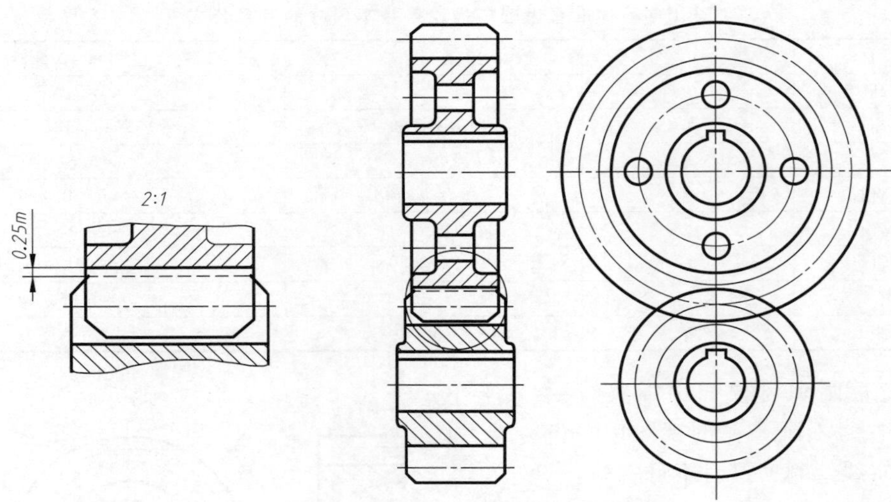

图 6-34　直齿圆柱齿轮啮合的画法（一）

2）在垂直于齿轮轴线的投影面的视图（反映为圆的视图）中，两分度圆应该相切，齿顶圆均按粗实线绘制，如图 6-35b 所示。为了使图形清晰明了，在啮合区的齿顶圆也可不画，如图 6-35a 所示。无论哪种画法，齿根圆全部不画。

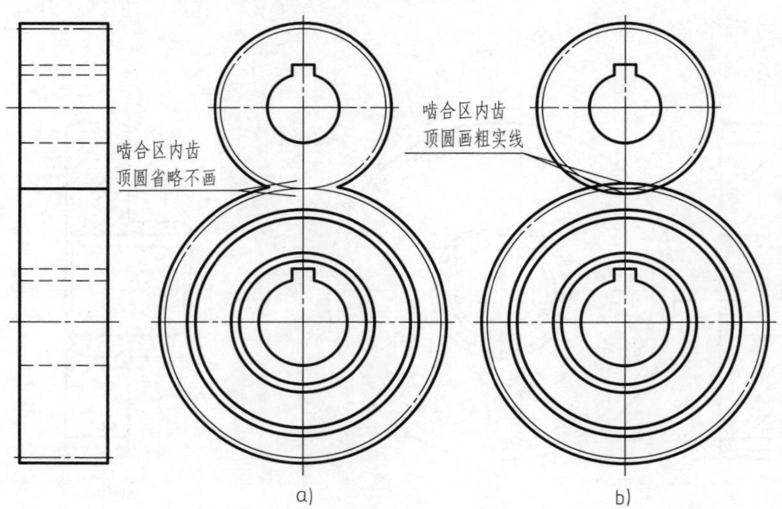

图 6-35　直齿圆柱齿轮啮合的画法（二）

6.4　键和销

在机械设备中，键和销都是被广泛应用的标准件。

6.4.1　键联接

键是用来联接轴和装在轴上的传动零件（如齿轮、带轮和联轴器等），起传递转矩作用的标准件。键可分为普通平键、半圆键、钩头楔键和花键等，常用的为普通平键和半圆键。

键联接属于可拆卸联接。图 6-36 所示为普通平键联接的实际应用三维图。在被联接的轴上和轮毂孔中制出键槽，先将键嵌入轴上的键槽内，再对准轮毂孔中的键槽（该键槽是穿通的），将它们装配在一起，便可达到联接的目的。

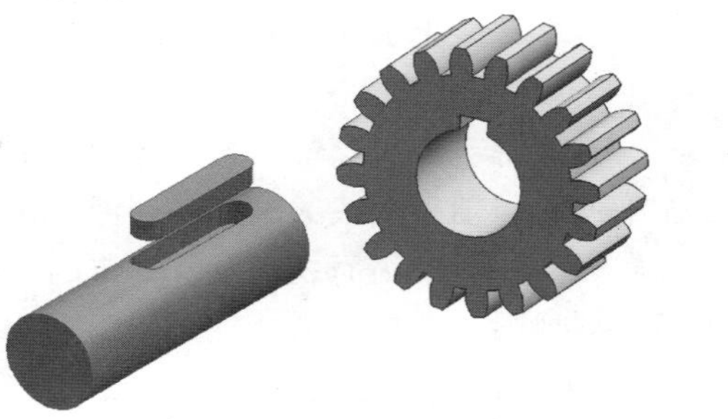

图 6-36　普通平键联接

1. 常用键及其标注

键已标准化，其结构形式、尺寸和标注都有相应的规定，如表 6-5 所示。

表 6-5　键的结构形式及其标注

名　　称	普通平键（GB/T 1096—2003）			半圆键（GB/T 1099.1—2003）
	A 型	B 型	C 型	
结构及规格尺寸	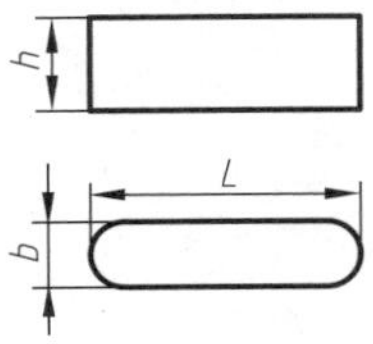 	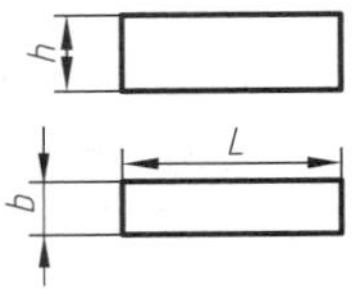 	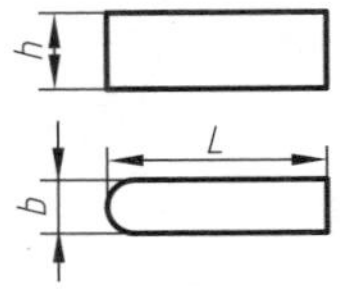 	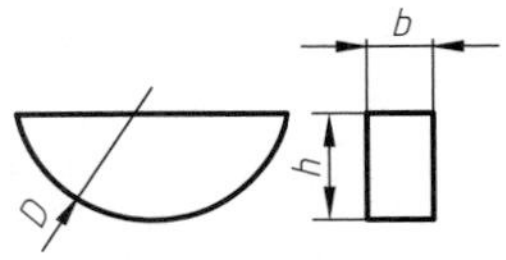
标注示例	GB/T 1096 键 10×8×25	GB/T 1096 键 B 10×8×25	GB/T 1096 键 C 10×8×25	GB/T 1099.1 键 6×10×25
说明	圆头普通平键 $b=10$mm $h=8$mm $L=25$mm 标记中省略“A”	平头普通平键 $b=10$mm $h=8$mm $L=25$mm	单圆头普通平键 $b=10$mm $h=8$mm $L=25$mm	半圆键 $b=6$mm $h=10$mm $D=25$mm

2. 键槽的画法和尺寸标注

键槽的形式和尺寸也有相应的标准。键槽的深度、宽度和键的宽度、高度尺寸可根据被联接轴的轴径在标准中查得。轴上的键槽的长度和键长，应根据轮毂宽度，在键的长度标准系列中选用（键长不超过轮毂宽）。具体尺寸系列见 GB/T 1095—2003、GB/T 1096—2003、GB/T 1098—2003 和 GB/T 1099.1—2003 等标准。

图 6-37 所示为键槽的加工方法和尺寸标注方式。图中 t_1 为轴上的键槽深度。轴上的键

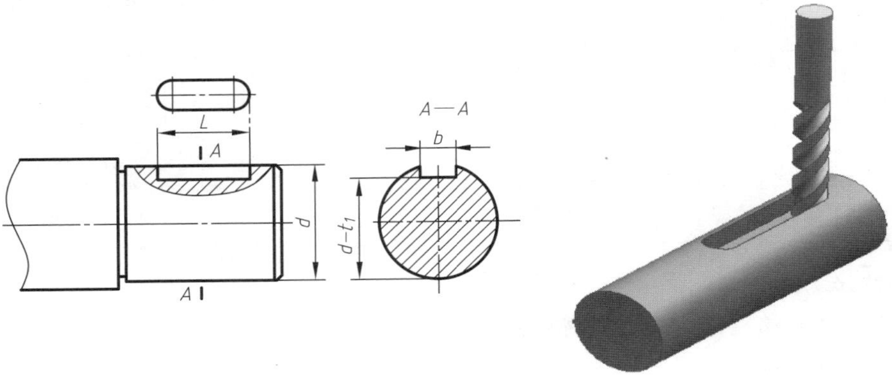

图 6-37　键槽的加工方法和尺寸标注方式

槽一般在铣床上加工，轮毂上的键槽一般在插床或拉床上加工。

3. 键联接的画法

普通平键和半圆键联接的作用原理基本相同。联接时，普通平键和半圆键的两侧面是工作平面，与轴、轮毂的键槽两侧面相接触，分别只画一条线；键的上、下底面为非工作面，上底面与轮毂槽顶面之间留有一定的间隙，画两条线。在反映键长方向的剖视图中，轴采用局部剖视图，键按不剖处理，如图 6-38 所示。

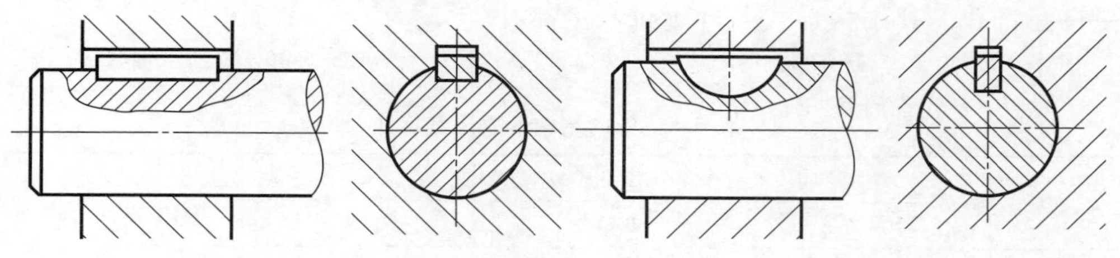

a) 普通平键联接的画法　　b) 半圆键联接的画法

图 6-38　键联接的装配画法

6.4.2　销联接

1. 常用销及其标注

销联接也属于可拆卸联接。常用的销有圆柱销、圆锥销和开口销等。圆柱销和圆锥销用作零件间的联接或定位，开口销用来防止联接螺母松动。

销为标准件，其结构形式、尺寸和标注也都有相应的规定，如表 6-6 所示。

表 6-6　销的结构形式及其标注

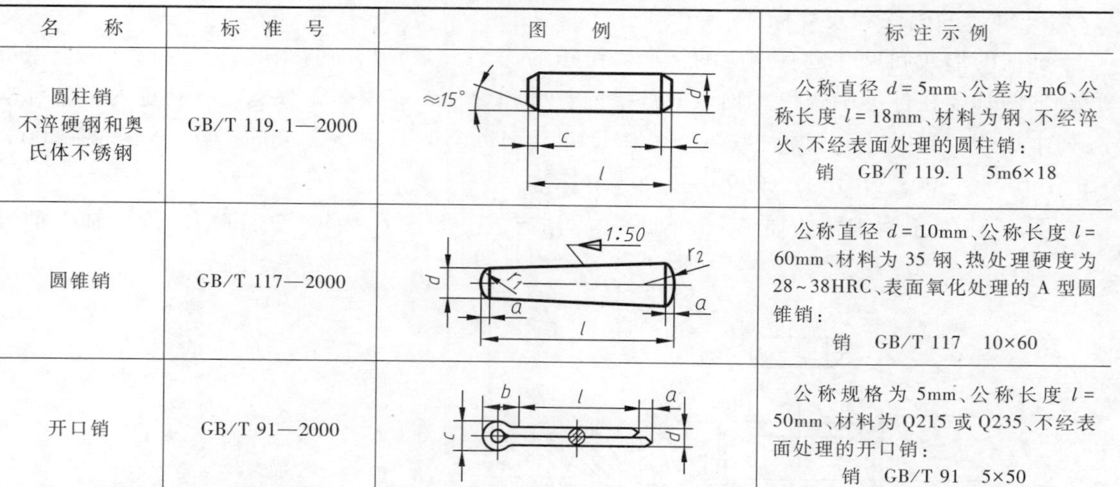

名　称	标准号	图　例	标注示例
圆柱销 不淬硬钢和奥氏体不锈钢	GB/T 119.1—2000		公称直径 $d=5$mm、公差为 m6、公称长度 $l=18$mm、材料为钢、不经淬火、不经表面处理的圆柱销： 销　GB/T 119.1　5m6×18
圆锥销	GB/T 117—2000		公称直径 $d=10$mm、公称长度 $l=60$mm、材料为 35 钢、热处理硬度为 28~38HRC、表面氧化处理的 A 型圆锥销： 销　GB/T 117　10×60
开口销	GB/T 91—2000		公称规格为 5mm、公称长度 $l=50$mm、材料为 Q215 或 Q235、不经表面处理的开口销： 销　GB/T 91　5×50

2. 销联接的画法

圆柱销和圆锥销联接的画法如图 6-39 所示。

圆柱销或圆锥销的装配要求较高，销孔一般要在被联接零件装配后同时加工，这一要求需在相应的零件图上注明。锥销孔的公称直径是指小端直径，标注时应采用旁注法，如图

6-40 所示。锥销孔加工时先按公称直径钻孔，再选用定值铰刀扩铰成锥孔。

开口销在机械设备中的应用也比较广泛。图 6-41 所示为带销孔的螺杆和槽形螺母用开口销锁紧防松的联接图。

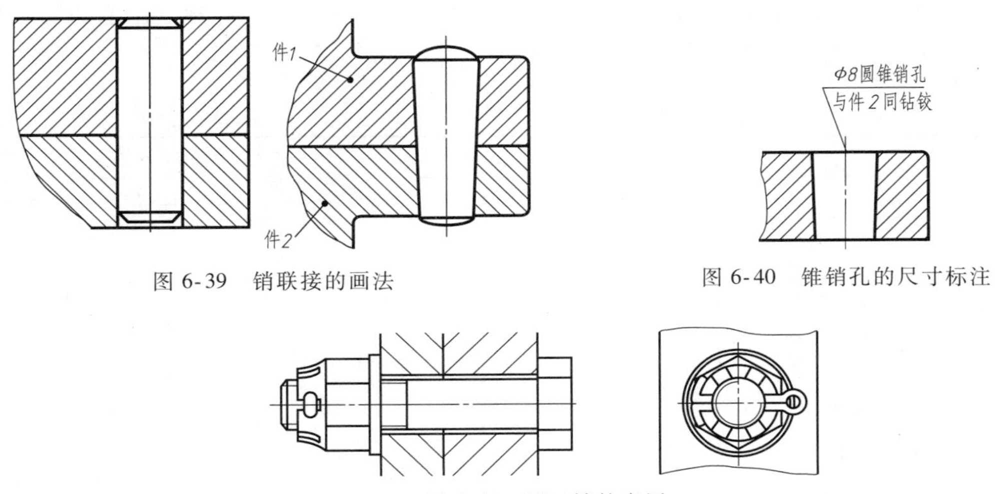

图 6-39　销联接的画法

图 6-40　锥销孔的尺寸标注

图 6-41　开口销的应用

6.5　滚动轴承

轴承是用来支承旋转轴的标准件，一般分为滑动轴承和滚动轴承两类。由于滚动轴承工作中以滚动摩擦代替滑动摩擦，从而大大降低了功率的损耗，具有很高的机械传动效率，因此被广泛应用于支承旋转轴的场合。滚动轴承属于标准件，在工程设计中无需单独画出图样，只需在装配图中画出简化画法或规定画法图，然后标注其标准代号即可。

1. 滚动轴承的分类和结构

（1）滚动轴承的分类　滚动轴承种类繁多，按可承受载荷的方向，一般可分成三类：向心轴承主要承受径向力，如图 6-42a 所示；推力轴承只承受轴向力，如图 6-42b 所示；角接触轴承既可承受径向力，又可承受轴向力，如图 6-42c 所示。

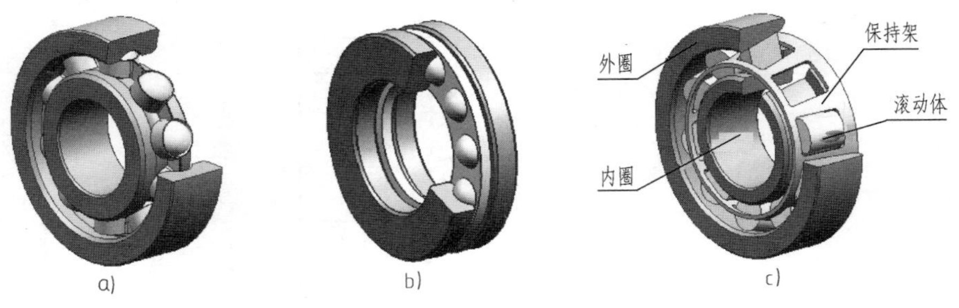

图 6-42　滚动轴承

（2）滚动轴承的结构　如图 6-42 所示，滚动轴承一般由外圈、内圈、滚动体和保持架四部分组成。内圈套在轴上，随轴一起转动。外圈装在机座孔中，一般固定不动或偶做少许转动。滚动体装在内、外圈之间的滚道中，可做成滚球或滚子（圆柱、圆锥等）形状。保持架用以均匀隔开滚动体，又称为隔离圈，使滚动体之间不会相互碰撞。

2. 滚动轴承的画法

滚动轴承由专门工厂生产，需要时可根据轴承的型号选购，因此通常不需要画出其部件图。在装配图中，GB/T 4459.7—2017 规定了滚动轴承的两类表示法，即规定画法和简化画法（包括通用画法和特征画法），如表 6-7 所示。

表 6-7　常用滚动轴承的画法

种类	深沟球轴承	圆锥滚子轴承	推力球轴承
已知条件	*D*、*d*、*B*	*D*、*d*、*B*、*T*、*C*	*D*、*d*、*T*
规定画法	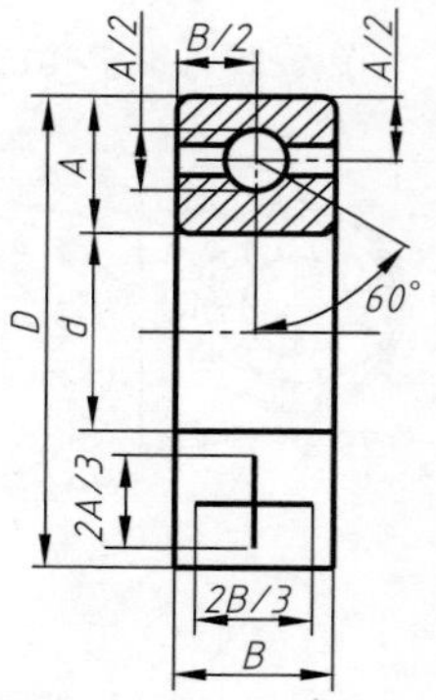	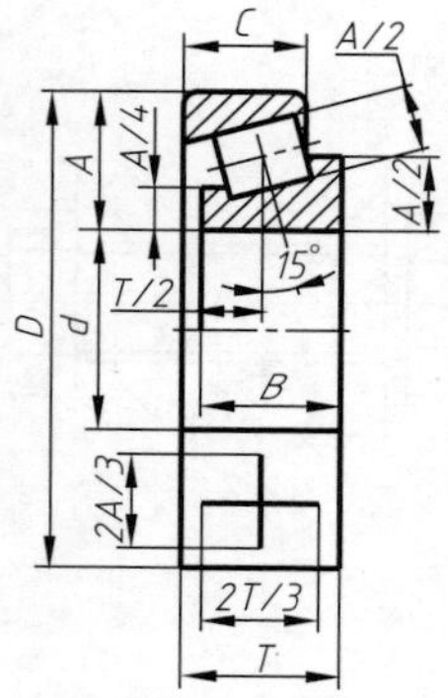	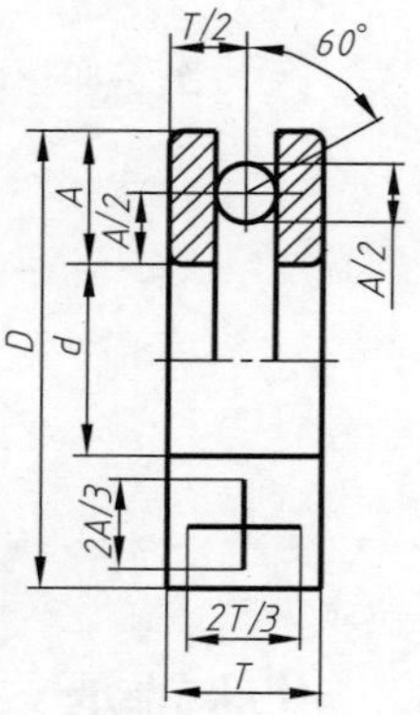
特征画法	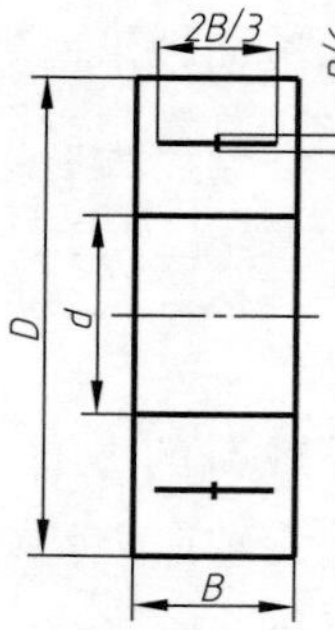	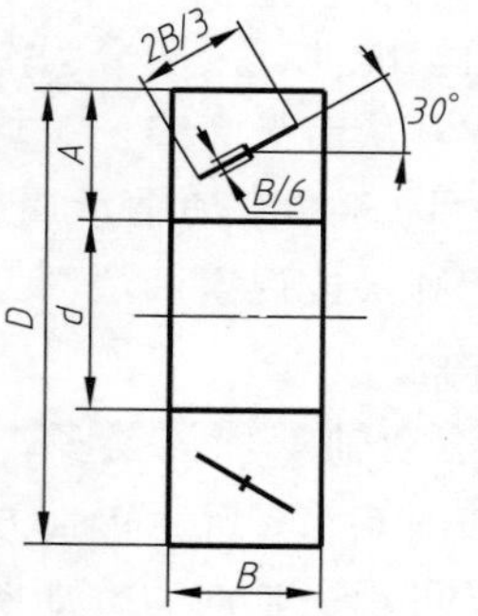	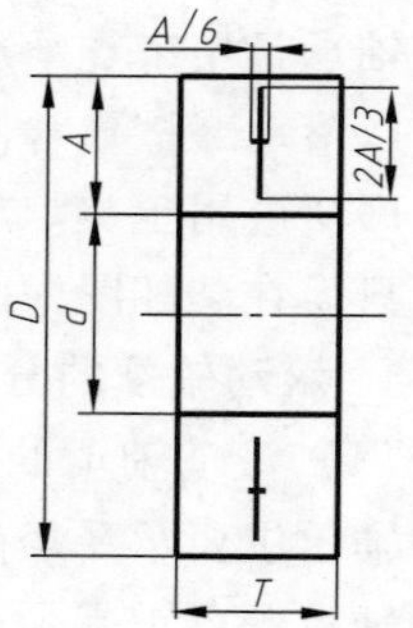
通用画法	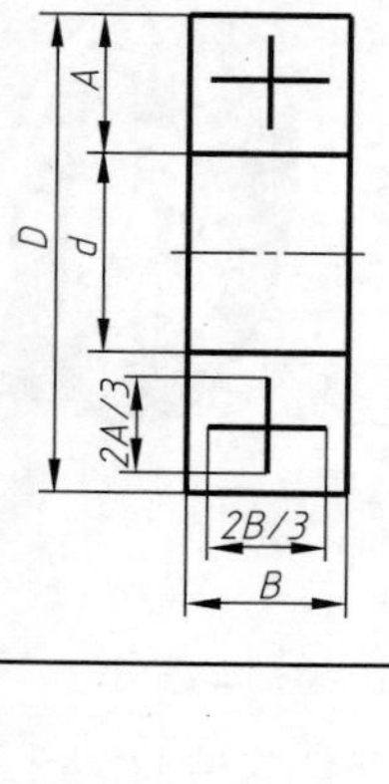		

滚动轴承的作图原则如下：

1）用简化画法、规定画法表示滚动轴承时，各种符号、矩形线框和轮廓线均用粗实线绘制。用简化画法绘制滚动轴承时，可采用通用画法或特征画法，但是在同一图样中一般只采用其中的一种画法。

2）表示滚动轴承的矩形或外轮廓的大小应与其外形尺寸一致，并与所属图样采用同一比例。为便于计算机绘图，GB/T 4459. 7—2017 对通用画法、特征画法和规定画法的尺寸比例给出了量化的具体规定。

3）在剖视图中，采用简化画法绘制滚动轴承时，一律不画剖面符号；采用规定画法时，其滚动体不画剖面线，内、外各套圈的剖面区域内可画成方向和间隔相同的剖面线，在不致引起误解时，也允许省略不画。

4）当装配图中需要较详细地表达滚动轴承的主要结构时，可采用规定画法。规定画法一般只绘制在轴的一侧，另一侧按通用画法绘制。如果只需要简单地表达滚动轴承的主要结构或装配方向，可采用特征画法，特征画法应绘制在轴的两侧。

5）GB/T 4459. 7—2017 在滚动轴承特征画法中规定，垂直于轴承轴线的投影面的视图，无论滚动体的形状（如球、柱和针等）及尺寸如何，均可按图 6-43 进行绘制。

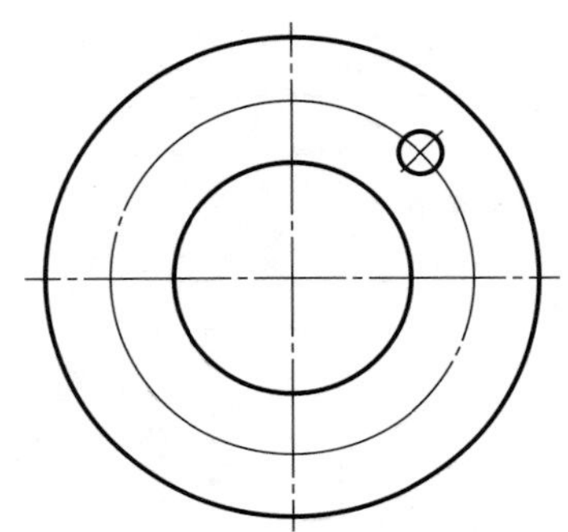

图 6-43　垂直于轴承轴线的投影面的视图

3. 滚动轴承的标注

滚动轴承代号是用字母加数字来表示滚动轴承特性的符号。滚动轴承代号由基本代号、前置代号和后置代号构成。

基本代号是轴承代号的主要组成部分，一般情况下，常用的轴承代号可只用基本代号表示。基本代号可表示轴承的类型、结构和尺寸，是滚动轴承代号的基础。滚动轴承（除滚针轴承外）的基本代号由轴承类型代号、尺寸系列代号和内径代号构成。

轴承类型代号用阿拉伯数字或大写拉丁字母表示；尺寸系列代号和内径代号用数字表示。例如：

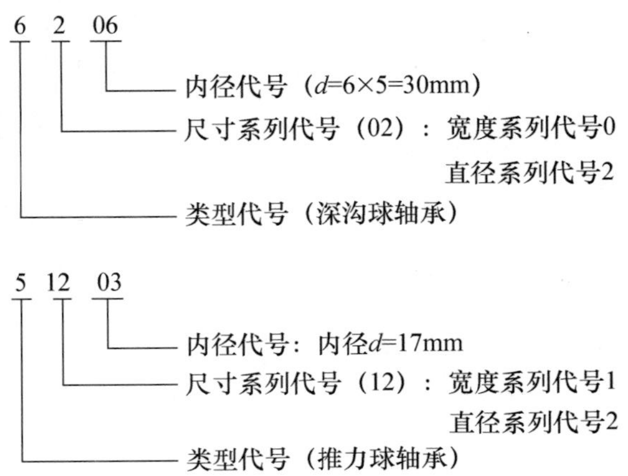

（1）类型代号　类型代号用数字或字母表示，如表 6-8 所示。

（2）尺寸系列代号　尺寸系列代号由滚动轴承的宽（高）度系列代号和直径系列代号组合而成。向心轴承、推力轴承的尺寸系列代号如表 6-9 所示。

（3）内径代号　内径代号表示轴承的公称内径，如表 6-10 所示。

表 6-8 滚动轴承类型代号（GB/T 271—2017）

代　号	轴承类型	代　号	轴承类型
0	双列角接触球轴承	N	圆柱滚子轴承
1	调心球轴承	NN	双列或多列圆柱滚子轴承
2	调心滚子轴承和推力调心滚子轴承	UK	外球面球轴承
3	圆锥滚子轴承	QJ	四点接触球轴承
4	双列深沟球轴承		
5	推力球轴承		
6	深沟球轴承		
7	角接触球轴承		
8	推力圆柱滚子轴承		

注：在表中代号后或前加数字或字母表示该类轴承中的不同结构。

表 6-9 向心轴承、推力轴承的尺寸系列代号

直径系列代号	向心轴承								推力轴承			
	宽度系列代号								高度系列代号			
	8	0	1	2	3	4	5	6	7	9	1	2
	尺寸系列代号											
7	—	—	17	—	37	—	—	—	—	—	—	—
8	—	08	18	28	38	48	58	68	—	—	—	—
9	—	09	19	29	39	49	59	69	—	—	—	—
0	—	00	10	20	30	40	50	60	70	90	10	—
1	—	01	11	21	31	41	51	61	71	91	11	—
2	82	02	12	22	32	42	52	62	72	92	12	22
3	83	03	13	23	33	—	—	—	73	93	13	23
4	—	04	—	24	—	—	—	—	74	94	14	24
5	—	—	—	—	—	—	—	—	—	95	—	—

表 6-10 滚动轴承内径代号及其示例

轴承公称内径/mm		内径代号	示　例
0.6 到 10（非整数）		用公称内径毫米数直接表示，在其与尺寸系列代号之间用“/”分开	深沟球轴承 618/2.5 $d=2.5$mm
1 到 9（整数）		用公称内径毫米数直接表示，对深沟及角接触球轴承 7、8、9 直径系列，内径与尺寸系列代号之间用“/”分开	深沟球轴承 625　618/6 $d=6$mm
10 到 17	10、12 15、17	00、01、02、03	深沟球轴承 6202 $d=15$mm
20 到 480 （22、28、32 除外）		公称内径除以 5 的商，商为个位数时，需在商数左边加“0”，如 08	调心滚子轴承 23209 $d=45$mm
大于等于 500 以及 22、28、32		用公称内径毫米数直接表示，在其与尺寸系列之间用“/”分开	深沟球轴承 62/28 $d=28$mm

例如，调心滚子轴承 23224：2——类型代号；32——尺寸系列代号；24——内径代号（$d=120$mm）。

6.6 弹簧

弹簧是机械设备中应用非常广泛的零件，主要用于减振、测力、储能和调节等场合。弹簧的种类很多，常见的有圆柱螺旋弹簧、平面涡卷弹簧和板弹簧等，如图 6-44 所示。圆柱螺旋弹簧可分为压缩弹簧、拉伸弹簧和扭转弹簧。本节仅介绍圆柱螺旋压缩弹簧的有关名称

和规定画法。

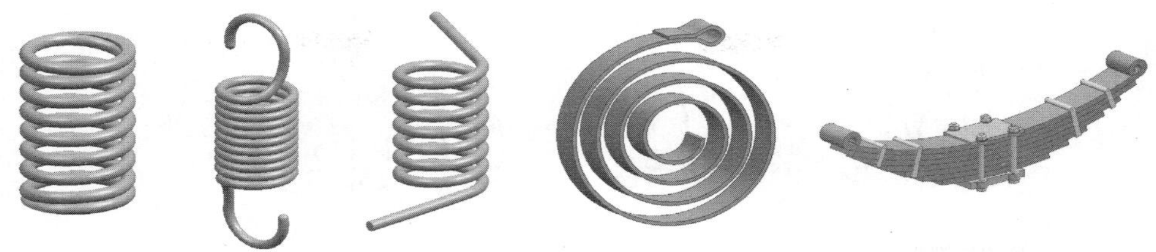

图 6-44　常见的弹簧

1. 圆柱螺旋压缩弹簧的有关参数

圆柱螺旋压缩弹簧各部分的符号如图 6-45 所示。

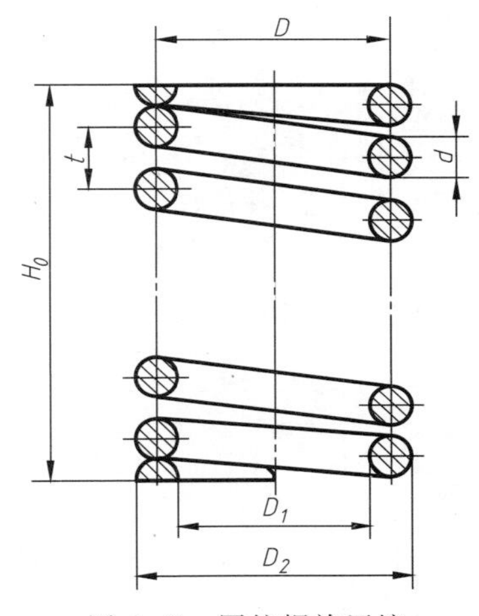

图 6-45　圆柱螺旋压缩弹簧各部分的符号

(1) 材料直径 d　制造弹簧的钢丝直径。

(2) 弹簧直径　分为弹簧外径、弹簧内径和弹簧中径。弹簧外径 D_2 即弹簧的最大直径。弹簧内径 D_1 即弹簧的最小直径，$D_1=D_2-2d$。弹簧中径 D 即弹簧的平均直径，$D=(D_2+D_1)/2=D_1+d=D_2-d$。

(3) 圈数　包括支承圈数 n_2、有效圈数 n、总圈数 n_1。为了使压缩弹簧工作平稳、受力均匀，制造时将弹簧两端并紧磨平，每端并紧磨平的圈数一般为 0.75～1.25 圈，这些圈不参加工作，仅起支承作用。两端支承部分的圈数之和称为支承圈数 n_2，一般为 1.5、2、2.5 圈，常用的是 2.5 圈。其余保持相等节距的圈数，称为有效圈数 n。支承圈数和有效圈数之和称为总圈数 n_1，即 $n_1=n+n_2$。

(4) 节距 t　除支承圈外相邻两圈对应点间的轴向距离。

(5) 自由高度 H_0　弹簧在未受负荷时的轴向尺寸，即

$$H_0=nt+(n_2-0.5)d$$

(6) 展开长度 L　弹簧展开后的钢丝长度。按螺旋线展开可得

$$L\approx n_1\sqrt{(\pi D)^2+t^2}$$

(7) 旋向　弹簧的旋向与螺纹的旋向一样，也分为右旋和左旋。

国家标准对普通圆柱螺旋压缩弹簧的结构尺寸及标注作了规定，使用时可查阅 GB/T 2089—2009。

2. 圆柱螺旋压缩弹簧的规定画法

1) 在平行于螺旋弹簧轴线的投影面的视图中，其各圈的轮廓应画成直线，并按图 6-46 的形式绘制。

2) 螺旋弹簧均可画成右旋，对于左旋的螺旋压缩弹簧的旋向可在“技术要求”中注明。

3) 如要求螺旋压缩弹簧两端并紧且磨平时，不论支承圈的圈数多少和末端贴紧情况如何，均按图 6-46 所示形式绘制，必要时也可按支承圈的实际结构绘制。

4) 有效圈数在 4 圈以上的螺旋弹簧的中间部分可以省略，省略后，允许适当缩短图形

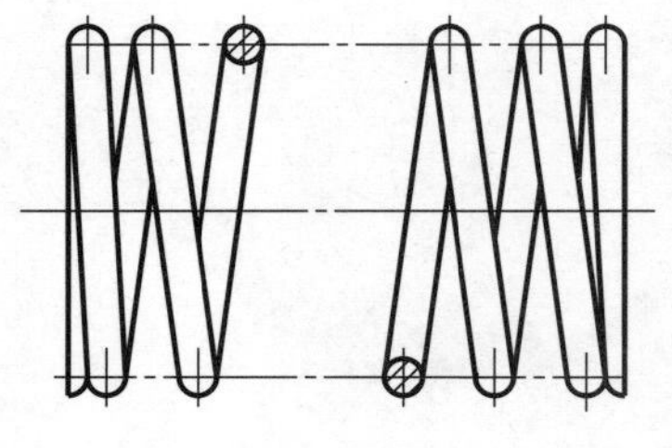

a)视图

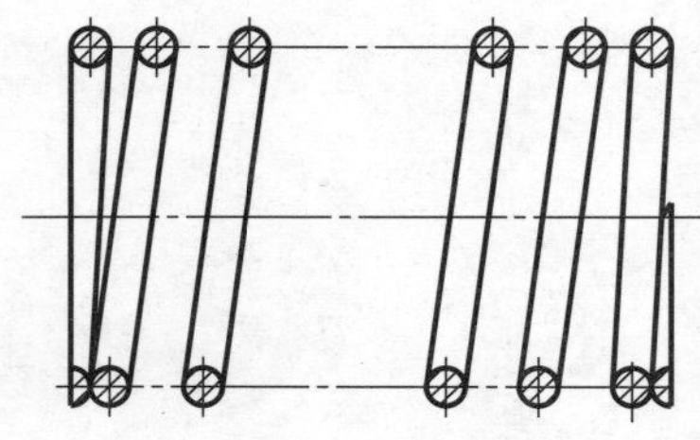

b) 剖视图

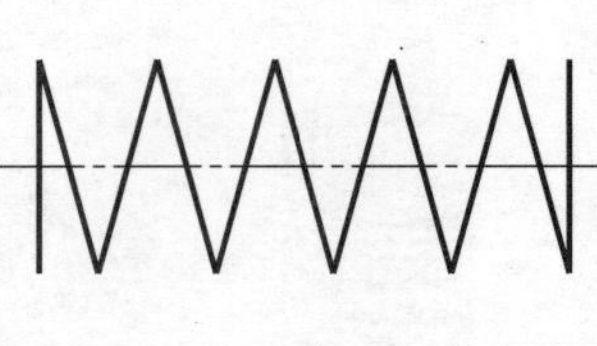

c) 示意图

图 6-46　圆柱螺旋压缩弹簧的画法

的长度。

5）剖视图画法的具体作图步骤如下（图 6-47）：

① 根据自由高度 H_0 和弹簧中径 D，画出长方形 $ABCD$；

② 根据材料直径 d 画出支承圈部分；

③ 根据节距 t 依次求得 1、2、3、4、5 各点，画出断面圆；

④ 绘制相应圆的切线，画剖面线，进行加深后完成作图过程。

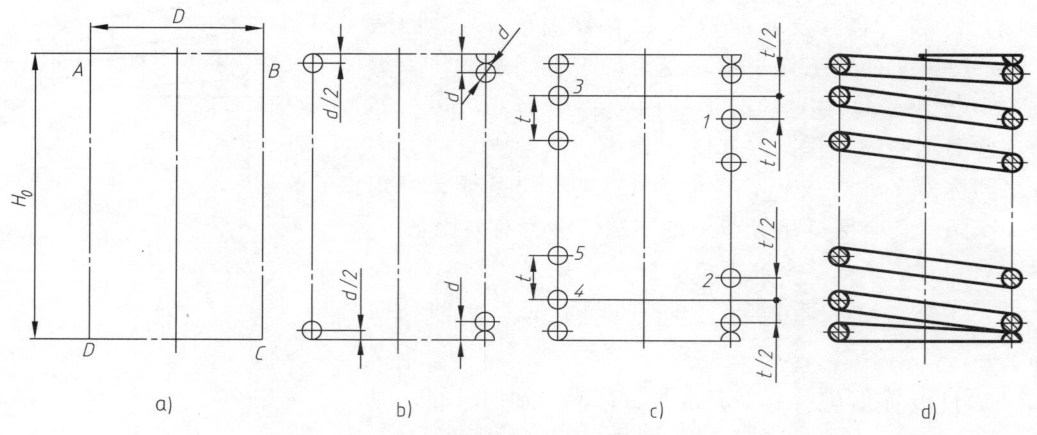

图 6-47　圆柱螺旋压缩弹簧画法步骤

3. 装配图中弹簧的简化画法

1）在装配图中，弹簧被看作实心物体，因而被弹簧挡住的结构一般不画出，可见部分应从弹簧的外轮廓线或从簧丝剖面的中心开始画起，如图 6-48a 所示。

2）在装配图中，被剖切后的簧丝直径或厚度在图形上大于 1mm、小于或等于 2mm 时，可用黑圆表示，且各圈的轮廓线不画，如图 6-48b 所示；当簧丝直径小于 1mm 时，一般用示意图绘制，如图 6-48c 所示。

在机械设计中，应尽量选用标准弹簧，此时可按照弹簧标记外购。如果购买不到合适的弹簧，则必须绘制其零件图以指导制造和加工。图 6-49 所示为圆柱螺旋压缩弹簧图样格式举例。

弹簧的尺寸参数应直接标注在图样上，其他参数可在技术要求中说明。

当需要表明弹簧的负荷 P 与变形量 f 之间的变化关系时，可在主视图上方图解表示。此时压缩弹簧的特性曲线画成斜直线，用粗实线绘制，如图 6-50 所示。其中：P_1 表示弹簧的预加负荷，P_2 表示弹簧的最大负荷，P_3 表示弹簧的允许极限负荷。

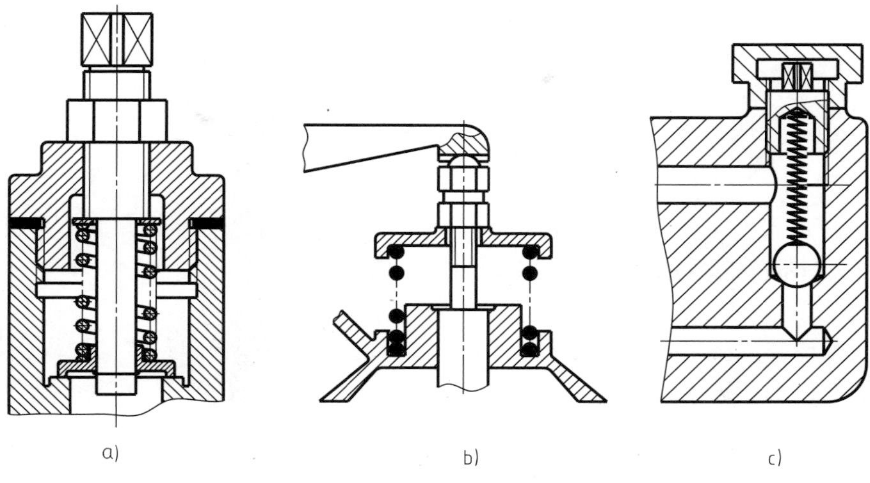

图 6-48 装配图中弹簧的画法

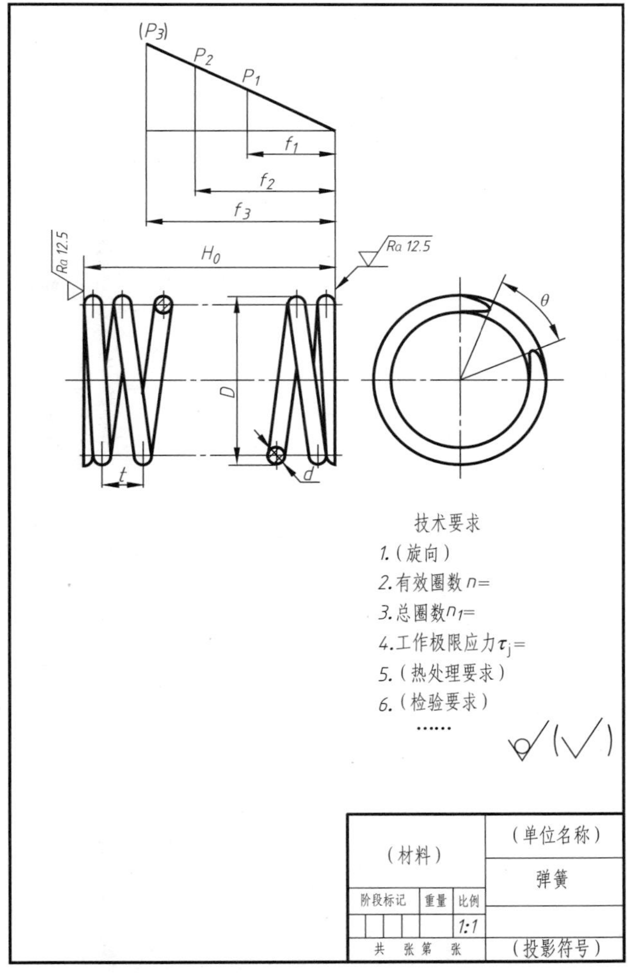

图 6-49 圆柱螺旋压缩弹簧图样格式举例

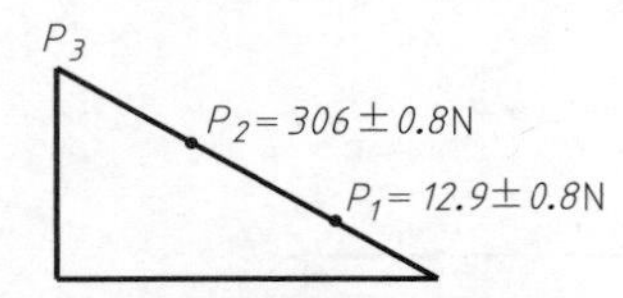

图 6-50　压缩弹簧负荷与变形量的图解表示

6.7　项目案例：螺纹联接套的表示方法

通过上述基础知识的学习，读者了解了螺纹画法中只用两条简单易画的实线代替了画法繁琐的螺旋面的投影，这给绘图工作带来了极大的方便，如图 6-51 所示螺纹联接套中内、外螺纹的表示方法。

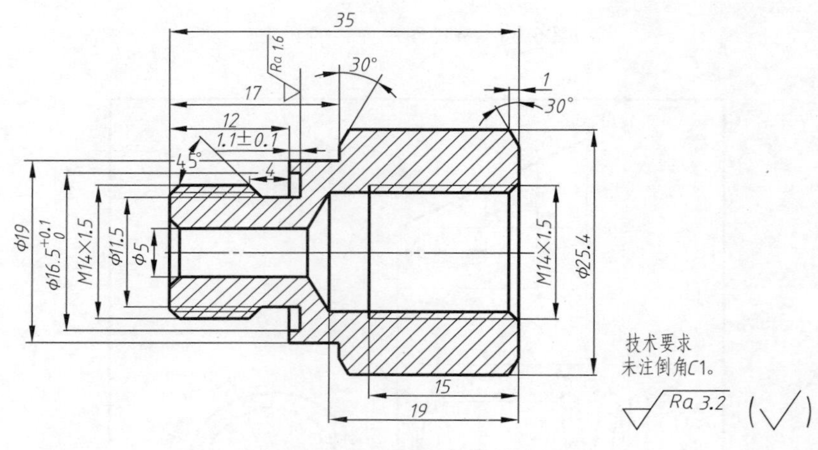

图 6-51　螺纹联接套的表示方法

本项目小结

本项目主要介绍机械图样中的特殊表示法。通过本项目的学习，读者可以了解常用标准件和齿轮的用途、功能及画法。在表达常用标准件和齿轮时，一般不采用真实投影画图，国家标准给出了规定的画法。

通过本项目的学习，读者应熟练掌握螺纹、齿轮、滚动轴承及弹簧等零件的表示法及标注方法。要特别熟练掌握螺纹紧固件的装配画法，熟记比例画法，为绘制和识读装配图打下基础。此外，还应掌握查阅各种标准的基本方法。

练习与在线自测

1. 思考题

（1） 试述螺纹的基本要素，解释各自的含义。内、外螺纹联接时，应满足哪些条件？

（2） 简要说明普通螺纹、管螺纹以及梯形螺纹的标记格式。

（3）直齿圆柱齿轮的基本参数有哪些？如何根据基本参数计算齿轮各部分的尺寸？

（4）简述直齿圆柱齿轮及其啮合的规定画法。

（5）普通平键、圆柱销、滚动轴承如何标注？根据规定标记，如何查表得出其尺寸？

2. 练习题

已知齿轮和轴用 A 型普通平键联接，轴孔直径为 40mm，键的长度为 40mm。写出键的规定标记，查表确定键及键槽的尺寸，按比例完成图 6-52a、b 中键槽的图形，并标注键槽尺寸。

规定标记：______________

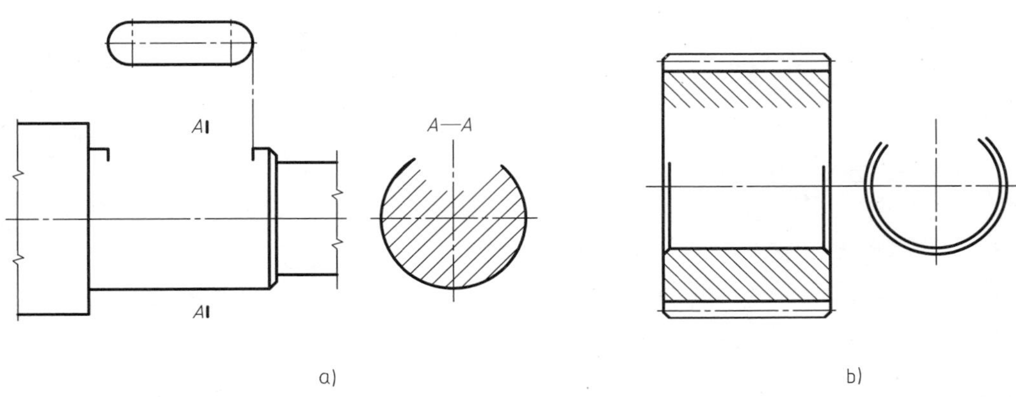

图 6-52　练习题

3. 自测题（手机扫码做一做）

项目7

零件图知识的学习与应用

知识目标

1）了解零件图的内容和作用。
2）掌握零件尺寸的标注方法及尺寸基准的选择原则。
3）了解零件图技术要求的内容及标注方法。
4）熟悉常见的零件工艺结构。
5）掌握识读零件图的方法。

能力目标

1）能根据零件的结构特点选择适当的零件表达方法。
2）能根据零件的结构和加工特点正确选择尺寸基准，并按国标要求标注尺寸。
3）能将常见的工艺结构正确地表达在图样上。
4）能看懂中等复杂程度的零件图。

项目案例

一级直齿圆柱齿轮减速器中常见零件的识读与绘制。

7.1 零件图的内容

零件是构成机器的最小单元。表达一个零件的图样称为零件图。图 7-1 所示为一级减速器中齿轮轴的零件图，图 7-2 所示为齿轮轴的立体图。零件图是反映单个零件的结构、形状、尺寸、材料、加工制造、检验所需要的全部技术要求信息的图样。

1. 零件图的作用

每一台机器或部件都是由许多零件按一定的装配关系和技术要求装配起来的，任何一个零件质量的好坏都将直接影响机器的性能与装配质量。为了使生产的每个零件都能达到预期的质量，必须依据相应的图样来进行加工和检验，因此零件图是指导加工和检验的重要技术文件。

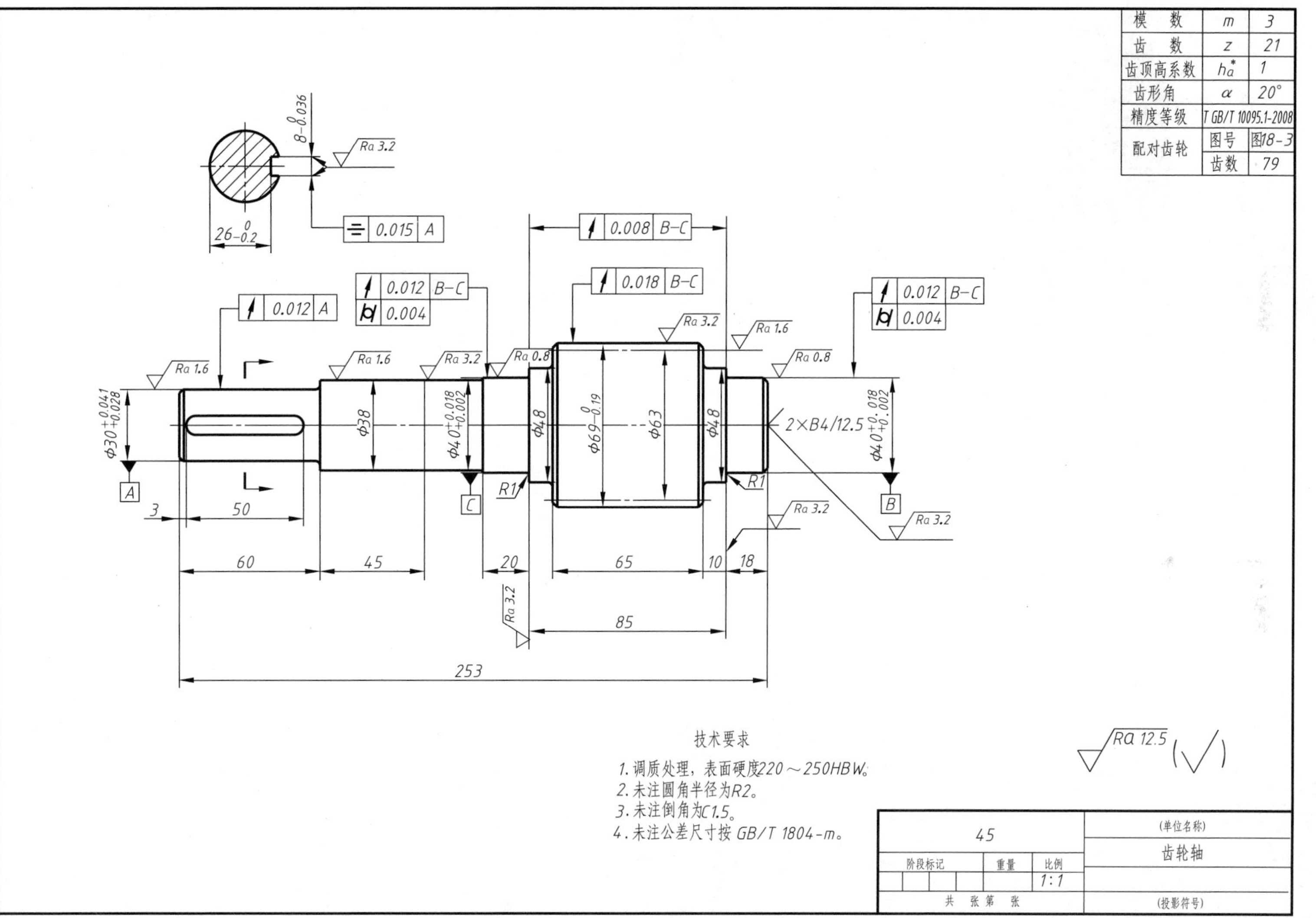
模数 m 3
齿数 z 21
齿顶高系数 h_a^* 1
齿形角 α 20°
精度等级 7 GB/T 10095.1-2008
配对齿轮 图号 图8-3
齿数 79
Ra 3.2
8$^{\ 0}_{-0.036}$
26$^{\ 0}_{-0.2}$
0.015 A
0.008 B-C
0.018 B-C
0.012 B-C
0.004
0.012 A
Ra 1.6
Ra 0.8
Φ30$^{+0.041}_{+0.028}$
Φ38
Φ40$^{+0.018}_{+0.002}$
Φ48
Φ69$^{\ 0}_{-0.19}$
Φ63
2×B4/12.5
R1
A
B
C
3
50
60
45
20
65
10
18
85
253
技术要求
1.调质处理，表面硬度220～250HBW。
2.未注圆角半径为R2。
3.未注倒角为C1.5。
4.未注公差尺寸按GB/T 1804-m。
Ra 12.5
45
阶段标记
重量
比例
1:1
共 张 第 张
(单位名称)
齿轮轴
(投影符号)

图 7-1　齿轮轴零件图

2. 零件图的内容

一张完整的零件图一般应具有以下内容：

（1）一组视图　零件图要用一定数量的视图，正确、完整、清晰地表达出零件的内、外结构和形状。

（2）完整的尺寸　零件图中要正确、完整、合理、清晰地标注出满足制造和检验所需的所有尺寸，并尽可能做到工艺上合理。

（3）技术要求　零件图中要标注或说明零件在加工、检验过程中所需的要求，如表面粗糙度、尺寸公差、几何公差、热处理要求等。

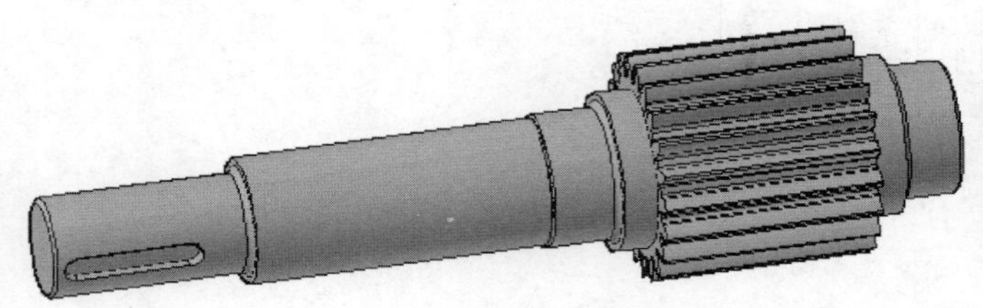

图 7-2　齿轮轴立体图

（4）标题栏　标题栏中要填写零件的名称、材料、数量、图号、比例及设计、校核等人员的签名和日期。

7.2　零件视图的选择

综合运用项目 5 所学的各种零件的表达方法，按照国家标准规定，选择一组恰当的视图，把零件内、外结构及形状正确无误地表达清楚，尽量使读图者感到方便，这是对零件视图选择的主要要求。

1. 主视图的选择

在生产过程中，生产人员读图和绘图的习惯都是先从主视图开始，确定主视图后，其他视图、剖视图、断面图等的选择也就有了依据。恰当地选择主视图不仅直接影响能否完整地表达零件的内、外结构及形状，还关系到其他视图的数量及位置以及读图及绘图的方便。在选择主视图时通常先确定零件的安放位置，然后再确定主视图投射方向。

（1）确定零件的安放位置　壳体、叉架等加工方法和位置多样的零件，其主视图应尽量符合零件在机器上的工作位置，此原则为工作位置原则。这样读图比较方便，利于指导安装。

盘盖、轴套等以回转体为主的零件，主要在车床或外圆磨床上进行加工，其主视图应尽量符合零件的主要加工位置，即轴线水平放置（零件在主要工序中的装夹位置），此原则为加工位置原则。

（2）确定主视图的投射方向　应以最能反映零件形体特征的方向作为主视图的投射方向，在主视图上尽可能多地展现零件的内、外结构及各组成形体之间的相对位置关系，此原则为形状特征原则。

具体零件在选择主视图时，应在满足形状特征原则的前提下，充分考虑加工位置原则及工作位置原则，同时兼顾其他视图的选择及图幅布局的合理。当然，选择主视图还要考虑选用恰当的表达方法，如各种剖视图、断面图等。

2. 其他视图的选择

主视图选定以后，还需要根据零件内、外结构和形状的复杂程度，考虑是否需要增加其他视图以及其他视图的放置位置等。要使每一个图形都有表达的重点内容，具有独立存在的意义。正确地选择其他视图和剖视图、断面图或简化画法的目的是为了把零件内、外结构表达得更清楚，使读图、绘图更方便，而不应该为表达而表达，使图形复杂化。

7.3　零件图的尺寸标注

在项目1中已经学习了国家标准中关于尺寸标注的规定，在项目4中也讨论了用形体分析法标注形体尺寸的方法。下面将讨论如何在零件图中标注尺寸才能满足设计和工艺的要求，也就是既要满足零件在机器中能很好地承担工作的要求，又能满足零件的制造、加工、测量和检验的要求。

1. 尺寸标注的要求

零件图上除了要表达零件的结构、形状外，还应表示零件的大小。在零件图上标注尺寸时，应做到标注正确、完整、书写清晰，工艺上尽可能合理。尺寸的正确、完整、清晰的要求已在前面阐述，在此着重介绍尺寸标注的合理性要求。

尺寸标注的合理，是指所标注的尺寸在保证使用性能要求的前提下方便零件的加工，能保证达到设计要求，同时又便于测量。但要使标注的尺寸能真正做到工艺上的合理，还需要有丰富的生产实际经验和有关机械制造方面的知识。

2. 尺寸标注的方法

（1）选择、确定尺寸基准　从图7-3可以看到，在标注尺寸时，每个方向的尺寸都有一个从哪里注起的问题，这个问题就是尺寸基准问题。尺寸基准就是指零件在机器中或在加工及测量时，用以确定其位置的一些面、线或点。

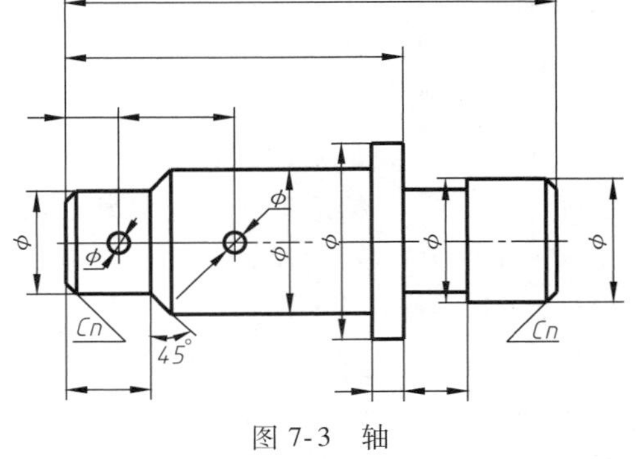

图7-3　轴

由于用途不同，尺寸基准可以分为以下两种。

设计基准：确定零件在机器中位置的一些面、线或点。

工艺基准：确定零件在加工或测量时的位置的一些面、线或点。

图7-4所示就是表示在装配图中轴的两种基准的具体例子。因为基准是每个方向尺寸的起点，所以，在三个方向（长、宽、高）上都应该有基准。这个基准一般称为主要基准。除主要基准外的基准都称为辅助基准。所谓选择基准，就是在标注尺寸时，是从设计基准出发，还是从工艺基准出发。

1）从设计基准出发标注尺寸，其特点是标注的尺寸反映了设计要求，能体现所设计的零件在机器中的工作情况。

2）从工艺基准出发标注尺寸，其特点是把尺寸的标注与零件制造问题联系起来，在尺寸标注上反映了工艺要求，使零件便于加工和测量，从而最终满足设计功能要求。

当然，在标注尺寸时，最好把设计基准和工艺基准统一起来，这样既能满足设计要求，又能满足工艺要求。

（2）尺寸标注的形式　根据尺寸在图上的布置特点，尺寸标注的形式有如下几种。

1）链状式：链状式是把尺寸依次标注成链状，如图7-5所示。图中的每个尺寸都注有公差，其公差带用 h5、h6 等表示。这样标注尺寸时，每段阶梯是单独地按一定顺序加工成的。从图中可以看出，它是先以 *A* 为基准加工尺寸 20h7，然后加工尺寸 30h7、28h5 等。按这样的顺序加工，只是每一段的加工误差才影响这个尺寸的精度，前面各个尺寸的误差并不影响正在加工的尺寸精度。这是链状式尺寸标注的主要优点。可是从一个选定的基准到任一位置的距离的误差，是其间各个尺寸段的误差之和。例如从端面 *B* 到端面 *A* 的尺寸误差，是尺寸 20h7 及 30h7 的误差之和；而从端面 *C* 到端面 *A* 的尺寸误差，则是尺寸 20h7、30h7、28h5 及 30h6 的误差之和。这就是链状式尺寸标注的主要缺点。

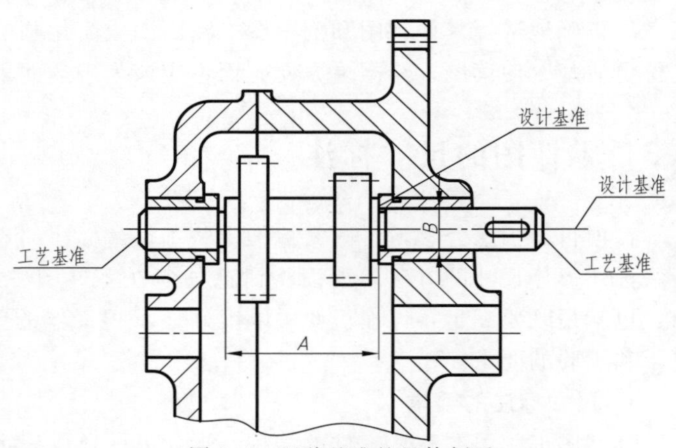

图 7-4　两种基准的具体例子

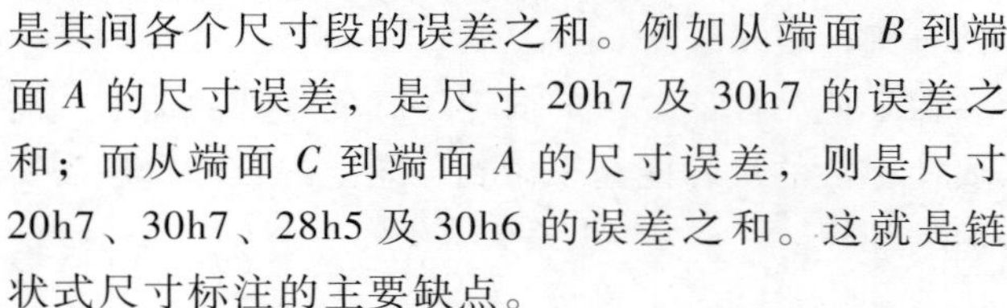

图 7-5　链状式

2）坐标式：坐标式是把各个尺寸从一个事先选定的基准注起。这样标注尺寸时，任一尺寸的加工精度不受其他尺寸误差的影响，这是坐标式尺寸标注的一个主要优点。当需要从一个基准定出一组精确的尺寸时，经常采用这种方法。当然，这样标注尺寸时，零件上在两个相邻坐标尺寸之间的那个尺寸，其精度取决于该两相邻尺寸的误差之和。如图 7-6 所示，尺寸 *e* 的精度取决于尺寸 66h4 及 38h6 的误差之和。因此，当要求保持轴的各台阶之间的尺寸精度时，不宜采用坐标法标注尺寸。

3）综合式：综合式尺寸标注是链状式与坐标式的综合，如图 7-7 所示。这样标注尺寸具有上述两种方法的优点。当零件上一些较重要的尺寸要求较小误差时常采用这种方法标注。实际上，单纯采用链状式或坐标式一种形式标注尺寸是极少见的，用得最多的是综合式。

3. 考虑设计要求和工艺要求时尺寸标注的一些典型例子

（1）考虑设计要求

1）重要尺寸一定要直接标注出来。直接标注出重要尺寸，能够直接反映尺寸精度和形状、位置公差的要求，可以避免加工误差的积累。如图 7-8a 所示，图中的轴上装有轮子，用开口销在轴向固定。为了保证轮子与机架很好地配合，尺寸 *a* 必须直接标注出来，如图 7-8c所示。若如图 7-8b 所示，则轮子与机架的配合尺寸必须进行尺寸换算才能得到，这不利于保证配合尺寸 *a* 的加工精度与配合精度。

2）同一方向上的几个非加工表面，与某一个加工表面之间，最好只用一个尺寸联系。如图 7-9a 所示，加工面 *E* 与三个不加工面之间的尺寸联系为 *A*、*B*、*C*。当端面 *E* 被切削加工时，*A*、*B*、*C* 三个尺寸同时被改变，且不易测量。应改成如图 7-9b 所示的形式标注，这时只有尺寸 *A* 与加工面 *E* 联系，而尺寸 *B*、*C* 则由毛坯来保证。

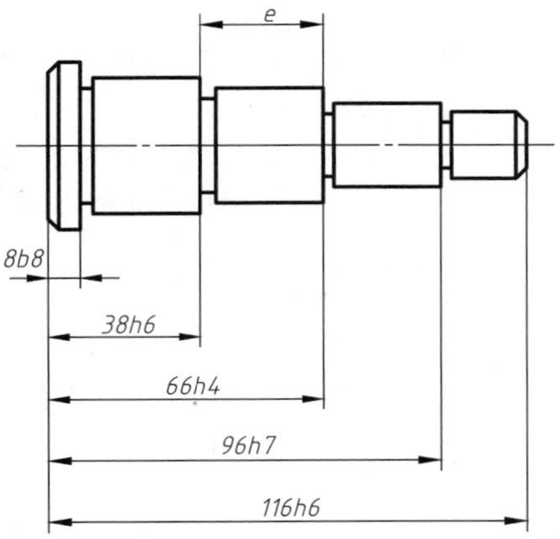

图 7-6　坐标式

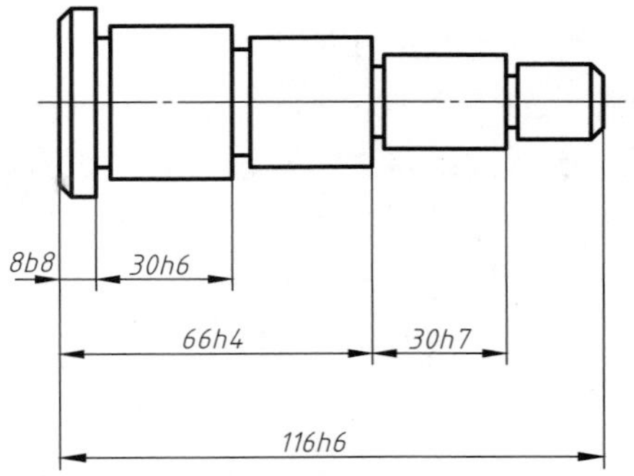

图 7-7　综合式

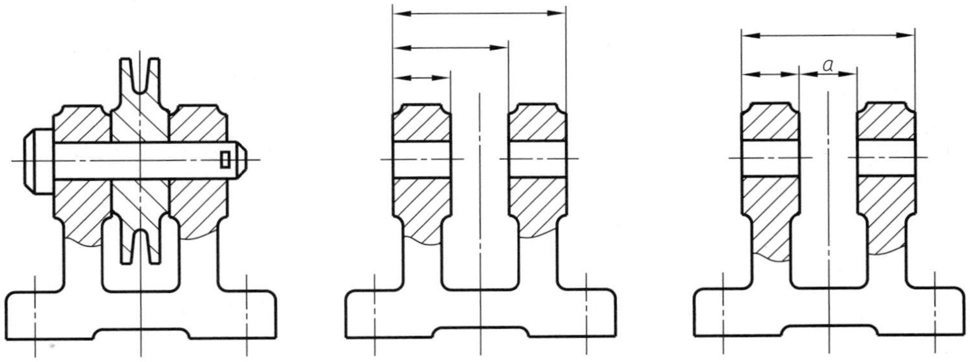

a)　　b)不好　　c)好

图 7-8　重要尺寸一定要直接标注

3）一定不要标注成封闭的尺寸链。封闭尺寸链是指头尾相接，形成一整圈的一组尺

a)不正确　　b)正确

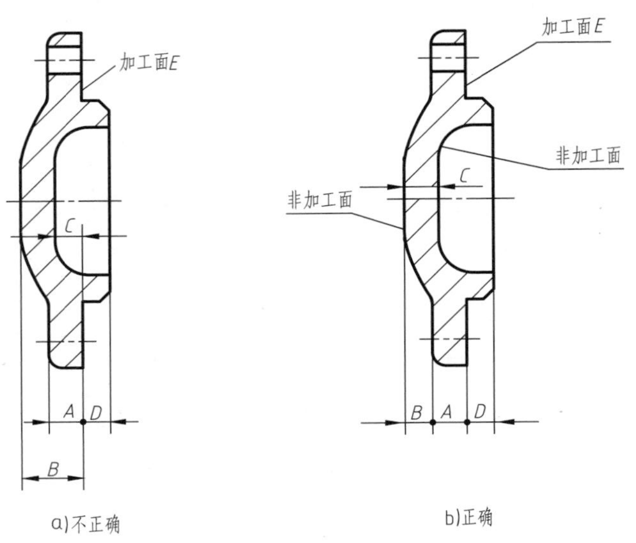

图 7-9　加工面与非加工面的尺寸联系

寸，每个尺寸是尺寸链中的一环，如图 7-10a 所示。

根据对链状式和坐标式尺寸标注的分析，尺寸链中任一环的尺寸精度，都是各环尺寸的误差之和，因此，这样标注尺寸往往不能保证设计要求。

为避免在尺寸标注时形成封闭的尺寸链，可选择一个不重要的环不标注尺寸，称之为开口环，如图 7-10b 所示。这时开口环的尺寸误差是其他环尺寸误差之和，但因为开口环不重要，所以其误差大小对设计要求没有什么影响。有时，为了作为设计和加工时的参考，也标注成封闭的尺寸链。这时，根据需要把某一环的尺寸用圆括号括起来，作为参考尺寸。

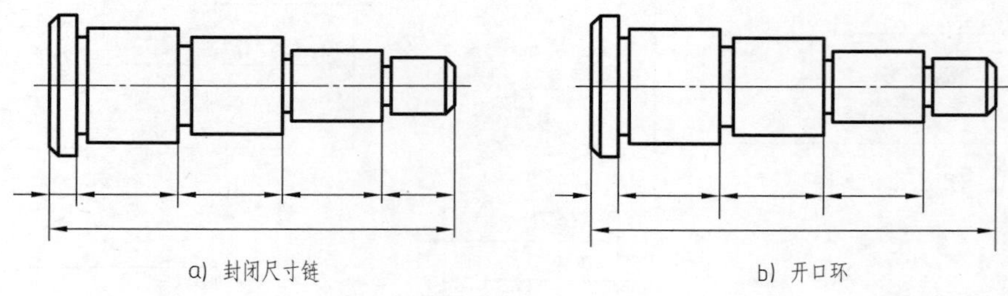

a) 封闭尺寸链　　b) 开口环

图 7-10　尺寸链

（2）考虑工艺要求

1）按加工顺序标注尺寸。按加工顺序标注尺寸，符合加工过程的要求，便于工人读图、加工和测量，如图 7-11 所示。

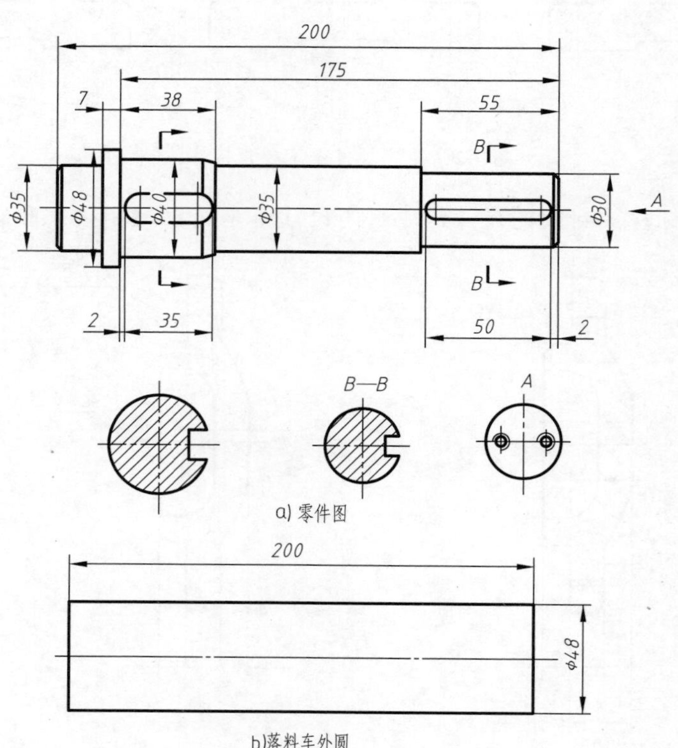

a) 零件图

b)落料车外圆

图 7-11　输出轴的加工顺序和尺寸标注

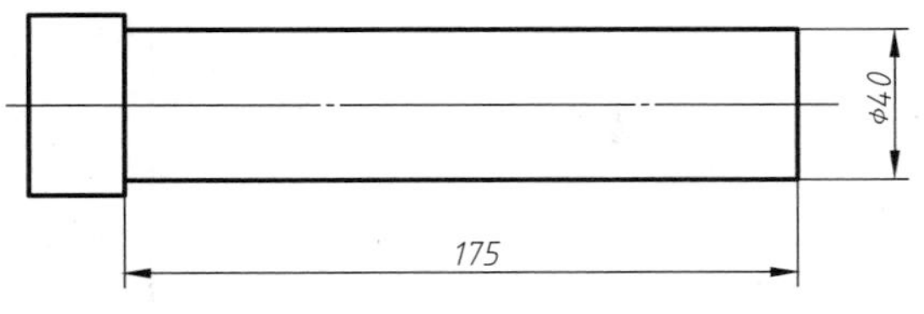

c)车ϕ40mm，长175mm外圆

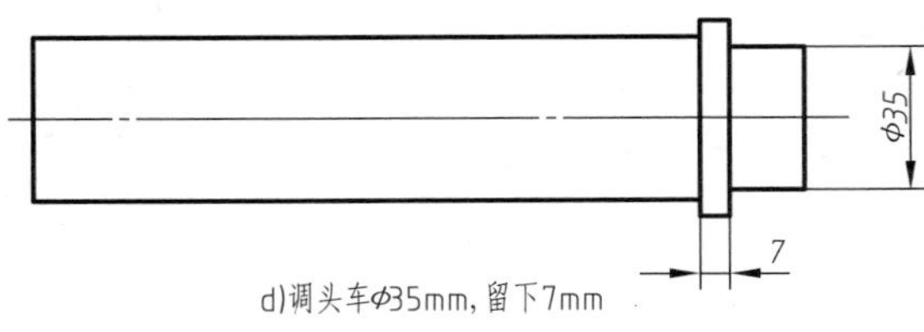

d)调头车ϕ35mm，留下7mm

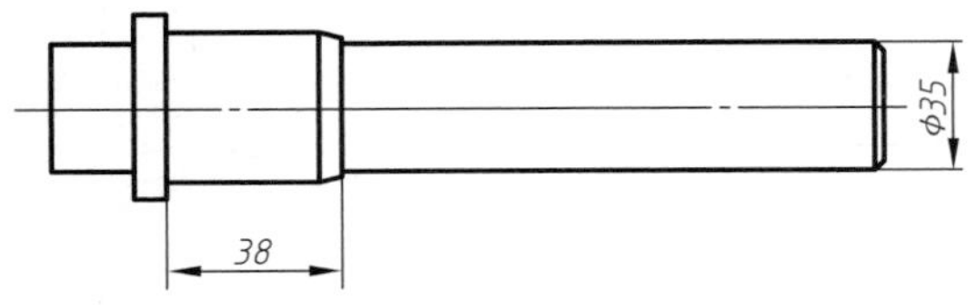

e)车ϕ35mm，留38mm，车外圆锥面

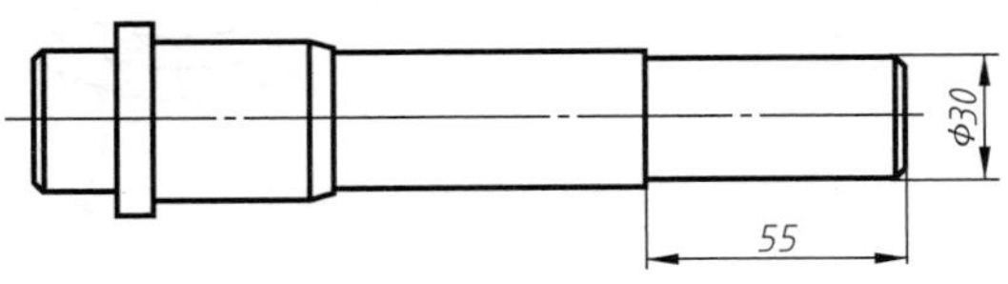

f)车ϕ30mm长55mm外圆

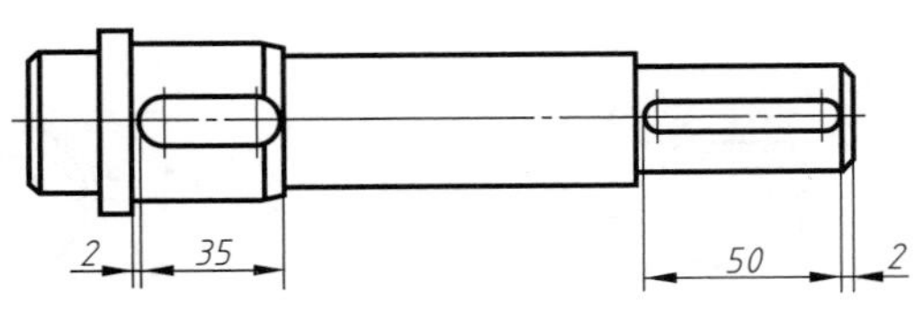

g)铣键槽

图 7-11　输出轴的加工顺序和尺寸标注（续）

2）按不同加工方法尽量集中标注尺寸。一个零件往往用一种加工方法不一定能够制成，而是经过几种加工方法（如车、铣、钻和磨等）才能制成。在标注尺寸时，最好将不同加工方法的有关尺寸集中标注，如图 7-12a 所示；零件的内、外尺寸最好分开标注，如图 7-12b 所示。图 7-13 所示为轴瓦，因加工时上下合起来镗孔，所以其径向尺寸应注 ϕ 而不注 R。

3）铸件、锻件按形体标注尺寸。铸件、锻件按形体标注尺寸，这样制作模样和锻模时

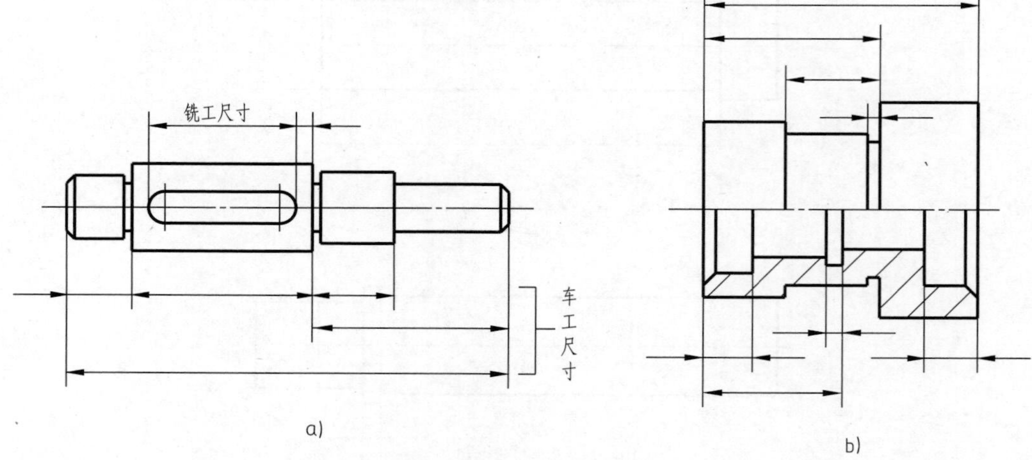

图 7-12　有关尺寸集中标注

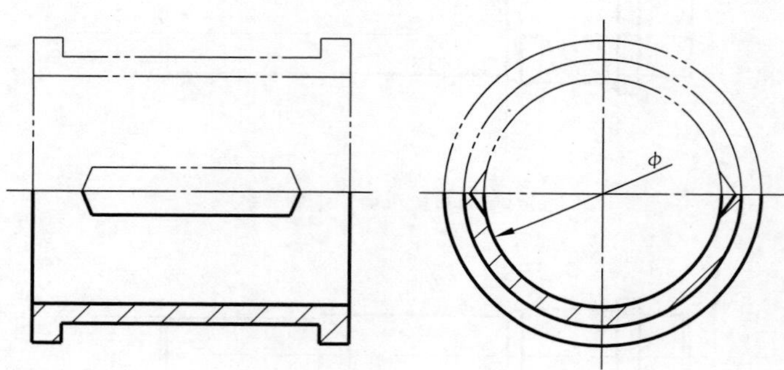

图 7-13　根据加工方法标注尺寸

就比较方便。

4）尺寸标注应考虑测量的方便，如图 7-14 所示。

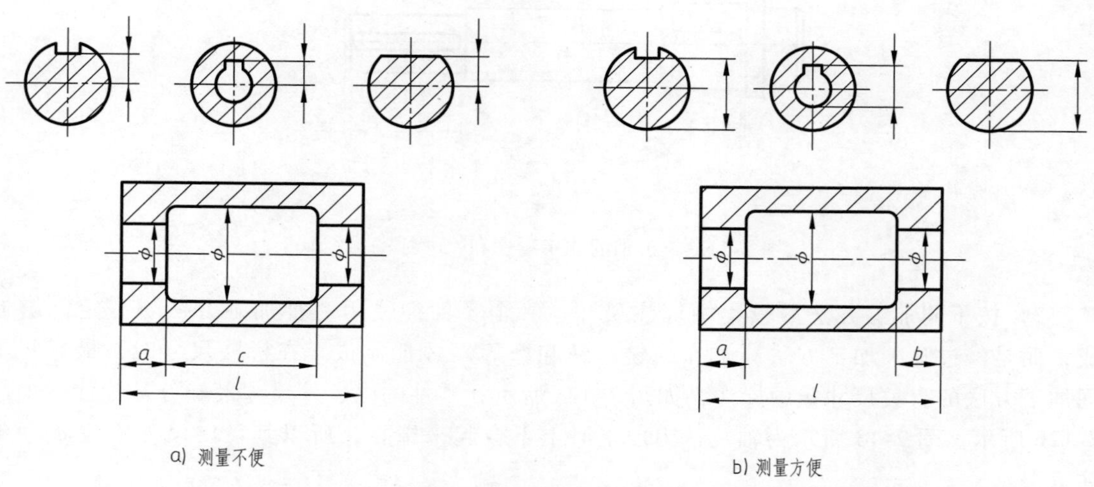

图 7-14　尺寸标注应考虑测量的方便

5）零件上各种小孔的尺寸标注法。零件上常见各种孔的尺寸，可以采用表7-1所示的各种标注法。

表7-1　零件上常见孔（光孔、螺纹孔、沉孔）的尺寸注法

类型	简化后	简化前	说明
光孔	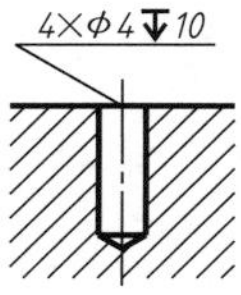 4×Φ4↧10　或 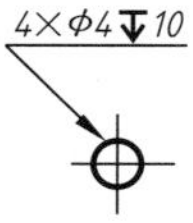　4×Φ4↧10	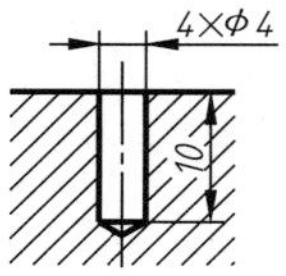 4×Φ4　10	
	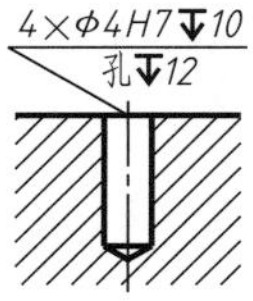 4×Φ4H7↧10 孔↧12　或 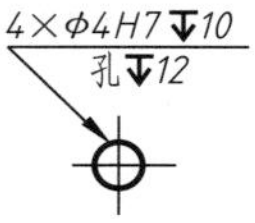　4×Φ4H7↧10 孔↧12	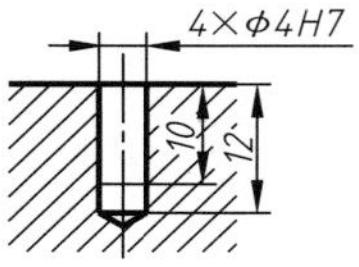 4×Φ4H7　10　12	
螺纹孔	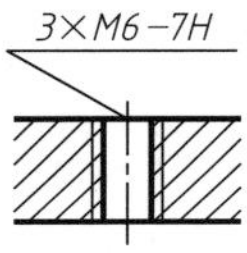 3×M6-7H　或 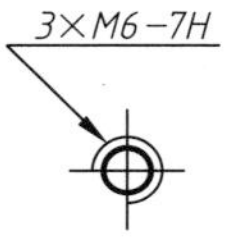　3×M6-7H	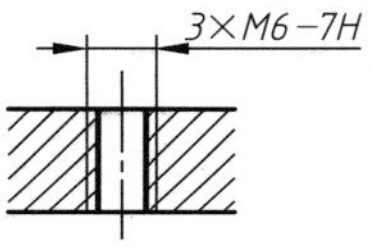 3×M6-7H	
	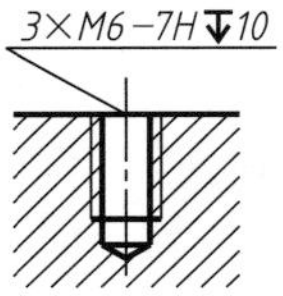 3×M6-7H↧10　或 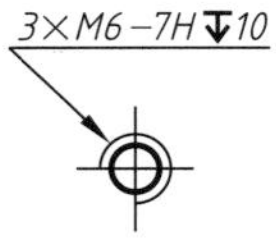　3×M6-7H↧10	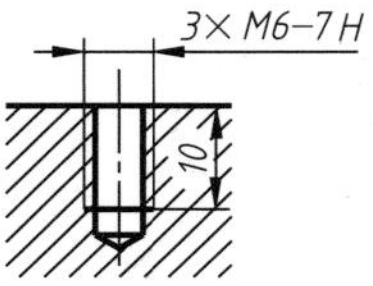 3×M6-7H　10	1）“↧”是深度符号 2）“⌵”是埋头孔的符号 3）“⌴”是沉孔或锪平孔的符号
	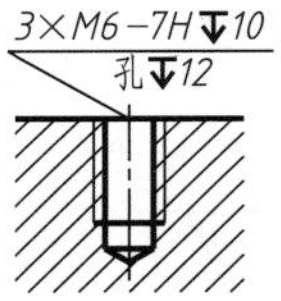 3×M6-7H↧10 孔↧12　或 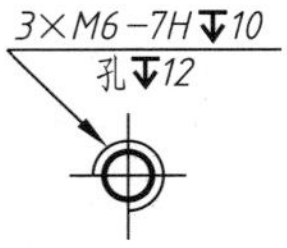　3×M6-7H↧10 孔↧12	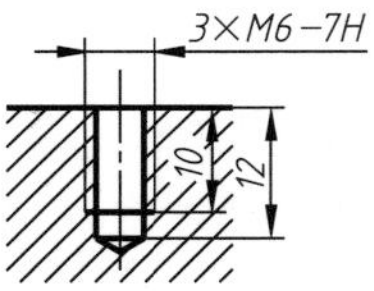 3×M6-7H　10　12	
沉孔	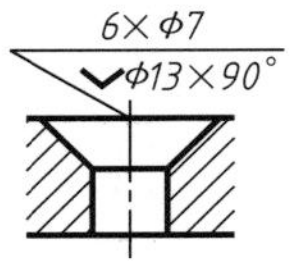 6×Φ7 ⌵Φ13×90°　或 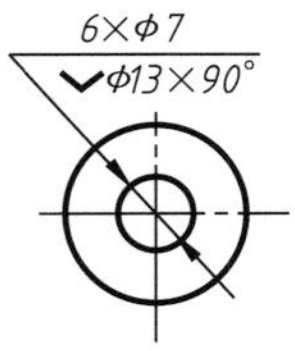　6×Φ7 ⌵Φ13×90°	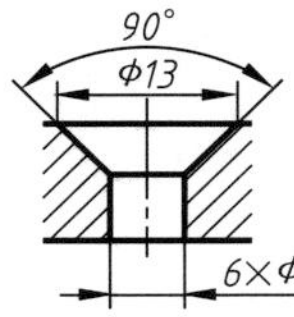 90°　Φ13　6×Φ7	
	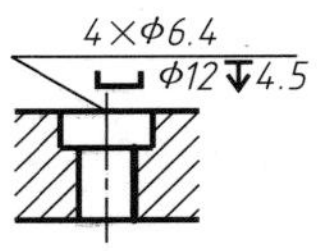 4×Φ6.4 ⌴Φ12↧4.5　或 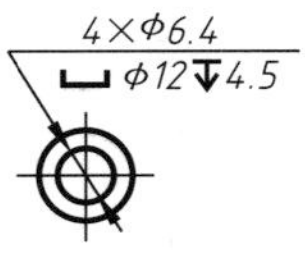　4×Φ6.4 ⌴Φ12↧4.5	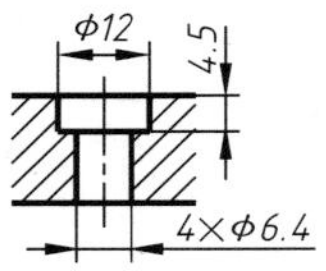 Φ12　4.5　4×Φ6.4	
	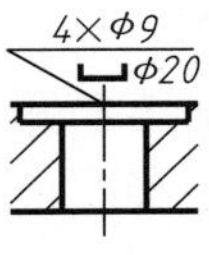 4×Φ9 ⌴Φ20　或 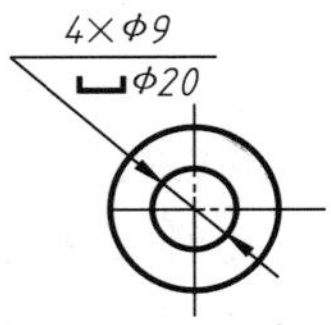　4×Φ9 ⌴Φ20	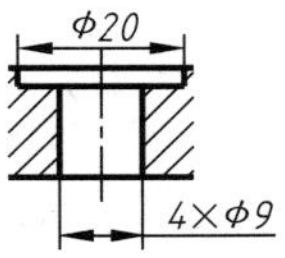 Φ20　4×Φ9	

7.4 技术要求在零件图上的标注

零件图上的技术要求通常有：表面粗糙度、尺寸公差、几何公差、材料及热处理等。对于这些技术要求，凡是已有规定代号的，应按规定代号直接标注在图样上，如表面粗糙度、尺寸公差、几何公差等。那些没有代号的内容则可用文字简明地进行说明，书写在图纸的右下角、标题栏上方或空白处。

1. 表面粗糙度

为了保证零件装配后的使用要求，要根据功能需要对零件的表面质量给出表面粗糙度要求。表面粗糙度在图样上的表示法在 GB/T 131—2006 中有具体规定，下面主要介绍常用的表面粗糙度表示法。

（1）表面粗糙度基本概念　无论是机械加工后的零件表面，还是用其他方法获得的零件表面，总会存在着许多由较小间距和峰谷组成的微量高低不平的痕迹。表述这些峰谷的高低程度和间距状况的微观几何形状特性的术语称为表面粗糙度。表面粗糙度与机械零件的使用性能有着密切的关系，影响着机器的工作可靠性和使用寿命。

（2）评定表面粗糙度常用的参数　对于零件表面结构的状况，可由三大类参数加以评定；轮廓参数（由 GB/T 3505—2009 定义）、图形参数（由 GB/T 18618—2009 定义）、支承率曲线参数（由 GB/T 18778—2002～2006 定义）。其中轮廓参数是我国机械图样中目前最常用的评定参数。这里仅介绍评定粗糙度轮廓（*R* 轮廓）中的两个高度参数 *Ra* 和 *Rz*。

1）算术平均偏差 *Ra*：指在一个取样长度内纵坐标值 $Z(X)$ 绝对值的算术平均值，如图 7-15 所示。

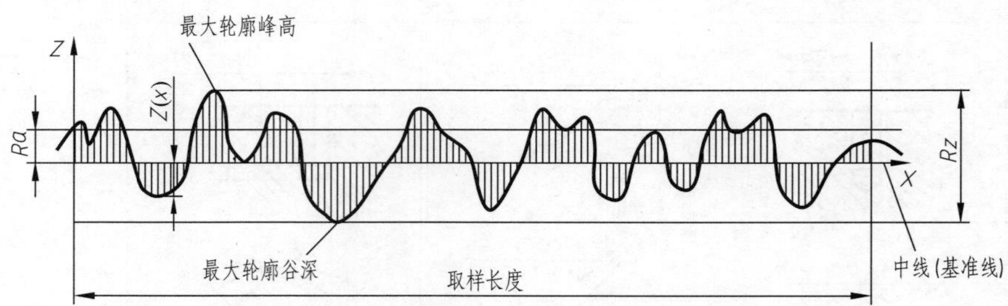

图 7-15　轮廓算术平均偏差 *Ra* 和轮廓最大高度 *Rz*

算术平均偏差可近似表示为

$$Ra = \frac{1}{n}\sum_{i=1}^{n} |Z_i|$$

2）轮廓的最大高度 *Rz*：指在同一取样长度内，最大轮廓峰高和最大轮廓谷深之和，如图 7-15 所示。

（3）标注表面粗糙度的图形符号　标注表面粗糙度要求时的图形符号的名称、种类及其含义如表 7-2 所示。

（4）表面粗糙度补充要求在图形符号中的标注位置　为了明确表面粗糙度要求，除了标注表面粗糙度参数和数值外，必要时应标注补充要求，包括传输带、取样长度、加工工艺、表面纹理方向和加工余量等。这些补充要求在图形符号中的标注位置如图 7-16 所示。

表 7-2　表面粗糙度图形符号

符号名称	符号种类	含　义
基本图形符号		由两条不等长的成 60°夹角的直线构成。基本图形符号仅用于简化代号的标注，没有补充说明时不能单独使用
扩展图形符号		在基本图形符号上加一条短横，表示表面是用去除材料的方法获得的，如通过机械加工获得的
		在基本图形符号上加一圆圈，表示指定表面是用不去除材料的方法获得的
完整图形符号	a) 允许任何工艺　b) 去除材料　c) 不去除材料	在以上各种符号的长边上加一横线，以便注写对表面结构特征的补充信息

其中，表面纹理是指完工零件表面上呈现的与切削轨迹相应的图案。

图形符号的比例和尺寸要根据 GB/T 131—2006 的相应规定进行选择，如图 7-16 所示。

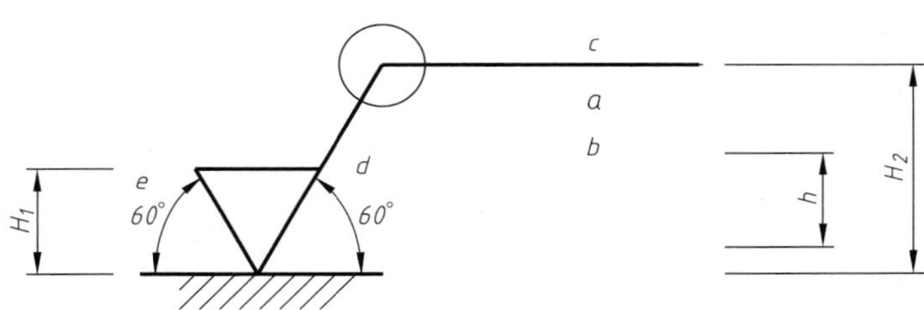

位置a　注写表面结构的单一要求

位置a和b　a注写第一表面结构要求，b注写第二表面结构要求

位置c　注写加工方法、表面处理、涂层等工艺要求，如车、磨、镀等

位置d　注写要求的表面纹理和纹理方向

位置e　注写加工余量，加工余量以毫米为单位

H_1的高度约为字高的$\sqrt{2}$倍，H_2的高度则根据标注的内容进行调整

图 7-16　图形符号的画法及表面粗糙度补充要求的标注位置

当在图样某个视图上构成封闭轮廓的各表面有相同表面粗糙度要求时，应在完整图形符号上加一圆圈，标注在图样中零件封闭轮廓线上，如图 7-17 所示。如果标注会引起误解，则应在各个表面分别进行标注。

（5）表面粗糙度代号　表面粗糙度符号中注写了具体参数代号及数值等要求后，即称为表面粗糙度代号。表面粗糙度代号的示例及含义如表 7-3 所示。

（6）表面粗糙度要求在图样中的标注法

1）表面粗糙度要求对每一表面一般只标注一次，并尽可能标注在相应的尺寸及其公差的同一视图上。除非另加说明，所标注的表面粗糙度要求是对完工零件表面的要求。

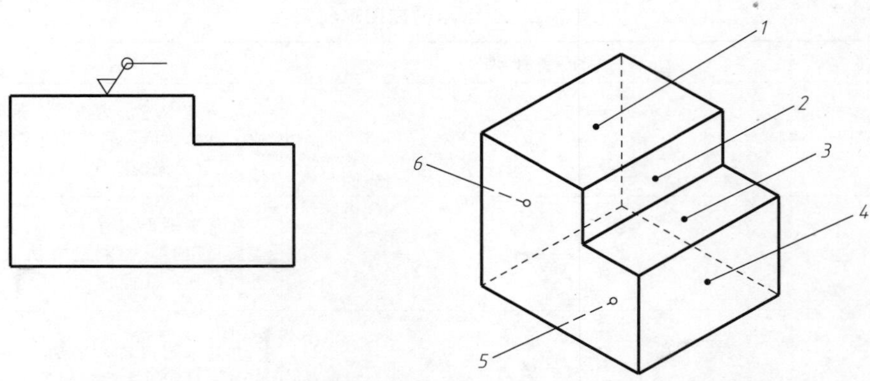

图 7-17　构成封闭轮廓的各表面有相同的表面粗糙度要求的标注

表 7-3　表面粗糙度代号示例

序号	代号示例	含义/解释
1	Rz max 0.2	表示去除材料，单向上限值，轮廓最大高度的最大值 0.2μm，最大规则
2	U Ra 0.8 L Ra 1.6	表示去除材料，双向极限值。上限值：算术平均偏差为 0.8μm，16%规则（默认）；下限值：算术平均偏差为 1.6μm，16%规则（默认）
3	L Ra 1.6	表示任意加工方法，单向下限值，算术平均偏差为 1.6μm，16%规则（默认）
4	Ra max 0.8 Ra 1.6	表示去除材料，双极限值。上限值：算术平均偏差为 0.8μm，最大规则；下限值：算术平均偏差为 1.6μm，16%规则（默认）

2）表面粗糙度的标注和读取方向与尺寸的标注和读取方向一致。表面粗糙度要求可标注在轮廓线上，其符号应从材料外指向并接触表面，如图 7-18 所示。必要时，表面粗糙度也可用带箭头或黑点的指引线引出标注，如图 7-19 所示。

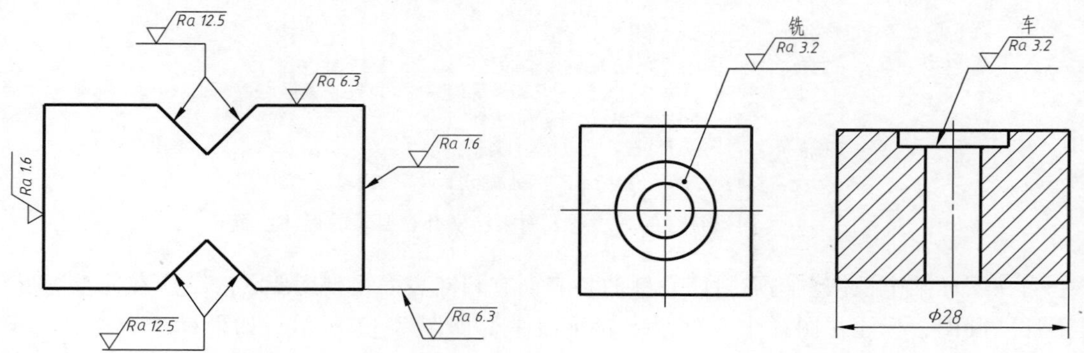

图 7-18　表面粗糙度在轮廓线上的标注

图 7-19　用指引线引出表面粗糙度要求

3）在不致引起误解时，表面粗糙度要求可以标注在给定尺寸线上，如图 7-20 所示。

4）表面粗糙度要求可标注在几何公差框格的上方，如图 7-21 所示。

5）圆柱和棱柱表面的表面粗糙度要求只标注一次，如图 7-22 所示。如果每个棱柱表面有不同的表面粗糙度要求，则应分别单独标注，如图 7-23 所示。

6）表面粗糙度要求在图样中的简化标注法。

① 有相同表面粗糙度要求的简化标注。如果在工件的多数（包括全部）表面有相同的表面粗糙度要求时，则其表面粗糙度要求可统一标注在图样的标题栏附近。此时，表面粗糙度要求的符号后面应有：

在圆括号内给出无任何其他标注的基本符号，如图 7-24a 所示。

在圆括号内给出不同的表面粗糙度要求，如图 7-24b 所示。

不同的表面粗糙度要求应直接标注在图样中，如图 7-24a、b 所示。

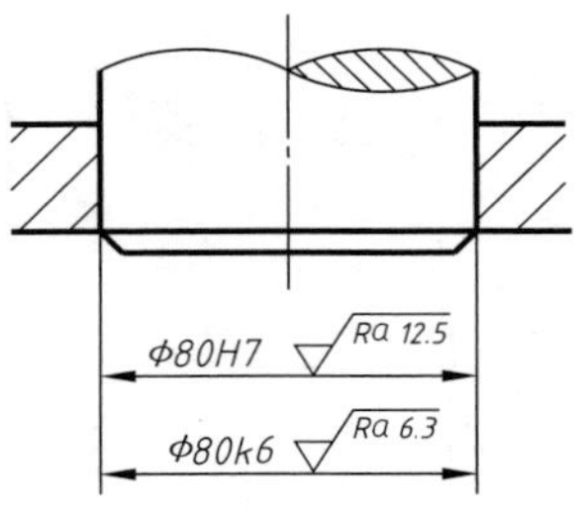

图 7-20　表面粗糙度要求标注在尺寸线上

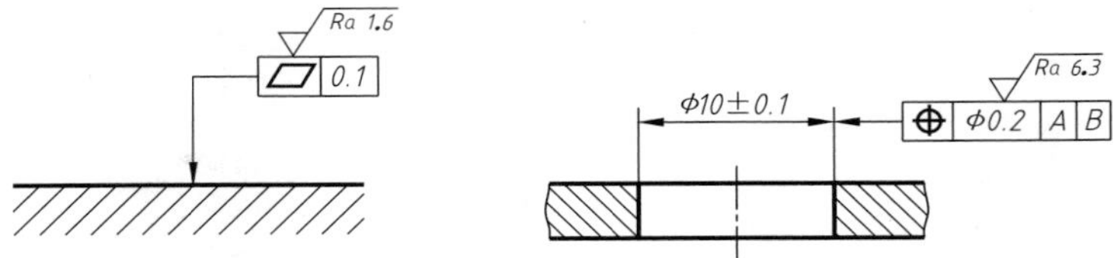

图 7-21　表面粗糙度要求标注在几何公差框格的上方

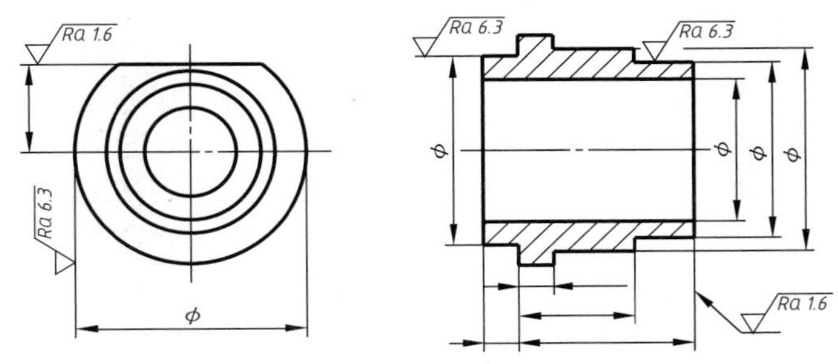

图 7-22　表面粗糙度要求标注在圆柱特征的延长线上

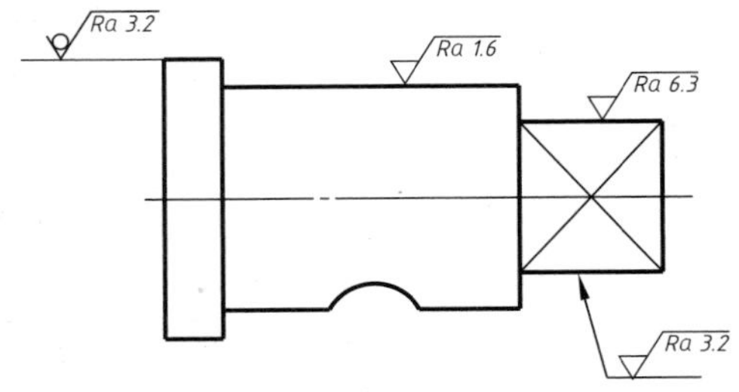

图 7-23　圆柱和棱柱表面粗糙度要求的标注

② 多个表面有共同要求的标注法。用带字母的完整符号的简化标注法，如图 7-25 所示。用带字母的完整符号，以等式的形式在图形或标题栏附近，对有相同表面粗糙度要求的表面进行简化标注。

7）表面粗糙度标注常见例子如图 7-26 所示。

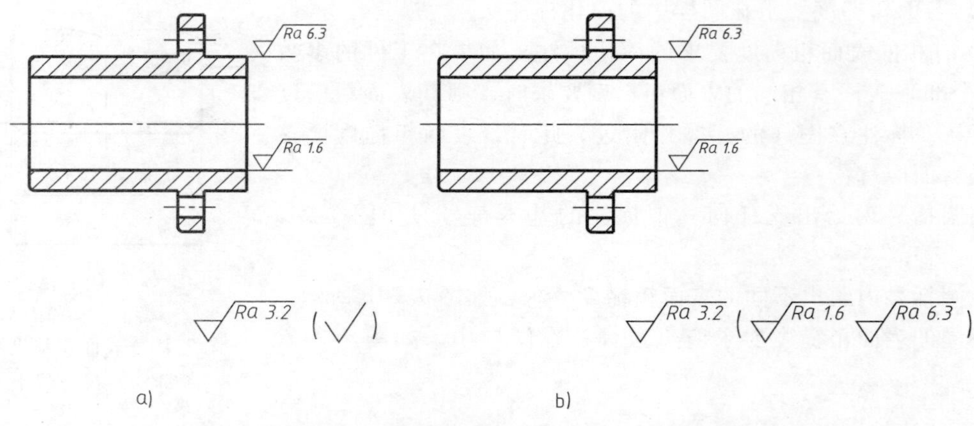

图 7-24　大多数表面有相同表面粗糙度要求的简化标注

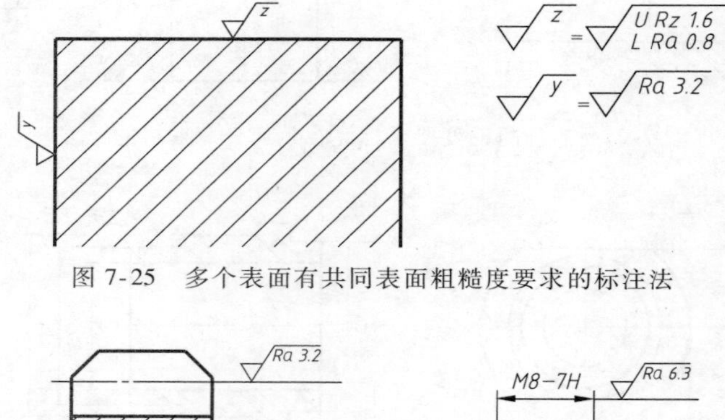

图 7-25　多个表面有共同表面粗糙度要求的标注法

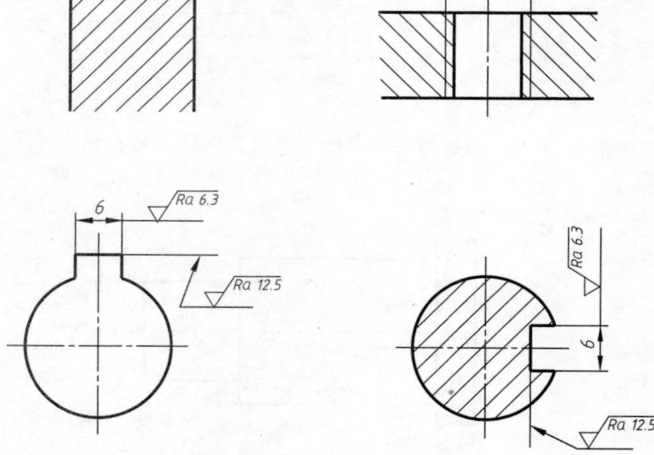

图 7-26　表面粗糙度标注常见例子

2. 表面处理及热处理要求

表面处理是改善零件材料表面性能的一种处理方式，如表面淬火、表面涂层等。通过表面处理，可以提高零件表面的硬度、耐磨性和耐蚀性等。

热处理是指金属材料通过一定的加热、保温和冷却过程，从而改变材料的金相组织，以提高材料力学性能的一种方法。

表面处理和热处理要求可在图上标注，也可用文字注写在技术要求项目内。

3. 材料

零件的材料，应注写在零件图的标题栏内。常见的材料可查看相关的零件手册。

4. 尺寸公差与配合在图上的标注与识读

（1）互换性的概念　在按规定要求成批、大量制造的零件或部件中，任取一个零件，不经加工或修配，就能顺利调换或装配起来，并能达到使用要求，这种特性称为互换性。零件具有互换性后，大大简化了零件、部件的制造和维修，使生产周期缩短，生产率提高，成本降低，也保证了产品质量的稳定性，为成批、大量生产创造了条件。

日常生活中，也经常可以看到互换性的事例。如照明用的灯泡坏了，只要买一个与灯头规格一致的灯泡就保证能够装上。自行车的链条断了，买一根同规格的装上，就可照样使用。之所以有这样方便，都是由于这些零件具有互换性。

互换性对于机器的制造、设计和使用有着十分重要的意义。

（2）极限与配合

1）公差：如果要使零件制造加工后的尺寸绝对准确，不允许有一丝一毫的误差，这样不仅提高了零件的制造成本，降低生产率，而且实际上也是做不到的。因此在不影响零件正常工作并具有互换性的前提下，对零件的尺寸规定一个允许变动的范围。设计时根据零件的使用要求制定允许的尺寸变动量，称为尺寸公差，简称公差。公差的有关术语如图 7-27 所示。表 7-4 是有关极限与配合的名词解释。

表 7-4　极限与配合的名词解释

名　词	解　释	示例及说明	
		孔	轴
公称尺寸 A	设计确定的尺寸	设 A=60mm 孔的尺寸为 $\phi60H6(^{+0.019}_{0})$mm	A=60mm 轴的尺寸为 $\phi60k6(^{+0.021}_{+0.002})$mm
实际尺寸	通过测量所得的尺寸		
极限尺寸	允许尺寸变化的两个极限值	60.019mm,60mm	60.021mm,60.002mm
上极限尺寸 A_{max}	尺寸要素允许的最大尺寸	A_{max}=60.019mm	A_{max}=60.021mm
下极限尺寸 A_{min}	尺寸要素允许的最小尺寸	A_{min}=60mm	A_{min}=60.002mm
尺寸偏差（简称偏差）	实际尺寸减其公称尺寸所得的代数差		
上极限偏差	上极限尺寸与其公称尺寸的代数差	上极限偏差 ES=(60.019−60)mm=0.019mm	上极限偏差 es=(60.021−60)mm=0.021mm
下极限偏差	下极限尺寸与其公称尺寸的代数差	下极限偏差 EI=(60−60)mm=0mm	下极限偏差 ei=(60.002−60)mm=0.002mm
尺寸公差(简称公差)	允许零件尺寸的变动量,公差等于上极限尺寸减下极限尺寸之差,或等于上极限偏差减下极限偏差之差	公差=(60.019−60)mm=0.019mm	公差=(60.021−60.002)mm=0.019mm
零线	在公差带图中,表示公称尺寸或零偏差的一条直线。通常零线沿水平方向绘制,零线之上的偏差为正,零线之下的偏差为负	—	—

（续）

名　词	解　释	示例及说明	
		孔	轴
尺寸公差带（简称公差带）	在公差带图中，由上下极限偏差的两条直线所限定的一个区域	—	—
标准公差	极限与配合标准中规定的，用于确定公差带大小的任一公差	—	—
基本偏差	用来确定公差带相对于零线的位置的上极限偏差或下极限偏差，一般为靠近零线的那个偏差	0	+0.002mm

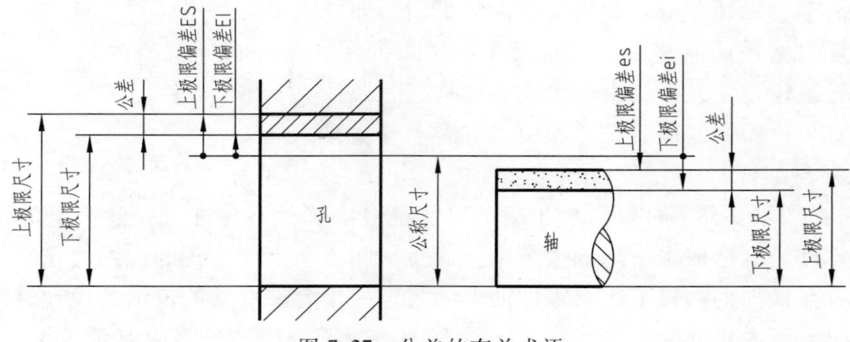

图 7-27　公差的有关术语

由于尺寸公差和偏差与公称尺寸的数值相差悬殊，因此在分析公差与配合时，不便用同一比例表示，为简化起见，一般不画出整个零件，而只要画出零件的公差带，这就是公差带的图解，如图 7-28 所示。

2）配合：当两个零件装在一起时，其相互接触的表面叫结合面，位于外部的表面叫包容面，位于内部的表面叫被包容面。标准中包容面称为孔，被包容面称为轴。公称尺寸相同的、相互结合的孔和轴的公差带之间的关系称为配合。

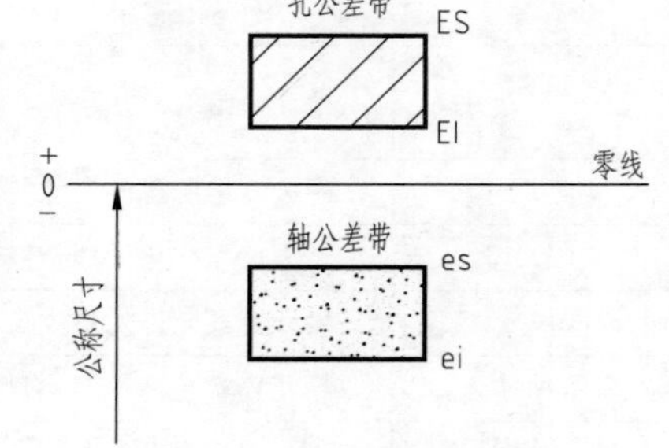

图 7-28　公差带的图解

① 间隙配合：对一批孔、轴零件而言，任取其中一对配合都具有间隙（包括间隙=0）的配合。

② 过盈配合：对一批孔、轴零件而言，任取其中一对相配都具有过盈（包括最小过盈=0）的配合。

③ 过渡配合：过渡配合是介于间隙配合和过盈配合之间的一种配合。一批孔、轴零件，任取其中的一对配合，可能具有过盈，也可能具有间隙，这样的配合称为过渡配合。但其间隙或过盈都很小。

各种配合的种类如表 7-5 所示。

（3）标准公差与基本偏差　在此引入“公差等级”的概念，主要用来表示零件制造精度。

1）标准公差：为了减少各种刀具、量具的规格，并满足各种机器所需的不同精度要求，国家标准规定了公差等级，用“IT”表示，共 20 个等级：IT01、IT0、……、IT18。其中，IT01 最高，IT18 最低。换言之，在同一公称尺寸下，IT01 的公差数值最小，IT18 的公差数值最大。

标准公差的公差数值根据不同分段尺寸的大小及确定的公差等级可由公差表查得。同一等级，同一公称尺寸，只有一个确定的标准的公差值，对孔、轴都一样，且不随配合而改变。如公称尺寸为 ϕ20mm 的孔（轴），若公差等级为 IT7，其标准公差值可由公差表查得为 0.021mm。

表 7-5　配合的种类

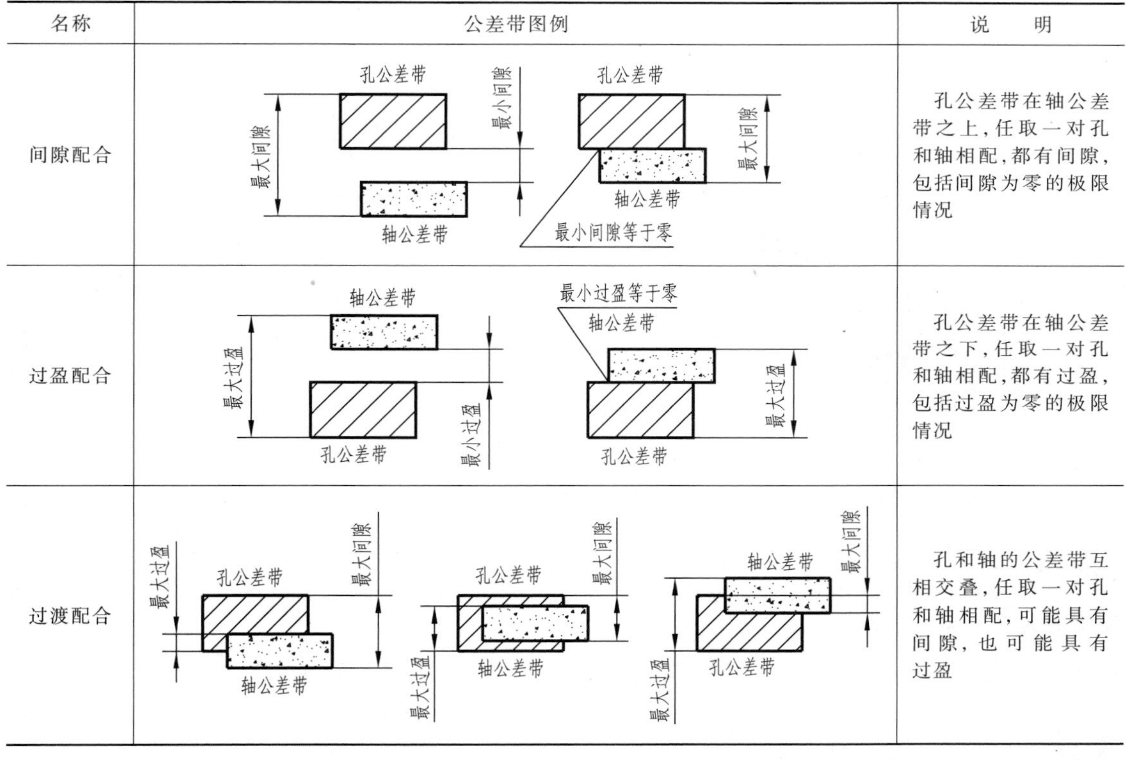

名称	公差带图例	说　　明
间隙配合	孔公差带　最小间隙　最大间隙　轴公差带　孔公差带　最大间隙　轴公差带　最小间隙等于零	孔公差带在轴公差带之上，任取一对孔和轴相配，都有间隙，包括间隙为零的极限情况
过盈配合	轴公差带　最大过盈　孔公差带　最小过盈　最小过盈等于零　轴公差带　最大过盈　孔公差带	孔公差带在轴公差带之下，任取一对孔和轴相配，都有过盈，包括过盈为零的极限情况
过渡配合	最大过盈　孔公差带　最大间隙　轴公差带　孔公差带　最大间隙　最大过盈　轴公差带　轴公差带　最大间隙　最大过盈　孔公差带	孔和轴的公差带互相交叠，任取一对孔和轴相配，可能具有间隙，也可能具有过盈

2）基本偏差：为了满足机器零件在装配时各种不同性质配合的需要，除了“标准公差”的数值予以标准化外，对于孔和轴的公差带位置也予以标准化。国家标准《极限与配合》中规定了 28 个孔和轴的公差带位置，每一种公差带位置由基本偏差确定，所以基本偏差是用来确定公差带相对于零线位置的上极限偏差或下极限偏差，一般为靠近零线的那个偏差。对所有位于零线之上的公差带而言，其基本偏差为下极限偏差。孔的下极限偏差用 EI 表示，轴的下极限偏差用 ei 表示。对于位于零线之下的公差带而言，其基本偏差为上极限偏差。孔的上极限偏差用 ES 表示，轴的上极限偏差用 es 表示。决定 28 个孔和轴的公差带位置的基本偏差系列用拉丁字母顺序排列，孔用大写字母表示，轴用小写字母表示，如图 7-29 所示。

基本偏差决定了公差带的一个极限偏差，另一个极限偏差由标准公差决定，所以基本偏差和标准公差这两个独立部分，分别决定了公差带的两个极限偏差。例如 ϕ20H8 的孔，它的基本偏差为零，它的上极限偏差根据公称尺寸 20mm 及公差等级 IT8 查表而知为 33μm，所以 ϕ20mm 孔的上极限偏差为+0.033mm。

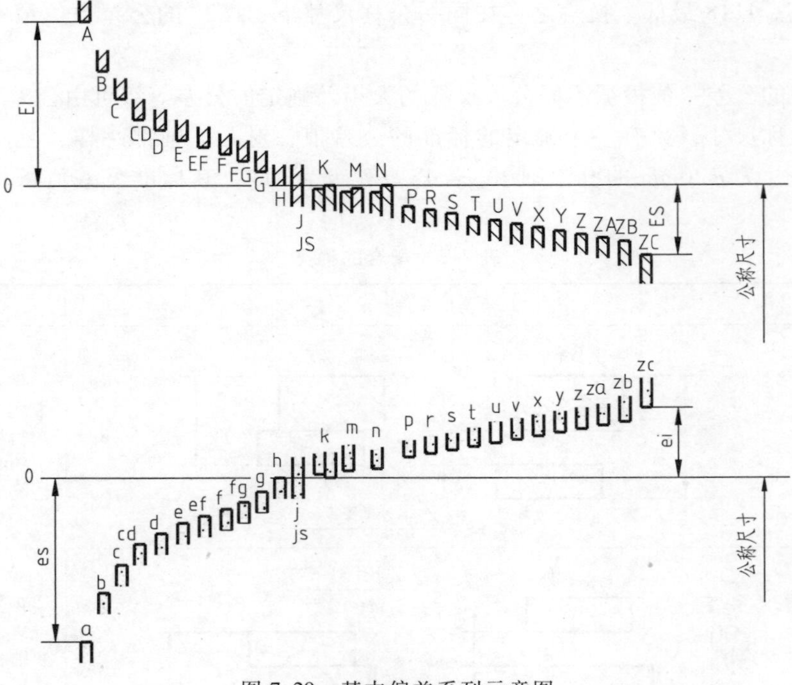

图 7-29　基本偏差系列示意图

(4) 基孔制与基轴制　轴与孔配合时，为了适应不同用途零件的装配要求，将配合规定为两种基准制。

1) 基孔制：基本偏差为一定的孔的公差带与不同基本偏差的轴的公差带形成各种配合的一种制度称为基孔制。标准规定：基孔制配合中孔的下极限尺寸与公称尺寸相等，即孔的下极限偏差为零，如图 7-30a 所示。

2) 基轴制：基本偏差为一定的轴的公差带与不同基本偏差的孔的公差带形成各种配合的一种制度称为基轴制。标准规定：基轴制配合中轴的上极限尺寸与公称尺寸相等，即轴的上极限偏差为零，如图 7-30b 所示。

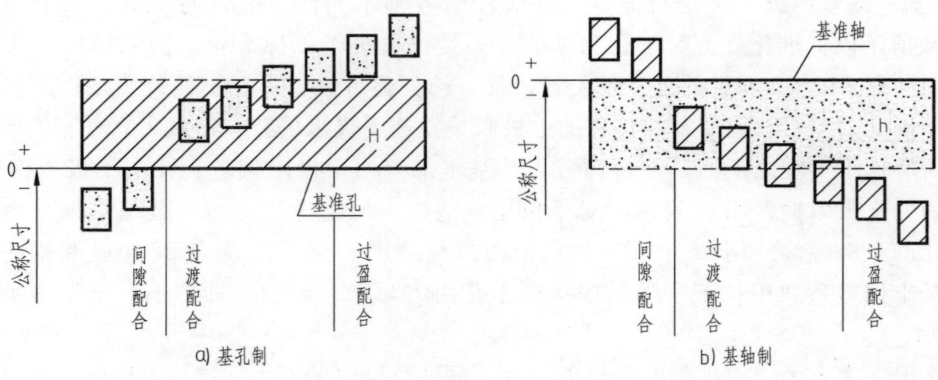

图 7-30　基孔制与基轴制

(5) 公差配合的标注及查表方法　标注公差配合时要注出公称尺寸、基本偏差和公差等级，如图 7-31 所示。

1）装配图上的标注：用分数形式标注装配在一起的两个零件的配合。分子为孔的公差带代号，即孔的基本偏差代号和标准公差等级；分母为轴的公差带代号，即轴的基本偏差代号和标准公差等级，如图 7-31 所示。滚动轴承与零件（轴、孔）装配时，只标注与滚动轴承配合的零件的公差代号，滚动轴承标准件的公差代号不必标注，如图 7-32 所示。

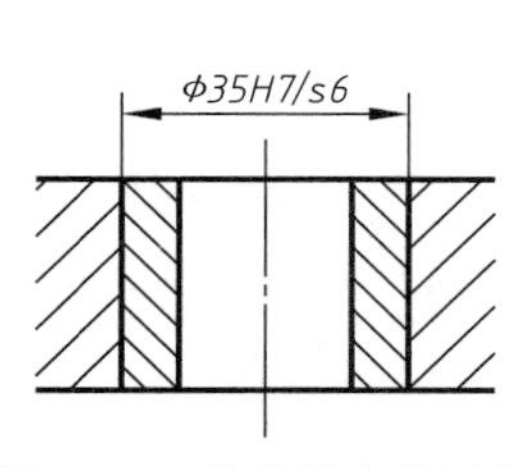

图 7-31 公差配合的标注

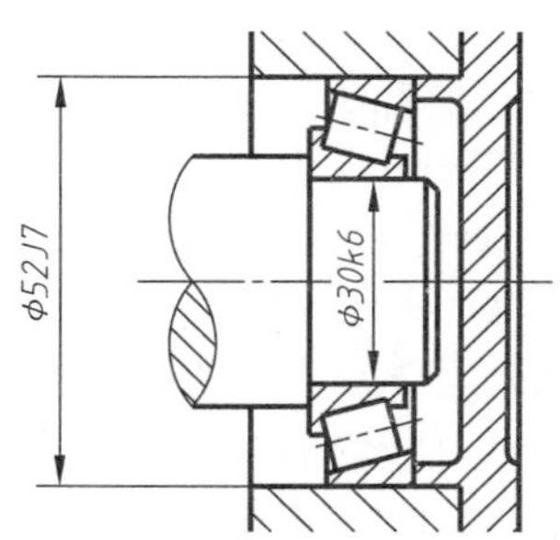

图 7-32 与滚动轴承配合的孔、轴

2）零件图上标注：在零件图中标注公差时，首先根据这个零件与相配合零件在装配图中标注的配合代号，找出它的公差带代号，连同公称尺寸标注在零件图上。零件公差的标注形式有三种。

① 公称尺寸和公差带代号，如图 7-33a 所示。

② 公称尺寸和极限偏差值，如图 7-33b 所示。

③ 公称尺寸和公差带代号，后面括号里写极限偏差值，如图 7-33c 所示。

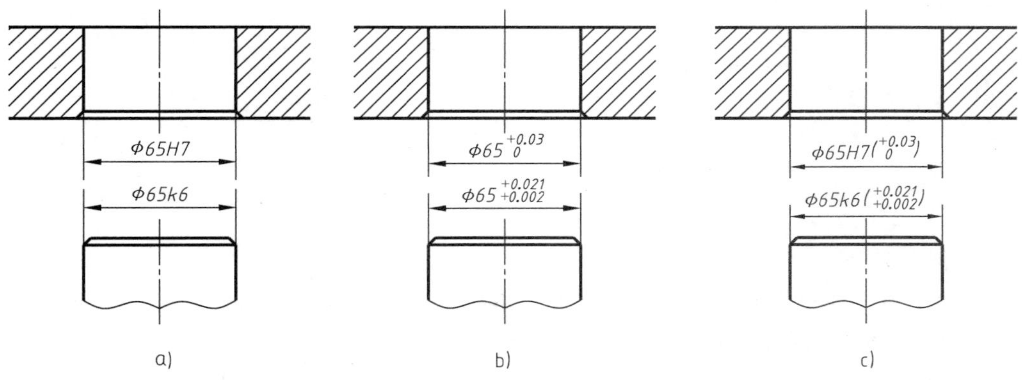

图 7-33 零件图上尺寸公差的标注

标注极限偏差数值时应注意：上极限偏差应标注在公称尺寸的右上方，下极限偏差应与公称尺寸在同一底线上，字号比公称尺寸小一号。上、下极限偏差的小数点必须对齐，小数点后面的位数也应相同，如图 7-34a 所示。如果上极限偏差或下极限偏差为零时，应将数字“0”标出，并与下极限偏差或上极限偏差的小数点前的个位数对齐，如图 7-34b 所示。如公差带相对于公称尺寸对称地配置时，两个极限偏差值相同，只需标注一次，并在极限偏差与公称尺寸之间注出符号“±”且两者数字高度相同，如图 7-34c 所示。

3）查表方法举例：公称尺寸、基本偏差、公差等级确定后，公差配合的极限偏差数值可以从相应表格中查得。

例 7-1 查 ϕ25H7/g6 的极限偏差数值。

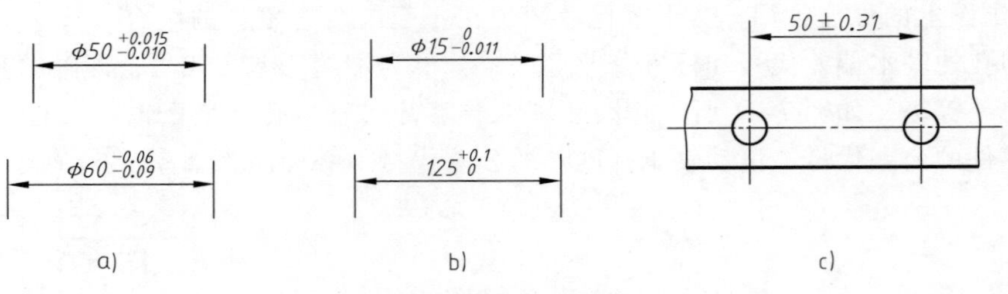

图 7-34　极限偏差值标注规则

ϕ25H7/g6 为基孔制间隙配合，公称尺寸 ϕ25mm 属于 18~30mm 尺寸段，由极限偏差表可查得标准公差等级 IT7 的孔公差值为 21μm，标准公差等级 IT6 的轴的公差值为 13μm。公差带的位置可由相应的基本偏差表查得，也可根据孔和轴的极限偏差表，直接查出极限偏差值。如根据 ϕ25H7，由附录表 A-2 可直接查得孔的极限偏差为 $\phi25^{+0.021}_{0}$；根据 ϕ25g6 由附录表 A-3 直接查得轴的极限偏差为 $\phi25^{-0.007}_{-0.020}$。公差带分布情况如图 7-35 所示。

例 7-2　查 ϕ25P7/h6 的极限偏差数值。

ϕ25P7/h6 是基轴制的过盈配合，公称尺寸 ϕ25mm 属于 18~30mm 的尺寸段，由附录表 A-2、表 A-3 可查得 ϕ25h6 轴的极限偏差为 $\phi25^{0}_{-0.013}$，ϕ25P7 孔的极限偏差为 $\phi25^{-0.014}_{-0.035}$，其公差带位置如图 7-36 所示。

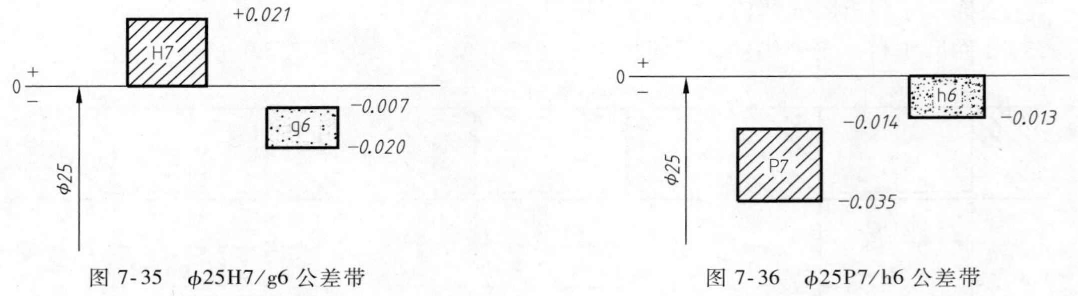

图 7-35　ϕ25H7/g6 公差带　　图 7-36　ϕ25P7/h6 公差带

5. 几何公差

零件加工不可能也没必要加工出一个绝对准确的尺寸。同样，不可能也没必要加工出一个绝对准确的形状（如圆、直线和平面等）和表面相对位置（如垂直、平行等）。为了满足使用要求，零件的尺寸是由尺寸公差加以限制的，而零件表面的形状和表面间的相对位置，则由几何公差加以限制。

（1）概念　几何公差包括形状公差、位置公差、方向公差和跳动公差。

1）形状公差：单一实际要素的形状所允许的变动全量称为形状公差，通俗地说就是被测实际要素在形状上相对于理想要素所允许的最大变动量。由此可以看出，形状公差是为了限制形状误差而设置的。形状公差一般用于单一要素。

2）位置公差：位置公差是关联实际要素的位置对基准所允许的变动全量。由此可见，位置公差是用来限制位置误差的。

3）方向公差：方向公差是关联实际要素对基准在方向上允许的变动全量。

4）跳动公差：跳动公差是关联实际要素绕基准轴线旋转一周或若干次旋转时所允许的最大跳动量。

（2）几何公差的符号

1）几何公差的特征符号如表 7-6 所示。

表 7-6　几何公差的特征符号

分　类	项　目	符　号	分　类	项　目	符　号
形状公差	直线度	—	位置公差	位置度	⌖
	平面度	⏥		同心度（用于中心点）	◎
	圆度	○		同轴度（用于轴线）	◎
	圆柱度	⌭		对称度	⌯
	线轮廓度	⌒		线轮廓度	⌒
	面轮廓度	⌓		面轮廓度	⌓
方向公差	平行度	//	跳动公差	圆跳动	↗
	垂直度	⊥		全跳动	⌰
	倾斜度	∠			
	线轮廓度	⌒			
	面轮廓度	⌓			

2）几何公差的代号。标准规定，在图样上几何公差采用代号标注。

几何公差的代号包括：几何公差的特征符号、几何公差框格和指引线、几何公差值、表示基准的字母和其他有关符号。最基本的几何公差代号如图 7-37 所示。

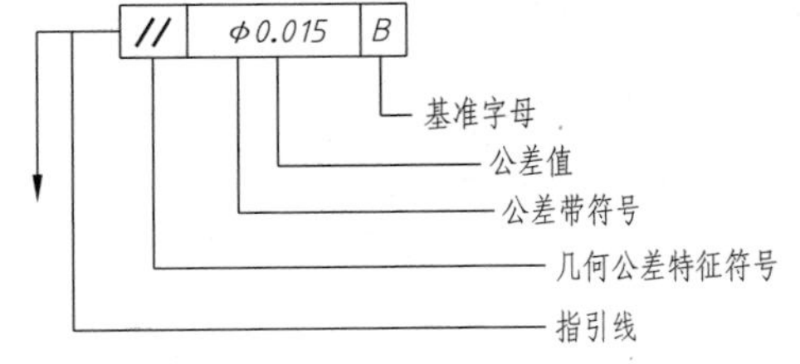

图 7-37　几何公差代号

几何公差的框格分为两格式和多格式，框格自左至右填写以下内容：第一格，几何公差特征符号；第二格，几何公差值和有关符号；第三格和以后各格，表示基准的字母和有关符号。框格高为图样中数字高 h 的 2 倍（$2h$），框格中的字母和数字高应为 h，几何公差框格应水平地绘制。指引线原则上从框格一端的中间位置引出，指引线的箭头应指向公差带的宽度或直径方向。

（3）基准符号　对有位置公差要求的零件，在图样上必须标明基准。

与被测要素相关的基准用一个大写字母表示。字母标注在基准方格内，与一个涂黑的或空白的三角形相连以表示基准，如图 7-38 所示。表示基准的字母还应标注在公差框格内。涂黑与空白的基准三角形含义相同。

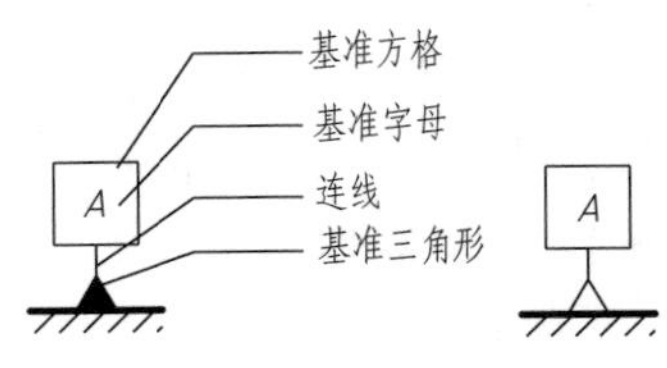

图 7-38　基准符号

（4）被测要素与基准要素的标注

1）当基准要素或被测要素公差涉及轮廓线或表面时，带字母的三角形及指引线箭头应置在要素的轮廓线或它的延长线上，并应与尺寸线明显地错开，如图 7-39 所示。

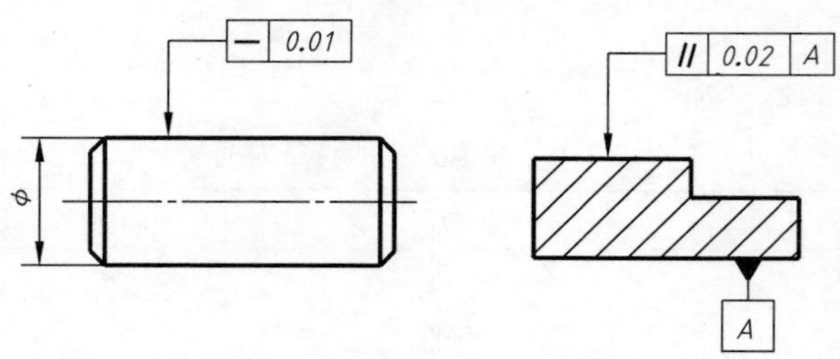

图 7-39 基准、被测要素为轮廓要素

2）当基准要素或被测要素为轴线、中心平面或带尺寸要素的确定点时，基准符号中的三角形与方框的连线应与尺寸线一致或与尺寸线对齐，如图 7-40 所示。

（5）几何公差标注实例

几何公差在图上的标注实例如图 7-41 所示。

1）ϕ100h6 外圆的圆度公差为 0.04mm。

2）ϕ100h6 外圆对 ϕ45P7 孔轴线的径向圆跳动公差为 0.015mm。

3）两端面之间的平行度公差为 0.01mm。

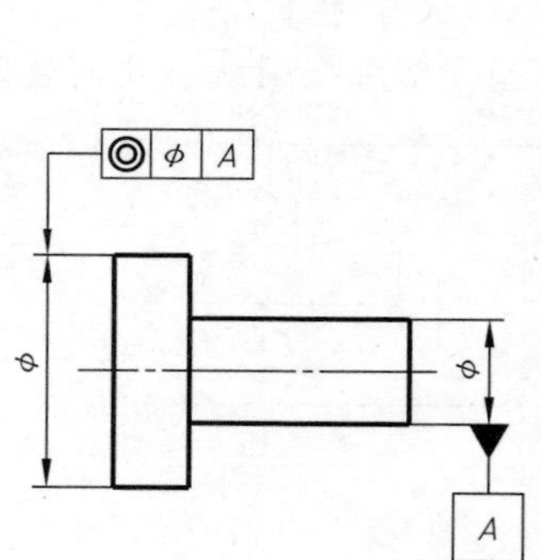

图 7-40 基准、被测要素为轴线或中心平面

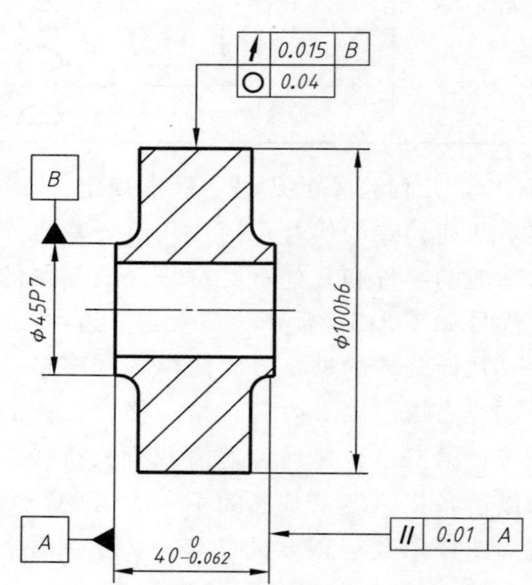

图 7-41 几何公差标注实例

7.5 零件的工艺结构

零件的结构除应满足设计要求外，还应考虑到加工、制造的方便与可能。结构不合理，常常会使制造工艺复杂化，甚至造成废品，因此必须使零件具有良好的结构工艺性。

1. 铸造零件对结构的要求

（1）铸造圆角 为了防止零件铸造时转角处的型砂脱落，以及铸件在冷却收缩时产生缩孔或因应力集中而开裂，应在铸件表面转角处设计成圆角过渡，称为铸造圆角。铸造圆角的存在，还可使零件的强度增加，如图 7-42 所示。

铸造圆角半径一般取 3~5mm，或取壁厚的 0.2~0.4 倍。在同一铸件上圆角半径的种类

a) 产生裂纹

b) 产生缩孔

c) 正确

图 7-42　铸造圆角的必要性

应尽可能少。较多相同的圆角半径可标注在图样的技术要求内，或直接标注在图样右下方。

铸件经机械加工后，铸造圆角被切除，因此只有两个不加工的铸造表面相交处才有铸造圆角，当其中一个是加工表面或两面均有机械加工时，不应画圆角，如图 7-43 所示。

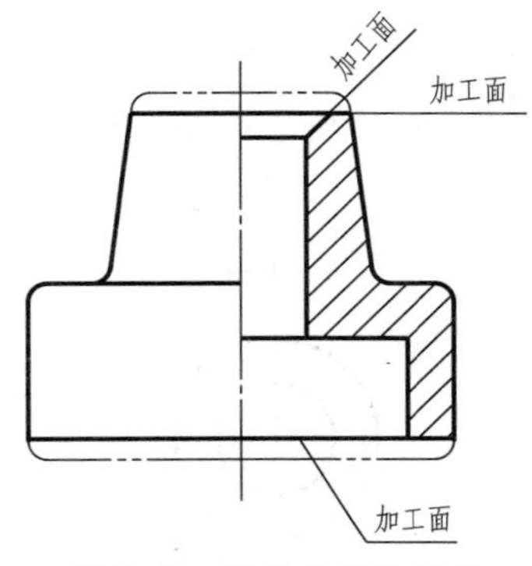

图 7-43　铸件的铸造圆角

由于铸件上有圆角存在，铸件表面上相贯线就不十分明显了，这种线称为过渡线。国家标准规定，铸件上的过渡线用细实线表示。过渡线的画法与相贯线一样，按没有圆角的情况下，求出相贯线的投影，画到理论上的交点为止，如图 7-44a 所示。其他形式的过渡线的画法如图 7-44b 所示。

图 7-44c 左图中的底板上表面与圆柱表面相交，交线如果处在大于或等于 60°的位置时，过渡线按两端带小圆角的直线画出；右图中的底板上表面与圆柱面相交，交线如果处在小于 45°的位置时，过渡线按两端不到头的直线画出。

（2）起模斜度　铸件在造型时，为使金属模或木模从铸型中取出，在平行于起模方向上设计出一定的斜度，称为起模斜度。起模斜度一般为 3°~6°，如图 7-45 所示。

（3）铸件壁厚应尽可能均匀　为了避免浇注零件时因冷却不均匀而在厚壁处产生缩孔，或在断面突然发生变化处发生裂纹，应使铸件壁厚保持等厚或逐渐变化，同一铸件壁厚相差一般不超过 2.5 倍，如图 7-46 所示。

（4）铸件形状设计要合理　铸件各部分形状应尽量简单，内、外壁尽可能平直，凸台等安放位置要合理，以便于制造模样、造型、清砂及机械加工，如图 7-47 所示。

2. 机械加工对零件结构的要求

（1）倒角、倒圆、退刀槽及砂轮越程槽

1）倒角（图 7-48a）：在轴端、孔口加工出 45°、30°或 60°的锥台称为倒角，如图 7-48a所示。图中的“*C*”表示 45°倒角。零件倒角后，可以去除锋利边缘，同时在孔、轴装配时便于定心、对中。倒角尺寸系列及孔、轴直径与倒角大小的关系可查阅有关手册。

当倒角尺寸很小或无一定尺寸时，也常不画出，只在图样的技术要求中注明“*C*0.5”或“锐角倒钝”。

2）倒圆（图 7-48b）：在阶梯轴或孔中，直径不等的两段交接处，常加工成环面过渡，称为倒圆，如图 7-48b 所示。在交接处加工成环面，可减少转折处的应力集中，增加强度。圆角半径 *R* 的尺寸系列及 *R* 值与直径的关系可查阅有关手册。

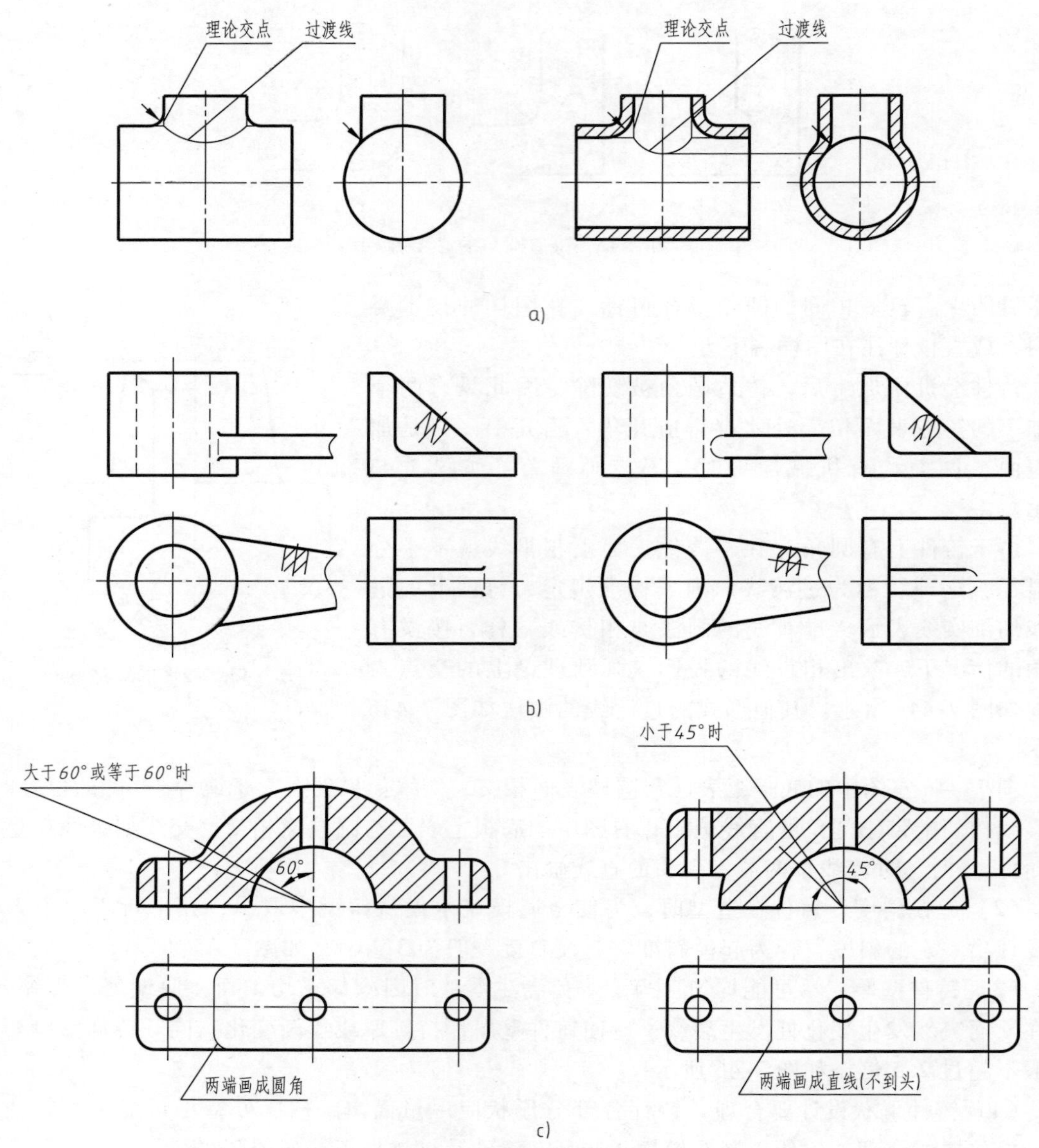

图 7-44　过渡线的画法

当圆角的尺寸很小时，可以不画出，在倒圆处标出圆角的尺寸。

3）退刀槽和砂轮越程槽：在切削加工内、外圆柱或螺纹时，为了便于退出车刀或让砂轮稍微越过加工表面，以及相关的零件在装配时能够靠紧，常在待加工面的末端先车削出退刀槽或砂轮越程槽。退刀槽或砂轮越程槽的尺寸已经标准化，可查表。

退刀槽的尺寸标注，可按“槽宽×直径”或“槽宽×槽深”的形式标注，如图 7-49a 所示。砂轮越程槽一般采用局部放大图进行标注，如图 7-49b 所示。

（2）减少加工面积及加工面的数量　零件与零件接触的表面一般都应加工，为了降低加工费用，保证零件接触良好，应尽量减少加工面积及加工面数量。因此，在零件上常设计有在同一平面上的凸台或沉孔，这时只需要切削加工凸台或沉孔上的平面，如图 7-50 所示。

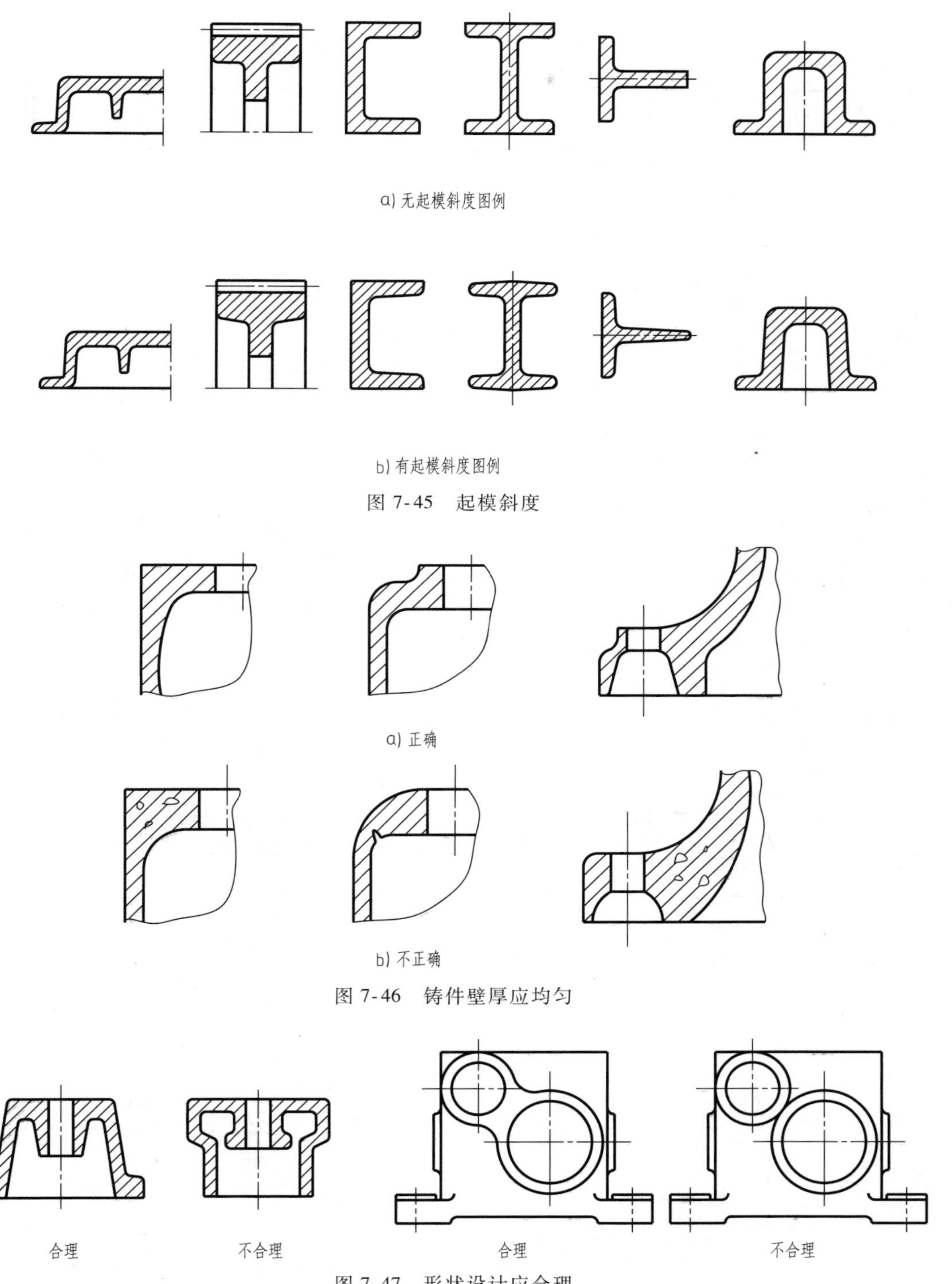

图 7-45 起模斜度

图 7-46 铸件壁厚应均匀

图 7-47 形状设计应合理

(3) 钻头轴线应垂直于被钻孔零件的表面　需要钻孔的零件，应保证使钻头的轴线垂直于被钻孔零件的表面，否则钻头的轴线容易偏歪，致使孔的位置不准，甚至把钻头折断，如图 7-51 所示。

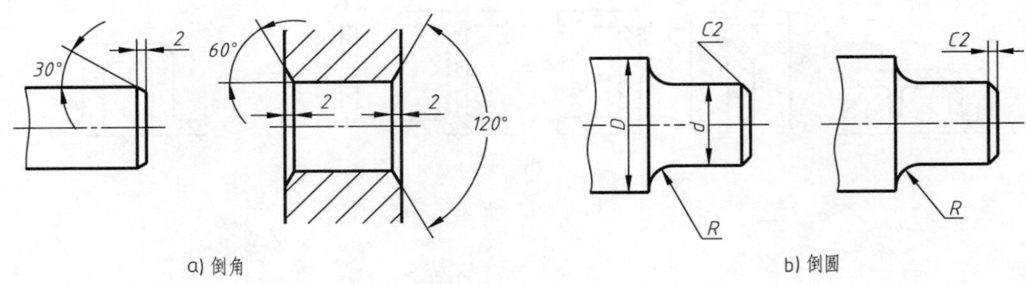

图 7-48　倒角和倒圆

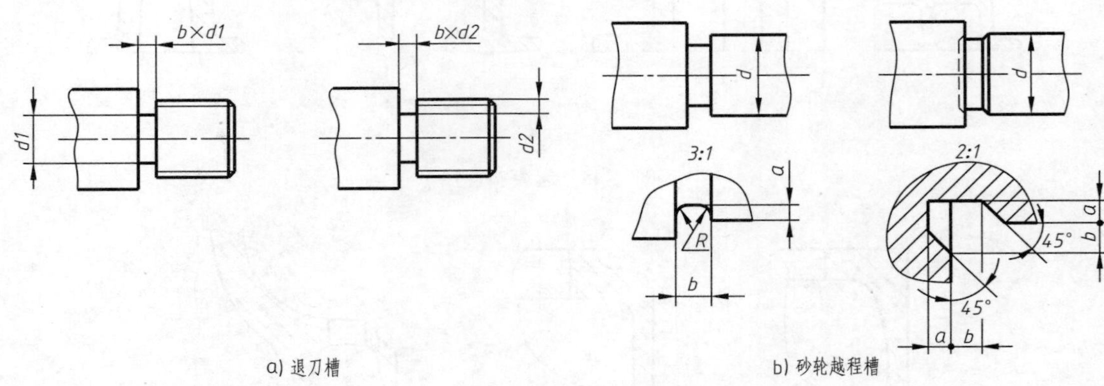

图 7-49　退刀槽和砂轮越程槽

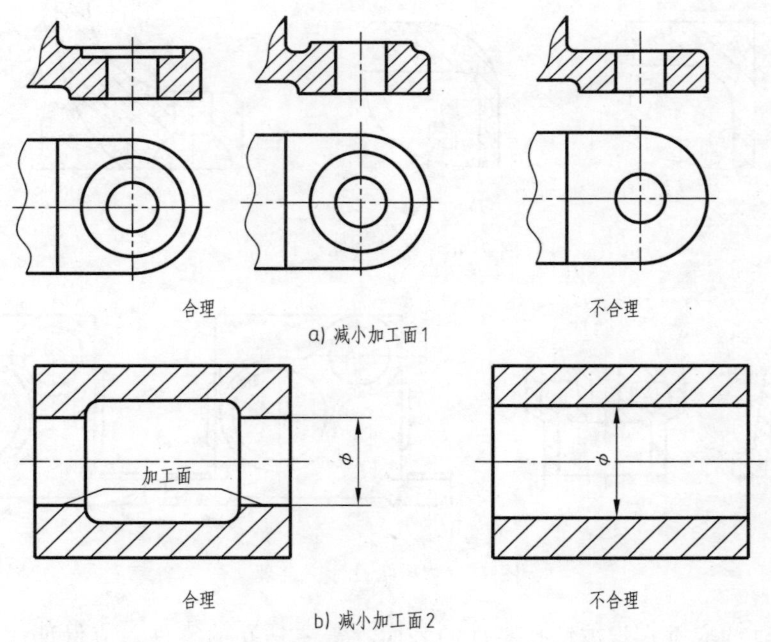

图 7-50　减少加工面积及加工面的数量

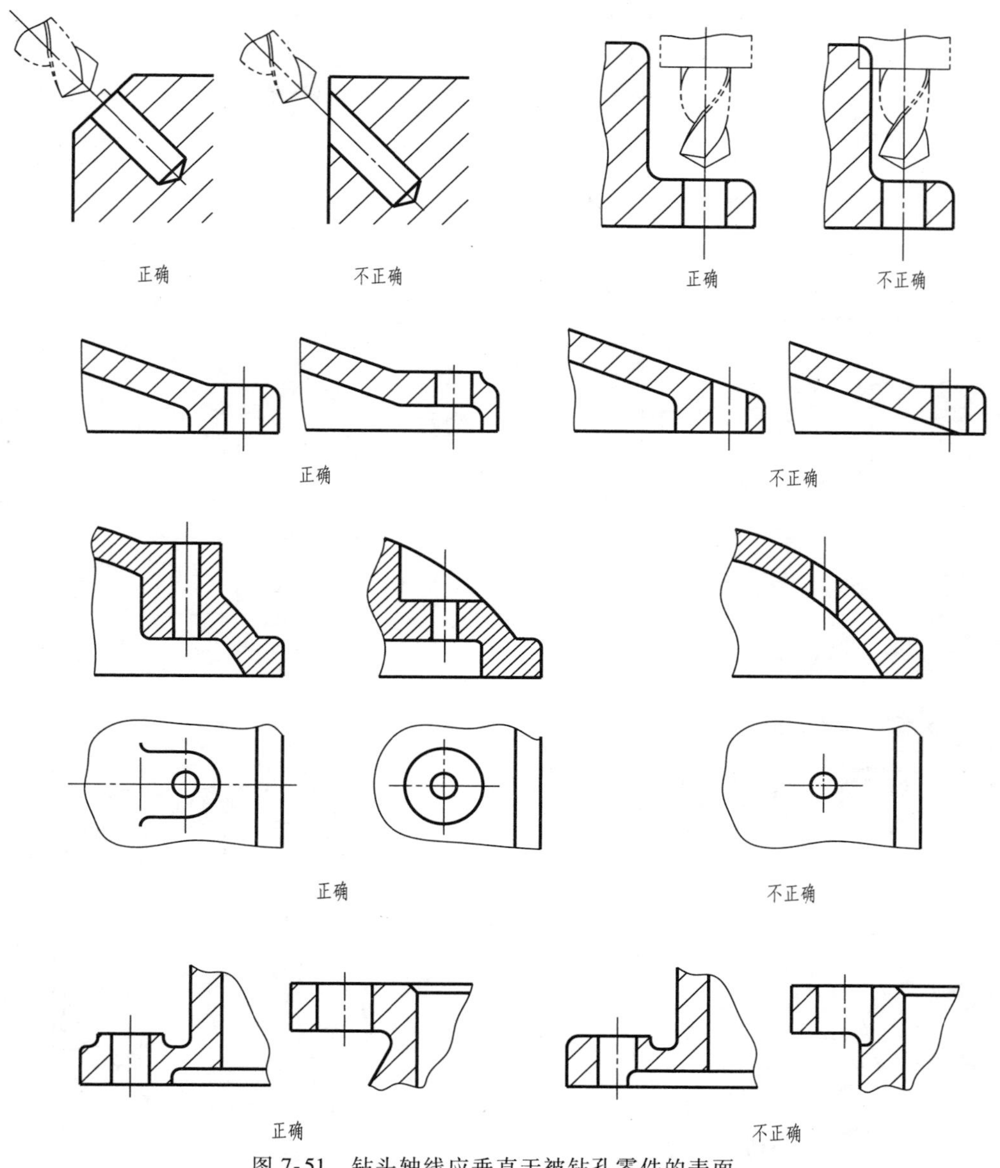

图 7-51　钻头轴线应垂直于被钻孔零件的表面

7.6　读零件图

下面以图 7-52 所示的减速器箱盖零件图为例进行介绍。

1. 读标题栏

读零件图时，首先读标题栏，了解零件的名称、材料图号和绘图比例等信息。了解零件的名称，就会从功能、作用等方面联想零件的大致形状，这对迅速看懂图样十分有帮助。了解零件选用什么材料，就可以知道切削加工时应选用什么样的刀具。从绘图比例中可以知道零件的实际大小。

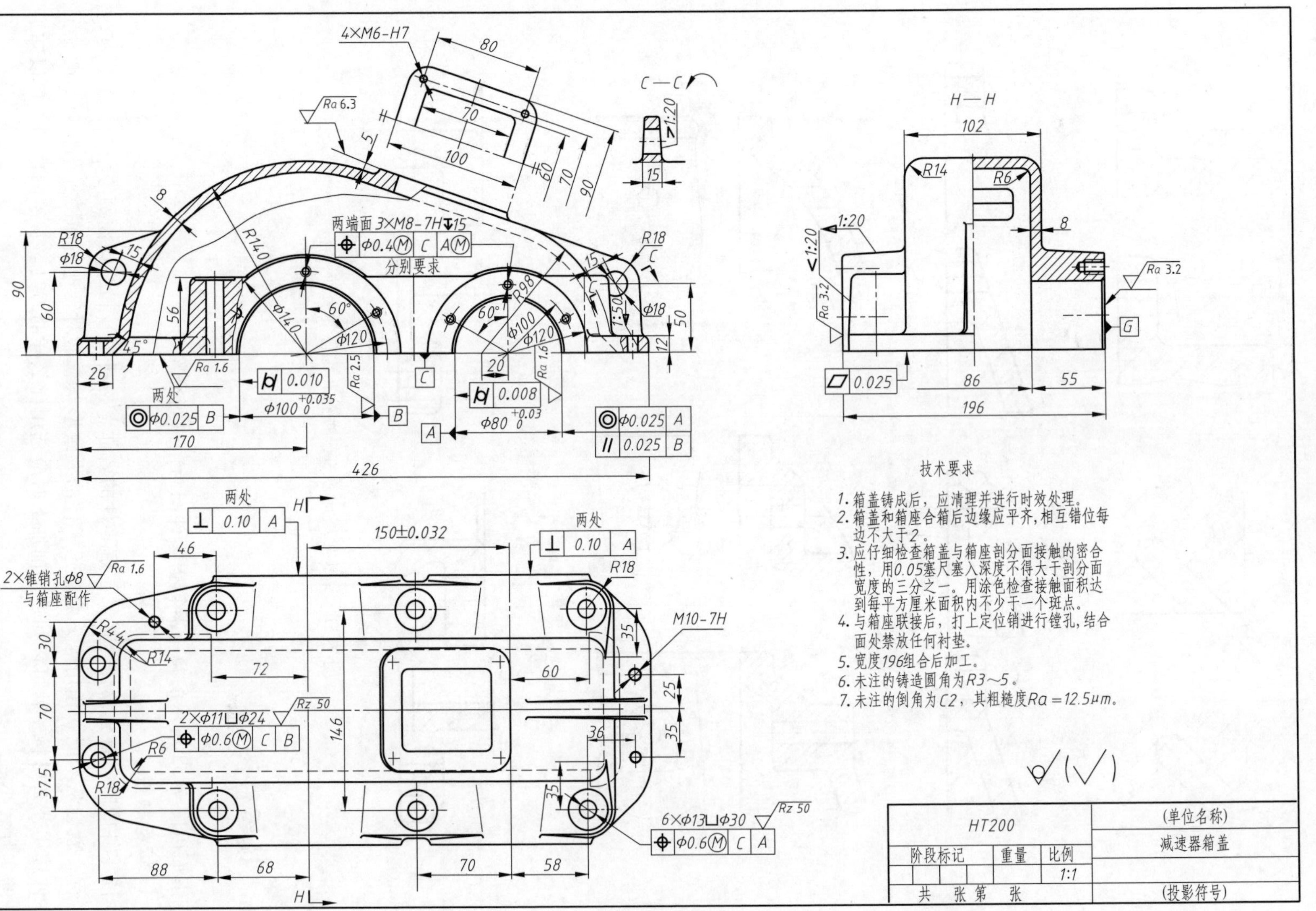

图 7-52 减速器箱盖零件图

减速器箱盖由 HT200 材料制成，比例为 1 : 1。

2. 分析表达方案

开始读图时，可先找出主视图，然后看有多少个视图和用了什么表达方法，以及各视图间的投影配置关系。对于剖视图、断面图必须找到其剖切平面所在的位置，对于斜视图、局部视图应找到指出投射方向的箭头位置，然后分析主视图及各视图的表达重点。

减速器箱盖是由三个基本视图（主视图、俯视图和左视图）组成。主视图采用三处局部剖视；左视图采用半剖视，剖切平面的位置在主视图上 ϕ100mm 孔中心线处；俯视图为表达外形的基本视图。

3. 进行形体分析和线面分析

应用形体分析法和线面分析法分析零件的结构、形状。对零件一些结构的作用和要求应有所了解，这是读图的基本环节。在搞清楚视图关系的基础上，根据图形特点，将零件划分为几个组成部分，弄清各部分由哪些基本几何体组成，再分析各形体的细小结构，最后将各部分综合起来想出零件的完整结构、形状。

4. 进行尺寸分析

综合分析视图和分析形体，找出长、宽、高三个方向尺寸的主要基准。然后从基准出发，以结构、形状分析为线索，再了解各形体的定形、定位尺寸及尺寸偏差，搞清各个尺寸的作用。

视图和尺寸是从形状和大小两个不同角度来共同表达同一零件。读图时应把视图、尺寸和形体结构分析三者密切结合起来，切勿分项孤立地进行。

减速器箱盖的长度方向的主要基准为图 7-52 所示的 ϕ100mm 轴承孔中心线，宽度方向的主要基准为箱盖的对称平面，高度方向的主要基准为箱盖的底面。

5. 了解技术要求

对表面粗糙度代号、尺寸公差、热处理等有关加工、检验及修饰等各方面的要求进行详细的了解，从而可以深入了解零件、发现问题，读图时就可切实弄清其意义。

减速器箱盖上的各结构具有支承、容纳、配合、联接、安装、定位、密封和观察等作用。它是一个铸造零件，由毛坯经过切削加工制成。它的技术要求内容很多，如表面粗糙度、尺寸公差和几何公差，它的材料是 HT200，铸件应进行时效处理。

综合上述五个方面的分析，就可以了解这一零件的完整形象，真正看懂这张零件图。减速器箱盖的立体图如图 7-53 所示。

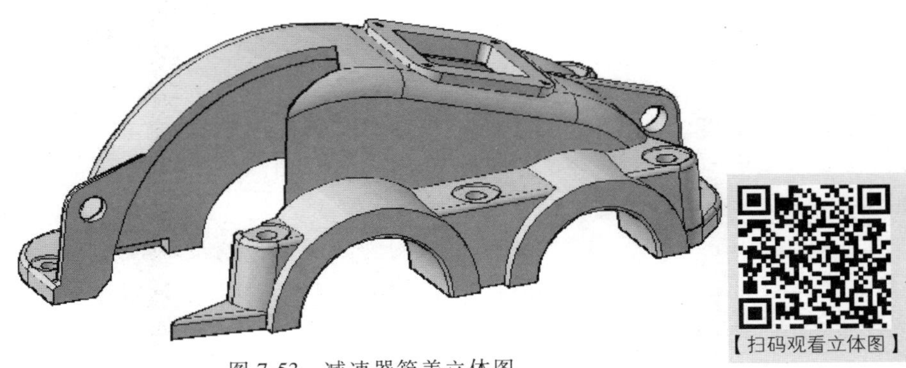

【扫码观看立体图】

图 7-53 减速器箱盖立体图

7.7 项目案例：典型零件图分析

任何一台机器或部件中的零件，由于其作用不同，它们的结构、形状乃至材料、加工过程也是不相同的。分析这些不同的典型零件在表达方式、尺寸标注和技术要求等方面的特点，找出它们的共性，进行归类、比较，对学习绘制、阅读各种零件图会有很大的帮助。本节以一级直齿圆柱齿轮减速器中的常见零件为例进行分析。

1. 轴套类零件

（1）用途　轴一般是用来支承传动件和传递动力的。套一般装在轴上，起轴向定位、传动或连接作用。传动轴零件图如图7-54所示。

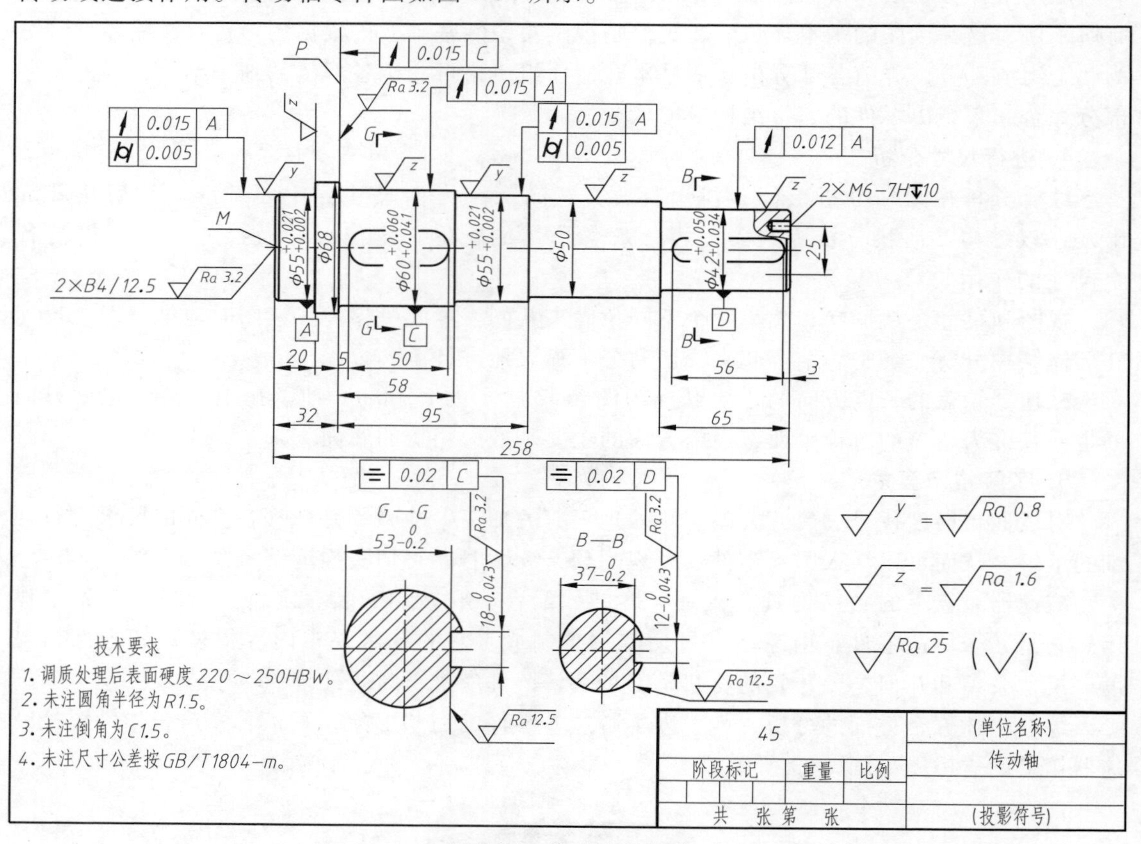

图7-54　传动轴零件图

（2）结构分析　轴套类零件大多数由同一轴线上的数段直径不同的回转体组成，它们的长度方向尺寸一般比回转体的直径尺寸大。根据设计、安装和加工等要求，常见结构有倒角、倒圆、退刀槽、砂轮越程槽、键槽及锥度等。

（3）表达方案　轴套类零件的基本结构为回转体，较常见的加工方法有棒料下料，在车床、磨床上加工等。基于它的形状、结构特点和加工特点，通常它的表达方案为：主视图+若干断面图、局部放大图等。

1）主视图：采用加工位置（轴线平行于标题栏），显示轴线长度的方向作为画主视图的方向。若有孔可采用局部剖视图表达。

2）轴套类零件的主要结构是回转体，用一个视图表达基本就够了。对于轴上的其他结构如键槽、退刀槽等可采用断面图、局部视图或局部放大图等来表示。如图 7-54 中的 *B-B*、*G-G* 断面图。

3）对于形状简单且较长的部分也可断开后缩短绘制。

4）若零件为轴套，还可根据结构采用必要的剖视图。

（4）尺寸标注

1）轴套类零件的直径方向的主要尺寸基准就是回转轴线 *M*，长度方向的主要尺寸基准是端面 *P* 面。（图 7-54 中标注的 *M* 和 *P*，不是零件图的组成部分。）

2）主要尺寸必须直接标注出来，其余尺寸多按加工顺序标注。

3）为了清晰和便于测量，在剖视图上，内、外结构、形状的尺寸分开标注。

（5）技术要求

1）有配合要求的表面，其表面粗糙度要求较高，如 $\phi55^{+0.021}_{+0.002}$mm 表面。无配合要求的表面的表面粗糙度要求较低，如 ϕ50mm 表面。

2）有配合的轴颈尺寸精度要求较高，如图中的 $\phi55^{+0.021}_{+0.002}$。无配合的轴颈尺寸精度要求较低。

3）有配合的轴颈和重要的端面应有几何公差要求，如圆度、圆柱度、平行度、同轴度、对称度和圆跳动等。

传动轴的立体图如图 7-55 所示。

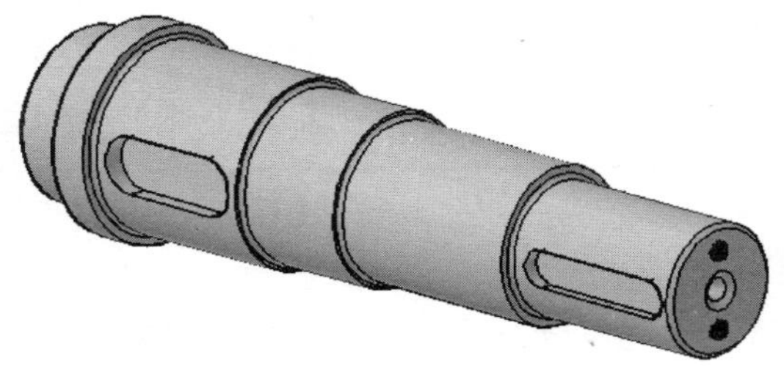

图 7-55　传动轴立体图

2. 盘盖类零件

（1）用途　盘盖类零件可包括手轮、带轮、飞轮、端盖和盘座等。轮一般用来传递动力和转矩，盘主要起支承、轴向定位及密封等作用。轴承盖零件图如图 7-56 所示。

（2）结构分析　盘盖类零件的主体一般由共轴回转体和其他平板形体构成。圆盘上的各种孔也呈对称分布，厚度方向尺寸比其他两个方向的尺寸小。常见的结构有凸台、凹坑、螺纹孔、销孔、轮辐和键槽等。

（3）表达方案　盘盖类零件通常由铸或锻制成毛坯，经必要的切削加工而成，主要在车床和磨床上加工。根据盘盖类零件的结构特点和加工特点，它的表达方案为：主视图+左视图（必要时也可根据结构选择其他的视图）。

1）主视图：盘盖类零件多半由回转体组成，一般主视图采用加工位置（轴线平行于标题栏），该位置同时也符合工作位置。用单一剖切面或旋转剖、阶梯剖等方法作出全剖视图或半剖视图表示各部分结构之间的相对位置关系。

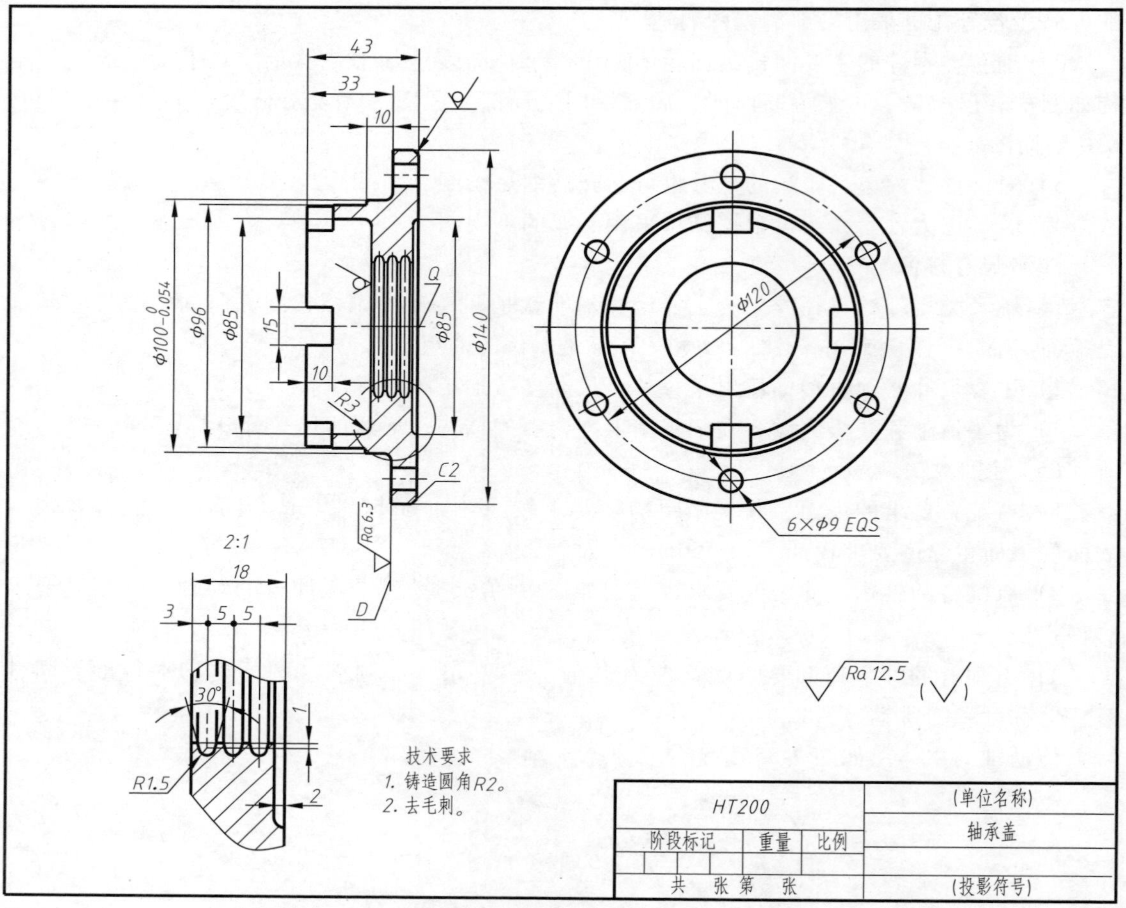

技术要求
1. 铸造圆角R2。
2. 去毛刺。

HT200					(单位名称)
阶段标记			重量	比例	轴承盖
共 张 第 张					(投影符号)

图 7-56 轴承盖零件图

2）其他视图：各种孔的数量及分布情况可选用左视图来表达。另外为了表达某些局部的结构，可用断面图、局部剖视图和局部放大图等表示。

（4）尺寸标注

1）盘盖类零件的宽度和高度方向的主要尺寸基准也是回转中心线 Q，长度方向的主要尺寸基准是经加工的大端面 D。（图 7-56 中标注的 Q 和 D，不是零件图的组成部分。）

2）定形尺寸和定位尺寸都比较明显，尤其是分布在圆周上的小孔的定位圆更是这类零件的典型定位尺寸。多个相同小孔一般采用“6×ϕ9EQS”的形式标注，EQS 表示均匀分布。

3）内、外结构和形状仍应分开标注。

（5）技术要求

1）有配合的内、外表面的表面粗糙度要求较高。

2）有配合的孔和轴的尺寸精度较高，可根据功能要求选择配合。

3）内、外都有配合要求的表面应有同轴度的要求；与其他运动零件相接触的表面应有垂直度或轴向圆跳动等要求。

轴承盖的立体图如图 7-57 所示。

3. 叉架类零件

（1）用途　叉架类零件包括各种用途的拨叉和支架。拨叉主要用作机床、内燃机等各种机器上的操纵机构，支架主要起支承和连接的作用。叉架类零件多数为不对称零件，具有凸台、凹坑、铸（锻）造圆角、起模斜度等常见结构。摇臂零件图如图 7-58 所示。

（2）结构分析　叉架类零件的形状比较复杂，但从功能上大都可分成如下几个部分。

1）工作部分：对其他零件施加作用的部分，常有孔，如图 7-58 所示摇臂零件的 $\phi 9$ 孔。

2）支承部分：支承或安装固定零件自身的部分，常有轴承孔，如图 7-58 所示摇臂零件的 $\phi 10$ 圆筒。

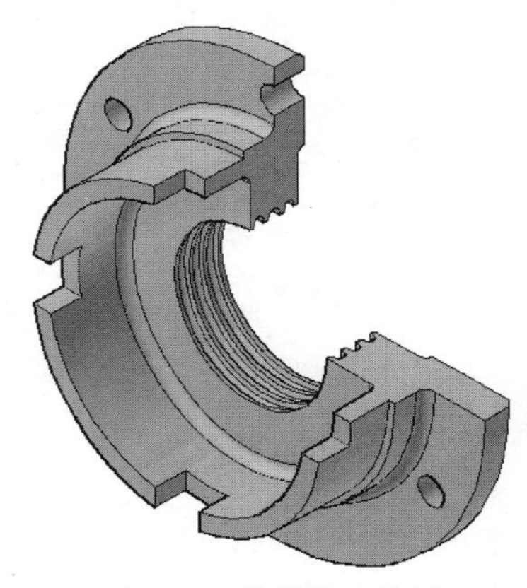

图 7-57　轴承盖立体图

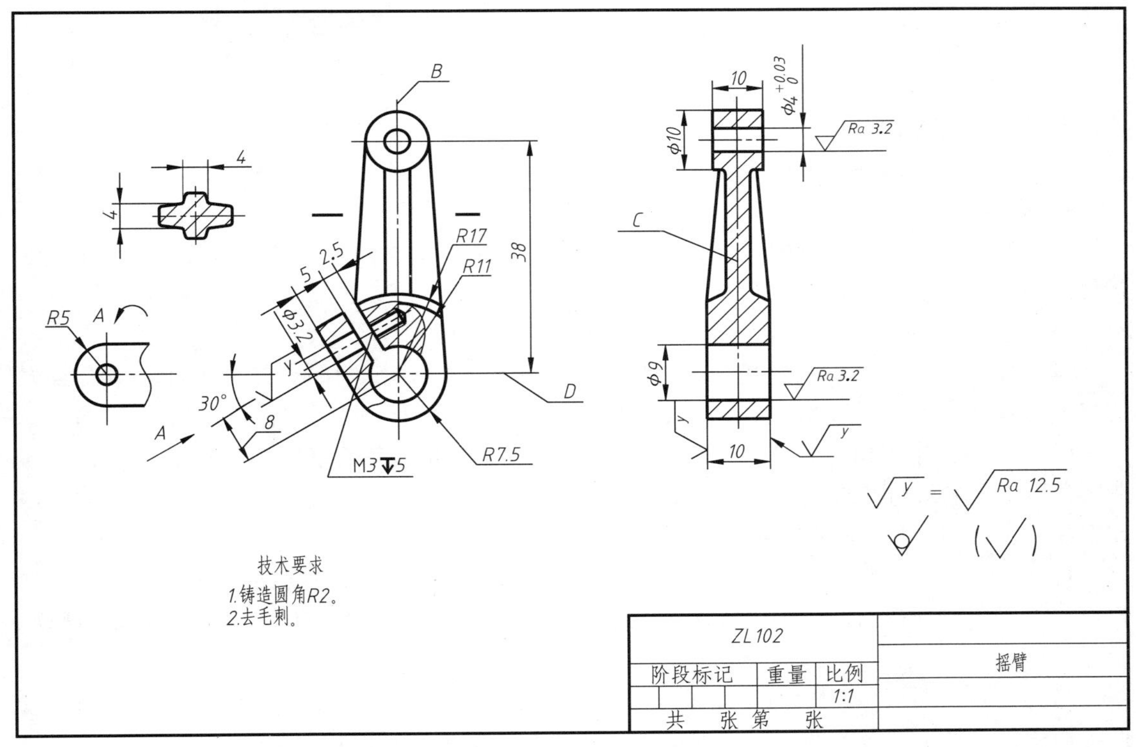

图 7-58　摇臂零件图

3）连接部分：连接零件自身的工作部分和支承部分。常见的结构有肋板或实心杆，如图 7-58 所示摇臂零件的连接部分为十字形断面的肋板。

（3）表达方案　叉架类零件多为铸件和锻件，毛坯形状较复杂，需经必要的机械加工（铣、钻、铰等）。根据叉架类零件的结构特点，它的表达方案为：主视图+其他基本视图+局部视图+肋板断面图。

1）主视图：选择工作位置，以最能反映形状特征的方向为画主视图的方向，明显地表达主要组成部分的相互位置关系和基本形状。

2）其他视图：由于形体多、位置关系复杂，常需要用多个基本视图表达。为了表达内部结构，常采用全剖视图或局部剖视图。用断面图表示肋板或杆的形状。

由于叉架类零件多带有倾斜的外部或内部结构，因此常采用斜视图或斜剖视图。

（4）尺寸标注

1）叉架类零件的长度方向、宽度方向、高度方向的主要尺寸基准一般为安装孔的中心线 *D*、对称平面 *B*、*C* 和较大的加工平面。（图 7-58 中标注的 *D*、*B* 和 *C*，不是零件图的组成部分。）

2）定位尺寸较多，要注意能否保证定位的精度。一般要标注出孔中心线间的距离，或孔中心线到平面的距离，或平面到平面的距离。

3）定形尺寸一般都采用形体分析法标注尺寸，便于制作木模。内、外形的形状要注意保持不变。起模斜度、铸造圆角也要标注出来。

（5）技术要求　表面粗糙度、尺寸公差、几何公差根据零件功能需要选择。

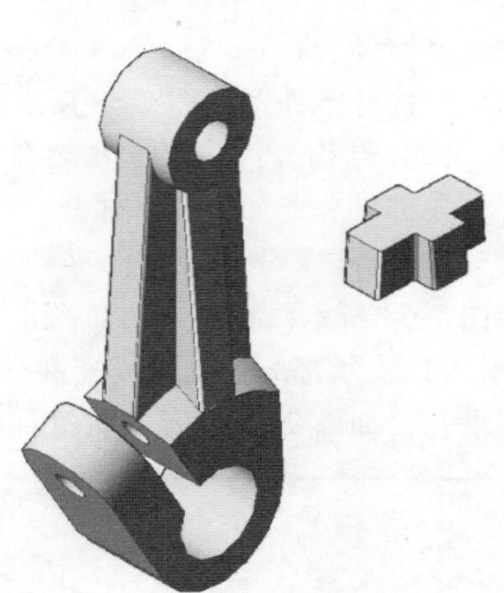

图 7-59　摇臂立体图

摇臂立体图如图 7-59 所示。

4. 箱体类零件

（1）用途　箱体类零件是机器（或部件）中的主要零件，用来容纳、支承和固定其他零件。箱体类零件包括阀体、泵体、箱体和机座。减速器箱座零件图如图 7-60 所示。

（2）结构分析　在四大类典型零件中，箱体类零件是最复杂的。这类零件一般有较大的空腔，零件上常有螺纹孔、定位销孔、光孔、沉孔、凸台、加强肋及润滑油道等结构。

（3）表达方案　由于箱体类零件毛坯多为铸造，因此，一般壁厚要尽可能均匀，有铸造圆角、起模斜度等结构。机械加工的工序较多，有铣、刨、钻和磨等。箱体类零件的表达方案为：主视图+其他基本视图+若干局部视图。

1）主视图：选择工作位置，以最能显示形状特征的方向为主视图。为了表达内部空腔，常采用局部剖视图，有时也采用全剖、半剖或阶梯剖，如图 7-60 中主视图中的局部剖视图。

2）其他视图：因箱体类零件结构较复杂，需要的视图较多，要以形体分析为基础，以把各形体内、外形状表达清楚为根据选择其他视图和剖视图。如用局部视图表达一些凸台，如图 7-60 中的 *E* 局部视图，*F* 斜视图和 *D—D* 移出断面图。

（4）尺寸标注

1）箱体类零件的长度方向、宽度方向、高度方向的主要尺寸基准也是采用孔的中心线、对称平面和较大的加工平面。

2）箱体类零件的定位尺寸较多，其中的孔中心线间的距离一般要直接标注出来，要求高的地方还要给出公差。

3）定形尺寸仍按形体分析标注。

（5）技术要求

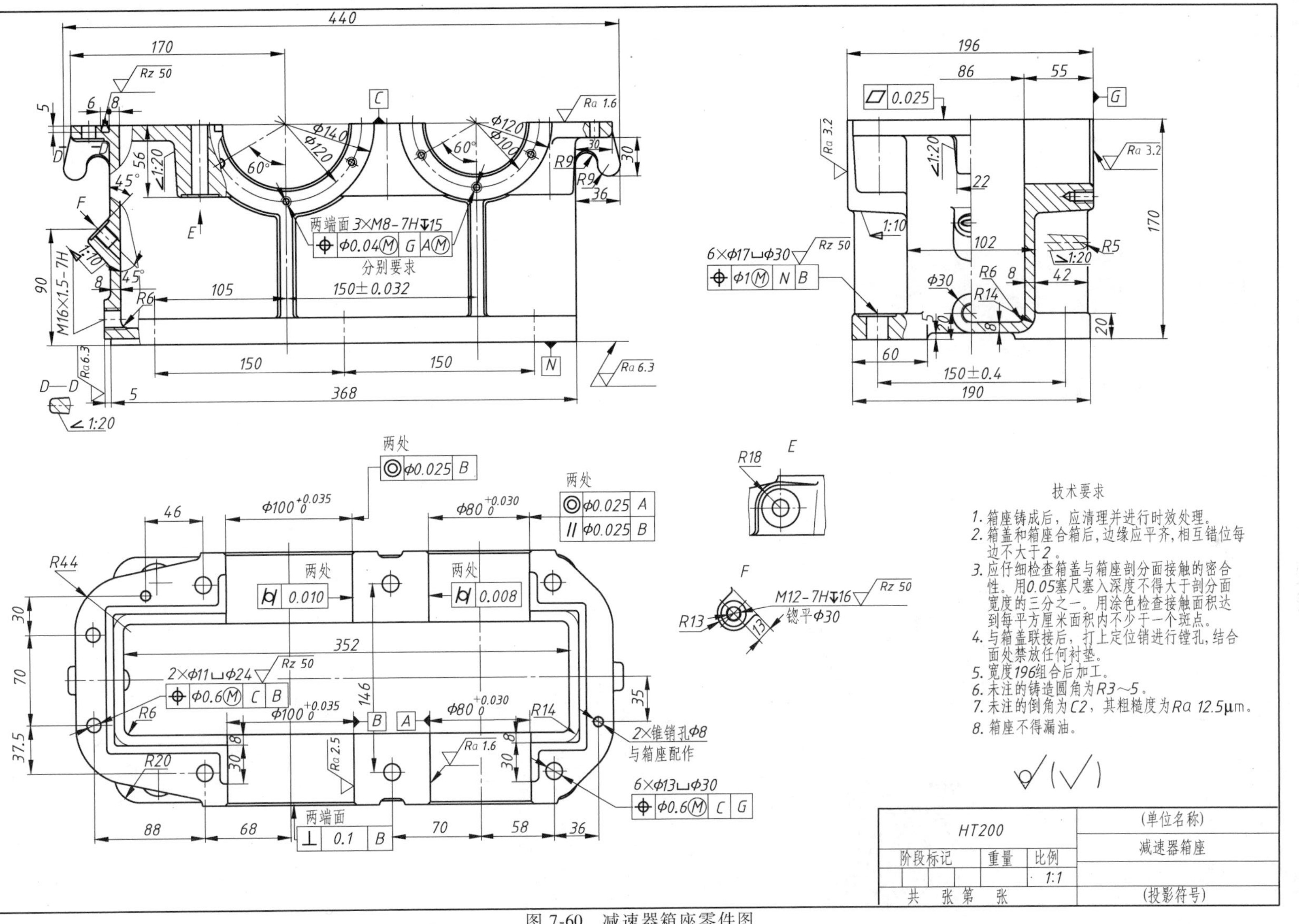

图 7-60　减速器箱座零件图

1）重要的箱体孔和重要表面的表面粗糙度要求都较高。

2）重要的箱体孔和重要表面应该有尺寸公差和几何公差的要求。

减速器箱座立体图如图 7-61 所示。

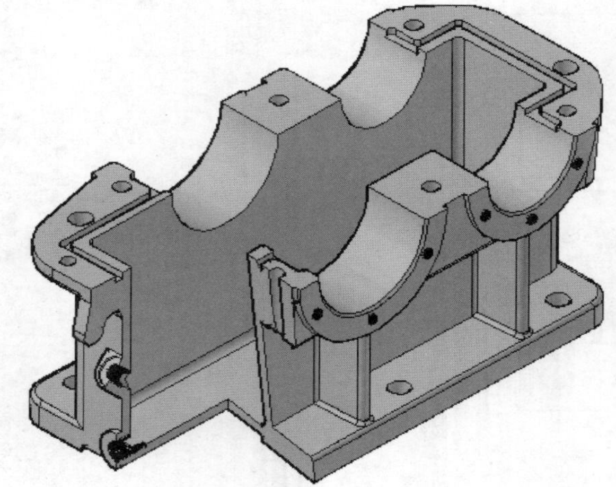

【扫码观看立体图】

图 7-61　减速器箱座立体图

本项目小结

从本项目开始进入了本课程的应用阶段。在前面的基础教学阶段中，项目 5、项目 6 可视为本项目的前奏。事实上对于机器上的任何一个零件，它的形状、结构与大小，首先必须满足使用要求，同时还必须考虑能不能制造、怎样制造的工艺要求，这些要求都必须通过零件图表达在图样上。因此，本项目内容从用投影法原理表达物体的形状，转入到按画法、标注规定表达零件的使用、工艺要求。

练习与在线自测

1. 思考题

（1）选择表达方案的原则是什么？

（2）什么是尺寸基准？一个零件至少应该有几个尺寸基准？

（3）什么是表面粗糙度？表示表面粗糙度的符号有几种？

（4）什么是公称尺寸？什么是公差和极限偏差？

（5）什么是几何公差？几何公差有多少个项目？

2. 练习题

（1）比较摇臂座的两种表达方案，填空，并找出方案一中多余的图形。

方案一（图 7-62）

方案一共用________个图形表达，其中表达零件外形的是________图、________图、________图和________图。*A—A* 剖视表示中间________的内部形状；*B—B* 剖视表示左边________的内部形状；*C—C* 剖视表示右上部________的内部形状；*D—D* 剖视表示

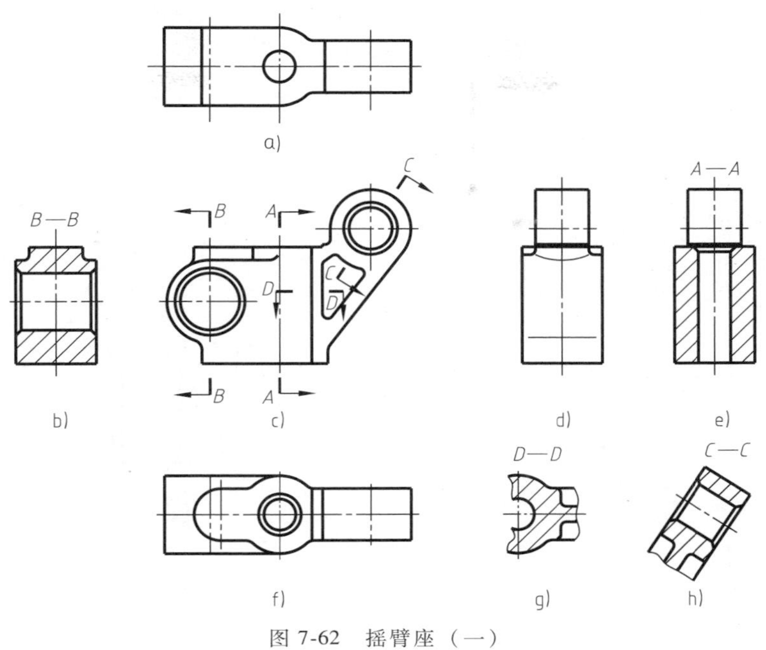

图 7-62 摇臂座（一）

________的形状。

方案二（图 7-63）

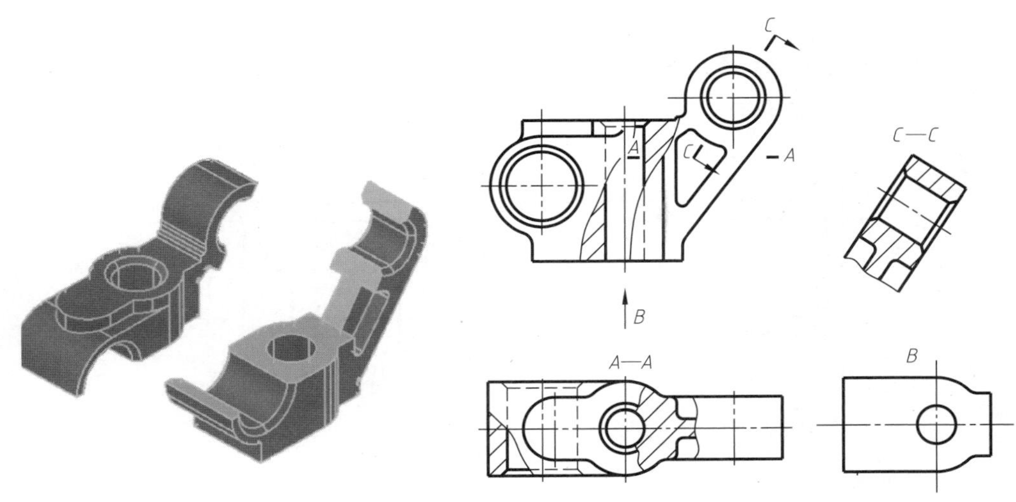

图 7-63 摇臂座（二）

方案二共用________个图形表达。主视图主要表达零件外形，并采用________剖视表达中间通孔的形状；俯视图上两处局部剖视分别表示________和________的局部形状；*C*—*C* 剖视表示________的内部形状；*B* 向局部视图表示________的外形。

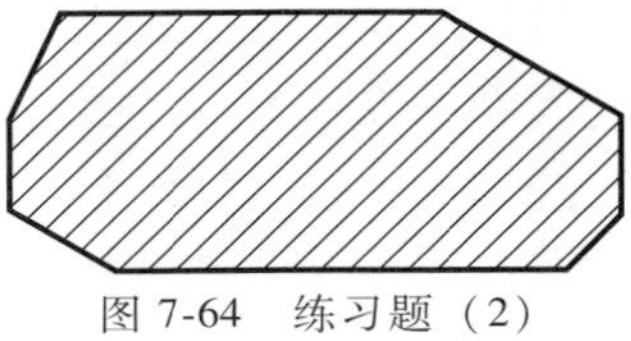

图 7-64 练习题（2）

（2）在图 7-64 的各表面上标注同一表面粗糙度代号（*Ra* 为 1.6μm）。参数 *Ra* 的数值均为上限值，尺寸单位为μm。

（3）将给定的表面粗糙度 *Ra* 值，用代号标注在图7-65上。

1）ϕ30mm、ϕ28mm 外圆柱面的 *Ra* 值为1.6μm；

2）键槽工作表面的 *Ra* 值为3.2μm，底面的 *Ra* 值为6.3μm；

3）锥销孔表面的 *Ra* 值为3.2μm；

4）其余表面的 *Ra* 值为12.5μm。

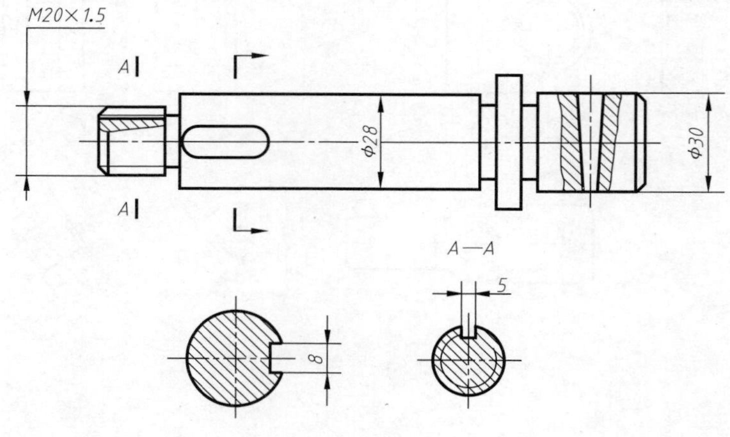

图7-65　练习题（3）

（4）解释配合代号的含义，查表得上、下极限偏差值后标注在如图7-66所示的零件图上，并填空。

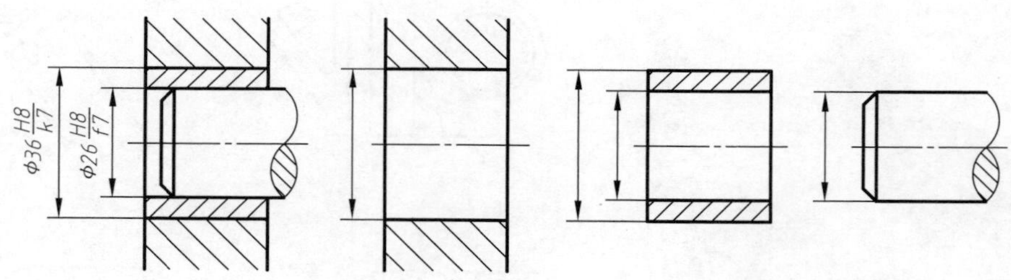

图7-66　练习题（4）

1）轴套与泵体孔配合

公称尺寸：＿＿＿＿＿＿，基＿＿＿＿＿＿制，＿＿＿＿＿＿配合。

公差等级：轴IT＿＿＿＿＿＿级，孔IT＿＿＿＿＿＿级。

2）轴套：上极限偏差＿＿＿＿＿＿，下极限偏差＿＿＿＿＿＿。

泵体孔：上极限偏差＿＿＿＿＿＿，下极限偏差＿＿＿＿＿＿。

3）轴套与轴配合

公称尺寸：＿＿＿＿＿＿，基＿＿＿＿＿＿制，＿＿＿＿＿＿配合。

公差等级：轴 IT ____________ 级，孔 IT ____________ 级。

轴套：上极限偏差____________，下极限偏差____________。

轴：上极限偏差____________，下极限偏差____________。

（5）按要求在图 7-67 上用框格标注几何公差代号。

1）ϕ35h6 轴线的直线度公差为 ϕ0.06mm；

2）两端面对 ϕ35h6 轴线的轴向圆跳动公差为 0.1mm；

3）ϕ35h6 圆柱的圆柱度公差为 0.1mm。

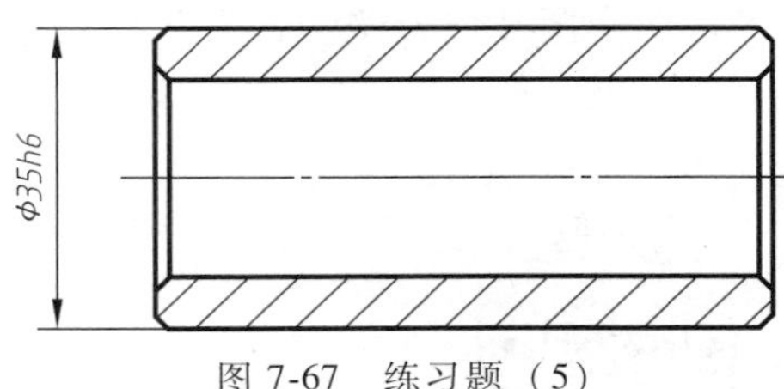

图 7-67　练习题（5）

（6）读懂如图 7-68 所示的齿轮泵泵盖零件图，并回答下列问题：

1）泵盖主视图是采用____________的剖切平面剖得的____________图。

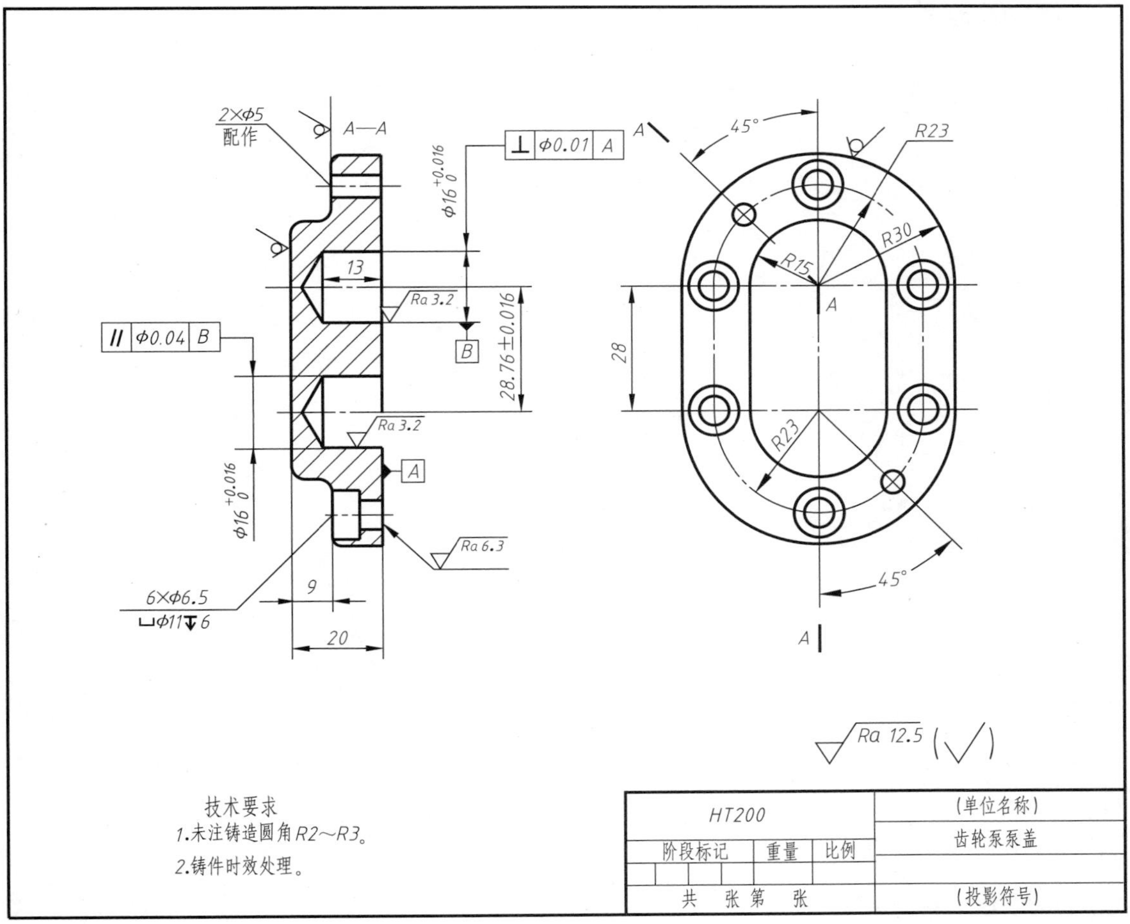

技术要求

1.未注铸造圆角R2～R3。

2.铸件时效处理。

HT200			（单位名称）
阶段标记	重量	比例	齿轮泵泵盖
共　张 第　张			（投影符号）

图 7-68　齿轮泵泵盖

2）用▲指出长、宽、高方向的主要尺寸基准。

3）泵盖上有____________个销孔，____________个沉孔，____________个不通孔。沉孔的直径是____________，深____________。

4）尺寸 28.76±0.016mm 是____________尺寸。

5）泵盖左视图中的定位尺寸有____________、____________、____________。

6）泵盖表面质量要求最高的表面是________，其表面粗糙度 Ra 值为________。

7）图中两几何公差的含义分别是：基准要素是____________、____________，被测要素是____________、____________，公差项目是____________、____________，公差值是____________、____________。

3. 自测题（手机扫码做一做）

项目8

装配图知识的学习与应用

知识目标

1）了解装配图的内容和作用及其与零件图之间的联系。
2）了解装配图表达方案的选择。
3）了解装配图的特殊表达方法和装配图画法的基本规定。
4）掌握读装配图的方法。
5）了解如何从装配图中拆画零件图。
6）了解装配体的测绘方法。

能力目标

1）能根据装配体的结构特点正确选择表达方案。
2）在绘制装配图的过程中，能正确使用装配图画法的基本规定和特殊画法。
3）能正确地编写零件序号及填写明细栏。
4）掌握读装配图的方法步骤。
5）掌握从装配图中拆画零件图的方法。
6）掌握测绘装配体的过程和方法，会画装配示意图及零件草图。

项目案例

一级直齿圆柱齿轮减速器的测绘及装配图绘制。

8.1 装配图的作用和内容

构成一台机器或一个部件的各个零件，都是根据机器的工作原理和性能要求，按一定的技术要求装配在一起的。它们之间具有一定的相对位置、连接方式、配合性质和装拆顺序等关系，这些关系通称为装配关系。把加工好的零件按一定的装配关系装配而成的机器或部件称为装配体。表达装配体的图样就称为装配图，如图 8-1 所示。

1. 装配图的用途及形式

装配图是表示产品工作原理及其组成部分的连接、装配关系的图样，还应包括装配和检验所必需的数据和技术要求。

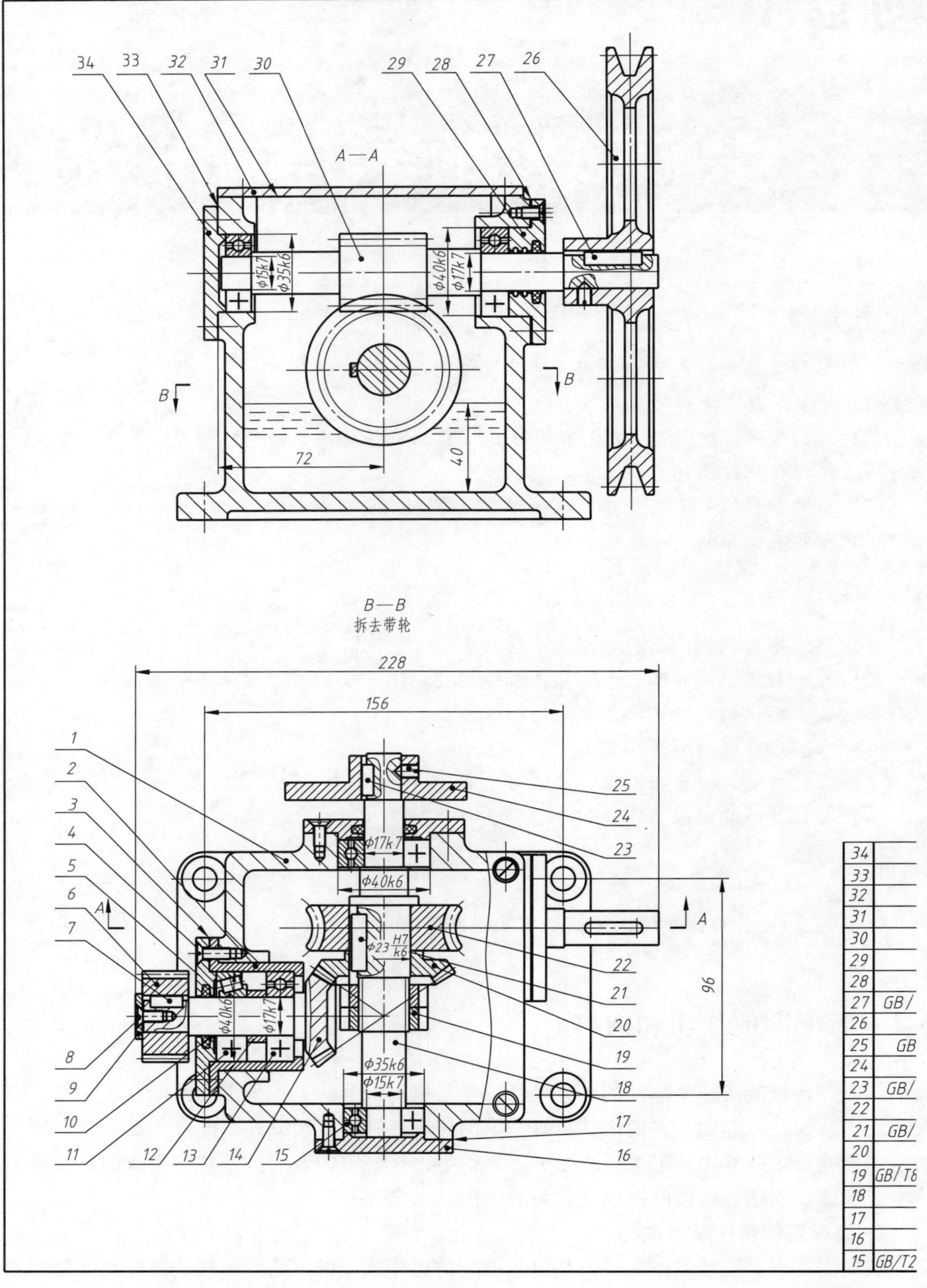
A—A
B—B
拆去带轮
228
156
72
40
96
Φ15k7
Φ35k6
Φ40k6
Φ17k7
Φ23 H7/k6
A
B
1
2
3
4
5
6
7
8
9
10
11
12
13
14
15
16
17
18
19
20
21
22
23
24
25
26
27
28
29
30
31
32
33
34
27 GB/
25 GB
23 GB/
21 GB/
19 GB/T6
15 GB/T2

图 8-1　送料

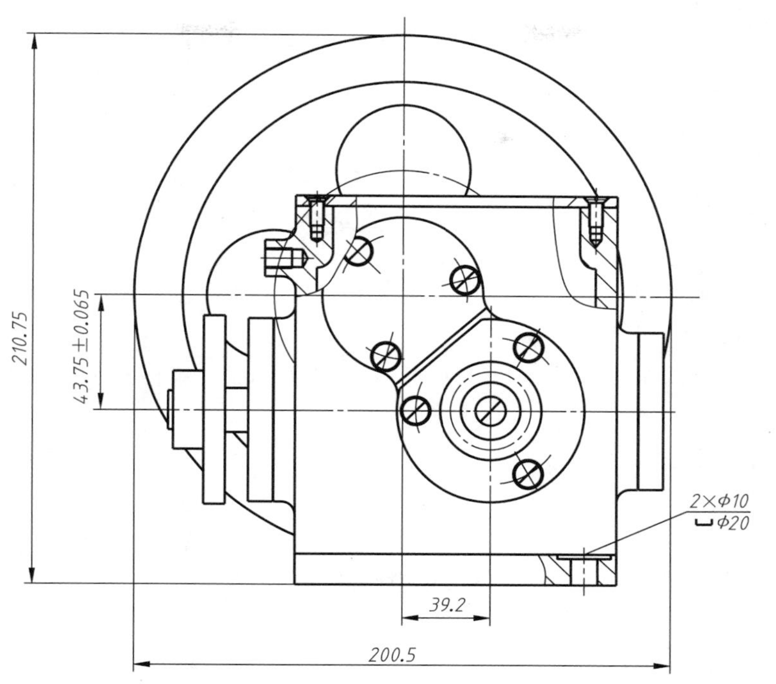

技术要求

1.装配后须转动灵活，各密封处不得有漏油现象。

2.空载试验时，油池温度不得超过35℃，轴承温度不得超过40℃。

代号	名称	数量	材料	单件	总计	备注
	轴承盖（Ⅲ）	1	Q235			
	纸质垫片	1				
	箱　盖	1				
	纸质垫片	1				
	蜗　杆	1	45			
	轴承盖（Ⅳ）	1	Q235			
	纸质垫片	1				
T 1096	键5×5×25	1	45			
	V带轮	1	HT200			
/T71	螺钉M6×10	2	Q235			
	凸　轮	1	45			
T 1096	键8×7×14	1	45			
	蜗　轮	1	ZCuZn38Mn2Pb2			
T 1096	键8×7×25	1	45			
	锥齿轮	1	45			m=2 z=30
?12—1988	螺母M22×1.5	2	Q235			
	主　轴	1	45			
	纸质垫片	1				
	轴承盖（Ⅱ）	1	Q235			
76—1994	轴承30202	2				

序号	代　号		数量	材　料	单件	总计	备　注
14		锥齿轮轴	1	45			m=2 z=21
13	GB/T276—1994	轴承6203	3				
12		隔离环	1	Q235			
11	GB/T297—1994	轴承30203	1				
10		毡圈	3	半粗羊毛			
9	GB/T891—1986	挡圈B20	1	Q235			
8	GB/T68—2000	螺钉M5×12	17	Q235			
7	GB/T1096—2003	键4×4×14	1	45			
6		圆柱齿轮	1	45			m=1.5 z=25
5		轴承盖（Ⅰ）	1	HT200			
4	GB/T68—2000	螺钉M5×10	3	Q235			
3		纸质垫片	2				
2		轴承套	1	Q235			
1		箱　体	1	HT150			

标记	处数	分区	更改文件号	签名		送料减速器	(单位名称)
设计			标准化			阶段标记　重量　比例	
制图						1:1	
审核							
工艺			批准			共　张 第　张	(投影符号)

减速器

1）在新设计时，要先画装配图。它除了表达装配体工作原理、零件间装配关系外还要求把各零件的结构、形状尽可能表达完整，基本上能根据它画出各零件的零件图。这种装配图称为设计装配图。

2）当零件加工好后，进行装配时，用来指导装配工作、着重表明各零件之间的相互位置、装配关系的装配图称为装配工作图。

3）只表示机器的安装关系，及各部件之间相对位置关系，这种装配图称为装配总图。

不论哪一种形式的装配图，都是生产中的重要技术文件。

2. 装配图的内容

（1）一组视图　装配图包括一组视图，用于表示部件或机器的结构、零件之间的相互位置及工作原理，以及主要零件的基本形状。

（2）必要的尺寸　在装配图中必须标注反映装配体性能、规格、装配、检验及安装所需的尺寸。

（3）技术要求　装配图中的技术要求用于说明装配、运输、安装、检验、调试等方面的要求。

（4）标题栏和明细栏　装配图还必须有用于说明装配体的标题栏和填写了零件名称、材料、数量等信息的明细栏。图 8-1 所示为送料减速器的装配图。

8.2　装配体的表达方法

装配图和零件图一样都是机械图样，它们的共同点是都要表达出装配体或零件的内、外结构。国家标准关于零件的各种表达方法和选择视图的原则，在表达部件时也适用。但零件图与装配图又有区别。零件图用来表达零件的结构、形状，而装配图主要表达机器或部件的工作原理、装配关系，因此装配图在表达方面有它的特殊性。为了清晰而又简便地表达出部件的结构，机械制图国家标准对装配图提出了一些规定画法和特殊画法。

1. 装配图视图的选择

（1）主视图　一般将装配体的工作位置作为选取主视图的位置，以最能反映装配体的装配关系、工作原理及结构、形状的方向作为画主视图的方向。若装配体工作位置倾斜，应先放正，再进行绘图。

（2）其他视图　主视图未能表达清楚的装配关系，应根据需要配以其他基本视图或辅助视图，直至把工作原理、装配关系完全表达清楚。可根据需要进行适当的剖视、断面，同时应照顾到图幅的布局。

2. 装配图上的规定画法

1）相邻两个零件的接触面和配合面之间，规定只画一条轮廓线；相邻两个零件的不接触面（两零件的公称尺寸不同），不论间隙多小，均应画两条线，如图 8-2 所示。

2）相邻两个被剖切的金属零件，它们的剖面线倾斜方向应相反。几个相邻零件被剖切，剖面线无法相反时，其剖面线可用间隙不同、错开等方式加以区别，如图 8-3 所示。但在同一张图样上，表示同一零件的剖面线的方向、间隔应相同。

剖面厚度小于 2mm 时，允许以涂黑来代替剖面线，如图 8-1 中的垫片。

3）在装配图中，对于紧固件的轴、连杆、球、钩子、键和销等实心零件，当剖切面通

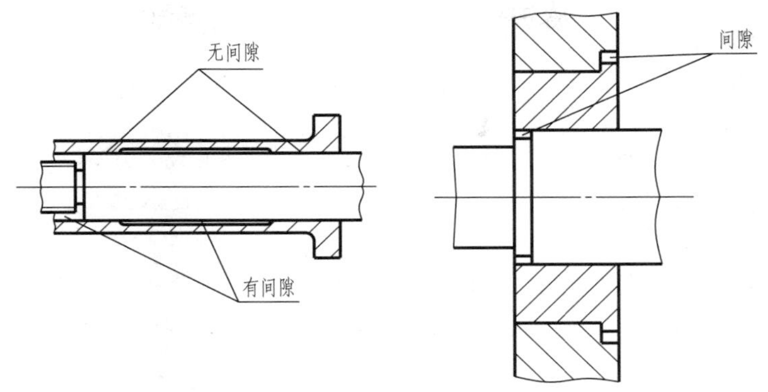

图 8-2　接触面与非接触面

过最大对称平面时，这些零件均按不剖绘制。若需要特别表明零件的构造，如凹槽、键槽和销孔等，可用局部剖视图表示，如图 8-3 所示。

4）被弹簧挡住的结构规定不用画出，可见部分应从弹簧簧丝剖面中心或弹簧外径轮廓线画出，如图 8-4 所示。弹簧簧丝直径在图形上小于 2mm 的剖面可以涂黑，小于 1mm 的可用示意画法，如图 8-5a、b 所示。

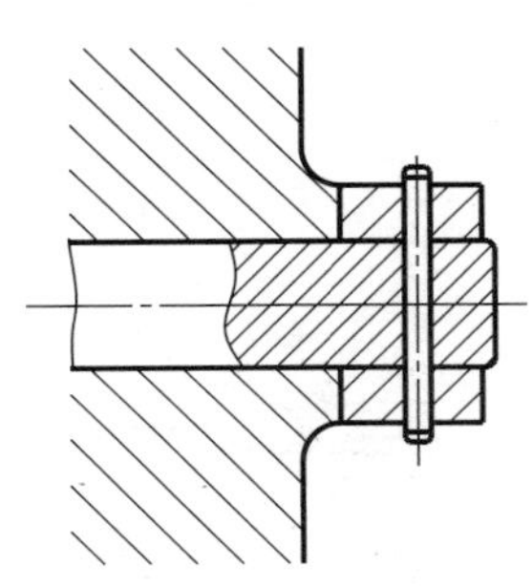

图 8-3　几个相邻零件的剖面线画法

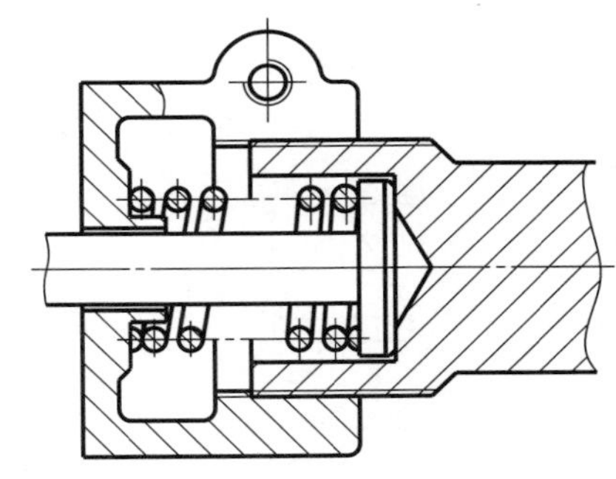

图 8-4　装配图中弹簧的画法

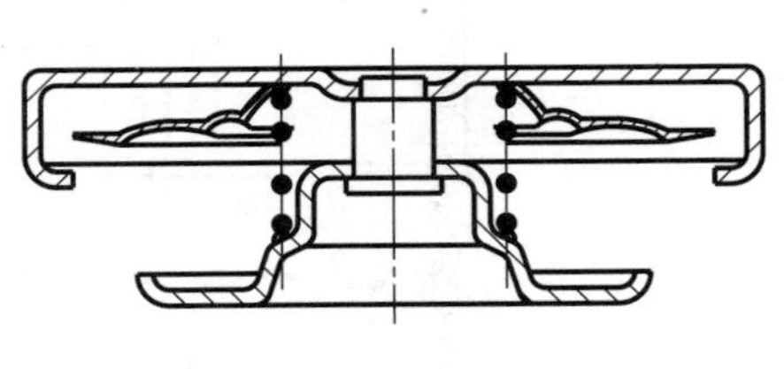

a) 弹簧丝涂黑

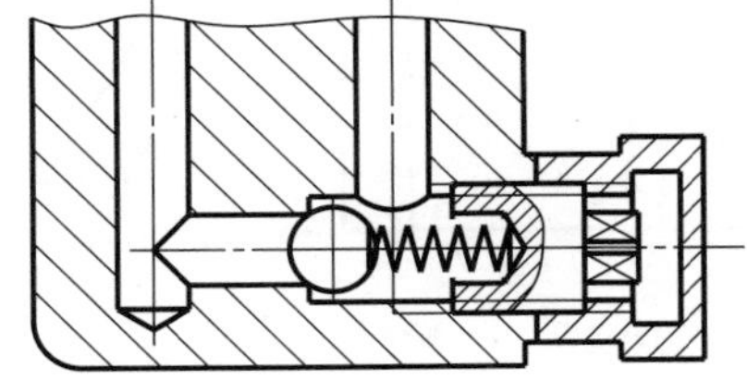

b) 弹簧的示意画法

图 8-5　装配图中弹簧的简化画法

3. 装配图上的特殊画法

（1）沿结合面剖切方法　为使装配体中某部分零件表达得更为清楚，可假想沿某些零件的结合面进行剖切。如图 8-33 所示的减速器俯视图，就是假想沿箱体和箱盖的结合面进行剖切的。

（2）拆卸画法　装配图中可将某些零件拆卸后绘制。拆卸后需加以说明时，可注上

“拆去件××”，对被拆卸零件的形状需要表达时，可单独画出零件的某一视图。如图 8-33 所示的减速器的左视图，拆去了窥视孔盖组件。

（3）假想画法

1）有时装配图为了表示某些运动件的运动范围及极限位置，用双点画线画出其极限位置处外形图。对某些作直线运动的零件，可用两个极限尺寸表示两个极限位置。如图 8-6、图 8-7 所示。

2）当需要表示装配体与相邻有关零件的关系或夹具中工件的位置时，可用双点画线画出该零件的轮廓，如图 8-8 中的工件和图 8-9 中的主轴箱位置所示。

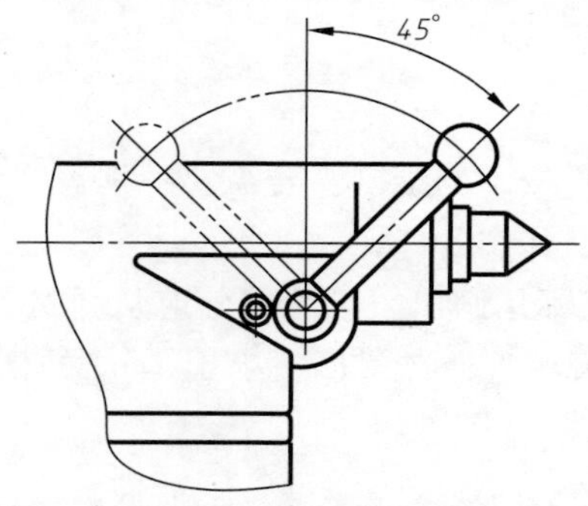

图 8-6　车床尾架锁紧手柄极限位置表示方法

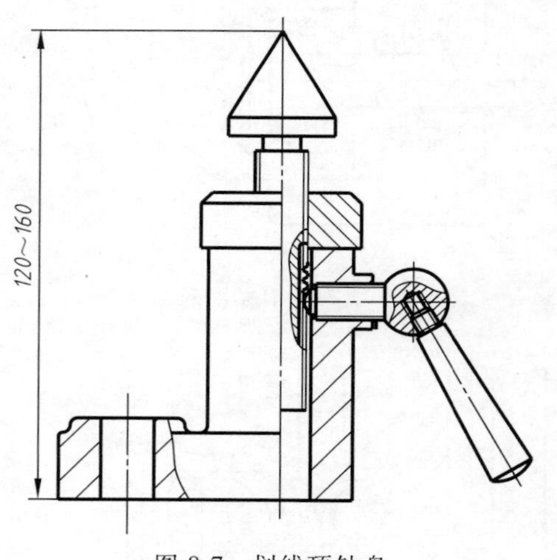

图 8-7　划线顶针盘

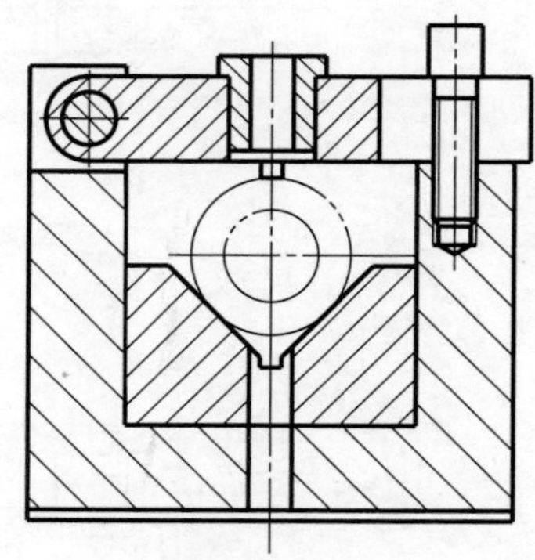

图 8-8　夹具中工件的表示法

（4）展开画法　为了表示传动机构的传动路线和装配关系，可假想将在图纸上互相重叠的空间轴系，按其传动顺序展开在一个平面上，然后沿各轴线剖开，得到的剖视图如图 8-9 所示。

4. 装配图中的简化画法

1）若干相同的零件组，如螺栓、螺钉等，允许较详细地画出一处或几处，其余只要画出中心线即可，如图 8-10 所示。

2）零件的部分工艺结构如倒角、倒圆、退刀槽，允许不画。螺栓、螺母因倒角产生的曲线允许省略。

3）滚动轴承可按简化画法画，如图 8-10 所示。

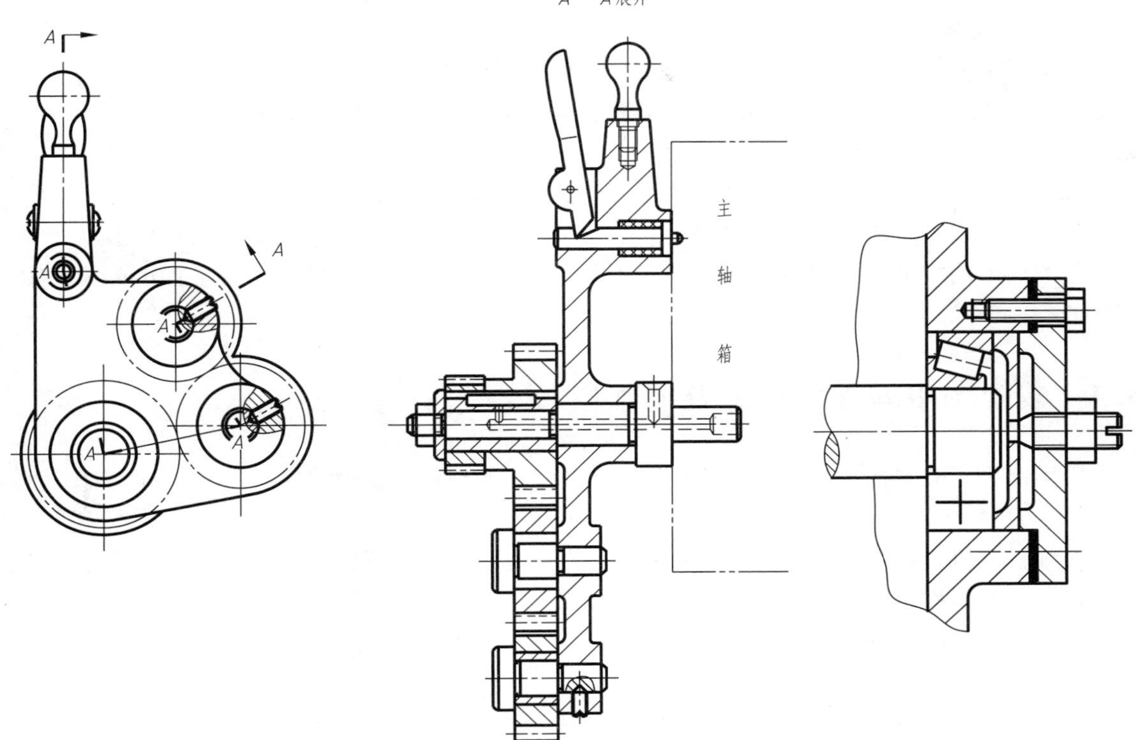

图 8-9　三星轮系的展开画法　　　图 8-10　装配图中的简化画法

8.3　装配图的尺寸标注和技术要求

1. 装配图上的尺寸标注

装配图与零件图不同，不要求标注所有的尺寸，它只要求标注出装配体与装配、检验、安装或调试等有关尺寸。一般有以下几种。

(1) 规格尺寸　表示装配体的性能、规格和特征的尺寸，如图 8-1 中的 43.75 ± 0.065mm、39.2mm。

(2) 配合尺寸　表示装配体各零件之间装配关系的尺寸，通常有以下两种。

1) 装配尺寸：零件间有公差配合要求的尺寸，如图 8-1 中的 $\phi 23\frac{H7}{k6}$ (mm)。

2) 相对位置尺寸：零件在装配时，需要保证相对位置的尺寸，如图 8-1 中的 72mm、39.2mm。

(3) 外形尺寸　装配体的外形轮廓尺寸反映装配体的总长、总高、总宽。此类尺寸是装配体在包装、运输、厂房设计时所需的依据，如图 8-1 中的 228mm、200.5mm、210.75mm。

(4) 安装尺寸　装配体安装在地基或其他机器上时所需的尺寸，如图 8-1 中的 156mm。

(5) 其他重要尺寸　不属于以上各类尺寸，但为了技术需要又必须说明的尺寸为重要尺寸，例如图 8-1 中的 40mm。

上述五类尺寸，并非在每张装配图上都注全，有时同一个尺寸，可能有几种含义。因此在装配图上到底应标注哪些尺寸，需根据具体的装配体分析而定。

2. 技术要求

装配图上拟定技术要求时，一般从以下几个方面考虑。

（1）装配要求　装配体在装配过程中需注意的事项，及装配后装配体必须达到的要求，如准确度、装配间隙、润滑要求。

（2）检验要求　装配体基本性能的检验、试验及操作要求。

（3）使用要求　对装配体的规格、参数及维护、保养、使用时的注意事项及要求。

装配图上的技术要求应根据装配体的具体情况而定，用文字注写在明细栏上方或图纸右下方的空白处。

8.4　装配图中零件的序号及明细栏

装配图中所有零件包括标准件都必须编号并填写明细栏。图中零件的序号应与明细栏中的序号一致。

明细栏一般直接画在装配图标题栏上面，当位置不够时也可另画明细栏。明细栏的内容应包含零件的名称、材料及数量。

1. 零、部件序号的编排方法

1）编写零、部件序号的通用方法有三种。

① 在指引线的水平线（细实线）上或圆（细实线）内注写序号，序号字高比装配图中所注尺寸数字的高度大一号，如图 8-11 所示。

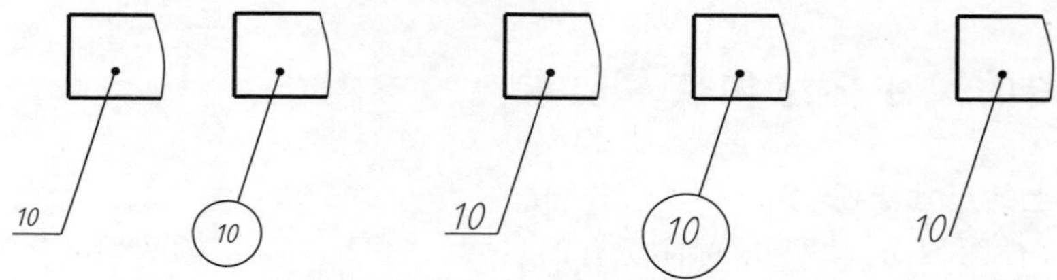

图 8-11　序号的编写方式

② 在指引线的水平线上或圆内注写序号，序号字高比装配图中所注尺寸数字的高度大两号，如图 8-11 所示。

③ 在指引线附近注写序号，序号字高比图中尺寸数字的高度大两号。

同一装配图上编写序号的形式应一致。

2）相同零、部件用一个序号，一般只标注一次。

3）指引线应自所指部分的可见轮廓内引出，并在末端画一圆点。若所指部分内不便画圆点时（很薄的零件或涂黑的剖面），可在指引线的末端画出箭头，并指向该部分的轮廓。如图 8-12 所示。

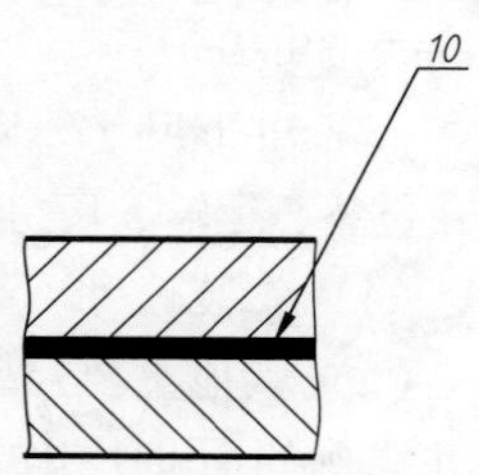

图 8-12　指引线画法

4）指引线互相不能相交。当通过剖面线的区域时，指引线不应与剖面线平行，必要时可画成折线，但只可曲折一次。紧固件是常见的组合，不易混淆，可采用公共指引线，如图 8-13 所示。

5）序号应按水平或垂直方向排列整齐。编排时，按顺时针或逆

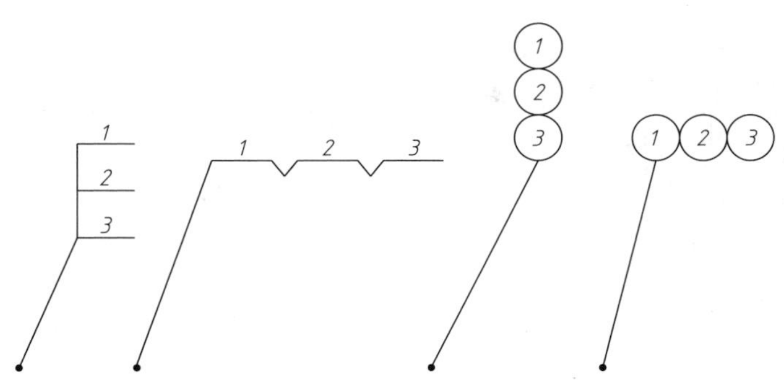

图 8-13　公共指引线

时针方向顺序排列。在整个图上无法连续时，可只在每个水平方向或垂直方向顺序排列。

2. 明细栏

明细栏可单独列出，不单独列出时，一般应画在装配图标题栏上方，格式请参照国家标准 GB/T 10609.2—2009。

明细栏中零件的序号应按顺序，自下而上填写，以便发现有漏编零件时，可继续往上补填。为此，明细栏最上面的边框，规定用细实线绘制。明细栏也可移一部分至标题栏左边。

8.5　装配体的常见工艺结构

为了保证装配体的质量，在设计装配体时，应注意零件之间装配结构的合理性。装配图上应将这些结构正确地反映出来。

1. 接触面的结构

装配图中零件与零件之间的接触面在画图时应注意以下几点。

1）两个相互接触的零件，在同一方向上只能有一对接触面，这样既能保证装配工作顺利进行，又能给加工带来很大的方便，如图 8-14 所示。

2）为保证零件在转折面处接触良好，应注意在内、外零件的转折处加工成倒圆、倒角、退刀槽等。这些结构的大小应合适，如图 8-15 所示。

3）在装配体中，应尽可能合理地减少零件与零件之间的接触面。这样可使机械加工的面积减少，保证接触可靠并降低加工成本，如图 8-16 所示。

4）采用油封装置时，油封材料应紧套在轴颈上，而轴承盖上孔径应大于轴颈，以免转动时把轴颈损坏，如图 8-17 所示。

2. 紧固及定位结构

装配体上零件与零件装配在一起，为固定零件的相对位置，必须对零件进行紧固和定位。

1）轮子轴孔的长度应大于装轮子部分轴的长度，以便轮子的轴向固定，如图 8-17 所示。

2）装在轴上的零件应有轴向定位装置，以免运动时发生轴向移动，以致脱落，如图 8-18所示。

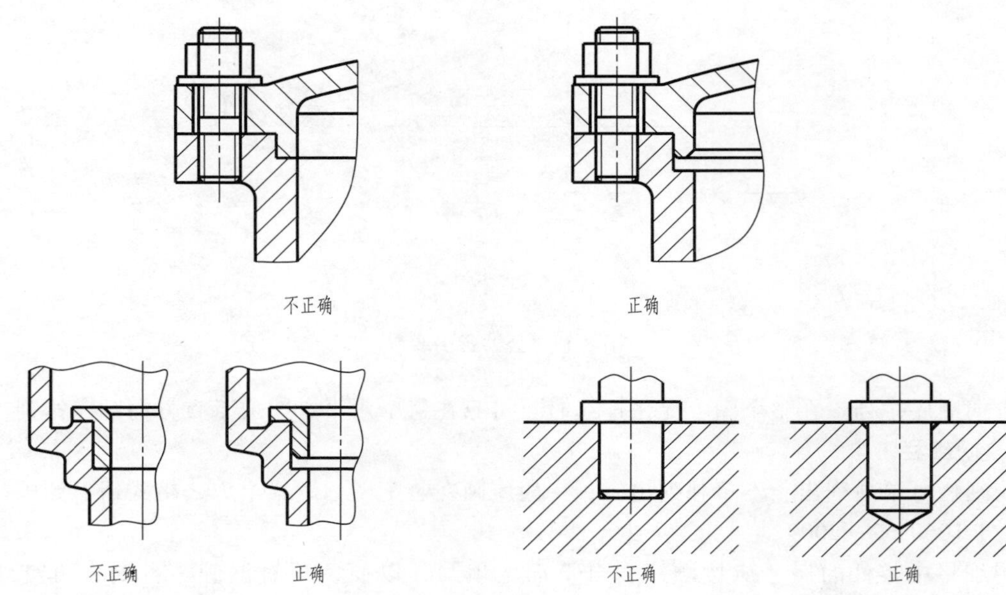

图 8-14　同一方向只能有一对接触面

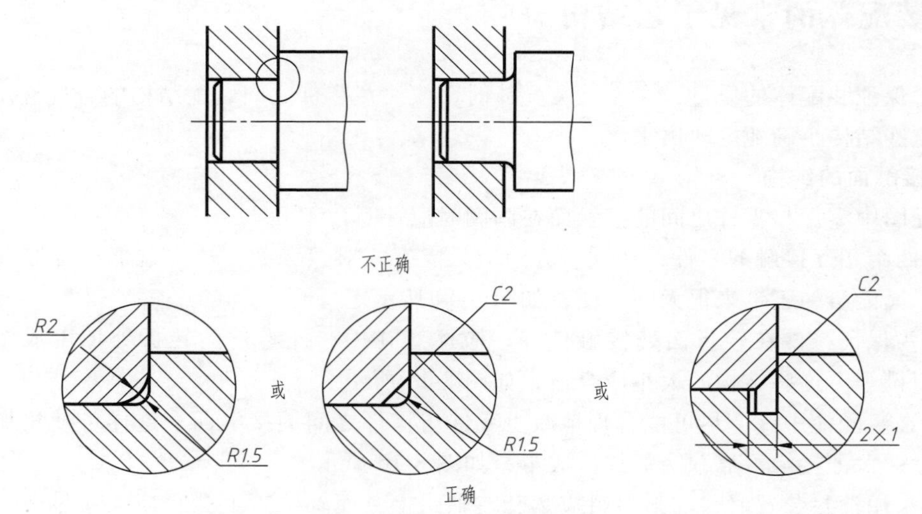

图 8-15　转折面处的倒圆、倒角和退刀槽

3. 设计装配体时应注意到零件装拆的方便与可能

1）滚动轴承在用轴肩定位时，轴肩直径不应超过轴承内圈的直径，如图 8-19 所示。

2）当用螺纹联接零件时，应考虑到拆装的可能性及拆装时的操作空间，如图 8-20 所示。

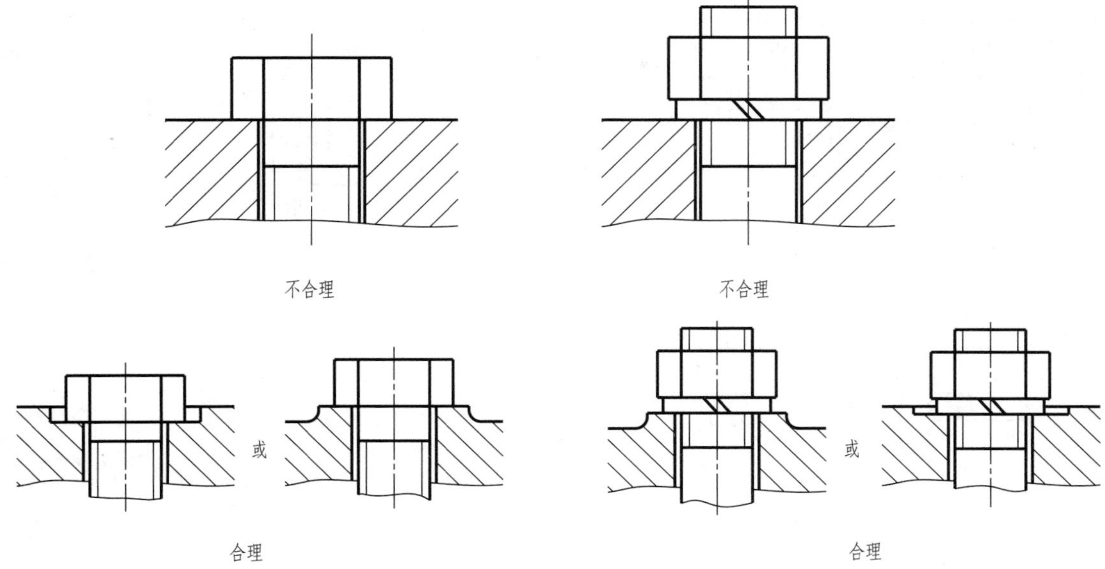

图 8-16　减少加工面积

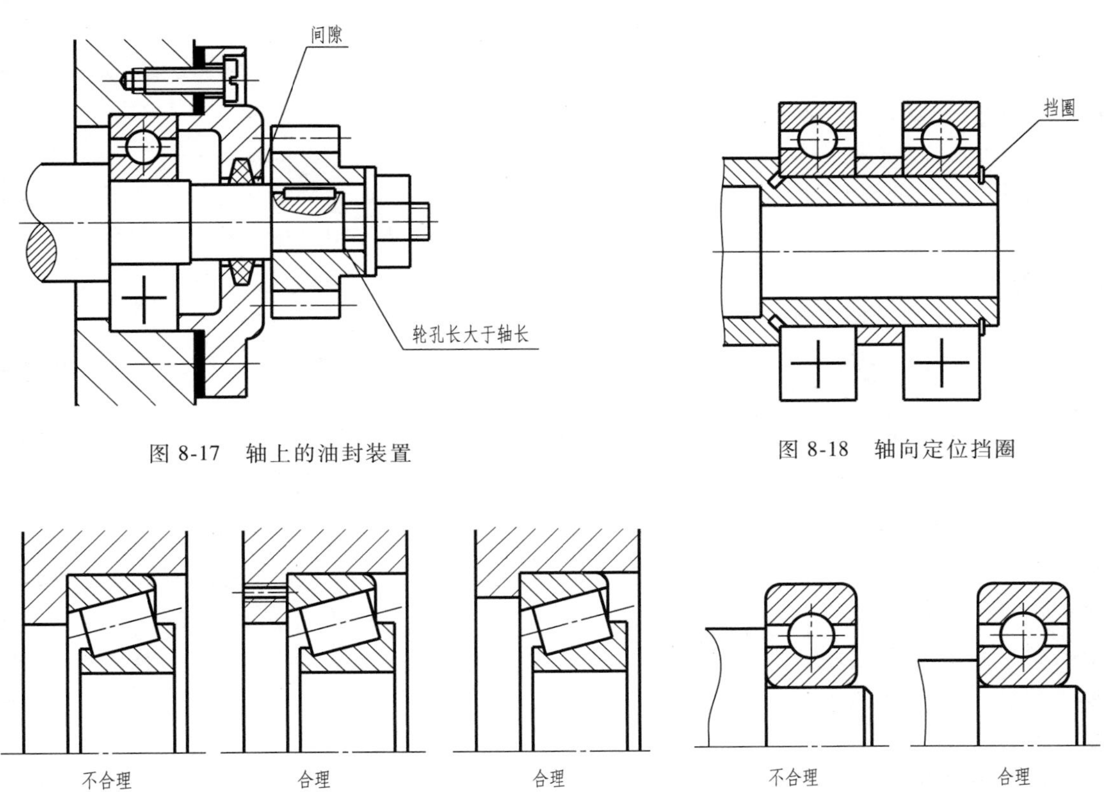

图 8-17　轴上的油封装置

图 8-18　轴向定位挡圈

图 8-19　滚动轴承用轴肩或孔肩定位方式

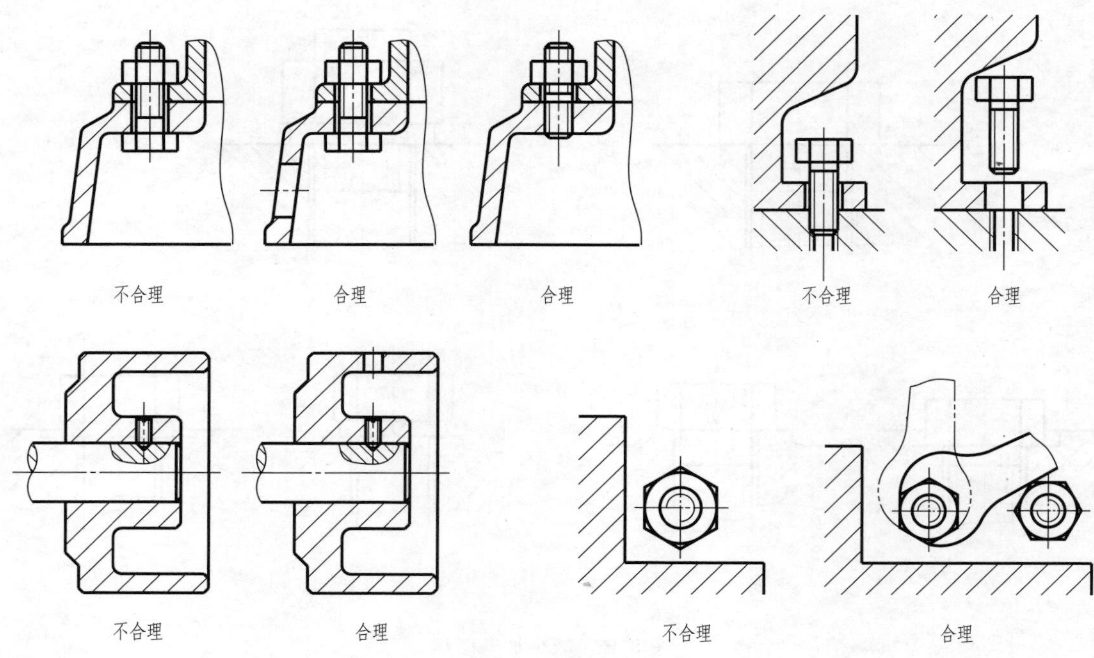

图 8-20 螺纹联接件的装配合理性

8.6 项目案例：装配体的测绘

对机器上的零件或部件先进行拆卸，再画出零件草图，通过测量获得尺寸并整理技术资料，最后按正确的比例，绘制出完整的零件工作图与部件装配图，称为装配体测绘。本节以一级直齿圆柱齿轮减速器为例，讲解装配体的测绘和装配图的绘制。

1. 装配体测绘的步骤

（1）测绘前的准备　应根据装配体的复杂程度制订测绘进度计划，编组分工，并准备拆卸工具、测量用量具及细铅丝、标签及绘图用品等。

（2）了解和分析装配体　在测绘前，首先对装配体进行分析研究，了解其用途、性能、工作原理、结构特点、零件间的装配关系及拆装方法和次序等。

（3）拆卸装配体的零件　在熟悉装配体的结构、拆装方法和次序的基础上，按次序拆卸装配体的各零件。拆卸前，应测量一些重要的装配尺寸，如零件的相对位置尺寸、极限尺寸、装配间隙等。拆卸时要研究拆卸顺序，对不可拆的连接和过盈配合的零件尽量不拆。拆卸零件要保证顺利拆下，以免损坏零件。拆卸后，要将各个零件编号登记，妥善保管，避免零件碰坏、生锈或丢失，以便测绘后能够顺利地重新装配并达到原来的精度和性能。

（4）绘制装配示意图　为不使零件丢失并记住拆前零件的装配位置，在拆卸零件之前，先要绘制出装配示意图，即用简明符号和线条徒手画出零件的相互位置、连接方式和装配关系。装配示意图中零件有规定符号的应参考 GB/T 4460—2013 画出。装配示意图可在拆卸零件前绘出，这样，就便于将拆散的零件重新装配起来，还可供绘制装配图时作为参考之用，如图 8-21 所示。

(5) 绘制零件草图　除标准件外，每个零件都要绘制草图，下面进行详细的介绍。

1) 绘制草图的准备工作：草图要求具备零件图应有的全部内容和要求，做到：明显、清晰、图形比例匀称、字体工整。

在着手绘制零件草图前，应该对零件进行详细分析，分析的内容如下：

① 尽可能地收集有关资料和图样说明书及访问有关人员。

② 了解零件的名称、用途。

③ 鉴定零件是由什么材料制成的。

④ 对零件进行结构分析。因为零件的每个结构都有一定的作用。这项工作对破损、磨损和具有某些缺陷的零件的测绘尤为重要。还要仔细分析零件与其他零件的关系。在分析清楚的基础上，把它正确地表达出来。

⑤ 对零件进行工艺分析。因为同一零件可以用不同的方法制造，故其结构、形状的表达，基准的选择和尺寸的标注也不一样。

⑥ 拟定零件的表达方案。通过上述分析，对零件的认识更加深刻，在此基础上再来确定主视图、视图数量和表达方法。

2) 绘制零件草图的步骤：经过分析以后，就可以绘制零件草图，其具体步骤如下。

① 在图纸上画出各个视图的位置。这时要在各个视图画出基准线、中心线。安排各视图的位置时，要考虑到各视图间应有标注尺寸的空档，留出右下角标题栏的位置。

② 详细地绘制出零件的外部及内部结构的形状。

③ 标注出零件各表面的表面结构符号，选择基准和画尺寸线、尺寸界线及箭头。经过仔细校核后，将全部轮廓线描深，画出剖面线。熟练时，也可一次画好。

④ 测量尺寸，定出技术要求，并将尺寸数字、技术要求记入图中，如图 8-22 所示。

应该把零件上全部尺寸集中一起测量，使有联系的尺寸能够联系起来，这不但可以提高工作效率，还可以避免错误和遗漏尺寸。

2. 零件尺寸的测量

在零件测绘中，常用的量具有钢直尺、内卡钳及外卡钳、游标卡尺及千分尺。测量特殊结构时可用特殊量具，如塞尺、螺纹规及半径样板等，同时还应准备曲线尺、铅丝或印泥等。有的测量过的尺寸还要查表、核对，如装滚动轴承处的圆角、挡圈处的槽宽等。有的还要计算核对，如齿轮孔中心距等。

(1) 测量工具　常用的工具有钢直尺、内卡钳、外卡钳，测量较高精度的零件可用游标卡尺。

(2) 测量方法

1) 测量直线：一般可用钢直尺直接测量，有时也可用三角板与钢直尺配合使用，如图 8-23 所示。

2) 测量回转体的内外直径：测量外径用外卡钳，测量内径用内卡钳。测量时要把内、外卡钳上下、前后移动，量得的最大值为其内径或外径。用游标卡尺测量时，方法与用内、外卡钳的方法相同，如图 8-24 所示。

3) 测量壁厚：可用外卡钳与钢直尺配合使用，如图 8-25 所示。

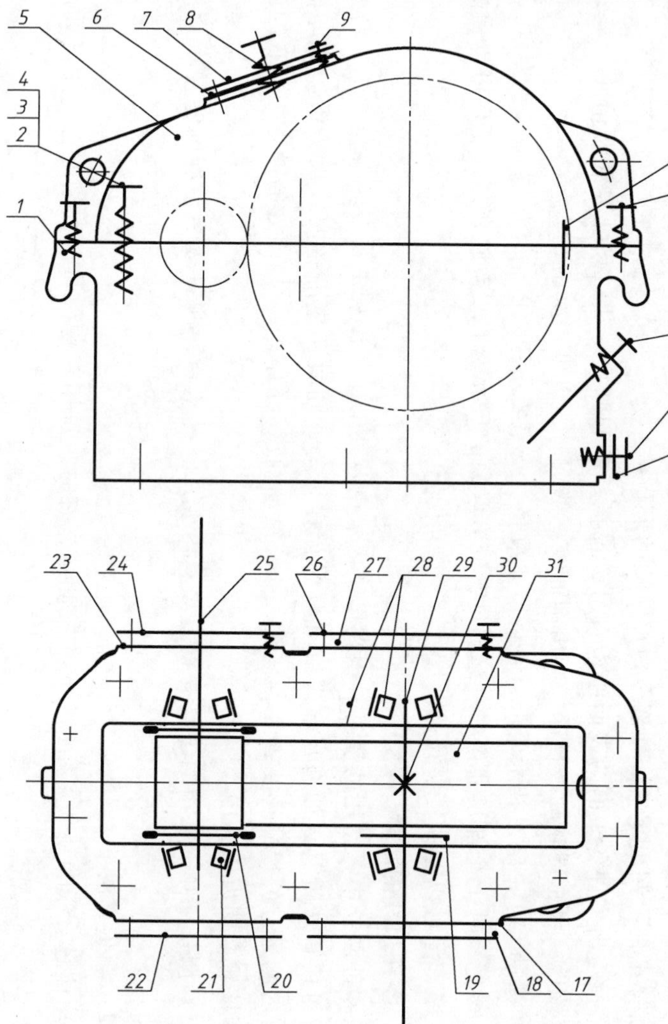

序号	零件名称	数量	材料
31	齿轮	1	45
30	GB/T 1096键18X11X50	1	Q235
29	轴	1	45
28	轴承30211 GB/T 297—1994	2	HT200
27	轴承端盖	1	HT200
26	螺栓GB/T 5782—2000 M8X25	24	Q235
25	齿轮轴	1	45
24	轴承端盖	1	HT200
23	调整垫片	2组	80F
22	轴承端盖	1	HT200
21	轴承30208 GB/T 297—1994	2	
20	挡油环	1	Q235
19	定距环	1	Q235
18	轴承端盖	1	HT200
17	调整垫片	2组	80F
16	油圈 25X18	1	工业用革
15	六角螺塞M18X1.5	1	Q235
14	油标	1	Q235
13	垫圈GB/T 93—1987 10	2	Q235
12	螺母GB/T 6170—2000 M10	2	Q235
11	螺栓GB/T 5782—2000 M10X35	3	Q235
10	销 GB/T 117—2000 8X30	2	Q235
9	螺栓 GB/T 5782—2000 M6X20	4	Q235
8	通气器	1	Q235
7	视孔盖	1	Q235
6	垫片	1	80F
5	箱盖	1	HT200
4	垫圈 GB/T 93—1987 12	6	Q235
3	螺母 GB/T 6170—2000 M12	6	Q235
2	螺栓GB/T 5782—2000 M12X120	6	Q235
1	箱体	1	HT200

标记	处数	分区	更改文件号	签名	减速器			(单位名称)
设计			标准化		阶段标记	重量	比例	
制图							1:1	
审核								
工艺			批准		共 张 第 张			(投影符号)

图 8-21 装配示意图

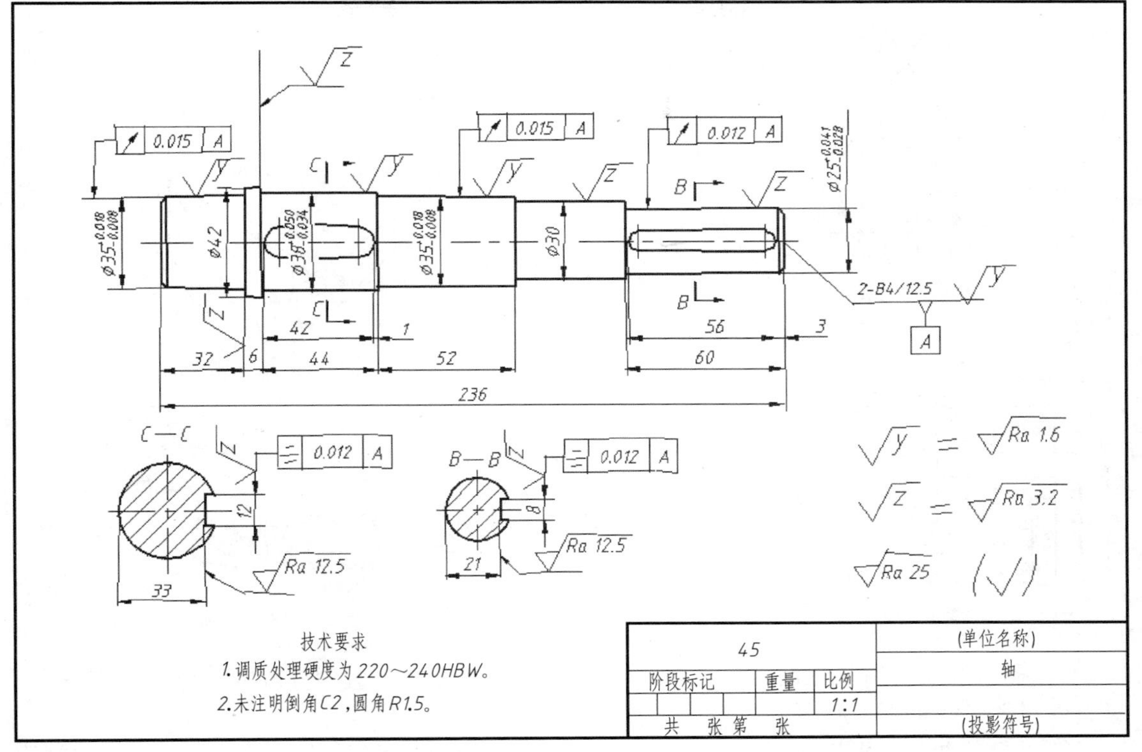

图 8-22　轴的草图

4）测量孔间距：用外卡钳测量相关尺寸，然后进行计算，如图 8-26 所示。

5）测量轴孔中心高：用外卡钳与钢直尺测量相关尺寸，然后进行计算，如图 8-27 所示。

6）测量圆角：可用半径样板测量，测量方法如图 8-28 所示。每套半径样板有多片，其圆弧半径每片各不相同，测量圆角时只要找出与被测量部分完全吻合的一片，则该片上的读数即为圆角半径。铸造圆角半径一般用目测估计其大小即可。

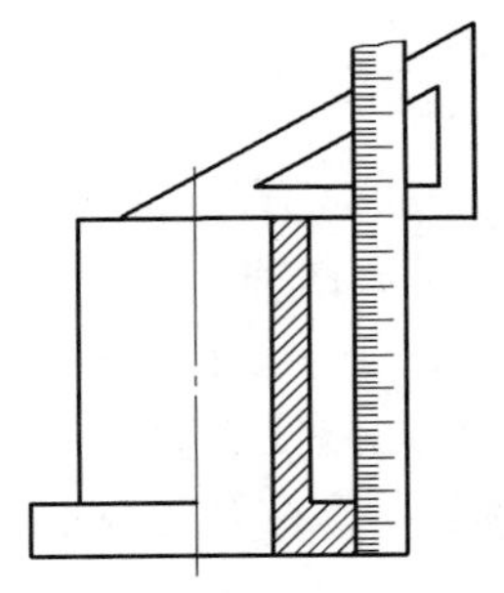

图 8-23　测量直线尺寸

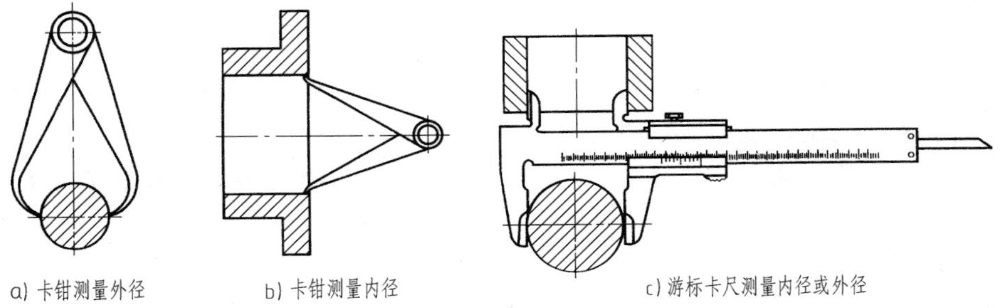

a) 卡钳测量外径　　b) 卡钳测量内径　　c) 游标卡尺测量内径或外径

图 8-24　测量内、外径

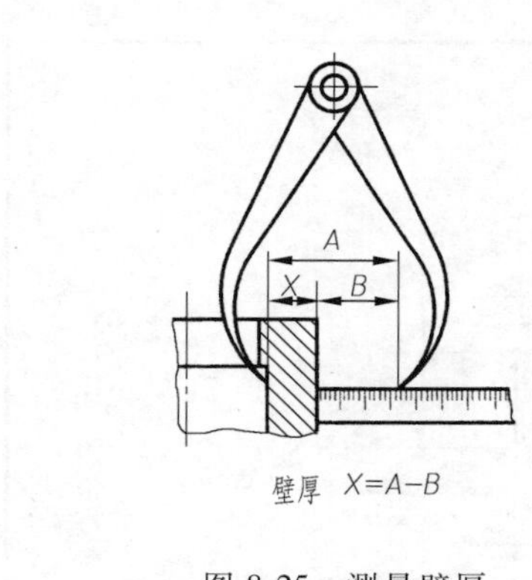

图 8-25　测量壁厚

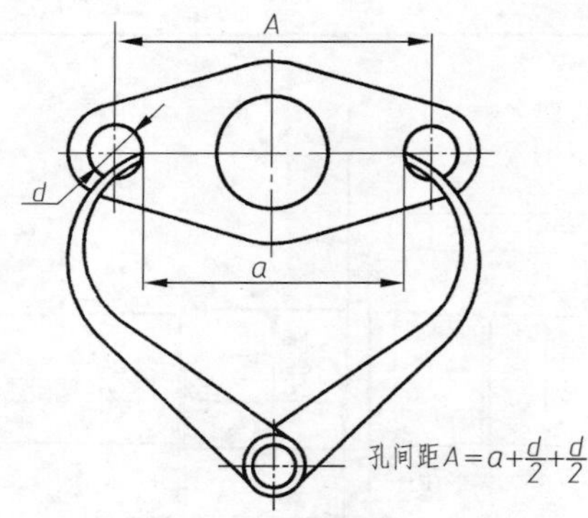

图 8-26　测量孔间距

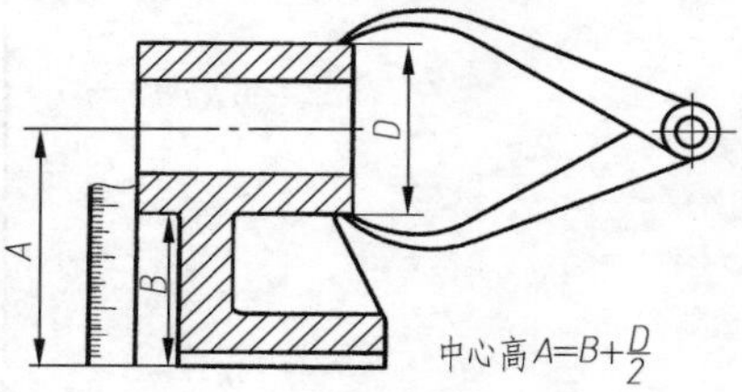

图 8-27　测量轴孔中心高

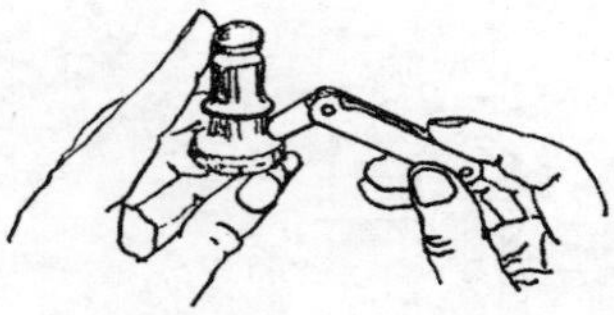

图 8-28　测量圆角

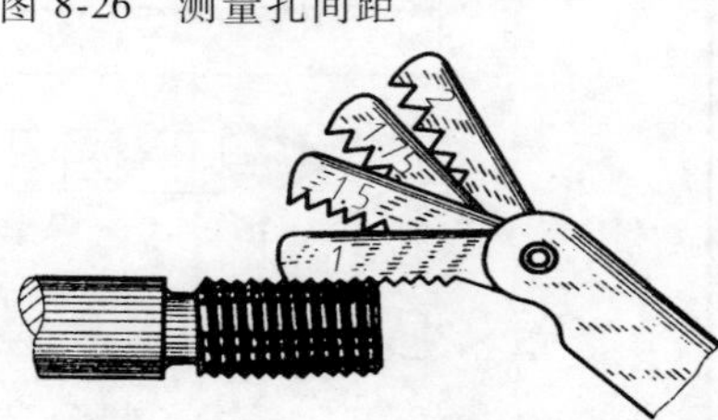

图 8-29　用螺纹规测量螺距

7）测量螺纹：测量螺纹需要测量出直径和螺距的数据。对于外螺纹，测大径和螺距；对于内螺纹，测量小径和螺距，然后查手册取标准值。

螺距 P 的测量，可以使用螺纹规或钢直尺。螺纹规由一组钢片组成，每一钢片的螺距大小均不相同，测量时只要某一钢片上的牙型与被测量的螺纹牙型完全吻合，则钢片上的读数即为其螺距大小，如图 8-29 所示。

在没有螺纹规的情况下，则可以在纸上压出螺纹的印痕，然后算出螺距的大小，即 $P=\frac{T}{n}$，T 为 n 个螺距的长度，n 为螺距的数量，如图 8-30 所示。根据算出的螺距查手册，取标准值。

3. 装配图的画法

（1）确定表达方案　决定主视图的投射方向，选择最能反映装配体的结构特点、装配关系、传动路线、工作原理的方向，作为主视图的投射方向。装配体的工作位置为画主视图时的位置。

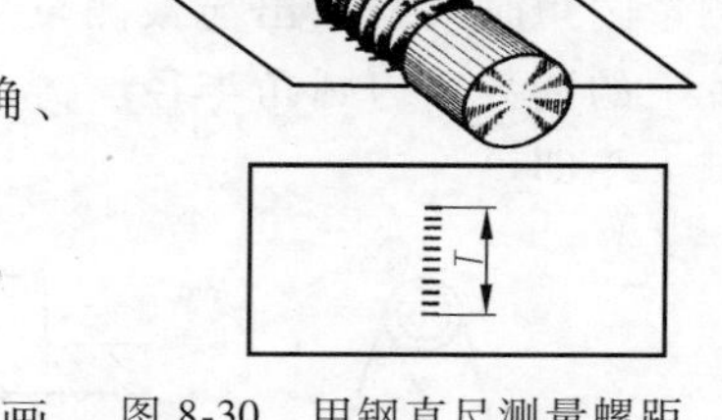

图 8-30　用钢直尺测量螺距

选择其他视图。用较少的视图、剖视图、断面图，准确、完整、简便地表达出整个装配体的工作原理及装配关系。

（2）绘制装配图的步骤　下面简单列出装配图的绘制步骤。

1）定位布局，如图 8-31 所示。

2）围绕着装配干线由里向外依次逐个画出各零件。在画装配图的过程中，也是检查零件草图的过程，当发生零件间尺寸的干涉或零件未能正确定位的情况，应返回零件草图查明问题给予改正，如图 8-32 所示。

3）注出必要的尺寸及技术要求。

4）校对、描深。

5）编序号、填写明细栏、标题栏。

6）检查全图，清洁、修饰图面。

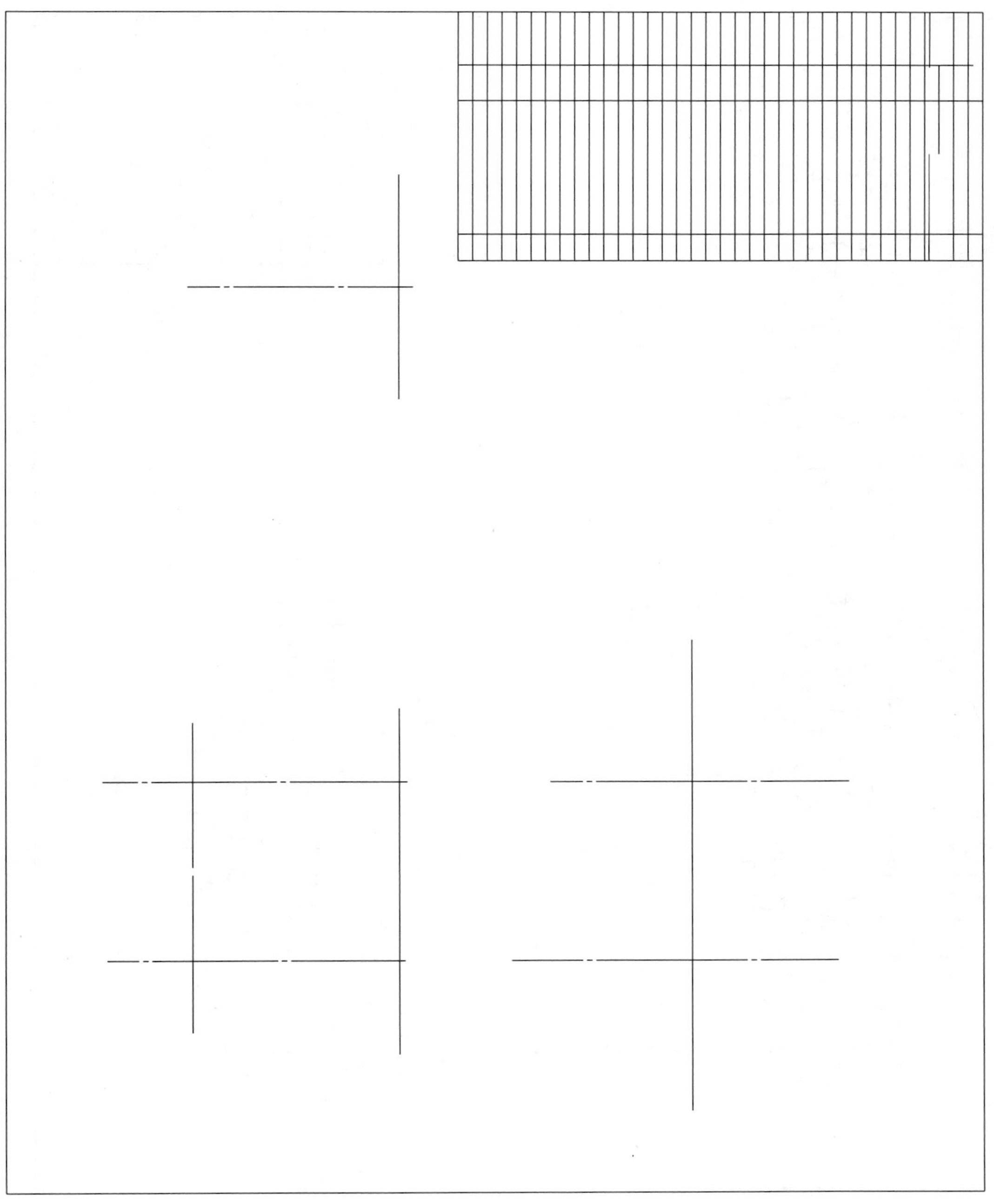

图 8-31 定位布局

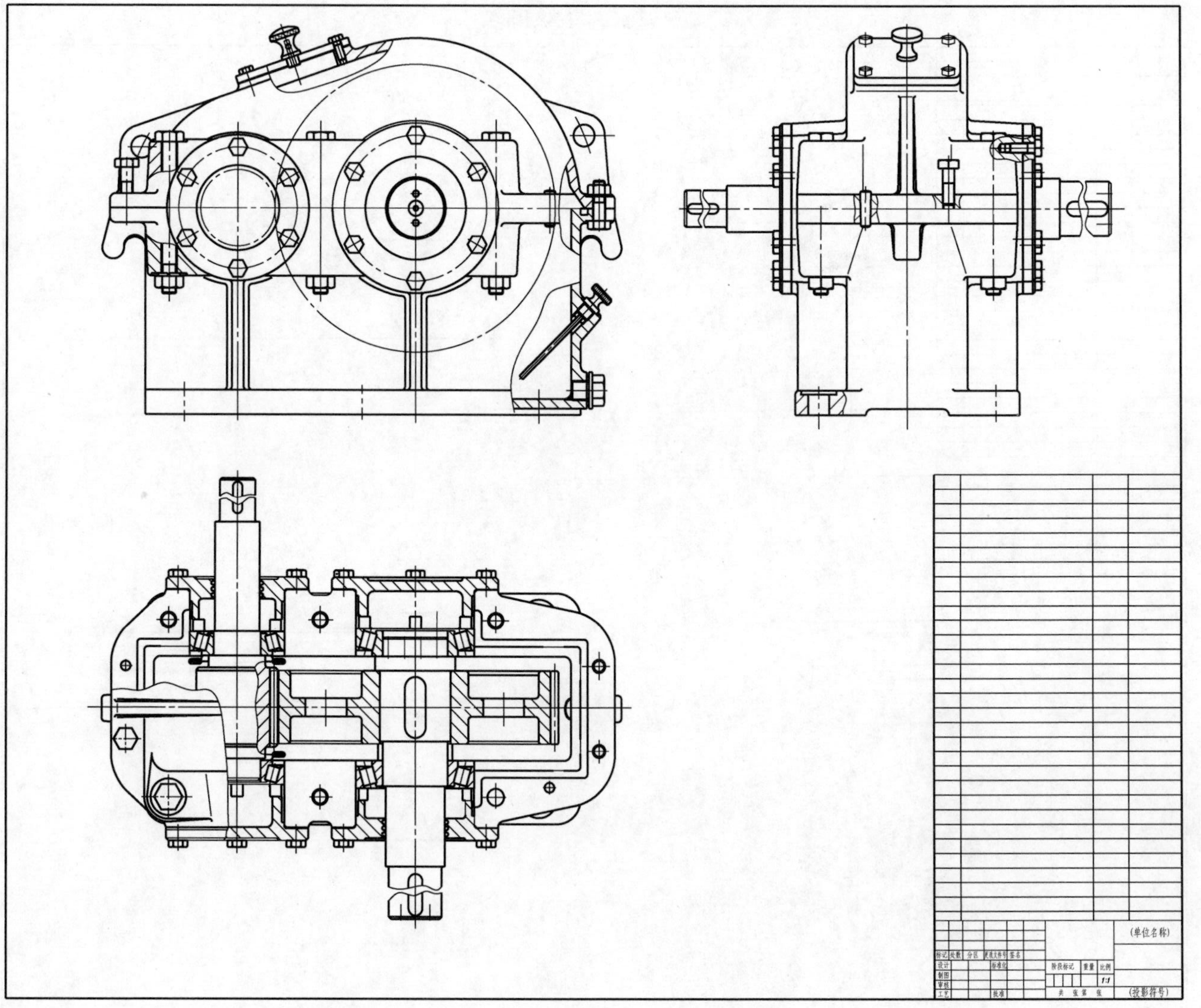

图 8-32 画出装配图上的各零件

8.7　读装配图

熟练地看装配图是工程技术人员必须具备的能力。因此，需掌握读装配图的方法和技巧。读装配图时，必须做到：

1）了解机器或部件的性能、功用和工作原理。

2）明确各零件间的装配关系，各零件的主要形状和作用，并想象它应有的结构。

下面以图8-33减速器装配图为例，说明读装配图的方法和步骤。

1. 概括了解并分析视图

1）从有关说明书了解减速器的用途、性能和工作原理。电动机的转速一般比较高，而工作机器的转速却又要求比较低，因此常常需要减速装置。减速装置的种类很多，此种减速器由一对直齿圆柱齿轮组成。旋转运动由小齿轮输入，由大齿轮输出。为减少摩擦损失，在安装齿轮的轴上均装有滚动轴承。为了散热和润滑，箱体内装有润滑冷却油，同时还设有防漏结构。

2）图上采用了三个基本视图；主、俯和左视图。主视图表达了整台减速器的外形、部分零件间的相对位置和箱盖、箱体的主要轮廓。俯视图采用沿箱盖和箱体结合面剖切并拆卸箱盖的画法，清楚地表示了齿轮的啮合、轴承的固定和密封、齿轮和轴的联接形式等。左视图表达了整台减速器的外形。

2. 深入了解部件的工作原理及装配关系

从俯视图上可以看出，输入轴一端伸出外边并开有键槽。电动机可以通过装在此轴上的传动件而带动此轴转动，从而输入旋转运动。小齿轮与输入轴制成一体。小齿轮带动大齿轮，大齿轮通过键联接带动输出轴，从而输出旋转运动。由于两齿轮的齿数不同，输出轴降低了转速，起了减速的作用。输出轴的一端也伸出箱外，通过传动件而带动工作机。四个滚动轴承由压盖压紧装在轴承座上。为了不使冷却油溅入轴承中的润滑油里，在主动轴上装有一对挡油环。透过视孔可以观察减速器内部工作情况。油标用来探测冷却润滑油的高度。放油孔用来放掉污油。

3. 分析零件

分析零件不是从明细栏中按1、2、……顺序进行的，而是从动力输入件开始，依次一个挨一个地看。在分析零件时，首先要分离零件，即把该零件在各个视图中的投影轮廓划出，把它从其他零件中分离出来。主要方法是利用投影关系和剖视图中各零件剖面线不同的方向及间隔进行分离。零件分离出来后，联系所有有关视图，想出它们的形状，了解其作用。对照零件序号及明细栏找出零件名称、材料、数量等。这里要注意有些在装配图中被遮住的线条应在想象中补出来。经过视图分析和对工作原理的了解，可以看出箱体和箱盖是减速器的两个主要零件，其形状和结构也较复杂，必须彻底弄清楚。箱盖的形状和结构可以通过主视图、左视图、俯视图上箱盖和箱体结合面的形状弄清楚；箱体的形状和结构则可以通过主、左和俯视图完全看清楚。

4. 归纳总结

在对装配体主要零件的结构进行分析的基础上，还要对技术要求、全部尺寸进行研究，进一步了解机器或部件的设计意图和装配工艺，从而对整台机器或部件得到一个完整的概念，也为下一步拆画零件图打下基础。

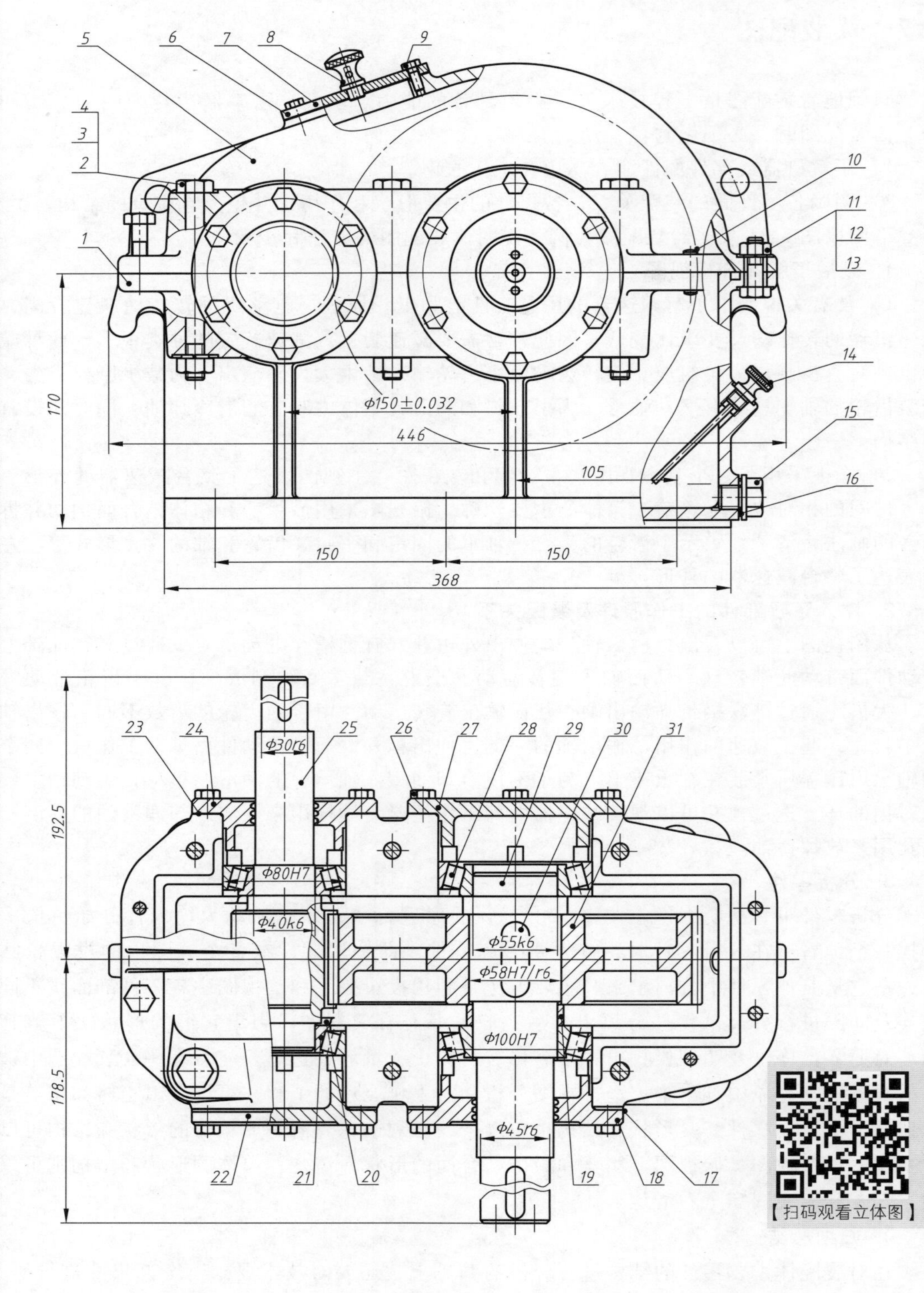
1
2
3
4
5
6
7
8
9
10
11
12
13
14
15
16
170
Φ150±0.032
446
105
150
150
368
192.5
178.5
23
24
25
26
27
28
29
30
31
Φ30r6
Φ80H7
Φ40k6
Φ55k6
Φ58H7/r6
Φ100H7
Φ45r6
22
21
20
19
18
17
【扫码观看立体图】

图 8-33 减速

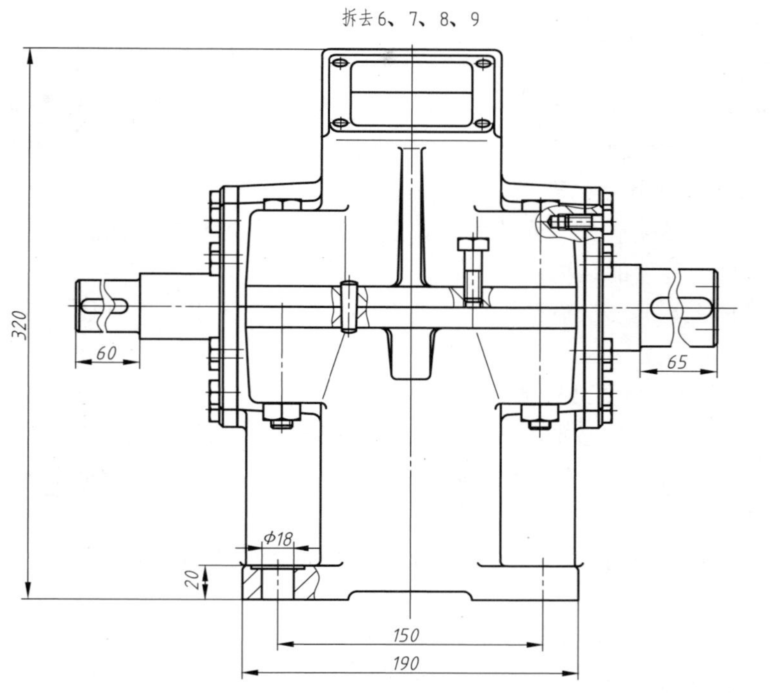

31	齿轮	1	45
30	GB/T 1096键18×11×50	1	Q235
29	轴	1	45
28	轴承30211 GB T/297—1994	2	
27	轴承端盖	1	HT200
26	螺栓GB/T 5782—2000 M8×25	24	Q235
25	齿轮轴	1	45
24	轴承端盖	1	HT200
23	调整垫片	2组	80F
22	轴承端盖	1	HT200
21	轴承30208 GB/T 297—1994	2	
20	挡油环	2	Q235
19	定距环	1	Q235
18	轴承端盖	1	HT200
17	调整垫片	2组	80F
16	油 圈 25X18	1	工业用革
15	六角螺塞 M18X1.5	1	Q235
14	油 标	1	Q235
13	垫圈GB/T 93—1987 10	2	Q235
12	螺母GB/T 6170—2000 M10	2	Q235
11	螺栓GB/T 5782—2000 M10X35	3	Q235
10	销GB/T 117—2000 8X30	2	Q235
9	螺栓GB/T 5782—2000 M6X20	4	Q235
8	通 气 器	1	Q235
7	视 孔 盖	1	Q235
6	垫 片	1	80F
5	箱 盖	1	HT200
4	垫圈 GB/T 93—1987 12	6	Q235
3	螺母GB/T 6170—2000 M12	6	Q235
2	螺栓GB/T 5782—2000 M12X120	6	Q235
1	箱 座	1	HT200
序号	零 件 名 称	数量	材 料

技术要求

1. 装配前全部零件用煤油清洗，箱内不许有杂物存在，在内壁涂两次不被机油浸蚀的涂料。
2. 用涂色法检验斑点。齿高接触斑点不小于40%；齿长接触斑点不小于50%。必要时可用研磨或刮后研磨，以便改善接触情况。
3. 调整轴承时所留轴向间隙如下：Φ40为0.05～0.1；Φ55为0.08～0.15。
4. 装配时剖分面不允许使用任何填料，可涂以密封油漆或水玻璃。试转时应检查剖分面、各接触面及密封处，均不漏油。
5. 箱体内选用GB5903—2011中的L-CKB100号润滑油，装至规定高度。
6. 表面涂灰色油漆。

标记	处数	分区	更改文件号	签名	减速器			(单位名称)
设计			标准化		阶段标记	重量	比例	
制图							1:1	
审核								
工艺			批准		共 张 第 张			(投影符号)

器装配图

8.8 由装配图拆画零件图

根据装配图画出零件图在工程中称为技术设计，它是一项十分重要的工作。项目7中对零件图的作用、要求和画法作了介绍，此处仅对拆画零件图提出几个需要重视的问题。

1. 对拆画零件图的要求

画图前，必须认真阅读装配图，全面深入地了解设计意图，弄清楚装配关系、技术要求和想象出每个零件的结构。

画图时，不但要从设计方面考虑零件的作用和要求，而且还要从工艺方面考虑零件制造的可能性。

2. 拆画零件图要处理的几个问题

（1）零件分类　按照对零件的要求，把零件分成如下几类。

1）标准件：标准件大多数属于外购件，因此不需要画零件图，只要按照标准件的规定标记代号列出标准件汇总表就可以了。

2）借用零件：借用零件是借用定型产品上的零件。对这类零件，可利用其已有的图样，而不必另行画图。

3）特殊零件：特殊零件是设计说明书中附有图样或重要数据的零件，如汽轮机的叶片、喷嘴。对这类零件，应按给出的图样或数据绘制零件图。

4）一般零件：这类零件基本上是按照装配图所体现的形状、大小和有关的技术要求来画图，是拆画零件图的主要对象。

（2）确定视图的方案　拆画零件图时，零件的表达方案是根据零件的结构和形状特点考虑的，不强求与装配图一致。在多数情况下，壳体、箱体类零件主视图所选取的位置可以与装配图一致。这样做，装配机器时便于对照，如减速器箱体。对于轴套类、盘盖类零件，一般按加工位置选取主视图，所以主视图选取轴线处于水平位置。

（3）对零件结构、形状的处理　在装配图中，对零件上某些次要结构往往未作完全肯定，对零件上某些标准结构（如倒角、倒圆、退刀槽等）也省略表达。拆画零件时，应结合考虑工艺要求，补画出这些结构。

由于装配图对某些零件往往表达不完全，这些零件的形状不能在装配图中完全确定，此时，可根据零件的功用及与相邻零件的装配连接关系，用零件结构和装配结构的知识设计确定，并补画出来。

（4）零件图上尺寸的处理　装配图上的尺寸不是很多，但是各零件尺寸的大小，已经过设计人员的考虑，虽未注尺寸数字，但基本上是合适的。因此，根据装配图画零件图，可以直接从图形上量取尺寸，必要时还应查阅有关手册校核。尺寸的标注法可以按以前讨论过的要求进行。尺寸数字必须根据不同情况分别处理：

1）装配图上已给的尺寸，在有关的零件图上直接标注出。对于配合尺寸，要分清孔、轴，标注出公差带代号或偏差数值。

2）与标准件相联接或配合的有关尺寸，如螺纹尺寸、销孔直径等，要从相应标准中查取。

3）非标准件，但已在明细栏中给定了尺寸的，如弹簧尺寸、垫片厚度等，要按给定尺寸标注。

4）根据装配图所给的数据应进行计算的尺寸，如齿轮的分度圆、齿顶圆直径尺寸等，要经过计算，然后标注。

5）有标准规定的尺寸，如倒角、沉孔、螺纹退刀槽和砂轮越程槽等，要从有关手册中查取。

（5）零件表面粗糙度的确定　零件上各表面的表面粗糙度是根据其功能要求确定的。一般接触面及配合面的表面粗糙度要求较高，有密封、耐腐蚀、美观等要求的表面粗糙度要求也较高。无相对运动和无配合要求的接触面，如螺栓孔、凸台和沉孔的表面粗糙度要求较低。表面粗糙度也可参照同类零件选取。

（6）关于零件图的技术要求　技术要求在零件图中占有重要地位，它直接影响零件的加工质量。但是正确制定技术要求涉及许多专业知识和实际工作经验，本书不作进一步介绍。

3. 拆画零件图示例

绘制零件图的方法步骤，在零件图项目中已经讨论。此处以拆画图 8-1 送料减速器的箱体为例，介绍拆画零件图中应处理的几个问题。

（1）视图选择　在此以图 8-1 为例拆画送料减速器的箱体。根据零件序号和剖面线符号，在装配图上找出箱体的投影。考虑到装配体工作时的情况，按工作位置作为主视图的位置，蜗杆两轴承孔轴线水平放置的方向为主视图的投射方向。采用局部剖视图表达轴承孔的结构形状与该方向的部分外形。俯视图为基本视图，主要反映箱体从上向下投影的整个外形。左视图采用局部剖，既表达了外形又表达了起吊螺纹孔与安装箱盖螺纹孔的形状。为了表达主轴轴承孔的形状和相对位置，又采用了 *B—B* 的剖视图。各视图的选择如图 8-34 所示。

（2）尺寸标注　除一般尺寸可直接从图上量取外，需要处理几个特殊尺寸。

1）轴承座孔的尺寸，根据明细栏中给出的轴承尺寸查表得到。

2）根据明细栏中各螺钉的尺寸查表定出螺纹孔的尺寸。

（3）表面粗糙度　根据减速器中各有关表面的连接关系、运动情况、工作要求，选定箱体各加工表面的表面粗糙度。箱体上的各轴承孔因要与轴承配合，因此表面粗糙度 *Ra* 值较小。

（4）技术要求　对零件表面形状和表面相对位置有较高精度要求时，应在图样上标注几何公差。其他的技术要求，则根据零件的使用情况而定。

送料减速器箱体的表面粗糙度、几何公差等技术要求，如图 8-35 所示。

本项目小结

装配图是表达总体设计思想、制定装配工艺规程、进行装配和检验的技术依据，在使用或维修机器设备时也需通过装配图来了解其构造与性能。绘制、识读装配图的实践性很强，要求具有分析问题、解决问题及查阅资料的能力，并严格执行国家标准关于装配图的规定。

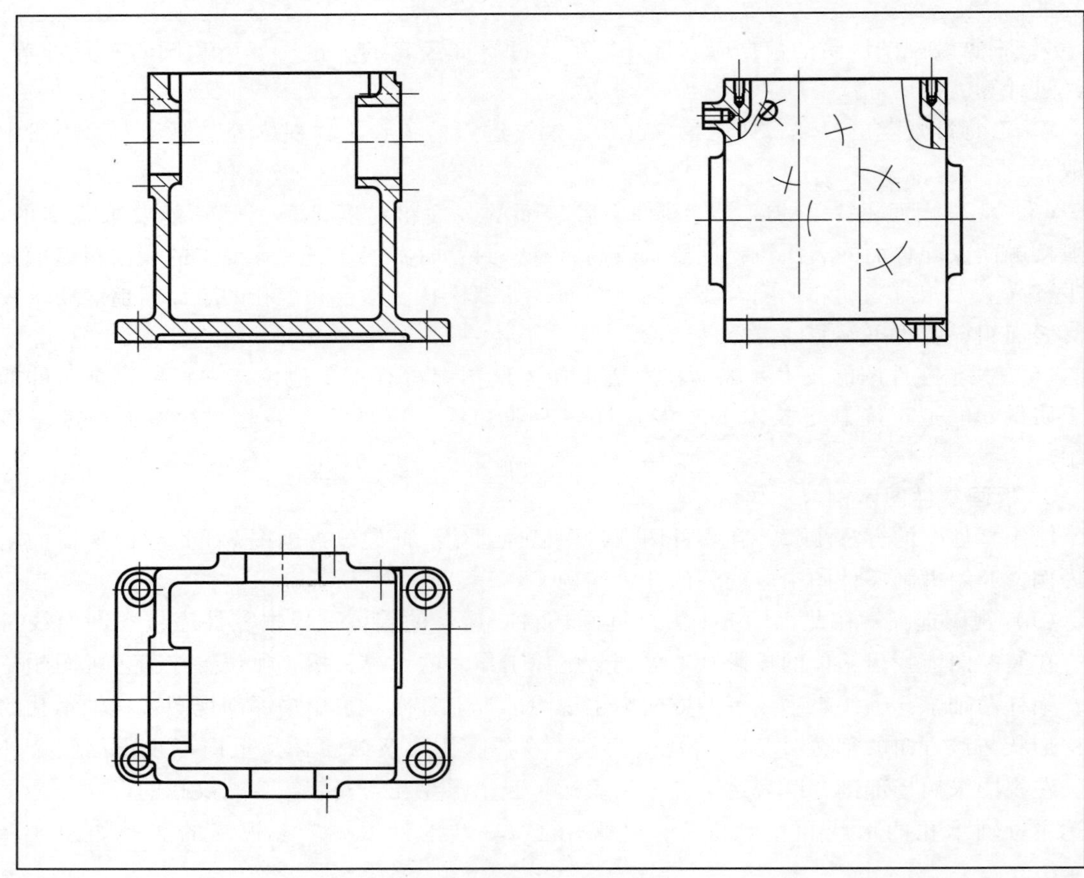

图 8-34　从装配图分离出箱体投影轮廓

练习与在线自测

1. 思考题

（1）装配图有哪些规定画法？

（2）装配图有哪些特殊画法？

（3）装配图中标注哪几类尺寸？

（4）试说明看装配图的方法和步骤。

（5）试说明由装配图拆画零件图的方法和步骤。

（6）在 A2 图纸上拆画图 8-33 减速器中的箱体零件，并标注尺寸及技术要求。

2. 练习题

根据图 8-36～图 8-41 所示的千斤顶的装配示意图和零件图，拼画其装配图。

千斤顶是顶起重物的部件。使用时，需按逆时针方向转动旋转杆，使起重螺杆向上升起，通过顶盖将重物顶起。

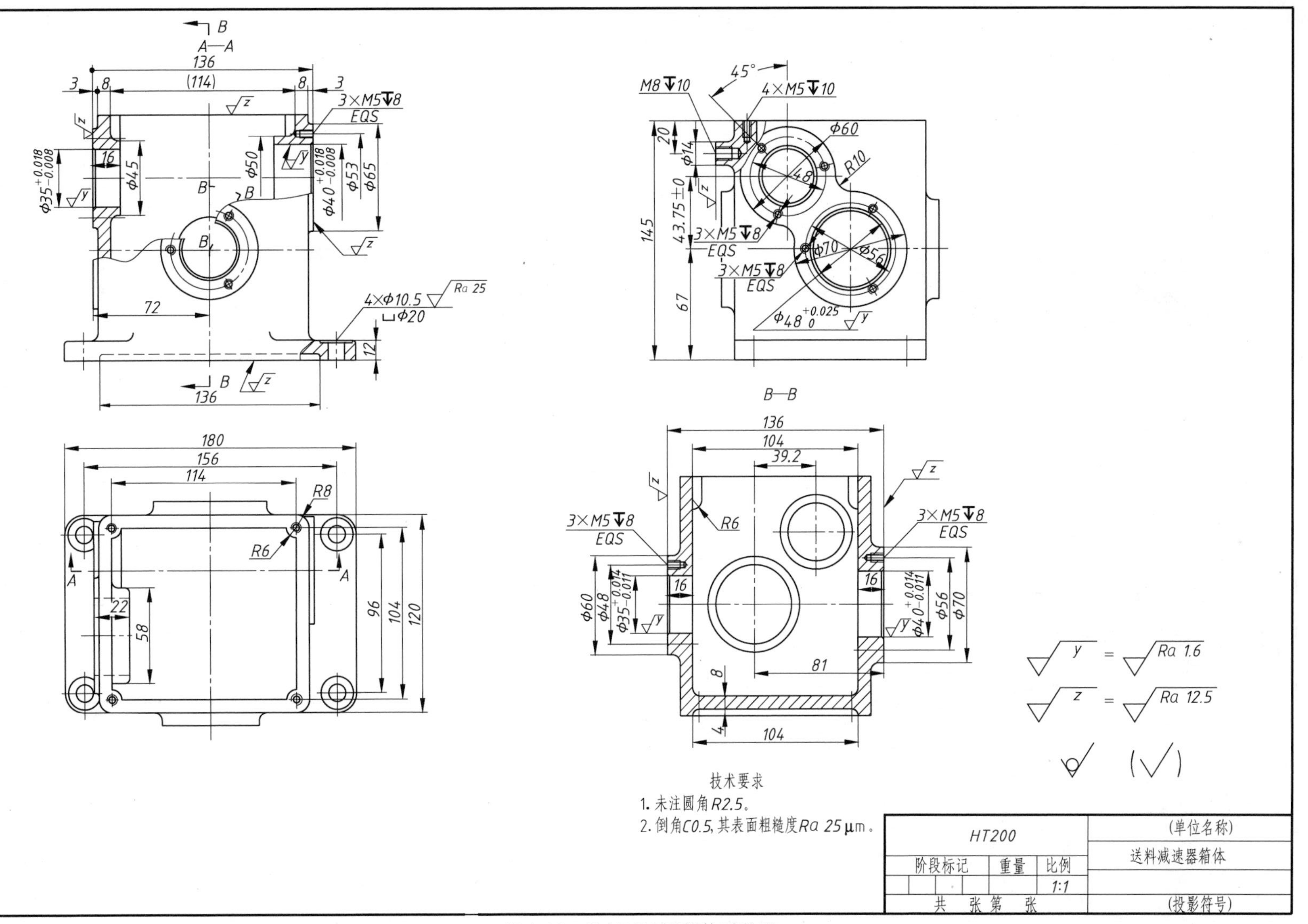

图 8-35 送料减速器箱体零件图

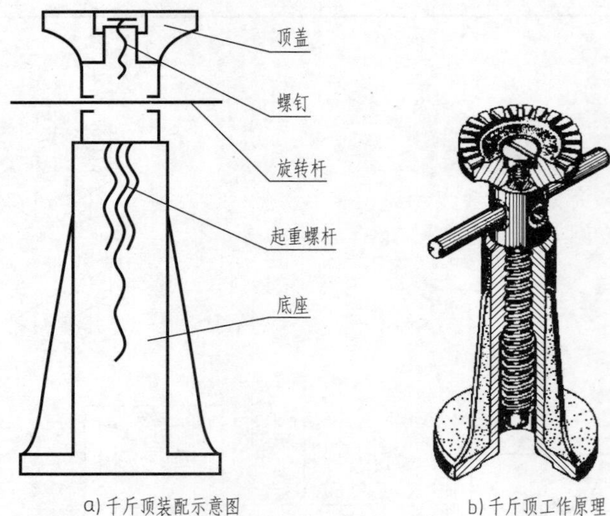

图 8-36　千斤顶装配示意图

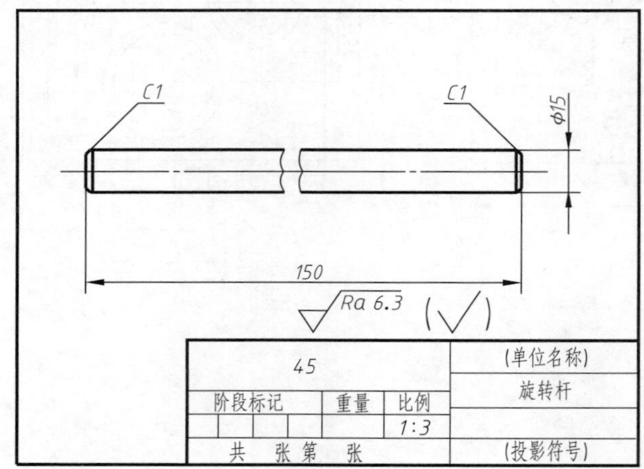

图 8-37　千斤顶零件图（一）

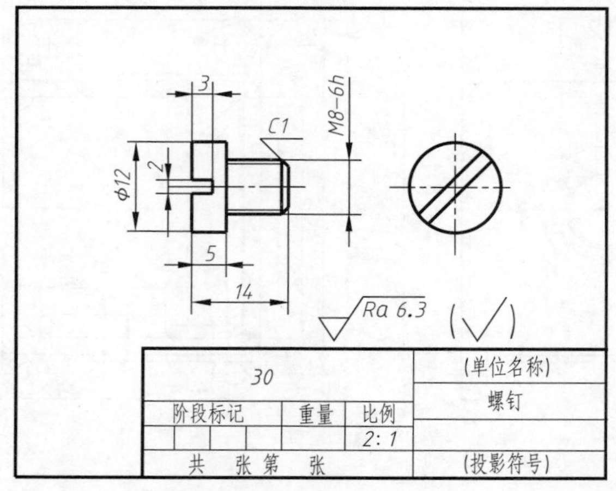

图 8-38　千斤顶零件图（二）

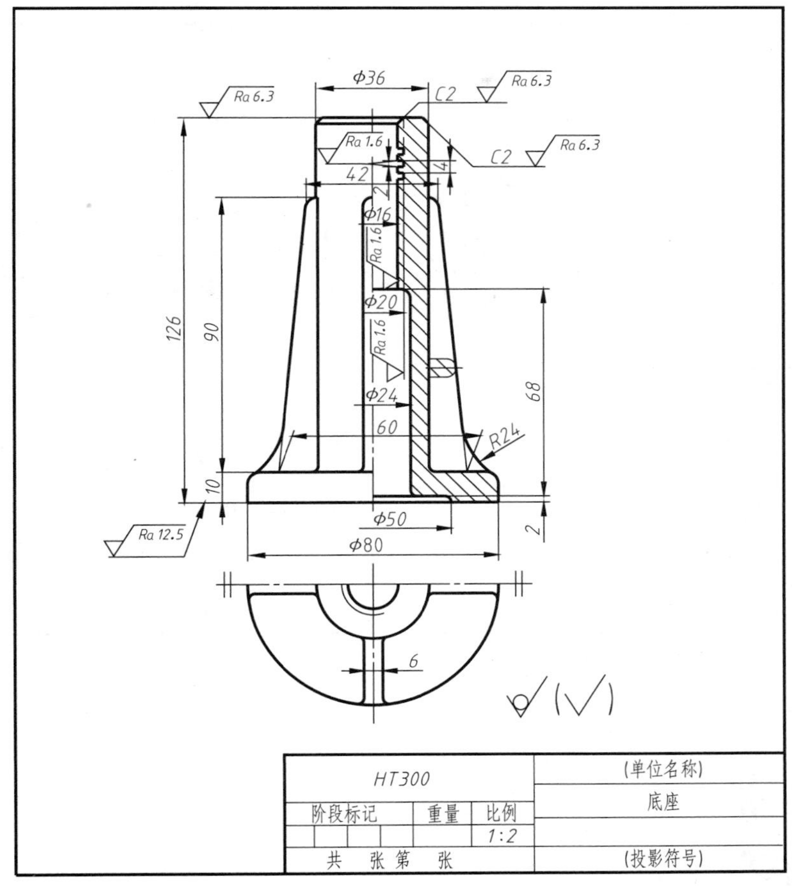

图 8-39　千斤顶零件图（三）

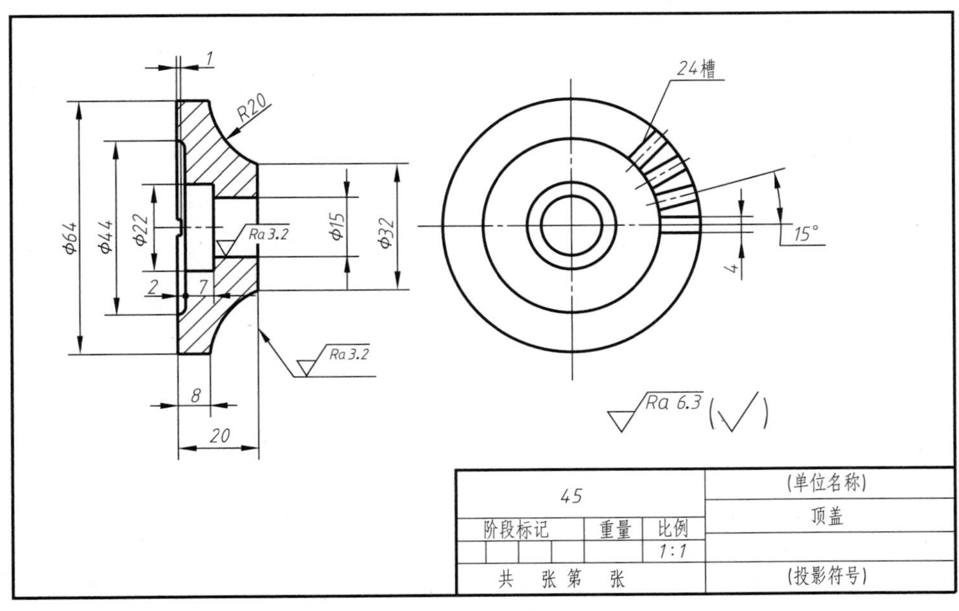

图 8-40　千斤顶零件图（四）

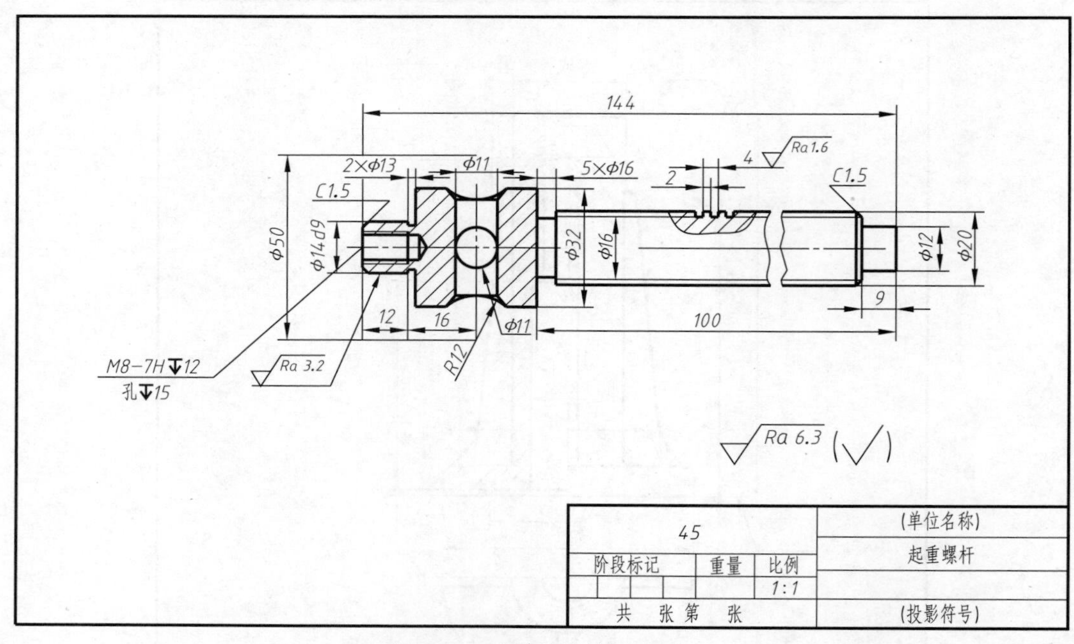

图 8-41 千斤顶零件图（五）

3. 自测题（手机扫码做一做）

项目9

国外典型制图标准简介与应用

知识目标

1）了解国外制图标准中关于图纸幅面、格式、比例、字体和图线等方面的基本规定。

2）掌握美国、日本、德国有关尺寸标注规则和技术要求标注规则。

能力目标

1）掌握用第三角投影法绘制机械图样的方法。

2）正确识读第三角投影法绘制的机械图样。

项目案例

泵轴零件图的绘制。

9.1 第三角投影法

9.1.1 概述

目前，在国际上使用的有两种投影法，即第一角投影法和第三角投影法。中国、德国、俄罗斯和英国等国家采用第一角投影法，美国、日本、新加坡等国家采用第三角投影法。为了正确地区分不同投影法绘制的工程图样，ISO 国际标准规定了如图 9-1 所示的第一角投影法标记和如图 9-2 所示的第三角投影法标记，同时规定：投影法标记需绘制在标题栏中的“投影符号”一栏之中。

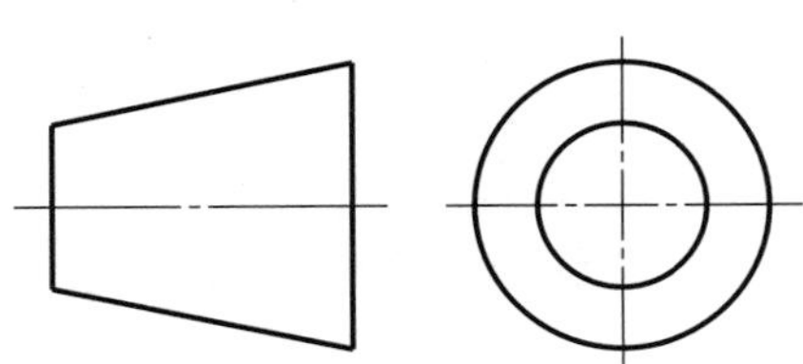

图 9-1 第一角投影法标记

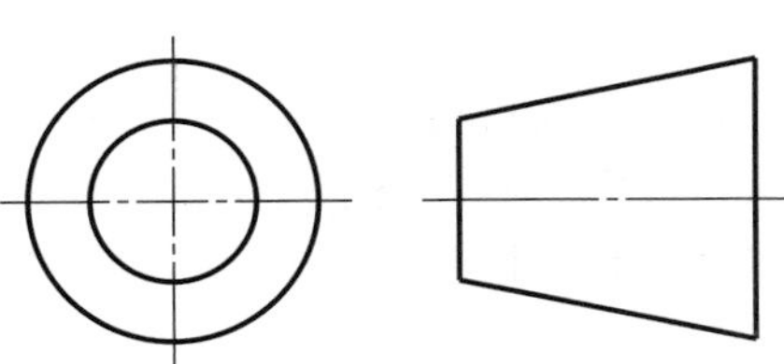

图 9-2 第三角投影法标记

9.1.2 第三角投影法

设立了三个互相垂直相交的投影平面便组成了三投影面体系。这三个平面将空间分为八个部分，每一部分叫做一个分角，分别称为Ⅰ分角、Ⅱ分角、……、Ⅷ分角，如图 9-3 所示。如果采用三投影面体系中第三分角投影，则投影面处于观察者和物体之间。图 9-4 表达了同一零件的第一角投影图和第三角投影图。

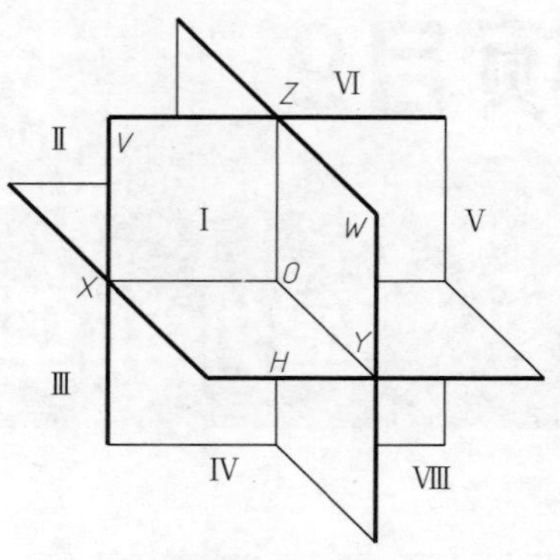

图 9-3 三投影面体系

第一角投影法和第三角投影法的区别如下。

1）零件与投影面之间的关系。

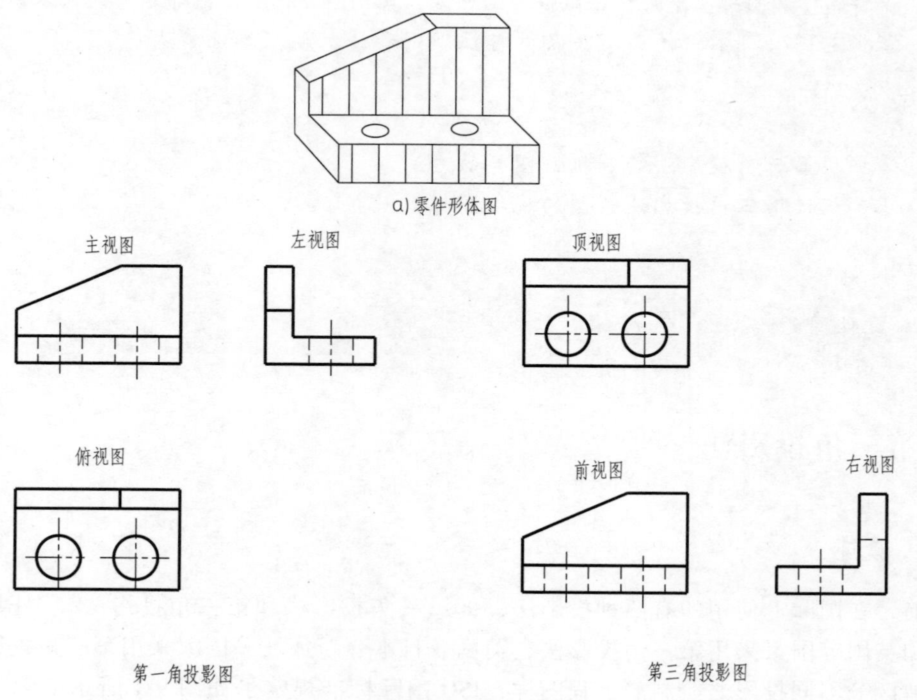

图 9-4 零件的两种方式投影图

第一角和第三角投影图的转换关系如图 9-5 所示。

第一角投影：零件处于观察者与投影面之间，即人→零件→投影面。

第三角投影：投影面处于观察者与零件之间，即人→投影面→零件。

2）投影面的展开。

第一角投影面的展开：*V* 面不动，*H* 面向下旋转 90°，*W* 面向后旋转 90°。

第三角投影面的展开：*V* 面不动，*H* 面向上旋转 90°，*W* 面向前旋转 90°。

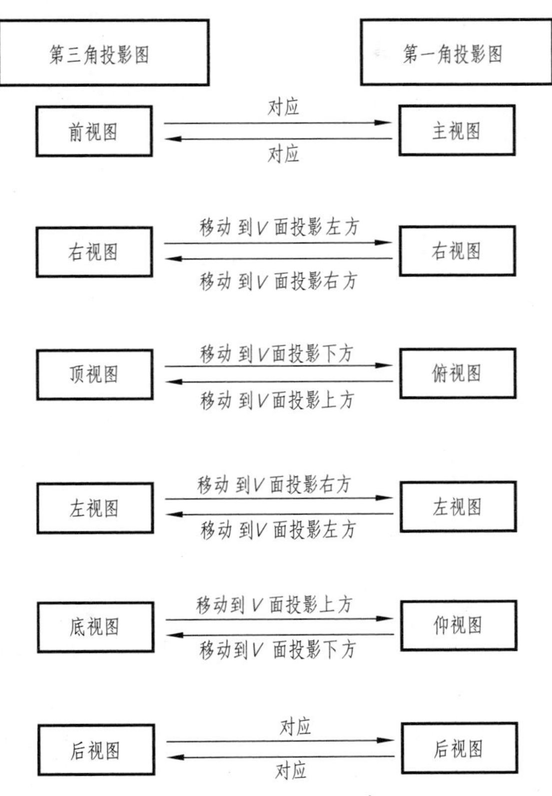

图 9-5　第一角和第三角投影图的转换关系

9.2　一般规定

9.2.1　图纸幅面及格式

ISO、美国、日本、德国制图标准中有关图纸幅面及格式的规定见表 9-1。

9.2.2　绘图比例

ISO、美国、日本、德国制图标准中有关绘图比例的规定见表 9-2。

9.2.3　图线

ISO、美国、日本、德国制图标准中有关图线的规定见表 9-3。

9.2.4　剖面符号

ISO、美国、日本、德国制图标准中有关剖面符号的规定见表 9-4。

表 9-1 图纸幅面及格式

	ISO 5457	美国 ANSI Y14.1	日本 JIS B0001	德国 DIN 823
幅面代号及尺寸	A 系列有五种代号，即 A0～A4，其中 A0 尺寸为 841mm×1189mm 专门加长的尺寸系列：A3×3，A3×4，A4×3，A4×4，A4×5，其中 A3×3 的尺寸为 420mm×891mm 特殊加长的尺寸系列：A0×2，A0×3，A1×3，A1×4，A2×3，A2×4，A2×5，A3×5，A3×6，A3×7，A4×6，A4×7，A4×8，A4×9	平式纸有 A、B、C、D、E、F 六种代号，其尺寸单位为 in A：8.5×11 B：11×17 C：17×22 D：22×34 E：34×44 F：28×40 卷式纸有四种，即 G：宽 11 H：宽 28 J：宽 34 K：宽 40	有五种代号，即 A0～A4，其中 A0 尺寸为 841mm×1189mm 另有加长系列，加长方法和 ISO 相同	一般有七种代号，即 A0～A6 规定了未截边时图纸的尺寸大小
图框尺寸	不需要装订时，对 A0，A1 各边留 20mm；对 A2、A3、A4 各边留 10mm 需要装订时，各边图幅的装订边一律为 20mm，其他三边与不装订时相同	图框留的边宽随图纸的不同而变化，如 A 号图纸，在长边上留 0.38in，在短边上留 0.25in	需要装订时，装订边为 25mm，其他边 A0、A1 为 20mm，A2～A4 为 10mm 不需要装订时，A0，A1 为 20mm；A2、A3、A4 为 10mm	装订边为 10mm

表 9-2 绘图比例

	ISO 5455	美国 ANSI Y14.2	日本 JIS B0001	德国 DIN ISO 5455
比例种类	原大 1：1 缩小比例有：1：2，1：5，1：10，1：20，1：50，1：100，1：200，1：500，1：1000，1：2000，1：5000，1：10000 放大比例有：2：1，5：1，10：1，20：1，50：1 允许沿放大或者缩小比例向两个方向延伸	原大 1=1 缩小比例有：$\frac{1}{2}$=1，$\frac{1}{4}$=1，$\frac{1}{8}$=1 等 放大比例有：2=1，4=1 等	原大 1：1 第一系列缩小比例有：1：2，1：5，1：10，1：20，1：50，1：100，1：200 等 第二系列缩小比例有：1：$\sqrt{2}$，1：2.5，1：2$\sqrt{2}$，1：3，1：4，1：5$\sqrt{2}$，1：25，1：50 等 第一系列放大比例有：2：1，5：1，10：1，20：1，50：1 第二系列放大比例有：$\sqrt{2}$：1，2.5$\sqrt{2}$：1，100：1	与我国相同

表 9-3　图线

	ISO 128-24	美国 ANSI Y14.2	日本 JIS B0001	德国 DIN ISO 128-24
图线种类	有10种图线，名称及代号分别为粗实线（A），细实线（B），波浪线（C），双折线（D），粗虚线（E），细虚线（F），细点画线（G），在两端和转折处变粗的细点画线（H），粗点画线（J），双点画线（K）	有7种图线，名称及代号分别为粗实线，细实线，波浪线，双折线，虚线，点画线，双点画线 可用双点画线、虚线表示剖切平面迹线	有9种图线，名称及代号分别为极粗实线，粗实线，细实线，波浪线，双折线，细虚线，细点画线，粗点画线，双点画线（与ISO比较，虚线只有一种，实线增加一种极粗实线，其他相同）	有10种图线，第一系列6组，第二系列4组，第一系列每个组的线型宽度是按0.2级数来制定
图线宽度	粗线与细线的线宽之比不大于2∶1 线宽尺寸系列（单位为mm）：0.18，0.25，0.35，0.5，0.7，1，1.4，2	粗实线宽度约为0.7mm，细线宽度约为0.35mm	线宽（单位为mm）有0.18，0.25，0.35，0.5，0.7，1等。细线、粗线、极粗线的比例关系为1∶2∶4	线宽（单位为mm）有：0.1，0.13，0.18，0.2，0.25，0.3，0.4，0.5，0.6，0.7，0.8，1，1.4等

表 9-4　剖面符号

	ISO 128-40	美国 ANSI Y14.3	日本 JIS B0001	德国 DIN ISO 128-50
剖面符号的形式	无单独标准，对剖面符号的形式未作规定	详细地规定了对各种材料的剖面符号 金属为 非金属为	分金属材料和非金属材料两大类 金属为 非金属为 玻璃 木材 液体	一般用作所有材料的代号：
剖面方向	与轮廓线或对称中心线成45°	剖面线与水平方向成45°或者60°	剖面线与水平方向成45°。也可省略剖面线	一般剖面线与水平方向成45°

9.3 机械图样的画法

在机械图样中，世界各国都采用正投影法表达零件的结构形状。ISO 国际标准规定了有关工程图样的画法，世界上许多国家都尽可能把 ISO 国际标准引进到本国标准中，以便于各国进行技术交流。但各国引进 ISO 国际标准的程度有所不同，实际使用时有所侧重。根据此情况，现以 ISO、美国、日本、德国制图标准为例，分别介绍机械图样的绘制要求。

9.3.1 国际标准《ISO 128 图示原理》

1. 剖视图

（1）剖面线的画法　以平行平面剖切同一零件（相当于我国的剖视中再取剖视），几个剖面画在一起表示时，其剖面线间隔和方向相同，但沿着这两剖面间的分界线其剖面应错开，如图 9-6 所示。

（2）剖视标注　剖切平面的位置用两头粗中间细的点画线来表示，并用大写字母标明，其投射方向用剖切线上的箭头表示，如图 9-7 所示。

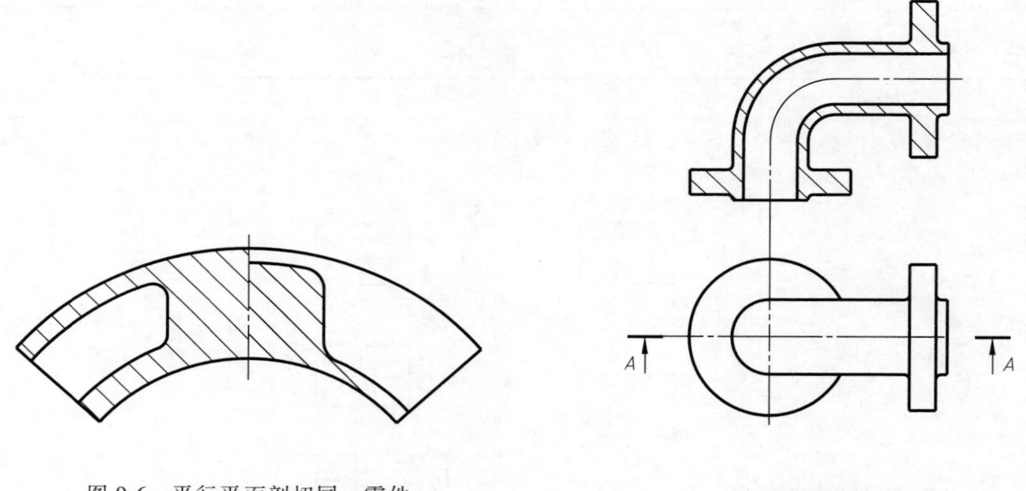

图 9-6　平行平面剖切同一零件

图 9-7　剖视标注

剖切平面后边的部分可不画完全，如图 9-8 中 *A*—*A* 剖视中上部的肋板没有画出。

对于弯管零件，可用三个邻接的剖切面进行剖切，其剖视图允许采用简化画法，如图 9-9 中的 *A*—*A* 剖视。

2. 断面图

与我国标准一样，也分重合断面图和移出断面图两种。但移出断面经旋转后画出时，不需要加旋转符号，如图 9-10 所示。

3. 局部放大图

用细实线圆表示放大部位，标出字母，在相应的放大视图上标出相同的字母和比例，如

图 9-11 所示。

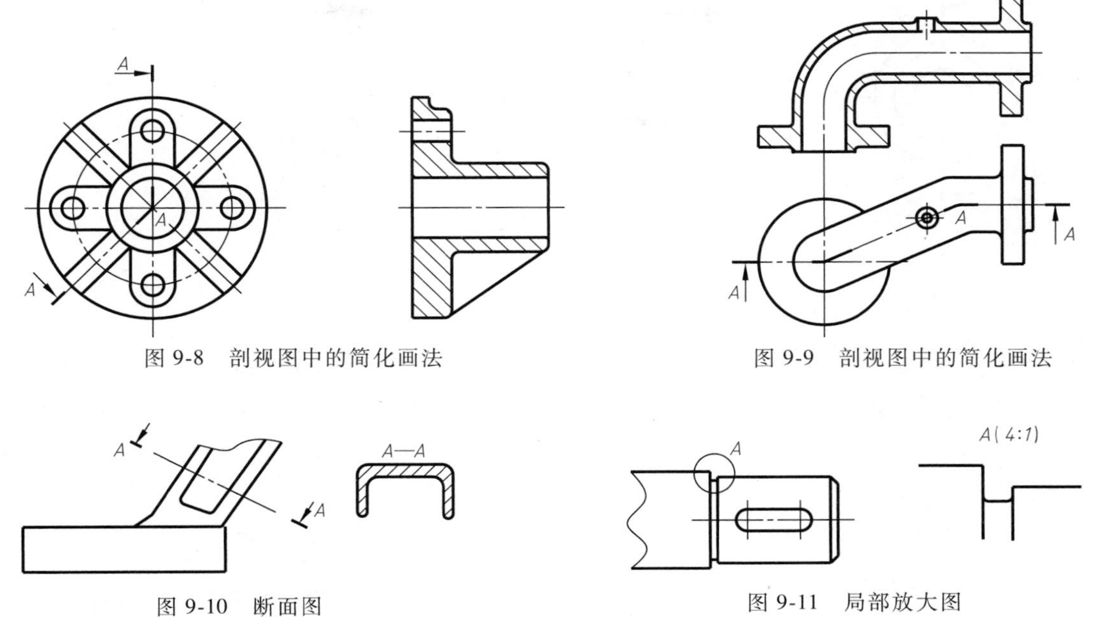

图 9-8　剖视图中的简化画法

图 9-9　剖视图中的简化画法

图 9-10　断面图

图 9-11　局部放大图

4. 特殊情况画法

（1）相邻零件　与主体相邻接的零件，用细实线绘制。该邻接零件是假想件，它不遮挡主体零件，但可被主体件遮挡，如图 9-12 所示。当剖切单个相邻接的零件时，一般不画剖面线，只有多个相邻接零件被剖切时，才画剖面线，且只沿零件的轮廓周围画出剖面线。

（2）过渡线　用细实线表示圆滑过渡处的交线，如图 9-13 所示。

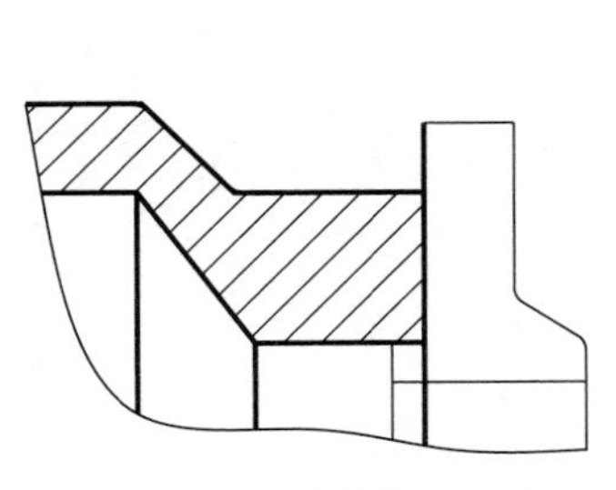

图 9-12　邻接零件的画法

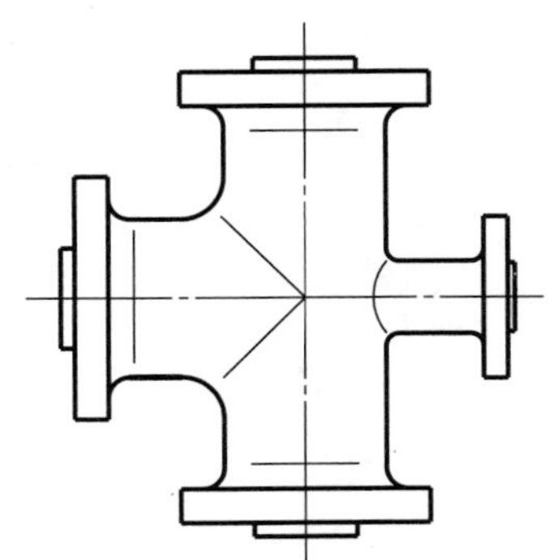

图 9-13　过渡线的画法

（3）剖切面前边部分的投影　当需要表示剖切平面前边部分的投影时，可用细点画线表示，如图 9-14 所示。

（4）对称零件的局部视图　有时为节省图幅，对称零件可只画出其整体的一部分，但在对称线的两末端画出垂直于对称线的两平行细直线，如图 9-15 所示。

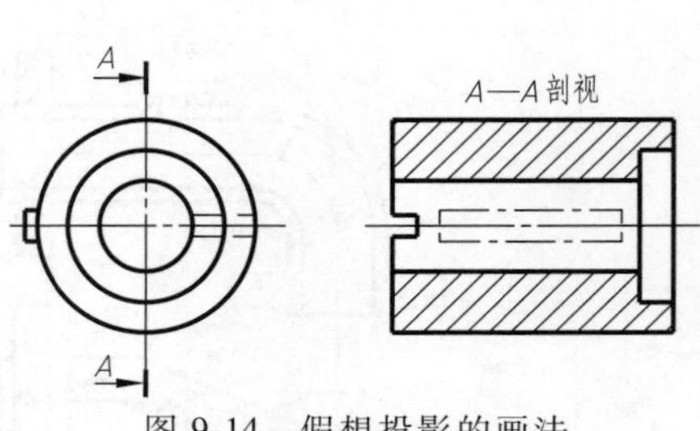

图 9-14　假想投影的画法

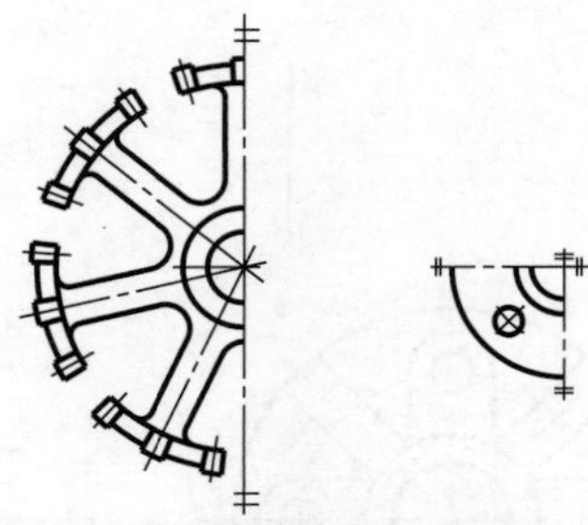

图 9-15　对称零件的局部视图

9.3.2　美国标准《ANSI Y14.3 多面视图和剖视图》

美国标准中明确规定使用第三角投影法绘图，其视图名称与 ISO 国际标准的称呼完全相同。各视图之间的相对位置的配置除有与 ISO 相同的形式以外（见图 9-16），还有如图 9-17 所示的另一种配置形式。这种配置形式是将顶视图所在的投影面固定不动，其他视图所在的投影面都展开到顶视图所在的投影面上。

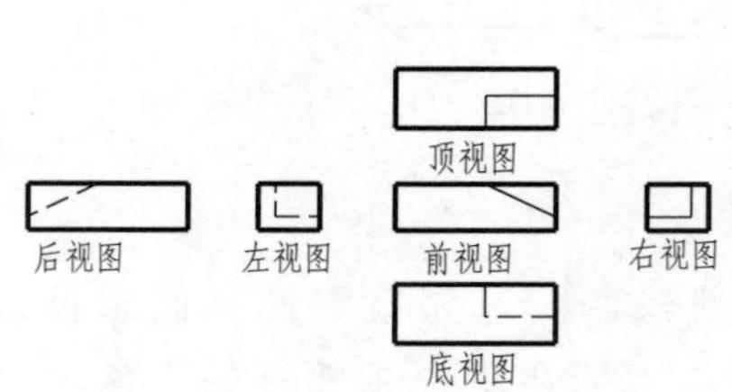

图 9-16　视图配置的一种方式

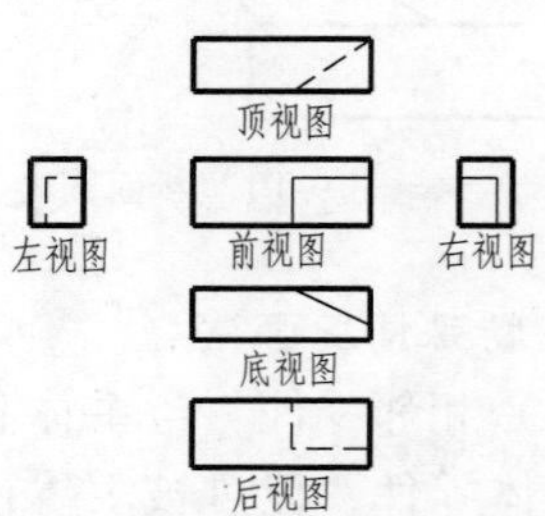

图 9-17　视图配置的另一种方式

1. 辅助视图

辅助视图的分类和命名要根据它所要表达的物体的主要尺寸方向而定。图 9-18 所示分别为宽度辅助视图、高度辅助视图和长度辅助视图。

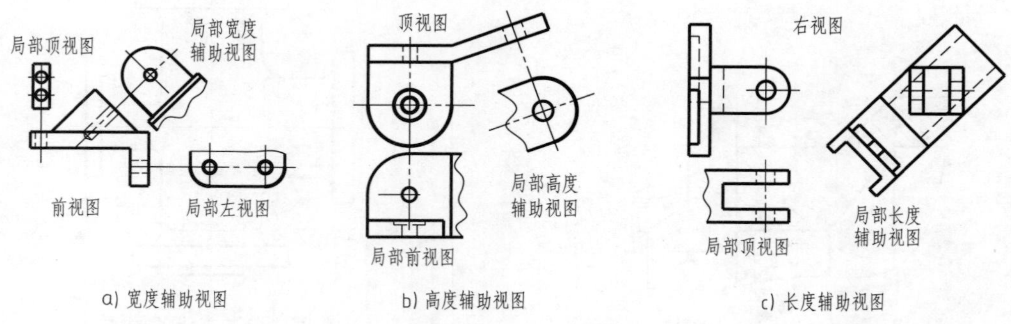

图 9-18　辅助视图的名称及图示特征

无论是局部还是完整的辅助视图或局部视图，它们与其他视图之间采用延长轴线（点画线）或一至两条投射线（细实线）或两种线同时并用的方式，使得辅助视图、局部视图与原视图的联系更加明显。

2. 移出视图

移出视图相当于我国的向视图或局部视图，只不过命名和标注方法不同，如图 9-19 所示。

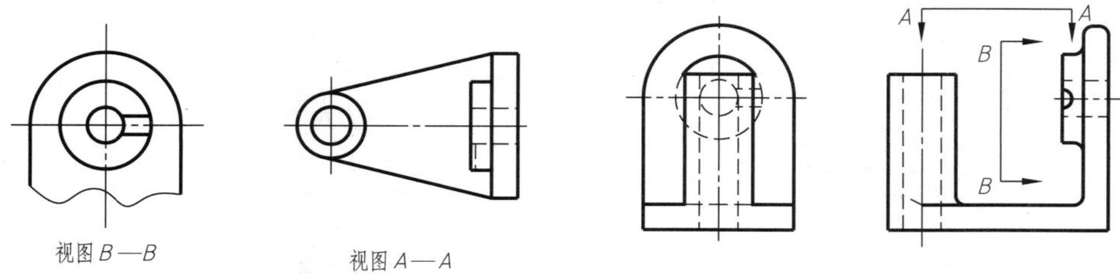

图 9-19 移出视图

3. 剖视图

（1）剖切线 当剖切平面的位置明显时，表示剖切平面位置的剖切线可省略不画。但如需画出剖切线时，则有两种表达方式，如图 9-20 所示。图 9-20a 是美国制图标准采用的形式，用双点画线表示；图 9-20b 是美国汽车制造工业标准采用的形式，用虚线表示。

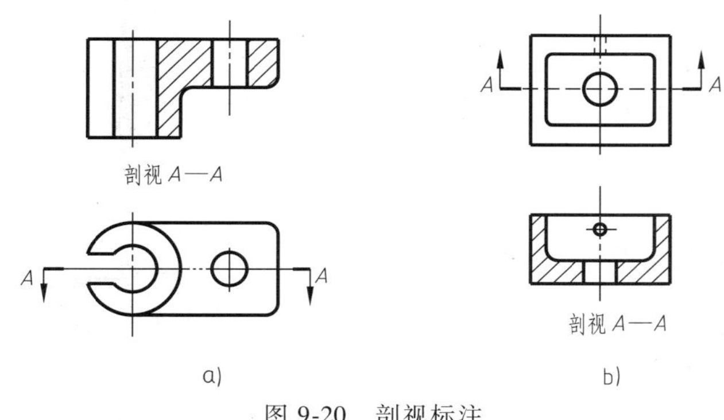

图 9-20 剖视标注

（2）半剖视图 半剖视图的剖切线的画法与全剖视图不同，它直接标注出剖切范围，且有两种标注形式，一种画出两个箭头，另一种仅画出一个箭头，如图 9-21a、b 所示。

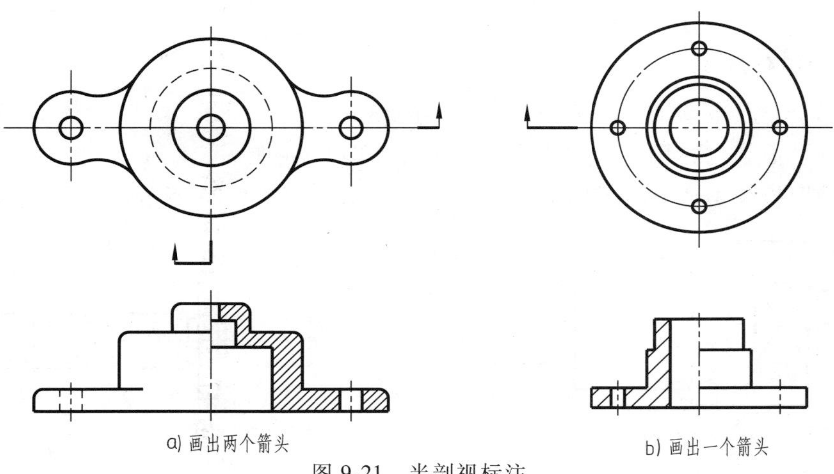

图 9-21 半剖视标注

半剖视图中视图与剖视的分界线有两种形式，一种是与我国相同的对称线，如图 9-22a 所示，另一种是粗实线，如图 9-22b 所示。

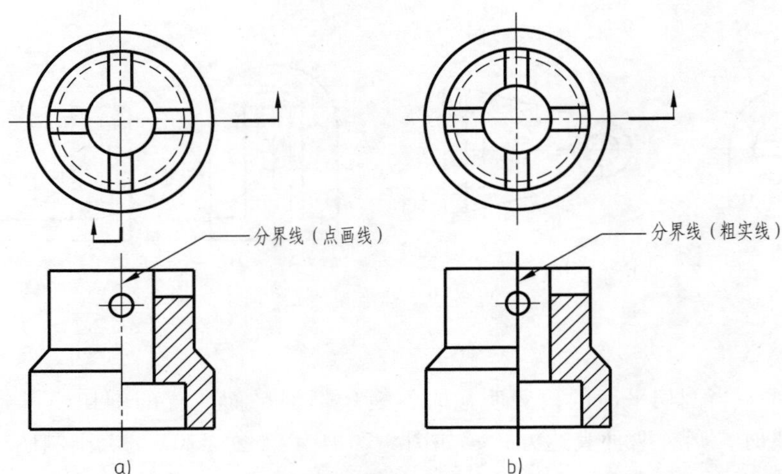

图 9-22　半剖视的分界线

4. 局部剖视图

局部剖视图中视图与剖视之间的分界线为粗的波浪线，如图 9-23a 所示。分界线也可由粗波浪线和点画线组合而成，如图 9-23b 所示。

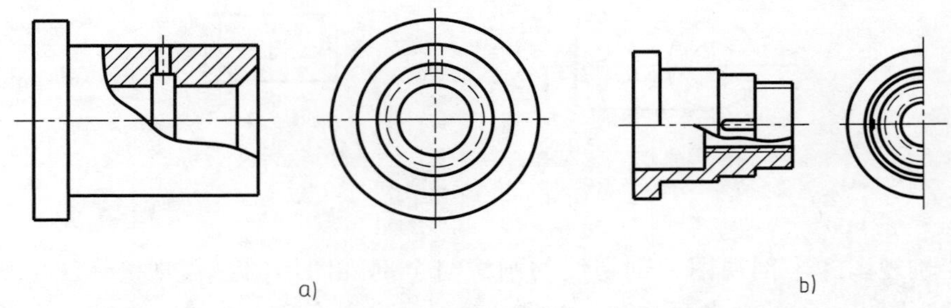

图 9-23　局部剖视的分界线

5. 习惯和简化画法

一般情况下，肋板的剖视画法与我国的制图标准相同。

轴上如有平面结构，用交叉的粗实线表示，如图 9-24 所示。

当零件采取折断画法时，其折断处用粗实线表示，如图 9-25 所示。

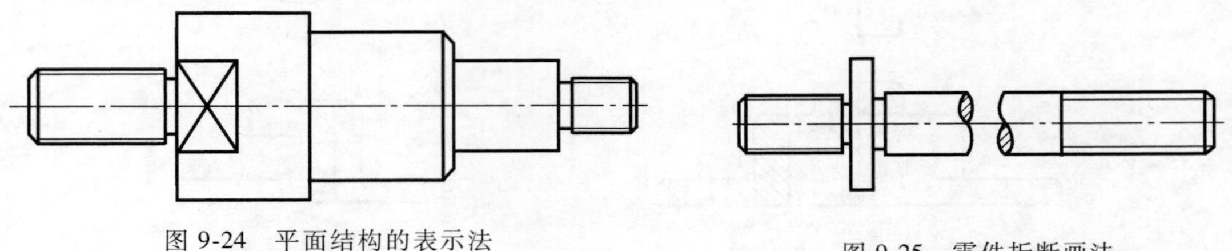

图 9-24　平面结构的表示法

图 9-25　零件折断画法

9.3.3　日本标准《JIS B0001 表示法》

在日本制图标准中，图样的表示方法与美国的比较接近，但也有不少表达方法与我国标准相同。日本采用的是第三角投影法。

1. 视图

基本视图的投影当其可见时，并不是总要求全部绘制出来，在特殊情况下，允许像局部视图那样，只取所需的部分。如图 9-26 所示的左视图省略了不必要的部分，这样使要表达的重点更加明确和突出。

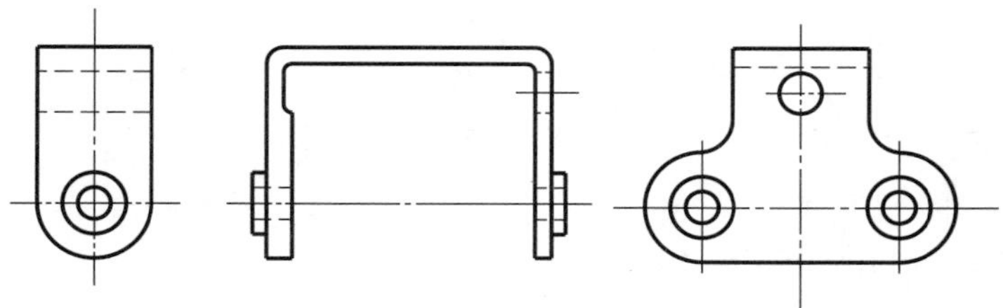

图 9-26　基本视图的省略画法

2. 剖面线和剖切线

当剖切平面通过零件的基本对称线、中心线时，剖切位置明显，剖切线不必画出，剖面线也不画出。如剖切平面未通过对称面或用多个剖切平面进行剖切时，剖切线的画法与 ISO 国际标准相一致，如图 9-27a、b 所示。

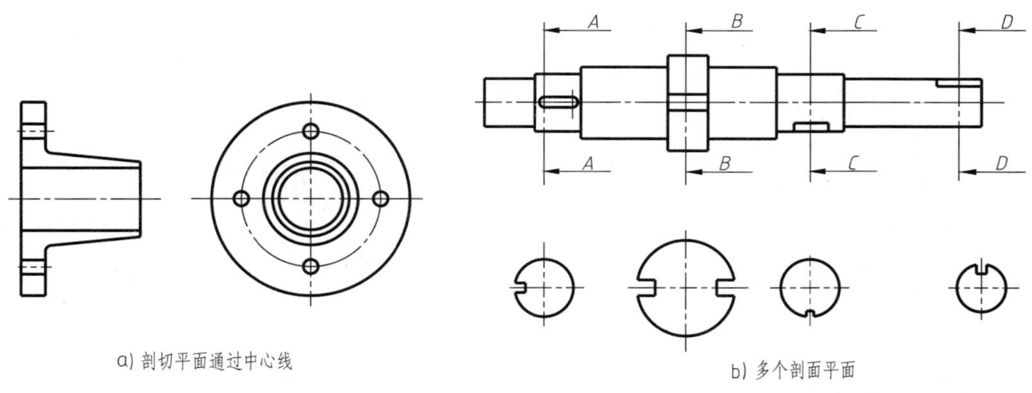

a) 剖切平面通过中心线

b) 多个剖面平面

图 9-27　剖面线与剖切线

3. 重合剖面画法

重合剖面的轮廓线用细点画线表示，如图 9-28 所示。

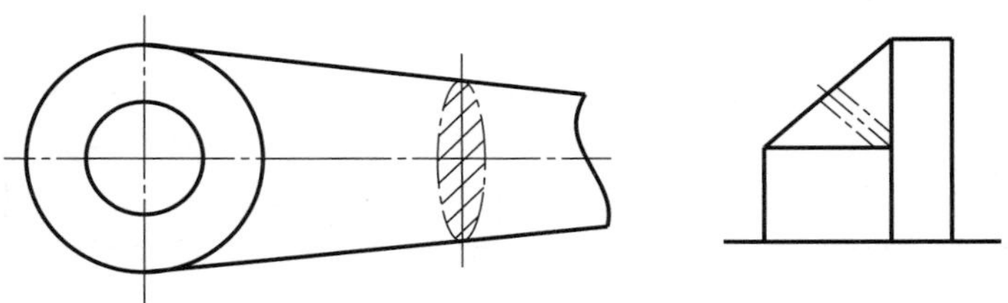

图 9-28　重合剖面轮廓线的画法

4. 附加处理

表示零件的某一区域需进行特别的处理时，用与表面平行或等距离的相距较近的粗点画线表示，并用标注形式注出所需的附加处理，如图 9-29 所示。

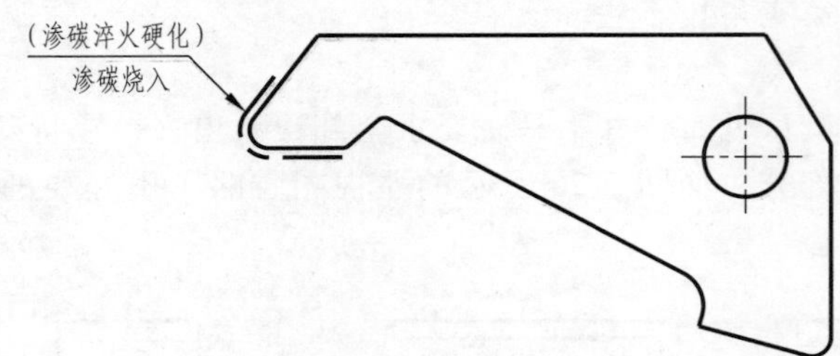

图 9-29　附加处理标注示例

9.3.4　德国标准《DIN ISO 128 表示法》

德国标准中有关零部件的视图表达方法与 ISO 国际标准基本相同，不同部分如下。

1. 半剖视画法

当零件的轮廓线重合于视图与半剖视图的分界线时，轮廓线仍按可见处理，如图 9-30 所示。

2. 剖切线的画法

用以表示剖切平面位置的剖切线用粗点画线，箭头表示观察方向，如图 9-31 所示。

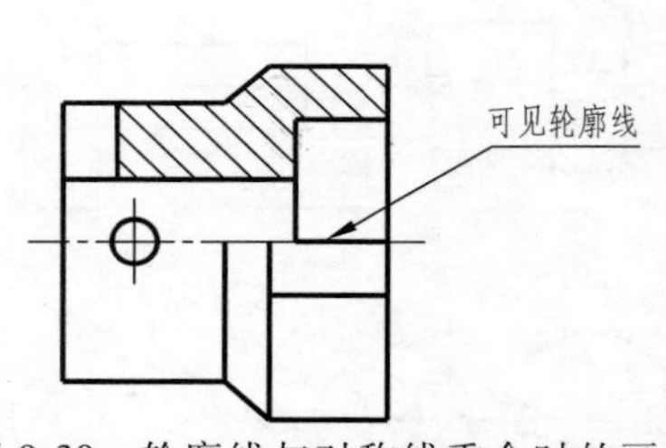

图 9-30　轮廓线与对称线重合时的画法

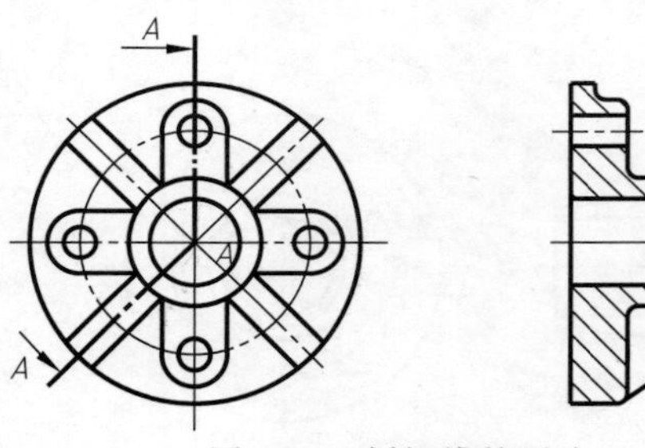

图 9-31　剖切线的画法

3. 具有对称面零件的表示法

零件对称形式的表达有三种方式，如图 9-32 所示。

图 9-32a 轮廓线超越对称线，且用波浪线断开。

图 9-32b 轮廓线超越对称线，不用波浪线断开。

图 9-32c 轮廓线画至对称线，且在对称线两端画出两条短的平行线。

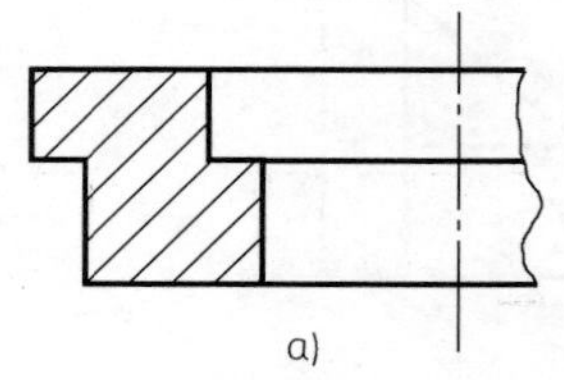

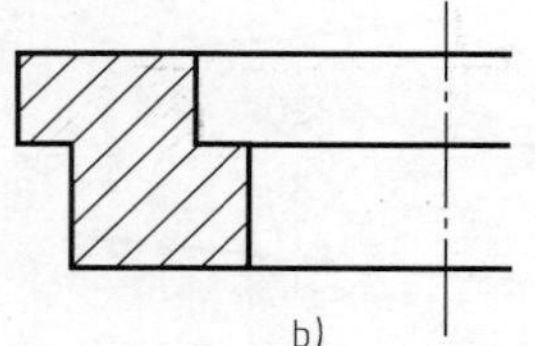

c)

图 9-32　对称零件的画法

9.4 零件的尺寸标注

尺寸标注法的比较见表 9-5。

表 9-5 尺寸标注法的比较

	ISO 129—1	美国 ANSI Y14.5	日本 JIS B0001	德国 DIN 406
线性尺寸	标注尺寸数字有两种方法，但在同一图样上只可以采用一种方法 方法 1： 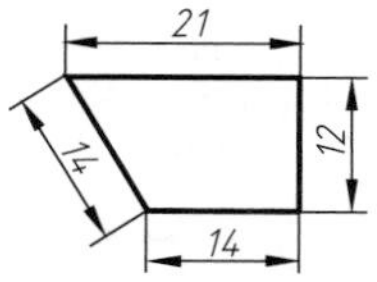 方法 2： 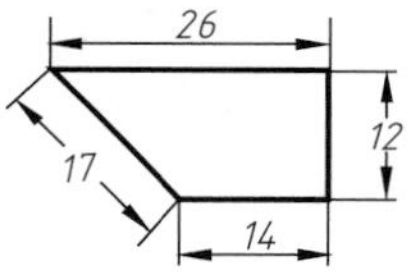	数字写在尺寸线的中断处，尺寸界线与轮廓线之间留出一小段空隙，尺寸数字的方向与 ISO 相同 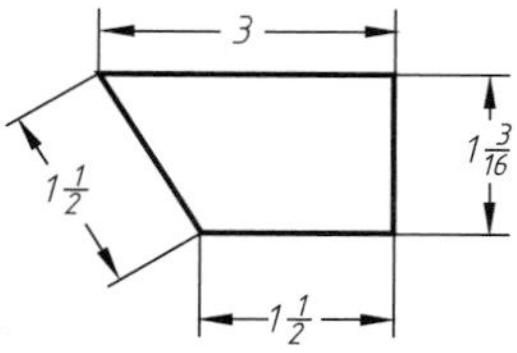	同 ISO 标准	与 ISO 基本相同，在 30°禁区中标注尺寸数字 6，9，66，68，86，89，99 时，数字后加上一个圈点
线性尺寸	箭头形式： 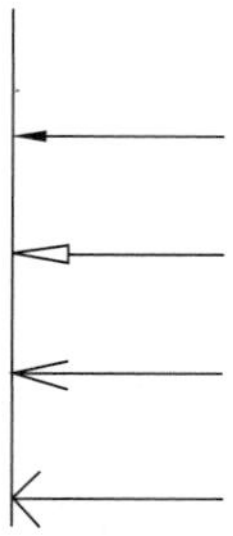 尺寸线的终端除了采用箭头外，还可采用斜线： 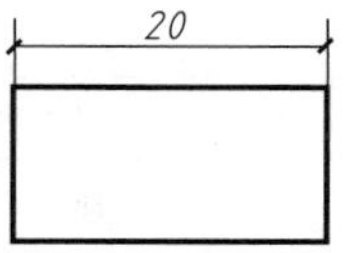	标注英寸时，可标出分数或者小数两种形式 分数形式： 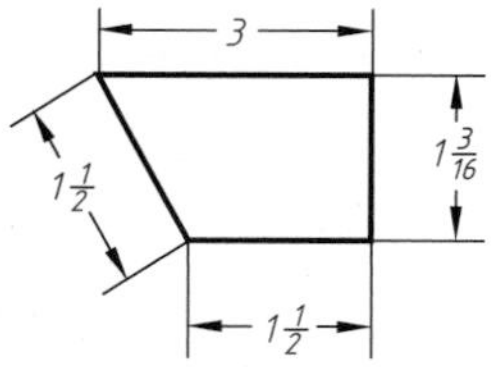 小数形式： 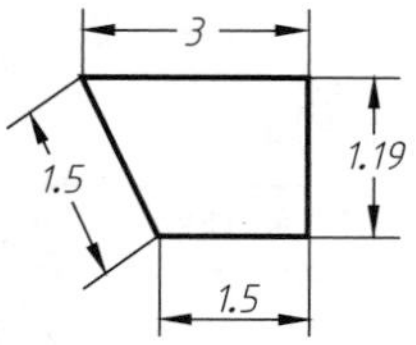	箭头形式：与 ISO 相同	箭头形式：与 ISO 相同
倒角的尺寸	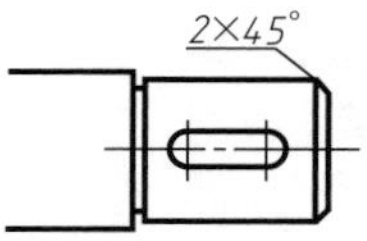 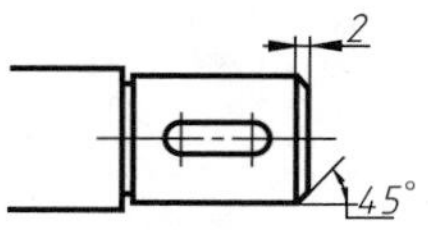	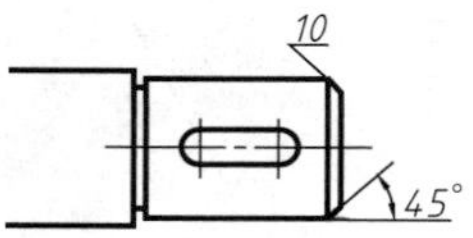 采用 .10×.10；.10×45°两种形式	与我国相同，用 C 代表 45°倒角 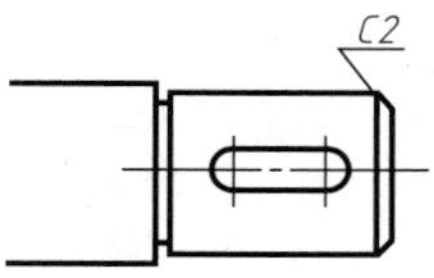 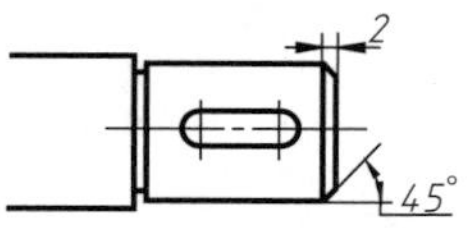	与 ISO 相同

（续）

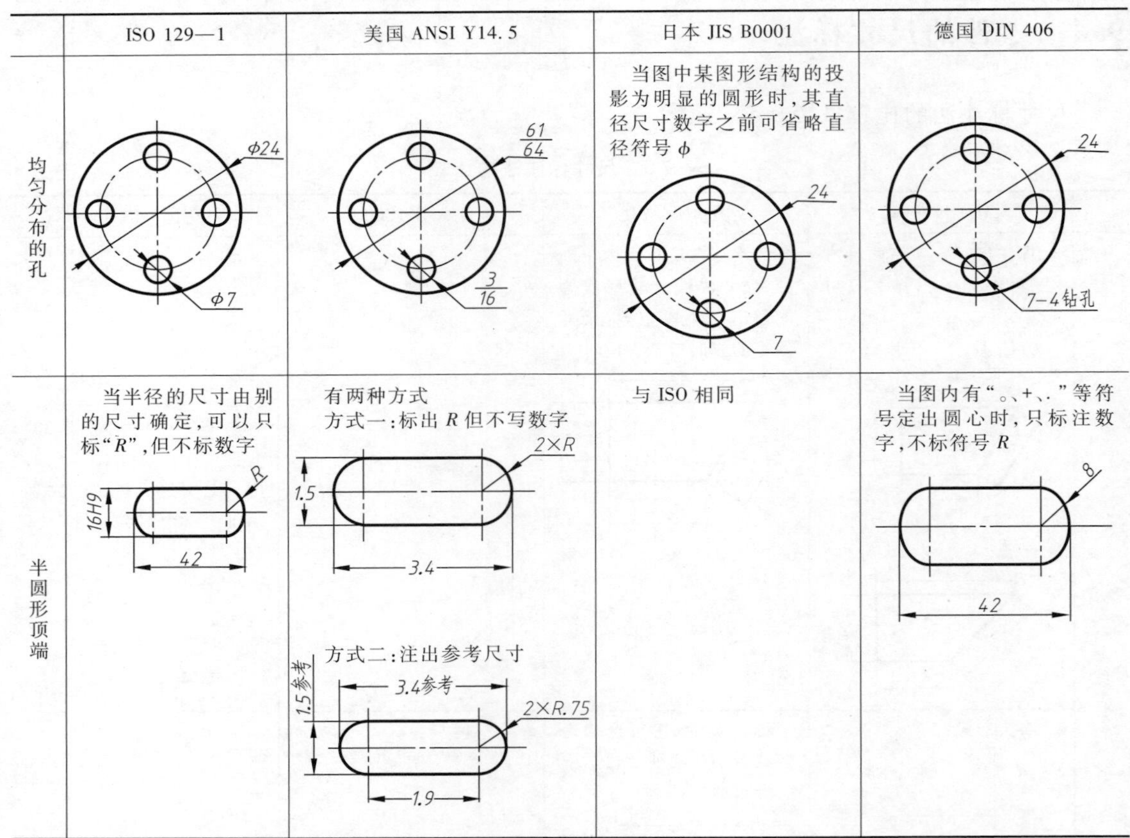

	ISO 129—1	美国 ANSI Y14.5	日本 JIS B0001	德国 DIN 406
均匀分布的孔	φ24 φ7	61/64 3/16	当图中某图形结构的投影为明显的圆形时，其直径尺寸数字之前可省略直径符号 φ 24 7	24 7-4钻孔
半圆形顶端	当半径的尺寸由别的尺寸确定，可以只标“R”，但不标数字 R 16H9 42	有两种方式 方式一：标出 R 但不写数字 2×R 1.5 3.4 方式二：注出参考尺寸 3.4参考 1.5参考 2×R.75 1.9	与 ISO 相同	当图内有“。、+、.”等符号定出圆心时，只标注数字，不标符号 R 8 42

9.5 几何技术规范的标注

在机械工程图样，很多国家不同程度地采用 ISO 国际标准作为本国表面粗糙度标注的标准，但又保留各自的某些特点，详细见表 9-6。

表 9-6 表面粗糙度的标注法

	ISO 1302	美国 ANSI Y14.36	日本 JIS B0031	德国 DIN EN ISO 1302
标注形式和内容	b c / f a1 a2 e d 其中： a1、a2：粗糙度参数的最大与最小允许值 b：加工方法、镀涂等 c：取样长度 d：加工纹理方向符号 e：加工余量 f：其他参数值	g − h c a1 a2 e d 其中： a1、a2：粗糙度参数的最大与最小允许值 c：取样长度 d：加工纹理方向符号 e：加工余量 g：波高 h：波宽	b c1 c2 a1 a2 (e) d 其中： a1、a2：粗糙度参数的最大与最小允许值 b：加工方法 c：取样长度 d：加工纹理方向符号 e：加工余量	与 ISO 相同

（续）

	ISO 1302	美国 ANSI Y 14.36	日本 JIS B0031	德国 DIN EN ISO 1302
粗糙度参数	Ra：轮廓算术平均偏差 Rz：轮廓微观不平度十点高度 Ry：轮廓最大高度	Ra	Ra、Rz、Rmax（相当于Ry），注法如： 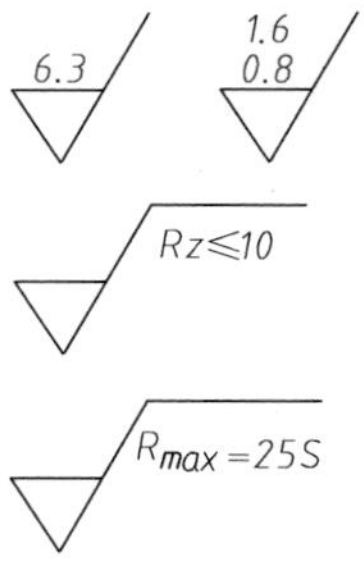 6.3 1.6 0.8 Rz≤10 Rmax=25S	
纹理方向符号	=，⊥，×，M，C，R，P 等标注如： 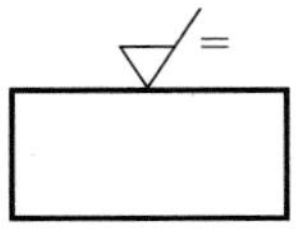 =	‖，⊥，×，M，C，R	与 ISO 相同	
标注示例	数字和字母的书写必须符合尺寸标注的规格，即从图样的下方或右方阅读 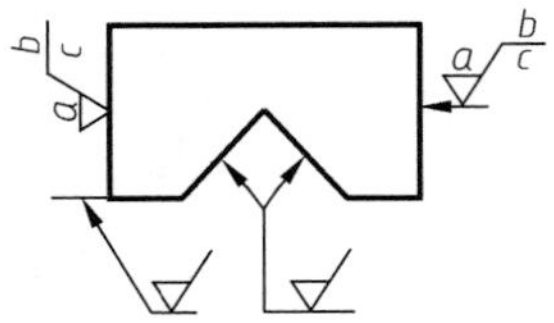 b c a	下面所列的两种注法，ISO 上均有，各国根据不同情况选用 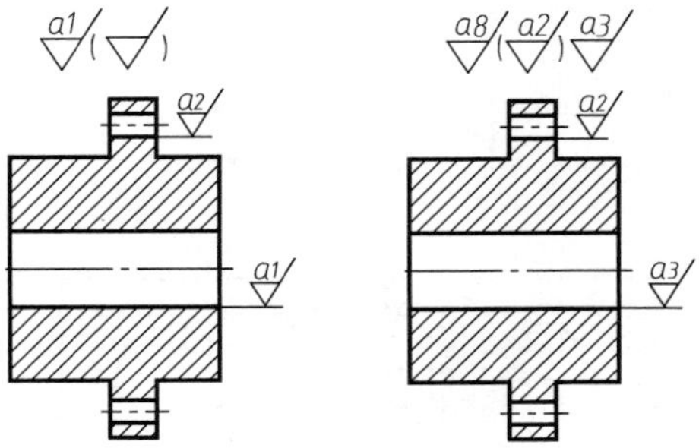 a1 ( ) a2 a1 a8 a2 a3 a2 a3		

9.6 螺纹的画法

螺纹是机器设备中最常见的一种零件结构。因螺纹用途广泛，种类繁多，对螺纹的牙型轮廓、表示方法、标记代号及尺寸公差等方面，许多国家各自制定有相应的标准。目前各国标准都向 ISO 国际标准靠拢。ISO 和德国标准与我国标准相同，表 9-7 介绍了美国和日本的标准。

表 9-7　美国和日本制图标准中螺纹的画法和标注

类　型		美国 ANSI Y14.6	日本 JIS B0002
螺纹画法	外螺纹	外螺纹有三种画法： 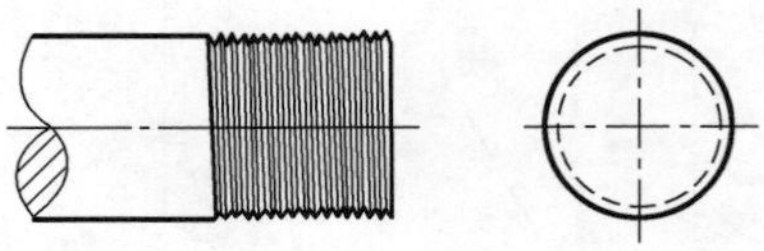 详细画法 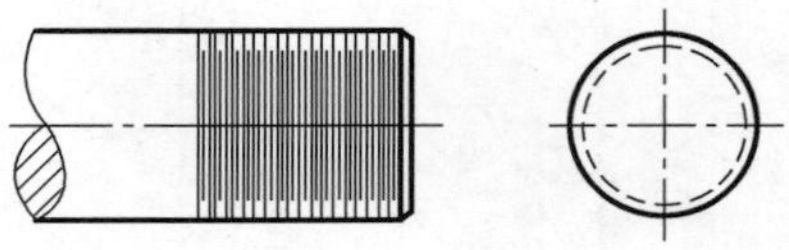 示意画法 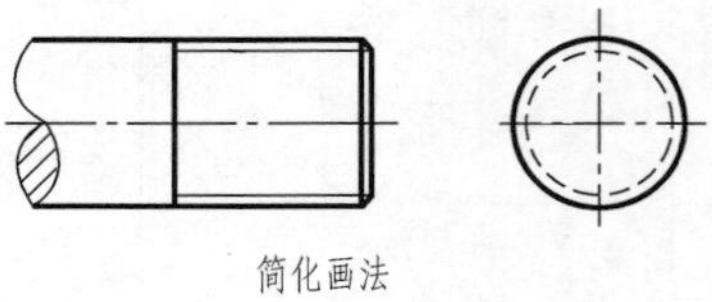 简化画法	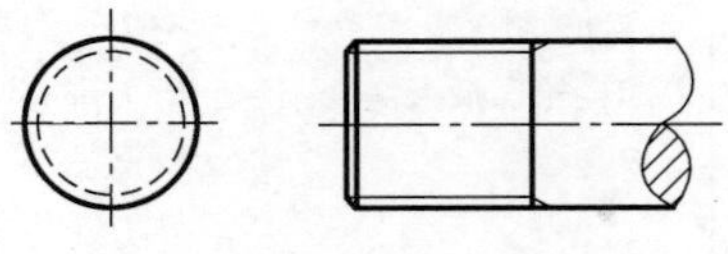 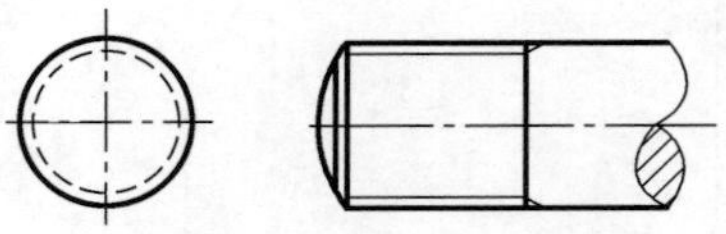
	内螺纹	内螺纹有三种画法： 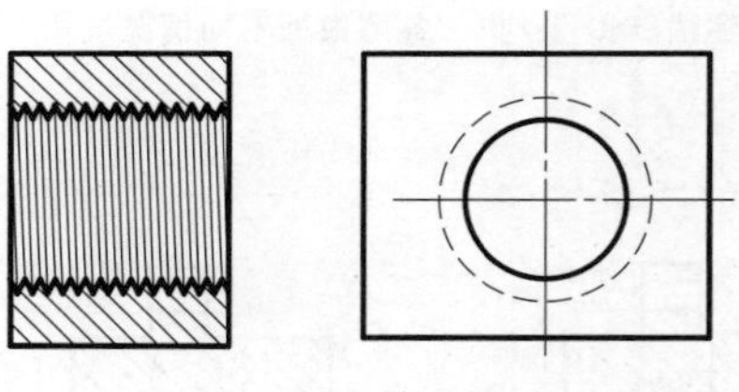 详细画法 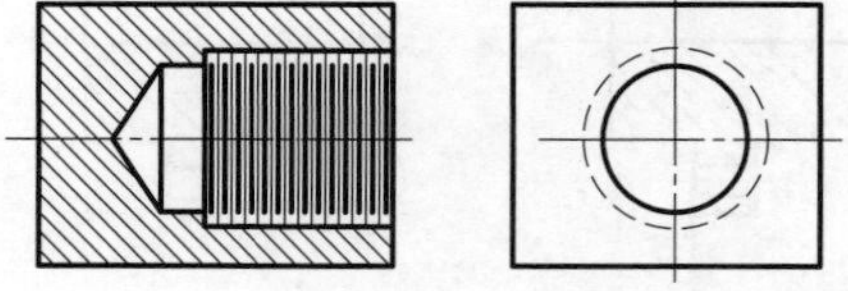 示意画法 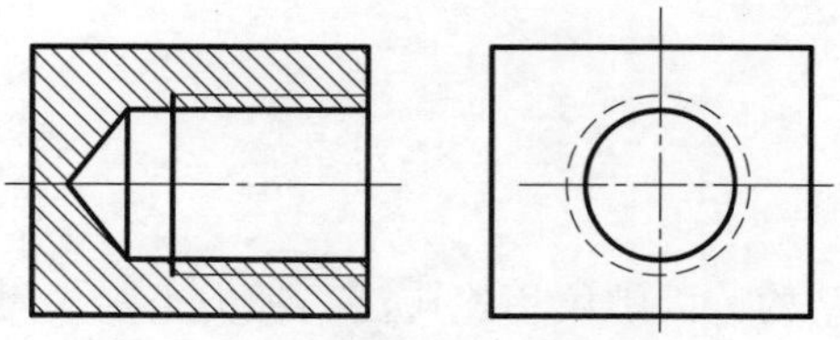 简化画法	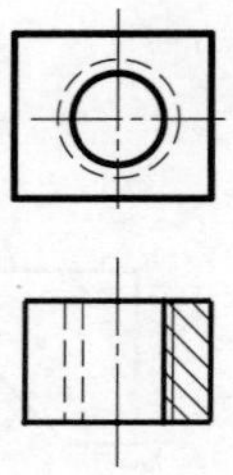 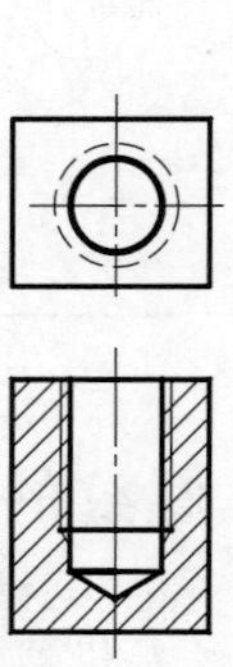

（续）

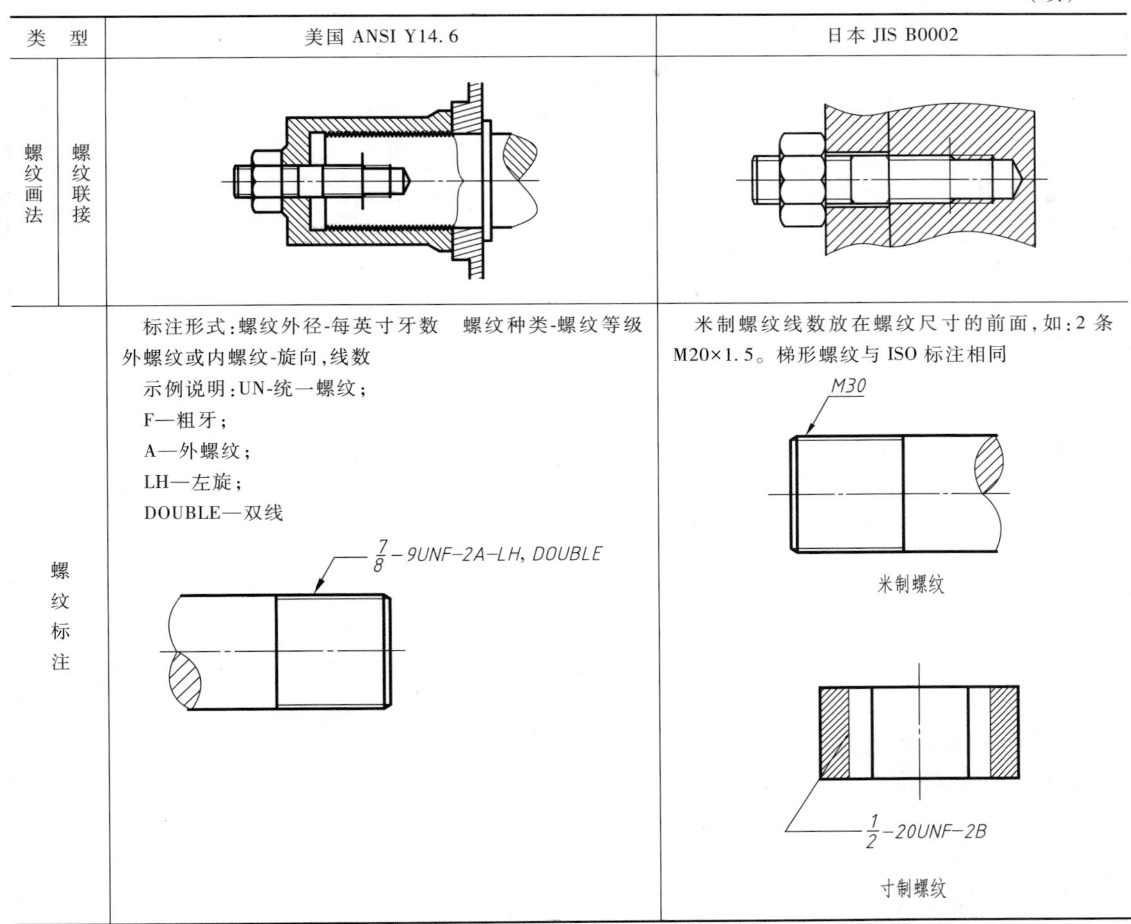

类型		美国 ANSI Y14.6	日本 JIS B0002
螺纹画法	螺纹联接		
螺纹标注		标注形式:螺纹外径-每英寸牙数 螺纹种类-螺纹等级 外螺纹或内螺纹-旋向,线数 示例说明:UN-统一螺纹; F—粗牙; A—外螺纹; LH—左旋; DOUBLE—双线 $\frac{7}{8}$ – 9UNF–2A–LH, DOUBLE	米制螺纹线数放在螺纹尺寸的前面,如:2 条 M20×1.5。梯形螺纹与 ISO 标注相同 M30 米制螺纹 $\frac{1}{2}$–20UNF–2B 寸制螺纹

9.7 项目案例：泵轴零件图的绘制

按德国制图标准绘制泵轴的零件图，如图 9-33 所示。

1. 一般了解

了解零件名称（泵轴）、材料、比例等，根据国外制图标准（德国）选择第一角投影。

2. 分析结构形状，选择表达方案，绘制一组视图

1）确定主视图。

2）选择其他视图、剖视图、断面图等。

3）找出剖视图、断面图的剖切平面位置。

4）选择局部视图、局部放大图。

5）选择简化和规定画法。

3. 分析尺寸

1）定形尺寸。

2）定位尺寸。

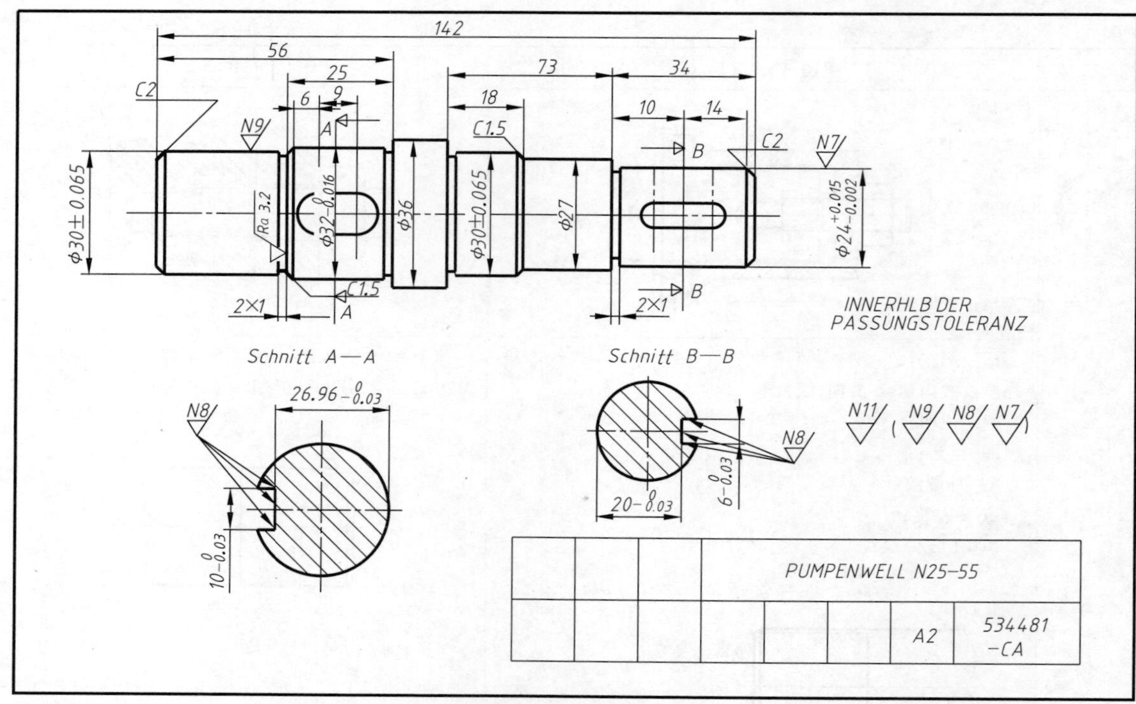

图 9-33　泵轴零件图

4. 了解技术要求

1）表面粗糙度。

2）尺寸公差。

3）几何公差。

4）其他技术要求。

本项目小结

通过本项目的学习，可以了解 ISO 制图标准和典型工业国家如美国、日本和德国的制图标准，掌握关于图纸的幅面格式、比例、字体和图线等基本内容，了解图样画法、尺寸标注规定和表面粗糙度标注规定，正确识读这几个国家螺纹的画法和标注。

练习与在线自测

1. 思考题

（1）ISO 标准中的单位与美国标准中的单位英寸（in）之间的关系如何？

（2）试述美国制图标准中图样比例$\frac{1}{8}=1$的含义。

（3）试比较制图标准中常用的线型有几种，宽度系列值为多少，各种图线的画法如何，分别用于何处。

（4）试归纳我国与美国、日本、德国的图样画法之间的异同点。

（5）举例说明我国、美国、日本和德国制图技术要求中表面粗糙度的标注方法。

（6）试述我国、美国和日本制图标准中螺纹的画法和标注。

2. 练习题

（1）运用第三角投影法绘制如图 9-34 所示的盘盖类零件图。

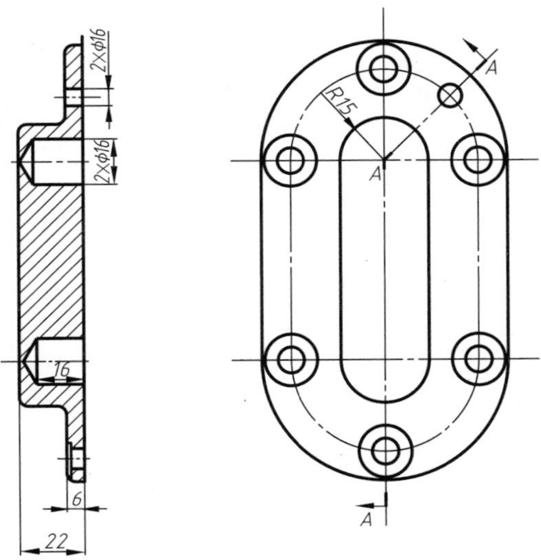

图 9-34　盘盖类零件图

（2）运用第三角投影法绘制如图 9-35 所示轴测图的视图。

（3）分别用第一角投影法和第三角投影法绘制如图 9-36 所示轴测图的视图。

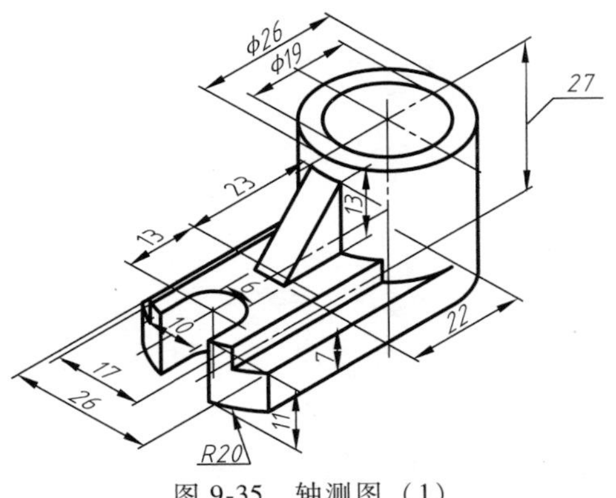

图 9-35　轴测图（1）

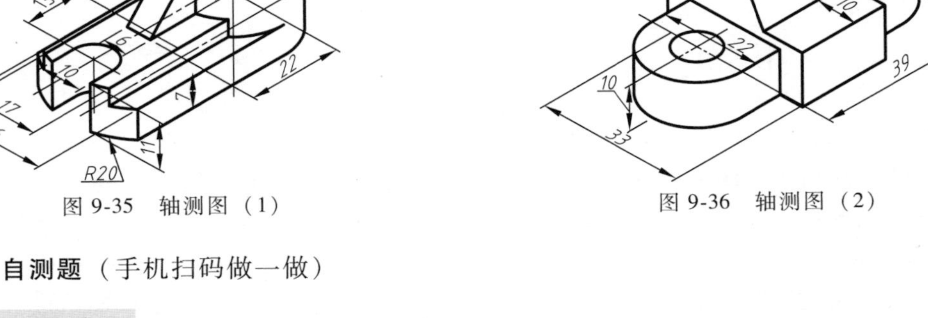

图 9-36　轴测图（2）

3. 自测题（手机扫码做一做）

项目10

AutoCAD软件的典型应用

知识目标

1）了解绘图软件 AutoCAD 2017 的用途及功能。
2）掌握二维图形绘制的方法。
3）掌握三维实体造型的方法。
4）掌握图形文件管理的方法。

能力目标

1）利用 AutoCAD 2017 软件绘制二维工程图。
2）利用 AutoCAD 2017 软件完成三维实体造型。

项目案例

泵盖机械图样的绘制。
支架三维实体造型。

10.1　二维图形绘制

10.1.1　AutoCAD 2017 概述

AutoCAD 是美国 Autodesk 公司于 1982 年推出的一个交互式绘图系统，目前已成为工程设计领域中应用最为广泛的计算机辅助设计软件之一。AutoCAD 具有易于掌握、使用方便、体系结构开放等优点，可以绘制二维与三维图形，可以渲染图形以及打印输出图纸等。

1. 工作界面

工作界面是指绘制、编辑图形和设置软件参数的工作环境。AutoCAD 2017 提供了“草图与注释”“三维基础”“三维建模”三种工作空间模式。选择不同的工作空间模式可以进行不同的操作，例如在“三维建模”工作空间模式下，可以方便地进行以三维复杂建模为主的绘图操作。如果要切换工作空间，可以单击“快速访问”工具栏中的“自定义快速访问工具栏”的下拉按钮，在弹出的菜单中选择“工作空间”，并打开“工作空间”下拉列表，在其中选择所需的工作空间。也可以在工作界面右下方的“状态栏”中单击“切换工作空间”按钮进行工作空间切换。

“草图与注释”是绘制二维图形的工作空间，其工作界面包括快速访问工具栏、菜单栏、功能区、标题栏、十字光标、绘图区、状态栏以及命令行窗口等，如图 10-1 所示。

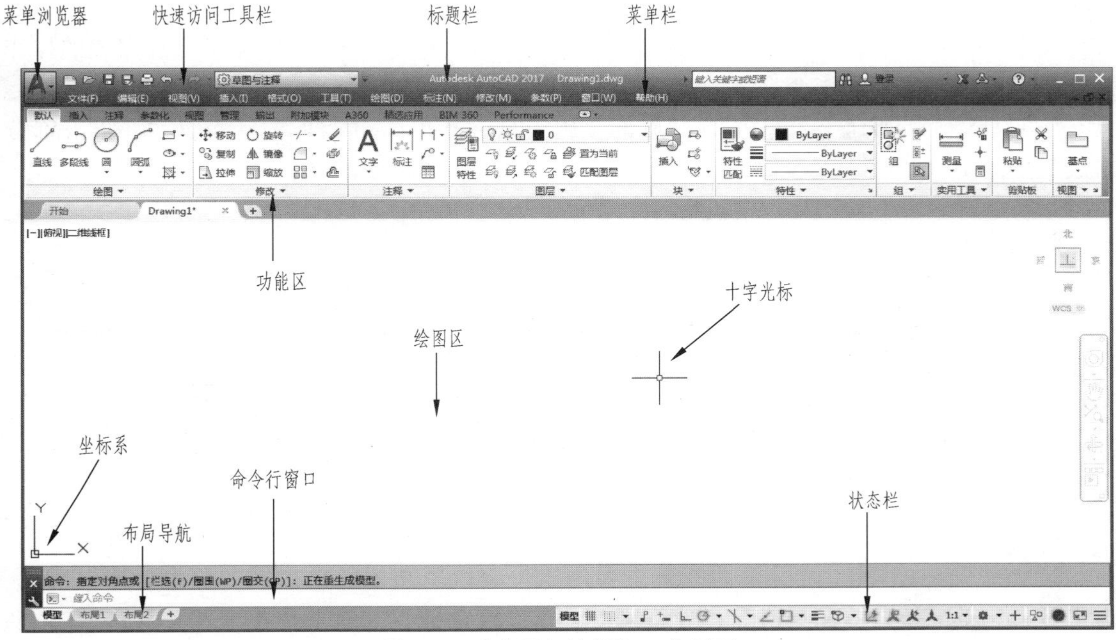

图 10-1 “草图与注释”工作界面

（1）标题栏　标题栏位于 AutoCAD 绘图窗口的最上端，用于显示当前正在运行的程序名及已打开的图形文件信息。

（2）菜单栏　菜单栏位于标题栏的下方，并且以下拉方式显示其子菜单。AutoCAD 2017 的菜单栏包括【文件】、【编辑】、【视图】、【插入】、【格式】、【工具】、【绘图】、【标注】、【修改】、【参数】、【窗口】和【帮助】共 12 个菜单，几乎包含了所有的绘图命令和编辑命令。单击“快速访问”工具栏中的“自定义快速访问工具栏”下拉按钮，可在弹出的菜单中选择显示和隐藏菜单栏。

（3）功能区　AutoCAD 2017 的功能区位于标题栏（菜单栏）的下方，功能面板上的每一个图标都形象地代表一个命令，用户只要单击图标按钮，即可执行相应的命令。默认情况下，功能区主要包括“默认”“插入”“注释”“参数化”“视图”“管理”和“输出”等几个部分，如图 10-2 所示。

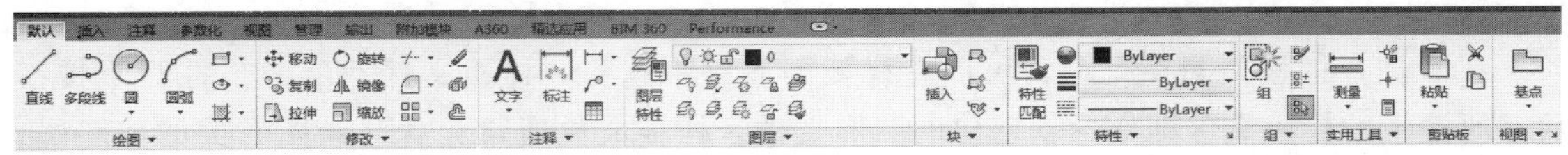

图 10-2 “功能区”面板

（4）绘图区　绘图区位于屏幕的中央，是绘制和编辑图形的工作区域。可以根据需要关闭部分工具栏，以增大绘图区域。绘图区实际上是无限大的，可以通过缩放、平移等命令来观察绘图区的图形。如图纸较大时，可以单击窗口右边与下边滚动条上的箭头，或拖动滚动条上的滑块来移动图纸。

（5）命令行与文本窗口　命令行位于绘图窗口的底部，是通过键盘输入 AutoCAD 命令、显示系统提示信息的区域。命令窗口的提示符若为“命令”，则表示系统处于等待输入命令的状态。

文本窗口是记录 AutoCAD 命令的窗口，是放大的“命令行”。它记录了已经完成的操作命令，也可以用来输入新命令。

（6）状态栏　状态栏位于屏幕的底部，用来显示 AutoCAD 当前的状态，主要由五部分组成，如图 10-3 所示。

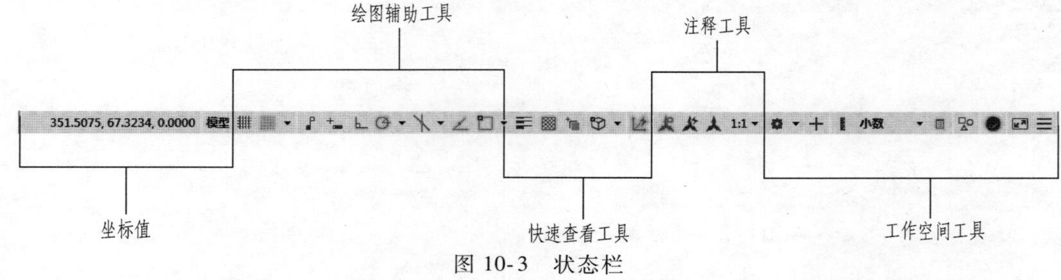

图 10-3　状态栏

1）坐标值。坐标值显示绘图区中光标的位置。移动光标，坐标值也会随之变化。

2）绘图辅助工具。绘图辅助工具主要用于控制绘图功能，包括推断约束、捕捉模式、栅格显示、正交模式、极轴追踪、对象捕捉、三维对象捕捉、对象捕捉追踪、允许/禁止动态 UCS、动态输入、显示/隐藏线宽、显示/隐藏透明度、快捷特性和选择循环等功能。

3）快速查看工具。使用快速查看工具可以轻松地预览打开的图形和查看图形布局、打开图形的模型或图纸空间，并可在模型空间和图纸空间之间进行切换。

4）注释工具。这里面包含用于显示、缩放注释的若干工具。对于模型空间和图纸空间，将显示不同的注释工具。当图形状态栏打开后，注释工具将显示在绘图区域的底部；当图形状态栏关闭时，注释工具移至应用程序状态栏上。

5）工作空间工具。用于切换 AutoCAD 的工作空间，以及对工作空间进行自定义设置等操作。

2. 图形文件管理

图形文件管理的工具栏是【标准】工具栏。

（1）创建新图形文件　执行【文件】|【新建】菜单命令，或单击“快速访问工具栏”中的“新建”按钮，或单击【菜单浏览器】，在下拉列表中选择“新建”命令，就可以创建新的图形文件，此时将弹出如图 10-4 所示的“选择样板”对话框。

在“选择样板”对话框中，可以在样板列表框中选择一样板文件，单击“打开”按钮后，所选中的样板文件即作为新创建的图形文件。样板文件通常包含与绘图有关的如图层、线型、文字样式、尺寸标注样式等的设置和标题栏、图幅框等一些通用设置。利用样板创建新图形文件，可以避免创建新图形时的重复设置，还可以保证图形文件的一致性。

也可以单击“打开”按钮右边的下拉按钮，选择“无样板打开-公制（M）”，创建一个无样板的以毫米为单位的新图形文件。

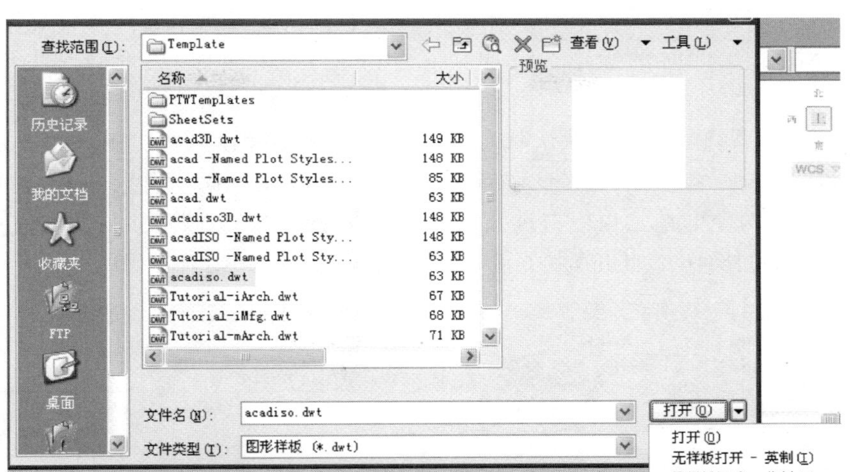

图 10-4 “选择样板”对话框

（2）打开图形文件　执行【文件】|【打开】菜单命令，可以打开已有的图形文件。在“选择文件”对话框的文件列表框中选择适当的路径打开需要的文件，在右边的“预览”框中将显示出该文件中图形的预览图像。也可以选择快速访问工具栏和菜单浏览器来打开已有图形文件。

（3）保存图形文件　执行【文件】|【保存】菜单命令，可以将所绘制的图形文件以各种不同的文件类型保存起来。系统默认情况下，保存的文件是 dwg 格式。也可以选择快速访问工具栏和菜单浏览器来保存已有图形文件。

（4）给图形文件加密保护　AutoCAD 2017 在保存文件时可以使用密码保护功能，对文件进行加密保存。执行【文件】|【保存】或【另存为】菜单命令，在弹出的“图形另存为”对话框中单击“工具”按钮，在其下拉菜单中选取【数字签名】选项，在弹出的“数字签名”对话框中为文件设置数字 ID。

（5）关闭图形文件　结束绘图工作后，可执行【文件】|【关闭】菜单命令，或在绘图窗口的右上角单击“关闭”按钮 X，或在菜单浏览器中选择“关闭”命令，都可以关闭当前的图形文件。在关闭 AutoCAD 绘图软件时，系统会提示保存当前图形文件并退出。

3. 系统参数设置

执行【工具】|【选项】菜单命令，或在绘图区任意位置单击右键，选择“选项”命令，可以设置文件存放路径等 AutoCAD 的一些参数。

（1）设置文件存放路径　在“选项”对话框中，可以使用【文件】选项卡设置 AutoCAD 搜索相关文件的路径、文件名和文件位置等。

（2）设置显示性能　【显示】选项卡可以设置绘图工作界面的显示格式、图形显示精度等。

“颜色”按钮可以设置工作界面中一些区域的背景颜色和文字颜色。

“显示精度”选项区可以设置绘图对象的显示精度，它可以使曲线、曲面的光滑度发生变化。

“十字光标大小”选项区可以设置光标在绘图区内十字光标线的长度。

（3）设置文件打开与保存方式　【打开和保存】选项卡是设置打开和保存图形文件的，可以选择保存图形文件时的版本、格式（＊.dwg、＊dxf 等）、是否同时生成备份文件（＊.bak）等。

（4）设置用户系统配置　在默认状态下，单击鼠标右键弹出快捷键菜单。也可以单击【用户系统配置】选项卡中的“自定义右键单击”按钮，设置鼠标右键功能。如图 10-5 所示的设置是当选定对象时单击鼠标右键，系统弹出快捷菜单；如没有选定对象时单击鼠标右键，则重复上一次的操作；如正在执行命令时单击鼠标右键，则表示确认。

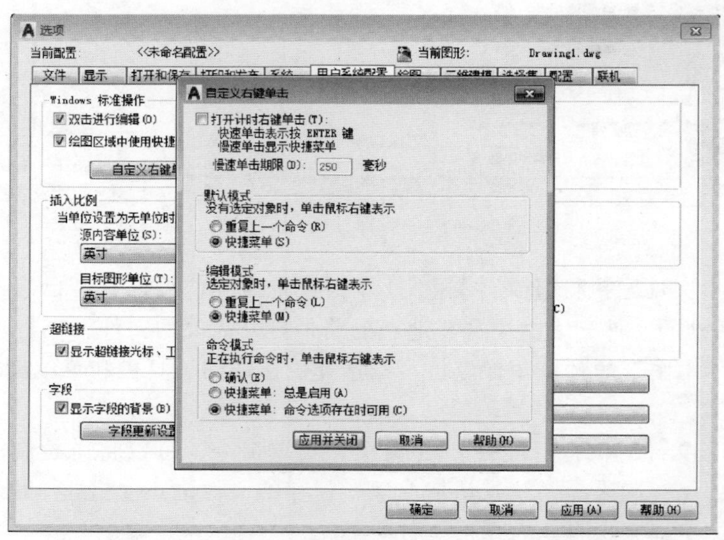

图 10-5　“自定义右键单击”选项面板

（5）设置绘图　【绘图】选项卡可以设置对象自动捕捉、自动追踪等功能。还可以设置显示极轴追踪的矢量数据、设置自动捕捉标记大小和靶框大小等。

（6）设置选择模式　【选择集】选项卡可以设置选择集模式和夹点功能，不仅可以设置选择集模式，还可以设置夹点的大小和颜色等。

4. 使用鼠标执行命令

在 AutoCAD 系统中，绘图区显示的光标通常为十字光标形式，而在其他区域则显示为箭头。单击鼠标时会执行相应的命令或动作。

（1）单击鼠标左键　单击鼠标左键通常是拾取键，用于指定屏幕上的点、线、面、选中被单击的对象、执行相应的命令等。

（2）单击鼠标右键　单击鼠标右键也叫回车键，常常代替回车。单击鼠标右键可以结束命令、弹出快捷菜单或重复上次的命令。

（3）滚动鼠标中键　在绘图区滚动鼠标中键可以放大或缩小绘图区中的图形。

5. 命令调用方式

命令是 AutoCAD 系统与用户实现交换信息的重要方式。命令的输入方式有使用菜单栏、使用工具栏、使用功能区按钮、使用键盘和使用快捷菜单命令几种。

（1）使用菜单栏　利用 AutoCAD 工作界面中的菜单栏调用命令，如执行【修改】|【移动】菜单命令。

（2）使用工具栏　利用 AutoCAD 工作界面中的工具栏调用命令，如单击【修改】工具栏中的“移动”按钮✥。工具栏的调用可通过执行菜单命令来完成，如执行【工具】|【工具栏】|【AutoCAD】|【修改】，即可调出【修改】工具栏。工具栏是浮动在计算机屏幕上的，我们可以通过按住鼠标左键拖拽的方式将其放在合适的位置，也可以在已有的工具栏上单击鼠标右键，调用不同的工具栏。

（3）使用功能区按钮　利用功能区的按钮执行命令。如在“二维草图与注释”工作空间状态下，从【常用】功能区中的【绘图】面板上执行“多段线”命令，即可执行“Pline”命令绘制图形，如图 10-6 所示。

（4）使用键盘　可以通过键盘输入命令，绘制图形。如在命令行中输入命令“Line”或输入其简写命令“L”并回车，即可调用“直线”命令绘制直线。

（5）使用快捷菜单命令　还可以通过快捷菜单命令绘制图形。如单击鼠标右键，在弹出的菜单中选择命令。

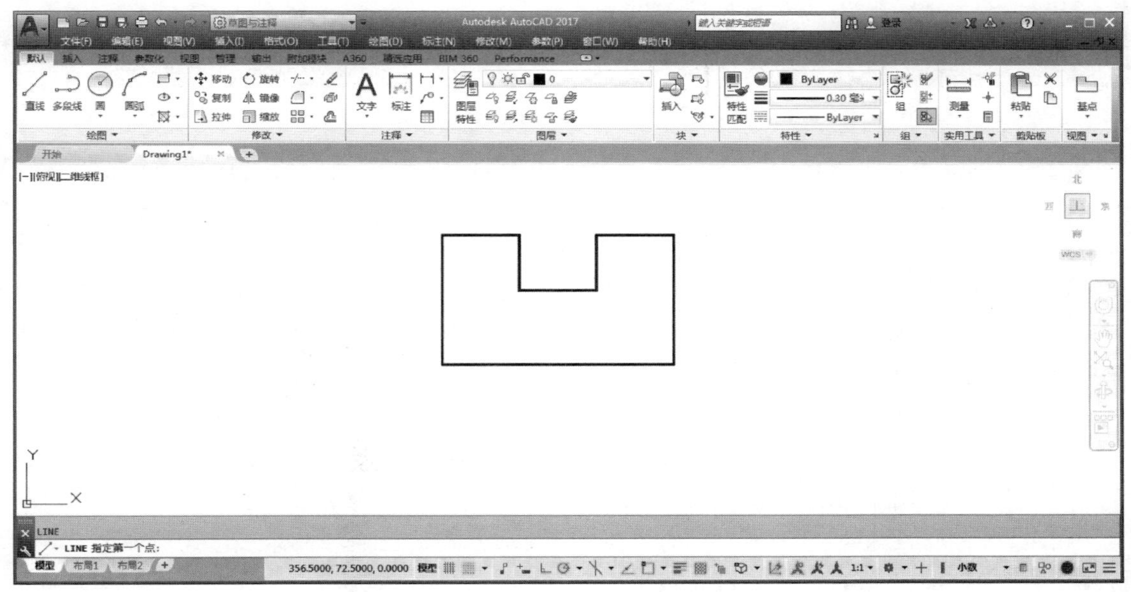

图 10-6　使用功能区按钮执行命令

6. 命令行输入方法

AutoCAD 的命令行存在一个命令提示符“:”。提示符前面是提示信息，提示下面将要进行什么操作。绘图时要时刻注意命令行中的提示，按照要求输入命令或参数。图 10-7 所示就是绘制圆的输入方法。

7. 命令的中止和重复使用

常用的退出命令方法有三种。

（1）单击鼠标右键　单击鼠标右键，在弹出的快捷菜单中选择“确定”选项。

（2）按“Enter”键　任务完成后按“Enter”键即完成当前操作。

（3）按“Esc”键　在任务未完成的情况下，按“Esc”键，可随时退出或取消当前操作。

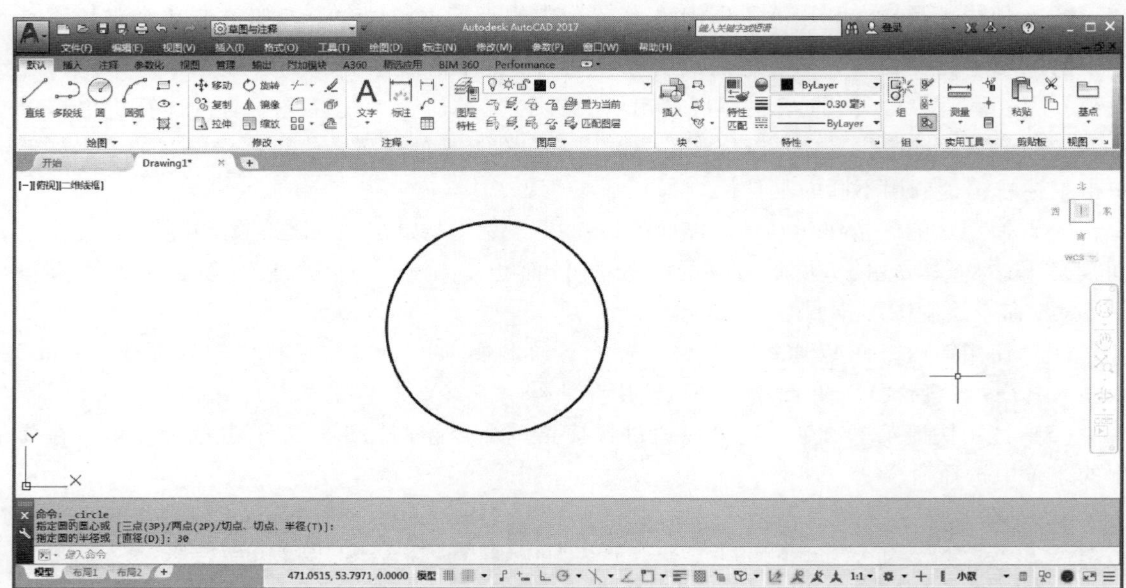

图 10-7　绘制圆的命令行输入方法

(4) 重复操作命令　在绘图过程中会经常使用同一命令，这时可采用按“Enter”键、空格键，也可以单击鼠标右键，在弹出的快捷菜单中选择“重复＊＊”选项，或者在命令行中输入“Multiple”命令。

8. 坐标值的输入

AutoCAD 的坐标有直角坐标、极坐标、柱坐标和球坐标等多种形式，直角坐标和极坐标常用于二维图形的绘制中。下面分别介绍直角坐标和极坐标的坐标值输入方法。

(1) 直角坐标输入　直角坐标输入又分为绝对直角坐标输入和相对直角坐标输入两种。

绝对直角坐标表示的是输入的直角坐标值是以坐标原点为参照点产生的位移，输入方式为“x，y”，x 和 y 值间用“逗号”分隔开，如图 10-8a 所示的 A 点。

相对直角坐标是指相对于某一点的位移，其表示方式是在绝对坐标表达式前加上“@”符号，如图 10-8a 所示的 B 点相对 A 点坐标的直角坐标输入方法。

(2) 极坐标输入　极坐标输入也分为绝对极坐标输入和相对极坐标输入两种。

绝对极坐标是以坐标原点为参考点产生的位移，绝对极坐标的参数是距离和角度，输入时距离和角度之间用“<”符号分开，角度值是和 X 轴正方向之间的夹角。

相对极坐标是指相对于某一点的距离和角度，表达方式是在绝对极坐标表达式的前面加上“@”符号。如图 10-8b 所示的 D 点相对 C 点的极坐标输入方法。

9. 操作错误的纠正方法

(1) 放弃操作

1) 在执行命令的过程中，AutoCAD 的命令行会出现“放弃”提示，如果输入“U”并回车，则表示将要放弃刚刚完成的操作内容。如果在“命令:”提示下连续键入“U”并回车，则可以一直放弃到本次图

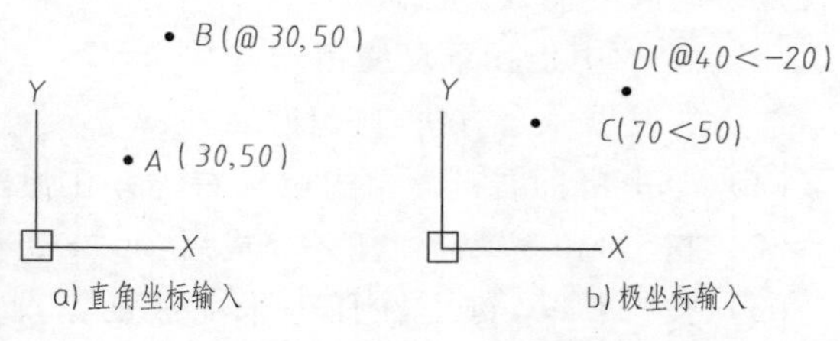

图 10-8　直角坐标、极坐标输入法

形绘制或编辑的起始状态。

2）当执行完一条命令后，如果发现为误操作时，可以在命令窗口中“命令:”提示下键入“U”并回车，就表示放弃刚才执行的命令操作。

3）在执行命令的过程中，可按“Esc”键随时取消该命令。

4）单击【快速访问】工具栏中的“放弃”按钮，即可取消当前操作。

（2）恢复命令

1）恢复命令是相对于放弃命令而言的。当放弃了一个命令的操作后，又想恢复它，就可以键入“Redo”命令并回车，则可恢复上一次操作。

2）单击【快速访问】工具栏中的“重做”按钮，即可恢复上一次操作。

10. 控制图形显示

绘图时，经常需要对图形进行缩放、移动、重画、重生成等。此时仅仅是图形在计算机屏幕上大小发生变化，而存放在图形文件中的图形数据并没有改变。当需要改变图形显示时，可以在如图 10-9 所示的【缩放】工具栏或【标准】工具栏选择相应的显示方式。或者执行【视图】|【缩放】菜单命令，也可在绘图区右侧的导航栏选择相应命令。

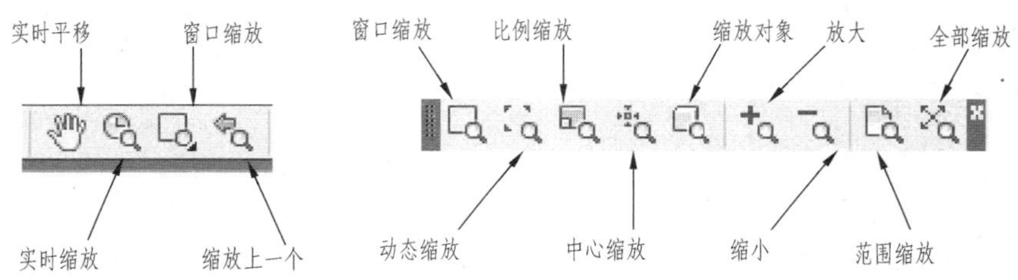

图 10-9　“图形显示”工具按钮

10.1.2　AutoCAD 2017 二维图形绘制基础

利用 AutoCAD 进行绘图和工程设计之前，都需要进行一些前期准备工作，如根据工作需要和使用习惯设置 AutoCAD 绘图环境等。尽管 AutoCAD 起动后可以用默认的绘图环境工作，但有时为了保证图形文件的规范性、图形的准确性及绘图效率，往往需要在绘图前对绘图环境和系统参数进行设置。

1. 设置图形界限与绘图单位

绘图时，可以将 AutoCAD 看成一幅无限大的图纸，它可以绘制任何尺寸的图形。但是为了图形文件的管理及打印的需要，需要给绘制图形的区域标明边界，AutoCAD 2017 称之为图形界限。设置图形界限的命令为“Limits”，或者执行【格式】|【图形界限】命令，设置完图形界限后可以使用栅格来显示已设定的绘图区域。常用的绘图区域大小就是机械制图中的图幅大小。

可执行【格式】|【单位】命令，也可在命令行输入“Units”（或 UN）并回车，打开如图 10-10 所示的“图形单位”设置对话框，设置长度和角度的单位以及绘制精度。

2. 设置图层

图层是 AutoCAD 用来组织图形的最为有效的工具之一。所有的 AutoCAD 图形对象必须绘制在某个图层上，这个图层可以是默认的图层，也可以是新创建的图层。图层可以理解成

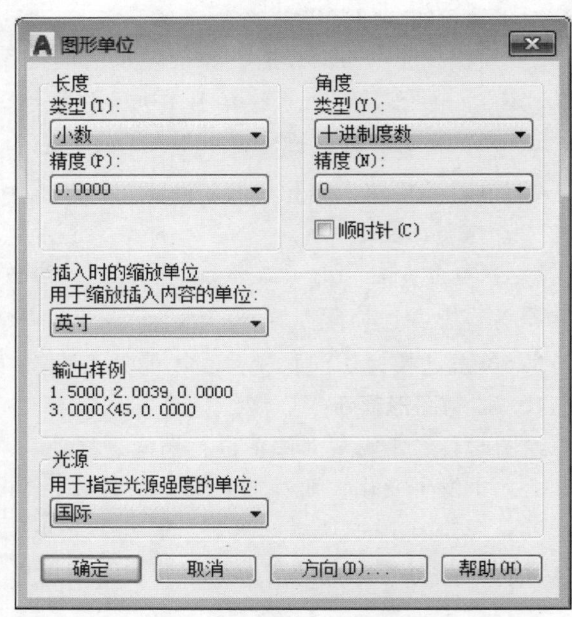

图 10-10 “图形单位”设置对话框

多个透明的电子纸一层一层地叠放在一起，并且可以根据需要增加和删除。绘图时，可以将不同性质的对象（如基准线、轮廓线、虚线、文字、标注等）放在不同的图层上，通过控制图层的特性，可以很方便地显示和编辑对象。

（1）创建和删除图层　新建图形文件时，AutoCAD 会自动创建一个名为“0”的特殊图层，此时可以根据设计需要新建一个或多个图层，并为新图层命名，同时设置线型、线宽和颜色等基本属性。通过以下几种方式可以打开如图10-11所示的【图层特性管理器】。

1）执行【格式】|【图层】菜单命令。

2）在命令行中输入“Layer”（或“LA”）并回车。

3）单击【图层】工具栏“图层特性管理器”按钮。

单击【图层特性管理器】中的“新建图层”按钮。系统将以“图层 1”的临时命令显示在图层列表中，此时可为新创建的图层命名。单击【图层特性管理器】中的“删除图层”按钮，即可删除当前图层。

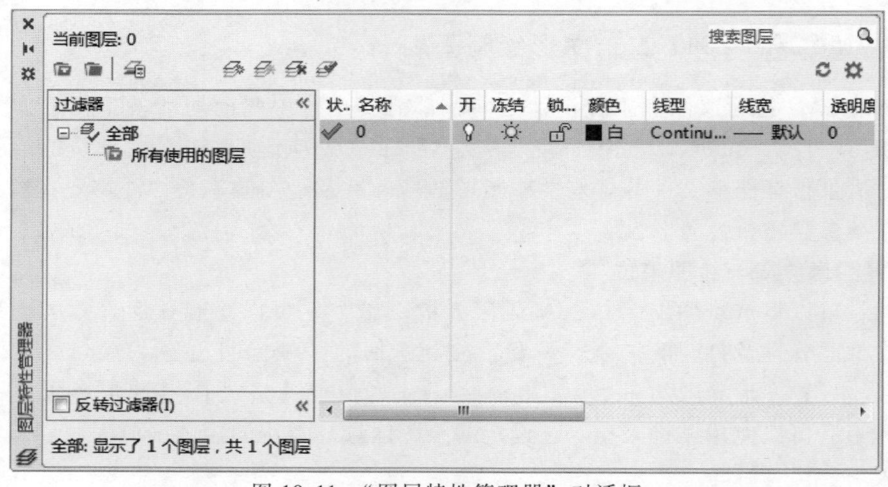

图 10-11 “图层特性管理器”对话框

（2）设置当前图层　当前图层是当前工作状态下所处的图层。当设定某一图层为当前图层后，接下来所绘制的全部图形对象都将位于该图层中，如果想更改到其他图层中绘图，则需要更改当前图层。

双击“图层特性管理器”对话框中的某一图层的“状态”属性，或在选定某图层后单

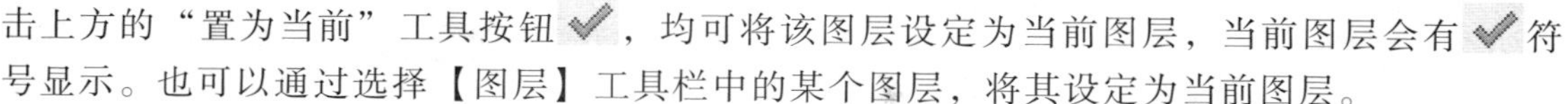

击上方的“置为当前”工具按钮，均可将该图层设定为当前图层，当前图层会有符号显示。也可以通过选择【图层】工具栏中的某个图层，将其设定为当前图层。

（3）设置图层特性

1）设定图层颜色。可以为图形中的各个图层设置不同的颜色，这样可以方便地查看图形中各个部分的结构特征，也可以在图形中清楚地区分每一个图层。同一图层也可以设置不同的颜色。单击“图层特性管理器”对话框中某一图层的“颜色”按钮 白，可以打开如图 10-12 所示的“选择颜色”对话框，为该图层的对象选择颜色。

2）设定图层线型。图层线型表示图层中图形线条的特征，不同的线型表示的含义不同。默认情况下是 Continuous 线型，也就是机械制图中的实线。如需要其他的线型，可在【图层特性管理器】中单击某一图层的“线型”按钮进行加载，如图 10-13、图 10-14 所示。

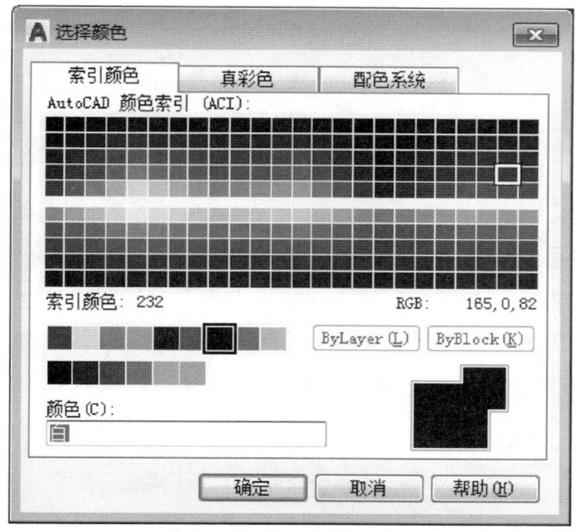

图 10-12 “选择颜色”对话框

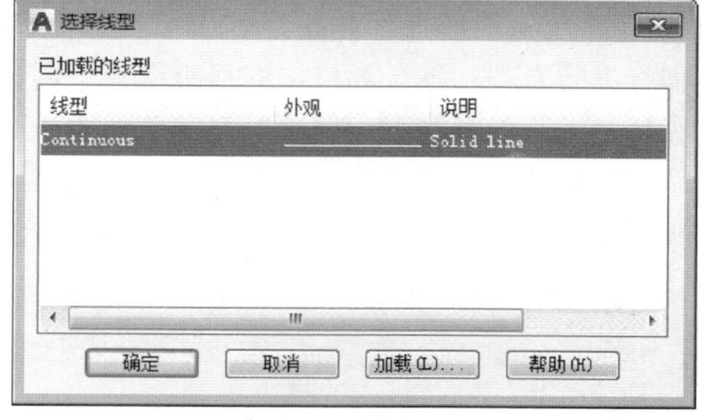

图 10-13 “选择线型”对话框

3）设定图层线宽。线宽设置就是改变图层线条的宽度。使用不同宽度的线条绘图，不仅符合国家制图标准，也提高了图形的表达能力和可读性。

设置图层线宽可单击【图层特性管理器】的“线宽”按钮，即可打开如图 10-15 所示的【线宽】对话框进行线宽设定。

（4）图层状态设定　图层的状态由是否可见、是否冻结以及是否加锁等部分组成。若图层被冻结，则该图层上的所有对象既不会被显示也不能绘图，而且在重生成图形时也不被重新计算。若图层被加锁，则可以看到该图层上的对象，但是不能对它进行编辑。

3. 精确定位的方法

点是构成图形的基本要素，绘图过程实际就是确定一系列点的过程。AutoCAD 2017 提供了多种定位的方法。

（1）键盘输入坐标确定点　通过键盘输入点的绝对和相对直角坐标值、绝对和相对极坐标值可精确确定点的位置。

（2）利用栅格功能确定点　在状态栏中按下“栅格”按钮，打开“栅格”显示，绘图时点可以准确地落在栅格上。

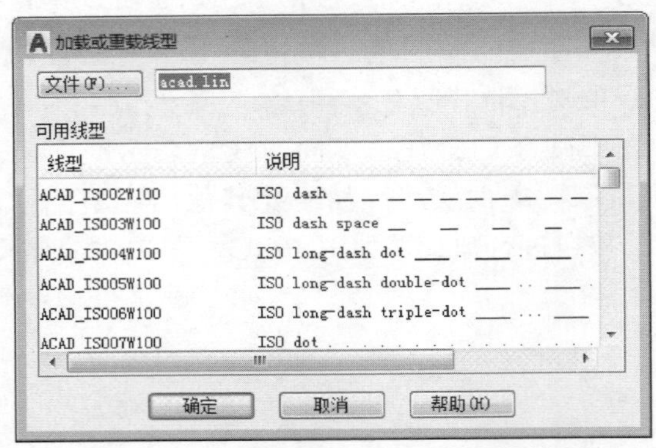

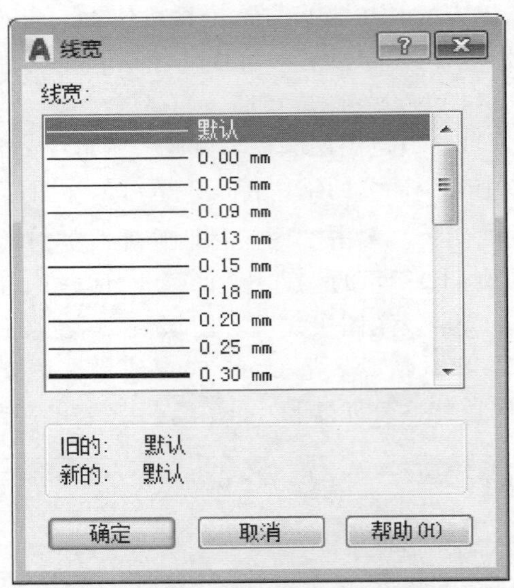

图 10-14 “加载或重载线型”对话框　　图 10-15 “线宽”对话框

（3）利用捕捉功能确定点　捕捉是精确定点的常用方法之一，用于设定光标移动的间距。捕捉方式有栅格捕捉和极坐标捕捉两种。将光标移到绘图辅助工具中的捕捉模式、栅格显示、极轴追踪、对象捕捉、三维对象捕捉、对象捕捉追踪、动态输入、快捷特性和选择循环等处，单击右键后选择“设置”按钮，可打开如图 10-16 所示的“草图设置”对话框。可以设置捕捉和栅格的间距、极轴角的增量角大小、附加角的大小以及极轴角的测量方式等。

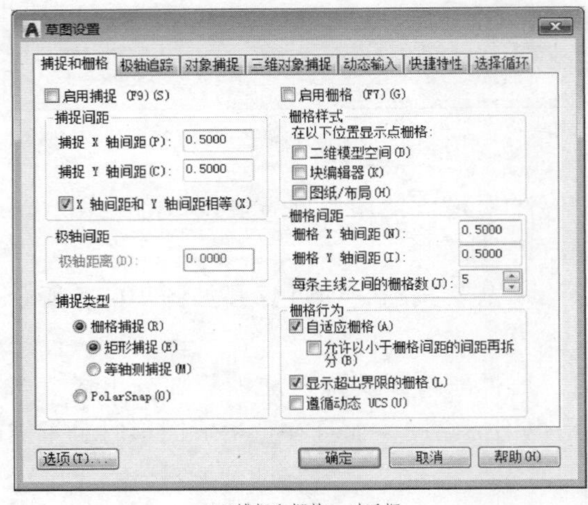

a)“捕捉和栅格”对话框

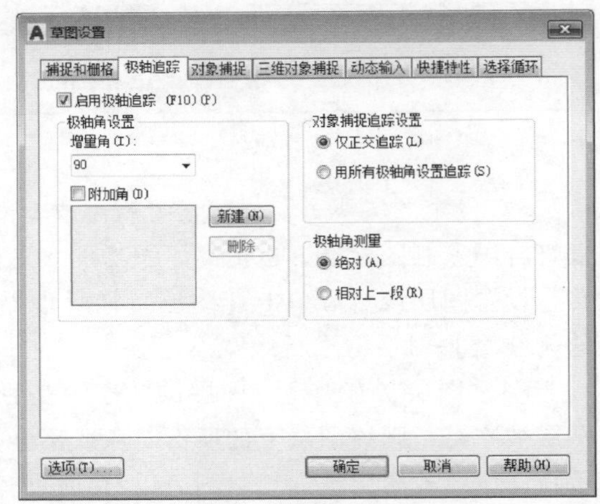

b)“极轴追踪”对话框

图 10-16 “草图设置”对话框

（4）使用捕捉对象上几何点的功能确定点　选择“草图设置”对话框中的【对象捕捉】选项卡，如图 10-17 所示，选取需要捕捉的类型。当绘图时光标移动到图元的特殊点附近时，系统将显示特殊点的类型并自动获取它们。

（5）使用正交模式　在状态栏打开“正交”模式后，就只能画水平或垂直直线。也可使用“Ortho”命令或“F8”打开或关闭“正交”模式。

（6）启用对象追踪功能　在状态栏中同时按下“极轴追踪”“对象捕捉”和“对象捕捉追踪”按钮，绘图时可按指定角度绘制对象，或绘制与其他对象有特定关系的对象。

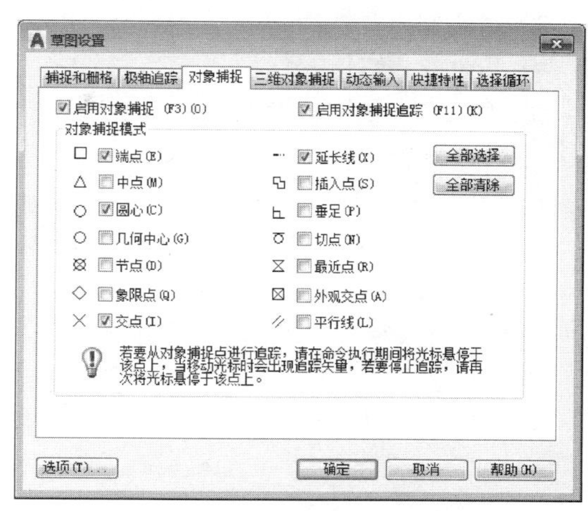

图 10-17 【对象捕捉】选项卡

10.1.3 AutoCAD 2017 二维图形的绘制与编辑

1. 绘制二维图形

任何复杂的图形都是由基本图元，如线段、圆、圆弧和多边形组成的，这些图元在AutoCAD 2017 中称为实体。

在“草图与注释”工作空间里，基本绘图命令位于功能区的【绘图】面板上，包括绘制直线、多段线、圆、圆弧和正多边形等。当光标移到图标上面时会显示此图标的名称，悬停在图标上还会显示此命令的简要操作举例。也可在菜单栏上打开【绘图】下拉菜单，选择相应的绘图命令。表 10-1 列出了常用的绘图工具图标的中文名称、命令和简化命令。在命令提示符下输入命令或简化命令具有相同的作用。

表 10-1　常用绘图命令

工具图标	中文名称	命　令	简化命令	工具图标	中文名称	命　令	简化命令
	直线	Line	L		椭圆	Ellipse	EL
	构造线	Xline	XL		椭圆弧	Ellipse	EL
	多段线	Pline	PL		插入块	Insert	I
	多边形	Polygon	POL		创建块	Block	B
	矩形	Rectangle	REC		点	Point	PO
	圆弧	Arc	A		图案填充	Bhatch	BH、H
	圆	Circle	C		面域	Region	REG
	修订云线	Revcloud	—		表格	Table	TB
	样条曲线	Spline	SPL	A	多行文字	Mtext	MT、T

绘制图形时，应时常看看命令栏中的提示，它会提示正确的绘图命令操作。

（1）绘制直线

1）启动绘制直线命令。

2）指定起点。

3）指定终点。

按“Enter”键，或单击鼠标右键选择“确定”，可结束绘制“直线”命令。

（2）绘制圆

1）启动绘制圆命令。此时命令行显示如下系统提示信息：

命令：_Circle 指定圆的圆心或[三点(3P)/两点(2P)/相切、相切、半径(T)]：

2）在指定圆的圆心和半径、指定圆上三点（3P）、指定直径上的两个端点（2P）以及与两个指定对象相切（T）等命令中选择一项命令。系统默认的绘制圆方式是“指定圆的圆心和半径”。

3）根据系统提示完成圆的绘制。具体操作如图 10-18 所示。

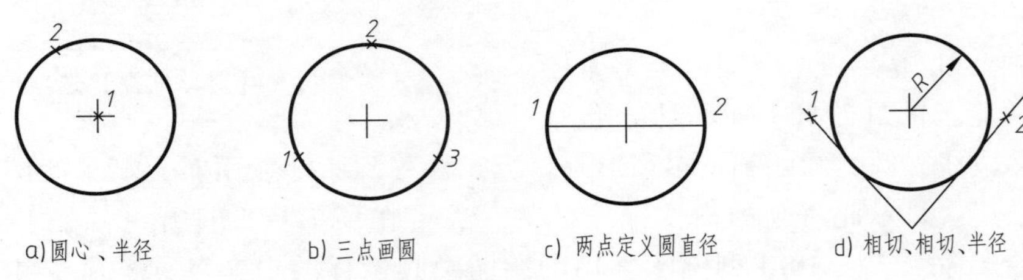

图 10-18　绘制圆

（3）绘制圆弧

1）启动绘制圆弧命令。AutoCAD 2017 中提供了如图 10-19 所示的 11 种绘制圆弧的方法。系统默认方式为三点画圆弧模式。

2）指定圆弧的起点。

3）指定圆弧的第二个点。

4）指定圆弧的端点。

具体操作如图 10-20 所示。

（4）绘制多边形　启动绘制多边形命令，输入多边形的边数，就可以绘制正多边形。绘制正多边形的方式有三种，如图 10-21所示。

1）指定正多边形的中心并与一圆内接。

2）指定正多边形的中心并外切于一圆。

3）指定正多边形的一条边。

图 10-19　【圆弧】菜单项

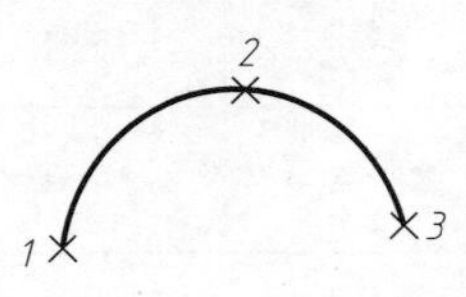

a)三点作弧

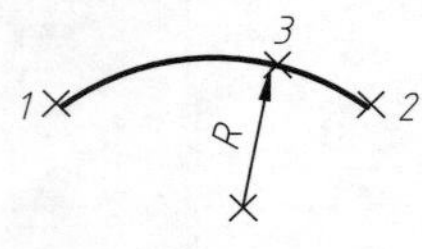

b)起点、端点、半径

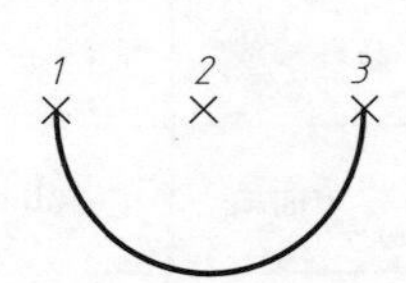

c)起点、圆心、端点

图 10-20　绘制圆弧

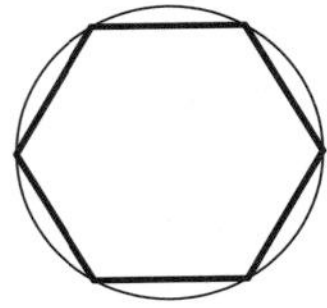
a) 正多边形与圆内接

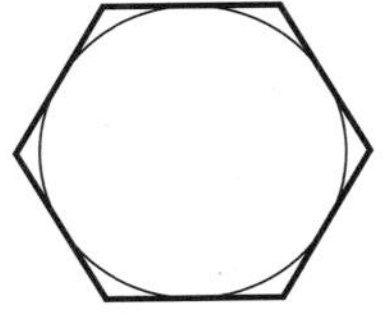
b) 正多边形与圆外切

c) 指定正多边的一条边

图 10-21　绘制正多边形

（5）绘制多段线　多段线是由直线段和圆弧段组成的一个组合体。启动绘制多段线命令后，可以从绘制直线切换到绘制圆弧、封闭多段线并结束命令、设置多段线的半宽、指定绘制的直线的长度、设置多段线的宽度等。

输入多段线的起点，命令行显示如下系统提示信息：

指定下一个点或[圆弧(A)/闭合(C)/半宽(H)/长度(L)/放弃(U)/宽度(W)]：

利用“Pedit”命令可以编辑多段线。

2. 编辑二维图形

在绘图过程中，可以利用系统提供的图形编辑功能对绘制的图形进行位置、形状的调整。在“草图与注释”工作空间里，编辑命令位于功能区的【修改】选项板上，包括删除、修剪、移动和复制等。当光标移到图标上面时会显示此图标的名称，悬停在图标上还会显示此命令的简要操作举例。也可在菜单栏上打开【修改】下拉菜单，选择相应图形修改命令。表 10-2 列出了常用的修改命令的工具图标、中文名称、命令和简化命令。在命令提示符下输入命令或简化命令具有相同的作用。

表 10-2　常用修改命令

工具图标	中文名称	命令	简化命令	工具图标	中文名称	命令	简化命令
	删除	Erase	E		拉伸	Stretch	S
	复制	Copy	CO、CP		修剪	Trim	TR
	镜像	Mirror	MI		延伸	Extend	EX
	偏移	Offset	O		打断于点	Break	BR
	阵列	Array	AR		打断	Break	BR
	移动	Move	M		倒角	Chamfer	CHA
	旋转	Rotate	RO		圆角	Fillet	F
	缩放	Scale	SC		分解	Explode	X

（1）选择对象的方式　对图形中的一个或者多个图元对象进行编辑时，首先要选择被编辑的对象。AutoCAD 2017 提供了多种选择对象的方法，可以灵活选用。在命令行中出现了“选择对象”：提示后，可用以下的方式选择对象。

1）点选方式。这是 AutoCAD 2017 的默认方式：将拾取框移至目标，按下鼠标左键，即可选中对象。可以重复操作选取多个对象。

2）默认窗口选择方式。将光标在绘图区域的空白处确定第一个对角点，然后在右下角单击确定另一个对角点，出现一个蓝底实线的矩形框，框内的所有对象均被选取。

3）默认交叉窗口选择方式。将光标在绘图区域的空白处确定第一个对角点，然后在左上角单击确定另一个对角点，出现一个绿底虚线的矩形框，框内的以及与框线相交的所有对象均被选取。

4）全部选取方式。在命令行中输入“All”并回车，可将所有的可选择对象选取。

5）栏选方式。命令行中输入“F”并回车，此时可在绘图区域画一条线，与直线相交的所有对象被选取。

6）扣除模式。命令行中输入“R”并回车，切换到“扣除”模式。此时使用任何一种对象选择方式都可以将对象从当前选择集中扣除。如果在“添加”模式下要去除选择集的对象，可先按住“Shift”键，再选择要去除的对象。

7）添加模式。命令行中输入“A”并回车，切换到“添加”模式。可以使用任何对象选择方式将选定对象添加到选择集。AutoCAD 2017 默认为添加模式。

（2）删除对象　删除已有的图形对象。

1）启动“删除”命令。

2）选择要删除的图形对象。

3）回车或单击鼠标右键完成删除图形对象的操作。

也可以选择好要删除的图形对象，单击“删除”命令或直接按“Delete”键删除对象。

（3）复制对象　用于将指定图形对象复制到指定位置，可多次复制。

1）启动“复制”命令。

2）选择要复制的图形对象。

3）指定基点。

4）指定第二点。

5）回车或单击鼠标右键完成图形对象的复制操作。

（4）镜像对象　用于绘制对称图形，如图 10-22 所示。

1）启动“镜像”命令。

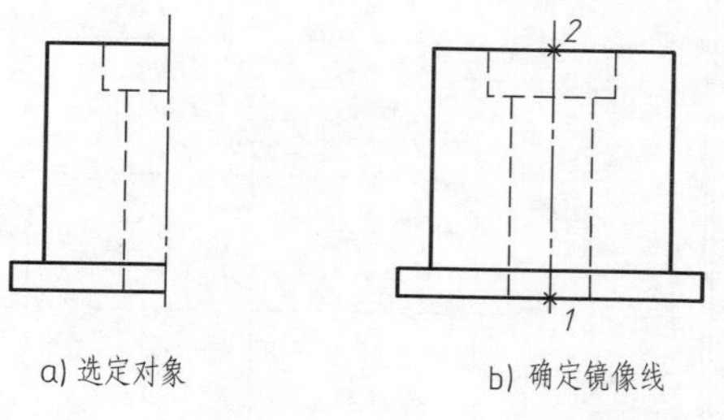

a) 选定对象　　b) 确定镜像线

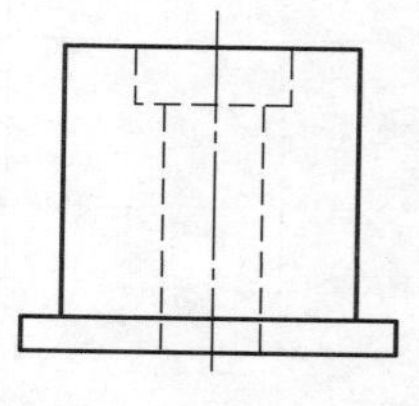

c) 保留原对象的镜像结果

图 10-22 “镜像”操作

2）选择要镜像的图形对象。

3）指定镜像线的两个端点。

4）确认是否删除原图形对象。系统默认保留原图形对象，可以直接回车或单击鼠标右键。

（5）偏移对象　用于创建与选定对象形状相同且等距的新对象，如创建同心圆、平行线和平行曲线等。偏移的对象可以是直线、二维多段线、圆弧、圆、椭圆和椭圆弧等，如图 10-23所示。

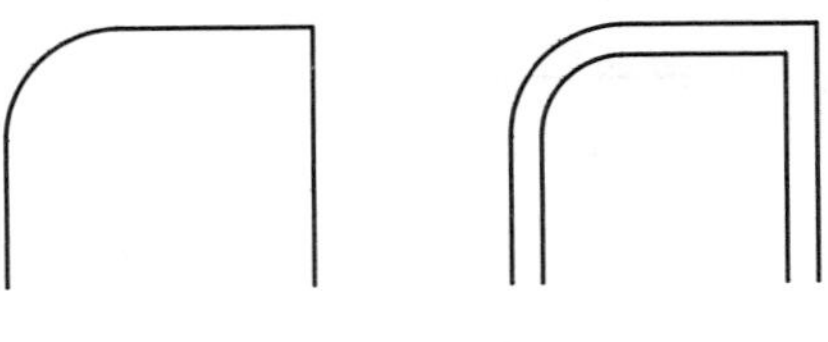

图 10-23　偏移

1）启动“偏移”命令。

2）指定偏移距离（可以输入值或区域内指定二点）。

3）选择要偏移的图形对象。

4）指定要放置新对象一侧的任意一点。

如果另一个图形对象要偏移相同距离，可重复步骤 3）、4）。

（6）阵列对象　用于将指定图形对象以矩形、路径或环形的方式进行多重复制，如图 10-24 所示。

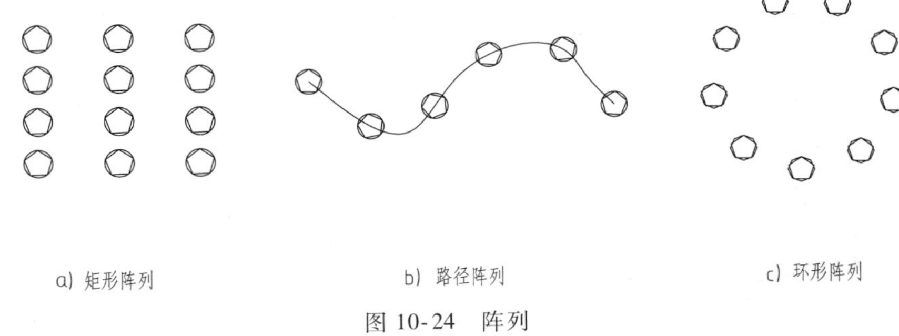

a）矩形阵列　b）路径阵列　c）环形阵列

图 10-24　阵列

1）启动“阵列”命令。根据绘图需要选择“矩形阵列”“路径阵列”或“环形阵列”模式。

2）选择要阵列的图形对象。

3）完成相应数据输入。

可以通过双击阵列对象，对三种阵列数据进行修改。

（7）移动对象　用于将选定的图形对象从当前位置平移到另一个指定位置。

操作与复制基本相同，不同之处就是原图被删除了。

（8）旋转对象　用于将选定的图形对象绕着一个指定的基点旋转一定的角度，如图 10-25所示。

1）启动“旋转”命令。

2）选定需要旋转的图形对象。

3）选择旋转基点。

4）指定旋转角度。注意：逆时针旋转的角度为正值，顺时针旋转的角度为负值。若输

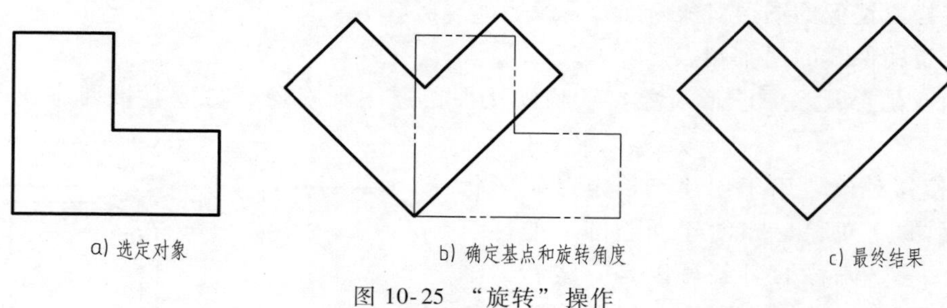

图 10-25 “旋转”操作

入复制“C”，则原图保留。

5）回车或单击鼠标右键。

（9）缩放对象　用于放大或缩小选定的图形对象。

1）启动“缩放”命令。

2）选择要缩放的图形对象。

3）输入缩放的比例因子。比例因子大于 1 时，缩放结果是使图形变大，反之则使图形变小。选择复制（C）则保留原图。

4）回车或单击鼠标右键。

（10）拉伸对象　用于拉伸所选定的图形对象，如图 10-26 所示。

1）启动“拉伸”命令。

2）选择要拉伸的对象。

3）确定拉伸基点。

4）指定拉伸距离。

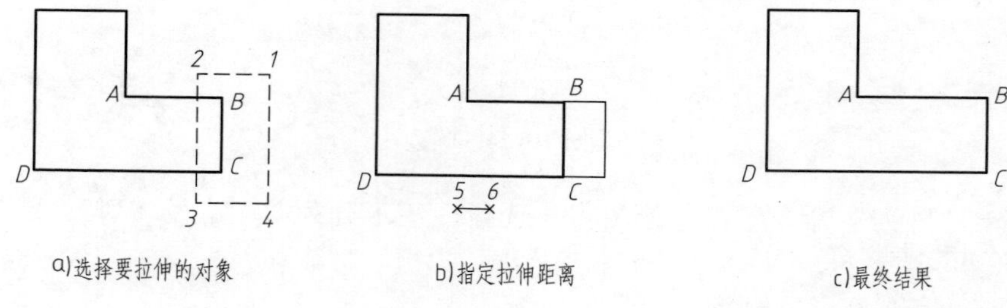

图 10-26 “拉伸”操作

注意：选择拉伸对象时，如果采用 1→3 的窗口选择方式，则完全包含在窗口中的对象或单独选定的对象发生移动，而与窗口相交对象发生拉伸，即线段 *BC* 移动，*AB* 和 *CD* 被拉伸；如果采用 2→4 的窗口选择方式，则窗口内的所有图形对象发生移动，而与窗口相交的对象则保持不变，即 *BC* 移动，*AB* 和 *CD* 不动。

（11）修剪对象　修剪用于删除超出边界的多余部分图形对象，与橡皮擦的功能相似。修剪操作可以修剪直线、圆、圆弧、多段线、样条曲线和射线等。

1）启动“修剪”命令。

2）回车或单击鼠标右键完成修剪图形对象的选择。

3）根据命令行提示选择修剪方式。

(12) 延伸对象　用于将对象延伸到指定的边界，如图 10-27 所示。

1) 启动“延伸”命令。

2) 指定边界对象。

3) 选择要延伸的对象。

图 10-27 “延伸”操作

(13) 打断对象　用于删除所选定对象的一部分（“打断”功能），如图 10-28 所示，或者将对象分解为两个部分（“打断于点”功能）。

1) 启动“打断”命令。

2) 选择打断对象。该点默认为打断对象的第 1 个点。

3) 选择打断对象的第 2 个点。则第 1 点和第 2 点之间的部分被删除。

如果启动了“打断于点”命令，则先要选择要打断的对象，然后选择打断点。

(14) 倒角　用于在两条直线的交点或多段线的顶点作出有斜度的倒角，如图 10-29 所示。

1) 启动“倒角”命令。

2) 确定倒角的大小，通常通过“距离”备选项确定。

3) 选定需要倒角的两条倒角边。

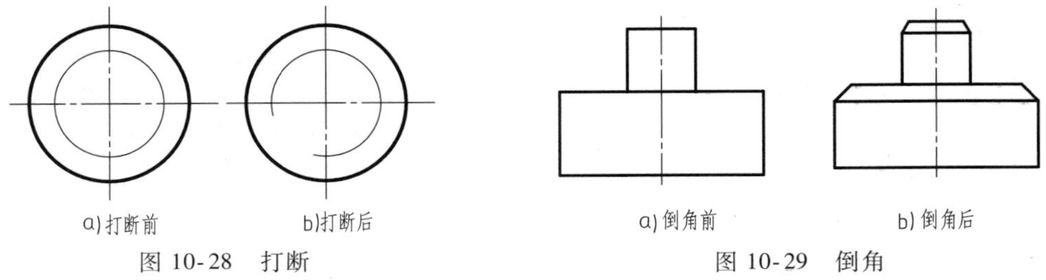

图 10-28　打断　　　图 10-29　倒角

(15) 圆角　用于在两条线之间创建圆角，操作过程如图 10-30 所示。

1) 启动“圆角”命令。

2) 指定圆角半径和修剪模式。

3) 指定要绘制圆角的两个对象。

在启动“圆角”命令后，系统提示信息：

选择第一个对象,或[放弃(U)/多段线(P)/半径(R)/修剪(T)/多个(M)]:

“多段线（P）”：表示选择一条多段线，并对多段线的各个顶点处创建圆角。

“修剪（T）”：表示可以设定创建圆角时的修剪模式。此时系统提示信息：

输入修剪模式选项[/修剪(T)/不修剪(N)]<修剪>:

“修剪（T）”模式：系统将自动对选择的对象进行延伸或裁剪，然后再用圆弧连接。否则，系统仅建立圆弧连接。

注意：系统默认圆角半径为“0”，因此，启用“圆角”命令后，需先设定圆角半径。

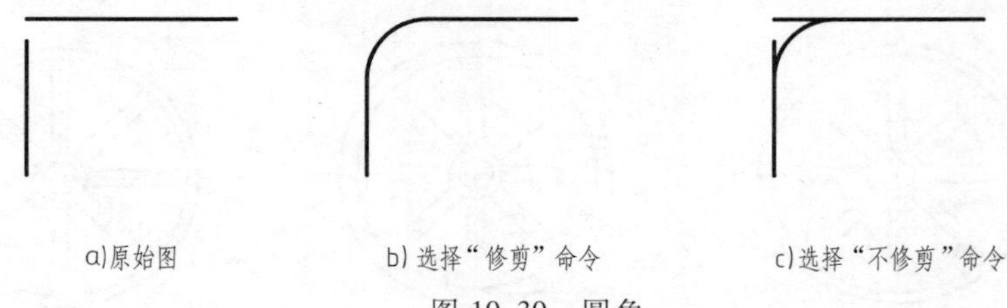

a)原始图　　b) 选择“修剪”命令　　c)选择“不修剪”命令

图 10-30　圆角

(16) 特性匹配　用于将一个对象的属性复制到另一个对象上去。

1）启动“特性匹配”命令。

2）选择源对象。

3）选择目标对象。

(17) 编辑对象特性　对象特性包含“常规”特性和“几何图形”特性。“常规”特性包括对象的颜色、线型、图层及线宽等，“几何图形”特性包括对象的尺寸和位置。可以直接在【特性】选项板中设置和修改对象的特性。

执行【修改】|【特性】菜单命令，或单击功能区特性面板右下角的箭头图标↘，打开如图 10-31 所示的【特性】选项板。

【特性】选项板显示了当前选择集中对象的所有特性值，当选中多个对象时，将显示它们的共有特性。可以通过【特性】选项板浏览和修改对象的特性。

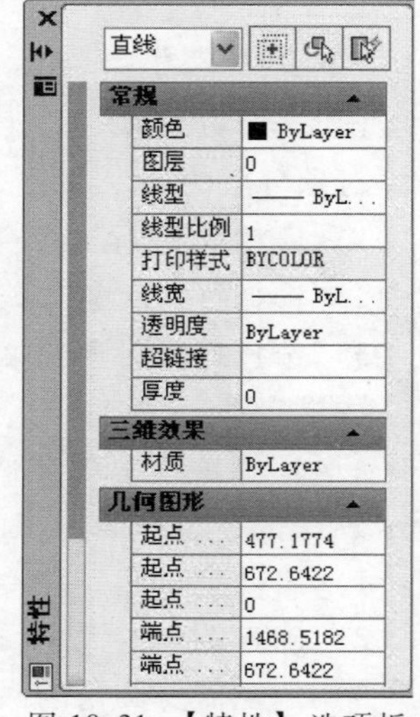

图 10-31　【特性】选项板

10.1.4　创建文字、表格及标注尺寸

文字、表格、标注和引线是机械图样中十分重要的图形对象，起着注释、说明和规范等作用。它们描述着图形中各个部分的大小和相对位置，注释着图形中各个机构的传动关系和工艺要求，规范着图纸页面的要求等。

1. 创建文字样式

执行【格式】|【文字样式】菜单命令，或者单击功能区的“注释”按钮，然后单击文字面板右下角的箭头图标↘，打开如图 10-32 所示的“文字样式”对话框，可以设置文字的“字体”“大小”和“效果”等参数。

单击“新建（N）”按钮，在弹出的对话框中输入新样式的名称并单击“确定”按钮后，就可设置新文字样式的名称。在“字体”选项区中，可以设置新建文字样式使用的字体和字高等属性。如果设置字高为 0 时，在使用“Text”命令标注文字时，系统会要求指定文字高度。为满足机械制图要求，设置的文字样式要符合国家标准。文字设成“gbenor. shx”（直体）或“gbeitc. shx”（斜体字），“宽度比例”设置为 1。此时，系统输出的汉字为长仿宋体。另外，也可以使用如图 10-33 所示的【文字】工具栏创建和编辑文字。

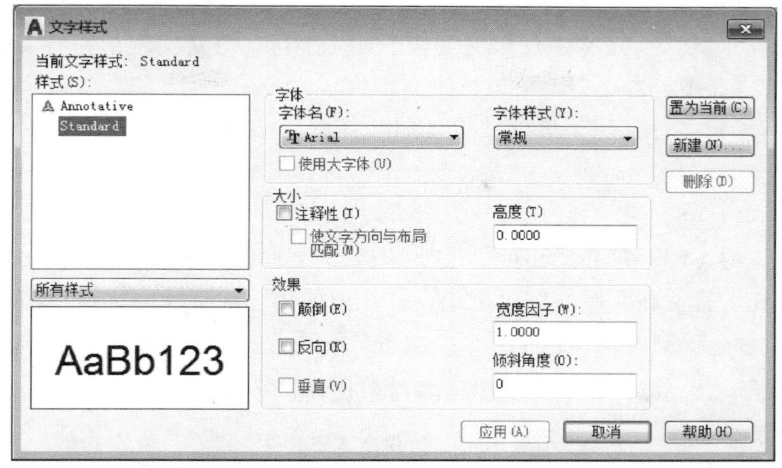

图 10-32 “文字样式”对话框

2. 修改文字样式

当创建的文字对象不符合图样要求时，可以通过“文字样式”对话框进行修改。修改文字样式时，需注意以下几点：

图 10-33 【文字】工具栏

1）确认修改完成后，必须单击“文字样式”对话框中的“应用(A)”按钮，才能使修改内容生效。

2）当文字样式被修改后，与其相关的文字对象或文字文件也会发生变化。

3）当文字样式被修改后，如果图形中的文字对象没有正确地显示，通常是因为文字样式有问题所导致。

3. 创建文字

AutoCAD 提供了两种文字对象，一种是单行文字（Text），另一种是多行文字（Mtext）。通常情况下，单行文字用于比较简单的文字对象（如尺寸说明、表格填写等），而多行文字用于带段落格式的文字对象（如工艺说明、技术要求等）。

（1）创建与编辑单行文字　单击功能区的“注释”按钮，然后单击【文字】工具栏中的“单行文字”按钮 AI，或输入“Text”，均可创建单行文字对象。

1）指定文字的起点。默认情况下，通过指定单行文字起点位置创建文字。如当前文字高度为 0，系统将提示输入文字高度。在系统显示“指定文字的旋转角度”提示行中输入文字的旋转角度。文字旋转角度是指文字行排列方向与水平线的夹角，系统默认值为 0°。最后可以输入文字。

2）设置对正方式和当前文字样式。当在系统提示信息：

指定文字的起点或[对正(J)/样式(S)]：

输入“J”，可以设置文字的对正方式。AutoCAD 2017 提供了 15 种单行文字的对正方式。

当在系统提示信息：

指定文字的起点或[对正(J)/样式(S)]：

输入“S”，则可以设置当前文字样式。

3）编辑单行文字。执行【修改】|【对象】|【文字】，可对文字的内容、对正方式及缩放比例进行编辑，直接双击文字，可以修改文字内容。

（2）创建与编辑多行文字　单击功能区的“注释”按钮，然后单击【文字】工具栏中的“多行文字”按钮 A，或输入“Mtext”，在绘图窗口中指定一个区域放置多行文字后，即可创建多行文字对象。

1）双击输入的文字，可在弹出的“文字编辑器”中编辑与修改输入的多行文字。

2）使用特殊字符。在实际绘图过程中，往往要使用一些特殊的字符，AutoCAD 2017 提供了相应的控制符。控制符是由两个百分号（%%）及在后面紧接一个字符构成。常用的控制符如表 10-3 所示。也可以在多行文字编辑器上选择符号按钮 @▾，插入一些特殊的字符。

表 10-3　常用标注控制符

控制符	功　能
%%D	标注度(°)符号
%%P	标注正负公差(±)符号
%%C	标注直径(ϕ)符号

4. 处理表格

表格是由单元格构成的矩形阵列，单元格中包含文字、数据和块等内容。创建表格对象时，首先要创建一个空白表格，然后在该表格中添加内容。

（1）创建表格样式

1）执行【格式】|【表格样式】菜单命令，打开如图 10-34 所示的“表格样式”对话框。

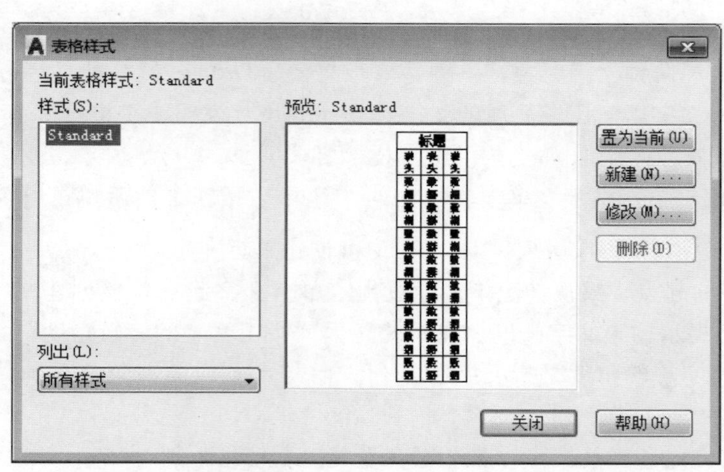

图 10-34　“表格样式”对话框

2）单击“表格样式”对话框中的新建按钮，为新建的表格命名“表格样式”后，即可打开如图 10-35 所示的“新建表格样式”对话框，然后通过对话框中的相关选项设置表格的样式。

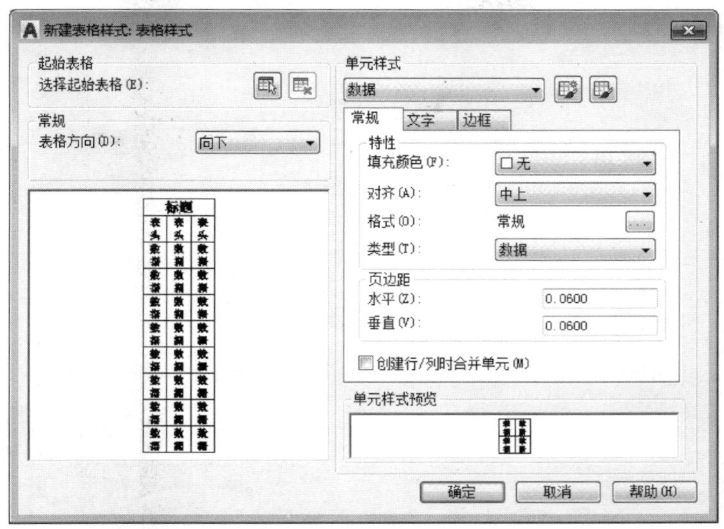

图 10-35 “新建表格样式”对话框

（2）创建表格

1）执行【绘图】|【表格】菜单命令，或者单击功能区的“默认”按钮，然后单击“注释”面板上的插入表格按钮，在弹出的【插入表格】对话框面板上设置插入表格的样式。

2）选择放置表格位置。

3）选择表格单元格输入文字。

（3）编辑表格　选择整个表格，单击鼠标右键，在弹出的系统快捷菜单中，可以对表格进行剪切、复制、删除、移动、缩放和旋转等简单操作，还可以均匀调整表格的行、列大小等。当选择“输出”命令时，还可以打开“输出数据”对话框，以 CSV 格式输出表格中的数据。

（4）编辑单元格　选择表格中某个单元格后，单击鼠标右键，在弹出的系统快捷菜单中，可以对单元格进行编辑。

5. 设置尺寸标注样式

尺寸标注是绘制机械图样中一项非常重要的工作，它是图形各个部分的真实大小和相对位置的根本依据。AutoCAD 2017 为尺寸标注提供了灵活、全面的标注系统，可以比较快速、便捷地完成标注任务。为了便于管理，应该将尺寸标注设置在一个独立或相对独立的图层。

执行【格式】|【标注样式】菜单命令，或在功能区单击“注释”按钮，然后单击【标注】工具面板的右下角箭头图标，打开如图 10-36 所示的“标注样式管理器”对话框。单击“新建”按钮后，打开如图 10-37所示的“新建标注样式”对话框，随后就可以设置尺寸标注的样式和特性。

（1）设置尺寸线和尺寸界线　在【线】选项卡中，可以设置尺寸线、尺寸界线的格式和位置。

“尺寸线”选项区可以设置尺寸线之间的距离。“隐藏”选项可以选择是否隐藏“尺寸线 1”或“尺寸线 2”以及相应的箭头。

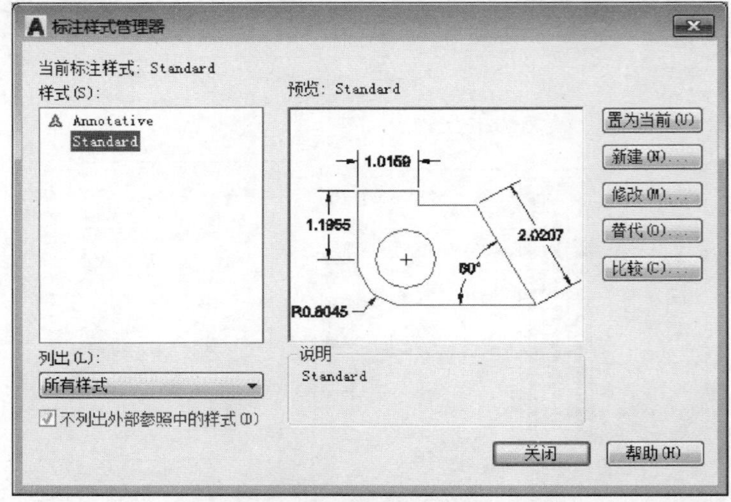

图 10-36 “标注样式管理器”对话框

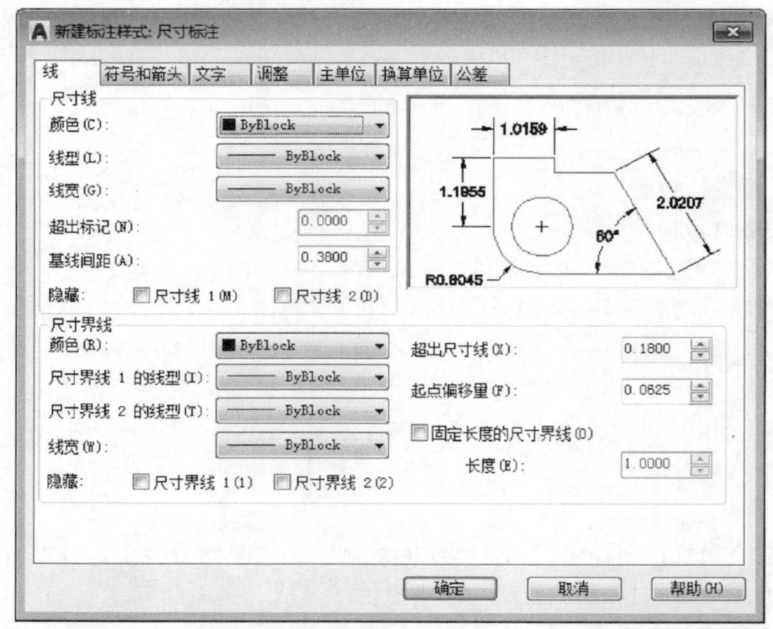

图 10-37 “新建标注样式”对话框

“尺寸界线”选项区可以设置尺寸界线的颜色、线宽、超出尺寸线的长度和起点偏移量、隐藏控制等属性。其中，“隐藏”选项可以设置是否隐藏尺寸界线。绘图时往往将“超出尺寸线（X）”设置为2，“起点偏移量（F）”设置为0。

（2）设置符号和箭头　在【符号和箭头】选项卡中，可以设置箭头的样式和大小、圆心标记、弧长符号和半径标注折弯的格式与位置，如图 10-38 所示。

“箭头”选项区中可以设置尺寸线和引线箭头的类型及大小等。系统提供了 20 多种箭头样式。“圆心标记”选项区中可以设置圆或圆弧是否需要绘制圆心标记及圆心标记的大

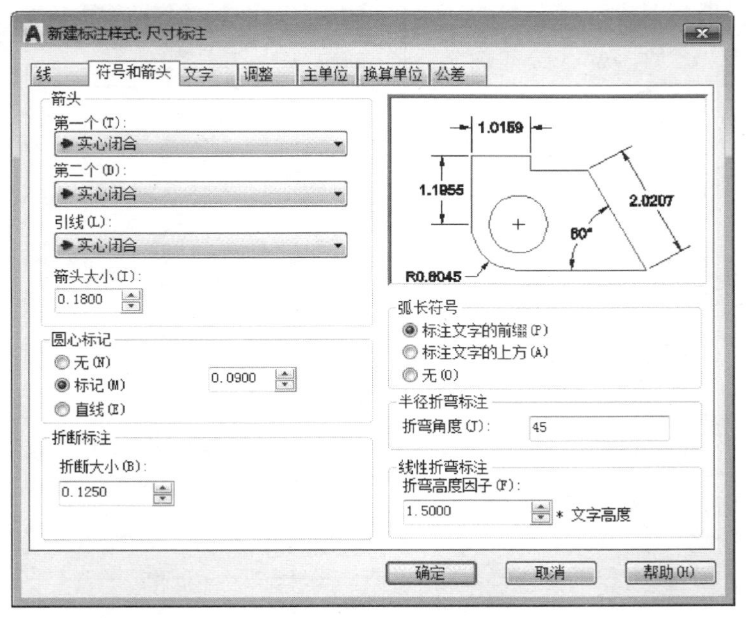

图 10-38 【符号和箭头】选项卡

小。“弧长符号”选项区中可以设置弧长符号显示的位置，包括“标注文字的前缀”“标注文字的上方”和“无”三种方式，效果如图 10-39 所示。“半径标注折弯”选项区的“折弯角度”文本框中，可以设置标注圆弧半径时标注线的折弯角度大小。

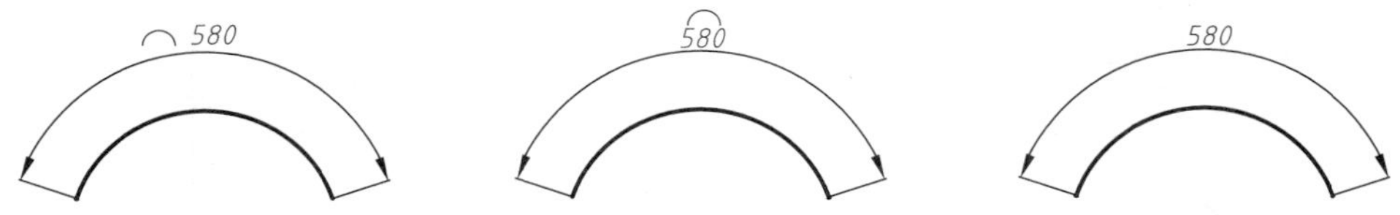

图 10-39 设置弧长符号的位置

（3）设置文字 【文字】选项卡中的“文字外观”选项区，可以设置尺寸数字的文字样式、颜色、高度和分数高度比例以及是否绘制文字边框等。“文字位置”选项区中可以设置尺寸数字位于尺寸线的上方还是断开处、尺寸数字与尺寸线的偏移量。在“文字对齐”选项区中可以设置尺寸数字是保持水平还是与尺寸线对齐。图 10-40 所示为【文字】选项卡。

（4）调整设置 【调整】选项卡可以设置标注文字、尺寸线、尺寸箭头的位置等，并且通过调整“使用全局比例”数值控制尺寸标注在屏幕上的显示。图 10-41 所示为【调整】选项卡。

“文字位置”选项区可以设置当文字不在默认位置时的位置。

“标注特征比例”选项区可以设置标注尺寸的特征比例，以便通过设置全局比例来增加或减少各标注的大小。

“将标注缩放到布局”单选按钮可以根据当前模型空间视口与图纸空间的缩放关系设置比例。

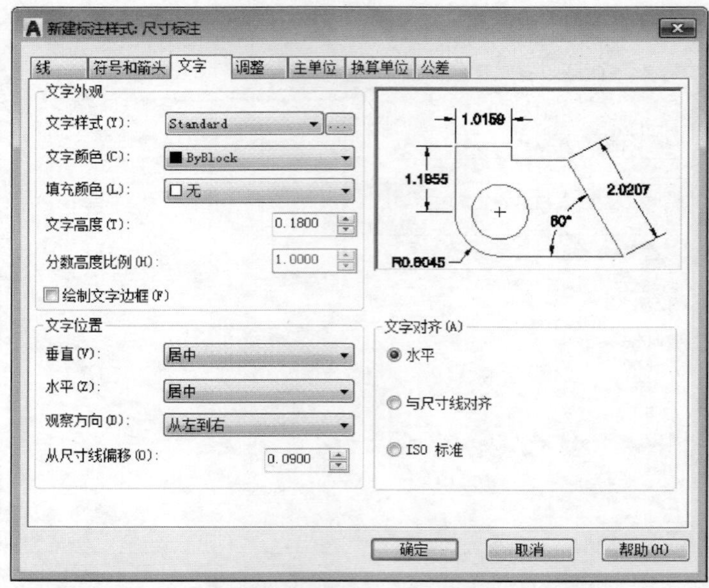

图 10-40 【文字】选项卡

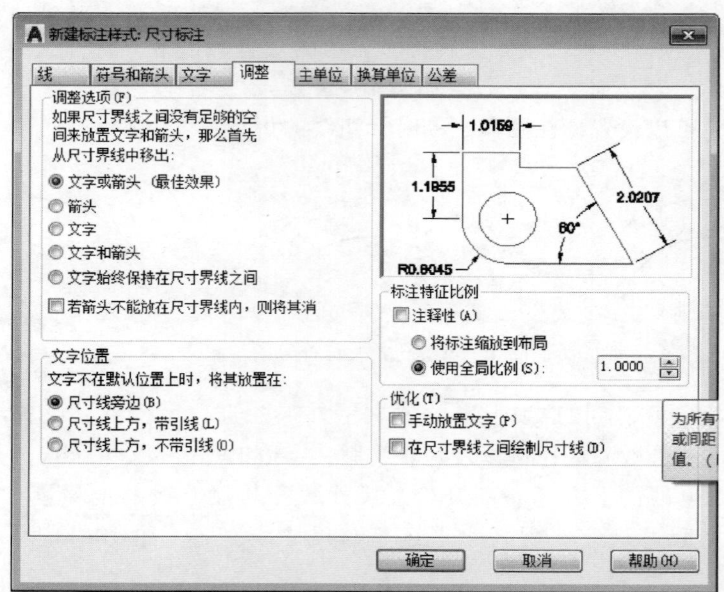

图 10-41 【调整】选项卡

“使用全局比例”单选按钮可以对全部尺寸标注设置缩放比例，该比例不改变尺寸的测量值。

（5）设置主单位 【主单位】选项卡如图 10-42 所示，可以设置线性标注的单位格式和精度。

“测量单位比例”选项区可以设置测量尺寸的缩放比例，AutoCAD 2017 的实际标注值为测量值与该比例的积。如选择“仅应用到布局标注”选项，则可以设置该比例关系仅使用于布局。

“角度标注”选项区可以设置角度的单位格式与精度。

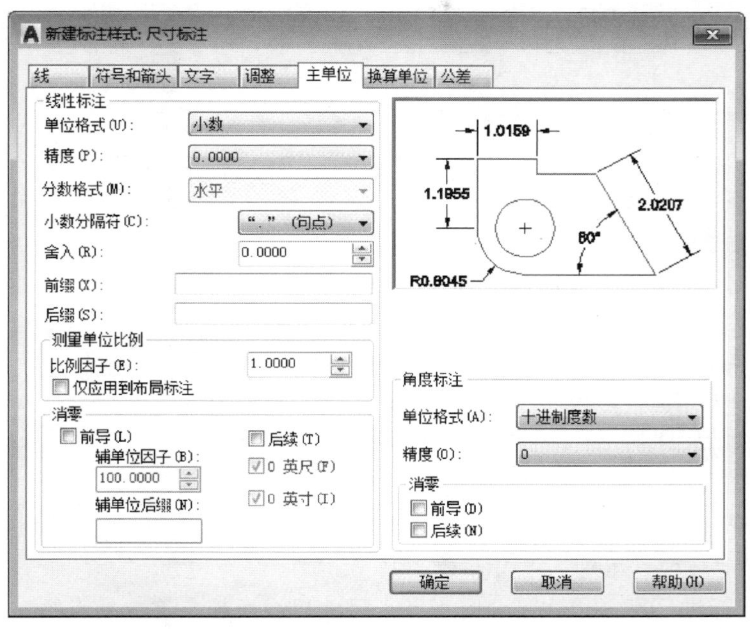

图 10-42 【主单位】选项卡

（6）设置公差 【公差】选项卡可以设置是否标注公差及以何种方式进行标注等。图 10-43所示为【公差】选项卡。

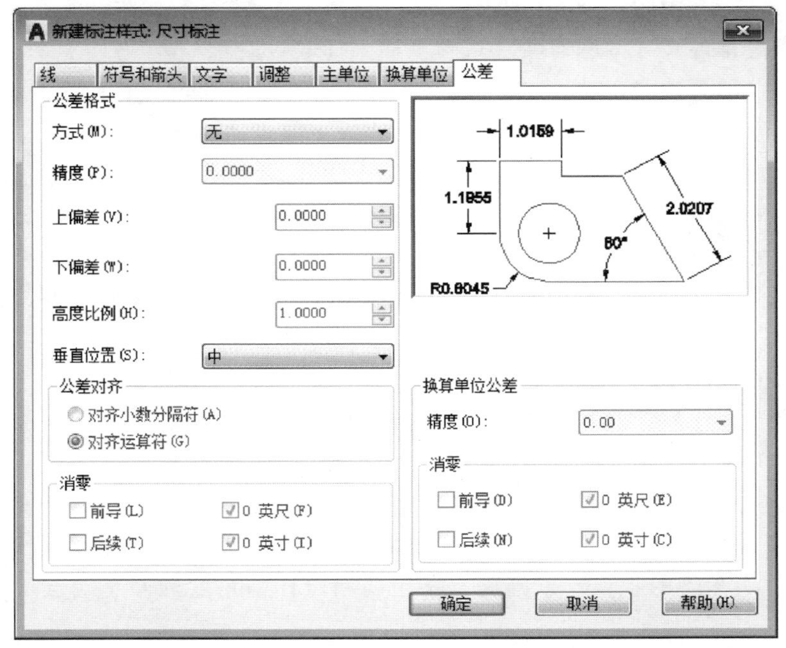

图 10-43 【公差】选项卡

“方式”下拉列表框有“无”“对称”“极限偏差”“极限尺寸”“公称尺寸”五种方式，用以确定不同的公差标注方式，五种公差标注方式如图 10-44 所示。

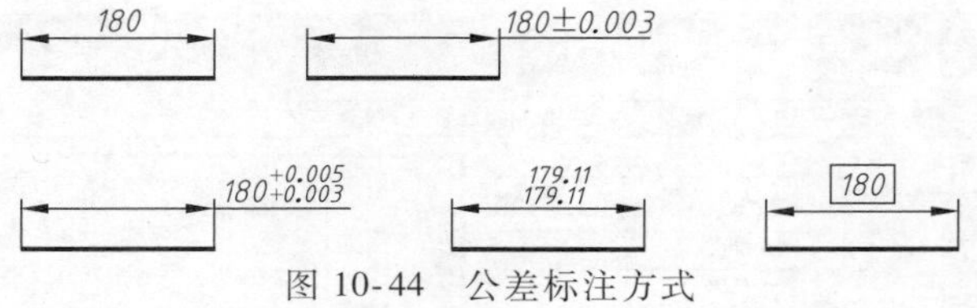

图 10-44　公差标注方式

6. 尺寸标注命令

AutoCAD 2017 提供了全面的尺寸标注命令，如长度、圆弧和角度等。可通过菜单栏或工具栏启动尺寸标注功能。

(1) 线性（水平/垂直型）　可标注水平型和垂直型尺寸。

1) 启动尺寸标注中的“线性”标注命令。

2) 选择需要标注尺寸的两个点或选择一个对象。

3) 指定尺寸放置位置。

注意：若要强制水平标注，可以输入“H”，若要强制垂直标注，可以输入“V”。要改变系统默认的尺寸数值，可输入“M”或“T”。

(2) 对齐型标注　可以标注尺寸线平行于尺寸界线两起点连成的直线，即倾斜的尺寸。

1) 启动尺寸标注中的“对齐”标注命令。

2) 选择需要标注尺寸的两个点。

3) 指定尺寸放置位置。

(3) 直径标注　可以标注圆的直径，其尺寸数字前自动加上符号“ϕ”。

1) 启动尺寸标注中的“直径”标注命令。

2) 选择需要标注尺寸的圆对象（可在圆周上任取一点）。

3) 指定尺寸放置位置。

(4) 半径标注　可标注圆弧的半径，其尺寸数字前自动加上“R”。

1) 启动尺寸标注中的“半径”标注命令。

2) 选择需要标注尺寸的圆弧对象（可在圆弧上任取一点）。

3) 指定尺寸放置位置。

(5) 角度标注　可以标注两条直线之间的夹角，或者三点构成的角度，其尺寸数值后会自动加上“°”。

1) 启动尺寸标注中的“角度”标注命令。

2) 选择需要标注尺寸的对象或指定顶点、起始点和结束点三个点。

3) 指定尺寸放置位置。

说明：若选择直线，则通过指定两条直线可以标注其角度。若选择圆弧，则以圆弧的圆心作为角度的顶点，以圆弧的两个端点作为角度的两个端点可以标注圆弧的夹角。若选择圆，则以圆心作为角度的顶点，以圆周上指定的两点作为角度的两个端点可以标注圆弧的夹角。

(6) 形位（几何）公差标注　形位（几何）公差标注是机械图样中一项十分重要的内

容。执行【标注】|【公差】菜单命令，或者单击功能区的“注释”按钮，然后打开“标注”面板展开器，选择“公差”命令，便可打开“形位公差”对话框，可以设置公差的符号、值及基准等参数，如图 10-45 所示。

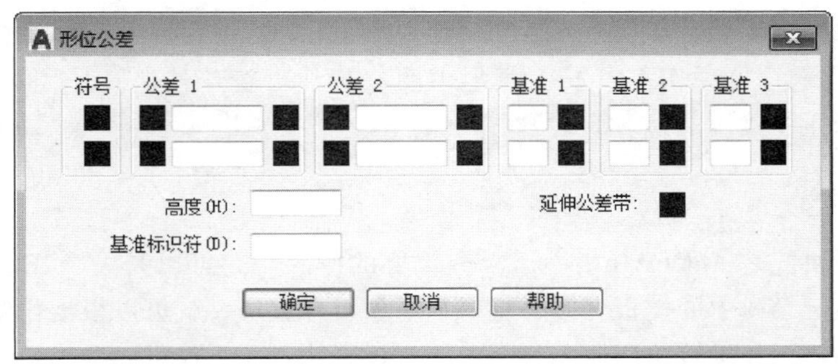

图 10-45 “形位公差”对话框

(7) 引线标注 可以给图形对象增加一条引线标注，标注时还可以在引线的末端添加文字、形位公差和图形对象等。引线样式常用于标注倒角、孔、形位公差和机械图样中的零件编号等。

1) 单击功能区“注释”按钮，单击“引线”工具面板右下角的箭头图标，打开【多重引线样式管理器】，设置多重引线标注样式。

2) 输入命令“Qleader”，创建新的引线和注释。

3) 默认情况下系统提示信息：

指定第一引线点或[设置(S)]<设置>:

如果直接按“Enter”键，将打开如图 10-46 所示的“引线设置”对话框。在该对话框中可以设置引线标注的注释类型、多行文字选项及是否重复使用注释、箭头的格式和多行文字注释相对于引线终点的位置等。

确定引线的各端点后，在“引线设置”对话框的“注释”选项卡中确定的注释类型不同，系统给出的提示也不同。

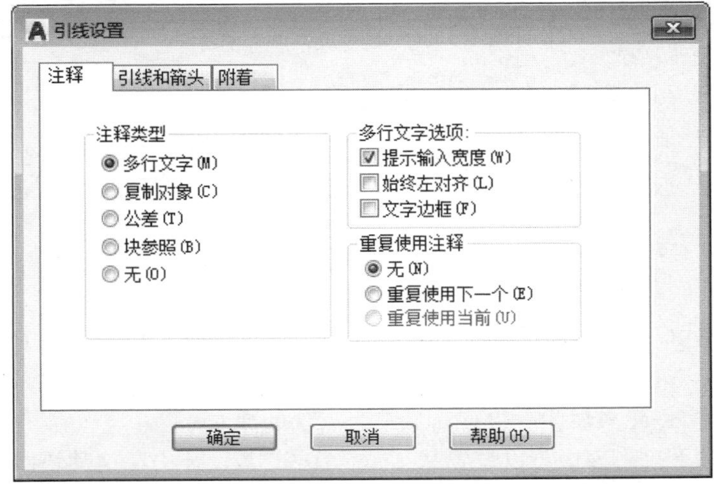

图 10-46 “引线设置”对话框

（8）编辑标注对象　输入命令“Dimedit”或者单击已标注的尺寸，可以编辑已有的标注文字样式、内容等。

（9）编辑标注　单击【标注】工具栏中的“编辑标注文字”按钮，选择要编辑的标注尺寸后，可以通过拖动光标来确定标注新位置。

（10）更新标注　单击【标注】工具栏中的“标注更新”按钮，可以更新标注，使其采用当前的标注样式。

10.1.5　使用块

块也称作图块，是 AutoCAD 中一个十分重要的概念。它可以是一个或多个对象形成的对象集合，类似于绘图中的模板。如果将一组对象组合成块，就可以根据作图需要随时将这组对象按不同的比例和旋转角度插入到图中任意指定位置，不仅可以增加绘图的准确度、提高绘图速度，还会减少图形文件的大小。

1. 创建块

执行【绘图】|【块】|【创建】菜单命令，打开“块定义”对话框，可以将已绘制的对象创建为块，如图 10-47 所示。

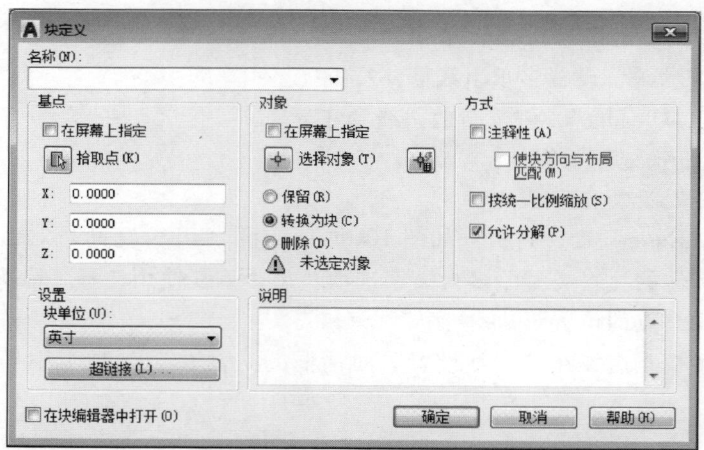

图 10-47　“块定义”对话框

1）在“名称”的文本框中可以设置块的名称。

2）在“基点”选项区中，单击“拾取点”按钮，并且在图形中拾取一点为插入基点，也可以直接在“X”“Y”“Z”的文本框中输入插入点的 X、Y、Z 坐标值。

3）在“对象”选项区中，单击“选择对象”按钮，可以切换到绘图窗口选取组成块的对象，单击鼠标右键结束选择。也可单击“快速选择对象”按钮，快速选取组成块的对象。选择“保留”单选按钮，创建块后仍然在绘图窗口上保留组成块的各个对象；选择“转换为块”单选按钮，创建块后将组成块的各个对象保留并把它们转换成块；选择“删除”单选按钮，创建块后删除绘图窗口上组成块的原对象。

4）“块单位”下拉列表中可以设置从 AutoCAD 2017 设计中心拖动块时的缩放单位。

5）“说明”文本框中可以输入对当前块的文字说明。

6）在“设置”选择区中，单击“超链接”按钮 超链接(L)... ，可以打开“插入超链接”对话框，在该对话框中可以插入超链接文本。

注意：用此命令创建的块，只能由该块所在的图形使用，其他图形不能使用。

2. 插入块

单击功能区【块】面板上的“插入块”按钮 ，打开如图 10-48 所示的“插入”对话框，在对话框中可以设置插入块（或其他图形）在图形中的缩放比例与旋转角度。

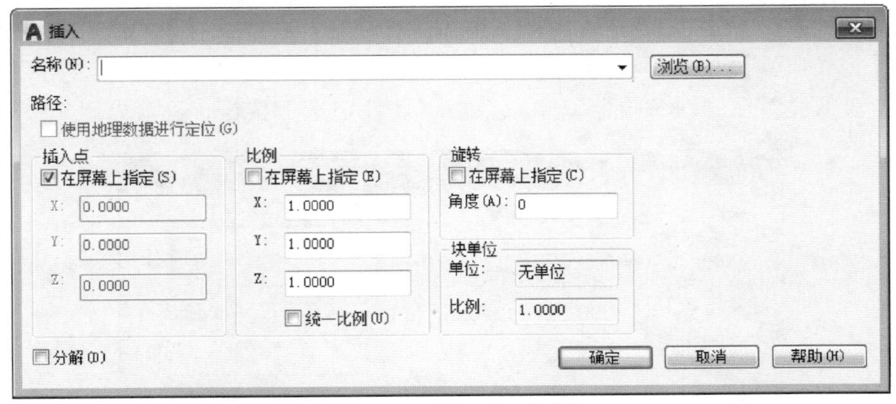

图 10-48 “插入”对话框

1）在“名称”下拉列表中，可以选择块或图形的名称，也可以单击其后的“浏览”按钮 浏览(B)... ，打开“选择图形文件”对话框，选择保存的块和外部图形。

2）“插入点”选项区可以确定块或外部图形在绘图区的具体位置。可以在屏幕上指定，也可以直接在“X”“Y”“Z”文本框中输入点的坐标值。

3）“比例”选项区可以确定插入块或外部图形在图形中的缩放比例（X、Y、Z 三个方向可以等比或不等比）。

4）“旋转”选项区可以设置块或外部图形插入时的旋转角度。

5）“分解”复选框可以设置块插入后，是否将块分解为单个的基本图元。

3. 创建外部块

外部图块以外部文件的形式存在，它可以被任何文件引用。使用写块命令可以将选定的对象输出为外部图块，并保存到单独的图形文件中。

1）输入“写块”命令“Wblock”，打开如图 10-49 所示的“写块”对话框。

图 10-49 “写块”对话框

2）与创建块设置基点一样，设置外部块的基点。

3）与创建块选择对象一样，选择组成外部块的对象，并选择“转换为块”选项。

4）在“文件名和路径”区域中指定外部块保存路径。

4. 创建具有属性的块

块的属性是附属于块的非图形信息，是块的组成部分，是包含在块定义中的文字对象。在定义一个块时，属性必须预先定义而后选定。通常块的属性是用于在块的插入过程中加入的自动注释。

执行【绘图】|【块】|【定义属性】菜单命令，或打开功能区【默认】|【块】面板展开器，单击【定义属性】按钮，打开如图10-50所示的“属性定义”对话框，可以定义块的属性，或者双击块，在“块编辑器”中，单击“属性定义”按钮，也可以定义块属性。

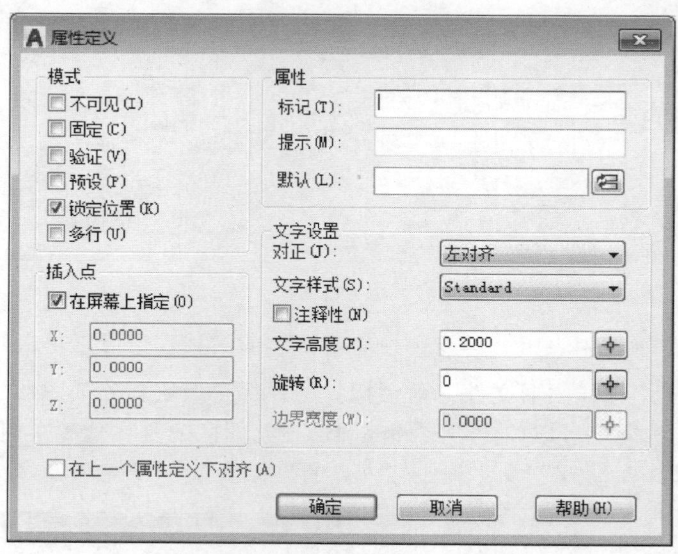

图10-50 “属性定义”对话框

1）“模式”选项区用于设置属性的模式。其中，“不可见”复选框用于确定插入块后是否显示其属性值；“固定”复选框用于设置属性是否为固定值，插入块后该属性值为预先设定的值；“验证”复选框用于验证所输入的属性是否正确；“预设”复选框用于确定是否将属性值直接预设成它的默认值。

2）“属性”选项区用于定义块的属性。“标记”文本框用于输入属性的标记；“提示”文本框用于输入插入块时系统显示的提示信息；“默认”文本框用于输入属性的默认值。

3）“插入点”选项区用于设置插入块的基点。插入点可以是插入块时在屏幕上指定，也可以直接在“X”“Y”“Z”文本框中输入插入点的坐标值。

4）“文字设置”选项区可以设置文字的格式，如文字的对齐、文字样式、文字的高度和方向等。

设置完“属性定义”对话框中的各项内容后，单击“确定”按钮，系统即完成一次属性定义。可以用上述方法为块定义多个属性。

5. 修改属性定义

执行【修改】|【对象】|【属性】|【块属性管理器】菜单命令，打开如图 10-51 所示的【块属性管理器】。单击“编辑”按钮，打开如图 10-52 所示的“编辑属性”对话框，可以对块的属性、块的文字和块的特性进行修改。

图 10-51 【块属性管理器】

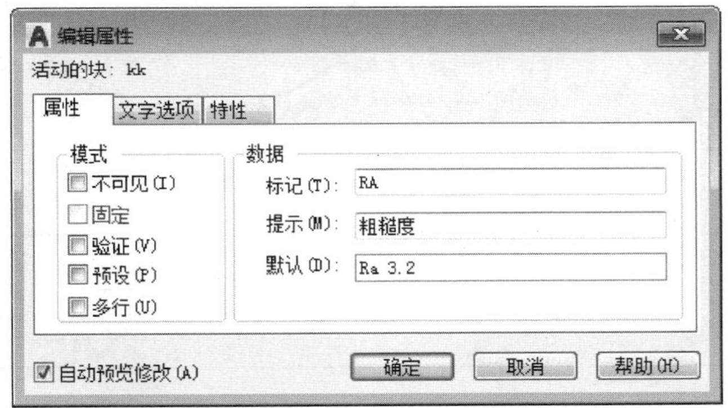

图 10-52 “编辑属性”对话框

6. 修改属性值

执行【修改】|【对象】|【属性】|【单个】菜单命令，选择块对象后打开如图 10-53 所示的“增强属性编辑器”对话框，可以修改属性值，或者直接双击块，也可以修改属性值。

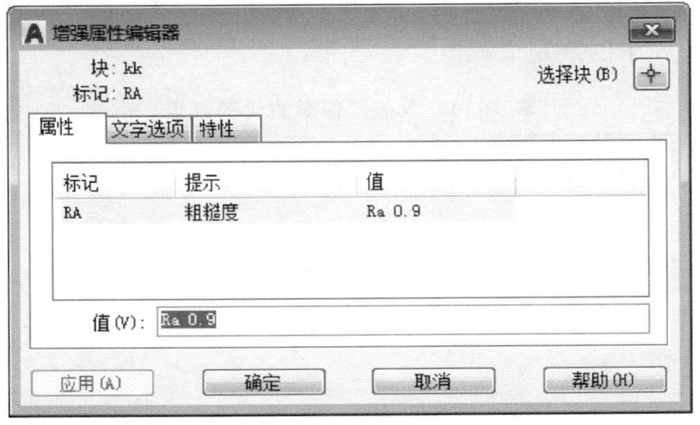

图 10-53 “增强属性编辑器”对话框

10.2 项目案例：泵盖机械图样的绘制

本节要求绘制泵盖的零件图，如图 10-54 所示。

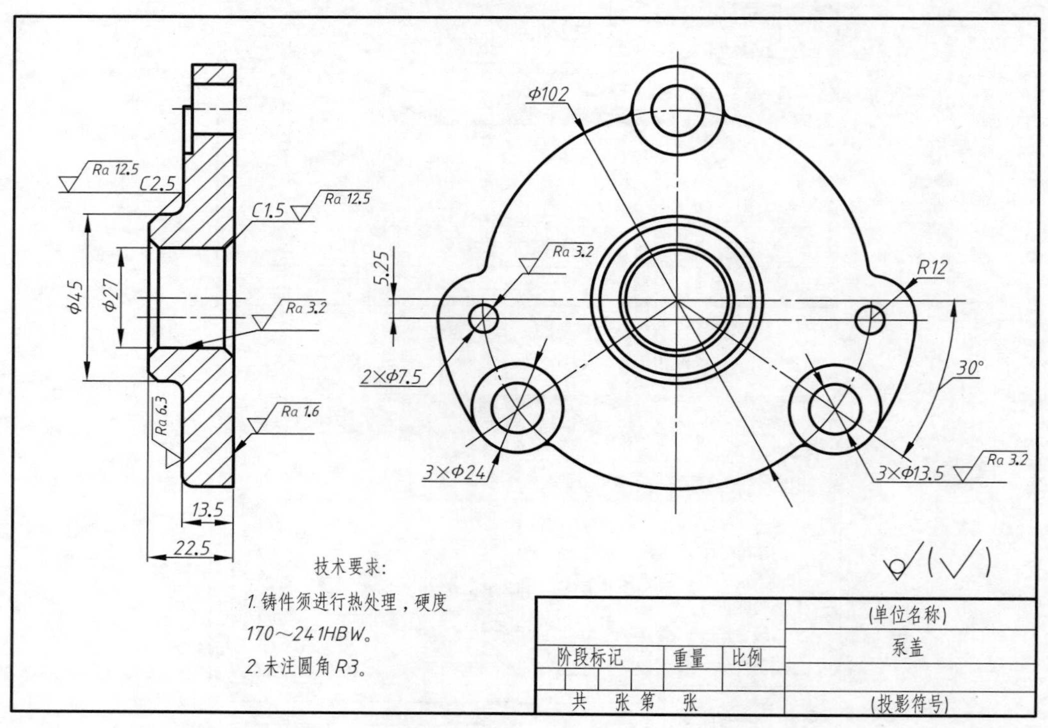

图 10-54　泵盖零件图

泵盖零件图由二个视图组成：主视图为全剖视图，表达了泵盖零件的内部结构；左视图则表达了其外部结构。图形绘制时先要设定图层并打开正交模式，以规范图形和提高效率；利用直线、圆、偏移、镜像、圆角、修剪、打断于点、特性匹配、倒角、拉长和图样填充等功能绘制和编辑图形；利用尺寸样式、线性标注和半径标注等功能给图形标注尺寸。表 10-4列出了泵盖零件图的绘制流程。

表 10-4　泵盖零件图的绘制流程

步骤	功　能	说　明	图　示
1	【图层特性管理器】 【正交模式】 【直线】	设定图层，打开正交模式 绘制左视图基准线	

（续）

步骤	功　　能	说　　明	图　　示
2	【圆】 【偏移】 【镜像】 【圆角】 【修剪】 【打断于点】 【特性匹配】	绘制泵盖零件左视图	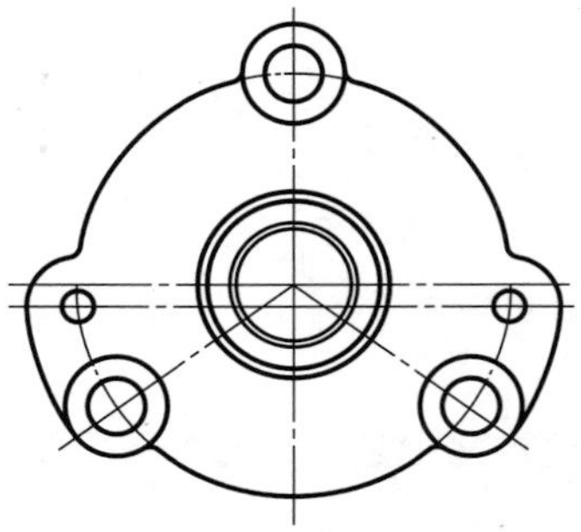
3	【直线】 【极轴追踪】 【对象捕捉】	绘制主视图基准线	
4	【偏移】 【修剪】 【圆角】 【倒角】 【直线】 【特性匹配】 【图案填充】	绘制泵盖零件主视图	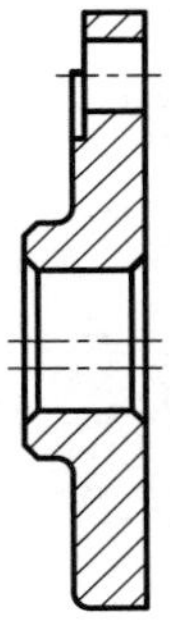
5	【标注样式】 【线性】 【直径】 【角度】 【文字样式】 【快速引线】(LE) 【直线】 【创建块】 【定义属性】 【插入块】 【表格样式】	标注零件尺寸、文字和引线样式及标题栏	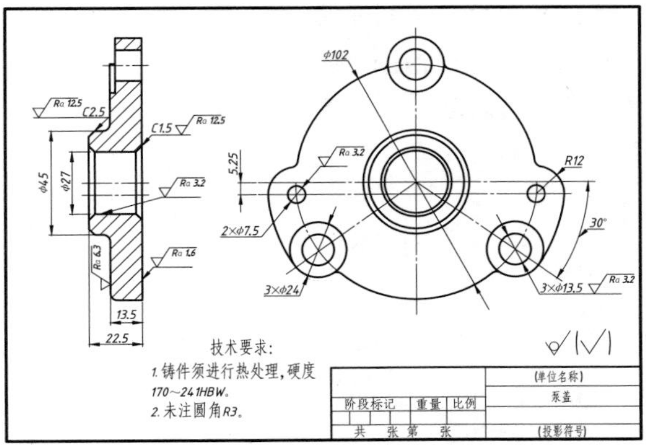 技术要求： 1.铸件须进行热处理，硬度170～241HBW。 2.未注圆角R3。

10.3 三维图形的绘制

10.3.1 三维绘图基础

在工业设计和绘图过程中，三维图形应用越来越广泛。AutoCAD 2017 提供了“三维基础”和“三维建模”两种工作空间，图 10-55 所示为“三维建模”工作界面。

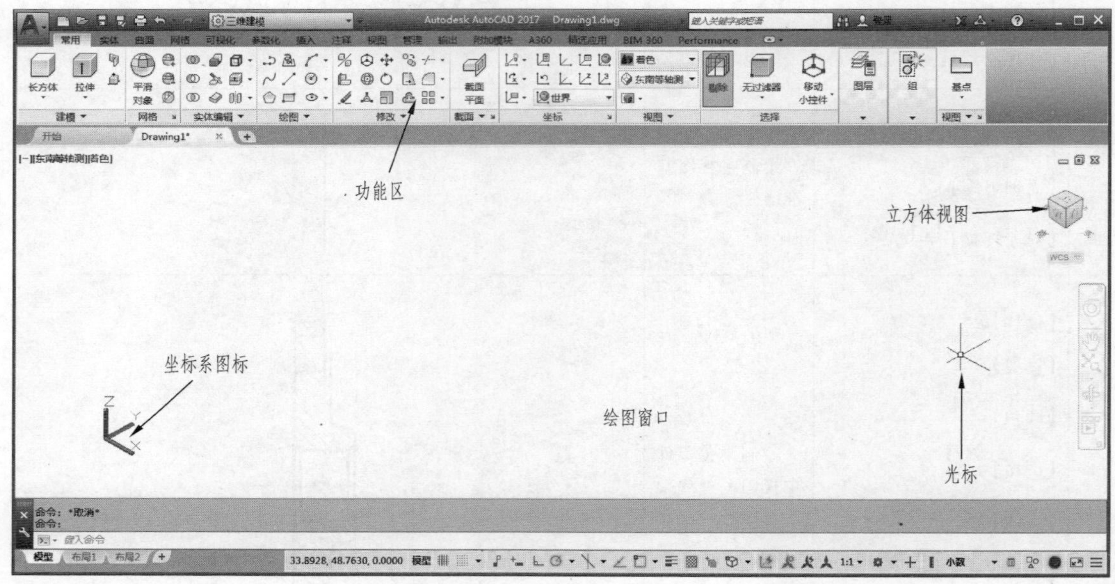

图 10-55 “三维建模”工作界面

AutoCAD 有三种方式创建三维图形，即线框模型、曲面模型和实体模型。线框模型是由直线和曲线来表示真实三维图形的边缘或框架，如图 10-56 所示。它没有关于面和体的信息，因此不能对其进行消隐和渲染操作。曲面模型除了边界以外还有表面，如图 10-57 所示，可以对它进行消隐和渲染操作。因其不包括实体部分，因此不能对其进行布尔运算。实体模型不仅具有线和面的特征，还具有体的特征，因此可以通过布尔运算创建复杂的三维实体。

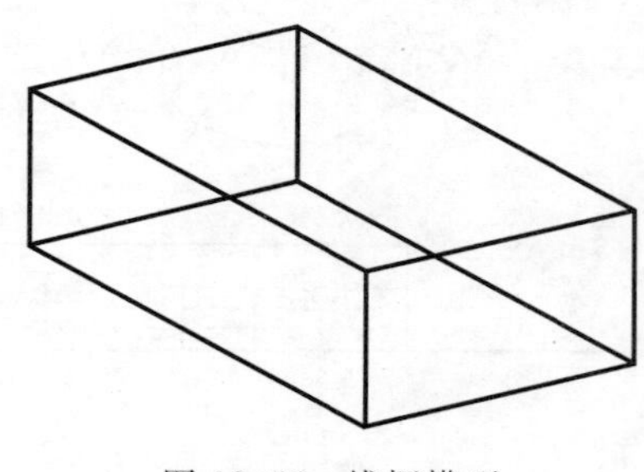

图 10-56 线框模型

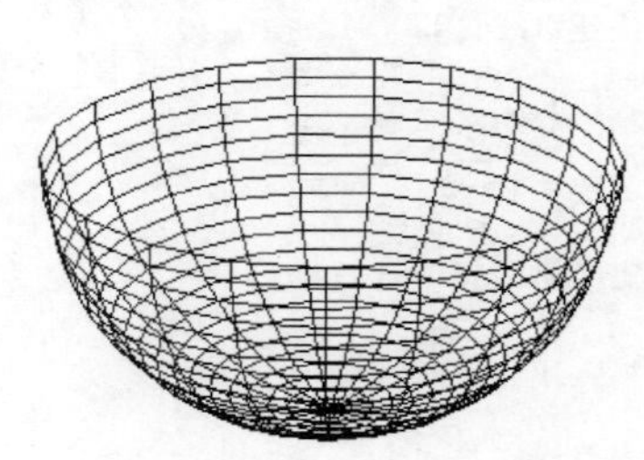

图 10-57 曲面模型

1. 观察三维模型

为了从不同的角度观察三维模型，AutoCAD 提供了视点变换工具，可以在空间坐标系不变的情况下，从不同的角度观察模型。

（1）基本视点　视点是指观察图形的方向。最常用的视点是等轴测视图和标准正交视图，图 10-58 所示为系统提供的几种基本视点。

俯视
仰视
左视
右视
前视
后视
西南等轴测
东南等轴测
东北等轴测
西北等轴测

图 10-58　基本视点

（2）三维图形的显示　在 AutoCAD 中，为了观察三维模型的最佳效果，往往需要通过“视觉样式”功能来控制视口中边和着色的显示。一旦应用了视觉样式或更改了其设置，就可以在视口中查看效果。AutoCAD 2017 默认的视觉样式有：

1）二维线框。通过使用直线和曲线表示边界的方式显示对象。光栅和 OLE 对象、线型和线宽均可见。

2）概念。使用平滑着色和古氏面样式显示对象。古氏面样式在冷暖颜色而不是明暗效果之间转换。效果缺乏真实感，但是可以更方便地查看模型的细节。

3）隐藏。使用线框表示法显示对象，而隐藏表示背面的线。

4）真实。使用平滑着色和材质显示对象。

5）着色。使用平滑着色显示对象。

6）带边框着色。使用平滑着色和可见边显示对象。

7）灰度。使用平滑着色和单色灰度显示对象。

8）勾画。使用线延伸和抖动边修改器显示手绘效果的对象。

9）线框。通过使用直线和曲线表示边界的方式显示对象。

10）X 射线。以局部透明度显示对象。

图 10-59 所示为不同的“视觉样式”产生的显示效果。

（3）管理视觉样式　执行【视图】|【视觉样式】|【视觉样式管理器】菜单命令，系统会弹出【视觉样式管理器】，如图 10-60 所示。

2. 三维坐标系统

坐标系变换是指改变模型空间绝对坐标系的原点和 *X*、*Y*、*Z* 坐标轴的方向，使坐标系处于最适合于创建模型的位置。

AutoCAD 存在两种坐标系，即世界坐标系（WCS）和用户坐标系（UCS）。WCS 是 AutoCAD 模型空间中唯一的、固定的坐标系，WCS 的原点和坐标轴方向不允许改变。UCS 则由用户定义其原点，坐标轴方向可以按照用户的要求改变。默认情况下，这两个坐标系在图形中是重合的，图 10-61 所示为【UCS】工具栏。

（1）UCS　单击此按钮，系统将提示信息：

指定 UCS 的原点或[面(F)/命令(NA)/对象(OB)/上一个(P)/视图(V)/世界(W)/X/Y/Z/Z 轴(ZA)]<世界>:

上述提示信息的各选项与【UCS】工具栏中其他按钮相对应。

（2）世界　单击此按钮，可以切换模型或视图的坐标系为世界坐标系，即 WCS 坐标系。

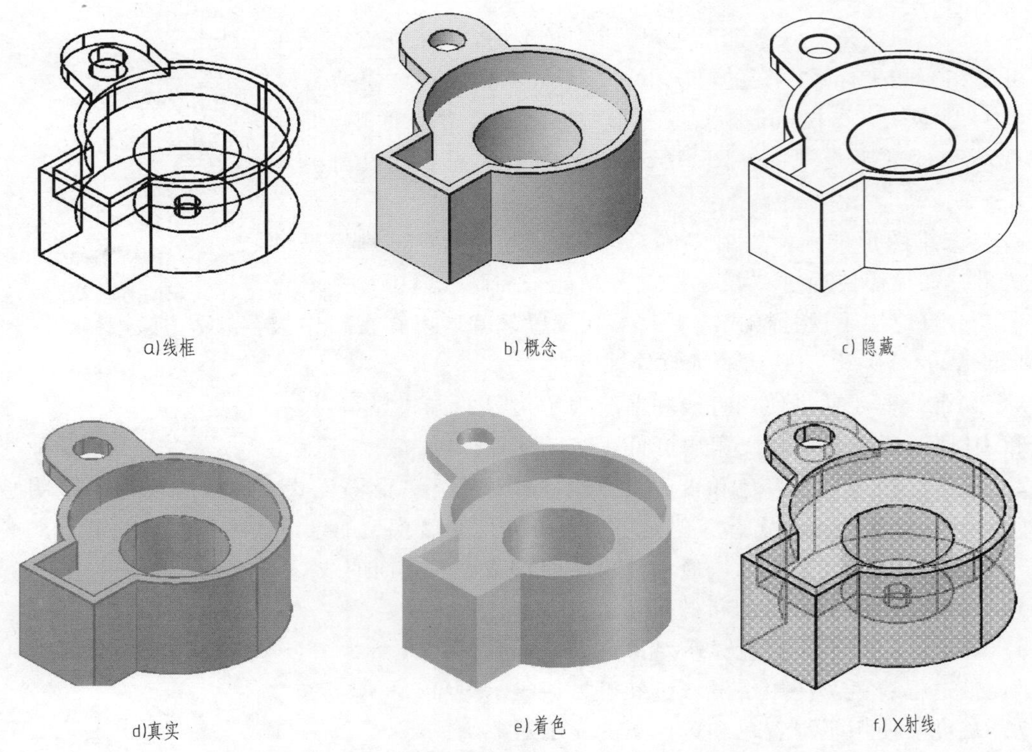

图 10-59　不同的视觉样式产生的显示效果

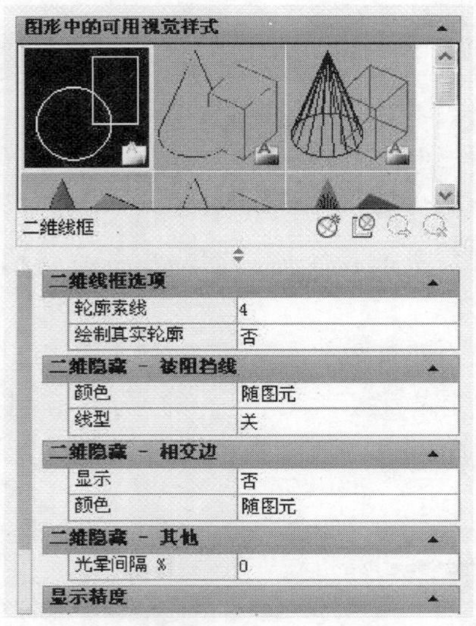

图 10-60　【视觉样式管理器】

图 10-61　【UCS】工具栏

（3）上一个 UCS 单击此按钮，可以返回上一次绘图状态的用户坐标系。

（4）面 UCD 单击此按钮，可以将 UCS 的 *XY* 平面与所选实体的一个面重合。在模型中选取实体面或选取面的一个边界，按 Enter 键即可将该面与新建 UCS 的 *XY* 平面重合。

（5）对象 单击此按钮，可以通过选择一个对象，定义一个新的坐标系，坐标轴的方向取决于所选对象的类型。当选择一个对象时，新坐标系的原点将放置在创建对象时定义的第一点，*X* 轴的方向为从原点指向创建该对象时定义的第二点，*Z* 轴方向自动保持与 *XY* 平面垂直。

（6）视图 单击此按钮，可使新的坐标系的 *XY* 平面与当前视图方向垂直，*Z* 轴与 *XY* 面垂直，而原点保持不变，常用于标注文字。

（7）原点 单击此按钮，可以修改当前 UCS 的原点位置，坐标轴方向与上一个坐标系相同，由它定义的坐标系将以新坐标存在。

（8）*Z* 轴矢量 单击此按钮，可以指定一点作为坐标原点，指定一个方向作为 *Z* 轴的正方向，从而定义新的 UCS。此时，系统将根据 *Z* 轴方向自动设置 *X* 轴、*Y* 轴的方向。

（9）三点 单击此按钮后，可以通过选择 3 个点来确定新坐标系的原点、*X* 轴和 *Y* 轴的正方向，从而新建一个 UCS。该方法是一种最简单，也是最常用的新建 UCS 的方法。

（10）*X/Y/Z* 轴 单击此按钮，通过输入旋转角度值，可以将当前的 UCS 坐标绕 *X* 轴、*Y* 轴或 *Z* 轴旋转指定的角度，从而新建一个 UCS。

10.3.2 绘制三维图形

1. 绘制三维线框

三维线框对象包括三维点、三维直线和三维多段线等三维对象，也包括置于三维空间中的各种线框对象。

三维点是最简单的三维对象，创建三维点的过程与创建二维点一样，但是创建三维点需要指定点的三维坐标。

创建三维直线的过程与创建二维直线的过程也是一样，但三维直线的端点是三维点，如图 10-62 所示。

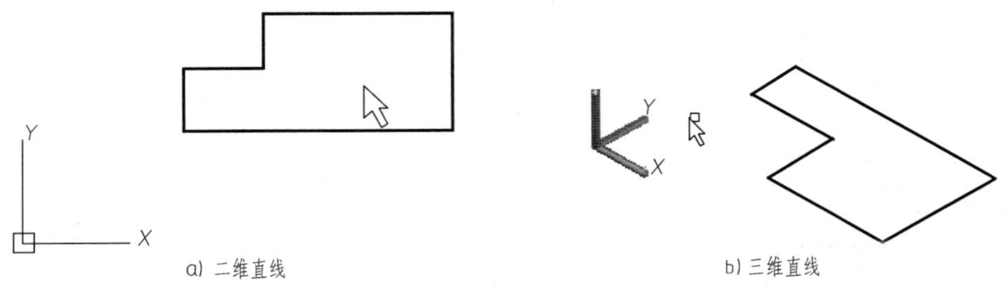

a) 二维直线　　b) 三维直线

图 10-62　二维直线和三维直线

2. 绘制三维几何体曲面

AutoCAD 2017 提供了 7 种样式的几何体曲面，如长方体表面、圆锥面、球面以及圆环

体面等。执行【绘图】|【建模】|【网格】|【图元】|【网格长方体】菜单命令，或者单击功能区【网格】|【图元】面板上的“网格长方体”按钮，便可以绘制长方体。

3. 绘制三维实体模型

执行【常用】|【建模】|【长方体】菜单命令，可打开基本实体模型面板，或单击【视图】|【窗口】|【工具栏】|【AutoCAD】打开如图 10-63 所示【建模】工具栏。

图 10-63 【建模】工具栏

(1) 绘制多段体　执行【绘图】|【建模】|【多段体】菜单命令，或单击【建模】工具栏中的“多段体”按钮，或在命令行中输入“Polysolid”命令，系统将提示信息：

指定起点或[对象(O)/高度(H)/宽度(W)/对正(J)] <对象>:

“高度”选项是设置实体的高度；“宽度”选项是设置实体的宽度；“对正”选项是设置实体对正方式，如左对正、居中和右对正，默认为居中对正。设置高度、宽度和对正方式后，可以通过指定点来完成一个多段体的绘制。

(2) 绘制长方体与楔体　长方体命令可以创建具有规则实体模型形状的长方体或正方体等实体，如零件的底座、支承板等。

执行【绘图】|【建模】|【长方体】菜单命令，或单击【建模】工具栏中的“长方体”按钮，或在命令行中输入“Box”命令。创建长方体时，长方体的各边分别与当前 UCS 的 X 轴、Y 轴和 Z 轴平行，并且是选定长方体的底面（矩形），再给出长方体的高度，如图 10-64所示。

楔体是长方体沿对角线切成两半后的结果，因此绘制楔体的方法与绘制长方体相同，只要确定底面的长、宽和高，即可创建需要的楔体，如图 10-65 所示。

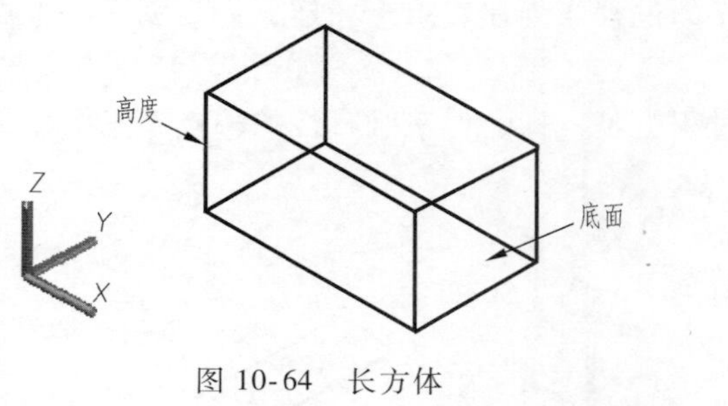

图 10-64　长方体

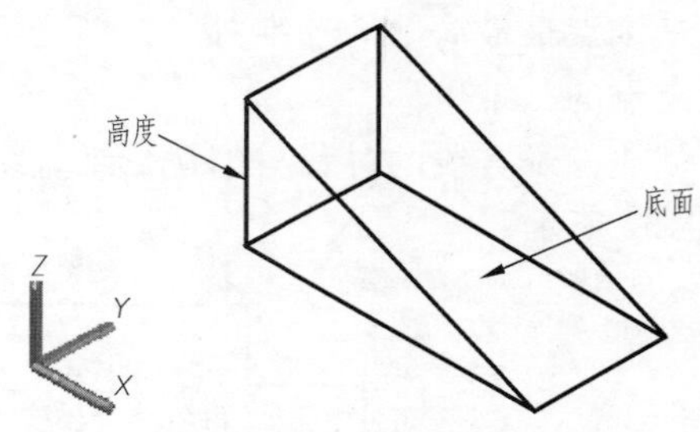

图 10-65　楔体

(3) 绘制圆柱体和圆锥体　绘制圆柱体和圆锥体的方法类似，其底面与 XY 坐标平面平行，高度方向为 Z 轴方向。创建时先要确定底圆的位置和大小，然后再确定高度。创建底圆的方式可以通过命令行确定。

(4) 绘制球体和圆环体　球体的创建是在提示信息下指定球体的圆心位置和输入球体的半径或直径即可。

创建圆环体时，需要指定圆环的中心位置、圆环的半径或直径，以及圆管的半径或直径。

图 10-66 所示为常见的回转体。

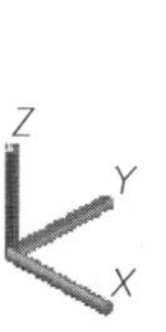

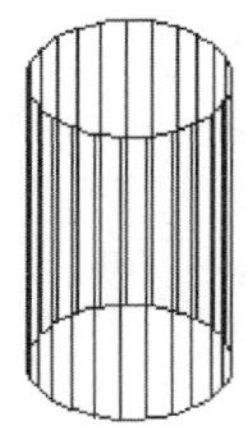

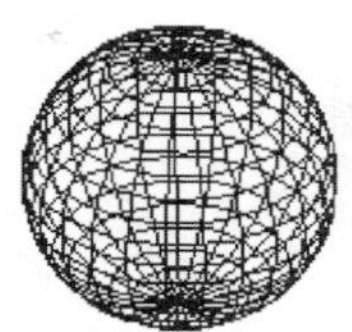

图 10-66 常见的回转体

(5) 绘制棱锥体 绘制棱锥体是绘制以正多边形为底的正棱锥，其底面在 *XY* 坐标面上。当顶面的半径为 0 时，创建的是棱锥，若顶面的半径不为 0 时，则创建的是棱台。底面的边数可以通过设置“侧面（S）”来确定。选择绘制棱锥面的命令后，系统将提示信息：

指定底面的中心点或[边(E)/侧面(S)]:S ↙　　(注:“↙”表示“回车”)

输入侧面数<4>:6　　(注:底面为正6边形)

指定底面的中心点或[边(E)/侧面(S)]:　　(注:确定中心点位置)

指定底面半径或[内接(I)]<93.3177>:I ↙

指定底面半径或[外切(C)]<93.3177>:50 ↙　　(注:底面正6边形的外接圆半径为50)

指定高度或[两点(2P)/轴端点(A)/顶面半径(T)]<224.8711>:T ↙

指定顶面半径<0.0000>:25 ↙　　(注:上底面的外接圆半径为25)

指定高度或[两点(2P)/轴端点(A)]<224.8711>:A ↙

指定轴端点:　　(注:确定锥顶或上端面的位置)

(6) 绘制螺旋 螺旋就是开口的二维或三维螺旋线。如果指定同一个值作为底面半径或顶面半径，将创建圆柱形螺旋；如果指定不同值作为顶面半径和底面半径，将创建圆锥形螺旋；如果指定高度为 0，将创建扁平的二维螺旋，如图 10-67 所示。

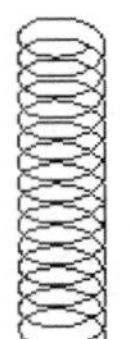
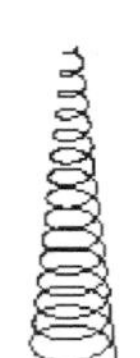
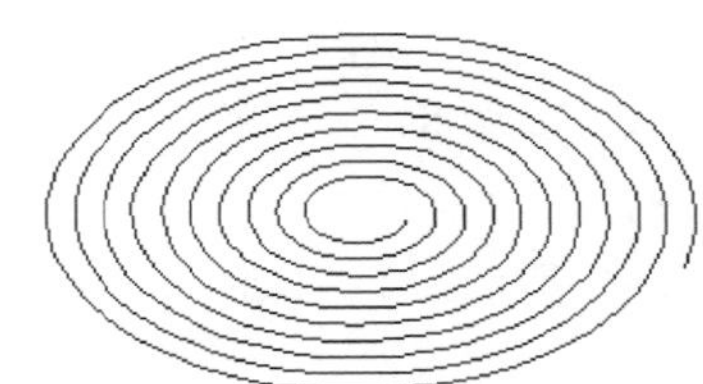

图 10-67 不同的螺旋

4. 通过二维图形创建三维实体

(1) 二维图形拉伸生成实体 拉伸是创建三维实体最常用的一种方法，它适用于创建厚度均匀的实体。拉伸实体时，首先要在一平面内创建要拉伸实体的底面（拉伸面），再沿着与平面垂直的轴线或指定的拉伸路径和倾斜角度，将实体底面拉伸到一定的高度。单击【建模】工具栏中的“拉伸”按钮，即可将拉伸面按指定拉伸方式创建出三维实体。

拉伸高度值的正负表示拉伸的方向，正值表示沿坐标轴 *Z* 方向拉伸，负值则表示沿相反方向拉伸。拉伸角度的绝对值不得大于 90°。正角度值将生成一个下面大、上面小的内锥角实体，负角度值将生成一个下面小、上面大的外锥角实体。

拉伸的对象必须是封闭的实体，因此，在拉伸不是多段线绘制的图形时应先定义成面域，然后才能进行拉伸。

图 10-68 所示为拉伸生成的实体。

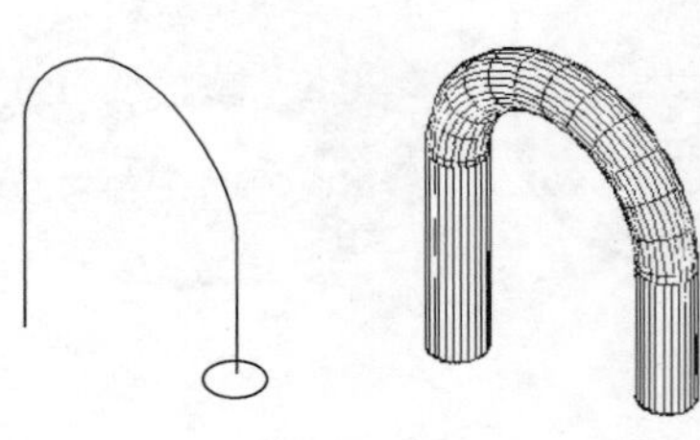

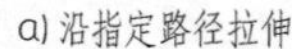

a) 沿指定路径拉伸

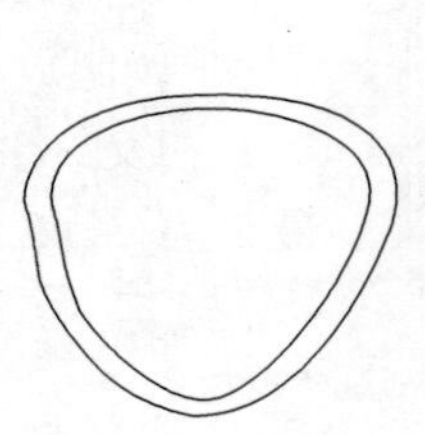

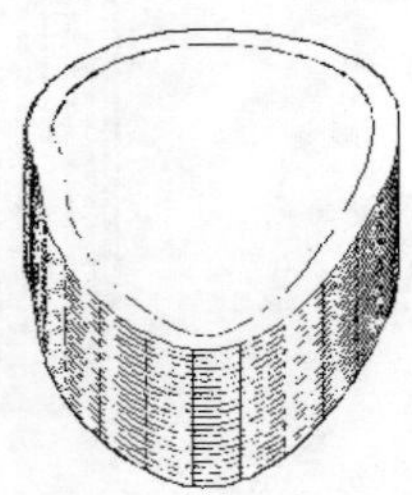

b) 沿与平面垂直的轴线拉伸

图 10-68 拉伸生成的实体

（2）二维图形旋转生成实体　旋转命令可以将一封闭对象绕当前 UCS 的 X 轴或 Y 轴旋转一定的角度生成实体，也可以绕直线、多段线或两个指定的点旋转生成实体。用于旋转的二维对象可以是封闭的多段线、多边形、圆、椭圆、封闭样条曲线、圆环及封闭区域，也可以是开放的线框。三维对象、包含在块中的对象、有交叉或自干涉的多段线不能被旋转，而且每次只能旋转一个对象。

单击【建模】工具栏中的“旋转”按钮，选取需要旋转的二维对象后，通过指定两个端点确定旋转轴，输入旋转角度后，即可生成旋转实体。图 10-69 所示为旋转生成的实体。

（3）二维图形扫掠生成实体　扫掠命令可以将扫掠对象沿着开放或闭合的二维或三维路径运动扫描。如果要扫掠的对象不是封闭的图形，则扫掠后的对象为网格面，否则为三维实体。

单击【建模】工具栏中的“扫掠”按钮，指定扫掠对象，系统将提示信息：

选择扫掠路径或[对齐(A)/基点(B)/比例(S)/扭曲(T)]：

“对齐”选项用于设置扫掠前是否对齐垂直于路径的扫掠对象；“基点”选项用于设置扫掠的基点；“比例”选项用于设置扫掠的比例因子，当指定了该参数后，扫掠效果与单击扫掠路径的位置无关；“扭曲”选项用于设置扭曲角度或允许非平面扫掠路径倾斜。图 10-70所示为扫掠生成的实体。

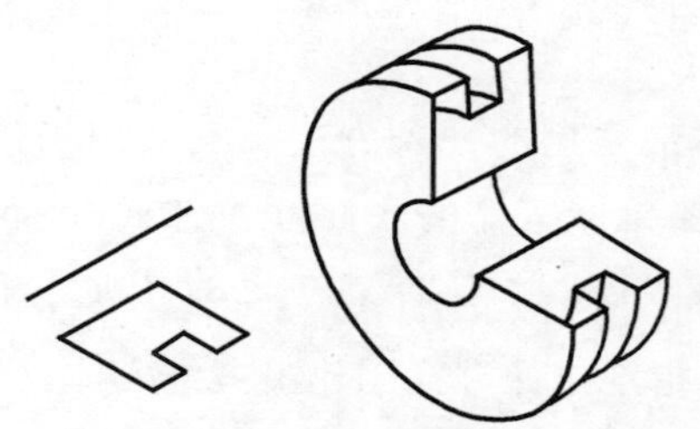

图 10-69 旋转生成的实体

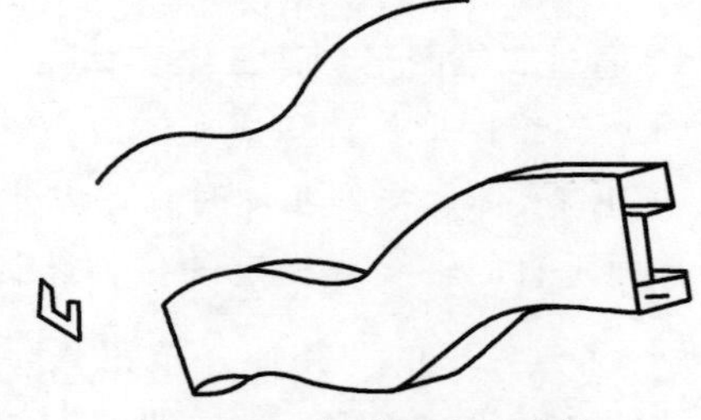

图 10-70 扫掠生成的实体

（4）二维图形放样生成实体　放样命令可以将截面沿指定的路径或导向运动扫描得到三维实体。

单击【建模】工具栏中的“放样”按钮，依次指定需放样的截面（至少 2 个），系统将提示信息：

输入选项[导向(G)/路径(P)/仅横截面(C)/设置(S)]<仅横截面>:

“导向”选项用于使用导向曲线控制放样，每一条导向曲线必须要与一条截面相交，并且起始于第一个截面，结束于最后一个截面；“路径”选项用于使用一条简单的路径控制放样，该路径必须与全部或部分截面相交；“仅横截面”选项用于只使用截面放样；“设置”选项可以打开“放样设置”对话框，设置放样横截面上的曲面控制选项。图 10-71 所示为放样生成的实体。

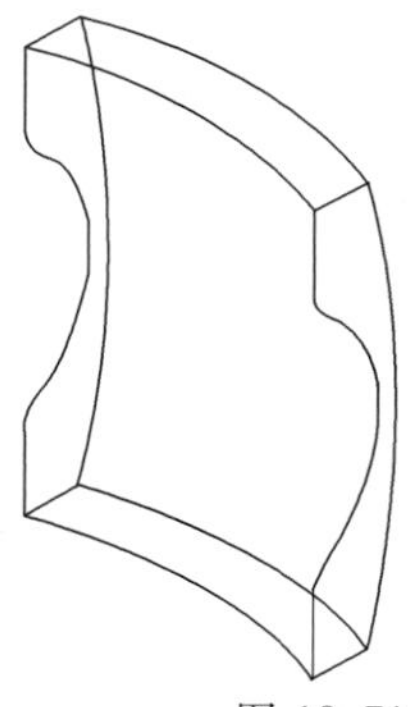
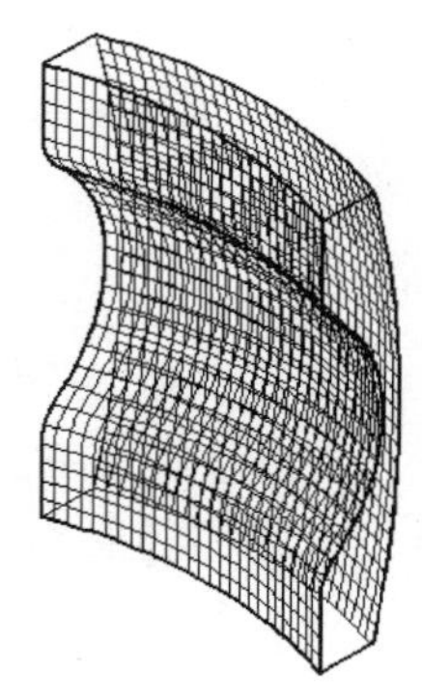

图 10-71　放样生成的实体

10.3.3　三维实体编辑

1. 三维实体的布尔运算

在 AutoCAD 中，可以通过三维实体间的“交”“并”“差”等布尔运算来创建复杂实体。【实体编辑】工具栏如图 10-72 所示。

图 10-72　【实体编辑】工具栏

（1）并集运算　使用该命令可将两个或两个以上的实体（或面域）对象组合成一个新的组合对象。执行并集操作后，原来各实体互相重合的部分变为一体，使其成为无重合的实体。单击【实体编辑】工具栏上的“并集”按钮后，选取所有要合并的对象，即可执行并集运算。

（2）差集运算　使用该命令可将一个对象减去另一个对象从而形成一个新的组合对象。与并集不同的是首先选取的对象为被减对象，后面选取的对象为减去的对象。单击【实体编辑】工具栏上的“差集”按钮后，在绘图区域选取被减对象，按“回车”键或单击鼠标右键，然后选取要减去的对象，按“回车”键或单击鼠标右键即可完成差集运算。

（3）交集运算　使用该命令可用各实体的公共部分创建一个新的实体。单击【实体编辑】工具栏上的“交集”按钮后，在绘图区域选取具有公共部分的两个实体，按“回车”键或单击鼠标右键即可完成交集运算。

2. 三维实体的编辑

（1）三维移动　使用该命令可以将指定对象沿 X、Y、Z 或其他任意方向移动。单击【建模】工具栏上的“三维移动”按钮，在绘图区选取需要移动的对象，此时绘图区将显示如图 10-73 所示的坐标系图标，指定基点后，指定第二点即可移动对象。如果选择了坐标系中的某个坐标轴，则对象只能沿所选择的坐标轴方向移动；如果将光标停留在任意两条坐标轴形成的平面上，直至其变为黄色，然后选择该平面，则对象只能在该平面上移动。

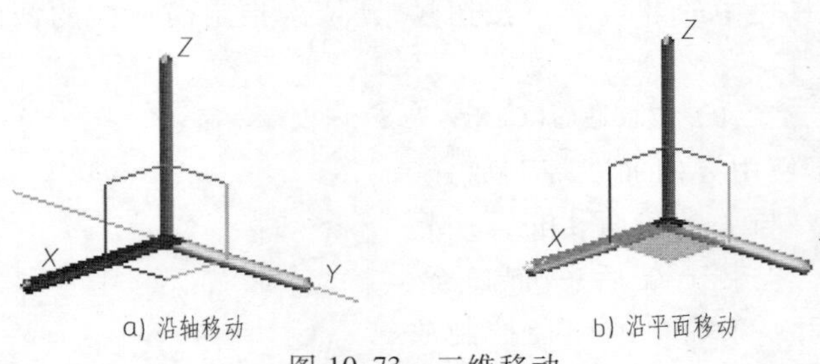

a) 沿轴移动　　b) 沿平面移动

图 10-73　三维移动

（2）三维旋转　使用该命令可将选取的三维对象和子对象，沿指定的旋转轴（X 轴、Y 轴、Z 轴）进行自由旋转。单击【建模】工具栏上的“三维旋转”按钮，在绘图区选取需要旋转的对象，此时绘图区出现三个圆环（红色代表 X 轴、绿色代表 Y 轴、蓝色代表 Z 轴），如图 10-74 所示。先在绘图区指定一点为旋转基点，然后拾取旋转轴，最后输入旋转角度；或选择屏幕上的任意位置确定旋转基点，输入角度值即可获得实体三维旋转效果。

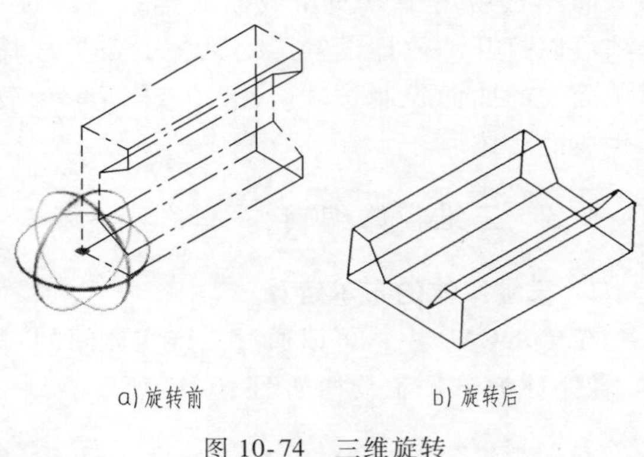
a) 旋转前　　b) 旋转后

图 10-74　三维旋转

（3）三维对齐　使用该命令可以先用不超过 3 个点来确定源平面，然后为目标对象分别指定一一对应关系以确定目标平面，从而实现对象之间的对齐。单击【建模】工具栏上的“三维对齐”按钮，选择对象后，分别为源对象指定 1~3 个点用以确定对齐的平面，然后为目标对象指定 1~3 个点用以确定目标对齐的平面。图 10-75 所示为三维对齐效果。

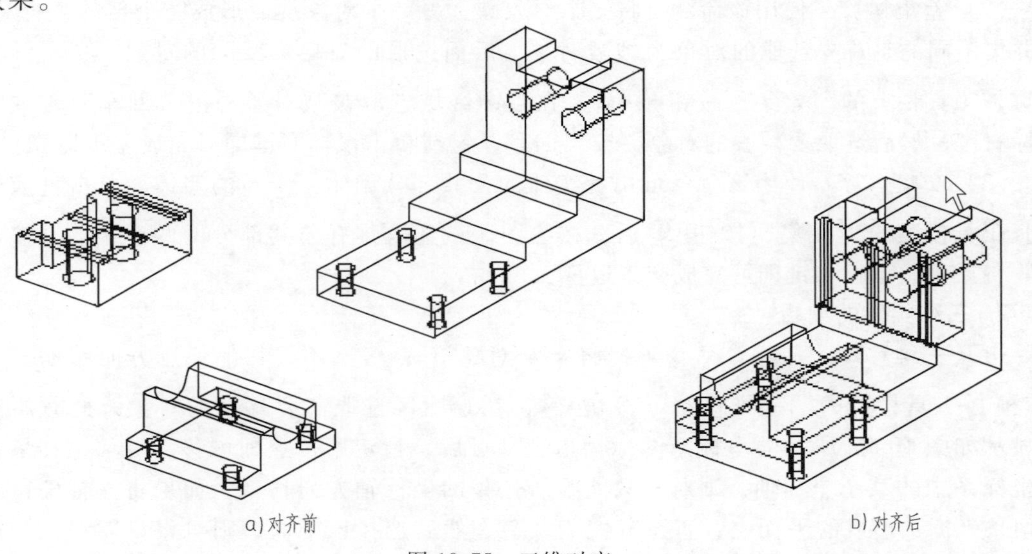
a) 对齐前　　b) 对齐后

图 10-75　三维对齐

（4）三维阵列　使用该命令可以在三维空间中按矩形阵列或环形阵列的方式，创建指定对象的多个副本。单击【修改】菜单栏上的“三维阵列”按钮，选择阵列方式后，可完成三维阵列操作。

矩形阵列：在执行三维矩形阵列时，需要指定阵列的行数、列数、层数、行间距和层间距，并且还将阵列设置成多行、多列和多层阵列。图 10-76 所示为三维矩形阵列效果。

在指定间距时，可以通过输入间距值或在绘图区选取两个点确定阵列的间距。如果间距值为正，阵列将沿 X 轴、Y 轴及 Z 轴的正方向生成阵列。

环形阵列：在执行三维环形阵列时，需要指定阵列的数目、阵列填充的角度、旋转轴的起点和终点及对象在阵列后是否绕着阵列中心旋转。图 10-77 所示为三维环形阵列效果。

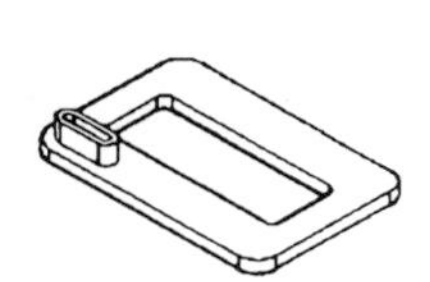

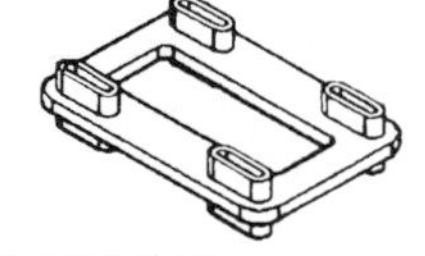

图 10-76　三维矩形阵列

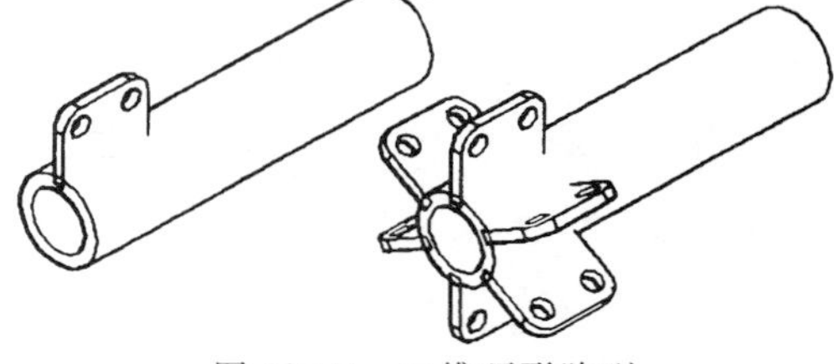

图 10-77　三维环形阵列

（5）三维镜像　使用该命令可以将三维对象通过镜像平面获取与之完全相同的对象，其中镜像平面可以是与 UCS 坐标系平面平行的平面或利用三点所确定的平面。单击【修改】菜单栏上的“三维镜像”按钮，在绘图区选择需要镜像的对象后，再确定镜像平面，即可获得三维镜像效果。

（6）三维倒角　使用该命令可以在实体的相邻两面间生成一个倒角过渡面。单击【实体编辑】工具栏上的“倒角边”按钮，输入倒角边与棱边的距离后，再选择需要倒角的棱边，系统将自动生成倒角，如图 10-78a 所示。

（7）三维圆角　使用该命令可以在实体的相邻两面间生成一个圆形过渡面。单击【实体编辑】工具栏上的“圆角边”按钮，输入圆角半径后，再选择需要圆角的棱边，系统将自动生成圆角，如图 10-78b 所示。

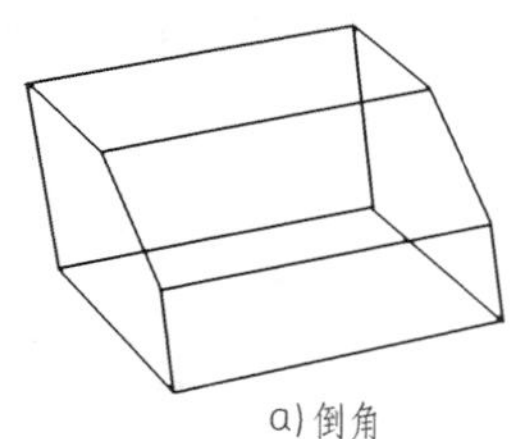

a) 倒角

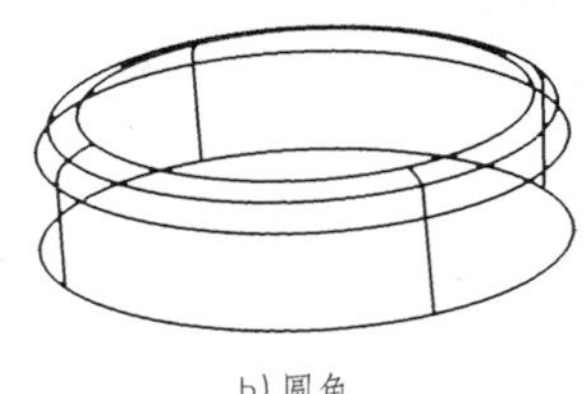

b) 圆角

图 10-78　三维倒角和圆角

（8）剖切实体　使用该命令可以通过剖切现有实体来创建新的实体。曲面、圆、椭圆、圆弧或椭圆弧、二维样条曲线和二维多段线均可作为剖切面。在剖切实体时，可以保留实体的一半或全部。剖切实体不保留创建它们的原始形式的记录，只保留原实体的图层和颜色特性。单击【实体编辑】菜单栏上的“剖切”按钮，可将实体沿切割平面切成两部分，然后选择保留其中一部分或两部分，即可完成实体的剖切。

10.4 项目案例：创建支架零件的三维实体

支架零件的二维图形如图 10-79 所示。

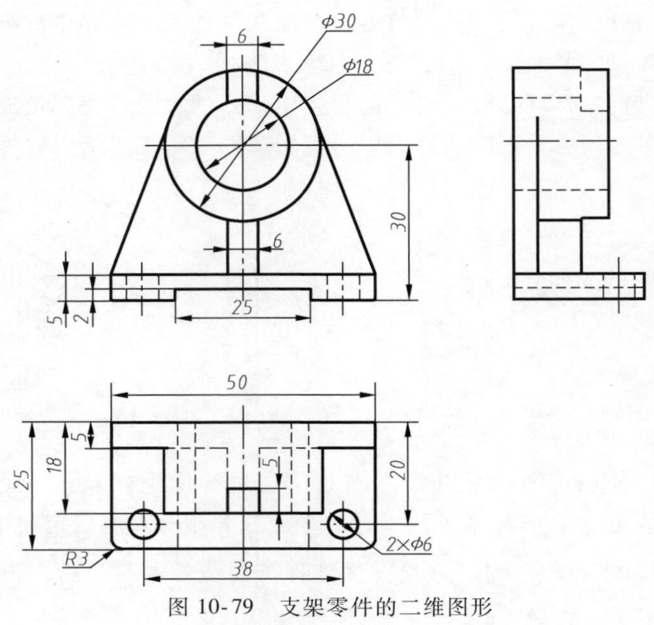

图 10-79 支架零件的二维图形

1. 工作环境设置

新建一个文件，单击功能区【常用】选项卡，然后单击【视图】面板上的“三维导航”下拉箭头，选择【东南等轴测】，将视图切换至东南等轴测视图。

2. 创建三维底板实体

（1）建立 UCS　建立 UCS 如图 10-80 所示。

（2）绘制底板二维图形　根据支架二维图形中给定的尺寸，执行【常用】|【绘图】|【直线】、【圆】及【修改】|【圆角】等菜单命令绘制底板二维图形如图 10-80 所示。

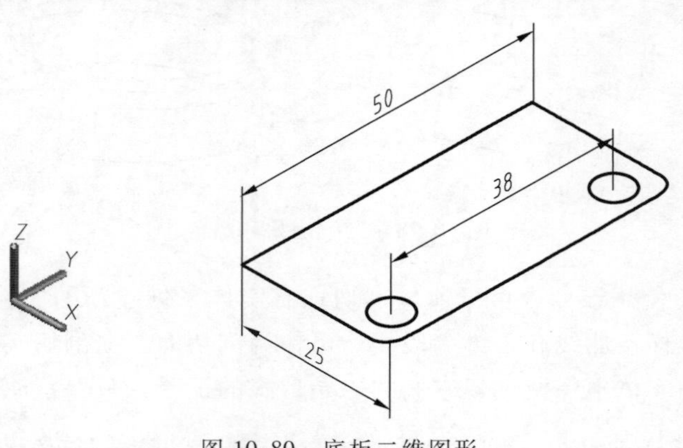

图 10-80 底板二维图形

（3）创建底板面域　单击【绘图】工具栏上的“面域”按钮，选择底板二维图形后，将其创建成面域。

（4）创建底板实体　执行【常用】|【建模】|【拉伸】菜单命令，选择创建面域后的底板对象，输入拉伸距离“5”，创建如图 10-81 所示的拉伸效果。

（5）创建底板底槽特征　单击【建模】工具栏中的“长方体”按钮，创建一个长、宽、高尺寸分别为“25”“25”“2”的长方体；单击【实体编辑】工具栏中的“差集”按钮，创建底板底槽特征。底板实体如图 10-82 所示。

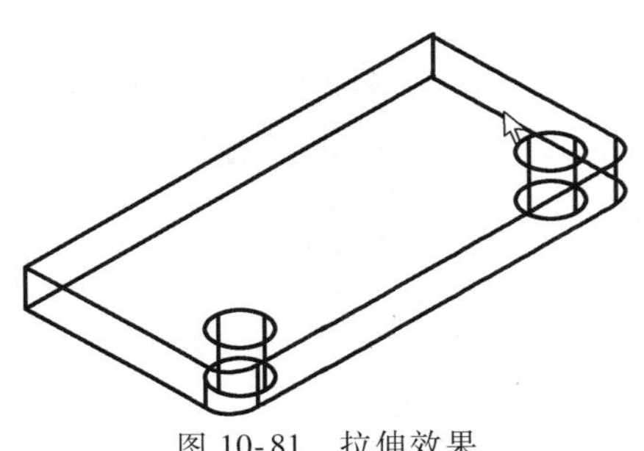

图 10-81　拉伸效果

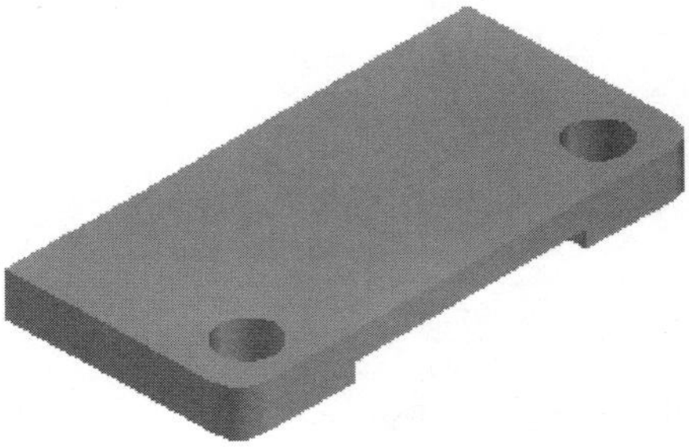

图 10-82　底板实体

3. 创建圆筒实体

（1）建立 UCS　建立 UCS 如图 10-83 所示。

（2）绘制圆筒二维图形　根据支架二维图形中给定的尺寸，执行【常用】|【绘图】|【圆】菜单命令绘制如图 10-83 所示的圆筒二维图形。

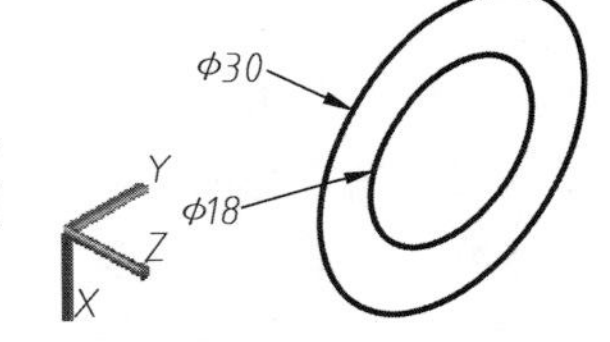

图 10-83　圆筒二维图形

（3）创建圆筒面域　执行【常用】|【绘图】|【面域】菜单命令，选择圆筒二维图形后，将其创建成面域。

（4）创建圆筒实体　执行【常用】|【建模】|【拉伸】菜单命令，选择创建面域后的圆筒对象，输入拉伸距离“18”，创建两个圆柱。单击【实体编辑】工具栏中的“差集”按钮，完成如图 10-84 所示圆筒中间通孔的特征创建。单击【建模】|“长方体”按钮，创建 X、Y、Z 尺寸分别为“6”“6”“5”的长方体，单击【实体编辑】工具栏中的“差集”命令，完成如图 10-85所示的圆筒槽特征的创建。

图 10-84　创建通孔特征

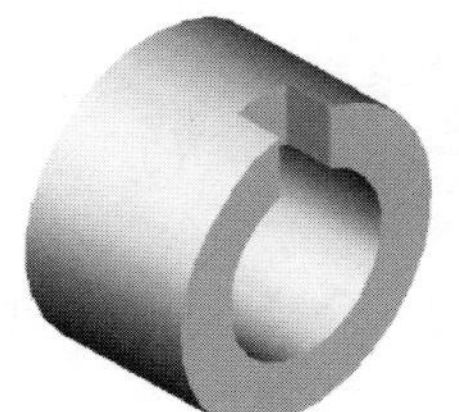

图 10-85　创建槽特征

4. 创建支承板实体

（1）绘制支承板二维图形　建立如图 10-86 所示的 UCS，根据支架二维图形中给定的尺寸，利用【常用】|【绘图】|【圆】、【直线】菜单命令绘制如图 10-86 所示的支承板二维图形。

（2）创建支承板面域　执行【常用】|【绘图】|【面域】菜单命令，选择支承板二维图

形后，将其创建成面域。

（3）创建支承板实体　执行【常用】|【建模】|【拉伸】菜单命令，选择创建面域后的支承板对象，输入拉伸距离“5”，创建如图 10-87 所示的支承板实体。

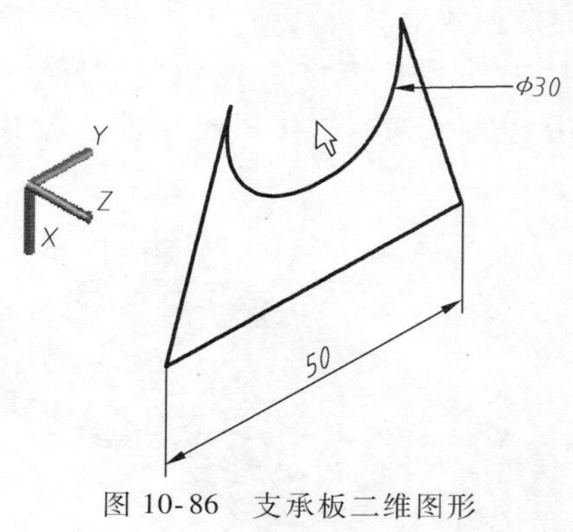

图 10-86　支承板二维图形

图 10-87　支承板实体

5. 创建肋板实体

（1）绘制肋板二维图形　建立如图 10-88 所示的 UCS，根据支架二维图形中给定的尺寸，利用【常用】|【绘图】|【直线】、【圆】菜单命令绘制如图 10-88 所示的肋板二维图形。

（2）创建肋板面域　执行【常用】|【绘图】|【面域】菜单命令，选择肋板二维图形后，将其创建成面域。

（3）创建肋板实体　执行【常用】|【建模】|【拉伸】菜单命令，选择创建面域后的肋板对象，输入拉伸距离“13”，创建如图 10-89 所示的肋板实体。

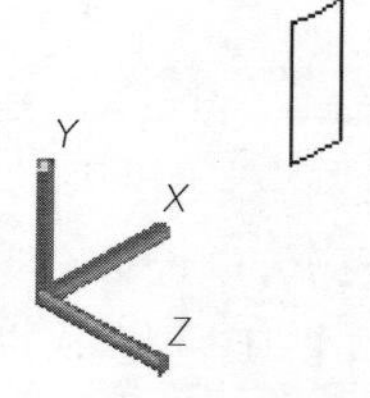

图 10-88　肋板二维图形

图 10-89　肋板实体

6. 装配支架实体

1）将【常用】|【视图】|【视觉样式】选择为【三维线框】模式。

2）勾选【草图设置】|【对象捕捉】中的“中点”和“圆心”两项。

3）单击【常用】|【修改】菜单栏中的“移动”按钮，分别选择支承板实体、圆筒实体和肋板实体，利用中点和圆心点的精确定位方式，将支架各个实体装配成如图 10-90 所示的支架实体。

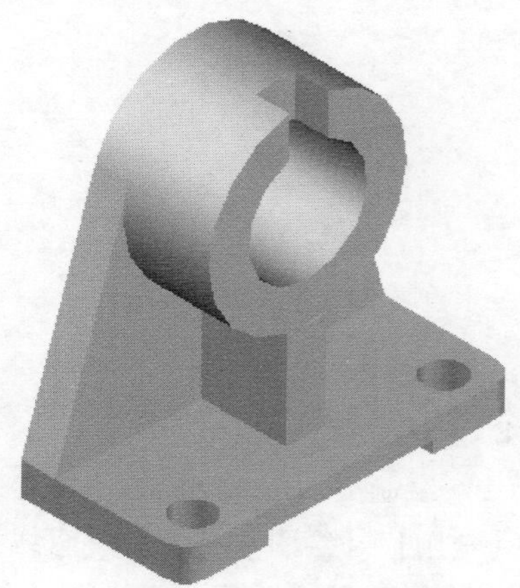

图 10-90　支架实体

10.5 图形的输入、输出与打印

AutoCAD 2017 提供了强大的图形文件的输入、输出和打印功能。

1. 图形的输入

单击【插入】工具栏中的“输入”按钮，可打开“输入文件”对话框。系统允许输入“图元文件”“ACIS 文件”及“3D Studio”等格式的图形文件。

2. 图形的输出

单击【菜单浏览器】按钮，选择【输出】选项，在弹出的文件输出格式对话框中选择需要输出的图形文件格式。

3. 图形打印

AutoCAD 2017 绘制好的图形，可以使用打印机或绘图仪输出。输出图形可以在模型空间，也可以在布局空间。模型空间主要用于建模，是 AutoCAD 2017 默认的显示方式；布局空间又称为图样空间，主要用于出图。

单击“菜单浏览器”按钮，在弹出的“打印-模型”对话框中可以设置打印机/绘图仪的型号、图纸幅面大小、绘图比例、全图打印还是部分图打印等，如图 10-91 所示。设置完成后，单击“确定”按钮，系统将输出图形。若想中断打印，可按“Esc”键，系统将自动结束图形输出。

在打印图形之前，还可以选择“预览”命令，以检查设置是否正确。

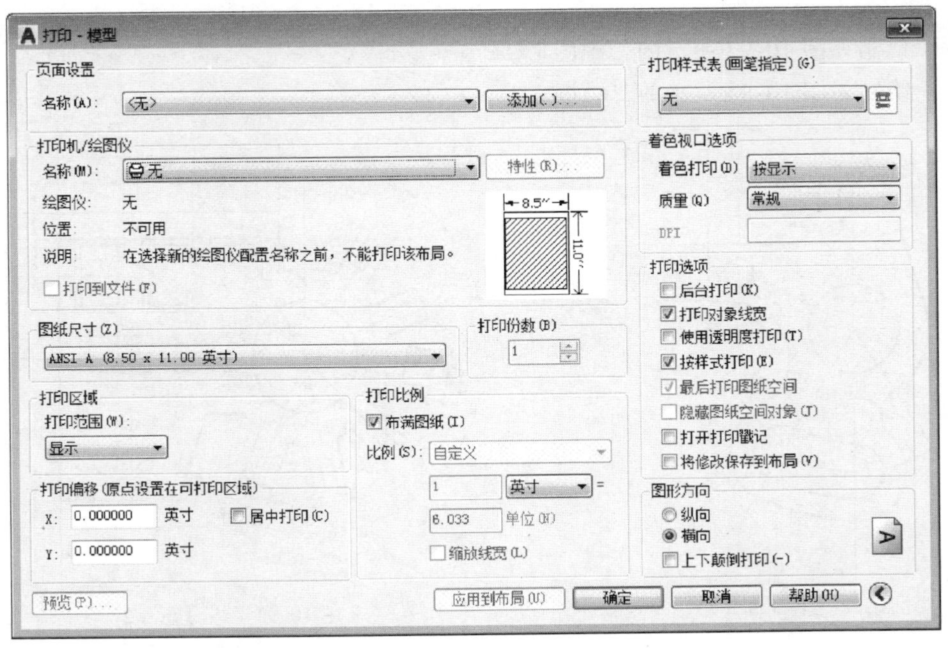

图 10-91 “打印-模型”对话框

本项目小结

熟练地使用 AutoCAD 软件绘制机械图样是工程技术人员必备的技能。通过本项目的学习，读者可以熟悉和了解 AutoCAD 2017 软件的基本操作，掌握各种绘图命令和绘图编辑命令，掌握绘制二维图形和三维图形的方法，能正确地对图形进行文字设置、尺寸标注及文件输出打印等。

练习与在线自测

1. 思考题

（1）AutoCAD 2017 有哪些主要功能？

（2）在 AutoCAD 中，坐标有几种表示方法？怎样使用？

（3）为什么要设置图层？图层的特征主要包括哪些？如何设置？

（4）常用二维图形的编辑命令有哪些？

（5）绘制图形时，精确定点的常用方法有哪些？

（6）如何设置和改变当前文本样式？

（7）什么是图块？它有哪些优点？

（8）什么是块属性？如何编辑块属性？

（9）在 AutoCAD 2017 中，可以通过哪些方式创建三维图形？

（10）为什么要对平面图形的线段进行分析？

2. 练习题

（1）绘制如图 10-92 所示的二维图形。

（2）绘制如图 10-93 所示的二维图形。

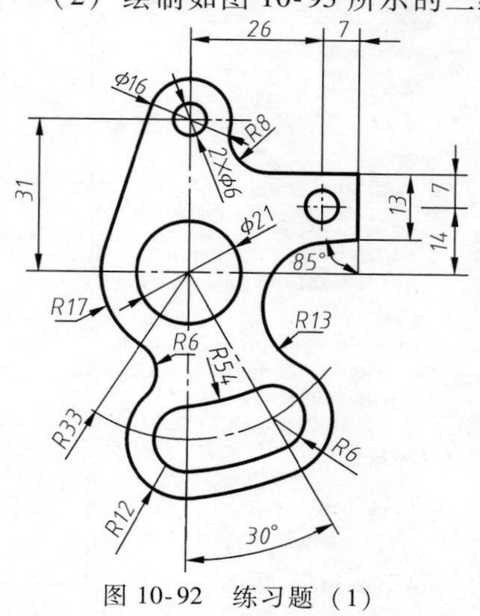

图 10-92　练习题（1）

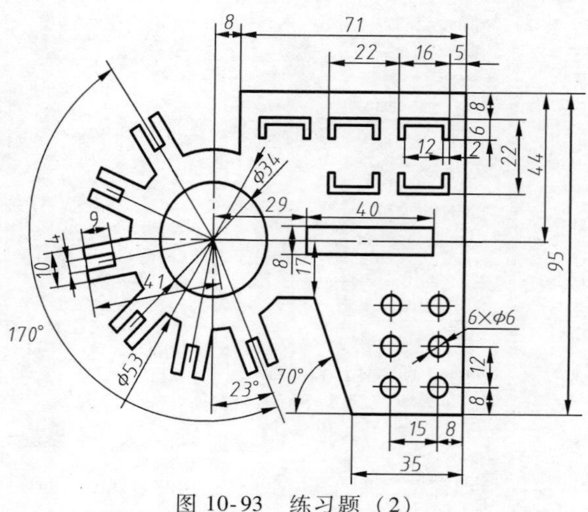

图 10-93　练习题（2）

（3）绘制如图 10-94 所示的三维图形。

（4）绘制如图 10-95 所示的三维图形。

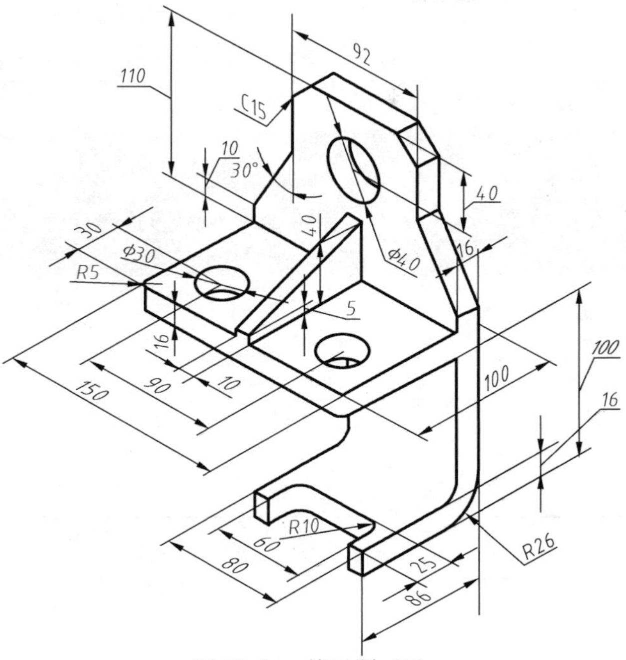

图 10-94 练习题（3）

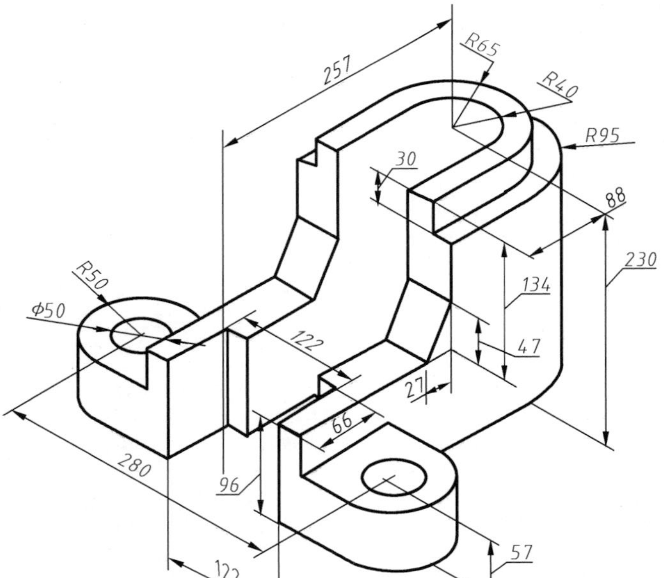

图 10-95 练习题（4）

3. **自测题**（手机扫码做一做）

附　录

附录 A　极限与配合

表 A-1　标准公差数值（GB/T 1800.2—2009）

公称尺寸/mm		大于	—	3	6	10	18	30	50	80	120	180	250	315	400
		至	3	6	10	18	30	50	80	120	180	250	315	400	500
公差等级	IT1	/μm	0.8	1	1	1.2	1.5	1.5	2	2.5	3.5	4.5	6	7	8
	IT2		1.2	1.5	1.5	2	2.5	2.5	3	4	5	7	8	9	10
	IT3		2	2.5	2.5	3	4	4	5	6	8	10	12	13	15
	IT4		3	4	4	5	6	7	8	10	12	14	16	18	20
	IT5		4	5	6	8	9	11	13	15	18	20	23	25	27
	IT6		6	8	9	11	13	16	19	22	25	29	32	36	40
	IT7		10	12	15	18	21	25	30	35	40	46	52	57	63
	IT8		14	18	22	27	33	39	46	54	63	72	81	89	97
	IT9		25	30	36	43	52	62	74	87	100	115	130	140	155
	IT10		40	48	58	70	84	100	120	140	160	185	210	230	250
	IT11		60	75	90	110	130	160	190	220	250	290	320	360	400
	IT12	/mm	0.10	0.12	0.15	0.18	0.21	0.25	0.30	0.35	0.40	0.46	0.52	0.57	0.63
	IT13		0.14	0.18	0.22	0.27	0.33	0.39	0.46	0.54	0.63	0.72	0.81	0.89	0.97
	IT14		0.25	0.30	0.36	0.43	0.52	0.62	0.74	0.87	1.00	1.15	1.30	1.40	1.55
	IT15		0.40	0.48	0.58	0.70	0.84	1.00	1.20	1.40	1.60	1.85	2.10	2.30	2.50
	IT16		0.60	0.75	0.90	1.10	1.30	1.60	1.90	2.20	2.50	2.90	3.20	3.60	4.00
	IT17		1.0	1.2	1.5	1.8	2.1	2.5	3.0	3.5	4.0	4.6	5.2	5.7	6.3
	IT18		1.4	1.8	2.2	2.7	3.3	3.9	4.6	5.4	6.3	7.2	8.1	8.9	9.7

表 A-2　常用及优先配合孔的极限偏差（从 GB/T 1800.2—2009 摘录后整理列表）

（单位：μm）

公称尺寸/mm		公差带												
		C	D	F	G	H				K	N	P	S	U
大于	至	11	9	8	7	7	8	9	11	7	7	7	7	7
—	3	+120 +60	+45 +20	+20 +6	+12 +2	+10 0	+14 0	+25 0	+60 0	0 -10	-4 -14	-6 -16	-14 -24	-18 -28
3	6	+145 +70	+60 +30	+28 +10	+16 +4	+12 0	+18 0	+30 0	+75 0	+3 -9	-4 -16	-8 -20	-15 -27	-19 -31
6	10	+170 +80	+76 +40	+35 +13	+20 +5	+15 0	+22 0	+36 0	+90 0	+5 -10	-4 -19	-9 -24	-17 -32	-22 -37
10	14	+205 +95	+93 +50	+43 +16	+24 +6	+18 0	+27 0	+43 0	+110 0	+6 -12	-5 -23	-11 -29	-21 -39	-26 -44
14	18													
18	24	+240 +110	+117 +65	+53 +20	+28 +7	+21 0	+33 0	+52 0	+130 0	+6 -15	-7 -28	-14 -35	-27 -48	-33 -54
24	30													-40 -61
30	40	+280 +120	+142 +80	+64 +25	+34 +9	+25 0	+39 0	+62 0	+160 0	+7 -18	-8 -33	-17 -42	-34 -59	-51 -76
40	50	+290 +130												-61 -86
50	65	+330 +140	+174 +100	+76 +30	+40 +10	+30 0	+46 0	+74 0	+190 0	+9 -21	-9 -39	-21 -51	-42 -72	-76 -106
65	80	+340 +150											-48 -78	-91 -121
80	100	+390 +170	+207 +120	+90 +36	+47 +12	+35 0	+54 0	+87 0	+220 0	+10 -25	-10 -45	-24 -59	-58 -93	-111 -146
100	120	+400 +180											-66 -101	-131 -166
120	140	+450 +200	+245 +145	+106 +43	+54 +14	+40 0	+63 0	+100 0	+250 0	+12 -28	-12 -52	-28 -68	-77 -117	-155 -195
140	160	+460 +210											-85 -125	-175 -215
160	180	+480 +230											-93 -133	-195 -235
180	200	+530 +240	+285 +170	+122 +50	+61 +15	+46 0	+72 0	+115 0	+290 0	+13 -33	-14 -60	-33 -79	-105 -151	-219 -265
200	225	+550 +260											-113 -159	-241 -287
225	250	+570 +280											-123 -169	-267 -313
250	280	+620 +300	+320 +190	+137 +56	+69 +17	+52 0	+81 0	+130 0	+320 0	+16 -36	-14 -66	-36 -88	-138 -190	-295 -347
280	315	+650 +330											-150 -202	-330 -382
315	355	+720 +360	+350 +210	+151 +62	+75 +18	+57 0	+89 0	+140 0	+360 0	+17 -40	-16 -73	-41 -98	-169 -226	-369 -426
355	400	+760 +400											-187 -244	-414 -471
400	450	+840 +440	+385 +230	+165 +68	+83 +20	+63 0	+97 0	+155 0	+400 0	+18 -45	-17 -80	-45 -108	-209 -272	-467 -530
450	500	+880 +480											-229 -292	-517 -580

表 A-3　常用及优先配合轴的极限偏差（从 GB/T 1800.2—2009 摘录后整理列表）

（单位：μm）

公称尺寸/mm		公差带												
		c	d	f	g	h				k	n	p	s	u
大于	至	11	9	7	6	6	7	9	11	6	6	6	6	6
—	3	-60 -120	-20 -45	-6 -16	-2 -8	0 -6	0 -10	0 -25	0 -60	+6 0	+10 +4	+12 +6	+20 +14	+24 +18
3	6	-70 -145	-30 -60	-10 -22	-4 -12	0 -8	0 -12	0 -30	0 -75	+9 +1	+16 +8	+20 +12	+27 +19	+31 +23
6	10	-80 -170	-40 -76	-13 -28	-5 -14	0 -9	0 -15	0 -36	0 -90	+10 +1	+19 +10	+24 +15	+32 +23	+37 +28
10	14	-95 -205	-50 -93	-16 -34	-6 -17	0 -11	0 -18	0 -43	0 -110	+12 +1	+23 +12	+29 +18	+39 +28	+44 +33
14	18													
18	24	-110 -240	-65 -117	-20 -41	-7 -20	0 -13	0 -21	0 -52	0 -130	+15 +2	+28 +15	+35 +22	+48 +35	+54 +41
24	30													+61 +48
30	40	-120 -280	-80 -142	-25 -50	-9 -25	0 -16	0 -25	0 -62	0 -160	+18 +2	+33 +17	+42 +26	+59 +43	+76 +60
40	50	-130 -290												+86 +70
50	65	-140 -330	-100 -174	-30 -60	-10 -29	0 -19	0 -30	0 -74	0 -190	+21 +2	+39 +20	+51 +32	+72 +53	+106 +87
65	80	-150 -340											+78 +59	+121 +102
80	100	-170 -390	-120 -207	-36 -71	-12 -34	0 -22	0 -35	0 -87	0 -220	+25 +3	+45 +23	+59 +37	+93 +71	+146 +124
100	120	-180 -400											+101 +79	+166 +144
120	140	-200 -450	-145 -245	-43 -83	-14 -39	0 -25	0 -40	0 -100	0 -250	+28 +3	+52 +27	+68 +43	+117 +92	+195 +170
140	160	-210 -460											+125 +100	+215 +190
160	180	-230 -480											+133 +108	+235 +210
180	200	-240 -530	-170 -285	-50 -96	-15 -44	0 -29	0 -46	0 -115	0 -290	+33 +4	+60 +31	+79 +50	+151 +122	+265 +236
200	225	-260 -550											+159 +130	+287 +258
225	250	-280 -570											+169 +140	+313 +284
250	280	-300 -620	-190 -320	-56 -108	-17 -49	0 -32	0 -52	0 -130	0 -320	+36 +4	+66 +34	+88 +56	+190 +158	+347 +315
280	315	-330 -650											+202 +170	+382 +350
315	355	-360 -720	-210 -350	-62 -119	-18 -54	0 -36	0 -57	0 -140	0 -360	+40 +4	+73 +37	+98 +62	+226 +190	+426 +390
355	400	-400 -760											+244 +208	+471 +435
400	450	-440 -840	-230 -385	-68 -131	-20 -60	0 -40	0 -63	0 -155	0 -400	+45 +5	+80 +40	+108 +68	+272 +232	+530 +490
450	500	-480 -880											+292 +252	+580 +540

附录B 螺　　纹

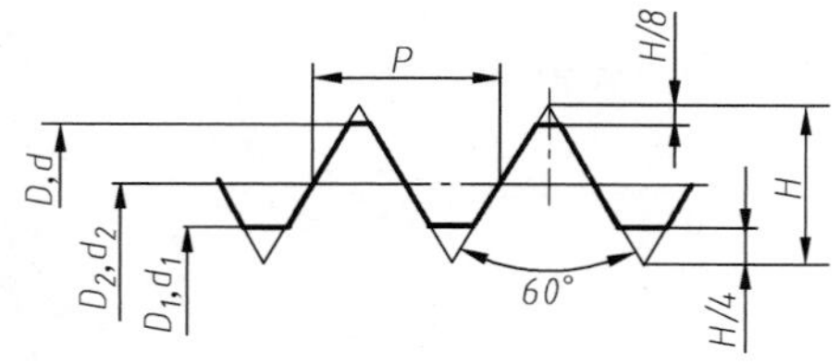

图 B-1　普通螺纹

标记示例：

公称直径为24mm，螺距为3mm，右旋的粗牙普通螺纹，其标记为　　M24

公称直径为24mm，螺距为1.5mm，左旋的细牙普通螺纹，其标记为　　M24×1.5-LH

表 B-1　普通螺纹　直径与螺距系列（GB/T 193—2003）**和基本尺寸**（GB/T 196—2003）

（单位：mm）

公称直径 D、d			螺距 P		粗牙小径 D_1、d_1
第一系列	第二系列	第三系列	粗牙	细牙	
3	—	—	0.5	0.35	2.459
—	3.5	—	0.6		2.850
4	—	—	0.7	0.5	3.242
—	4.5	—	0.75		3.688
5	—	—	0.8		4.134
6	—	—	1	0.75	4.917
—	7	—			5.917
8	—	—	1.25	1、0.75	6.647
10	—	—	1.5	1.25、1、0.75	8.376
12	—	—	1.75	1.25、1	10.106
—	14	—	2	1.5、1.25[a]、1	11.835
—	—	15	—	1.5、1	13.376
16	—	—	2	1.5、1	13.835
—	18	—	2.5	2、1.5、1	15.294
20	—	—			17.294
—	22	—			19.294
24	—	—	3		20.752
—	—	25	—		22.835
—	27	—	3		23.752
30	—	—	3.5	(3)、2、1.5、1	26.211
—	33	—		(3)、2、1.5	29.211
—	—	35[b]	—	1.5	33.376
36	—	—	4	3、2、1.5	31.670
—	39	—			34.670

注：1. 优先选用第一系列。

2. 括号内尺寸尽可能不用。

3. “a”仅用于发动机的火花塞，“b”仅用于轴承的锁紧螺母。

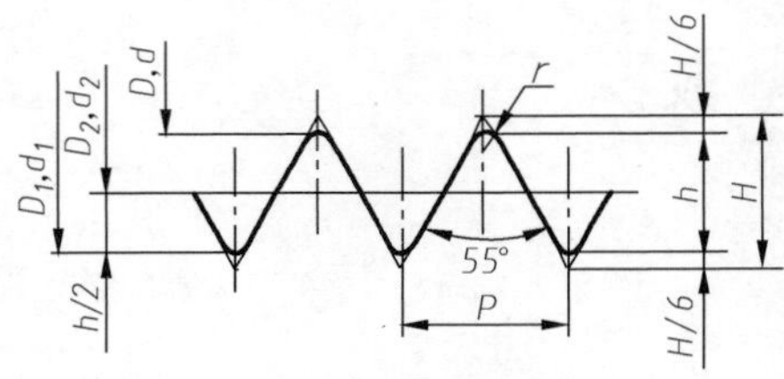

图 B-2　55°非密封管螺纹

标记示例：

尺寸代号为 1/2，右旋，非螺纹密封的管螺纹，其标记为 G1/2

表 B-2　55°非密封管螺纹（GB/T 7307—2001）

尺寸代号	基本尺寸/mm			每 25.4mm 内牙数 n	螺距 P/mm	牙高 h/mm	圆弧半径 r /mm
	大径 D,d	中径 D_2,d_2	小径 D_1,d_1				
1/8	9.728	9.147	8.566	28	0.907	0.581	0.125
1/4	13.157	12.301	11.445	19	1.337	0.856	0.184
3/8	16.662	15.806	14.950				
1/2	20.955	19.793	18.631	14	1.814	1.162	0.249
5/8	22.911	21.749	20.587				
3/4	26.441	25.279	24.117				
1	33.249	31.770	30.291	11	2.309	1.479	0.317
$1\frac{1}{8}$	37.897	36.418	34.939				
$1\frac{1}{4}$	41.910	40.431	38.952				
$1\frac{1}{2}$	47.803	46.324	44.845				
$1\frac{3}{4}$	53.746	52.267	50.788				
2	59.614	58.135	56.656				
$2\frac{1}{4}$	65.710	64.231	62.752				
$2\frac{1}{2}$	75.184	73.705	72.226				
$2\frac{3}{4}$	81.534	80.005	78.576				
3	87.884	86.405	84.926				

附录 C　常用螺纹紧固件

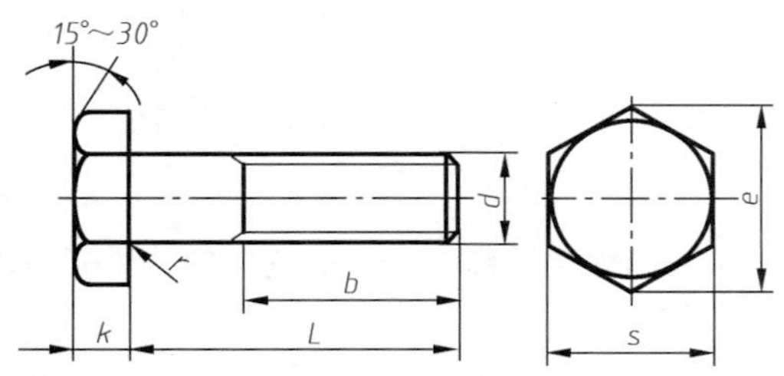

图 C-1　六角头螺栓（GB/T 5782—2016）

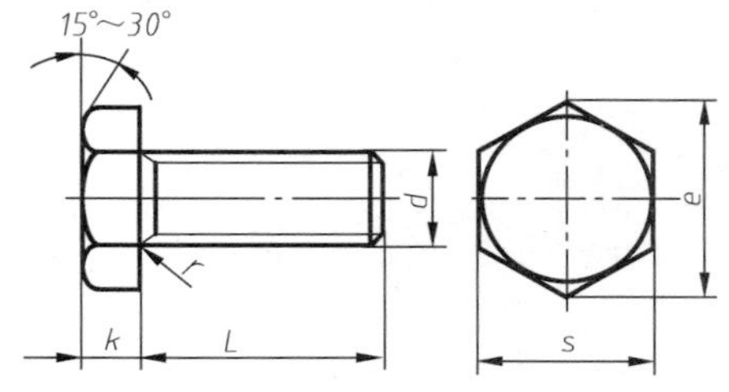

图 C-2　六角头螺栓（GB/T 5783—2016）

标记示例：

螺纹规格 d=M12，公称长度 L=80mm，性能等级为 8.8 级，表面氧化，产品等级为 A 级的六角头螺栓，其标记为

螺栓　GB/T 5782　M12×80

表 C-1　六角头螺栓（GB/T 5782—2016）、六角头螺栓　全螺纹（GB/T 5783—2016）

（单位：mm）

螺纹规格 d		M3	M4	M5	M6	M8	M10	M12	M16	M20	M24	M30	M36
s 公称		5.5	7	8	10	13	16	18	24	30	36	46	55
k 公称		2	2.8	3.5	4	5.3	6.4	7.5	10	12.5	15	18.7	22.5
r		0.1	0.2	0.2	0.25	0.4	0.4	0.6	0.6	0.8	0.8	1	1
e	A 级	6.01	7.66	8.79	11.05	14.38	17.77	20.03	26.75	33.53	39.98	—	—
	B 级	5.88	7.50	8.63	10.89	14.20	17.59	19.85	26.17	32.95	39.55	50.85	60.79
b 参考（GB/T 5782）	L≤125	12	14	16	18	22	26	30	38	46	54	66	—
	125<L≤200	18	20	22	24	28	32	36	44	52	60	72	84
	L>200	31	33	35	37	41	45	49	57	65	73	85	97
L 范围	GB/T 5782	20～30	25～40	25～50	30～60	40～80	45～100	50～120	65～160	80～200	90～240	110～300	140～360
	GB/T 5783	6～30	8～40	10～50	12～60	16～80	20～100	25～120	30～150	40～150	50～150	60～200	70～200
L 系列		6,8,10,12,16,20,25,30,35,40,45,50,55,60,65,70,80,90,100,110,120,130,140,150,160,180,200,220,240,260,280,300,320,340,360,380,400,420,440,460,480,500											

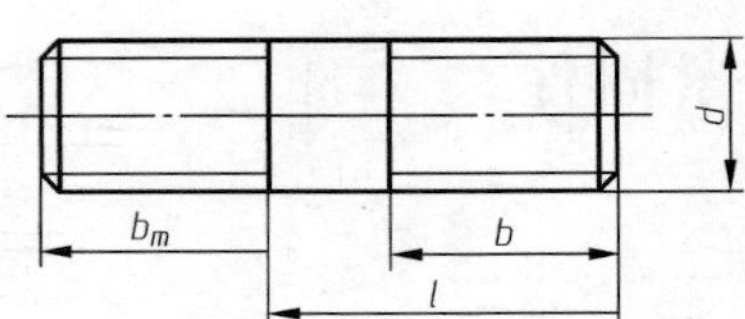

图 C-3 A 型双头螺柱

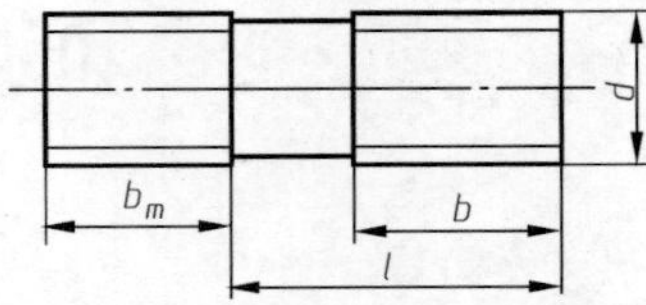

图 C-4 B 型（碾制）双头螺柱

标记示例：

两端均为粗牙普通螺纹，$d=10$mm，$l=50$mm，性能等级为 4.8 级，不经表面处理，B 型，$b_m=2d$ 的双头螺柱，其标记为 螺柱 GB/T 900 M10×50

旋入机体一端为粗牙普通螺纹，旋螺母一端为螺距 $P=1$mm 的细牙普通螺纹，$d=10$mm，$l=50$mm，性能等级为 4.8 级，不经表面处理，A 型，$b_m=1d$ 的双头螺柱，其标记为 螺柱 GB/T 897 AM-M10×1×50

表 C-2 双头螺柱 $b_m=1d$（GB/T 897—1988）、双头螺柱 $b_m=1.25d$（GB/T 898—1988）
双头螺柱 $b_m=1.5d$（GB/T 899—1988）、双头螺柱 $b_m=2d$（GB/T 900—1988）

（单位：mm）

螺纹规格 d	b_m 公称				螺柱长度 l / 螺旋母端长度 b
	GB/T897	GB/T 898	GB/T 899	GB/T 900	
M3	—	—	4.5	6	$\frac{16\sim20}{6}$，$\frac{(22)\sim40}{12}$
M4	—	—	6	8	$\frac{16\sim(22)}{8}$，$\frac{25\sim40}{14}$
M5	5	6	8	10	$\frac{16\sim(22)}{10}$，$\frac{25\sim50}{16}$
M6	6	8	10	12	$\frac{20\sim(22)}{10}$，$\frac{25\sim30}{14}$，$\frac{(32)\sim(75)}{18}$
M8	8	10	12	16	$\frac{20\sim(22)}{12}$，$\frac{25\sim30}{16}$，$\frac{(32)\sim90}{22}$
M10	10	12	15	20	$\frac{25\sim(28)}{14}$，$\frac{30\sim(38)}{16}$，$\frac{40\sim120}{26}$，$\frac{130}{32}$
M12	12	15	18	24	$\frac{25\sim30}{16}$，$\frac{(32)\sim40}{20}$，$\frac{45\sim120}{30}$，$\frac{130\sim180}{36}$
M16	16	20	24	32	$\frac{30\sim(38)}{20}$，$\frac{40\sim(55)}{30}$，$\frac{60\sim120}{38}$，$\frac{130\sim200}{44}$
M20	20	25	30	40	$\frac{35\sim40}{25}$，$\frac{(45)\sim(65)}{35}$，$\frac{70\sim120}{46}$，$\frac{130\sim200}{52}$
M24	24	30	36	48	$\frac{45\sim50}{30}$，$\frac{(55)\sim(75)}{45}$，$\frac{80\sim120}{54}$，$\frac{130\sim200}{60}$
l 系列	12、(14)、16、(18)、20、(22)、25、(28)、30、(32)、35、(38)、40、45、50、60、(65)、70、75、80、(85)、90、(95)、100~260(10 进位)、280、300				

注：尽可能不采用括号内的规格。

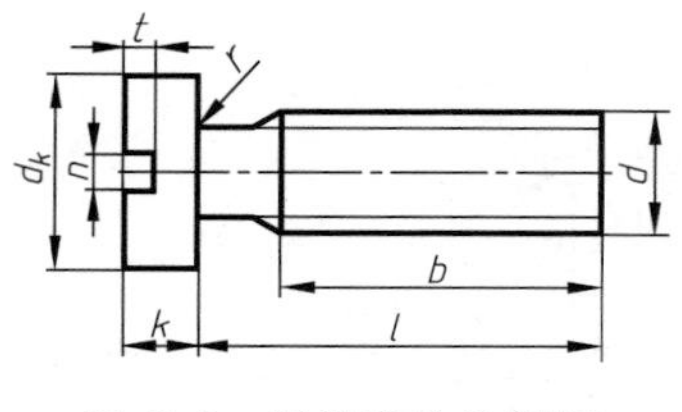

图 C-5 开槽圆柱头螺钉（GB/T 65—2016）

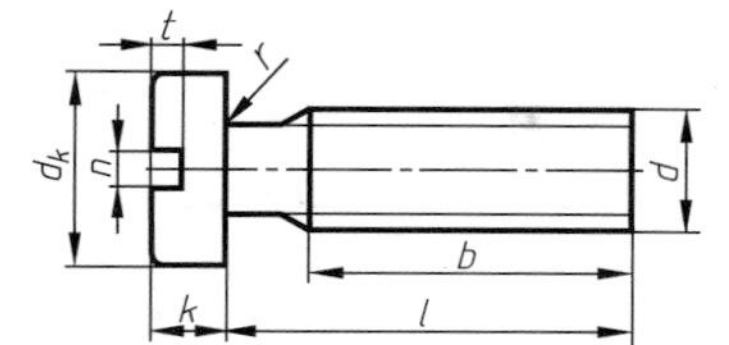

图 C-6 开槽盘头螺钉（GB/T 67—2016）

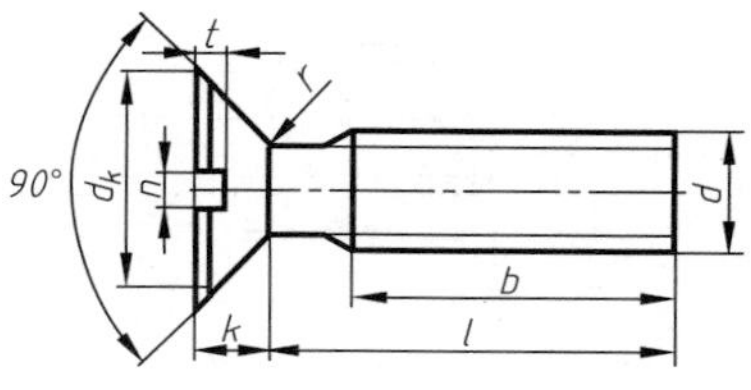

图 C-7 开槽沉头螺钉（GB/T 68—2016）

标记示例：

螺纹规格 d=M5，公称长度 l=20mm，性能等级为 4.8 级，不经表面处理的 A 级开槽圆柱头螺钉，其标记为 螺钉 GB/T 65 M5×20

表 C-3 开槽圆柱头螺钉（GB/T 65—2016）、开槽盘头螺钉（GB/T 67—2016）、开槽沉头螺钉（GB/T 68—2016） （单位：mm）

螺纹规格 d		M1.6	M2	M2.5	M3	M4	M5	M6	M8	M10
GB/T 65—2016	d_k	3	3.8	4.5	5.5	7	8.5	10	13	16
	k	1.1	1.4	1.8	2	2.6	3.3	3.9	5	6
	t_{min}	0.45	0.6	0.7	0.85	1.1	1.3	1.6	2	2.4
	l	2~16	3~20	3~25	4~35	5~40	6~50	8~60	10~80	12~80
	全螺纹时最大长度	全螺纹				40				
GB/T 67—2016	d_k	3.2	4	5	5.6	8	9.5	12	16	20
	k	1	1.3	1.5	1.8	2.4	3	3.6	4.8	6
	t_{min}	0.35	0.5	0.6	0.7	1	1.2	1.4	1.9	2.4
	l	2~16	2.5~20	3~25	4~30	5~40	6~50	8~60	10~80	12~80
	全螺纹时最大长度	30				40				
GB/T 68—2016	d_k	3	3.8	4.7	5.5	8.4	9.3	11.3	15.8	18.3
	k	1	1.2	1.5	1.65	2.7		3.3	4.65	5
	t_{min}	0.32	0.4	0.5	0.6	1	1.1	1.2	1.8	2
	l	2.5~16	3~20	4~25	5~30	6~40	8~50	8~60	10~80	12~80
	全螺纹时最大长度	30				45				
n		0.4	0.5	0.6	0.8	1.2		1.6	2	2.5
b_{min}		25				38				
l 系列		2、2.5、3、4、5、6、8、10、12、(14)、16、20、25、30、35、40、45、50、(55)、60、(65)、70、(75)、80								

注：尽可能不采用括号内的规格。

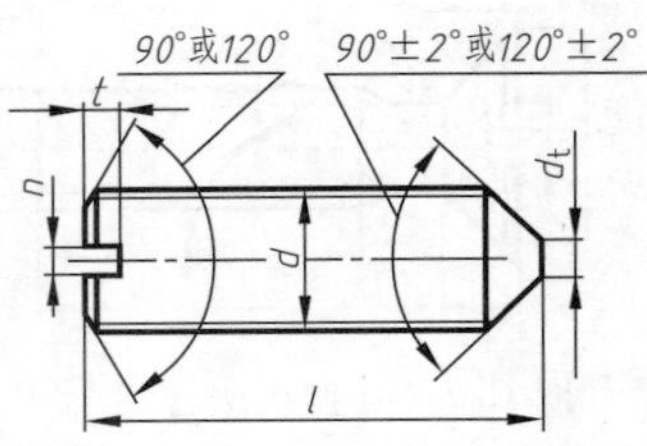

图 C-8　开槽锥端紧定螺钉
（GB/T 71—1985）

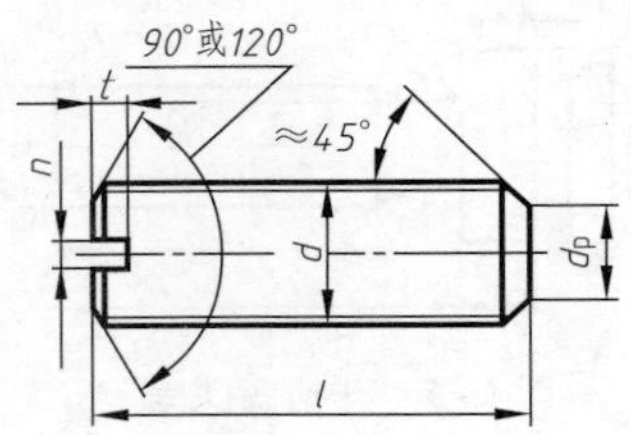

图 C-9　开槽平端紧定螺钉
（GB/T 73—1985）

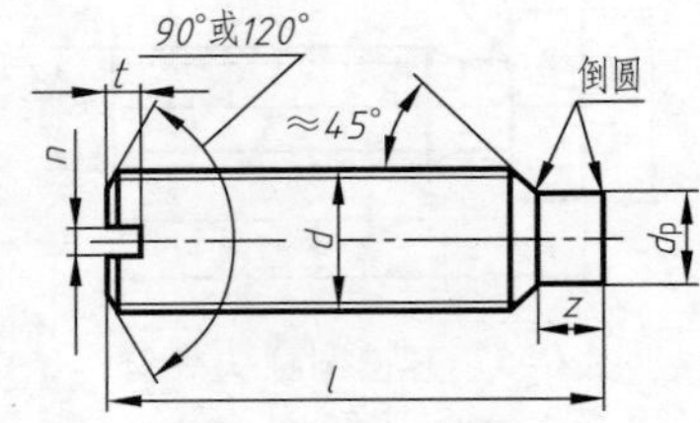

图 C-10　开槽长圆柱端紧定螺钉
（GB/T 75—1985）

标记示例：

螺纹规格 d=M5，公称长度 l=20mm，性能等级为 14H 级，表面氧化的开槽锥端紧定螺钉，其标记为　螺钉　GB/T 71　M5×20

表 C-4　开槽锥端紧定螺钉（GB/T 71—1985）、开槽平端紧定螺钉（GB/T 73—1985）、开槽长圆柱端紧定螺钉（GB/T 75—1985）　（单位：mm）

螺纹规格 d		M2	M2.5	M3	M4	M5	M6	M8	M10	M12
d_{tmax}		0.2	0.25	0.3	0.4	0.5	1.5	2	2.5	3
d_{pmax}		1	1.5	2	2.5	3.5	4	5.5	7	8.5
n 公称		0.25	0.4	0.4	0.6	0.8	1	1.2	1.6	2
t_{min}		0.64	0.72	0.8	1.12	1.28	1.6	2	2.4	2.8
z_{max}		1.25	1.5	1.75	2.25	2.75	3.25	4.3	5.3	6.3
l 范围	GB/T 71	3~10	3~12	4~16	6~20	8~25	8~30	10~40	12~50	14~60
	GB/T 73	2~10	2.5~12	3~16	4~20	5~25	6~30	8~40	10~50	12~60
	GB/T 75	3~10	4~12	5~16	6~20	8~25	8~30	10~40	12~50	14~60
l≤右表值的短螺钉，按表图中 120°制，90°则用于其余长度	GB/T 71	2.5	3	3	4	5	6	8	10	12
	GB/T 73	2.5	3	3	4	5	6	6	8	10
	GB/T 75	3	4	5	6	8	10	14	16	20
l 系列		2、2.5、3、4、5、6、8、10、12、(14)、16、20、25、30、35、40、45、50、(55)、60								

注：尽可能不采用括号内的规格。

图 C-11　C 级六角螺母（GB/T 41—2016）

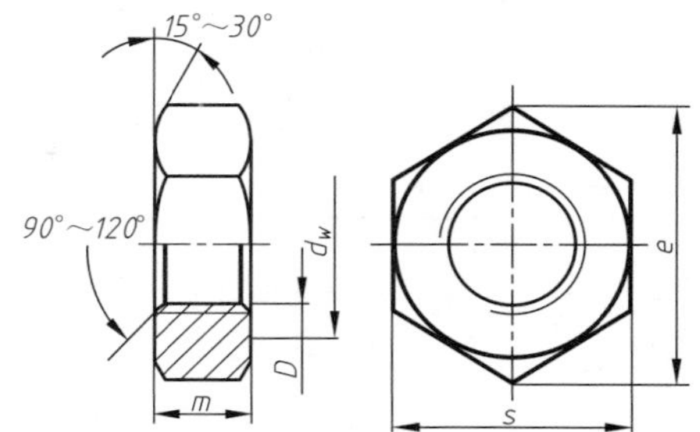

图 C-12　Ⅰ型六角螺母（GB/T 6170—2015）、（GB/T 6172.1—2016）

标记示例：

螺纹规格 D=M12，性能等级为 5 级，不经表面处理，产品等级为 C 级的六角螺母，其标记为

螺母　GB/T 41　M12

螺纹规格 D=M12，性能等级为 8 级，不经表面处理，产品等级为 A 级的Ⅰ型六角螺母，其标记为

螺母　GB/T 6170　M12

螺纹规格 D=M12，性能等级为 04 级，不经表面处理，产品等级为 A 级的六角薄螺母，其标记为

螺母　GB/T 6172.1　M12

表 C-5　六角螺母 C 级（GB/T 41—2016）、Ⅰ型六角螺母（GB/T 6170—2015）、Ⅰ型六角薄螺母（GB/T 6172.1—2016）　（单位：mm）

螺纹规格 D		M3	M4	M5	M6	M8	M10	M12	(M14)	M16	(M18)	M20	(M22)	M24	(M27)	M30	M36	M42	M48
e 近似		6	7.7	8.8	11	14.4	17.8	20	23.4	26.8	29.6	33	37.3	39.6	45.2	50.9	60.8	71.3	82.6
s 公称=max		5.5	7	8	10	13	16	18	21	24	27	30	34	36	41	46	55	65	75
m_{max}	GB/T 41	—	—	5.6	6.4	7.9	9.5	12.2	13.9	15.9	16.9	19	20.2	22.3	24.7	26.4	31.9	34.9	38.9
	GB/T 6170	2.4	3.2	4.7	5.2	6.8	8.4	10.8	12.8	14.8	15.8	18	19.4	21.5	23.8	25.6	31	34	38
	GB/T 6172.1	1.8	2.2	2.7	3.2	4	5	6	7	8	9	10	11	12	13.5	15	18	21	24

注：1. 表中 e 为圆整近似值。

2. 尽可能不采用括号内的规格。

3. A 级用于 $D\leqslant$16mm 的螺母；B 级用于 D>16mm 的螺母。

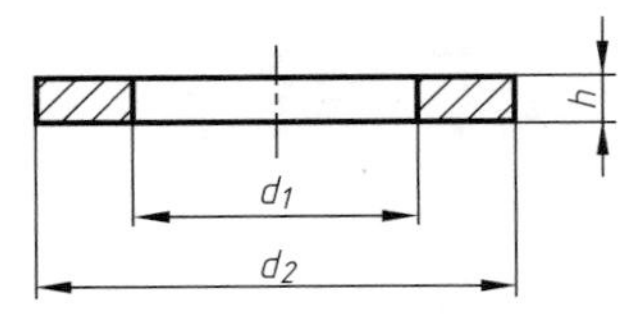

图 C-13　垫圈（GB/T 848—2002）、（GB/T 95—2002）、（GB/T 96.1—2002）、（GB/T 96.2—2002）、（GB/T 97.1—2002）

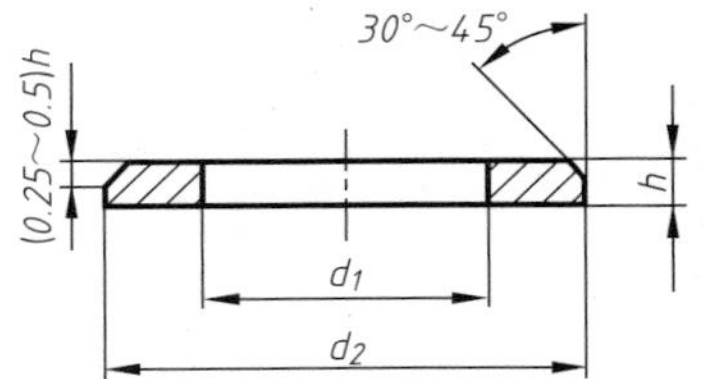

图 C-14　平垫圈（GB/T 97.2—2002）

标记示例：

规格 8mm，性能等级为 100HV 级，不经表面处理，产品等级为 C 级的平垫圈，其标记为　垫圈　GB/T 95　8

规格 8mm，性能等级为 200HV 级，不经表面处理，产品等级为 A 级的倒角型平垫圈，其标记为　垫圈　GB/T 97.2　8

表 C-6　小垫圈 A 级（GB/T 848—2002）、平垫圈 C 级（GB/T 95—2002）、大垫圈 A 级（GB/T 96.1—2002）、大垫圈 C 级（GB/T 96.2—2002）、平垫圈 A 级（GB/T 97.1—2002）、平垫圈倒角型 A 级（GB/T 97.2—2002）

（单位：mm）

公称尺寸（螺纹大径）d	小垫圈 A 级（GB/T 848—2002）			平垫圈 C 级（GB/T 95—2002）			大垫圈 A 级（GB/T 96.1—2002）大垫圈 C 级（GB/T 96.2—2002）			平垫圈 A 级（GB/T 97.1—2002）平垫圈 倒角型 A 级（GB/T 97.2—2002）		
	d_{1min}	d_{2max}	h	d_{1min}	d_{2max}	h	d_{1min}	d_{2max}	h	d_{1min}	d_{2max}	h
4	4.3	8	0.5	4.5	9	0.8	4.3	12	1	4.3	9	0.8
5	5.3	9	1	5.5	10	1	5.3	15		5.3	10	1
6	6.4	11	1.6	6.6	12	1.6	6.4	18	1.6	6.4	12	1.6
8	8.4	15		9	16		8.4	24	2	8.4	16	
10	10.5	18		11	20	2	10.5	30	2.5	10.5	20	2
12	13	20	2	13.5	24	2.5	13	37	3	13	24	2.5
14	15	24	2.5	15.5	28		15	44		15	28	
16	17	28		17.5	30	3	17	50		17	30	3
20	21	34	3	22	37		21	60	4	21	37	
24	25	39	4	26	44	4	25	72	5	25	44	4
30	31	50		33	56		33	92	6	31	56	
36	37	60	5	39	66	5	39	110	8	37	66	5
42	—	—	—	45	78	8	—	—	—	45	78	8
48	—	—	—	52	92		—	—		52	92	

注：1. A 级适用于精装系列，C 级适用于中等装配系列。

2. GB/848—2002 主要用于圆柱头螺钉，其他用于标准的六角螺柱、螺母和螺钉。

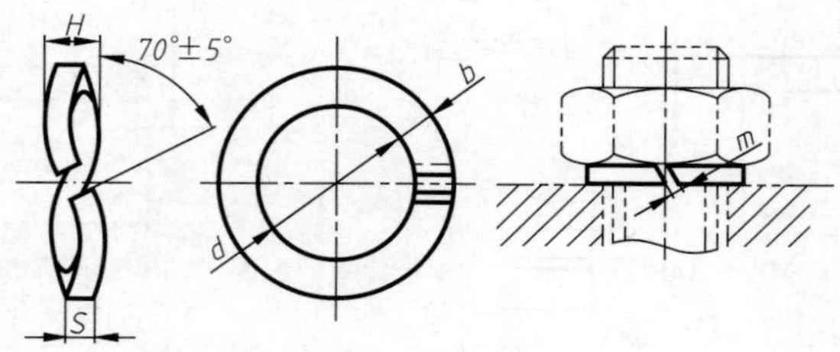

图 C-15　弹簧垫圈

标记示例：

规格 16mm，材料为 65Mn，表面氧化的标准型弹簧垫圈，其标记为

垫圈　GB/T 93　16

表 C-7　标准型弹簧垫圈（GB/T 93—1987）、轻型弹簧垫圈（GB/T 859—1987）

（单位：mm）

规格（螺纹大径）	d	H				$S(b)$	S	b	$m \leqslant$	
		GB/T 93		GB/T 859		GB/T 93	GB/T 859		GB/T93	GB/T 859
		max	min	max	min	公称				
2	2.1	1.25	1	—	—	0.5	—	—	0.25	—
2.5	2.6	1.63	1.3	—	—	0.65	—	—	0.33	—
3	3.1	2	1.6	1.5	1.2	0.8	0.6	1	0.4	0.3
4	4.1	2.75	2.2	2	1.6	1.1	0.8	1.2	0.55	0.4
5	5.1	3.25	2.6	2.75	2.2	1.3	1.1	1.5	0.65	0.55
6	6.1	4	3.2	3.25	2.6	1.6	1.3	2	0.8	0.65
8	8.1	5.25	4.2	4	3.2	2.1	1.6	2.5	1.05	0.8
10	10.2	6.5	5.2	5	4	2.6	2	3	1.3	1
12	12.2	7.75	6.2	6.25	5	3.1	2.5	3.5	1.55	1.25
16	16.2	10.25	8.2	8	6.4	4.1	3.2	4.5	2.05	1.6
20	20.2	12.5	10	10	8	5	4	5.5	2.5	2
24	24.5	15	12	12.5	10	6	5	7	3	2.5
30	30.5	18.75	15	15	12	7.5	6	9	3.75	3
36	36.5	22.5	18	—	—	9	—	—	4.5	—
42	42.5	26.26	21	—	—	10.5	—	—	5.25	—
48	48.5	30	24	—	—	12	—	—	6	—

附录 D　键　和　销

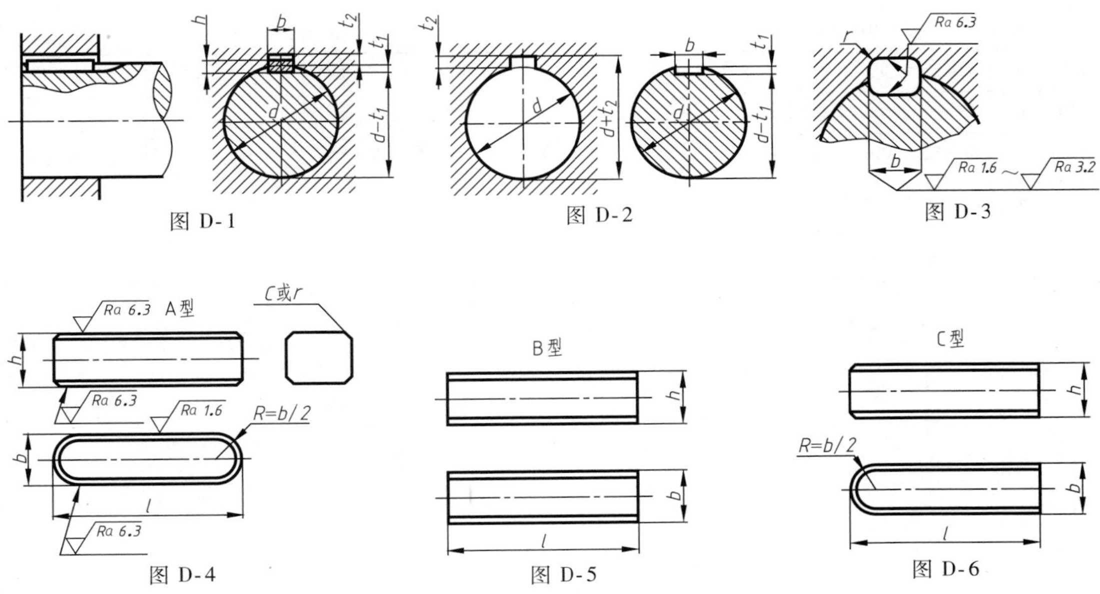

图 D-1　图 D-2　图 D-3

图 D-4　图 D-5　图 D-6

标记示例：

圆头普通平键（A 型），$b=18$mm，$h=11$mm，$l=100$mm，其标记为　GB/T 1096　键　18×11×100

方头普通平键（B 型），$b=18$mm，$h=11$mm，$l=100$mm，其标记为　GB/T 1096　键　B 18×11×100

单头普通平键（C 型），$b=18$mm，$h=11$mm，$l=100$mm，其标记为　GB/T 1096　键　C 18×11×100

表 D-1　平键　键槽的剖面尺寸（GB/T 1095—2003）、普通型平键（GB/T 1096—2003）

（单位：mm）

轴	键		键槽											
公称直径 d	键尺寸 $b\times h$	长度 l	宽度 b						深度				半径 r	
			基本尺寸	极限偏差					轴 t_1		毂 t_2			
				松联结		正常联结		紧密联结						
				轴 H9	毂 D10	轴 N9	毂 JS9	轴和毂 P9	基本尺寸	极限偏差	基本尺寸	极限偏差	最小	最大
自>6~8	2×2	6~20	2	+0.025 0	+0.060 +0.020	−0.004 −0.029	±0.0125	−0.006 −0.031	1.2	+0.1 0	1	+0.1 0	0.08	0.16
>8~10	3×3	6~30	3						1.8		1.4			
>10~12	4×4	8~45	4	+0.030 0	+0.078 +0.030	0 −0.030	±0.015	−0.012 −0.042	2.5		1.8			
>12~17	5×5	10~56	5						3.0		2.3		0.16	0.25
>17~22	6×6	14~70	6						3.5		2.8			
>22~30	8×7	18~90	8	+0.036 0	+0.098 +0.040	0 −0.036	±0.018	−0.015 −0.051	4.0	+0.2 0	3.3	+0.2 0		
>30~38	10×8	22~110	10						5.0		3.3		0.25	0.40
>38~44	12×8	28~140	12	+0.043 0	+0.120 +0.050	0 −0.043	±0.022	−0.018 −0.061	5.0		3.3			
>44~50	14×9	36~160	14						5.5		3.8			
>55~58	16×10	45~180	16						6.0		4.3			
>58~65	18×11	50~200	18						7.0		4.4			
>65~75	20×12	56~220	20	+0.052 0	+0.149 +0.065	0 −0.052	±0.026	−0.022 −0.074	7.5		4.9		0.40	0.60
>75~85	22×14	63~250	22						9.0		5.4			
>85~95	25×14	70~280	25						9.0		5.4			
>95~110	28×16	80~320	28						10.0		6.4			
>110~130	32×18	90~360	32	+0.062 0	+0.180 +0.080	0 −0.062	±0.031	−0.026 −0.088	11.0		7.4		0.70	1.0
>130~150	36×20	100~400	36						12.0	+0.3 0	8.4	+0.3 0		
>150~170	40×22	100~400	40						13.0		9.4			
>170~200	45×25	110~450	45						15.0		10.4			
l 系列	6、8、10、12、14、16、18、20、22、25、28、32、36、40、45、50、56、63、70、80、90、100、110、125、140、160、180、200、220、250、280、320、360、400、450、500。													

注：1. $(d-t_1)$ 和 $(b+t_2)$ 两组组合尺寸的极限偏差按相应的 t_1 和 t_2 的极限偏差选取，但 $(d-t_1)$ 极限偏差应取负号。

2. 键 b 的极限偏差为 h9，h 的极限偏差为 h11，l 的极限偏差为 h14。

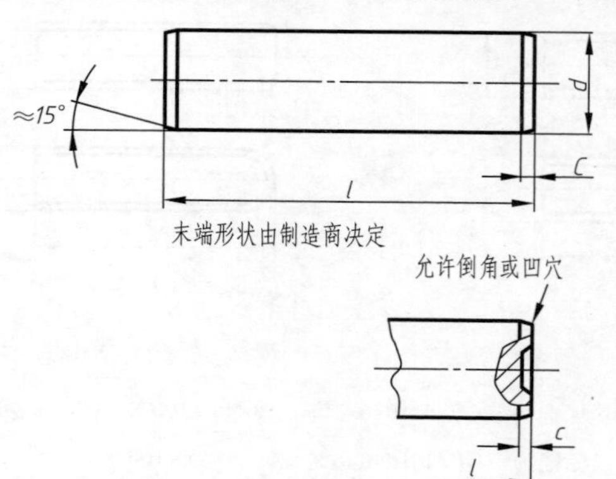

图 D-7　圆柱销

标记示例：

公称直径 $d=6$mm，公差 m6，公称长度 $l=30$mm，材料为钢，不经淬火，不经表面处理的圆柱销，其标记为

销　GB/T 119.1　6m6×30

公称直径 $d=6$mm，公差 m6，公称长度 $l=30$mm，材料为钢，普通淬火（A 型），表面氧化处理的圆柱销，其标记为　销　GB/T 119.2　6×30

表 D-2 圆柱销 不淬硬钢和奥氏体不锈钢（GB/T 119.1—2000）
圆柱销 淬硬钢和马氏体不锈钢（GB/T 119.2—2000）

（单位：mm）

d(公称)		2.5	3	4	5	6	8	10	12	16	20	25	30
c≈		0.4	0.5	0.63	0.8	1.2	1.6	2	2.5	3	3.5	4	5
l	GB/T 119.1	6~24	8~30	8~40	10~50	12~60	14~80	18~95	22~140	26~180	35~200	50~200	60~200
	GB/T 119.2	6~24	8~30	10~40	12~50	14~60	18~80	22~100	26~100	40~100	50~100		
l(系列)		3、4、5、6、8、10、12、14、16、18、20、22、24、26、28、30、32、35、40、45、50、55、60、65、70、75、80、85、90、95、100、120、140、160、180、200											

注：1. GB/T 119.1—2000 规定圆柱销的公称直径 d=0.6~50mm，公称长度 l=2~200mm，公差有 m6 和 h8。

2. GB/T 119.2—2000 规定圆柱销的公称直径 d=1~20mm，公称长度 l=3~100mm，公差仅有 m6。普通淬火为 A 型，表面淬火为 B 型。

3. 当圆柱销的公差为 h8 时，其表面粗糙度 $Ra \leqslant 1.6\mu m$；公差为 m6 时，其表面粗糙度 $Ra \leqslant 0.8\mu m$。

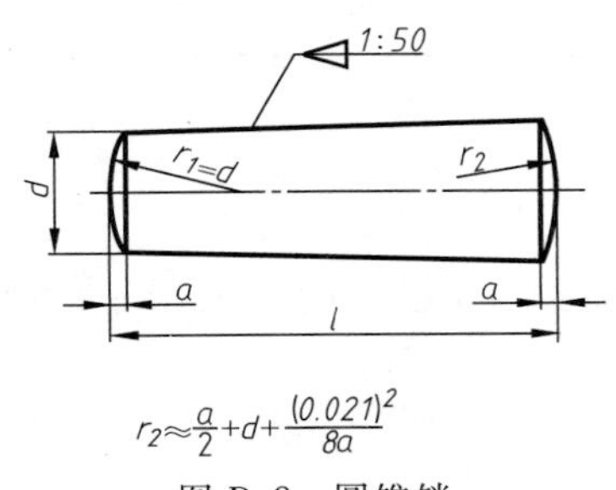

$$r_2 \approx \frac{a}{2}+d+\frac{(0.021)^2}{8a}$$

图 D-8 圆锥销

标记示例：

公称直径 d=10mm，公称长度 l=50mm，材料为 35 钢，热处理硬度 28~38HRC，表面氧化处理的 A 型圆锥销，其标记为

销 GB/T 117 10×30

表 D-3 圆锥销（GB/T 117—2000）（单位：mm）

d(公称)	2.5	3	4	5	6	8	10	12	16	20	25	30
a≈	0.3	0.4	0.5	0.63	0.8	1	1.2	1.6	2	2.5	3	4
l	10~35	12~45	14~55	18~60	22~90	22~120	22~160	32~180	40~200	45~200	50~200	55~200
l(系列)	10、12、14、16、18、20、22、24、26、28、30、32、35、40、45、50、55、60、65、70、75、80、85、90、95、100、120、140、160、180、200											

注：A 型为磨削，锥面表面粗糙度 $Ra=0.8\mu m$；B 型为切削或冷镦，锥面表面粗糙度 $Ra=3.2\mu m$。

附录 E 滚动轴承

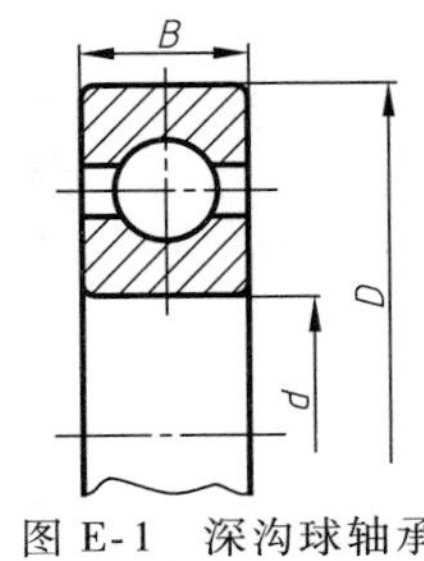

图 E-1 深沟球轴承

标记示例：

内径 d=20mm 的 60000 型深沟球轴承，尺寸系列为（0）2，其标记为

滚动轴承 6204 GB/T 276—2013

表 E-1 深沟球轴承（GB/T 276—2013） （单位：mm）

轴承代号	外形尺寸			轴承代号	外形尺寸		
	d	D	B		d	D	B
尺寸系列（0）2				尺寸系列（0）4			
6203	17	40	12	6403	17	62	17
6204	20	47	14	6404	20	72	19
6205	25	52	15	6405	25	80	21
6206	30	62	16	6406	30	90	23
6207	35	72	17	6407	35	100	25
6208	40	80	18	6408	40	110	27
6209	45	85	19	6409	45	120	29
6210	50	90	20	6410	50	130	31
6211	55	100	21	6411	55	140	33
6212	60	110	22	6412	60	150	35
6213	65	120	23	6413	65	160	37
6214	70	125	24	6414	70	180	42
6215	75	130	25	6415	75	190	45
6216	80	140	26	6416	80	200	48

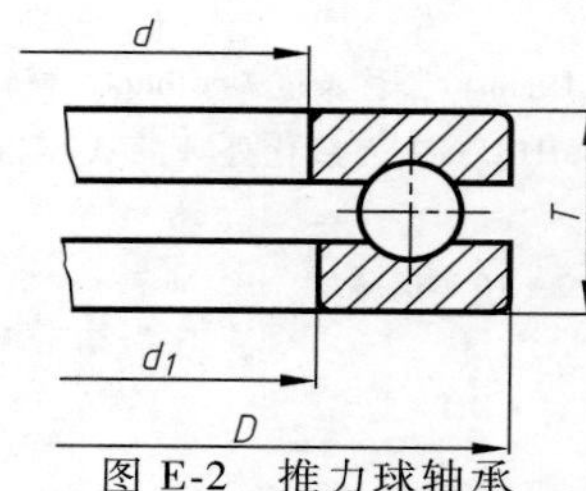

图 E-2 推力球轴承

标记示例：

内径 $d=17\text{mm}$ 的 51000 型推力球轴承，尺寸系列为 12，其标记为

滚动轴承 51203 GB/T 301—2015

表 E-2 推力球轴承（GB/T 301—2015） （单位：mm）

轴承代号	外形尺寸				轴承代号	外形尺寸			
	d	D	T	d_1		d	D	T	d_1
尺寸系列 12					尺寸系列 13				
51202	15	32	12	17	51304	20	47	18	22
51203	17	35	12	19	51305	25	52	18	27
51204	20	40	14	22	51306	30	60	21	32
51205	25	47	15	27	51307	35	68	24	37
51206	30	52	16	32	51308	40	78	26	42
51207	35	62	18	37	51309	45	85	28	47
51208	40	68	19	42	51310	50	95	31	52
51209	45	73	20	47	51311	55	105	35	57
51210	50	78	22	52	51312	60	110	35	62
51211	55	90	25	57	51313	65	115	36	67
51212	60	95	26	62	51314	70	125	40	72
51213	65	100	27	67	51315	75	135	44	77
51214	70	105	27	72	51316	80	140	44	82
51215	75	110	27	77	51317	85	150	49	88

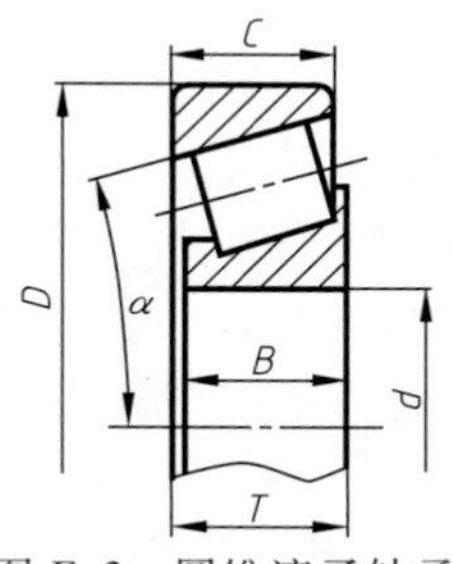

图 E-3　圆锥滚子轴承

标记示例：

内径 $d=60$mm 的 30000 型圆锥滚子轴承，

尺寸系列为 02，其标记为

滚动轴承 30212　GB/T 297—1994

表 E-3　圆锥滚子轴承（GB/T 297—1994）　　（单位：mm）

轴承代号	外形尺寸					
	d	D	B	C	T	α
尺寸系列　02						
30203	17	40	12	11	13.25	12°57′10″
30204	20	47	14	12	15.25	12°57′10″
30205	25	52	15	13	16.25	14°02′10″
30206	30	62	16	14	17.25	14°02′10″
30207	35	72	17	15	18.25	14°02′10″
30208	40	80	18	16	19.75	14°02′10″
30209	45	85	19	16	20.75	15°06′34″
30210	50	90	20	17	21.75	15°38′32″
30211	55	100	21	18	22.75	15°06′34″
30212	60	110	22	19	23.75	15°06′34″
30213	65	120	23	20	24.75	15°06′34″
30214	70	125	24	21	26.25	15°38′32″
30215	75	130	25	22	27.25	16°10′20″
30216	80	140	26	22	28.25	15°38′32″
尺寸系列　23						
32305	25	62	24	20	25.25	11°18′36″
32306	30	72	27	23	28.75	11°51′35″
32307	35	80	31	25	32.75	11°51′35″
32308	40	90	33	27	35.25	12°57′10″
32309	45	100	36	30	38.25	12°57′10″
32310	50	110	40	33	42.25	12°57′10″
32311	55	120	43	35	45.5	12°57′10″
32312	60	130	46	37	48.5	12°57′10″
32313	65	140	48	39	51	12°57′10″
32314	70	150	51	42	54	12°57′10″
32315	75	160	55	45	58	12°57′10″

参考文献

[1] 何铭新，钱可强，徐祖茂. 机械制图［M］. 6版. 北京：高等教育出版社，2011.

[2] 王槐德. 机械制图新旧标准代换教程［M］. 修订版. 北京：中国标准出版社，2008.

[3] 刘朝儒，吴志军，高政一，等. 机械制图［M］. 5版. 北京：高等教育出版社，2006.

[4] 朱冬梅，胥北澜，何建英. 画法几何及机械制图［M］. 6版. 北京：高等教育出版社，2009.

[5] 王兰美，殷昌贵. 画法几何及工程制图［M］. 2版. 北京：机械工业出版社，2007.

[6] 金大鹰. 机械制图［M］. 2版. 北京：机械工业出版社，2007.

[7] 焦永和，张京英，徐昌贵. 工程制图［M］. 北京：高等教育出版社，2008.

[8] 徐萍，吴景淑. 机械制图［M］. 北京：北京大学出版社，2008.

[9] 吴百中. 机械制图［M］. 北京：北京大学出版社，2009.